コンピュ
ジオメトリ

計算幾何学：アルゴリズムと応用
第3版

M.ドバーグ
O.チョン
M.ファンクリベルド
M.オーバマーズ　著

浅野哲夫 訳

Computational Geometry

Algorithms and Applications
Third Edition

近代科学社

◆ 読者の皆様へ ◆

　小社の出版物をご愛読くださいまして，まことに有り難うございます．

　おかげさまで，(株) 近代科学社は1959年の創立以来，2009年をもって50周年を迎えることができました．これも，ひとえに皆様の温かいご支援の賜物と存じ，衷心より御礼申し上げます．

　この機に小社では，全出版物に対してUD（ユニバーサル・デザイン）を基本コンセプトに掲げ，そのユーザビリティ性の追求を徹底してまいる所存でおります．

　本書を通じまして何かお気づきの事柄がございましたら，ぜひ以下の「お問合せ先」までご一報くださいますようお願いいたします．

　お問合せ先：reader@kindaikagaku.co.jp

　なお，本書の制作には，以下が各プロセスに関与いたしました：

- 企画：小山　透
- 編集：小山　透
- 組版：LaTeX
- 印刷：加藤文明社
- 製本：加藤文明社
- 資材管理：加藤文明社
- カバー・表紙デザイン：加藤文明社
- 広報宣伝・営業：冨高琢磨，山口幸治

Translation from the English language edition:
Computational Geometry. Algorithms and Applications. by Mark de Berg,
Otfried Cheong; Mark van Kreveld and Mark Overmars
Copyright © 2008, 2000, 1997 Springer-Verlag Berlin Heidelberg
Springer is a part of Springer Sceince+Buisiness Media
All Rights Reserved.

Cover design: KünkelLopka, Heidelberg

Japanese translation rights arranged
with Springer-VerlagGmbH& Co. KG, Heidelberg, Germany
through Tuttle-Mori Agency, Inc., Tokyo

- 本書の複製権・翻訳権・譲渡権は株式会社近代科学社が保有します．
- JCOPY 〈(社)出版者著作権管理機構 委託出版物〉
  本書の無断複写は著作権法上での例外を除き禁じられています．
  複写される場合は，そのつど事前に(社)出版者著作権管理機構
  （電話 03-3513-6969，FAX 03-3513-6979，e-mail: info@jcopy.or.jp）の
  許諾を得てください．

序文

　計算幾何学は，1970年代後半にアルゴリズムの設計と解析の一分野として出現した学問分野である．今では，独自のジャーナルをもち，独自の国際会議を開き，活発な活動を続けている多数の研究者を擁する一大研究分野に育っている．研究分野として成功している原因としては，研究対象の問題や得られた解の美しさもあるが，コンピュータグラフィックス，地理情報処理システム (GIS)，ロボティックス等々の応用分野において，幾何的アルゴリズムが基本的な役割を果たしていることも考えられる．

　多くの幾何的問題に対して初期に提案されたアルゴリズムは遅かったり，理解しにくいものであったり，実装も容易でないという欠点が目立った．最近では，新しいアルゴリズム技法が多数開発され，以前の方法を改善したり，単純化するのに役立っている．本書では，最新のアルゴリズムが幅広い読者に知られるように努めた．本書は計算幾何学の講義用の教科書として書かれているが，自習にも適している．

■本書の構造

　全部で16章あるが，(第1章を除いて) どの章もどんな応用に関係しているかを最初に説明している．その後で問題を純粋に幾何的なものに変換し，計算幾何学の手法を用いて解決するという流れである．すなわち，各章では，どんな幾何的問題を考え，それがどんな幾何的概念に関係しており，それをどんな技法で解くかを考えている．どんな応用を選ぶかは，どんな計算幾何学の話題をカバーするかで決めたので，応用分野を全般的にカバーしようとしたのではない．応用を考えるのは，読者に興味をもたせるためである．各章の目的は，すぐに使える解を提供することではない．計算幾何学に関する知識があれば，応用分野での幾何的問題に対して効率のよい解を得るのに役立つと信じるからである．本書がアルゴリズム分野の人々だけではなく，応用分野の人々の興味を掻き立てるものであってほしい．

　本書で扱うほとんどの幾何的問題に対して，実際には様々な解が存在する場合でも，我々は1つしか解を与えていない．一般に，我々は最も理解しやすく，かつ最も実装しやすい解を選んだつもりである．したがって，最も効率のよい解が選ばれているわけではない．また，分割統治法や平面走査法や乱択アルゴリズム (randomized algorithm) のような技法がうまくミックスしたものを選ぶように心がけた．また，どの問題につ

いても，様々な状況で考えることはしなかった．少ない話題について詳細な情報を与えるよりも，計算幾何学における主要な話題をできるだけ広く説明する方が大事だと感じたからである．

いくつかの章には，節番号に星印（アスタリスク）が付けられたものがある．これらの節には，解の改善や拡張が含まれていたり，様々な問題の間の関係が説明されていたりするが，それ以外の部分を理解するのに本質的ではない．

どの章にも**文献と注釈**の節がある．これらの節では，その章で説明した結果がどこで最初に発表されていて，他にどんな解があり，どのような一般化および改善がなされているかを文献を挙げて説明している．読み飛ばしてもよいが，その章の話題についてより詳細な情報を知りたい人にとっては役に立つ情報が含まれている．

各章の終りには多数の演習問題が用意されている．読者が内容を理解しているかどうかをチェックするための簡単な問題から，扱った題材を拡張した複雑なものまである．難しい問題と星印のついた節に関する問題には星印をつけてある．

■講義の概要

本書の章は大体において独立しているが，どんな順序で進んでもよいというわけではない．たとえば，第2章では平面走査法を導入しているので，この技法を利用しているどの章よりも先に読むべきである．同様に，第4章は，乱択アルゴリズムを用いたどの章よりも先に読むべきである．

計算幾何学に関する最初の講義科目では，第1章から10章までを順序どおりに進むことを勧める．これらの章では，計算幾何学と名のつく講義なら含んでいないといけないと思われる概念と技法をカバーしているからである．さらに時間があってより多くの題材をカバーできるなら，残りの章の中から選べばよいだろう．

■予備知識

本書は，カリキュラムに応じて，学部上級生または大学院修士課程の教科書として使うことができる．読者は，アルゴリズムとデータ構造の設計と解析に関して基礎的な知識をもっていることが望ましい．たとえば，ビッグオー記法，ソーティング，2分探索法などの簡単なアルゴリズム技法や平衡探索木を知っているべきである．応用分野に関する知識はまったく必要ではない．幾何に関する知識もあまり必要ではない．乱択アルゴリズムの解析では，非常に初等的な確率論を用いる．

■アルゴリズムの実装

本書のアルゴリズムは，かなり高級なレベルではあるが，十分に詳細まで分かる擬似プログラムの形で提供されているので，実装するのは比較的容易であろう．特に，本書では縮退の場合をどのように扱うべきかを示すように努めた．なぜなら，実際にプログラムを書くときには縮退をどのように扱うかで障害の原因になりやすいからである．

本書のアルゴリズムの1つあるいは複数を実装してみることは非常に役に立つと信じている．実際のアルゴリズムの複雑度がどの程度かを感じることができるからである．各章はプログラミングのプロジェクトと見ることもできる．どの程度の時間をかけるかにもよるが，平易な幾何アルゴリズムを実装したり，応用問題を解くアルゴリズムを実装するのもよいだろう．

幾何アルゴリズムを実装するためには，点，直線，多角形など多数のデータタイプが必要になる．また，それらを操作するための基本的なルーティンも必要になる．これらの基本的なルーティンを計算誤差に対して頑健な形で実装するのは容易なことではなく，時間がかかる．少なくとも一度は挑戦してみるのもよいが，基本的なデータタイプや基本的なルーティンを含んだソフトウェアライブラリを利用可能にするのも役に立つ．そのようなライブラリへのポインタは我々のホームページで見つけることができる．

■ホームページ

本書専用のホームページがあるが，そこには本書の各版に対して蒐集された間違いのリスト，すべての図，およびすべてのアルゴリズムに対する擬似プログラムに加えて，他のリソースが含まれている．そのアドレスは，

    http://www.cs.uu.nl/geobook/

である．

読者が何か間違いを見つけたり，本書に関するコメントがあれば，何でも，上記のホームページを通じて送っていただきたい．

■改訂第3版に関して

改訂第3版では重要な追加が2箇所ある．ボロノイ図に関する第7章では，線分のボロノイ図と最遠点ボロノイ図に関する議論も含めた．また，第12章では，現実的な入力のモデルの紹介として，低密度のシーンに対する空間2分割木に関する節を加えた．さらに，小さい間違いや時には大きな間違いがあったのを訂正した（ホームページに改訂第2版に対する間違いのリストを参照されたい）．また，各章の文献と注釈につい

ても最近の結果と文献を含める改訂を行った．節番号と演習問題の番号は変更しないようにしたので，講義の学生は第 2 版を使い続けることができる．

■謝辞

　教科書を書くというのは，著者が 4 人とはいえ，時間のかかる仕事であった．元の第 1 版に対して，多くの人達から何を本に入れるべきか，何を入れるべきでないか，について貴重な助言をいただいた．また，章を読んでどのように変更すべきかの示唆をもらったり，間違いを見つけたり訂正してもらったりした．さらに多くの人たちからフィードバックをもらうと同時に，最初の 2 版にあった間違いを見つけてもらった．全員に感謝したい．特に，次の人々に感謝したい．Pankaj Agarwal, Helmut Alt, Marshall Bern, Jit Bose, Hazel Everett, Gerald Farin, Steve Fortune, Geert-Jan Giezeman, Mordecai Golin, Dan Halperin, Richard Karp, Matthew Katz, Klara Kedem, Nelson Max, Joseph S. B. Mitchell, René van Oostrum, Günter Rote, Henry Shapiro, Sven Skyum, Jack Snoeyink, Gert Vegter, Peter Widmayer, Chee Yap, Günther Ziegler. また，Springer-Verlag の編集者には，本書，新たな改訂版，さらに他の言語への翻訳（本書の執筆時には，日本語，中国語，およびドイツ語）が完成するまでの助言と援助に対して感謝する．

　最後に，本書が書かれた時期に計算幾何学とその応用に関するプロジェクトを支援していただいたオランダ科学研究組織 (N.W.O.) と韓国研究財団 (KRF) に感謝の意を表したい．

2008 年 1 月

M. ドバーグ
O. チョン
M. ファン クリベルド
M. オーバマーズ

訳者まえがき

　計算幾何学は，幾何的なデータの効率的な処理方法を考案したり，幾何的な計算問題の本質的な計算複雑度を解析することを目的とした理論計算機科学の一研究分野である．1970年代に最初の論文が書かれて以来，着実な進歩を遂げてきた．地理情報処理やコンピュータグラフィックスのような直接的な関係をもつ分野だけではなく，一見幾何とは関係がないと思われる分野でも幾何アルゴリズムが役に立つ例は多い．嘘だと思う方は，ぜひこの本をご購読されたい．

　計算幾何学に関する研究には，主に幾何問題の本質的な計算複雑度を研究する理論研究と，計算幾何学の分野で考案された様々な技法を一見幾何学に関係しないと思われる問題に応用しようとする研究がある．最近の傾向としては，今まで漸近解析のみに興味をもっていた研究者も応用研究に力を入れるなど，計算幾何学の実学的側面を計算幾何学のコミュニティ全体として強調しようとしている．

　このような傾向はかなり一般的で，日本でも文部科学省科学研究費の援助を受けて，当時，京都大学の茨木俊秀教授を代表者とする「特定研究：アルゴリズム工学」というプロジェクトを発足させて，アルゴリズム理論の工学的側面の充実を目指して活発な活動を行った．米国でも同様の動きはあるが，日本ほど組織だったものではないようである．

　一方，ヨーロッパでは先の ALCOM プロジェクト以来，ヨーロッパ各国の研究者が1つの組織の下に実用化を視野に入れた研究を展開してきている．CGAL（シーガル）プロジェクトでは，計算幾何学の様々なアルゴリズムを含んだソフトウェアライブラリーの構築が目的である．いくつかの拠点大学があるが，中心的存在は，オランダのユトレヒト大学とアイントホーフェン大学である．これらの大学は計算幾何学の世界的な研究者を多数輩出しているが，教授がマーク・オーバマーズであるため，マークという名前でないと大学には残れないという，思わず信じてしまいそうな噂がある．本書は4人の著者によって書かれているが，その内の3人はマークである．（初版の）4人目の著者も非常に優秀であるが，マークではなかったためにユトレヒトに残れず（これは嘘），韓国のPOSTECと香港科学技術大学を経て，現在では再び韓国のKAISTで働いている．韓国で韓国人と結婚したために，彼は現在では Otfried Cheong という名前で論文を書いている．2007年に彼がカナダ計算幾何学国際会議で招待講演を行ったとき，プログラムチェアの Jit Bose が，世界遍歴の

訳者まえがき

間に各国の発音の制限のために彼の名前が変化し，最終的には Mark という名前に落ち着いたという紹介を行った．大真面目な紹介だったので，何人かの参加者は信じたのではないだろうか．

上の段落は序文としてはいささか奇妙であるが，要するに言いたかったことは，著者は皆，ヨーロッパにおける計算幾何学の中心的存在だということである．特にオーバマーズ教授は，理論面でも非常に優れた研究をしているが，Silicon Graphics 社に基本的なソフトを多数提供するなど，当初からアルゴリズムを概念的に記述し，解析するだけに留まらず，計算機上に実装することに情熱を傾けてきた人物である．現在は計算幾何の理論研究からは少し距離を置いて，巨額の研究資金を集めてコンピュータゲームの研究所の所長として活躍している．本書には彼の哲学が散りばめられているので，本書を読み進むと，読者の多数はオーバマーズ教の信者になっているのではないだろうか．

訳者にとって本書は 3 冊目の訳書である．翻訳を始めるたびにいつも後悔をするが，今回も例外ではなかった．特に，今回は初めて単独での翻訳であり，誰にも頼れないし，誰にも責任を転嫁できない（？）のが辛いところである．日本語で論文を書くことが少ないせいか，格調の高い日本語は私にとっては遠い存在であるので，格調は捨てて，ひたすら分かりやすさを追求したつもりである．それでも，原著の英語に翻弄されているところがあり，直訳風の日本語になってしまっている所も多いが，ご容赦ねがいたい．

後で後悔することが分かっていて，なおかつ翻訳を決意したのは，本書を読み進むうちに，オーバマーズの哲学に感動し，ついには入信するまでに至ったのが原因である．（オーバマーズ教は日本の一部の危険な宗教とは全く関係がないので，安全そのものである．）具体的には，様々な問題を扱っているが，それぞれについて理論的に最適な（漸近的な計算複雑度の意味で最適ではあるが，実際には多分使い物にならない）アルゴリズムではなく，実際にも効率がよさそうで，しかも解析も比較的容易であるものだけを選んでいる点である．たとえば，本書では与えられた点集合を包含する半径最小の円を求める問題を扱っているが，理論的に最適なアルゴリズムは N. Megiddo による線形計画法に基づいたものであろう．しかし，本書ではそれに全く触れることなく，乱択アルゴリズムだけを示している．そのアルゴリズムは 3 重ループの構造をしているので，見た目には非常に遅そうであるが，解析をしてみると，実は点数に比例する時間しかかかりそうにないことが，比較的初等的な統計の知識だけから導かれる．訳者も実際にプログラムを書いて実行してみたが，実際に非常に効率はよかった．何よりも，プログラムの短さに感激する．

計算幾何学は言うまでもなく幾何の問題を扱っているので，適切な図があれば非常に理解がしやすい．そこで，できる限り沢山の図を用意すべきであるが，研究論文や研究書ではすべての図が本文で参照されなけ

ればならない，という時には厄介と感じる不文律があり，ついつい参照の面倒さゆえに図を省略してしまうことがある．本書では2種類の図を使い分けることで，その問題をうまく解決している．1つは従来どおり本文で参照するために通し番号をつけた図である．もう1つは，図番号なしに使うために，本文の脇に散りばめられているものである．このスタイルを日本語の本で実現することは非常に困難なことのように思えたが，近代科学社では原著の雰囲気を伝えるために，原著と同様に本文領域の縁にそのような図を設けてくださった．実際に原著を読んだときにも，この縁の部分はメモを残すのにも非常によく，今後は日本でも流行するのではないかと思われる．

翻訳のたびに考えることであるが，よい本だからといって翻訳することは正しいことなのだろうか．先日もドイツから友人が来て，講演をした後で，学生には専門的なことを教える前に英語でディスカッションができるだけの力をつけさせる事のほうが大事なのではないかという印象をもらしていた．私は韓国にも友人が多くいるが，韓国では専門科目の講義では原則として英語のテキストを使っているそうである．確かに，韓国の学生の方が英語の成績はずっと良さそうである．国際化が叫ばれているおり，日本が国際水準に追いつけないひとつの原因が英語力にあるとすれば，翻訳された専門書が多いことがマイナスに働いているのではないかと危惧されるところである．だから，今後どんなに感激する本に出会っても，今度は翻訳しようという気は起こさないでおこうと決心を固めているところである．ただ，その決心がいつまで続くかは疑問であるが．

最後に本書のタイトルについて触れておかなければならない．原著のタイトルは"*Computational Geometry: Algorithms and Applications*"であるから，「計算幾何学：アルゴリズムと応用」とでも題するのが適当であろうが，この「計算幾何学」という言葉が曲者である．拙著にも同名のテキストがあるが，問題は書店の係員が幾何学という名前に惑わされて，ほとんどの場合，数学関連の棚に配置されてしまうのである．数学関係者にとってはあまり興味のない対象であり，計算機に興味のある人にとっては目に触れない所に配架されているので，宣伝効果はすこぶる悪いのである．本のタイトルは出版社が決めるので最終的なタイトルはこの時点ではわからないが，たとえばコンピュータジオメトリのような造語を用いて，コンピュータとの関連を強調するものと思われる．

本書の翻訳にあたり，原著者からはLATEXのファイルを送ってもらうなど，全面的に援助してもらった．もつべきは友達だと痛感させられた．ここに心より感謝する．また，訳者と一緒に本書をゼミで一緒に読んでくれた北陸先端科学技術大学院大学の学生諸君（河村君，川口君，川島君，島田君，田中君，長尾君）と初版のときに助手だった小保方さんに感謝する．また，数学に関係する所で相談に乗ってくれた原山君にも感

訳者まえがき

謝する．初版では，近代科学社編集部長の福澤富仁氏には出版にあたり様々な面で有形無形の援助をいただいた．

■改訂第3版に関して

著者の一人であるファンクリベルドにカナダの国際会議で出会ったときに改訂第3版を翻訳する話をもちかけられたときは，改訂部分があまり多くないと聞いていたので内容を検討せずに気軽に引き受けてしまった．確かに，著者らの序文にもあるように，新たな追加は第7章と第12章における新たな節だけであるが，読み進むにつれ，多くの定理や補題の証明が完全に書き直されていることが判明した．そこで，テキスト全体について前回の日本語訳と第3版の原文を文章ごとにチェックし，改訂箇所の洗い出しを行った．最初は簡単に考えていたが，これはかなり大変な仕事量であった．ただ，翻訳文を再検討した結果，多数の誤訳箇所を訂正できたことは結果的によかった．

人名をどのように表記するかは頭の痛い問題である．初版ではカタカナを極力使わずにアルファベット表記で押し通したが，今回は方針を変更して，十分に市民権を得ている名前についてはカタカナ表記を用いることにした．ボロノイ図やダイクストラ法などがその例である．

また，索引についても全面的にやり直した．今回の方針は，原文と同じ索引を目指したことである．そのために，著者らが原文中に散りばめた索引用の情報をそのまま翻訳する形で用いた．最も大事な箇所だけ索引において示すというのが彼らの流儀のようである．

第3版では，近代科学社編集部の小山透氏にはLATEXのコンパイルをはじめ，細部まで面倒を見ていただいた．ここで改めて御礼を申し上げる次第である．

浅野哲夫

金沢にて
2010年1月

目次

1　計算幾何学　　1
　入門
　1.1　凸包の例　　2
　1.2　縮退と頑健性　　10
　1.3　応用分野　　12
　1.4　文献と注釈　　15
　1.5　演習　　18

2　線分交差　　21
　テーマ別地図の重ね合せ
　2.1　線分の交差　　22
　2.2　2重連結辺リスト　　33
　2.3　2つの平面分割の重ね合せ　　37
　2.4　ブール演算　　44
　2.5　文献と注釈　　45
　2.6　演習　　47

3　多角形の三角形分割　　49
　美術館の監視
　3.1　監視員の配置と三角形分割　　49
　3.2　多角形を単調な部分多角形に分割する方法　　53
　3.3　単調な多角形の三角形分割　　61
　3.4　文献と注釈　　65
　3.5　演習　　67

4　線形計画法　　69
　鋳型による製造
　4.1　鋳造に必要な幾何　　70

4.2	半平面の交差	73
4.3	逐次構成法に基づく線形計画法	78
4.4	乱択線形計画アルゴリズム	85
4.5	非有界な線形計画問題の解法	88
4.6*	高次元線形計画法	91
4.7*	最小包含円	95
4.8	文献と注釈	100
4.9	演習	101

5　直交領域探索　　　　　　　　　　　　　　　　105
データベースの検索

5.1	1次元領域探索	106
5.2	*kd*-木	110
5.3	領域木	117
5.4	高次元領域木	121
5.5	一般の点集合	122
5.6*	フラクショナルカスケーディング	124
5.7	文献と注釈	128
5.8	演習	129

6　点位置決定問題　　　　　　　　　　　　　　　　133
現在位置を知ること

6.1	点位置決定と台形地図	134
6.2	乱択逐次構成アルゴリズム	140
6.3	縮退の取扱い	150
6.4*	末尾評価	153
6.5	文献と注釈	157
6.6	演習	159

7　ボロノイ図　　　　　　　　　　　　　　　　　　163
郵便局問題

7.1	定義と基本的な性質	164
7.2	ボロノイ図の計算	168
7.3	線分のボロノイ図	178
7.4	最遠点ボロノイ図	182
7.5	文献と注釈	186
7.6	演習	189

8　アレンジメントと双対性　193
光線追跡法におけるスーパーサンプリング

- 8.1　ディスクレパンシの計算　195
- 8.2　双対性　198
- 8.3　直線のアレンジメント　201
- 8.4　レベルとディスクレパンシ　207
- 8.5　文献と注釈　208
- 8.6　演習　211

9　ドロネー三角形分割　215
高さ方向の補間

- 9.1　平面上の点集合の三角形分割　217
- 9.2　ドロネー三角形分割　220
- 9.3　ドロネー三角形分割の計算　224
- 9.4　解析　230
- 9.5*　乱択アルゴリズムの枠組み　234
- 9.6　文献と注釈　241
- 9.7　演習　242

10　幾何データ構造　247
ウィンドウ処理

- 10.1　区間木　248
- 10.2　プライオリティ探索木　255
- 10.3　区分木　260
- 10.4　文献と注釈　267
- 10.5　演習　269

11　凸包　273
物体の混合

- 11.1　3次元空間における凸包の複雑度　275
- 11.2　3次元空間での凸包の計算　276
- 11.3*　解析　281
- 11.4*　凸包と半空間の交差　284
- 11.5*　ボロノイ図（その2）　287
- 11.6　文献と注釈　288
- 11.7　演習　290

12 空間2分割 293
塗り重ね法

12.1 BSP木の定義 295
12.2 BSP木と塗り重ね法 297
12.3 BSP木の構成法 298
12.4* 3次元空間でのBSP木のサイズ 303
12.5 低密度のシーンに対するBSP木 307
12.6 文献と注釈 315
12.7 演習 317

13 ロボットの移動計画 321
目的地への行き方

13.1 作業空間とコンフィギュレーション空間 322
13.2 点ロボット 325
13.3 ミンコフスキー和 330
13.4 並進移動計画 337
13.5* 回転を許した場合の移動計画 340
13.6 文献と注釈 344
13.7 演習 347

14 4分木 349
非一様なメッシュ生成

14.1 一様なメッシュと非一様なメッシュ 350
14.2 点集合に対する4分木 352
14.3 4分木からメッシュへ 359
14.4 文献と注釈 362
14.5 演習 364

15 可視グラフ 367
最短経路の発見

15.1 点ロボットに対する最短経路 368
15.2 可視グラフを求める方法 371
15.3 並進多角形ロボットに対する最短経路 375
15.4 文献と注釈 376
15.5 演習 378

16 単体領域探索
ウィンドウ操作（その2） ... 381

16.1 分割木 ... 382
16.2 マルチレベル分割木 ... 390
16.3 切断木 ... 393
16.4 文献と注釈 ... 399
16.5 演習 ... 402

参考文献 ... 405

索引 ... 421

1 計算幾何学

入門

大学のキャンパスを歩いていて，突然大事な電話をしなければならなくなった場合を考えてみよう．キャンパスには公衆電話はたくさんあるが，もちろん最も近くにある電話を見つけたい．しかし，どの電話が最も近いだろうか．こんなとき，キャンパスのどこにいても，一番近い公衆電話を教えてくれる地図があったら助かるだろう．その地図では，キャンパスが領域に区切られていて，それぞれの領域に対して一番近い公衆電話が示されているのである．このとき，これらの領域はいったいどんな形をしているだろうか．また，そのような領域はどうすれば求められるだろうか．

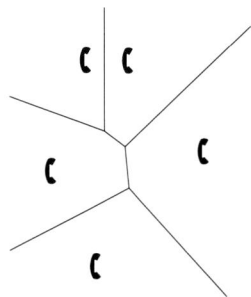

これが非常に重要な問題だと言うわけではないが，多くの実際的な場面で役にたつ基本的な幾何学的概念の基礎を説明している．キャンパスを領域に分割したものは，いわゆる**ボロノイ図** (Voronoi diagram) と呼ばれるものであるが，これについては本書の第 7 章で述べる．ボロノイ図は，異なる都市の商業圏をモデル化したり，ロボットの誘導やさらには水晶の成長のシミュレーションに使うことができる．ボロノイ図のような幾何構造の計算には幾何アルゴリズムが必要である．そのようなアルゴリズムが本書のトピックである．

2 番目の例：最も近い公衆電話の場所が分かったとしよう．キャンパスマップをもっていれば，壁や他の障害物にぶつからずに電話にたどり着ける比較的短い経路を見つけるのはそれほど問題はないだろう．しかし，同じことをロボットにさせるためのプログラムを書くのははるかに難しい．ここでも問題の核心は幾何である．多数の幾何的障害物が与えられたとき，障害物に衝突せずに 2 点間を結ぶ短い経路を見つけたい．この問題は**移動計画問題** (motion planing) と呼ばれるものであるが，ロボティックス (robotics) における最も重要な問題である．第 13 章と 15 章では移動計画問題に必要な幾何アルゴリズムを説明する．

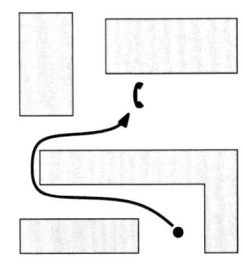

3 番目の例：地図を 1 つではなく 2 つもっているものとしよう．一方は，公衆電話を含めて様々な建物の説明があり，他方はキャンパス内の道が示されている．その公衆電話への移動を考えるためには，これらの地図を**重ね合わせる**必要がある．すなわち，2 つの地図の情報を組み合わ

せなければならない．地図の重ね合せ (map overlay) は地理情報システム (Geographic Information System, GIS) における基本操作の1つである．これ以外にも，一方の地図にある物体の位置を他方の地図上で見つけることとか，様々な特徴の共通部分を計算することなどの操作が含まれる．第2章ではこの問題を扱っている．

これらは，解を求めるのに注意深く設計された幾何アルゴリズムを必要とする幾何問題を単に3つあげたものである．1970年代に，計算幾何学の分野がこのような幾何問題を扱うものとして発生した．計算幾何学は，漸近的に効率のよい正確なアルゴリズムに焦点を合わせた，幾何物体に対するアルゴリズムとデータ構造の系統的な研究として定義することができる．幾何的問題から派生する挑戦的な問題が多数あるが，多数の研究者たちがそれに魅了されてきた．問題の定式化からエレガントな解に至る道は長く，難しく，準最適な中間結果が途中に含まれていることが多かった．今日では，効率がよく，比較的理解しやすく実現しやすい幾何アルゴリズムが多数得られている．

本書では，計算幾何学の分野で開発された最も重要な概念，技法，アルゴリズム，さらにデータ構造を説明するが，読み終わった後で読者が計算幾何学で得られている結果を適用してみたいと思うようになれば上出来である．学習には動機が重要である．そのために，どの章でも幾何アルゴリズムがなければ解けない現実の幾何学的問題を与えている．計算幾何学の幅広い応用可能性を示すために，問題は様々な応用分野から取ってきている．ロボティックス，コンピュータグラフィックス，CAD/CAM，地理情報処理システムなどである．

読者はこれらの応用分野における主要な問題に対して直ちに実装可能なソフトウェアの解を期待してはいけない．どの章でも計算幾何学における1つの概念だけを扱っている．応用例は，概念を導入し，動機づける役目を果たしているだけである．また，工学的な問題をモデル化し，正確な解を求める過程を説明することも本書の目的の1つである．

1.1 凸包の例

幾何学的性質をもつ問題に対してよいアルゴリズムを考える場合，大抵は次に述べる2通りの方法でうまくいく．1つは，問題の幾何学的性質をよく理解して利用することであり，他方は適切なアルゴリズム技法とデータ構造を選んで適用することである．問題のもつ幾何学的性質が分からなければ，本書のどのアルゴリズムも効率のよい解法を得る助けにはならないだろう．一方，問題の幾何学的性質を完全に理解できた場合でも，適切なアルゴリズム技法を知らなければ，効率のよい解法を見つけるのは困難であろう．本書の目的は，最も重要な幾何学的概念とアルゴリズム技法を完全に理解させることである．

幾何アルゴリズムを開発するときに生じる問題点を説明するために，本節では計算幾何学における最初の研究成果である，平面上での凸包計算について説明する．この問題の動機については説明を省略する．興味があれば，第 11 章の序論において 3 次元空間における凸包 (convex hull) を説明しているので，そちらを参照されたい．

第 1.1 節
凸包の例

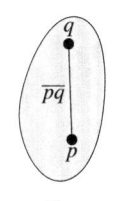
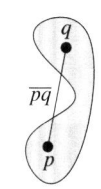

凸　　　凸ではない

平面の部分集合 S が凸 (convex) であるための必要十分条件は，S の中の任意の 2 点 p, q に対して，線分 $\overline{pq}$ が S に完全に含まれることである．集合 S の凸包 $\mathcal{CH}(S)$ とは，S を含む最小の凸集合 (convex set) のことである．もっと正確に言うと，S を含むすべての凸集合の共通部分である．

ここでは，平面上の n 点からなる有限集合 P の凸包を構成する問題について考えよう．凸包がどのように見えるか，思考実験をしてみよう．平面上の点に対応させて板の上に釘を打ちつけ，それにゴムバンドを掛けた後で手をはなしてみよう．すると，ゴムバンドは長さが最小になるように，釘の周りに張り付くことになるだろう．ゴムバンドで囲まれた部分が P の凸包である．これにより，平面上の点からなる有限集合 P の凸包を次のような形で定義できることが分かる．すなわち，点集合 P の凸包とは，P の点を頂点とし，P のすべての点を含む唯一の凸多角形のことである．もちろん，これが明確に定義されたもの (well-defined) であること，すなわち，そのような多角形はユニークに定まること，およびこの定義が先に与えた定義と等価であることを厳密に証明するべきであるが，ここでは省略する．

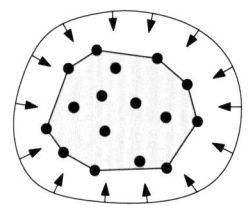

では，凸包はどうやって求めればよいだろうか．この質問に答える前に，先に別の質問をしなければならない．すなわち，凸包を求めるとはどういうことなのか．上に述べたように，P の凸包は凸多角形である．多角形を表現する自然な方法は，その頂点を任意の頂点から始めて時計回りの順に列挙していくというものである．そうすると，解きたい問題は次のようになる．平面上に点集合 $P = \{p_1, p_2, \ldots, p_n\}$ が与えられたとき，P の点で $\mathcal{CH}(P)$ の頂点となっているものを時計回りの順に並べたリストを求めよ．

入力 ＝ 点集合：
$p_1, p_2, p_3, p_4, p_5, p_6, p_7, p_8, p_9$
出力 ＝ 凸包の表現：
p_4, p_5, p_8, p_2, p_9

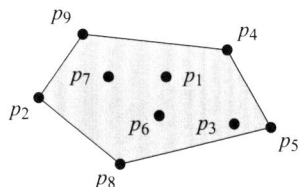

図 1.1
凸包の計算

凸包の定義を 2 通り見てきたが，凸包を求めるアルゴリズムを考える上では，最初の定義はあまり役に立たない．その定義では，P を含むすべての凸集合の共通部分を求める必要があるが，そのような凸集合は無限に存在するからである．$\mathcal{CH}(P)$ は凸多角形であるという観察の方が役に

立つ．では，何が $\mathcal{CH}(P)$ の辺なのかを見てみよう．そのような辺の両端点を p,q とするとき，両方とも P の点である．p と q を通る直線に方向をつけて，$\mathcal{CH}(P)$ の内部が右にくるようにすると，P の点はすべてこの直線の右に存在することになる．逆も成り立つ．すなわち，$P \setminus \{p,q\}$ の点がすべて p と q を通る直線の右にあるなら，$\overline{pq}$ は $\mathcal{CH}(P)$ の辺である．

問題の幾何学的性質について分かったので，アルゴリズムを設計することができる．ここでは，本書を通して用いる擬似プログラムの形式でアルゴリズムを記述しよう．

アルゴリズム SLOWCONVEXHULL(P)
入力：平面上の点集合 P．
出力：$\mathcal{CH}(P)$ の頂点を時計回りの順に含むリスト $\mathcal{L}$．
1. $E \leftarrow \emptyset$．
2. **for** $p \neq q$ であるすべての順序対 $(p,q) \in P \times P$
3. **do** $valid \leftarrow$ **true**
4.   **for** p,q のどちらとも異なるすべての点 $r \in P$
5.   **do if** r が p から q への有向直線の左にある
6.   **then** $valid \leftarrow$ **false**．
7.   **if** $valid$ **then** 有向辺 $\vec{pq}$ を E に追加．
8. 辺集合 E から，時計回りの順にソートされた $\mathcal{CH}(P)$ の頂点集合のリスト $\mathcal{L}$ を構成する．

上記のアルゴリズムにおいて，曖昧さの残るステップが2つある．

1つは，5行目である．どうすれば点が有向直線の左右どちらにあるかを判定できるだろうか．これは，ほとんどの幾何アルゴリズムにおいて必要になる基本的な操作 (primitive operation) の1つである．本書を通して，このような操作は実行できるものと仮定している．これが定数時間でできることは明白であるから，漸近的な実行時間のオーダーには影響を与えない．このような操作は重要ではないとか，自明だと言っているわけではない．この操作を誤りなく実行することは簡単ではなく，どのように実現するかでアルゴリズムの実際の実行時間には大きな影響を与える．幸いにも，そのような基本的な操作を含んだソフトウェアライブラリが今日では利用できるので，5行目の判定について悩むことはないのである．そこで，このような判定を定数時間で実行する関数が利用できるものと仮定して話を進める．

説明を要するもう1つの曖昧なステップは最後のステップである．2～7行目のループにおいて凸包の辺集合 E を求めている．E からリスト $\mathcal{L}$ を構成する方法は次のとおりである．E の辺は方向づけられているから，辺の始点と終点が意味をもつ．辺の方向は，他の点がその右にくるように決めたから，頂点を時計回りの順に列挙したとき，辺の終点はその始

点の後に現れることになる．さて，E から任意の辺 $\vec{e_1}$ を取り除いてみよう．$\vec{e_1}$ の始点を最初の点として $\mathcal{L}$ に入れ，終点を2番目の点として入れる．E の中で，その始点が $\vec{e_1}$ の終点であるような辺 $\vec{e_2}$ を見つけ，それを E から取り除き，その終点を $\mathcal{L}$ に付加する．次に，$\vec{e_2}$ の終点を始点とする辺 $\vec{e_3}$ を見つけ，それを E から取り除いて，その終点を $\mathcal{L}$ に追加する．同じことを，E に1本の辺しか残らなくなるまで繰り返す．これで終りである．残った辺の終点は必然的に $\vec{e_1}$ の始点であるが，それは $\mathcal{L}$ の最初の点である．この手続きを単純に実行すると $O(n^2)$ の時間がかかる．これを $O(n \log n)$ に改善するのは容易であるが，いずれにせよ，アルゴリズムの残りの部分の実行に要する時間が全体の実行時間を左右する．

第1.1節
凸包の例

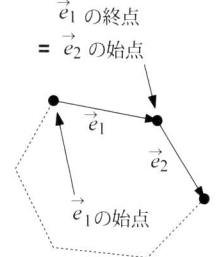

SLOWCONVEXHULL の時間複雑度の解析は容易である．そこでは $n^2 - n$ 通りの点対を調べている．各点対に対して，残りの $n - 2$ 個の点を調べ，すべての点がその右側にあるかどうかを判定する．これに全体で $O(n^3)$ 時間かかる．最後のステップに $O(n^2)$ 時間かかるから，全体の実行時間は $O(n^3)$ ということになる．実行時間が3乗に比例するようなアルゴリズムは，入力のサイズが十分小さくなければ遅すぎて実用的には使い物にならない．問題は，賢いアルゴリズム設計技法を何も使わなかったことである．幾何学的な洞察を腕力でアルゴリズムに組み込んだだけのことである．しかし，アルゴリズムの改善を考える前に，このアルゴリズムについていくつか観察をしておくと，後で役に立つ．

まず，点対 p, q が $\mathcal{CH}(P)$ の辺になっているかどうかの基準を得るのに少し注意が足りなかった．点 r は，p と q を通る直線の右か左のどちらかにあるとは必ずしも言えない．ちょうど直線上にあることもあるからである．ではどうすればよいだろうか．これが，**縮退した場合** (degenerate case)，あるいは短く**縮退** (degeneracy) と呼んでいるものである．最初に問題の解法を考えるときには，問題の幾何学的性質を見出そうとするときに些細なことに惑わされないように，このような状況を無視して話を進めることが多い．しかしながら，そのような状況は現実には起こりうる．たとえば，画面上でマウスをクリックすることによって点のデータを作る場合，どの点も比較的小さな整数座標値をもつことになるから，3点が同一直線上に並ぶことは十分にありうることである．

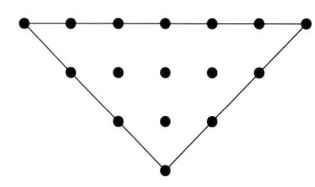

縮退があってもアルゴリズムを正しく動作させるためには，上記の基準を次のように再定式化しなければならない．有向辺 $\vec{pq}$ が $\mathcal{CH}(P)$ の辺であるのは，他のどの点 $r \in P$ も p と q を通る直線より厳密に右にあるか，あるいは，開線分 $\overline{pq}$ 上にあるときであり，かつそのときに限る．（P のどの2点も異なると仮定しておく．）そこで，アルゴリズムの5行目の判定文はもっと複雑なものに変更しておかなければならない．

ここまではアルゴリズムの出力の正当性に影響を与えるもう1つの重要な問題点を無視してきた．つまり，暗黙のうちに，点と直線の間の左右関

第1章
計算幾何学

係を正確に判定できるものと仮定していた．しかし，これは常に正しいわけではない．点の座標値が浮動小数点数 (floating-point arithmetic) の形で与えらるものとし，途中の計算も不動小数点数を用いた計算によって実行されるとすると，丸め誤差 (rounding error) が生じて間違った判定結果を得てしまうことがある．

たとえば，3点 p,q,r がほぼ一直線上にあるものとし，他の点はすべてそのはるか右に存在するものとする．本書のアルゴリズムでは点対 $(p,q),(r,q),(p,r)$ を調べるが，これらの点はほぼ1直線上にあるから，丸め誤差によって，r は p と q を通る直線の右にあり，p は r と q を通る直線の右にあり，しかも q は p と r を通る直線の右にあると判断されてしまうことがある．もちろん，そんなことは幾何学的には不可能である．しかし，浮動小数点数を用いた計算の知ったことではない！　このような場合，本アルゴリズムは3本の辺をすべて受け入れてしまう．さらに悪いことには，3回の判定ですべて反対の答を与えてしまうことがあるが，その場合にはアルゴリズムはこれら3本の辺をすべて捨ててしまうので，凸包の境界にギャップが生じてしまう．さらに，アルゴリズムの最後の段階で凸包頂点のソート列を作ろうとすると，さらに深刻な問題に遭遇する．この段階では，凸包のどの頂点においてもちょうど1つの辺が始まり，そしてちょうど1つの辺が終わっていることを仮定している．しかし，丸め誤差によって頂点 p から始まる辺が突然2本になったり，または全くなくなってしまったりする．これが原因となって上記の単純なアルゴリズムが破綻してしまうことがある．最後のステップはそのような矛盾のあるデータを扱えるようには設計されていなかったからである．

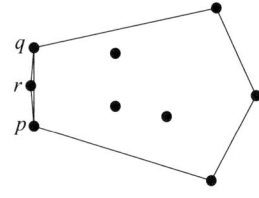

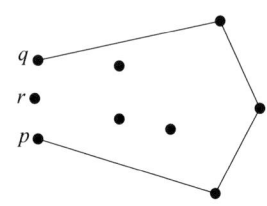

アルゴリズムが正しく動作すること，および特別な場合もすべて扱えることを証明したが，このアルゴリズムはそれほど**頑健** (robust) ではない．計算の途中で生じた些細な誤差のせいでアルゴリズムがまったく予期しない間違いを犯してしまうことがあるからである．どこに問題があったかというと，実数に対しても正しい数値計算が実行できることを仮定して正当性を証明したことにある．

以上，初めての幾何アルゴリズムを設計した．それは平面上の点集合の凸包を計算するものであったが，非常に遅いものであった．実際，$O(n^3)$ の実行時間を要した．縮退についても未熟な方法でしか対処できなかったし，数値誤差に対して頑健でもなかった．では，どうすれば改善できるだろう．

そこで，**逐次構成法** (incremental algorithm) と呼ばれる標準的なアルゴリズム設計の技法を適用してみよう．ここでは**逐次構成アルゴリズム** (incremental algorithm) を開発しよう．すなわち，P の点を1点ずつ加えていきながら，解を更新していくというものである．この方法に幾何学的な味付けをするために，点を左から右への順に加えていくものとしよう．

そこで，最初に点をその x 座標値の順にソートして，ソート列 $p_1,\ldots,p_n$ を得ておき，その順序で点を添加していく．左から右へ処理を進めていくから，凸包の頂点も境界に沿って左から右の順序にならべておくと便利である．しかし，そのようにはなっていない．そこで，まず凸包上の点の中で**上部凸包** (upper hull) 上にあるものだけを求める．これは，凸包の最も左の頂点 p_1 から右端の頂点 p_n まで凸包の頂点を時計回りの順にたどったときの境界である．すなわち，凸包の上部境界は，凸包を上から限定する凸包の辺を含んでいる．右から左へと実行される 2 番目の走査で，凸包の残りの部分，すなわち**下部凸包** (lower hull) を計算する．

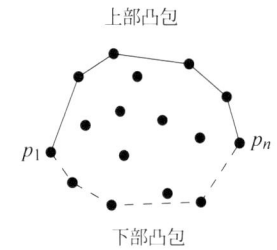

第 1.1 節
凸包の例

逐次構成法における基本操作は，点 p_i を加えた後で上部凸包の更新することである．言い換えると，点 $p_1,\ldots,p_{i-1}$ に対する上部凸包が与えらたとき，$p_1,\ldots,p_i$ に対する上部凸包を計算しなければならない．これは次のようにすればできる．多角形の境界を時計回りの方向にたどるとき，各頂点において進行方向が変わる．任意の多角形を対象にすると，右に行くことも左に行くこともあるが，凸多角形ではどの頂点でも右方向に行くしかない．このことから，点 p_i の追加は次のようにすればよいことが分かる．上部凸包の頂点を左から右の順に並べたリストを $\mathcal{L}_{\text{upper}}$ としよう．まず，p_i をリスト $\mathcal{L}_{\text{upper}}$ に追加する．p_i はこれまでに加えられた頂点の中で最も右の点であるから，必ず上部凸包上にある．よって，p_i の追加は正しい．次に，$\mathcal{L}_{\text{upper}}$ の最後の 3 点が右回りになっているかどうかを判定する．もし右回りなら，何もしなくてよい．このとき，リスト $\mathcal{L}_{\text{upper}}$ は $p_1,\ldots,p_i$ の上部凸包の頂点を含んでいるので，次の点 p_{i+1} に進むことができる．しかし，最後の 3 点が左回りになっているときは，その内の中央の点を上部凸包から削除しなければならない．この場合にはまだ処理が残っている．削除後の最後の 3 点がまだ右回りでないかもしれないからである．その場合には再び中央の点を削除しなければならない．このようにして，最後の 3 点が右回りになるか，あるいは 2 点しか残らなくなるまで，この操作を続ける．

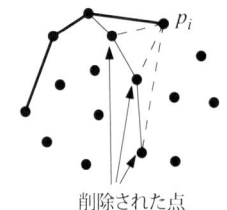

削除された点

では，アルゴリズムを擬似プログラムの形で記述してみよう．この擬似プログラムでは，上部凸包だけでなく下部凸包も求める．下部凸包を求める場合には，点を右から左の順に走査しながら，上部凸包の場合と同様の計算を行う．

アルゴリズム CONVEXHULL(P)
入力：平面上の点集合 P．
出力：$\mathcal{CH}(P)$ の頂点を時計回りの順に並べたリスト．
1.　点を x 座標値の順にソートし，得られたソート列を $p_1,\ldots,p_n$ とする．
2.　リスト $\mathcal{L}_{\text{upper}}$ を (p_1, p_2) と初期設定する．
3.　**for** $i \leftarrow 3$ **to** n

第1章
計算幾何学

4.   **do** p_i を $\mathcal{L}_{\text{upper}}$ に追加する．
5.   **while** $\mathcal{L}_{\text{upper}}$ が 3 点以上を含んでいて，しかも $\mathcal{L}_{\text{upper}}$ の最後の 3 点が右回りでない
6.   **do** 最後の 3 点のうちの中央の点をリスト $\mathcal{L}_{\text{upper}}$ から削除．
7. リスト $\mathcal{L}_{\text{lower}}$ を (p_n, p_{n-1}) と初期設定する．
8. **for** $i \leftarrow n-2$ **downto** 1
9.   **do** p_i を $\mathcal{L}_{\text{lower}}$ に追加する．
10.   **while** $\mathcal{L}_{\text{lower}}$ が 3 点以上を含んでいて，しかも $\mathcal{L}_{\text{lower}}$ の最後の 3 点が右回りでない
11.   **do** 最後の 3 点のうちの中央の点をリスト $\mathcal{L}_{\text{lower}}$ から削除．
12. 上部と下部の凸包は最初の点と最後の点が同一であるので，その重複を避けるために $\mathcal{L}_{\text{lower}}$ からそれらの 2 点を削除する．
13. $\mathcal{L}_{\text{lower}}$ と $\mathcal{L}_{\text{upper}}$ を連結し，得られたリストを $\mathcal{L}$ と呼ぶ．
14. **return** $\mathcal{L}$

再び詳細に見てみると，上記のアルゴリズムも正しくないことが分かる．すなわち，断りなくどの 2 点も同じ x 座標値をもたないと仮定していた．この仮定が成り立たなければ x 座標順の順序には曖昧さがある．しかしながら，幸運にもこれは深刻な問題にはならない．単に上記の順序をうまく一般化すればよいだけである．順序を定義するのに x 座標値だけを使うのではなく，辞書式順序を使えばよい．すなわち，最初は x 座標値に関してソートし，同じ x 座標値をもつ点については y 座標値に関してソートする．

正しくない順序

もう 1 つ無視してきた特別なケースがある．すなわち，3 点について右回りか左回りかを判定してきたが，3 点が同一直線上にある場合は無視してきた．この場合，中央の点は凸包の頂点とはならないから，同一直線上にある場合には左回りの場合と同じとして扱ってよい．言い換えると，3 点が右回りの場合にだけ真を返し，それ以外の場合には偽を返す判定文を用いればよい．（このように解釈を変更した方が判定が単純になっていることに注意．）

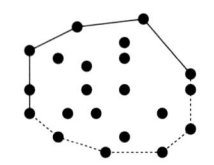

このように変更したアルゴリズムは正しく凸包を求める．最初の走査で，辞書式順序で最小の頂点から最大の頂点に至る凸包の部分として定義される上部凸包を計算する．その後，2 回目の走査で凸包の残りの部分を求める．

では，浮動小数点数の計算において丸め誤差があったとき，上記のアルゴリズムがどのように振る舞うかを考えてみよう．そのような誤差があれば，本来凸包上にあるべき点が削除されたり，凸包内部の点が削除されずに残るといった事態が生じる可能性がある．しかしながら，アルゴリズムの構造を変えなければならないほどではない．というのは，とにかく閉じた多角形チェイン (polygonal chain) が求まるからである．結局，多

角形の頂点を時計回りの方向に並べたリストと解釈できる点のリストが出力され，連続するどの3点をとっても本当に右回りになっているか，あるいは丸め誤差の影響でほぼ右回りであるかのいずれかである．さらに，P のどの点も求められた凸包のはるか外部にあることはないからである．唯一問題となりうるのは，3点が非常に接近しているとき，実際には鋭く左に回転しているのにもかかわらず右回りと解釈されてしまう場合である．そのような場合には出力多角形に凹みが含まれてしまうことになる．このような事態を避ける1つの方法は，たとえば座標値の丸めによって，入力の時点で非常に近い点を同一の点として扱うことである．そうすると，出力は正確には正しくないかもしれないが，道理にはかなっている．計算が正確でなければ，正確な結果を求めるのは無理なのである．この程度の解決法で十分であるという応用例は多い．しかし，基本的な判定文を実行する際に誤差をできるだけ避けるように注意するのがよい．

以上をまとめたのが次の定理である．

定理 1.1 平面上の n 点からなる集合の凸包は $O(n \log n)$ 時間で計算できる．

証明 上部凸包の計算が正しいことを証明しよう．下部凸包の計算については同様にして正しさが保証できる．扱う点の個数に関する帰納法によって証明を行う．**for** ループに入る前の時点において，リスト $\mathcal{L}_{\text{upper}}$ は 2 点 p_1 と p_2 を含んでいるが，これらは明らかに $\{p_1, p_2\}$ の上部凸包である．さて，$\mathcal{L}_{\text{upper}}$ は $\{p_1, \ldots, p_{i-1}\}$ の上部凸包の点からなるとし，これに p_i を加えるものとする．帰納法の仮定からも言えるが，**while** ループの実行後では，$\mathcal{L}_{\text{upper}}$ 上の点は右にだけ曲がるチェインを形成していることが分かっている．さらに，そのチェインは $\{p_1, \ldots, p_i\}$ において辞書式順序で最小の点から始まり，辞書式順序で最大の点，すなわち p_i で終わっている．したがって，もし $\{p_1, \ldots, p_i\}$ の点の中で $\mathcal{L}_{\text{upper}}$ に含まれていない点がすべてそのチェインより下にあることを示すことができれば，$\mathcal{L}_{\text{upper}}$ は正しい点を含んでいることになる．帰納法の仮定により，p_i を加える前は，このチェインより上には点はなかったことが分かっている．以前のチェインは必ず新たなチェインより下にあるから，新たなチェインより上に点が存在する可能性としては，その点が 2 点 p_{i-1} と p_i にはさまれた垂直スラブ領域にある場合しか考えられないが，そんなことは不可能である．なぜなら，辞書式順序でそれら 2 点の間に上記のような点が存在するはずがないからである．（正確を期すためには，p_{i-1} と p_i の x 座標値が同じだったり，それらの点が他の点と同じ x 座標値をもつような場合についても同様の議論が成り立つこと確かめなければならない．）

計算時間の解析は次のとおりである．まず，辞書式順序のソーティングは $O(n \log n)$ 時間でできる．そこで，上部凸包の計算時間について考えよう．**for** ループは線形回数，すなわち $O(n)$ 回だけ繰り返される．残

第 1.1 節
凸包の例

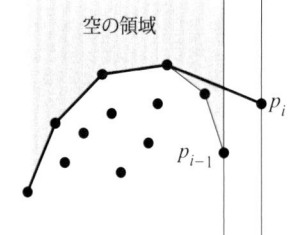

された問題は，内側の while ループが何回実行されるかである．for ループの毎回の繰返しに対して，while ループは最低 1 回は実行される．2 回以上実行される場合には，その時点での上部凸包から 1 点が削除される．上部凸包を構成していく間にどの点も高々一度しか削除されることはないから，for ループ全体にわたって while ループが 2 回以上実行される回数の合計は n で抑えられる．同様に，下部凸包の計算も $O(n)$ 時間でできる．結局，ソーティングに要する時間が支配的になり，凸包を計算するための時間は全体で $O(n \log n)$ となる． □

最終的な凸包計算のアルゴリズムは記述が簡単で，しかも容易に実装できるものである．必要なのは辞書式順序でのソート処理と，連続する 3 点が右回りかどうかの判定だけである．最初に問題を定義したときには，このように簡単で効率のよい解が存在することは想像もつかなかったことであろう．

1.2　縮退と頑健性

前節では，幾何アルゴリズムは 3 つの段階に分けて開発されることが多いことを見た．

最初の段階では，扱っている幾何学的概念の理解を混乱させるものをすべて無視しようとする．同一直線上に 3 点以上ある場合とか，垂直線分がある場合に困ることがある．最初にアルゴリズムを設計したり理解しようとする場合，このような縮退した場合 (degenerate case) を無視すると都合がよいことが多い．

第 2 段階では，第 1 段階で設計されたアルゴリズムが縮退のある場合にも正しく動作するように調節しなければならない．初心者は非常に多数の例外処理を付け加えることで解決しようとすることが多いが，多くの場合にもっとよい解決方法がある．問題の幾何学的性質を再考してみると，特殊な場合を一般の場合に統合できることが多い．たとえば，凸包を求めるアルゴリズムにおいて x 座標値の代わりに辞書式順序を使うだけで同じ x 座標値をもつ点を正しく扱うことができた．本書の大部分のアルゴリズムでは，特殊な場合をこのように統合的に扱うように心がけている．とは言うものの，最初に読むときはそのような場合を考えない方が簡単である．一般的な場合についてアルゴリズムがどのように動作するかを理解できたら，その後で初めて縮退の場合について考えればよい．

　計算幾何学の文献の中には，特殊な場合を無視するために入力に関して特殊な仮定を置いていることが多い．凸包問題の例では，どの 3 点も同一直線上にはなく，どの 2 点も同じ x 座標値をもたないと言うだけで特殊な場合を無視することもできた．理論的な観点からすると，その

ような仮定は許されるのが普通である．そのような場合，目標は問題の計算複雑度を確立することであり，詳細にすべての場合を尽くすのは面倒ではあるが，漸近的複雑度を増やすことなく縮退の場合を扱うことが可能になることは多いからである．しかしながら，特殊な場合というのは実装時の複雑度を増大させることは確実である．今日では，計算幾何学のほとんどの研究者は，**一般の位置** (general position) に関する仮定が実際の応用例では成り立たないことも，特殊な場合を統合的に扱うのが最善の方法であることも知っている．さらに，**記号的摂動法** (symbolic perturbation) と呼ばれる一般的な技法があり，これを用いると，設計と実装の段階で特殊な場合を無視しても，得られたアルゴリズムは縮退がある場合でも正しく動作するようにできるのである．

第 3 の段階は実際の実装である．今度は，点が有向直線の左右どちらにあるのか，あるいは直線上にあるのかの判定のような基本的な操作の実現を考えなければならない．ついていれば利用可能な幾何ソフトウェアライブラリが必要な操作を含んでいるかもしれないが，そうでなければ自分で実装しなければならない．

　実装の段階で問題になるもう 1 つの問題は，実数を扱う場合には，「誤差なし計算」(exact arithmetic) の仮定が崩れるので，その結果何が起こるかを理解しておく必要があることである．頑健さの問題 (robustness problem) は幾何アルゴリズムを実装する上でフラストレーションの原因となりやすい．頑健さの問題を解決するのは容易ではない．1 つの解は，(問題のタイプに応じて整数や有理数，さらには代数的な数を用いることによって実現された) 誤差なし計算を与えるパッケージを利用することであるが，遅いのが欠点である．別の方法として考えられるのは，アルゴリズムに矛盾を見つけさせて，プログラムが破綻するのを防ぐための適切な処置をとらせるというものである．この場合，アルゴリズムの出力の正しさを保証することはできないが，出力がもつ正確な性質を確立することは重要なことである．同じことを，前節で凸包アルゴリズムを開発するときにも行った．結果は必ずしも凸多角形とは限らないが，出力の構造は正しく，出力の多角形は凸包に非常に近いことが分かっている．最後に，入力に基づいて，問題を正しく解くために必要な数値表現の精度を予測することが可能である．

　どの方法が最適かは応用によって異なる．速度が問題でないなら，誤差なし計算が望ましい．それ以外の場合にはアルゴリズムの出力結果が正確であることはさほど重要ではない．たとえば，点集合の凸包を表示する場合には，多角形が真の凸包からほんの少しだけずれていてもほとんど気がつかないだろう．このような場合，浮動小数点数計算に基づいて注意深く実装すればよい．

　本書では，今後，幾何アルゴリズムをいかに設計するかに焦点を絞り，実装の段階で生じる問題についてはあまり触れないことにする．

第 1.2 節
縮退と頑健性

1.3 応用分野

前述したように，本書では，幾何学的概念，アルゴリズム，データ構造を紹介するたびに動機となる応用例を与えることにしている．ほとんどの応用例は，コンピュータグラフィックス，ロボティックス，地理情報処理システム，CAD/CAM などの分野から生じたものである．これらの分野になじみのない読者に対してこれらの分野を簡単に紹介し，それぞれの分野でどのような幾何問題があるかを示すことにしよう．

■コンピュータグラフィックス

コンピュータグラフィックスはモデル化されたシーンの画像を計算によって作り出して，コンピュータ画面やプリンタなどの出力媒体上に表示することを目的とする研究である．シーンとしては，直線や多角形のような基本的な物体からなる単純な 2 次元の図から，光源や模様などを含んだ本物そっくりの 3 次元シーンに至るまで様々である．後者のタイプのシーンでは 100 万個以上の多角形や曲面片が含まれていることもありうる．

シーンは幾何学的物体から構成されているから，コンピュータグラフィックスでは幾何アルゴリズムが重要な役割を果たす．

2 次元のグラフィックスでは，典型的な問題としては，基本図形どうしの交差を見つけたり，マウスで指定された基本図形を求めたり，特定の領域に存在する基本図形の部分集合を求めたりすることが考えられる．第 6, 10, 16 章では，これらの問題に役に立つ技法を説明する．

同じ幾何問題でも 3 次元ではより難しくなる．3 次元のシーンを表示する際に最も重要なのは隠面除去である．すなわち，シーンのどの部分が与えられた視点から見えるかを求める問題である．言い換えると，他の物体の後に隠れてしまう部分を如何に捨てるかの問題である．第 12 章では，この問題に対する 1 つの方法について学ぶ．

本物そっくりに見えるシーンを作り出すためには光線を考慮する必要があるが，そのために新たに多くの問題が生じる．影の計算などがその一例である．したがって，本物そっくりの画像を合成するには，光線追跡法 (ray tracing) やラディオシティ法 (radiosity) に代表される複雑な表示技法が必要である．移動する物体を扱う場合や仮想現実 (virtual reality) への応用では，物体間の衝突の検出が重要になる．上記のどの状況をとっても幾何問題が含まれている．

■ロボティックス

ロボティックスの分野では，ロボットをいかに設計し，いかに用いるかが研究されている．ロボットは，実世界である 3 次元空間において動作

する幾何学的物体であるから，いたる所で幾何問題が生じることは明白である．本章の最初ですでに移動計画問題 (motion planning problem) について説明したが，そこでは障害物のある環境でロボットに経路を求めさせることが問題であった．第 13 章と 15 章では移動計画問題の単純な場合について考察する．移動計画問題は，タスク計画問題 (task planning problem) という，より一般的な問題の 1 つの側面である．ロボットに「部屋の掃除をせよ」というような高度なレベルのタスクを人間が与えたり，タスクを達成するための最適な方法を求めさせたりするのである．そのためには，移動計画や，部分タスクを実行するための順序を計画するというような問題が含まれている．

第 1.3 節
応用分野

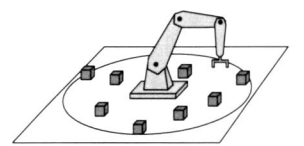

ロボットの設計と，ロボットが作業するワークセル (work cell) においても幾何問題が関係している．多くの産業用ロボットは一方が固定されたロボットアームである．ロボットアームの作業対象となる部品は，ロボットが容易につかめるように提供されなければならない．部品の中には，ロボットが操作できるように動かないようになっているものもある．また，ロボットが操作できるようになるまでに指定の方向に回転してしておかなければならないものもある．これらはいずれも幾何学的問題であり，時には運動学的要素をもっている．本書で説明するアルゴリズムの中には，そのような問題に適用できるものもある．たとえば，4.7 節で扱う最小包含円問題は，ロボットアームの最適配置にも使える．

■地理情報システム

GIS と略記される地理情報システム (geographic information system) は，国の形状，山の標高，河川の経路，植物分布，人口密度，降雨量などのような地理データを蓄えるものである．都市，鉄道，送電線，ガス管のような人工的な構造も蓄えることができる．GIS を用いると，ある領域に関する情報を手に入れることができる．特に，異なるタイプのデータ間の関係に関する情報を得ることもできる．たとえば，生物学者は，平均降雨量がある植物の存在とどのような関係にあるかについての情報が必要だし，土木技師は掘削工事を行おうとしている区画にガス管が存在するかどうかを質問するために GIS を用いることが考えられる．

ほとんどの地理情報は地球上の点と領域に関するものであるから，ここには豊富な幾何問題がある．さらに，データ量が膨大であるから，効率のよいアルゴリズムが必須である．本書で扱う GIS 関連問題を列挙すると以下のようになる．

最初の問題は，いかに地理情報を蓄えるかという問題である．たとえば，運転者に常に現在位置を知らせる自動車案内システムを開発する場合を想定してみよう．そのためには，道路などのデータをもった巨大な地図を蓄えておく必要がある．地図上での自動車の位置を常時知ることができないといけないし，オンボードコンピュータのディスプレー上で

第 1 章
計算幾何学

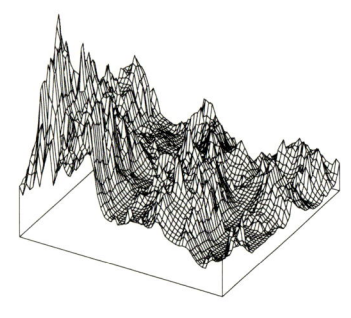

地図の小部分を素早く選択できないといけない．これらの操作を実現するためには効率のよいデータ構造が必要である．第 6, 10, 16 章では，これらの問題に対する計算幾何学的な解法を与えている．

　山岳地域における標高の情報は一定の標本点 (sample point) でしか得られないのが普通である．他の場所については，付近の標本点での標高値の補間を用いて計算しなければならない．しかし，どの標本点を選べばよいだろうか．この問題は第 9 章で扱われる．

　異なるタイプのデータの組合せも GIS における最も重要な操作の 1 つである．たとえば，どの家が森の中にあるかを判定したり，道路がどこで川を横切っているかを判断することによってすべての橋の場所を求めたり，あるいは，少し丘陵地帯にあり，特定の都市から遠すぎない安価な場所を求めることによって新たなゴルフコースに適した場所を求めたい場合を考えてみよう．GIS では異なるタイプのデータを別々の地図に蓄えておくのがふつうである．これらのデータを組み合わせるためには異なる地図を重ねる必要がある．第 2 章では，このような重ね合せを計算しようとするときに生じる問題を扱っている．

　最後に，本章の冒頭で与えたのと同じ例について考えよう．すなわち，最も近くの公衆電話（または病院や他の施設）の位置を求める問題である．この問題を解くためにはボロノイ図を計算する必要があるが，これについては第 7 章において詳細に調べる．

■CAD/CAM

　計算機援用設計 (CAD) は，計算機を用いて製品を設計することに関係している．製品としては，プリント回路基板に始まって，家具やビル全体にまで及ぶ．どの場合でも，結果として得られる製品は幾何学的物体であるから，あらゆる種類の幾何問題が関係するものと考えられる．実際，CAD のパッケージは物体の共通部分や和集合を求めるだけでなく，物体や物体の境界をより単純な形状に分解したり，設計された製品を可視化したりできなければならない．

　設計したものが仕様書を満たしているかどうかを判断するのに，ある種のテストが必要である．これらのテストを行うのに模型を作らなくてもシミュレーションだけで十分であることも多い．第 14 章ではプリント回路基板からの熱放射のシミュレーションに関連する問題を扱っている．

　設計，テストの後は製造である．計算機援用製造 (Computer aided manufacturing, CAM) のパッケージがここで役に立つ．CAM には多くの幾何問題が含まれている．第 4 章では，それらのうちの 1 つの問題について考える．

　最近の傾向は**組立て用設計** (design for assembly) である．これは，設計段階で組立て可能性チェック機能をすでに考慮に入れているものである．これをサポートする CAD システムにより，「この製品はある製造過程を

用いて簡単に作れるか」というような質問に答えることにより，設計者は設計したものが実現可能かどうかをテストすることができる．これらの質問の多くについては，幾何アルゴリズムを用いなければ答えることができない．

■ **他の応用分野**

上記以外にも，関係する幾何問題が豊富にあり，しかも幾何アルゴリズムと幾何データ構造を用いるとそれらが解決できるような応用分野が多数存在する．

たとえば，分子モデル化 (molecular modeling) においては，各原子を 1 つの球で表すことにして，空間における互いに交差する球の集まりとして分子を表現することが多い．典型的な質問としては，分子の表面を求めるために原子を表す球の結び (union) を求めよというものとか，2 つの分子が互いに接触する場所を求めよというものが考えられる．

パターン認識でも同様である．光学式文字認識システムの例を考えてみよう．この方式のシステムでは，テキストの書かれた紙を走査して，テキスト文字を認識するというのが目標である．文字画像を蓄えておいた文字の集合と対比して最も合致するものを見つけることが基本である．これは次の幾何問題に行き着く：2 つの幾何学的物体が与えられたとき，それらが互いにどの程度似ているかを判定せよ．

一見したところでは幾何には関係ないと思われるような分野でさえ，幾何的アルゴリズムの恩恵を受けることがある．幾何には関係のない問題を幾何学的用語を用いて定式化できることが多いからである．たとえば，第 5 章ではデータベースにおけるレコードを高次元の点として解釈する方法について学ぶとともに，それらのレコードに関するある種の質問に効率よく答えることを可能にする幾何的データ構造について述べる．

上に述べた多数の幾何問題により，計算幾何学が計算機科学の様々な分野において貢献していることが明白になったものと期待している．本書で説明するアルゴリズム，データ構造，および技法により，読者はこのような幾何問題をうまく扱うための道具を得ることができるだろう．

第 1.4 節
文献と注釈

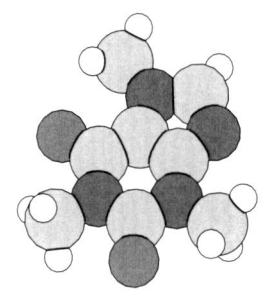

カフェイン

1.4 文献と注釈

本書のどの章でも，最後に**文献と注釈**の節を設けている．その章で説明した結果がどの文献に書かれているものかを示すとともに，一般化と改良についても触れ，具体的な文献を挙げるためのものである．読み飛ばしても問題ないが，その章の話題についてもっと知りたい読者にとっては有用な材料が揃っている．もっと情報がほしいときは，2 冊のハンドブック，*Handbook of Computational Geometry* [331] と *Handbook of Discrete and Computational Geometry* [191] を参照されたい．

第 1 章
計算幾何学

本章では，平面上の点集合の凸包を計算するという幾何問題について詳細に扱った．これは計算幾何学における古典的な話題であり，関連する文献も膨大である．本章で説明したアルゴリズムは **Graham スキャン** (Graham's scan) として一般に知られているものであり，Graham によって与えられた初期のアルゴリズム [192] の 1 つに Andrew [17] が修正を加えたものに基づいている．これは，この問題を $O(n \log n)$ 時間で解くことが知られている多数のアルゴリズムのうちの 1 つにすぎない．分割統治法でも解けることが Preparata と Hong [322] によって示されている．また，1 回あたり $O(\log n)$ 時間で点を 1 点ずつ追加していくという逐次構成法も存在する [321]．Overmars と van Leeuwen [305] は，この方法を一般化して，点の削除と追加をともに $O(\log^2 n)$ 時間で実行できる方法を開発している．凸包を動的に管理するための方法 (dynamic convex hull) としては，Hershberger と Suri [211], Chan [83], および Brodal と Jacob [73] によるものがある．

この問題に対しては $\Omega(n \log n)$ という下界 [393] が知られているが，結果の改善に取り組んだ研究者も多い．それが意味をもつのは，多くの応用例においては，凸包上に現れる点の個数は比較的小さいが，下界では (ほとんど) すべての点が凸包上に現れることを仮定しているからである．したがって，実行時間が凸包の複雑度によって変わるアルゴリズムが役に立つことがある．Jarvis [221] は，h を凸包の複雑度として，$O(h \cdot n)$ の時間で凸包を計算する包装法 (wrapping technique) を導入したが，これは **Jarvis の行進** (Jarvis's march) としても知られているものである．同じ最悪時の効率は Bykat [79], Eddy [156], および Green と Silverman [193] らの初期の仕事に基づいて Overmars と van Leeuwen [303] が開発したアルゴリズムによっても達成されている．このアルゴリズムは，その平均実行時間が多くの点分布に対して線形であるという利点をもっている．最後に，Kirkpatrick と Seidel [238] はこの結果をさらに改善して $O(n \log h)$ とした．最近では，Chan [82] が同じ結果を達成するずっと簡単なアルゴリズムを発見している．

凸包は任意の次元で定義できる．第 11 章で説明するが，3 次元空間でも凸包は $O(n \log n)$ 時間で計算することができる．それ以上の高次元では，凸包の複雑度はもはや点数に関して線形ではない．詳細については第 11 章の文献と注釈を参照されたい．

これまでに特殊な場合を扱うための一般的な方法が多数提案されてきた．これらの**記号的摂動法** (symbolic perturbation) では，入力に摂動を加えて，縮退が起こらないようにするというものである．しかしながら，この摂動は記号的にしか行わない．この技法は Edelsbrunner と Mücke [164] によって導入されたものであるが，後に Yap [397] や Emiris と Canny [172, 171] によって洗練された．記号的摂動法はプログラマーから縮退という重荷を開放してくれるが，同時に欠点ももっている．記号

的摂動法を用いるとアルゴリズムの速度が低下する．また，摂動を受けた結果から真の結果を復元することも必要になるが，これはいつも簡単にできるというものではない．これらの欠点を克服する方法がBurnikelら [78] によって提案されているが，これは縮退した入力を直接扱うというもので，(プログラミングの難しさの面で) 簡単になり，しかも (実行時間の面で) 効率もよくなると言われている．

第1.4節
文献と注釈

幾何アルゴリズムの頑健さは最近関心の高い話題の1つである．幾何的な比較には，ある行列式の符号を計算する問題として定式化できるものが多い．その符号を評価するときに浮動小数点数の不正確さを扱うための1つの方法は，小さな閾値 ε を選んでおいて，行列式の値を浮動小数点で計算したとき，その結果が ε 以下であれば行列式の値をゼロとするというものである．これを素朴に実行すると，矛盾が生じてプログラムが暴走してしまうことがある（たとえば，3点 a,b,c に対して，$a=b$ かつ $b=c$ であるが $a \neq c$ と判定してしまうこともありうる）．Guibas ら [198] は，これを区間計算 (interval arithmetic) と後向き誤差解析 (backward error analysis) を組み合わせると頑健なアルゴリズムにできることを示している．別の方法は，**誤差なし計算** (exact arithmetic) を用いるものである．つまり，符号を決定するために行列式のビットを必要なだけ確保するというものである．速度の低下を招くが，その度合いを比較的小さく保つための方法も開発されている [182, 256, 395]．これらの一般的な方法の他に，特定の問題に対して頑健な計算を行うための方法が多数提案されている [34, 37, 81, 145, 180, 181, 219, 279]．

ここまで，応用の分野についてざっと見てきたが，これらの例題によって本書で学ぶ幾何学的概念や幾何アルゴリズムがなぜ必要かを説明していく．読者が応用分野についてもっと知識を得たい場合には，以下にあげるテキストを参照されたい．もちろん，すべてのよい本が尽くされているわけではなく，ほんの一部にすぎない．

　コンピュータグラフィックスに関しては膨大な数の書物がある．Foleyら [179] による本は，非常に広範囲にわたっており，この分野では最高の本であると一般に考えられている．別の良書としては，3次元のコンピュータグラフィックスに絞ると，Shirley ら [359] によるものとWatt [381] をあげることができる．

　ロボットの移動計画問題に関する広範囲に及ぶサーベイを与えているのが Choset ら [127] の本と，少し古いが Latombe [243] の本と Hopcroft, Schwartz および Sharir によって書かれた本 [217] がある．ロボティクスに関してもっと幾何学的な側面に関する情報を得たい場合には，Selig [348] の本がよい．

　地理情報システムに関しても多数の本が出版されているが，アルゴリズム的な問題を詳細に扱ったものは多くない．一般的な教科書としては，

DeMers [140], Longley ら [257], および Worboys と Duckham [392] がある．Samet の本 [335] では，空間データに対するデータ構造が広く扱われている．

Faux と Pratt [175], Mortenson [285], および Hoffmann [216] は CAD/CAM と幾何学的モデリングに関する優れた入門書である．

1.5 演習

1.1 集合 S の凸包は，S を含むすべての凸集合の共通部分として定義される．点集合の凸包に対して，この凸包は周囲長最小の凸集合であることが示された．これらが等価な定義であることを示したい．
   a. 2 つの凸集合の共通部分はやはり凸であることを証明せよ．これは，有限個数の凸集合の共通部分も凸であることを意味している．
   b. 点集合 P を含む周囲長最小の多角形 $\mathcal{P}$ は凸であることを示せ．
   c. 点集合 P を含む任意の凸集合は周囲長最小の多角形 $\mathcal{P}$ を含むことを示せ．

1.2 P を平面上の点集合とする．P の点を頂点とし，P の点をすべて含む凸多角形を $\mathcal{P}$ とする．この多角形 $\mathcal{P}$ は一意に定まり，P を含むすべての凸集合の共通部分として与えられることを証明せよ．

1.3 凸多角形の辺である n 本の線分の（ソートされていない）集合を E とする．E から多角形のすべての頂点を時計回りの順序に並べたリストを求める $O(n \log n)$ 時間のアルゴリズムを与えよ．

1.4 凸包のアルゴリズムを作る際に，点 r が 2 点 p,q を通る有向直線の左右どちらにあるかを判定する必要がある．$p = (p_x, p_y)$, $q = (q_x, q_y)$, $r = (r_x, r_y)$ としよう．
   a. 次の行列式の符号は r がこの直線のどちらの側にあるかを決定することを示せ．
   $$D = \begin{vmatrix} 1 & p_x & p_y \\ 1 & q_x & q_y \\ 1 & r_x & r_y \end{vmatrix}$$
   b. $|D|$ は p,q,r によって定まる三角形の面積のちょうど 2 倍であることを示せ．
   c. アルゴリズム ConvexHull でこの基本的な判定方法を好んで使った理由は何か．座標値が整数である場合と浮動小数点数である場合の両方について議論せよ．

1.5 本文で示した修正を施したアルゴリズム ConvexHull は，縮退のある点集合に対しても正しく凸包を求めることを確かめよ．たとえば，すべての点が 1 本の（垂直な）直線上にあるような意地悪な場合を考えよ．

1.6 点以外の物体の凸包を計算したい場合も多い．

a. 平面上の n 本の線分の集合を S とする．S の凸包は，それらの線分の $2n$ 個の端点の凸包とまったく同じであることを証明せよ．

b.* $\mathcal{P}$ を凸ではない多角形とする．$\mathcal{P}$ の凸包を $O(n)$ 時間で求めるアルゴリズムを与えよ．ヒント：頂点を辞書式順序以外の方法で扱えるようにアルゴリズム ConvexHull を変更したものを使うこと．

1.7 平面上の点集合の凸包を計算するためにつぎのような別の方法を考えよう．右端の点から始めよう．これは凸包の最初の点 p_1 である．さて，垂直な直線から始めて，それを時計回りの方向に回転し，別の点 p_2 にぶつかったところで回転を止めるものとしよう．これが凸包の 2 番目の点である．今度は p_2 の周りに直線を回転して，点 p_3 にぶつかったところで回転を止める．このような操作を続けて，再び p_1 に戻ってきたところで終る．

a. このアルゴリズムを擬似プログラムで表現せよ．

b. どんな縮退の場合が起こりうるか，またそれをどう扱えばよいか．

c. このアルゴリズムは正しく凸包を求めることを証明せよ．

d. このアルゴリズムは $O(n \cdot h)$ 時間で実行できることを証明せよ．ただし，h は凸包の複雑度である．

e. 浮動小数点計算が不正確である場合にはどんな問題が起こるか．

1.8 本章では $O(n \log n)$ 時間で平面上の n 点集合の凸包を求めるアルゴリズムを説明したが，基本的には逐次構成法であった．つまり，1 点ずつ点を加えて，その都度凸包を更新していくというものである．この演習問題では別の技法，すなわち分割統治法に基づいたアルゴリズムを開発してみよう．

a. $\mathcal{P}_1$ と $\mathcal{P}_2$ を，合計 n 個の頂点をもち，互いに共通部分を持たない 2 つの凸多角形とする．$\mathcal{P}_1 \cup \mathcal{P}_2$ の凸包を求める $O(n)$ 時間のアルゴリズムを与えよ．

b. 上のアルゴリズムを用いて，平面上の n 点集合の凸包を $O(n \log n)$ 時間で求める分割統治法に基づいたアルゴリズムを開発せよ．

1.9 平面上の点集合の凸包を求めるサブルーティン ConvexHull が利用できるものとしよう．その出力は時計回りの順にソートされた凸包の頂点リストである．$S = \{x_1, x_2, \ldots, x_n\}$ を n 個の数の集合とする．$O(n)$ 時間の他に ConvexHull を 1 回呼び出すのに必要な時間をかけると S をソートすることができることを示せ．ソーティング問題は $\Omega(n \log n)$ という下界をもつから，凸包問題も同様に $\Omega(n \log n)$ という下限をもつことになる．したがって，本章で与えたアルゴリ

第 1.5 節
演習

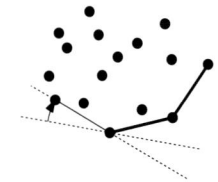

ズムは漸近的に最適である．

1.10 S を平面上の（交差しているかもしれない）n 個の単位円の集合とする．S の凸包を求めたい．

   a. S の凸包の境界は線分と S の円の断片からなることを示せ．
   b. それぞれの円が凸包の境界上に現れるのは高々 1 回であることを示せ．
   c. S' を S の円の中心である点の集合とする．S の円が凸包の境界上に現れるための必要十分条件は，円の中心が S' の凸包上にあることである．このことを証明せよ．
   d. S の凸包を計算する $O(n \log n)$ 時間のアルゴリズムを求めよ．
   e.* S の円が異なる半径をもつ場合について $O(n \log n)$ 時間のアルゴリズムを与えよ．

2 線分交差

テーマ別地図の重ね合せ

外国を訪問しているとき，地図はなくてはならない情報源である．地図を見ると，観光地がどこにあるか分かるし，そこへ行くための道路や鉄道だけでなく，小さな湖なども知ることができる．残念なことに，探しているものがななかなか見つからないことも多いので，いらいらの原因になることもある．小さな町の大体の場所を知っているときですら，地図上で正確な位置を見つけるのは難しいことがある．地図をもっと読みやすくするために，地理情報システムでは地図をいくつかの層(layer)に分割している．それぞれの層は，テーマ別に1つのタイプの情報だけを

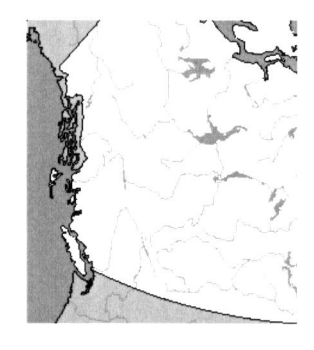

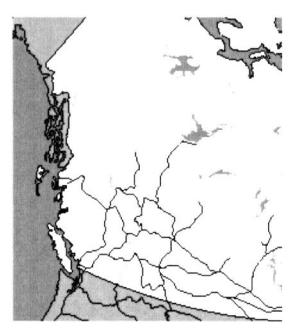

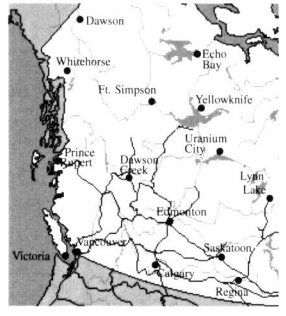

図 2.1
カナダ西部における都市，河川，鉄道，および，それらの重ね合せ

蓄えたものである．したがって，道路を蓄えている層，都市を蓄えている層，河川を蓄えている層などがある．層のテーマはもっと抽象的なものであってもよい．たとえば，人口密度，平均降雨量，灰色熊の生息地や植物分布などの層などが考えられる．1つの層に蓄えられた幾何情報のタイプは非常に多様である．道路地図の層では，線分（または曲線）の集まりとして道路が蓄えられており，都市に対する層には都市名をラベル

第 2 章
線分交差

■ 灰色熊

としてつけた点が含まれている．また，植物分布の層はいくつかの領域に分割されており，それぞれの領域に植物の種類がラベルとしてつけられている．

地理情報システムの利用者はこれらのテーマ別の地図を選んでディスプレー上に表示することができる．小さな町を見つけるためには，都市を蓄えている層を選ぶだろう．このとき，河川や湖の名前のような情報にわずらわされることはない．探している町の場所を見つけると，次にはその場所への行き方を知りたくなるだろう．そのために，地理情報システムでは利用者に数種類の地図を**重ね合わせ**たものを表示する機能を提供している．たとえば，図 2.1 を見てみよう．道路地図と都市を蓄えている地図を重ね合わせると，目的の町への行き方が分かる．複数のテーマ別の地図が一緒に示されるとき，重ね合わせたときに交差するところに興味の対象が含まれている．たとえば，道路の層と河川の層を重ね合わせたとき，交差する所に印をつけておくと便利である．この例では，これら 2 つの地図は基本的にネットワークであるから，交差は点となるが，交差が領域となる場合もある．たとえば，気候を研究している地理学者にとって，松林があって，しかも年間の降雨量が 1000mm と 1500mm の間であるような領域が興味の対象であったりする．これらの領域は，植物分布の地図で「松林」とラベルづけられた領域と，降雨量の地図で 1000〜1500 とラベルづけられた領域の共通部分である．

2.1 線分の交差

地図の重ね合せ問題の中で最も簡単な形式のものとして，2 枚の地図の層が線分の集合として表現される場合を考えよう．たとえば，道路，鉄道，河川などを小さなスケールで蓄えた地図などがその例である．ここで，曲線は多数の線分によって近似できることに注意しよう．はじめは，これらの線分によって作られる領域は考えないことにしよう．地図が単なるネットワークではなく，ある明確な意味をもった領域への細分化になっているような複雑な状況については後で調べる．ネットワーク重ね合せ問題を解くためには，まず問題を幾何問題として記述しなければならない．2 つのネットワークの重ね合せに対しては，幾何学的な状況は次のとおりである：線分の集合が 2 つ与えられたとき，異なる集合に属する線分間の交差を求めよ．このように問題を指定したとき，これで十分に厳密ではあるが，どのような場合に 2 本の線分が交差するのかは明確に定まっているわけではない．特に，一方の線分の端点が他方の線分の上にあるときには交差と認めるべきだろうか．言い換えると，入力の線分を開線分と考えるか，閉線分とみなすかを指定しなければならない．この判断をするためには，ふたたび元の応用であるネットワーク重ね合せ問題に戻らなければならない．道路地図における道路と河川地図にお

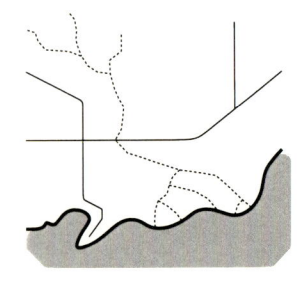

ける川は線分列として表されているから，道路と川の交差は，一方の線分列の内部と他方の線分列の内部との交差に対応している．これは必ずしも2本の線分の内部どうしの交差があることを意味しているわけではない．線分列を構成する線分の端点がちょうど交点になる場合もありうる．実際，曲がりくねった川は多数の短い線分によって表現され，地図をディジタル化するときに端点の座標値も丸められるから，この状況はめったに起こらない．したがって，線分を閉線分として定義することによって，一方の線分の上に他方の線分の端点が存在する場合にも交差があると判断できるようにするべきであるという結論が得られる．

第 2.1 節
線分の交差

説明をいくぶん簡単にするために，2つの集合に属する線分を1つの集合にまとめて，この集合の線分の間の交点をすべて求めよう．このようにすれば，確かに欲しかった交点をすべて求めることができる．同じ集合に属する線分の間の交点を求めることを考えてもよい．実際，ここではそうする．というのは，ここでの応用例では，1つの集合の線分は多数の線分列を形成しており，端点どうしの重なりも交点とカウントするからである．このような交点を区別して後で取り除くことができる．そのためには，報告された交点それぞれについて，交点に関係する2本の線分が同じ線分集合に属するかどうかを調べるだけでよい．したがって，問題の記述は次のようになる．n 本の閉線分の集合 S が平面上に与えられたとき，S 内の線分間の交点をすべて報告せよ．

　これは難しい問題のようには見えない．各線分対について，それらが交差するかどうかを調べ，もし交差するならそれらの交点を報告するだけでよいからである．この腕づくのアルゴリズムは明らかに $O(n^2)$ の時間を要する．ある意味でこれが最適である．すべての線分対が交差するなら，どんなアルゴリズムもそれらの交点を報告するのに $\Omega(n^2)$ 時間かかるからである．2つのネットワークの重ね合せについても同様の例を与えることができる．しかしながら，実際的な状況においては，ほとんどの線分は他の線分とまったく交わらないか，あるいはほんの少数の線分としか交差しないので，交点の合計は2乗よりはるかに少ない．そこで，そのような状況でより高速のアルゴリズムが得られればよいだろう．言い換えると，実行時間が入力の線分数だけではなく交点の個数にも依存するようなアルゴリズムが欲しいのである．このようなアルゴリズムは**出力サイズに敏感な**アルゴリズム (output-sensitive algorithm) と呼ばれているものである．すなわち，アルゴリズムの実行時間が出力のサイズに依存して決まるのである．また，交点数が出力のサイズを決めているのであるから，このようなアルゴリズムを**交点数に敏感な**アルゴリズム (intersection-senstive algorithm) と呼んでもよい．

　では，どうすればすべての線分対についての交点計算を避けることができるだろうか．そのためには，ここでの状況を幾何的に記述してみることが重要である．すなわち，遠く離れた線分対とは違って，互いに近

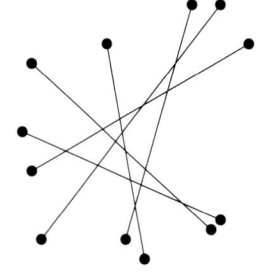

第 2 章
線分交差

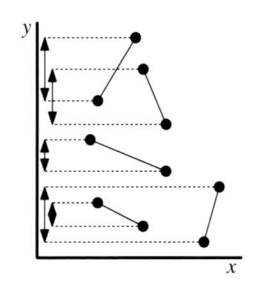

くにある線分対が交差の候補となるのである．以下では，線分交差 (line segment intersection) 問題に対する出力サイズに敏感なアルゴリズムを得るために，この観察をいかに利用するかを見ることにする．

線分の集合を $S := \{s_1, s_2, \ldots, s_n\}$ とし，S の線分で互いに交差するものをすべて求めたい．このとき，遠く離れた線分対の交差判定を避けたい．しかし，どうすれば避けられるだろうか．簡単な場合を除外することから始めよう．線分を y 軸に直角に投影したものを，その線分の y 区間と定義する．線分の y 区間どうしに重複がないとき，それらは y 方向に遠く離れていると言えるから，それらの線分が交差することはない．したがって，y 区間が重なりをもつような線分対だけ，すなわち，両方の線分と交わる水平線が存在するような線分対だけを調べればよい．このような線分対を求めるために，どの線分よりも上の位置から始めて，水平な直線 ℓ を下方に徐々に下げていくところを想像してみよう．この仮想的な直線で走査しながら，必要な線分対を求めることができるように，その直線と交差する線分たちを管理しておくのである．その詳細については後で説明する．

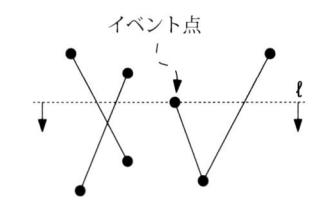

このような種類のアルゴリズムは**平面走査法** (plane sweep algorithm) と呼ばれており，直線 ℓ は走査線 (sweep line) と呼ばれている．**走査線状態** (sweep line status) とは，それと交差する線分の集合である．走査線が下方に移動するとき状態も変化するが，連続的に変化するわけではない．特定の点でだけ状態の更新が必要となる．そのような点のことを平面走査法の**イベント点** (event point) と呼んでいる．このアルゴリズムにおけるイベント点は線分の端点である．

アルゴリズムが実際に何かを実行するのは走査線がイベント点に到達したときにだけである．たとえば，走査線の状態を更新したり，交差判定を行ったりする．特に，イベント点が線分の上端点であるときには，新たな線分が走査線と交差しはじめるので，状態に加えなければならない．この線分と，すでに走査線と交差している線分たちとの間で交差判定を行う．イベント点が下端点の場合には，その線分はその後走査線とは交差しなくなるから，状態から削除しなければならない．このようにして，水平走査線と交差するような線分対だけに交差判定を限定することができる．残念ながら，これでは十分ではない．なぜなら，そのような対が 2 乗に比例するだけ存在するが交点は非常に少ないというような状況が考えられるからである．簡単な例としては，すべて x 軸と交わる垂直線分の集合がある．したがって，このアルゴリズムは出力サイズに敏感ではない．問題は，走査線と交わる 2 本の線分が水平方向には遠く離れていることがあるからである．

この水平方向に近いという概念を取り入れるために，走査線と交差する線分たちを左から右に順序づけ，水平方向に隣接しているときにだけ

交差判定をすることにしよう．つまり，線分の上端点に走査線が来たとき，その線分のすぐ左とすぐ右の線分に対してだけ交差判定を行うのである．後に走査線が別の点まで下がったとき，交差の対象となりうる線分たちが隣り合うようになる．この新たな戦略を，アルゴリズムの状態の中に反映させよう．今度は，状態は走査線と交差する線分の**順序列**に対応している．線分の端点だけで状態が変化するのではなく，線分どうしの交点でも状態は変化する．なぜなら，交点において線分の順序が変化するからである．どちらかのイベントが起こったとき，位置が変化した 2 本の線分が新たな近傍をもてば，それらの線分の交差を判定しなければならない．これは新たな種類のイベント点である．

これらの概念を用いて効率のよいアルゴリズムを作る前に，この方法が正しいことを確かめておこう．判定の対象となる線分対を減らすことはできたが，すべての交点を見つけることはできるのだろうか．言い換えると，2 本の線分 s_i と s_j が交差するとき，走査線 ℓ の上で s_i と s_j が隣接するようになる点が常に存在すると言えるだろうか．まずは，いくつかの意地悪な場合を無視しよう．どの線分も水平ではなく，どの 2 本の線分も高々 1 点でしか交差しない，つまり，重なっていないと仮定する．さらにどの 3 本の線分も 1 点で交わることはないと仮定しよう．後にこれらの場合は簡単に扱えることが分かるが，今のところは忘れておくとよい．線分の端点が別の線分の上にあるとき，その交点は走査線がその端点に到達したときに容易に検出できる．そこで，残った問題は，線分の内部どうしの交点が常に検出できるかどうかだけである．

補題 2.1 s_i と s_j は水平でないとし，それらは内部の 1 点 p で交差するものとする．また，これ以外の線分は p を通らないと仮定する．このとき，p より上にあるイベント点において，s_i と s_j が隣接するようになり，そこで交差判定が行われる．

証明 ℓ を p より少し上の水平線とする．ℓ が p に十分近いとき，s_i と s_j は ℓ 上で隣接しているはずである．（厳密に言うと，ℓ 上にはイベント点がなく，ℓ と p を通る水平線の間にもイベント点がないように ℓ を選ぶ必要がある．）言い換えると，s_i と s_j が隣り合うようになる走査線の位置がある．他方，アルゴリズムがスタートしたとき，走査線はどの線分よりも上にあるから状態も空であり，s_i と s_j はまだ隣接していない．したがって，s_i と s_j が隣り合うようになり，交差判定が行われるイベント点 q が存在するはずである． □

したがって，上記の方法は，先に述べた意地悪な場合さえ無視すれば正しい．では，平面走査アルゴリズムの開発に取り掛かろう．上記の方法を全体にわたって簡単に補修してみよう．水平な走査線 ℓ を下方に移動しながら平面を走査するものとしよう．走査線はイベント点ごとに止ま

第 2.1 節
線分の交差

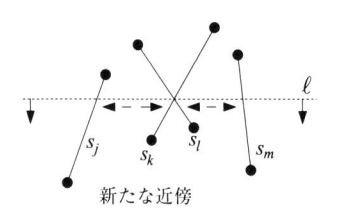

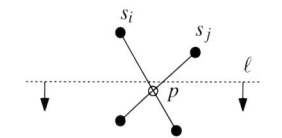

新たな近傍

第 2 章
線分交差

る．ここでのイベント点は，前もって分かっている線分の端点と途中で計算して求める交点である．走査線を動かしながら，それと交差する線分たちを順序系列の形でもっておく．走査線がイベント点で止まるとき，線分の順序が変化し，イベント点の性質によって状態を更新し，交差を検出するためのいくつかの操作を行わなければならない．

イベント点が線分の上端点であるとき，走査線と交差するようになる新たな線分が存在する．この線分に対して，その近傍の 2 つの線分を求めた上で，それらとの交差判定を実行しなければならない．このとき，走査線より下にある交点だけが重要である．なぜなら，走査線より上の交点はすでに検出されているからである．たとえば，s_i と s_k が走査線上で隣接していて，線分 s_j の新たな上端点がその中間に現れるとき，s_j が s_i と s_k のどちらかと交差するかどうかを判定しなければならない．もし走査線の下に交差があると分かると，新たなイベント点を見つけたことになる．上端点を処理した後で次のイベント点の処理に取り掛かる．

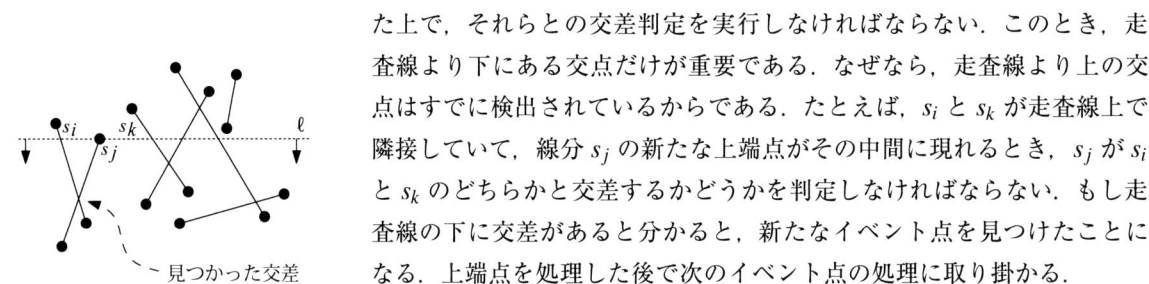

イベント点が交点のとき，互いに交差する 2 本の線分は相対的な順序関係を変える．どちらも（高々）1 つの新たな近傍を得ることになり，それとの間で交差判定をすることになる．ふたたび，走査線より下にある交点だけが興味の対象である．そこで，走査線が s_k と s_l の交点に到達したとき，4 本の線分 s_j, s_k, s_l, s_m が走査線上でこの順序に現れるものと仮定する．このとき，s_k と s_l はその位置が反転するので，s_l と s_j が走査線より下で交差するかを判定しなければならない．s_k と s_m についても同様の判定を行わなければならない．この新たに見つけた交点もアルゴリズムの新たなイベント点となる．しかしながら，これらのイベント点はすでに以前に検出されたものであるかもしれないことに注意しよう．すなわち，隣接するようになった対が以前に隣接していたかもしれないのである．

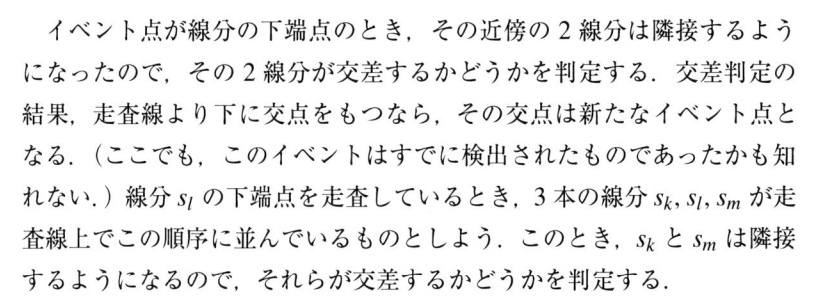

イベント点が線分の下端点のとき，その近傍の 2 線分は隣接するようになったので，その 2 線分が交差するかどうかを判定する．交差判定の結果，走査線より下に交点をもつなら，その交点は新たなイベント点となる．（ここでも，このイベントはすでに検出されたものであったかも知れない．）線分 s_l の下端点を走査しているとき，3 本の線分 s_k, s_l, s_m が走査線上でこの順序に並んでいるものとしよう．このとき，s_k と s_m は隣接するようになるので，それらが交差するかどうかを判定する．

平面全体を走査し終わったとき，より厳密には，最後のイベント点を処理し終わったとき，交点はすべて求まっている．これは平面走査のあいだ常に成り立っている次の不変の性質によって保証できる．すなわち，走査線より上の交点はすべて正しく求められているという性質である．

以上がアルゴリズムのスケッチである．次に，もっと詳細に見てみよう．また，3 本以上の線分が 1 点で交差するというような縮退に対する対応

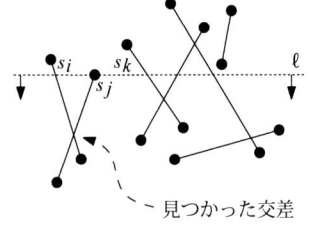

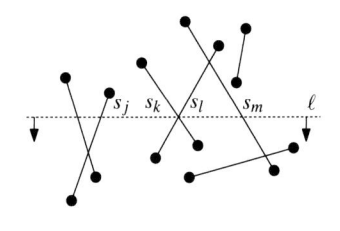

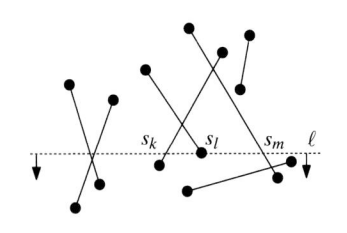

ついても検討してみよう．最初に，それらの場合にアルゴリズムはどうすべきかを考えてみよう．アルゴリズムに対する要求としては，単に各交点を一度報告することであるが，各交点について，そこを通るかそこに端点をもつ線分のリストを報告するようにすれば，もっと役に立つように思われる．必要な出力をもっと注意深く定義しなければならない特別な場合が他にもある．すなわち，2本の線分が部分的に重なっている場合であるが，簡単のため，本節ではこの場合を無視しよう．

第2.1節
線分の交差

　まず，アルゴリズムで使われるデータ構造から説明しよう．

　最初に，**イベント**を蓄えるための**イベントキュー** (event queue) と呼ばれるデータ構造が必要である．このイベントキューを Q と記す．Q に関する操作としては，次に起こるイベントを Q から取り出す操作と，後で処理できるようにイベントを Q に戻す操作である．このイベントは，走査線より下では最も上のイベントである．2つのイベント点が同じ y 座標値をもっているときには，x 座標値が小さい方が優先される．すなわち，同じ水平線上のイベント点は左から右の順に処理される．したがって，水平線分が含まれていれば，その左端点は上端点として，右端点は下端点として扱えばよいことになる．あるいは，水平な走査線を使う代わりに，ほんの少しだけ右上がりの直線を走査線として使うと考えてもよい．そうすると，水平な線分については，走査線は右端点より先に左端点に到達することになる．新たなイベントが処理の途中で求められることもあるから，このイベントキューは挿入の操作を含んでいなければならない．また，複数のイベント点が一致することもあることに注意しておかなければならない．たとえば，異なる2線分の上端点が一致することがある．これを1つのイベント点として処理することができれば便利である．したがって，挿入を行うときには，あるイベントがすでに Q に存在するかどうかを判定しなければならない．

　ここではイベントキューを次のように実現する．イベントの処理順を $\prec$ という記号で表すことにする．したがって，p と q をイベントとすると，$p \prec q$ であると，$p_y > q_y$ が成り立つか，$p_y = q_y$ かつ $p_x < q_x$ が成り立つことになる．これらのイベント点を $\prec$ の順序の下に平衡2分探索木 (balanced binary search tree) に蓄える．Q に蓄えられた各イベント点 p について，p から始まる線分，すなわち p を上端点とする線分を蓄える．このイベントを処理するときにその情報が必要になる．次のイベント点を取り出す操作とイベントを挿入する操作は，どちらも $O(\log m)$ 時間でできる．ただし，m は Q にあるイベントの個数である．（イベントキューを実現するのにヒープを使わないのは，与えられたイベントがすでに Q に存在するかどうかを判定できないといけないからである．）

　次に，アルゴリズムの状態を管理する必要がある．これは走査線と交わる線分の順序列である．$\mathcal{T}$ という記号で表される状態構造 (status structure) を用いて，与えられた線分 s の近傍にアクセスし，s との交差

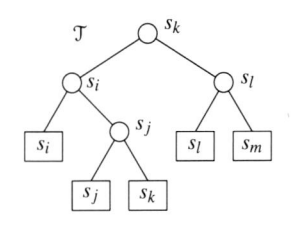

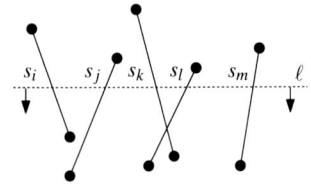

判定を行う．状態構造は動的でなければならない：線分が走査線と交差し始めたり，交差しなくなったりするときに，この構造に挿入したり削除したりしなければならないからである．状態構造に含まれる線分に関しては明確な順序が存在するから，状態構造として平衡2分探索木を用いることができる．数値を蓄える2分探索木にしか慣れていない読者にとって，これは驚くべきことかもしれない．しかし，2分探索木は，要素の間に順序が存在する限り，どんな要素の集合でも扱うことができるのである．

もっと詳細に述べると，走査線と交差する線分たちを，平衡2分探索木 $\mathcal{T}$ の葉節点に順に蓄える．走査線上での左から右への線分の順序は，$\mathcal{T}$ の葉節点の左から右への順序に対応している．その他に，木の上で探索を行うときに，葉節点への探索を誘導するための情報を内部節点に蓄えておく必要がある．各内部節点では，その左部分木の最も右の葉節点の線分を蓄えておく．（別の方法として，内部節点にだけ線分を蓄えるということも考えられる．その方が記憶領域の面でも節約になるが，上記のように内部節点の線分をデータ項目としてではなく，探索を誘導するためのデータとして考えた方が概念的に簡単である．線分を葉節点に蓄えるとアルゴリズムの記述も簡単になる．）いま，走査線上のある点 p のすぐ左に位置する線分を $\mathcal{T}$ において探索する場合を考えよう．各内部節点 v では，単に p が v に蓄えられた線分の左右どちらにあるのかを判定できればよい．その判定結果に応じて v の左右どちらかの部分木に進み，最終的には葉節点に到達する．この葉節点あるいはそのすぐ左の葉節点が求める線分を蓄えている．同様にして，p のすぐ右にある線分や，p を含む線分を見つけることができる．したがって，毎回の更新と近傍探索は $O(\log n)$ 時間でできることになる．

必要なデータ構造は，イベントキュー $\mathcal{Q}$ と状態構造 $\mathcal{T}$ だけである．アルゴリズムの全体像は次のようになる．

アルゴリズム FINDINTERSECTIONS(S)
入力：平面上の線分集合 S．
出力：S の線分間の交点の集合．ただし，各交点に対して，それを含む線分の集合を与えること．
1. イベントキュー $\mathcal{Q}$ を空に初期化する．次に線分の端点を $\mathcal{Q}$ に挿入する．上端点を挿入するときは，対応する線分も一緒に蓄えること．
2. 状態構造 $\mathcal{T}$ を空に初期化する．
3. **while** $\mathcal{Q}$ が空でない
4.   **do** $\mathcal{Q}$ における次のイベント点 p を求め，それを削除する．
5.   HANDLEEVENTPOINT(p)

以上，イベントをどのように処理するかを見てきた．線分の端点において線分を状態構造 $\mathcal{T}$ に挿入したり，あるいは削除したりする．また，交

点においては，関連する 2 本の線分の順序を交換しなければならない．どちらの場合も，イベントの後で隣接するようになる線分について交差判定をしなければならない．多数の線分が 1 つのイベント点に含まれる縮退の場合には，細かい点でもう少し困難なことが生じる．次の手続きはイベント点を正しく処理する方法を記述している．これは図 2.2 にも図解されている．

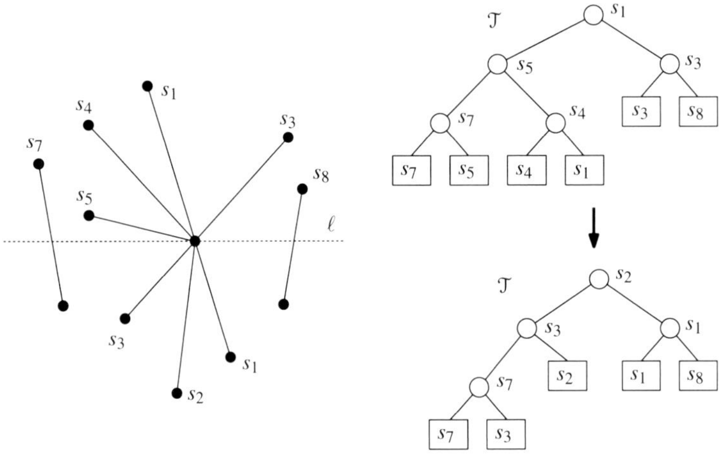

第 2.1 節
線分の交差

図 2.2
イベント点と状態構造における変化

HandleEventPoint(p)
1. $U(p)$ を p を上端点とする線分の集合とする：これらの線分はイベント点 p と一緒に蓄えられている．（水平な線分に対しては，定義により左端点を上端点とみなす．）
2. $\mathcal{T}$ 上で p を含むすべての線分を求める．それらは $\mathcal{T}$ において隣接している．これまでに見つけた線分のうち，p を下端点とする線分集合を $L(p)$ とし，これまでに見つけた線分のうち，p をその内部に含む線分の集合を $C(p)$ とする．
3. **if** $L(p) \cup U(p) \cup C(p)$ が 2 本以上の線分を含んでいる
4.   **then** p を交点として報告し，同時に $L(p), U(p), C(p)$ も出力する．
5. $L(p) \cup C(p)$ の線分を $\mathcal{T}$ から削除する．
6. $U(p) \cup C(p)$ の線分を $\mathcal{T}$ に挿入する．$\mathcal{T}$ における線分の順序は p のすぐ下の走査線と交差する順序に対応していなければならない．水平線分が存在する場合には，p を含むすべての線分の中で最後に来る．
7.   (∗ $C(p)$ の線分を削除して再び挿入すると，順序が逆転する．∗)
8. **if** $U(p) \cup C(p) = \emptyset$
9.   **then** $\mathcal{T}$ において p のすぐ左とすぐ右の線分を s_l, s_r とする．
10.   FindNewEvent(s_l, s_r, p)
11.   **else** $\mathcal{T}$ において $U(p) \cup C(p)$ の左端の線分を s' とする．
12. s_l を $\mathcal{T}$ において s' の左隣の線分とする．
13.   FindNewEvent(s_l, s', p)

14. $\mathcal{T}$ において $U(p) \cup C(p)$ の右端の線分を s'' とする.
15. s_r を $\mathcal{T}$ において s'' の右隣の線分とする.
16.   FINDNEWEVENT(s'', s_r, p)

8〜16 行において s_l と s_r が実際に存在すると仮定しているが，もし存在しなければ，対応するステップは明らかに実行されない．

新たな交点を見つける手続きは簡単である．単に 2 本の線分の交差を判定すればよい．唯一注意しなければならないことは，交点を見つけたとき，この交点がすでに処理されたものかどうかである．水平線分が存在しなければ，交点が走査線の下にあれば，その交点はまだ処理されていない．しかし，水平線分はどのように処理すべきだろうか．同じ y 座標値のイベント点は左から右への順に処理すると決めたことに注意しよう．このことは，現在のイベント点の右にある交点も大事であることを意味している．したがって，手続き FINDNEWEVENT は次のように定義できる．

FINDNEWEVENT(s_l, s_r, p)
1. **if** s_l と s_r が走査線より下で交差するか，走査線上でかつ現在のイベント点 p の右で交差し，しかもその交点はイベント点としてまだ $\mathcal{Q}$ にはない
2. **then** この交点をイベント点として $\mathcal{Q}$ に挿入する．

このアルゴリズムの正しさはどうだろうか．手続き FINDINTERSECTIONS は正しい交点だけを出力することは明らかであるが，必ずすべてを見つけると言えるだろうか．次の補題は，これが実際に正しいことを述べている．

補題 2.2 アルゴリズム FINDINTERSECTIONS は，すべての交点とそれを含む線分を正しく求める．

証明　イベントの優先順位はその y 座標値で与えられ，2 つのイベントが同じ y 座標値をもつときには，x 座標値が小さい方のイベントに高い優先順位が与えたことに注意しよう．ここでは，イベント点の優先順位に関する帰納法によって補題を証明しよう．

p を交点とし，それより高い優先順位をもつ交点 q はすべて正しく求められたと仮定しよう．p を交点とし，それより高い優先順位をもつ交点 q はすべて正しく求められたと仮定しよう．q を含む線分と p は正しく求められることを証明しよう．p を上端点（または，水平線分に対しては左端点）としてもつ線分の集合を $U(p)$ とし，p を下端点（または，水平線分に対しては右端点）としてもつ線分の集合を $L(p)$ とする．また，p をその内部にもつ線分の集合を $C(p)$ とする．

まず，p は少なくとも 1 本の線分の端点と仮定する．その場合，p はア

ルゴリズムの開始時にイベントキュー Q に蓄えられている. $U(p)$ の線分は p とともに蓄えられているから, これらは必ず見つかる. p を処理するとき, $L(p)$ と $C(p)$ の線分は T に蓄えられているから, HANDLEEVENT-POINT の 2 行目で見つかる. したがって, p が少なくとも 1 本の線分の端点であるとき, p とそれに関連する線分はすべて正しく求められる.

次に, p が線分の端点でない場合を考えよう. 示したいことは, ある時点で p が Q に挿入されることである. 関連する線分はすべて p をその内部に含んでいることに注意しよう. これらの線分を p の周りに角度順に順序づけ, s_i と s_j を隣接する線分としよう. 補題 2.1 の証明から, p より高い優先順位をもち, そこで s_i と s_j が隣接するようになるイベント点 q が存在することが分かる. 補題 2.1 では, 簡単のために s_i と s_j は水平ではないと仮定したが, 水平線分でもよいように証明を改造するのは容易である. 帰納法により, イベント点 q は正しく処理されるから, p は検出され, Q に蓄えられる. □

これで正しいアルゴリズムが得られた. しかし, これで出力サイズに敏感なアルゴリズムを開発することに成功したのだろうか. 答はイエスである. このアルゴリズムの実行時間は $O((n+k)\log n)$ である. ただし, k は出力のサイズである. 次の補題はさらに強い結果を述べている. すなわち, 実行時間は $O((n+I)\log n)$ である. ここで, I は交点数である. これがより強いのは, 1 つの交点に対して出力は多数の線分から構成されているかもしれないからである. すなわち, 多数の線分が 1 点で交差する場合などがそうである.

補題 2.3 平面上の n 本の線分の集合 S に対するアルゴリズム FINDINTERSECTIONS の実行時間は, $O(n\log n + I\log n)$ である. ただし, I は S の線分の間の交点数である.

証明 アルゴリズムでは, 最初に線分の端点に関するイベントキューを構成する. イベントキューを平衡 2 分探索木で実現したから, この構成は $O(n\log n)$ 時間でできる. 状態構造を初期化するのは定数時間でできる. 次に, 平面走査が始まり, すべてのイベントが処理される. 1 つのイベントを処理するのに, イベントキュー Q に関して 3 通りの操作を実行する. FINDINTERSECTIONS の 4 行目において, そのイベント自身を Q から削除し, FINDNEWEVENT を 1 回か 2 回呼び出すが, これに伴って, Q に挿入される可能性のある新たなイベントは高々 2 つである. Q に関する削除と挿入は, それぞれ $O(\log n)$ 時間でできる. また, 状態構造 T に関しても挿入, 削除, および近傍発見の操作を実行するが, それらはいずれも $O(\log n)$ 時間でできる. 操作の回数は, そのイベントに含まれる線分の本数 $m(p) := \text{card}(L(p) \cup U(p) \cup C(p))$ に関して線形である. すべてのイベント点 p に関して $m(p)$ の値の総和をとったものを m と記すこ

第 2.1 節
線分の交差

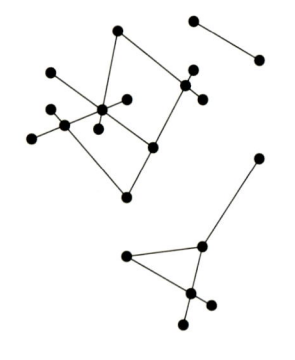

とにすると，アルゴリズムの実行時間は $O(m\log n)$ となる．

$m = O(n+k)$ であることは明らかである．ただし，k は出力のサイズである．結局，$m(p) > 1$ であるときはいつでも，そのイベントに関連するすべての線分を報告しており，1本の線分しか含まないイベントは線分の端点である．しかし，証明したいのは，I を交点数として，$m = O(n+I)$ である．これを示すために，線分の集合を平面に埋め込まれた平面グラフと解釈しよう．（平面グラフの用語に慣れていない読者は，まず2.2節の最初のパラグラフを読むことを勧める．）その頂点は線分の端点と線分間の交点である．その辺は，頂点を結ぶ線分の部分である．イベント点 p を考えよう．これはグラフの頂点であり，$m(p)$ の値はその頂点の次数によって上から抑えられる．したがって，このグラフのすべての頂点の次数の和によって m を上から抑えることができる．グラフの各辺は，ちょうど2個の頂点（その端点）の次数に対して1だけ貢献するから，m は $2n_e$ で上から抑えることができる．ここで，n_e はグラフの辺数である．n_e を n と I を用いて上から抑えよう．定義により，頂点数 n_v は高々 $2n+I$ である．平面グラフでは $n_e = O(n_v)$ であることがよく知られているから，これで上記の主張が証明された．しかし，完全を期すために，その証明をここで与えることにしよう．平面グラフのどの面も少なくとも3本の辺によって境界づけられている——少なくとも3本の線分があるなら．また，1つの辺は高々2個の面の境界になっている．したがって，面の個数 n_f は高々 $2n_e/3$ である．ここで，**オイラーの公式** (Euler's formula) を用いると，n_v 個の頂点と n_e 本の辺，それに n_f 個の面をもつ任意の平面グラフに対して次の関係が成り立つ：

$$n_v - n_e + n_f \geqslant 2$$

ここで，等号が成り立つのは，グラフが連結のときであり，かつそのときに限る．n_v と n_f に関するこの不等式をこの公式に当てはめると，次式を得る．

$$2 \leqslant (2n+I) - n_e + \frac{2n_e}{3} = (2n+I) - n_e/3$$

したがって，$n_e \leqslant 6n + 3I - 6$ と $m \leqslant 12n + 6I - 12$ が得られ，実行時間に関する上界が得られる． □

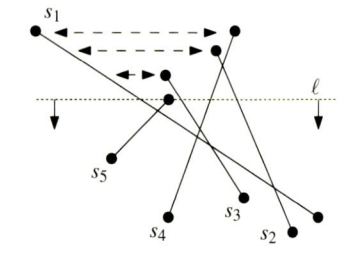

これで計算複雑度が完全に解析できたわけではない．すなわち，アルゴリズムの空間複雑度である．木 T は線分を高々1回しか蓄えないから，$O(n)$ の記憶領域しか使わない．しかしながら，Q のサイズはもっと大きくなることがありうる．アルゴリズムでは，検出した交点を Q に挿入し，それが処理されるときになって削除される．交点が処理されるまでに長い時間がかかると，Q は非常に大きくなることがある．もちろん，そのサイズは常に $O(n+I)$ で抑えられるが，作業空間が常に線形である方が望ましい．

これを達成するのに比較的簡単な方法がある．すなわち，走査線上で現在隣接している線分対の交点だけを蓄えるというものである．上に与えたアルゴリズムでは，以前は水平方向に隣接していたが現在は隣接していない線分の交点も蓄えている．隣接線分間の交点だけを蓄えるようにすると，Qのイベント点の個数は決して線形を超えない．アルゴリズムで修正しなければならない箇所は，2本の線分の交点は，それらが隣接しなくなったときに削除しなければならないというものである．これらの線分は，それらの交点に達する前に再び隣接するようになるので，このように変更しても交点は正しく報告される．アルゴリズムで費やされる時間は，全体で$O(n\log n + I\log n)$のままである．したがって，次の定理を得る．

定理 2.4 Sを平面上のn本の線分からなる集合とする．このとき，Sのすべての交点と，それぞれの交点に関連する線分を$O(n\log n + I\log n)$の時間と$O(n)$の記憶領域で報告することができる．ただし，Iは交点数である．

2.2　2重連結辺リスト

地図重ね合せ問題の最も単純な場合，すなわち2つの地図が線分の集合として表現されたネットワークである場合については解けた．一般に，地図はもっと複雑な構造をもっていて，平面をラベルのついた領域に細分化している．たとえば，カナダの森林のテーマ別地図では，カナダが"松"，"落葉樹"，"樺"，"雑木"のようなラベルをもった領域に細分化されている．

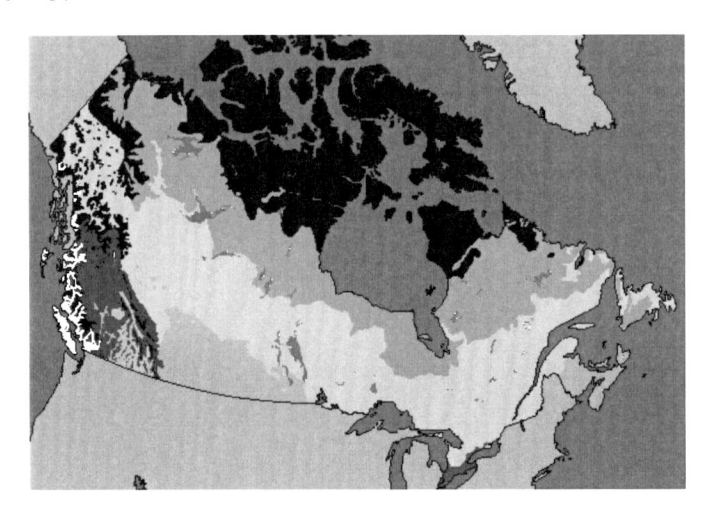

図 2.3
カナダの森林の種別

　2つの**平面分割** (planar subdivision) の重ね合せを求めるアルゴリズムを与える前に，まず平面分割に対する適当な表現方法について考えよう．平面分割を線分の集合として蓄えるのはあまりよいとは言えない．ある

第 2 章
線分交差

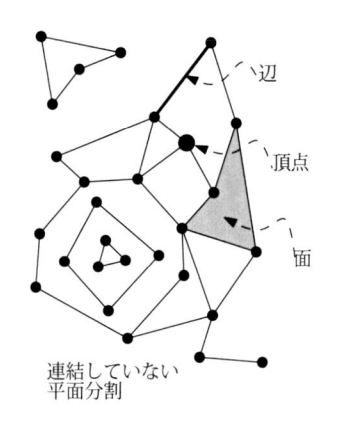

領域の境界を報告するといった操作が複雑になってしまうからである．つまり，構造的な情報，すなわち位相に関する情報を組み込むことが望ましい．つまり，どの線分がどの領域の境界にあって，どの領域とどの領域が隣接しているか，といった情報である．

ここで我々が考慮の対象にしているのは，グラフの平面埋込み (planar embedding) によって定義される**平面分割**である．対応するグラフが**連結**であれば，平面分割も連結である．グラフの節点の埋込みを**頂点** (vertex) と呼び，グラフの枝 (arc) の埋込みを**辺** (edge) という．ここではすべての辺が直線として実現される埋込みだけを想定している．原則的に，平面分割の辺は直線でなくてもよい．また，平面分割は無限に延びる辺をもつ場合もあるので，グラフの平面埋込みでなくてもよいが，本節では，そのような一般的な平面分割は考慮しない．また，辺は開線分として扱う．すなわち，端点—平面分割の頂点—は線分に含めない．平面分割の**面** (face) とは，辺上の点や頂点を含まない平面の極大連結部分集合のことである．したがって，面は，辺と頂点で区切られた平面分割の多角形開領域ということになる．平面分割の**複雑度**は，構成要素である頂点，辺，および面の個数の総和として定義される．ある頂点が辺の端点であるとき，その頂点とその辺は**接続している** (incident) という．同様に，面とその境界上の辺とも接続しており，面とその境界上の頂点も接続している．

　平面分割を表現するのに何が必要だろうか．ほしい操作の 1 つは，与えられた点を含む面を求めるというものである．これは，いくつかの応用において絶対に必要なものである．実際，後の章においてそのためのデータ構造を設計するが，基本的な表現から求めるのは少し荷が重い．求めることができるのはもっと局所的なものである．たとえば，与えられた面の境界をたどったり，1 つの面から境界辺を共有する隣接面に移ることができるようにしてほしいと思うことは合理的である．あれば役に立ちそうなもう 1 つの操作は，与えられた頂点に接続する辺をすべて調べるというものである．これから議論する表現ではこれらの操作が実現されている．これを 2 重連結辺リスト (doubly-connected edge list) と呼んでいる．

2 重連結辺リスト (doubly-connected edge list) は，平面分割のそれぞれの面，辺，頂点に対するレコードを含んでいる．レコードには幾何学的情報と位相情報以外の情報も含まれている．たとえば，平面分割が植物分布に対するテーマ別地図を表しているとき，その 2 重連結辺リストは各面のレコードに対応する領域の植物の種類を蓄えている．この付加情報は**属性情報** (attribute information) とも呼ばれる．2 重連結辺リストに蓄えられた幾何学的情報と位相情報により，先に述べた基本的な操作を実行することができる．1 つの面の境界を反時計回りの順にたどることが

第 2.2 節
2 重連結辺リスト

できるためには，各辺から次の辺へのポインタが必要である．面を逆の方向にたどることができると便利なので，前の辺へのポインタも蓄えておく．1 つの辺は 2 つの面の境界になっているから，辺に対して 2 組のポインタが必要である．そこで，1 つの辺を双方向の**片辺** (half edge) とみなし，各片辺に対して次の片辺と前の片辺が一意に決まる．したがって，1 つの片辺はただ 1 つの面の境界にある．1 つの辺に対する 2 本の片辺のことを**双子辺** (twin edge) と呼ぶ．面を反時計回りにたどるように与えられた片辺の次の片辺を定義すると，各片辺の方向が決まる．すなわち，辺をたどるとき，左手に面があるように方向づける．片辺は方向付けられているから，片辺の**始点**と**終点**が定まる．片辺 $\vec{e}$ の始点が v であり，終点が w のとき，その双子辺 $Twin(\vec{e})$ は w を始点 (origin) とし，v を終点 (destination) としてもつことになる．面の境界に到達するには，面のレコードにその面の境界上にある任意の片辺へのポインタを蓄えておくだけでよい．その片辺から始めて，それぞれの片辺から次の片辺に移ることによってその面の周囲をたどることができる．

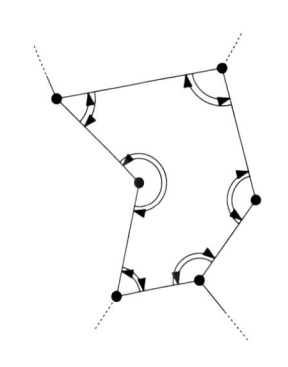

上に述べたことは，面に含まれる穴の境界については成り立たない．すなわち，反時計回りにたどるとき，面は右にあることになる．関連する面が常に同じ側にあるように片辺を方向づけておくと便利なので，穴の境界をたどるときは方向を変える．このようにしておくと，面は境界上の任意の片辺の左に存在している．さらに，双子の片辺は常に反対の方向をもっている．面に穴が存在すると，面からその境界上の任意の片辺へのポインタだけでは境界全体をたどることはできない．すなわち，成分ごとにその成分の 1 つの片辺へのポインタが必要である．どの辺にも接続していない**孤立頂点** (isolated vertex) が面に含まれているとき，それらへのポインタも含んでいなければならない．簡単のため，この場合については無視することにしよう．

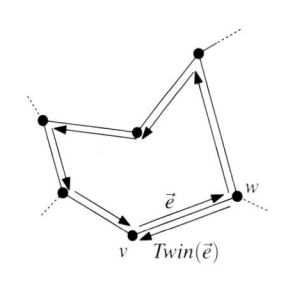

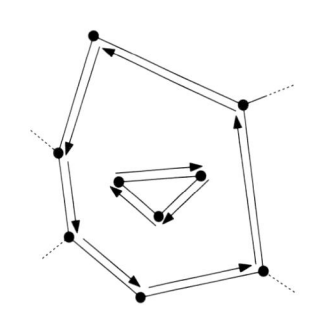

では，まとめよう．2 重連結辺リストは 3 種類のレコードから構成されている．すなわち，頂点レコード，面レコード，片辺レコードである．これらのレコードは，次のような幾何学的情報と位相情報を蓄えている．

- 頂点 v の頂点レコードは，$Coordinates(v)$ という名前のフィールドに v の座標値を蓄えている．その他に，v を始点としてもつ任意の片辺へのポインタ $IncidentEdge(v)$ も蓄えている．
- 面 f の面レコードには，その外側境界上のある片辺へのポインタ $OuterComponent(f)$ が蓄えられている．ただし，有界でない面については，このポインタは **nil** である．また，面の中のそれぞれの穴について，穴の境界上にある片辺へのポインタを含んだリスト $InnerComponents(f)$ も蓄えられている．
- 片辺 $\vec{e}$ の片辺レコードでは，その始点へのポインタ $Origin(\vec{e})$ と，双子辺へのポインタ $Twin(\vec{e})$，それに，それが境界となっている面への

第 2 章
線分交差

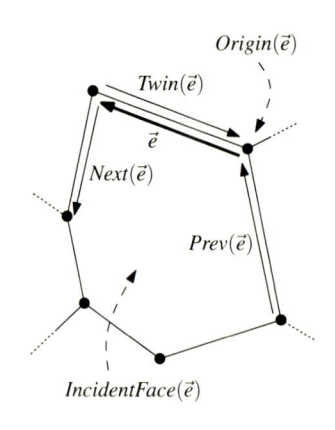

ポインタ $IncidentFace(\vec{e})$ を蓄えている．辺の終点は蓄えておく必要はない．なぜなら，$Origin(Twin(\vec{e}))$ に等しいからである．片辺を始点から終点に向けてたどるとき，$IncidentFace(\vec{e})$ が $\vec{e}$ の左にあるように始点を選んでおく．片辺レコードは，$IncidentFace(\vec{e})$ の境界上の次の辺と前の辺へのポインタ $Next(\vec{e})$ と $Prev(\vec{e})$ も蓄えている．したがって，$Next(\vec{e})$ は，$IncidentFace(\vec{e})$ の境界上で $\vec{e}$ の終点をその始点としてもつ唯一の片辺である．また，$Prev(\vec{e})$ は，$IncidentFace(\vec{e})$ の境界上で $Origin(\vec{e})$ をその終点としてもつ唯一の片辺である．

各頂点と辺に対して一定量の情報しか使わない．面にはもう少し多くの記憶領域が必要になるかも知れない．リスト $InnerComponents(f)$ は，その面にある穴の数と同じだけの要素をもつからである．任意の片辺は，すべての $InnerComponents(f)$ リストから高々 1 回しかポインタで指されないのであるから，必要な記憶領域は平面分割の複雑度に関して線形であるという結論を得ることができる．簡単な平面分割に対する 2 重連結辺リストの例を下に与える．1 本の辺 e_f に対応する 2 本の片辺には，$\vec{e}_{i,1}$ と $\vec{e}_{i,2}$ というラベルがつけられている．

頂点	座標値	接続辺
v_1	$(0,4)$	$\vec{e}_{1,1}$
v_2	$(2,4)$	$\vec{e}_{4,2}$
v_3	$(2,2)$	$\vec{e}_{2,1}$
v_4	$(1,1)$	$\vec{e}_{2,2}$

面	外側成分	内側成分
f_1	**nil**	$\vec{e}_{1,1}$
f_2	$\vec{e}_{4,1}$	**nil**

片辺	始点	双子辺	接続面	次	前
$\vec{e}_{1,1}$	v_1	$\vec{e}_{1,2}$	f_1	$\vec{e}_{4,2}$	$\vec{e}_{3,1}$
$\vec{e}_{1,2}$	v_2	$\vec{e}_{1,1}$	f_2	$\vec{e}_{3,2}$	$\vec{e}_{4,1}$
$\vec{e}_{2,1}$	v_3	$\vec{e}_{2,2}$	f_1	$\vec{e}_{2,2}$	$\vec{e}_{4,2}$
$\vec{e}_{2,2}$	v_4	$\vec{e}_{2,1}$	f_1	$\vec{e}_{3,1}$	$\vec{e}_{2,1}$
$\vec{e}_{3,1}$	v_3	$\vec{e}_{3,2}$	f_1	$\vec{e}_{1,1}$	$\vec{e}_{2,2}$
$\vec{e}_{3,2}$	v_1	$\vec{e}_{3,1}$	f_2	$\vec{e}_{4,1}$	$\vec{e}_{1,2}$
$\vec{e}_{4,1}$	v_3	$\vec{e}_{4,2}$	f_2	$\vec{e}_{1,2}$	$\vec{e}_{3,2}$
$\vec{e}_{4,2}$	v_2	$\vec{e}_{4,1}$	f_1	$\vec{e}_{2,1}$	$\vec{e}_{1,1}$

2 重連結辺リストに蓄えられた情報は，基本的な操作を実行するのに十分である．たとえば，面 f が与えられたとき，片辺 $OuterComponent(f)$ から始めて，$Next(\vec{e})$ ポインタをたどると，f の外側境界をたどることができる．頂点 v に接続するすべての辺をたどることもできる．どうすればできるかは演習問題として残しておく．

ここではかなり一般的なバージョンの 2 重連結辺リストを記述した．頂点が属性情報をもたないような応用においては，辺の $Origin()$ フィールドそのものに座標値を蓄えることもできる．すなわち，べつのタイプの頂点レコードを作る必要はない．もっと重要なことは，多くの応用にお

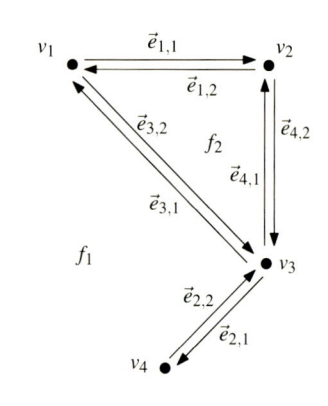

いては平面分割の面にあまり意味がないことがあることを知っておくことである（たとえば，以前に見た河川や道路のネットワークを考えればよい）．そういう場合には，面レコードと片辺の *IncidentFace*() フィールドを完全に無視することができる．後で説明することであるが，次節のアルゴリズムはこれらのフィールドを必要としない（また，それらを更新する必要がなければ実装はずっと簡単になる）．2重連結辺リストの実装方法の中には，平面分割の頂点と辺によって作られるグラフが連結でないといけないものもあるが，ダミー辺を導入すると常に実現できるし，利点が2つある．1つは，簡単なグラフ横断を用いてすべての片辺を訪問することができるという利点であり，2つ目の利点は，面に対する *InnerComponents*() リストは必ずしも必要ではないことである．

第2.3節
2つの平面分割の重ね合せ

2.3　2つの平面分割の重ね合せ

平面分割のうまい表現方法を設計できたので，一般的な地図重ね合せ問題に取り組もう．2つの平面分割 S_1 と S_2 の重ね合せ $\mathcal{O}(S_1, S_2)$ は，次の性質を満たす平面分割として定義される．すなわち，$\mathcal{O}(S_1, S_2)$ の面 f が存在するための必要十分条件は，S_1 の面 f_1 と S_2 の面 f_2 が存在して，f が $f_1 \cap f_2$ の極大連結部分集合になっていることである．必要以上に複雑な定義のように感じるが，言いたいのは，重ね合せとは，S_1 と S_2 の辺によって誘導される平面の細分化だということである．これを説明したのが図2.4である．一般的な地図重ね合せ問題とは，S_1 と S_2 が2重連結辺

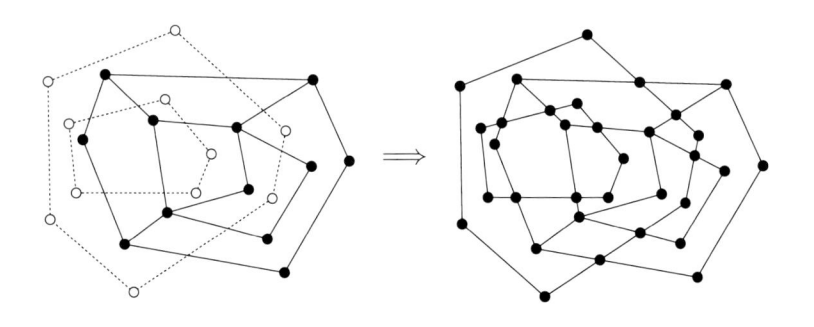

図2.4
2つの平面分割の重ね合せ

リストの形で与えられたとき，$\mathcal{O}(S_1, S_2)$ に対する2重連結辺リストでの表現を求めることである．このとき，$\mathcal{O}(S_1, S_2)$ のそれぞれの面は，それを含む S_1 と S_2 の面のラベルを組み合わせたラベルをもつようにしなければならない．このようにしておくと，これらの面について蓄えられた属性情報にアクセスすることができる．たとえば，植物分布図と降雨量を示す地図を重ね合わせた場合，この重ね合せにおける各領域について植物の種類と降雨量を知ることができることになる．

では，S_1 と S_2 を表す2重連結辺リストから $\mathcal{O}(S_1, S_2)$ の2重連結辺リストを構成するとき，どれだけの情報を再利用できるのかについて考え

第 2 章
線分交差

てみよう．S_1 の辺と頂点からなるネットワークを考えよう．このネットワークは，S_2 の辺によっていくつかの断片に切り分けられる．これらの断片は，大部分再利用可能である．S_2 の辺によって切断された辺だけが更新される．しかし，それらの断片に対応する 2 重連結辺リストの片辺レコードについても同じことが成り立つだろうか．片辺の方向が変化するなら，これらのレコードの情報も変更しなければならない．幸いなことに，その必要はない．片辺は，それが囲む面を左に見るように方向づけた．面の形状は重ね合せの結果変化するかもしれないが，その片辺に関しては同じ側にある．したがって，他の地図の辺と交差しない辺に対応する片辺のレコードを再利用することができる．別の言い方をすると，$O(S_1, S_2)$ に対する 2 重連結辺リストの辺辺レコードの中で，S_1 や S_2 から借りてくることができないものは，異なる地図に属する辺の交差に接続しているものだけである．

これは次のような方法を示唆している．まず，S_1 と S_2 の 2 重連結辺リストを単一の新しい 2 重連結辺リストにコピーする．もちろん，これでは平面の平面分割を表していないという意味において，この新しい 2 重連結辺リストは妥当なものではない．したがって，重ね合せアルゴリズムの仕事は，この 2 重連結辺リストを $O(S_1, S_2)$ に対する正しい 2 重連結辺リストに変換することである．そのためには，2 つのネットワークの辺の交差を求め，2 つの 2 重連結辺リストの適切な場所でそれらを連結しなければならない．

新たな面レコードについてはまだ述べていなかった．これらのレコードに対する情報はもっと計算しにくいので，後で解決することにして，取りあえず手をつけずに残しておく．まず，$O(S_1, S_2)$ の頂点と片辺のレコードをどのようにして求めるかについて，もう少し詳細に説明しよう．

以下のアルゴリズムは，2.1 節で線分集合の交差を求める方法として紹介した平面走査法に基づいている．このアルゴリズムを 2 つの平面分割 S_1 と S_2 の辺集合の和集合に適用する．ただし，辺は閉線分と見なす．このアルゴリズムは 2 つのデータ構造を用いて実現されていたことに注意しよう．すなわち，イベント点を蓄えるイベントキュー Q と，走査線と交わる線分を左から右への順序で平衡 2 分探索木に蓄える状態構造 T である．ここでは，2 重連結辺リスト D も管理する．最初，D は S_1 に対する 2 重連結辺リストと S_2 に対する 2 重連結辺リストのコピーをもっている．平面走査を実行している間，D を $O(S_1, S_2)$ に対する正しい 2 重連結辺リストに変換していく．ただし，頂点と片辺のレコードに関してだけ変換を行う．面に関する情報は後で計算する．ここでは，状態構造 T の辺と対応する D の片辺レコードの間に互いを参照するポインタをもっておく．このようにして，交点にぶつかったとき，D の中で変更しなければならない部分にアクセスすることができる．このとき，走査のどの時点でも走査線より上の部分では，重ね合せが正しく求められているとい

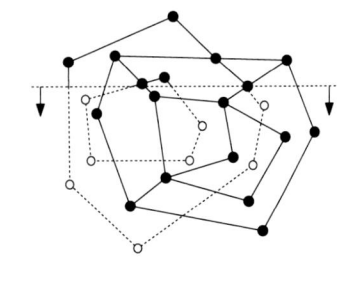

う性質を保持しなければならない.

さて，イベント点で何をしなければならないかを考えよう．まず最初に，線分交差判定アルゴリズムのように $\mathcal{T}$ と $\mathcal{Q}$ を更新しなければならない．イベント点が一方の平面分割の辺しか含んでいないなら，これで全部である．そのイベント点は再利用可能な頂点である．両方の辺を含むイベントの場合，交点で2つの元の平面分割の2重連結辺リストをつなぐために $\mathcal{D}$ を局所的に変更しなければらならない．これは面倒ではあるが，難しくはない．

第2.3節
2つの平面分割の重ね合せ

交点を処理する前の幾何的状況
と2重連結辺リスト

交点を処理した後の2重
連結辺リスト

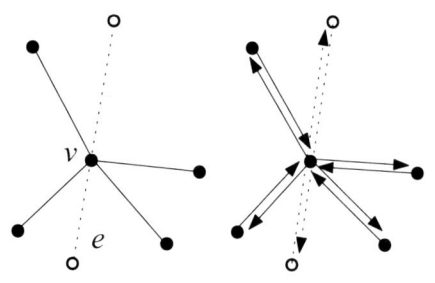

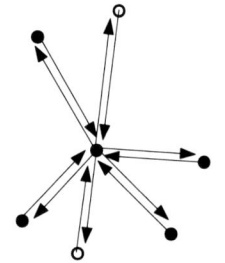

図2.5
ある頂点を通る別の平面領域分割の辺

ありうる場合の1つについて詳細に説明しよう．すなわち，図2.5に示すように，S_1 の辺 e が S_2 の頂点 v を通る場合である．辺 e を2つの辺 e' と e'' で置き換えなければならない．2重連結辺リストでは，e に対する2本の片辺が4本になる．2本の片辺のレコードが作られるが，両方とも v を始点とするものである．e に対する2本の現存の片辺は，図2.5に示すように，e の端点をその始点として保持している．次に，$Twin()$ ポインタを設定することにより，現存の片辺を新しい片辺と組み合わせる．したがって，e' を表す2本の片辺は，一方が新しいもので，もう一方は古いものである．同じことが e'' についても言える．ここで，多数の $Prev()$ ポインタと $Next()$ を設定しなければならない．まず，e の端点に関連するところから始めよう．後で v に関連するところについて考える．2本の新たな片辺の $Next()$ ポインタは，それぞれ以前の片辺（その双子辺ではないもの）の $Next()$ ポインタを引き継ぐ．これらのポインタが指している片辺については，その $Prev()$ ポインタも更新して新たな片辺を指し示すようにしなければならない．このステップの正しさを確かめる最もよい方法は，図を参照することである．

頂点 v の周囲の状況を更新する仕事が残っている．e' と e'' を表す4本の片辺と，S_2 から v に接続する片辺について，それらの $Next()$ ポインタと $Prev()$ ポインタを設定しなければならない．頂点 v の周りの辺の巡回順のどこに e' と e'' が来るかを判定することによって S_2 からの4本の片辺の位置を求めなければならない．一方の $Next()$ と他方の $Prev()$ ポインタによって結合される4組の片辺がある．v をその終点としてもつ e' に

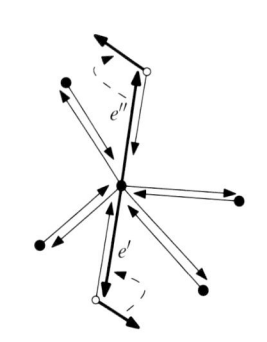

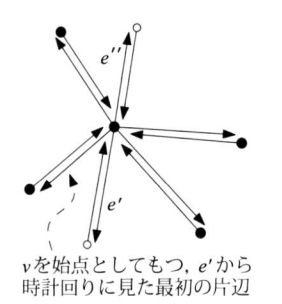

対する片辺について考えよう．それは，v を始点としてもつ片辺で，e' から時計回りに見て最初の片辺と結合しなければならない．v をその始点としてもつ e' に対する片辺は，v を終点としてもつ片辺で反時計回りの順に最初の片辺と結合しなければならない．これと同じことが e'' についても言える．

上で説明した操作はほとんど定数時間しかかからない．v の周りの巡回順のどこに e' と e'' が現れるかを求めるのにだけ時間がかかる．つまり，v の次数に関して線形の時間がかかる．これ以外にも異なる地図の 2 本の辺が交差したり，2 頂点が一致してしまう場合もあるが，これらは上で議論した場合より難しくない．これらの場合も $O(m)$ 時間かかる．ここで m はイベント点に接続する辺の本数である．これは，$\mathcal{D}$ を更新することは線分交差アルゴリズムの実行時間を漸近的に増やすことはないことを意味している．ここで，発見される交点はすべて重ね合せの頂点であることに注意．したがって，$\mathcal{O}(\mathcal{S}_1, \mathcal{S}_2)$ に対する 2 重連結辺リストの頂点レコードと片辺レコードは $O(n \log n + k \log n)$ の時間で計算できる．ただし，n は $\mathcal{S}_1$ と $\mathcal{S}_2$ の複雑度の和を表し，k は重ね合せの複雑度である．

頂点と片辺のレコードを含むフィールドを設定した後では，$\mathcal{O}(\mathcal{S}_1, \mathcal{S}_2)$ の面に関する情報を求めることが残っている．もっと厳密に言うと，$\mathcal{O}(\mathcal{S}_1, \mathcal{S}_2)$ の各面に対する面レコードを作り，*OuterComponent*(f) のポインタで f の外側境界上の片辺を指し示すようにし，f の内部の穴の境界上の片辺へのポインタのリスト *InnerComponents*(f) を作る必要がある．さらに，f の境界上の片辺の *IncidentFace*() を設定し，f の面レコードに指し示すようにする必要がある．最後に，新しい面には，それぞれそれを含んでいる以前の平面分割の面の名前がラベルとしてつけられていなければならない．

では，面レコードはいくつあるだろうか．無限の面を除いて，どの面もその外側境界は 1 つだけであるから，作らなければならない面レコードの個数は，外側境界の個数に 1 を加えたものに等しい．これまでに構成した 2 重連結辺リストの部分から，境界を表すサイクルをすべて求めるのは簡単である．しかし，どうすれば，1 つのサイクルが面の外側境界か穴の境界かを区別できるだろうか．これは，サイクルの最も左の頂点 v か，あるいはタイがある場合には最も左の中で最も下の頂点を見れば判定できる．片辺はその接続面が局所的にその左に来るように方向づけられている．v に接続しているサイクルの 2 つの片辺について考えよう．接続面は左にあることを知っているから，接続面の中で 2 つの片辺が構成する角度を求めることができる．もし，この角度が 180° より小さいとき，このサイクルは外側境界であり，そうでなければ穴の境界である．この性質は，サイクルの最も左の頂点に対して成り立つが，そのサイクルのそれ以外の頂点に関しては必ずしも成り立たない．

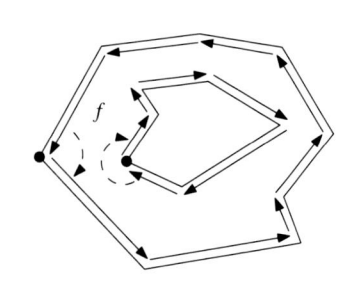

同じ面を区切るのはどちらの境界のサイクルかを判定するためにグラ

フ $\mathcal{G}$ を構成する．それぞれの境界サイクル—内側と外側—に対して $\mathcal{G}$ に節点を設ける．また，唯一の無限に広がる面の仮想的な外側境界に対しても節点を設ける．2 つのサイクルの間にグラフの枝を引くのは，サイクルの一方が穴の境界で，他方のサイクルがその穴のサイクルの最も左の頂点のすぐ左にある片辺をもつときであり，かつそのときに限る．サイ

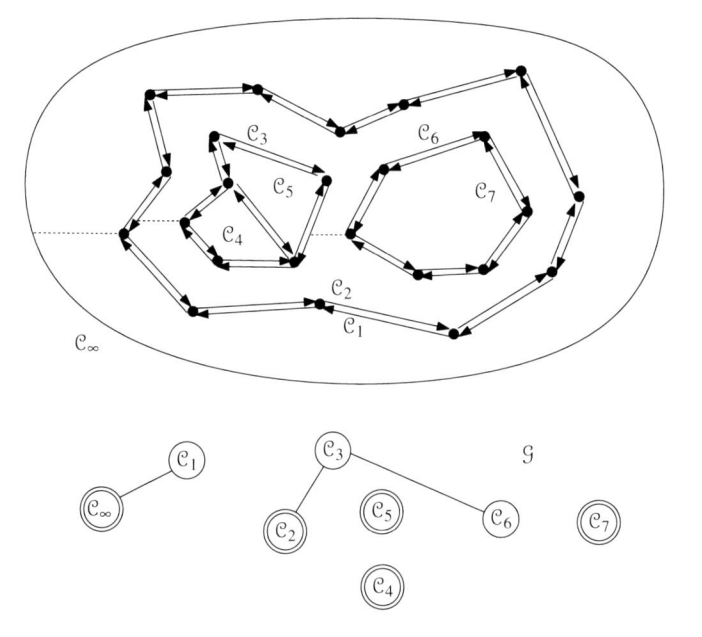

第 2.3 節
2 つの平面分割の重ね合せ

図 2.6
平面分割と対応するグラフ $\mathcal{G}$

クルの最も左の頂点の左に片辺がない場合，そのサイクルを表す節点は無限面の節点につなぐ．図 2.6 に例を示す．図において破線は穴のサイクルから別のサイクルへの結合を示している．この平面分割に対応するグラフも図に示してある．穴のサイクルは単一の円として示されているが，外側境界を表すサイクルは 2 重円として示されている．c_3 と c_6 は c_2 と同じ連結成分にある．これは，c_3 と c_6 が c_2 を外側境界とする面の穴のサイクルであることを示している．面 f に穴が 1 つしかなければ，グラフ $\mathcal{G}$ では穴のサイクルが f の外側境界につながれる．これは一般的には成り立たない．というのは，図 2.6 からも分かるように，穴は別の穴と連結することができるからである．この穴は，同じ面 f に存在するが，f の外側境界につながれているか，あるいはさらに別の穴とつながれているかも知れないからである．しかしながら，最終的には，次の補題で示すように，穴は外側境界につながることになる．

補題 2.5 グラフ $\mathcal{G}$ の各連結成分は，ちょうど 1 つの面に接続するサイクルの集合に対応している．

証明 面 f の穴の境界をなすサイクル $\mathcal{C}$ を考えよう．f は局所的に $\mathcal{C}$ の最も左の頂点より左にあるから，$\mathcal{C}$ は f の境界をなす別のサイクルにつながっているはずである．したがって，$\mathcal{G}$ の同じ連結成分のサイクルは同じ面の境界となっている．

第 2 章
線分交差

f の穴を区切るすべてのサイクルが f の外側境界と同じ連結成分にあることを示せば証明が完成する．背理法で示すために，そうでないサイクルがあるとしよう．$\mathcal{C}$ をそのようなサイクルの中で最も左にあるものとする．すなわち，最も左の頂点が最も左にあるものである．定義により，$\mathcal{C}$ と $\mathcal{C}$ の最も左の頂点の部分的に左にあるような別のサイクル $\mathcal{C}'$ の間に枝がある．したがって，$\mathcal{C}'$ は $\mathcal{C}$ と同じ連結成分にあるが，これは f の外側境界の成分ではない．これは $\mathcal{C}$ の定義と矛盾する．□

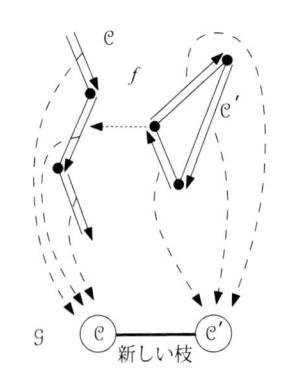

補題 2.5 は，グラフ $\mathcal{G}$ ができれば，すべての成分について面レコードを作ることができることを示している．そうすると，各面 f の境界上の片辺の接続面 *IncidentFace*() を設定することができ，内側成分を表すリスト *InnerComponents*(f) と外側成分を表す集合 *OuterComponent*(f) を構成することができる．では，グラフ $\mathcal{G}$ を構成するにはどうすればよいだろうか．線分交差に対する平面走査アルゴリズムでは，常にイベント点のすぐ左の線分を探索したことに注意しよう．（それらの線分は，イベント点を通る最も左の辺に対して交差の有無を判定しなければならなかった．）したがって，$\mathcal{G}$ を構成するのに必要な情報は平面走査の間に求められている．そこで，$\mathcal{G}$ を構成するためには，すべてのサイクルに対して節点を作らなければならない．グラフ $\mathcal{G}$ の枝を求めるために，穴を区切るすべてのサイクルについて最も左の頂点 v を考えよう．$\vec{e}$ を v のすぐ左の片辺とするとき，$\vec{e}$ を含むサイクルと v がその最も左の頂点であるような穴のサイクルを表す $\mathcal{G}$ の節点の間にグラフの枝を加える．$\mathcal{G}$ においてこれらの節点を効率よく見つけるには，すべての片辺レコードからそれが含まれているサイクルを表す $\mathcal{G}$ の節点へのポインタが必要である．よって，2 重連結辺リストの面情報は，平面走査の後で余分に $O(n+k)$ の時間をかけることで設定できる．

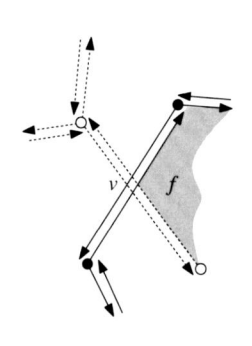

まだ 1 つ残っている．すなわち，重ね合わせた図における面 f それぞれについて，それを含んでいた以前の平面分割の面の名前がラベルとしてつけられていなければならない．これらの面を見つけるために，f の任意の頂点 v を考えよう．v が $\mathcal{S}_1$ の辺 e_1 と $\mathcal{S}_2$ の辺 e_2 の交点なら，$\mathcal{S}_1$ と $\mathcal{S}_2$ のうちのどちらの面が f を含んでいるかは，e_1 と e_2 に対応する適当な片辺の *IncidentFace*() ポインタを見ることで判定するかを決定できる．v が交点ではなくて，たとえば $\mathcal{S}_1$ の頂点なら，f を含んでいる $\mathcal{S}_1$ の面が分かっているだけである．f を含む $\mathcal{S}_1$ の面を求めるには，もう少し作業が必要である．すなわち，v を含む $\mathcal{S}_2$ の面を求めなければならない．言い換えると，$\mathcal{S}_1$ の各頂点に対してそれが $\mathcal{S}_2$ のどの面にあり，$\mathcal{S}_2$ の各頂点についてもそれが $\mathcal{S}_1$ のどの面にあるかを知ることができれば，$\mathcal{O}(\mathcal{S}_1, \mathcal{S}_2)$ の面に正しくラベルをつけることができる．では，どうすればこの情報を求めることができるだろうか．解は，この章で導入したパラダイム，すなわち平面走査をもう一度適用することである．しかしながら，ここで

はこの最後のステップは説明しない．平面走査のアルゴリズムを自力で設計してみると，どれだけ平面走査法が理解できているかよく分かるだろう．（実際，この情報を求めるのに別に平面走査をする必要はない．交点を計算する走査のときに求めることができるのである．）

上記の事柄を総合すると，次のアルゴリズムを得る．

アルゴリズム MAPOVERLAY(S_1, S_2)
入力：2重連結辺リストの形で蓄えられた2つの平面分割S_1, S_2.
出力：S_1とS_2の重ね合せに対する2重連結辺リストの形での表現．

1. S_1とS_2の2重連結辺リストを新たな2重連結辺リスト$\mathcal{D}$にコピーする．
2. 2.1節の平面走査アルゴリズムでS_1とS_2の辺の間の交点をすべて求める．このとき，各イベント点で必要な$\mathcal{T}$と$\mathcal{Q}$に関する操作の他に，以下の操作を実行する．
   - イベントがS_1とS_2の両方の辺を含んでいるなら，上に説明したように$\mathcal{D}$を更新する．（これについては，S_1の辺がS_2の頂点を通る場合について説明した．）
   - それを表している$\mathcal{D}$の頂点でイベント点のすぐ左にある片辺を蓄える．
3. (* この時点で，面に関する情報がまだ求められていないことを除けば，$\mathcal{D}$は$\mathcal{O}(S_1, S_2)$に対する2重連結辺リストになっている．*)
4. $\mathcal{D}$をたどることによって$\mathcal{O}(S_1, S_2)$の境界サイクルを求める．
5. 節点が境界サイクルに対応し，それぞれの穴のサイクルをその最も左の頂点の左にあるサイクルとつなぐ枝をもつグラフ$\mathcal{G}$を構成し，その連結成分を求める．（$\mathcal{G}$の枝を決めるためのこの情報は，ステップ2の2番目の項目で求められている．）
6. **for** $\mathcal{G}$の各連結成分
7.   **do** $\mathcal{C}$をその成分の唯一の外側境界サイクルとし，このサイクルを境界とする面をfとする．fに対する面レコードを構成し，*OuterComponent*(f)を$\mathcal{C}$のある片辺に設定し，その成分の各穴のサイクルにおける1つの片辺へのポインタからなるリスト*InnerComponents*(f)を構成する．このサイクルにおけるすべての片辺の*IncidentFace*()ポインタがfの面レコードを指すようにする．
8. 上に説明したように，$\mathcal{O}(S_1, S_2)$の各面に対して，それを含んでいるS_1とS_2の面の名前をラベルとしてつける．

定理2.6 S_1を複雑度n_1の平面分割とし，S_2を複雑度n_2の分割とする．また，$n := n_1 + n_2$とする．S_1とS_2の重ね合せは$O(n \log n + k \log n)$時間で構成することができる．ただし，kは重ね合せの複雑度である．

証明 1行目で2重連結辺リストをコピーするが，それは $O(n)$ 時間でできる．また，補題2.3により，1行目の平面走査は $O(n\log n + k\log n)$ でできる．4〜7行目では面レコードを完成させていくが，これは $\mathcal{O}(\mathcal{S}_1, \mathcal{S}_2)$ の複雑度に比例する時間でできる．（グラフの連結成分は単純な深さ優先探索により線形時間で求めることができる．）最後に，得られた平面分割のそれぞれの面に，それを含んでいる元の平面分割の面の名前をラベルとして付けるが，これは $O(n\log n + k\log n)$ 時間でできる． □

2.4 ブール演算

地図重合せアルゴリズムは，様々な目的で適用できる強力な道具である．特に役にたつのは，多角形 $\mathcal{P}_1$ と $\mathcal{P}_2$ に対して，和集合 (union)，共通部分 (intersection)，集合差 (difference) のブール演算 (Boolean operation) を実行するものである．図2.7に例が示されている．これらの演算の出力はもはや多角形ではないかもしれないことに注意しておこう．つまり，穴を含んだ複数の多角形領域から構成されているかもしれないのである．

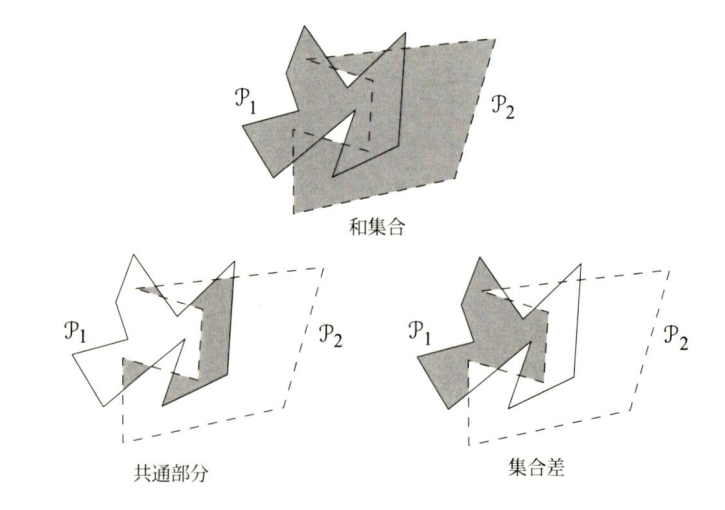

図2.7
2つの多角形 $\mathcal{P}_1$，$\mathcal{P}_2$ に関するブール演算：和集合，共通部分，および集合差

ブール演算を実行するために，多角形をその有界面がそれぞれ $\mathcal{P}_1$ と $\mathcal{P}_2$ の名前がつけられた平面地図のようにみなす．これらの地図の重ね合せを求め，その面の中でそのラベルが実行したい特定のブール演算に対応しているものを取り出す．共通部分 $\mathcal{P}_1 \cap \mathcal{P}_2$ を求めたいなら，$\mathcal{P}_1$ と $\mathcal{P}_2$ のラベルをもつ面を重ね合せ地図から取り出せばよい．和集合 $\mathcal{P}_1 \cup \mathcal{P}_2$ を求めたい場合には，$\mathcal{P}_1$ か $\mathcal{P}_2$ のラベルをもつ面を重ね合せ地図から取り出せばよい．さらに，集合差 $\mathcal{P}_1 \setminus \mathcal{P}_2$ を求めたいときには，$\mathcal{P}_1$ のラベルはついているが，$\mathcal{P}_2$ のラベルはついていない面を重ね合せ地図から取り出せばよい．

$\mathcal{P}_1$ の辺と $\mathcal{P}_2$ の辺の交点はいずれも $\mathcal{P}_1 \cap \mathcal{P}_2$ の頂点であるから，このアルゴリズムの実行時間は $O(n\log n + k\log n)$ である．ただし，n は $\mathcal{P}_1$

と $\mathcal{P}_2$ の頂点数の和であり，k は $\mathcal{P}_1 \cap \mathcal{P}_2$ の頂点数である．同じことが他のブール演算についても成り立つ．どの演算を実行したいとしても，2 本の辺の交点はすべて最終結果の頂点である．したがって，次の結果が得られる．

系 2.7 $\mathcal{P}_1, \mathcal{P}_2$ をそれぞれ n_1, n_2 個の頂点をもつ多角形とし，$n := n_1 + n_2$ とする．このとき，$\mathcal{P}_1 \cap \mathcal{P}_2$，$\mathcal{P}_1 \cup \mathcal{P}_2$，および $\mathcal{P}_1 \setminus \mathcal{P}_2$ は $O(n \log n + k \log n)$ 時間で計算できる．ただし，k は出力の複雑度である．

2.5 文献と注釈

線分交差問題は計算幾何学における基本的な問題の 1 つである．本章で与えた $O(n \log n + k \log n)$ 時間のアルゴリズムは，Bentley と Ottmann [47] によって 1979 年に与えられたものである．(それより 2～3 年前に，Shamos と Hoey [351] は，少なくとも 1 つの交差があるかどうかを $O(n \log n)$ 時間で判定することだけに焦点をしぼった検出問題を解いた．) この章では作業空間を $O(n+k)$ から $O(n)$ に減らすための方法を説明したが，これは Pach と Sharir [312] から取ったものである．彼らは，この改良より前にイベントリストのサイズが $\Omega(n \log n)$ になりうることも示している．Brown [77] は，同じだけの削減を達成するための別の方法を与えている．

すべての線分交差を報告する問題の下界は $\Omega(n \log n + k)$ である．したがって，本章で述べた平面走査アルゴリズムは，k が大きい場合には最適ではない．最適なアルゴリズムへの最初の進展は Chazelle [88] によってなされたが，それは $O(n \log^2 n / \log \log n + k)$ という実行時間をもつものであった．1988 年に，Chazelle と Edelsbrunner [99, 100] は最初の $O(n \log n + k)$ 時間アルゴリズムを与えた．残念なことに，それは $O(n+k)$ の記憶領域を必要とするものであった．後に，Clarkson と Shor [133]，Mulmuley [288] は，その期待実行時間[*1] が $O(n \log n + k)$ であるような乱択逐次構成アルゴリズムを与えた．(乱択アルゴリズムについては第 4 章を参照のこと．) これらのアルゴリズムの作業空間は，それぞれ $O(n)$ と $O(n+k)$ である．Chazelle と Edelsbrunner のアルゴリズムと違って，これらの乱択アルゴリズムは曲線の集合における交点を計算することもできる．Balaban [35] は線分交差問題に対して最初の決定性のアルゴリズムを与えた．彼のアルゴリズムの実行時間は $O(n \log n + k)$ であり，記憶領域は $O(n)$ である．これは曲線に対してもうまくいく．

第 2.5 節
文献と注釈

[*1] [訳注]：正確には実行時間の期待値と翻訳すべきであろうが，煩雑であるので，本書を通して単に期待実行時間と訳すことにする．平均時間という訳語も考えられるが，平均時間は入力を変化させた場合の計算時間の平均を意味することが一般的であるので，区別のために期待時間という表現を用いている．

第 2 章
線分交差

線分交差問題の中には一般の場合よりも易しい場合もある．2 色線分交差問題 (red-blue line segment intersection problem) と呼ばれるものがその一例であるが，これは，2 つの線分集合（赤と青の線分）が与えられるが，同じ集合に属する線分どうしは交差しないという場合である．（これは，実際，ネットワーク重ね合せ問題である．しかしながら，本章で説明した解では，同じ集合内では交差しない 2 つの線分集合が与えられているという事実は使っていない．）この 2 色線分交差問題は，Mairson と Stolfi [262] によって，$O(n \log n + k)$ 時間と $O(n)$ の記憶領域で解けることが示されたが，それは一般の問題が最適に解けることが分かる前であった．これ以外にも，最適な 2 色線分交差アルゴリズムが提案されている．Chazelle らの方法 [101] や Palazzi と Snoeyink [315] による方法がその例である．2 つの線分集合が連結な平面分割 (connected subdivision) を形作っている場合には，状況はさらによい．この場合，Finke と Hinrichs [176] が示しているように，重ね合せは $O(n+k)$ 時間で計算できる．彼らの結果は，Nievergelt と Preparata [293]，Guibas と Seidel [200]，および Mairson と Stolfi [262] による地図重ね合せに関する以前の結果を一般化し改善したものである．

線分交差計数問題 (line segment intersection counting problem) は，n 本の線分の集合に含まれる交点の個数を求める問題である．出力は 1 つの整数であるから，時間複雑度における k の項はもはや出力のサイズ（定数）を指すものではなく，単に交点数である．交点数に依存しないアルゴリズムは，ある小さな定数 c に対して $O(n^{4/3} \log^c n)$ の時間がかかる [4, 95]．$O(n \log n)$ に近い実行時間をもつアルゴリズムはまだ知られていない．

平面走査は，幾何アルゴリズムを設計する上で最も重要なパラダイムの 1 つである．このパラダイムに基づいた計算幾何学最初のアルゴリズムは，Shamos と Hoey [351]，Lee と Preparata [250]，および Bentley と Ottmann [47] によるものである．平面走査法が特に適しているのは，物体の集合の間の交差を求める問題であるが，他の多数の問題にも利用可能である．第 3 章では，平面走査法を用いて多角形の三角形分割問題の一部を解く．また，第 7 章では，点集合に対するいわゆるボロノイ図を求めるのに平面走査法が使えることを示す．本章で述べたアルゴリズムでは水平の走査線を平面上で下方に移動したが，別の方向に移動する方が便利であるような問題もある．たとえば，第 15 章で与える例のように，平面を半直線を回転させることによって走査することもできるし，擬似直線（直線的である必要はないが，直線と同じような性質を幾分かはもっている線）[159] を用いて平面を走査することもできる．平面走査の技法は高次元でも使える．ただし，そのときは超平面によって空間を走査することになる [213, 311, 324]．そのようなアルゴリズムは空間走査法 (space sweep) と呼ばれている．

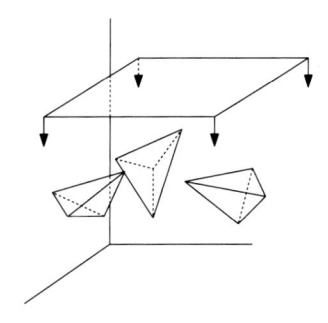

本章では平面分割を蓄えるためにデータ構造として2重連結辺リストについて説明した．この構造，あるいは実際にはその変形版は，Muller と Preparata [286] で記述されている．他にも平面分割を蓄えるためデータ構造がある．例をあげると，Baumgart [40] による翼つきの辺構造 (winged edge structure) や Guibas と Stolfi [202] の四分辺構造 (quad edge structure) などである．これらのデータ構造はほとんど同じである．それらは，多かれ少なかれ同じ機能をもっているが，辺あたりの記憶領域に2～3バイトの違いがある．

第 2.6 節
演習

2.6 演習

2.1 S を n 本の互いに交差しない線分の集合とし，それらの上端点は直線 $y=1$ にあり，下端点は $y=0$ 上にあるものとする．これらの線分によって水平な帯領域 $[-\infty:\infty]\times[0:1]$ が $n+1$ 個の領域に分割される．S の線分を $O(n\log n)$ 時間で2分探索木に蓄えて，質問点を含む領域が $O(\log n)$ 時間で計算できるようにする方法を考えよ．また，問合せ応答のアルゴリズムを詳細に述べよ．

2.2 n 線分の集合 S に対する交差検出問題とは，交差する線分対があるかどうかを判定するというものである．$O(n\log n)$ 時間で交差検出問題を解く平面走査アルゴリズムを与えよ．

2.3 アルゴリズム FINDINTERSECTIONS（および，それが呼び出している手続き）のコードを改めて，作業空間が $O(n+k)$ ではなく $O(n)$ になるようにせよ．

2.4 S を平面上の n 線分の集合とし，線分どうしは（部分的に）重なってもよいものとする．たとえば，S の中に線分 $\overline{(0,0)(1,0)}$ と $\overline{(-1,0)(2,0)}$ が含まれていてもよい．このような仮定の下ですべての交点を求めたい．もっと厳密に言うと，S における真の交点（すなわち，2本の平行でない線分の交点）をすべて求め，さらに線分の各端点について，その端点を含む線分をすべて求めたい．この目的にあうようにアルゴリズム FINDINTERSECTIONS を作り直せ．

2.5 以下の等号の中で常に成り立つものはどれか．

$$\begin{aligned} Twin(Twin(\vec{e})) &= \vec{e} \\ Next(Prev(\vec{e})) &= \vec{e} \\ Twin(Prev(Twin(\vec{e}))) &= Next(\vec{e}) \\ IncidentFace(\vec{e}) &= IncidentFace(Next(\vec{e})) \end{aligned}$$

2.6 辺 e に対して $IncidentFace(\vec{e})$ と $IncidentFace(Twin(\vec{e}))$ の面が同じであるような2重連結辺リストの例を与えよ．

2.7 すべての片辺 $\vec{e}$ に対して $Twin(\vec{e})=Next(\vec{e})$ が成り立つような平面分割を2重連結辺リストの形で与えよ．この平面分割は何個の面をもつか．

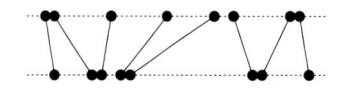

第 2 章
線分交差

2.8 2重連結辺リストにおいて，与えられた頂点 v に接続する頂点をすべて列挙する擬似プログラムを与えよ．また，必ずしも連結とは限らない平面分割において，1つの面を区切る辺をすべて列挙する擬似プログラムも与えよ．

2.9 連結な平面分割が2重連結辺リストの形で与えられているとしよう．外側境界上に現れる頂点をもつ面をすべて列挙する擬似プログラムを与えよ．

2.10 S を複雑度 n の平面分割とし，P を m 点の集合とする．P の各点について，それを含む S の面を求める平面走査のアルゴリズムを与えよ．そのアルゴリズムの実行時間が $O((n+m)\log(n+m))$ であることを示せ．

2.11 S を平面上の n 個の円からなる集合とする．円と円の交点をすべて求める平面走査のアルゴリズムを記述せよ．(扱っているのが円板ではなく円であるから，一方の円が他方の円の中に完全に含まれるときは交差はない．) そのアルゴリズムの実行時間は $O((n+k)\log n)$ でなければならない．ただし，k は交点数である．

2.12 S を平面上の n 個の三角形の集合とする．それらの三角形の境界は交差しないが，1つの三角形が別の三角形の中に完全に含まれることはあってもよい．P を平面上の n 個の点の集合とする．すべての三角形の外部にある P の点をすべて出力する $O(n\log n)$ 時間のアルゴリズムを与えよ．

2.13* S を平面上の互いに交差しない n 個の三角形の集合とする．次の性質をもつ $n-1$ 本の線分の集合を求めたい．

- 各線分は1つの三角形の境界上の点と別の三角形の境界上の点を結ぶ．
- どの2線分をとっても内部で交差することはなく，三角形とも交差しない．
- すべての三角形は全体として互いに連結されている．すなわち，線分と三角形の境界を歩くことにより1つの三角形から別の任意の三角形まで歩くことができる．

$O(n\log n)$ の時間でこの問題を解く平面走査のアルゴリズムを開発せよ．用いたイベントとデータ構造を明確に述べ，生じうるあらゆる場合を記述し，それぞれの場合について必要な操作を述べよ．また，走査のあいだ維持される性質を述べよ．

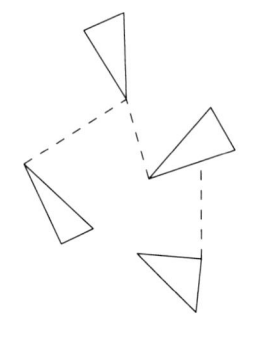

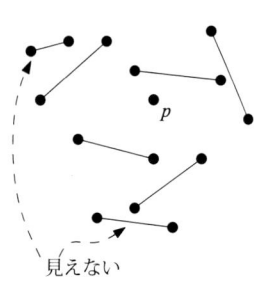

2.14 S を n 個の互いに重なりのない平面上の線分の集合，p を S のどの線分の上にもない点とする．p が見ることができる S の線分をすべて求めたい．すなわち S の線分の中で，適当な点 q をその線分の上に取って，開線分 $\overline{pq}$ が S の他のどの線分とも交差しないようにできるようなものをすべて求めたい．p の周りで回転する半直線を用いて，この問題に対する $O(n\log n)$ 時間のアルゴリズムを与えよ．

3 多角形の三角形分割
美術館の監視

有名な画家の作品は美術愛好家の間だけでなく犯罪者の間でも人気がある．非常に高価であり，運搬が容易で，売るのも左程難しくはない．した

図 3.1
美術館

がって，美術館ではコレクションを注意深く監視する必要がある．日中は係員が見張っているが，夜になるとビデオカメラで監視することになる．監視カメラは天井から釣り下げられているのが普通で，垂直な軸の周りに回転するようになっている．カメラからの画像は夜警の事務所にあるTV画面に送られる．多数の画面より少数の画面の方が注視しやすいので，カメラの台数はできるだけ少ない方がよい．カメラの台数が少ないことの別の利点として，保安システムのコストの低減をあげることができる．他方，カメラの台数が少なすぎてはいけない．美術館のどの部分も少なくとも1台のカメラから見えないといけないからである．そこで，それぞれのカメラが美術館の大部分を監視するように戦略的にカメラを設置しなければならない．これが，**美術館問題** (Art Gallery Problem) と呼ばれている問題——与えられた美術館を監視するのに必要なカメラの台数を求め，さらにそれらをどこに設置するべきかを求める問題——の起源である．

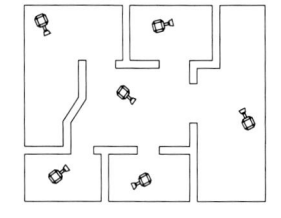

3.1 監視員の配置と三角形分割

美術館問題をもっと厳密に定義したいなら，最初に美術館の概念を形式

第 3 章
多角形の三角形分割

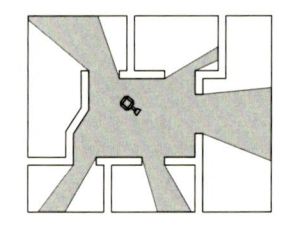

的に記述しなければならない．美術館とは，もちろん，3次元建造物であるが，平面図だけでもカメラの設置場所を決めるのに十分な情報を与えてくれる．そこで，美術館を平面上の多角形領域としてモデル化する．ここではさらに領域を制限して，**単純な多角形** (simple polygon)，すなわち自己交差しない閉じた多角形チェインで囲まれた領域だけを扱うことにする．したがって，領域に穴があってはならない．美術館におけるカメラ位置は，多角形内部の点に対応している．多角形の内部でカメラから見える点は，カメラの点とそれを結ぶ開線分が多角形の内部に含まれる点である．

では，単純な多角形を監視するのに何台のカメラが必要だろうか．明らかに与えられた多角形によって変わる．多角形が複雑であればあるほど多数のカメラが必要になる．したがって，多角形の頂点数 n によって必要なカメラの台数に関する上界を表すことにしよう．しかし，2つの多角形の頂点数が同じでも，一方が他方より監視しやすいということがある．たとえば，凸多角形は常に1台のカメラで監視できる．安全サイドに立つなら，最悪の状況を考える必要があるので，n 頂点の単純な多角形を監視するのに十分な上界を与えることにしよう．（最悪の場合の上界を求めるだけでなく，与えられた特定の多角形に対して必要なカメラの最小台数を求めることができればよいが，残念ながら与えられた多角形に対して必要なカメラの最小台数を求める問題は NP-困難である．）

$\mathcal{P}$ を n 頂点の単純な多角形とする．$\mathcal{P}$ は複雑な形をしているかもしれないから，$\mathcal{P}$ を監視するのに必要なカメラの台数に関して何らかの性質を導き出すのは難しそうである．したがって，最初に $\mathcal{P}$ を監視が簡単である断片，すなわち三角形に分割する．ここでは，頂点対間に**対角線**

図 3.2
単純な多角形とその三角形分割の1つ

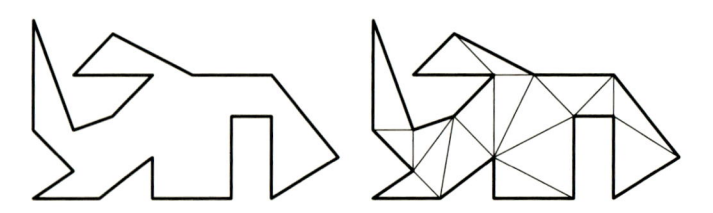

(diagonal) を引くことによって三角形に分割する．対角線とは，$\mathcal{P}$ の2頂点を $\mathcal{P}$ の内部だけを通って結ぶ開線分である．交差しない対角線の極大集合によって多角形を三角形に分割したものを，その多角形の**三角形分割** (triangulation) という．図 3.2 を参照のこと．（交差しない対角線の集合が極大でないといけないとしているのは，三角形の辺の内部に多角形の頂点をもたないことを保証するためである．そのような状況は3頂点が同一直線上にあるときに起こりうる．）三角形分割は一意に決まらないのが普通である．たとえば，図 3.2 に示した多角形は何通りにも三角形分割できる．$\mathcal{P}$ の三角形分割 $\mathcal{T}_\mathcal{P}$ のすべての三角形に1台のカメラを設置すれば $\mathcal{P}$ を監視することができる．しかし，そもそも三角形分割は常に存在するのだろうか．また，三角形分割には何個の三角形が含まれる

だろう．これらの問に答えるのが次の定理である．

定理 3.1 どんな単純な多角形も三角形分割が可能である．n 頂点の単純多角形のどんな三角形分割も正確に $n-2$ 個の三角形からなる．

証明 n に関する帰納法で定理を証明しよう．$n=3$ のとき，多角形は三角形であるので，定理は明らかに成り立つ．$n>3$ とし，すべての $m<n$ に対して定理が成り立つと仮定しよう．$\mathcal{P}$ を n 頂点の多角形とする．最初に $\mathcal{P}$ に対角線が引けることを証明しよう．$\mathcal{P}$ の最も左の頂点を v とする．（同順位がある場合には，最も左の頂点の中で最も下にあるものを選ぶ．）$\mathcal{P}$ の境界上で v に隣接する 2 頂点を u, w とする．開線分 $\overline{uw}$ が $\mathcal{P}$ の内部にあるなら，対角線が見つかったことになる．そうでなければ，u, v, w によって定義される三角形の内部，または対角線 $\overline{uw}$ 上に頂点が 1 個以上あることになる．これらの頂点のうち，u と v を通る直線から最も遠いものを v' とすると，v' と v を結ぶ線分は $\mathcal{P}$ の辺と交差することはない．というのは，そのような辺は u と v を通る直線から最も遠い三角形の内部に端点をもつことになるが，それは v' の定義に矛盾するからである．したがって，$\overline{vv'}$ は対角線である．

したがって，対角線は必ず存在する．どんな対角線も $\mathcal{P}$ を 2 つの単純な部分多角形 $\mathcal{P}_1$ と $\mathcal{P}_2$ に分割する．$\mathcal{P}_1$ の頂点数を m_1 とし，$\mathcal{P}_2$ の頂点数を m_2 とする．m_1 と m_2 は n より小さくなければならないから，帰納法の仮定により $\mathcal{P}_1$ と $\mathcal{P}_2$ は三角形分割できる．したがって，$\mathcal{P}$ も三角形分割可能である．

後は，$\mathcal{P}$ のどの三角形分割も $n-2$ 個の三角形からなることを証明すればよい．そのために，ある三角形分割 $\mathcal{T}_\mathcal{P}$ における任意の対角線に注目しよう．この対角線は $\mathcal{P}$ をそれぞれ m_1 個と m_2 個の頂点をもつ 2 つの部分多角形に分割する．$\mathcal{P}$ のどの頂点も，両方の部分多角形に含まれる対角線を定める頂点を除いて，2 つの部分多角形の内の 1 つにちょうど 1 回だけ現れる．したがって，$m_1+m_2=n+2$ である．帰納法の仮定により，$\mathcal{P}_i$ の任意の三角形分割は m_i-2 個の三角形からなるが，これは $\mathcal{T}_\mathcal{P}$ が $(m_1-2)+(m_2-2)=n-2$ 個の三角形からなることを意味している． □

定理 3.1 により，n 頂点の任意の単純多角形は $n-2$ 台のカメラで監視できることが分かった．しかし，すべての三角形の内部に 1 台のカメラを設置するのは多すぎるようである．たとえば，対角線上にカメラを設置すれば，2 個の三角形を監視することができる．したがって，対角線を上手に選んでカメラを配置すればカメラの台数をほぼ $n/2$ に削減することができる．カメラを頂点に置くともっとよさそうである．というのは，頂点は多数の三角形に接続しているから，そこにカメラを置くとそれらの三角形を監視できるからである．これから次のような方法が考え

第 3.1 節
監視員の配置と三角形分割

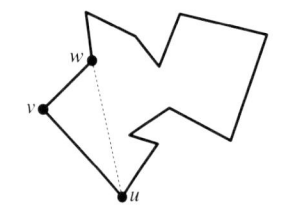

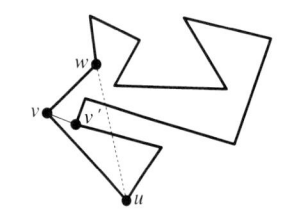

第 3 章
多角形の三角形分割

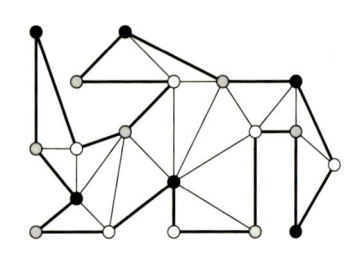

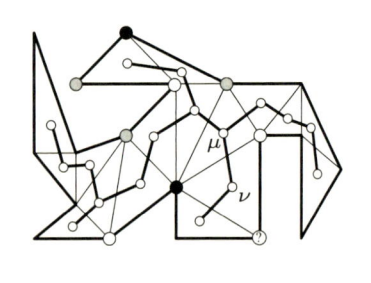

られる．

$\mathcal{T}_\mathcal{P}$ を $\mathcal{P}$ の三角形分割としよう．$\mathcal{T}_\mathcal{P}$ のどの三角形についても少なくとも 1 個の頂点が含まれるように $\mathcal{P}$ の頂点をうまく選んで，そこにカメラを設置する．そのような頂点の部分集合を求めるために，$\mathcal{P}$ の各頂点に白，灰色，黒のいずれかの色を割り当てる．このとき，辺や対角線によって結ばれたどの 2 頂点も異なる色がもつように色づけをする．これは，三角形分割された多角形 (triangulated polygon) の **3 彩色** (3-coloring) と呼ばれる．三角形分割された多角形の 3 彩色では，どの三角形も白と灰色と黒の頂点を 1 つずつもっている．したがって，たとえば灰色の頂点すべてにカメラを配置すると，多角形全体を監視できたことになる．カメラを配置するのに最小の色クラスを選ぶと，$\mathcal{P}$ を高々 $\lfloor n/3 \rfloor$ 台のカメラで監視することができる．

しかし，3 彩色は必ず存在するだろうか．答はイエスである．それを確かめるために，$\mathcal{T}_\mathcal{P}$ の**双対グラフ** (dual graph) と呼ばれるものを見てみよう．このグラフ $\mathcal{G}(\mathcal{T}_\mathcal{P})$ は，$\mathcal{T}_\mathcal{P}$ のすべての三角形に対して 1 つの節点をもつ．節点 v に対応する三角形を $t(v)$ と記すことにする．$t(v)$ と $t(\mu)$ が対角線を共有するとき，対応する 2 つの節点 v と μ の間にグラフの枝を引く．$\mathcal{G}(\mathcal{T}_\mathcal{P})$ の枝は，$\mathcal{T}_\mathcal{P}$ の対角線に対応している．どの対角線も $\mathcal{P}$ を 2 分するから，$\mathcal{G}(\mathcal{T}_\mathcal{P})$ からどんな枝を取り除いてもグラフは 2 つの部分に分かれる．したがって，$\mathcal{G}(\mathcal{T}_\mathcal{P})$ は木である．（穴を含む多角形の場合には成り立たないことに注意しよう．）これは，深さ優先探索のような単純なグラフ探査法を用いて 3 彩色を求めることができることを意味している．次に，どうやって求めるかを説明しよう．深さ優先探索の実行中，次の性質が常に成り立つようにする．すなわち，探索済みの三角形の頂点はすべて白，灰色，黒のいずれかに塗られており，隣接するどの 2 頂点も同じ色をもたないという性質である．探索を終ったときにこの性質が成り立っていれば，妥当な 3 彩色が求められたことになる．深さ優先探索では，まず $\mathcal{G}(\mathcal{T}_\mathcal{P})$ の任意の節点を訪問する．対応する三角形の 3 頂点を白，灰色，黒に塗る．いま，$\mathcal{G}$ の節点 μ での処理を終えて節点 v を訪問しているものとする．したがって，$t(v)$ と $t(\mu)$ は対角線を共有している．$t(\mu)$ の頂点にはすでに色がつけられているから，$t(v)$ の頂点の中で色がつけられていないのは 1 つだけである．この頂点に対しては 1 つの色しか残っていない．すなわち，$t(v)$ と $t(\mu)$ を結ぶ対角線の頂点で使われなかった色である．$\mathcal{G}(\mathcal{T}_\mathcal{P})$ は木であるから，v に隣接する他の節点はまだ訪問されていないので，残りの色をつける自由度が残っている．

結論として，三角形分割された単純多角形は常に 3 色で彩色できることが分かった．その結果，どんな単純多角形も $\lfloor n/3 \rfloor$ 台のカメラで監視できる．では，さらに改善することは可能だろうか．頂点にカメラを配置したとき，監視できる範囲はそこに接続する三角形に限ったものではないからである．しかしながら残念なことに，任意の n に対して $\lfloor n/3 \rfloor$ 台

のカメラを必要とする単純多角形が存在する．1本の長い基底辺と2本の辺で作られた $\lfloor n/3 \rfloor$ 個の山からなる櫛状の多角形がその例である．これらの山は水平な辺でつながっている．うまく辺の長さを調整すると，1台のカメラで2つの山の領域を同時に見ることはできないようにすることができる．したがって，常に $\lfloor n/3 \rfloor$ 台より少ないカメラで監視できるような戦略の望みはない．言い換えると，上記の3彩色の方法は最悪の場合に関して最適なのである．

これで，組合せ幾何学の古典的な結果である美術館定理を証明できたことになる．

定理 3.2（Art Gallery Theorem 美術館定理） n 頂点の単純多角形に対して，多角形内のすべての点が少なくとも1台のカメラから見えるようにするのに，$\lfloor n/3 \rfloor$ 台のカメラが必要になることがあり，またその台数で常に十分である．

$\lfloor n/3 \rfloor$ 台のカメラがあれば十分であることはすでに分かっている．しかし，カメラの位置を効率よく求めるアルゴリズムはまだない．必要なのは，単純多角形を三角形分割するための高速のアルゴリズムである．このアルゴリズムでは，三角形分割を適当な形，たとえば，2重連結辺リストで表現しておいて，1つの三角形から隣の三角形に定数時間で移れるようにしておくことが必要である．そのような表現が与えられていると，上に述べた方法で高々 $\lfloor n/3 \rfloor$ 台のカメラの位置を線形時間で求めることができる．つまり，双対グラフ上での深さ優先探索を用いて3彩色を求め，カメラを配置するための最小の色クラスを選ぶというものである．以下の節では三角形分割を $O(n\log n)$ 時間で求めるアルゴリズムについて述べる．総合すると，多角形の監視に関して最終的に次の結果が得られたことになる．

定理 3.3 $\mathcal{P}$ を n 頂点の単純多角形とする．$\mathcal{P}$ 内のどの点も少なくとも1台のカメラから見えるように $\mathcal{P}$ の中に $\lfloor n/3 \rfloor$ 台のカメラを配置する方法を $O(n\log n)$ 時間で求めることができる．

3.2 多角形を単調な部分多角形に分割する方法

$\mathcal{P}$ を n 頂点の単純多角形とする．定理3.1より $\mathcal{P}$ の三角形分割は常に存在する．その定理の証明は構成的であったので，再帰的な三角形分割アルゴリズムが得られる．すなわち，対角線を求め，対角線で切り離された2つの部分多角形を再帰的に三角形分割するというものである．対角線を求めるのに，$\mathcal{P}$ の左端の頂点 v をとり，その隣接頂点 u と w を結ぼうとする．もしそれが不可能なら，u,v,w によって定まる三角形の内側で $\overline{uw}$ から最も遠い頂点と v を結ぶ．このようにして対角線を線形時間

第 3.2 節
多角形を単調な部分多角形に
分割する方法

第3章
多角形の三角形分割

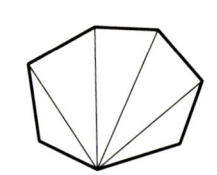

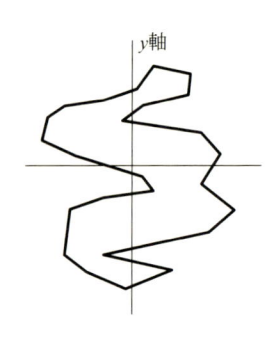

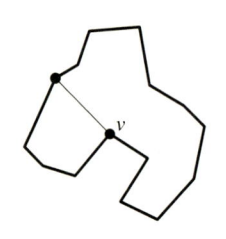

で求めることができる．この対角線は $\mathcal{P}$ を三角形と $n-1$ 個の頂点をもつ多角形に切り離す．実際，u と w を連結するのに成功すれば，これが上記の方法でうまくいく．結果的に，この三角形分割アルゴリズムは最悪の場合に 2 乗に比例する時間がかかる．この結果を改善できるだろうか．あるクラスの多角形に対しては確かに改善は可能である．たとえば，凸多角形の場合は簡単である．すなわち，凸多角形の 1 つの頂点を選び，そこから隣接頂点以外のすべての頂点に対角線を引けばよい．これには線形時間しかかからない．そこで，凸でない多角形 $\mathcal{P}$ を三角形分割するための 1 つの方法として，最初に $\mathcal{P}$ を凸な部分多角形に分割し，それらを三角形分割するという方法が考えられる．残念ながら，多角形を凸多角形に分割するのは，三角形分割と同じぐらい難しい．これに比べていわゆる単調な多角形 (monotone polygon) はずっと分割しやすいので，ここでは $\mathcal{P}$ を単調な多角形に分割することにする．

　直線 ℓ に関して単調な単純多角形とは，ℓ に垂直などんな直線 ℓ' に対しても，ℓ' と多角形との交差部分が連結であるようなものである．言い換えると，交差部分は線分か 1 点か，あるいは空でなければならない．y 軸に関して単調である多角形は y **単調** (y-monotone) と呼ばれる．次の性質は y 単調な多角形の特徴である．最も上の頂点から最も下の頂点まで，左（あるいは，右）の境界をたどるとき，一度も上がることはなく，常に下向きか水平に進んでいく．

　多角形 $\mathcal{P}$ を三角形分割するのに，我々の戦略は，最初に $\mathcal{P}$ を y 単調な部分に分割し，次にそれらの部分を三角形分割するというものである．多角形を単調な部分に分割するのは次のとおりである．$\mathcal{P}$ の最も上の頂点から最も下の頂点まで左または右の境界上を歩いていくものとしよう．歩く方向が下向きから上向きに変化する頂点を**変曲点** (turn vertex) という．$\mathcal{P}$ を y 単調な部分に分割するためには，これらの変曲点を取り除かなければならない．これは対角線を加えることで可能である．変曲点 v に接続する辺がどちらも下向きであり，多角形の内部が局所的に v の上にあるとき，v から上に向かう対角線を選ばなければならない．この対角線により多角形は 2 分割される．頂点 v はどちらの部分にも含まれる．さらに，どちらの部分でも v は下向きの辺（すなわち，$\mathcal{P}$ の元々の辺）と上に向かう辺（上記の対角線）をもっている．したがって，どちらの部分でも v はもはや変曲点ではありえない．一方，変曲点に接続する 2 辺がともに上方へ向かい，内部が局所的にその下にあるような場合には，下に向かう対角線を選ぶ必要がある．これら以外にも変曲点には様々な種類がありそうである．そこで，もっと厳密に調べることにしよう．

　様々な種類の変曲点を定義しようとすると，y 座標値が等しい頂点に特別な注意を払う必要がある．そのために，「より下」と「より上」という概念を次のように定義する．すなわち，点 p が別の点 q より下にあるのは，$p_y < q_y$ か $p_y = q_y$ かつ $p_x > q_x$ が成り立つときであり，p が q より

上にあるのは，$p_y > q_y$ か $p_y = q_y$ かつ $p_x < q_x$ が成り立つときである．（平面を座標系に関して時計回りの方向に少しだけ回転してみると，どの2点も同じ y 座標値をもつことはなくなる．上で定義した上下関係は，このように少しだけ回転した平面での上下関係と同じである．）

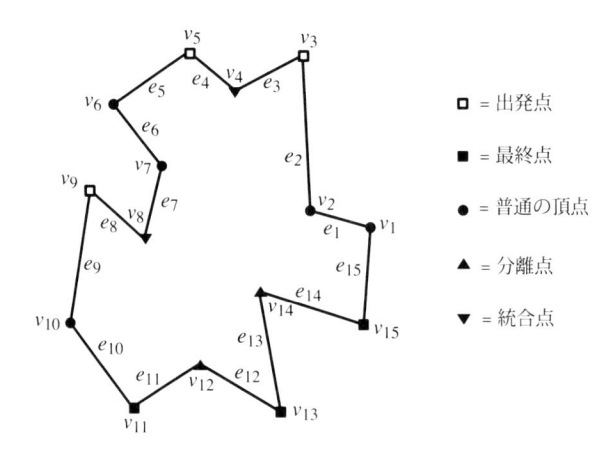

第 3.2 節
多角形を単調な部分多角形に分割する方法

図 3.3
5 種類の頂点

ここでは，$\mathcal{P}$ の頂点を 5 種類に分類する—図 3.3 参照．その中の 4 種類は変曲点であるが，それぞれ，**出発点** (start vertex)，**分離点** (split vertex)，**最終点** (end vertex)，**統合点** (merge vertex) と呼ばれる．定義は以下のとおりである．頂点 v が**出発点**であるのは，その隣接頂点がいずれも下にあり，v の内角が π より小さいときである．内角が π より大きいとき，v は**分離点**である．（隣接点が両方とも v より下にあれば，内角がちょうど π になることはない．）v が**最終点**となるのは，v の隣接点が両方とも上にあり，v の内角が π より小さいときである．内角が π より大きいときは，**統合点**である．変曲点でない頂点を**普通の頂点** (regular vertex) と呼ぶ．したがって，普通の頂点 v については，一方の隣接点が v より上にあり，他方は v より下にある．これから述べるアルゴリズムでは，多角形と走査線の交点を管理しながら走査線を下向きに移動する平面走査が用いられるが，それぞれの頂点での操作に基づいてこれらの名前はつけられている．走査線が分離点に達したとき，交差部分は分離し，統合点に来たときは，2つの成分が統合される，といった具合である．

局所的な非単調性を生み出しているのは分離点と統合点である．これを別の形で表現したのが次の補題である．

補題 3.4 分離点も統合点ももたない多角形は y 単調である．

証明 $\mathcal{P}$ が y 単調でないと仮定して，$\mathcal{P}$ が分離点か統合点をもつことを証明する．

$\mathcal{P}$ は単調ではないから，$\mathcal{P}$ と交差する部分が 2 つ以上の成分に分かれるような水平線 ℓ が存在する．最も左の成分が単一の点ではなく，線分になるように ℓ を選ぶことができる．そこで，p をその線分の左端点とし，q をその右端点とする．q から出発して，$\mathcal{P}$ の内部を左に見ながら $\mathcal{P}$

第 3 章
多角形の三角形分割

の境界をたどる．（これは q から上に向かって進むことを意味している．）そうすると，ある点 r で，境界は ℓ と再び交差するはずである．図 3.4(a) に示すように $r \neq p$ なら，q から r までの道のりで最も高い所にある頂点は分離点でなければならないので，終わりである．

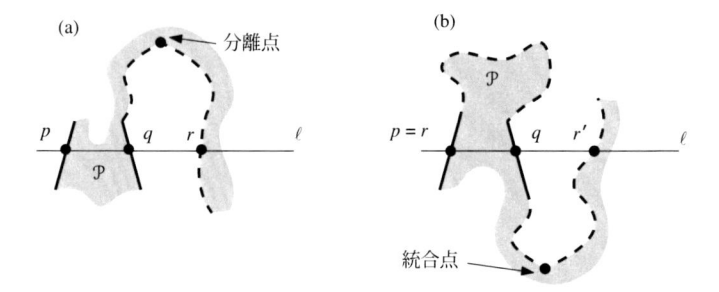

図 3.4
補題 3.4 における 2 つの場合

　図 3.4(b) に示すように $r = p$ であれば，再び q から出発して $\mathcal{P}$ の境界をたどる．ただし，今度は反対方向に進む．上と同様に，こんども境界は ℓ と交差する．その交点を r' としよう．$r' = p$ となることはない．なぜなら，もしそうなら $\mathcal{P}$ の境界は ℓ と 2 回しか交差しないことになり，ℓ と $\mathcal{P}$ の交差部分が 2 つ以上の成分に分かれているという仮定に矛盾するからである．したがって，$r' \neq p$ であるが，これから q から r' までの道のりで最も下の頂点は統合点でなければならないことが分かる．□

補題 3.4 より，分離点と統合点を取り除くことができれば，$\mathcal{P}$ を y 単調な部分に分割できることが分かる．分離点を取り除くためには，そこから上に向かう対角線を引き，統合点を取り除くためには，そこから下に向かう対角線を引けばよい．もちろん，これらの対角線は互いに交差してはならない．上記の処理を行ってしまえば，$\mathcal{P}$ は y 単調な部分に分割されている．

では最初に，分離点を取り除くための対角線をどのようにして見つけるかを考えよう．ここでは平面走査法を用いる．$\mathcal{P}$ の頂点を反時計回りの方向に並べたものを $v_1, v_2, \ldots, v_n$ としよう．また，$e_1, \ldots, e_n$ を $\mathcal{P}$ の辺集合とする．ただし，$1 \leqslant i < n$ について $e_i = \overline{v_i v_{i+1}}$ であり，$e_n = \overline{v_n v_1}$ である．この平面走査アルゴリズムでは，仮想的な走査線 ℓ を下方に動かしていく．走査線はイベント点にぶつかったところで止まる．この場合には，$\mathcal{P}$ の頂点がイベント点である．走査の間に新たなイベント点が生じることはない．これらのイベント点はイベントキュー $\mathcal{Q}$ に蓄えておく．イベントキューは，頂点の y 座標値を優先順位とする優先順位つきのキューとして実現する．2 つの頂点が同じ y 座標値をもつときは，最も左の頂点が最大の優先順位をもつことにする．このように実現すると，次に処理すべきイベント点は $O(\log n)$ 時間で求まる．（走査の間に新たなイベント点が生じることはないから，走査の前に頂点を y 座標の順にソートしておいて，ソートされたリストを用いて次のイベント点を $O(1)$ 時間で求め

るようにすることもできる．）

　この平面走査の目標は，各分離点からその上にある頂点に対角線を引くことである．いま，走査線が分離点 v_i に達したとする．このとき，v_i をどの頂点に結べばよいだろうか．よさそうな候補は v_i に近い頂点である．というのは，$\mathcal{P}$ のどの辺とも交差せずに，v_i をこの頂点と結ぶことができそうだからである．もっと厳密に考えてみよう．e_j を走査線上で v_i のすぐ左の辺とし，e_k を走査線上で v_i のすぐ右の辺とする．このとき，v_i を e_j と e_k の間で y 座標値が最小で，かつ v_i より上にある頂点と結ぶことが常に可能である．もしそのような頂点が存在しないなら，v_i を e_j の上端点か e_k の上端点と結ぶことができる．この頂点を e_j の**ヘルパー** (helper) と呼び，$helper(e_j)$ と記すことにする．形式的に $helper(e_j)$ を定義すると，走査線より上にある最も下の頂点で，その頂点と e_j を結ぶ水平線分が $\mathcal{P}$ の内部にあるような頂点のことである．$helper(e_j)$ は e_j 自身の上端点であってもよいことに注意しておこう．

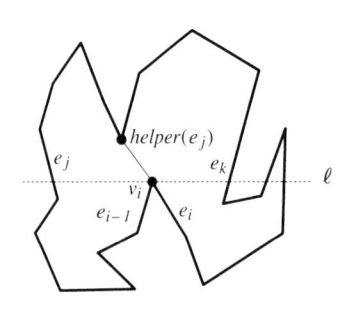

第 3.2 節
多角形を単調な部分多角形に分割する方法

これで分離点を取り除く方法が分かった．すなわち，分離点をその左の辺のヘルパーと結べばよいのである．では，統合点についてはどうだろうか．こちらは取り除くのがもっと難しそうである．なぜなら今度は下方に向かう対角線が必要になるからである．走査線より下にある $\mathcal{P}$ の部分はまだ調べていないから，統合点に出会ったときにそのような対角線を見つけることができないからである．幸運にも，この問題は見かけより易しい．走査線が統合点 v_i に到達したとしよう．走査線上で v_i のすぐ左と右の辺を，それぞれ e_j と e_k としよう．v_i に到達したとき，v_i は e_j の新たなヘルパーになることに注意しよう．v_i と結ぶ相手は，走査線より下にある y 座標値最大の頂点で，かつ e_j と e_k の間にある頂点である．分離点に対しては，走査線より上にある y 座標値最小の頂点で，かつ e_j と e_k の間にある頂点と結んだが，これはまったくその逆である．だが，別に驚くほどのことはない．というのは，上下を入れ換えると統合点は分離点になるからである．もちろん，走査線が v_i に来たとき，走査線より下にある y 座標値最大の頂点はわからないが，後になると容易に発見できる．すなわち，走査線が v_m に到達して，e_j のヘルパーが v_i から v_m に変化したとすると，これが探していた頂点である．そこで，ある辺のヘルパーを置き換えるたびに，以前のヘルパーが統合点であったかどうかを調べ，もしそうなら以前のヘルパーと新たなヘルパーとの間に対角線を引く．新たなヘルパーが分離点であるときは，その分離点を取り除くために常にこの対角線を加える．以前のヘルパーが統合点なら，同じ対角線で分離点と統合点を一挙に取り除くことになる．e_j のヘルパーが v_i より下のどの頂点とも置き換わらないこともありうる．この場合，v_i を e_j の下端点に結ぶことができる．

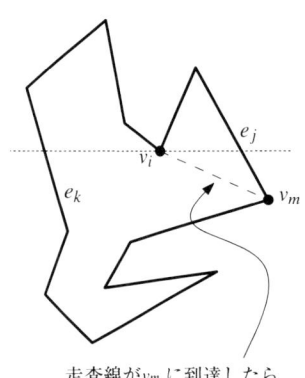

走査線が v_m に到達したら対角線を引く

上記のアルゴリズムでは，各頂点のすぐ左にある辺を求める必要がある．

第 3 章
多角形の三角形分割

したがって，動的 2 分探索木 $\mathcal{T}$ の葉節点に走査線と交差する $\mathcal{P}$ の辺を蓄えることにする．木の葉節点の左右関係は，辺の左右関係に対応している．ここで興味があるのは分離点と統合点の左にある辺だけであるから，右に $\mathcal{P}$ の内部があるような辺だけを $\mathcal{T}$ に蓄えるだけでよい．また，$\mathcal{T}$ の各辺に対してそのヘルパーも蓄える．木 $\mathcal{T}$ および辺と一緒に蓄えられたヘルパーによって平面走査アルゴリズムの状態が形成される．走査線が移動すると状態が変化する．辺は走査線と交差し始めたり，交差しなくなったりし，辺のヘルパーも置き換わっていく．

このアルゴリズムでは，$\mathcal{P}$ を後の段階で処理するべき部分多角形に分割していく．これらの部分多角形に容易にアクセスできるように，$\mathcal{P}$ と付加された対角線によって定まる平面分割を 2 重連結辺リスト $\mathcal{D}$ の形で蓄える．$\mathcal{P}$ は元々 2 重連結辺リストで与えられていると仮定する．$\mathcal{P}$ が別の形式，たとえば，頂点を反時計回りの順に並べた形式で与えられているなら，まず最初に $\mathcal{P}$ に対する 2 重連結辺リストを作っておく．分離点と統合点に対する対角線を 2 重連結辺リストに加える．この 2 重連結辺リストにアクセスするために，状態構造の辺と対応する 2 重連結辺リストの辺を双方向のポインタで結んでおく．対角線を加える処理は単純なポインタ操作なので，定数時間でできる．全体のアルゴリズムは次のようになる．

アルゴリズム MAKEMONOTONE($\mathcal{P}$)
入力：2 重連結辺リストの形で蓄えられた単純多角形 $\mathcal{P}$.
出力：$\mathcal{D}$ に蓄えられた $\mathcal{P}$ の単調な部分多角形への分割．
1. y 座標値を優先順位として用いて，$\mathcal{P}$ の頂点に関する優先順位つきのキュー $\mathcal{Q}$ を作る．2 点が同じ y 座標値をもつ場合には，x 座標値が小さい方に高い優先順位を与える．
2. 2 分探索木 $\mathcal{T}$ を空に初期化する．
3. **while** $\mathcal{Q}$ が空でない
4.   **do** $\mathcal{Q}$ から最も優先順位の高い頂点 v_i を取り出す．その頂点の種類に応じて，その頂点を処理するための適切な手続きを呼び出す．

次にイベント点の処理方法をもっと厳密に説明しよう．最初は縮退の場合を考慮せずにアルゴリズムを読み，後で縮退の場合でも正しく動作することを確認するのがよい．（そのためには，HANDLESPLITVERTEX の 1 行目と HANDLEMERGEVERTEX の 2 行目における「〜のすぐ左」という表現の意味を正しく認識しておく必要がある．）1 つの頂点を処理するときには，いつも 2 つの事柄に注意しておかなければならない．最初に，対角線を加えるべきかどうかを判定しなければならない．分離点に対してはいつも対角線を加えるが，ある辺のヘルパーを置き換えるとき，以前のヘルパーが統合点のときにも対角線を加える．2 番目は，状態構造

$\mathcal{T}$ の情報を更新することである．それぞれのタイプのイベント点に対する厳密なアルゴリズムを下に与える．次のページの図を例題として使って，それぞれの場合にどんなことが起こるかを見るとよいだろう．

第 3.2 節
多角形を単調な部分多角形に分割する方法

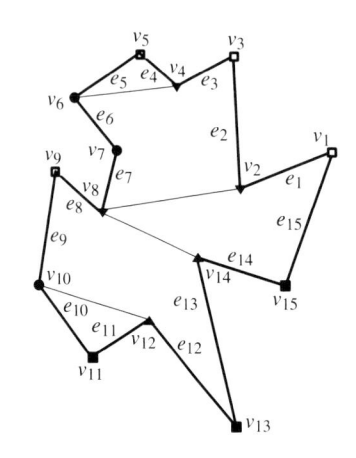

HANDLESTARTVERTEX(v_i)
1. e_i を $\mathcal{T}$ に挿入し，$helper(e_i)$ を v_i とする．

たとえば，例題の図の出発点 v_5 のところで e_5 を $\mathcal{T}$ に挿入する．

HANDLEENDVERTEX(v_i)
1. **if** $helper(e_{i-1})$ が統合点である
2.   **then** v_i と $helper(e_{i-1})$ を結ぶ対角線を $\mathcal{D}$ に挿入する．
3. e_{i-1} を $\mathcal{T}$ から削除する．

例題では，最終点 v_{15} に到達したとき，辺 e_{14} のヘルパーは v_{14} である．v_{14} は統合点ではないので，対角線を挿入する必要はない．

HANDLESPLITVERTEX(v_i)
1. $\mathcal{T}$ の中を探索して，v_i のすぐ左の辺 e_j を求める．
2. v_i と $helper(e_j)$ を結ぶ対角線を $\mathcal{D}$ に挿入する．
3. $helper(e_j) \leftarrow v_i$
4. e_i を $\mathcal{T}$ に挿入し，$helper(e_i)$ を v_i とする．

例題では，分離点 v_{14} に対して，e_9 がすぐ左の辺である．そのヘルパーが v_8 なので，v_{14} から v_8 への対角線を加える．

HANDLEMERGEVERTEX(v_i)
1. **if** $helper(e_{i-1})$ が統合点である
2.   **then** v_i と $helper(e_{i-1})$ を結ぶ対角線を $\mathcal{D}$ に挿入する．
3. $\mathcal{T}$ の中を探索し，v_i のすぐ左にある辺 e_j を見つける．
4. **if** $helper(e_j)$ が統合点である
5.   **then** v_i と $helper(e_j)$ を結ぶ対角線を $\mathcal{D}$ に挿入する．
6. $helper(e_j) \leftarrow v_i$

例題では，統合点 v_8 に対して，辺 e_7 のヘルパー v_2 が統合点であるから，v_8 から v_2 への対角線を加える．

まだ記述していない手続きは，普通の頂点を処理するものだけである．普通の頂点で必要な処理は，その頂点の左右どちらに $\mathcal{P}$ の内部があるかによって異なる．

HANDLEREGULARVERTEX(v_i)
1. **if** $\mathcal{P}$ の内部が v_i の右にある
2.   **then if** $helper(e_{i-1})$ が統合点である
3.   **then** v_i と $helper(e_{i-1})$ を結ぶ対角線を $\mathcal{D}$ に挿入する．
4. e_{i-1} を $\mathcal{T}$ から削除する．

5. e_i を $\mathcal{T}$ に挿入し，$helper(e_i)$ を v_i にする．
6.   **else** $\mathcal{T}$ の中を探索して，v_i のすぐ左にある辺 e_j を求める．
7.   **if** $helper(e_j)$ が統合点である
8.   **then** v_i と $helper(e_j)$ を結ぶ対角線を $\mathcal{D}$ に挿入する．
9. $helper(e_j) \leftarrow v_i$

例題では，普通の頂点 v_6 において，v_6 から v_4 への対角線を加える．

MAKEMONOTONE が $\mathcal{P}$ を正しく単調な部分に分割することを示そう．

補題 3.5 アルゴリズム MAKEMONOTONE によって加えられる対角線の集合は互いに交差することなく $\mathcal{P}$ を単調な多角形に分割する．

証明 $\mathcal{P}$ が分割されてできる部分多角形は分離点も統合点も含まないことは容易に分かる．したがって，補題 3.4 により，それらの部分多角形は単調である．証明しなければならないことは，加えられた線分が正しい対角線（すなわち，$\mathcal{P}$ の辺と交差しない線分）であり，互いに交差しないことである．そのために，線分が挿入されるとき，それが $\mathcal{P}$ のどの辺とも交差せず，以前に挿入されたどの線分とも交差しないことを示そう．これを証明するために，HANDLESPLITVERTEX で挿入された線分について考えよう．HANDLEENDVERTEX, HANDLEREGULARVERTEX, および HANDLEMERGEVERTEX で挿入された線分についても同様に証明できる．とりあえず，どの 2 点も同じ y 座標値をもたないと仮定しよう．これを一般の場合に拡張するのはかなり容易である．

 v_i に到達したときに HANDLESPLITVERTEX によって加えられる線分 $\overline{v_m v_i}$ を考えよう．e_j を v_i のすぐ左にある辺とし，e_k を v_i のすぐ右にある辺とする．したがって，v_i に到達したとき，$helper(e_j) = v_m$ である．

 まず，$\overline{v_m v_i}$ は $\mathcal{P}$ のどの辺とも交差しないことを示そう．そのために，v_m と v_i を通る 2 本の水平直線と e_j と e_k を境界とする四角形 Q を考えよう．Q の中には $\mathcal{P}$ の頂点は存在しない．もし存在すれば，v_m は e_j のヘルパーでなくなってしまうからである．そこで，$\overline{v_m v_i}$ と交差する $\mathcal{P}$ の辺が存在すると仮定しよう．その辺は Q の内部に端点をもつことはできないし，多角形の辺はお互いに交差することはないから，v_m を通って e_j とつなぐ水平線分か v_i と e_j を結ぶ水平線分と交差するはずである．両方ともが交差することは不可能である．というのは，v_m と v_i のどちらに対しても，辺 e_j はそのすぐ左にあるからである．したがって，$\mathcal{P}$ のどの辺も $\overline{v_m v_i}$ と交差しない．

 さて，次に以前に加えられた対角線について考えよう．Q の内部に $\mathcal{P}$ の頂点は存在しないし，以前に加えられた対角線の両端点は v_i より上になければならないから，$\overline{v_m v_i}$ と交差することはない． □

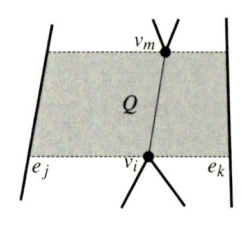

では，アルゴリズムの実行時間を解析しよう．優先順位つきキュー $\mathcal{Q}$ を

構成するのは線形時間ででき，$\mathcal{T}$ の初期化は定数時間でできる．走査の間のイベント処理のために実行しなけれならないのは，$\mathcal{Q}$ に関する1つの操作，$\mathcal{T}$ に関しては高々1回の質問，1回の挿入，1回の削除であり，その他に高々2本の対角線を $\mathcal{D}$ に挿入することである．優先順位つきキューと平衡探索木により，質問と更新の操作は $O(\log n)$ 時間ででき，対角線の $\mathcal{D}$ への挿入は $O(1)$ 時間でできる．すなわち，1つのイベントを処理するのに必要な時間は $O(\log n)$ である．したがって，アルゴリズムの実行時間は $O(n\log n)$ である．アルゴリズムで用いる記憶領域は明らかに線形である．どの頂点も高々1回しか $\mathcal{Q}$ に蓄えられないし，どの辺も高々1回しか $\mathcal{T}$ に蓄えられることはないからである．補題 3.5 と組み合わせると，次の定理を得る．

定理 3.6 記憶領域 $O(n)$ のアルゴリズムにより，n 頂点の単純多角形を $O(n\log n)$ の時間で y 単調な多角形に分割することができる．

3.3 単調な多角形の三角形分割

前節において n 頂点の単純多角形を $O(n\log n)$ 時間で y 単調な多角形に分割する方法を見た．そのこと自身は特に興味深いことではないが，本節では単調な多角形が線形時間で三角形分割できることを示す．これらの結果を総合すると，どんな単純多角形も $O(n\log n)$ 時間で三角形分割できることになる．これは前節のはじめに簡単に説明した2乗に比例するアルゴリズムからすると，かなりの改善である．

$\mathcal{P}$ を n 頂点の y 単調な多角形とする．しばらくの間は $\mathcal{P}$ が**厳密な意味で** y **単調** (strictly y-monotone) であると仮定する．すなわち，$\mathcal{P}$ は y 単調であり，水平な辺は含んでいないものと仮定する．したがって，$\mathcal{P}$ の境界上を最も高い頂点から最も低い頂点まで歩くとき，左右どちらの境界をたどっても常に下方に下がっていくことになる．この性質のおかげで単調な多角形の三角形分割が簡単になるのである．すなわち，頂上の頂点から底の頂点まで両側の境界を徐々に降りてゆきながら，可能なときはいつでも対角線を引くものとする．次に，この貪欲な三角形分割アルゴリズムの詳細を説明しよう．

このアルゴリズムでは y 座標値の降順に頂点を処理していく．2つの頂点が同じ y 座標値をもつときには，左にあるものを優先して処理する．このアルゴリズムでは，付属のデータ構造としてスタック $\mathcal{S}$ が必要である．最初スタックは空である．後で $\mathcal{P}$ の頂点の中ですでに出会ったが，まだつながなければならない対角線が残っているものをスタックに入れる．1つの頂点を処理するとき，その頂点からスタック内の頂点に向けてできるだけ多数の対角線を引く．これらの対角線を引くことにより $\mathcal{P}$ か

第3章
多角形の三角形分割

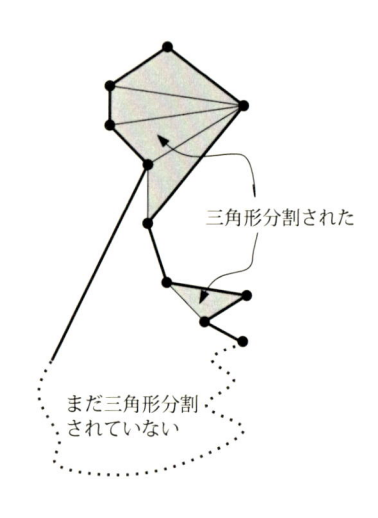

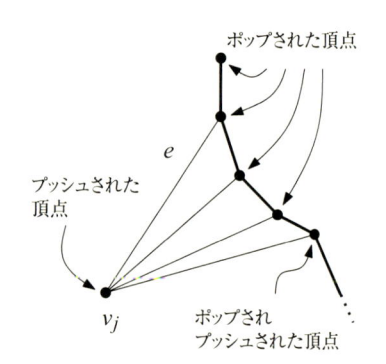

三角形分割された

まだ三角形分割されていない

ポップされた頂点

プッシュされた頂点

e

v_j

ポップされプッシュされた頂点

ら三角形が引き剥がされていく．すでに処理されたがまだ分離されていない頂点—スタック内の頂点—は，まだ三角形分割されていない $\mathcal{P}$ の部分の境界上にある．これらの頂点の内で最も下にある頂点—最後に調べた頂点—はスタックの一番上にあるものであり，下から2番目の頂点はスタックの2番目の要素である，といった具合である．まだ三角形分割しなければならない $\mathcal{P}$ の部分でこれまでに調べた最後の頂点より上にある部分は特別な形，すなわち，ちょうど上下を逆さまにした漏斗（じょうご）の形をしている．この漏斗の一方の境界は $\mathcal{P}$ の1つの辺からなり，他方の境界は鈍角の頂点，すなわちその内角が少なくとも180°であるような頂点からなる多角形チェインである．最も上の頂点—スタックの底にある頂点—だけが凸である．この性質は次の頂点を扱った後でも成り立っている．したがって，これがアルゴリズムの実行中に常に成り立つ性質 (invariant) である．

さて，次の頂点を処理するとき，どの対角線を加えることができるかを考えよう．2つの場合を区別して考える．すなわち，次に処理すべき頂点 v_j がスタック上の鈍角の頂点と同じ多角形チェイン上にあるときと，それが反対側の多角形チェインの上にあるときである．v_j が反対側の多角形チェインの上にあるとき，それはこの漏斗の境界をなす単一の辺 e の下端点でなければならない．漏斗の形状より，v_j から現在スタックに含まれているすべての頂点に向けて対角線を引くことができる．ただし，最後の頂点だけは例外である（すなわち，スタックの底にある頂点である）．スタック上の最後の頂点は e の上端点であるので，それはすでに v_j に連結されている．これらの頂点はすべてスタックからポップされる．v_j より上でまだ三角形分割されていない部分は，v_j を以前にスタックの一番上にあった頂点と結ぶ対角線と，その頂点から下方に延びる $\mathcal{P}$ の辺によって境界が構成されている．そこで，それは漏斗の形状をしており，上に述べた性質が保存される．この頂点と v_j は，まだ三角形分割された多角形の部分に残っており，それらはスタックにプッシュされている．

もう1つの場合は，v_j がスタック上の鈍角の頂点と同じ側のチェイン上にある場合である．今度は v_j からスタック上のすべての頂点に対角線を引くことができないかもしれない．にもかかわらず，v_j とつなぐことができる頂点はすべて連続しており，次々とスタックの一番上に現れるので，次のように進めることができる．まず，スタックから1つの頂点をポップする．この頂点は $\mathcal{P}$ の辺によってすでに v_j とつながっている．次にスタックから頂点をポップし，v_j と結ぶことができない頂点に至るまで，それらの頂点を次々に v_j と結んでいく．v_j からスタック上の頂点 v_k に対角線を引くことができるかどうかは，v_j, v_k, およびポップされた前の頂点を見ることによって判定することができる．v_j と結ぶことができない頂点を見つけたとき，最後にポップされた頂点をスタックに戻す．これは，対角線が加えられた最後の頂点であるか，どの対角線も加えられ

ていなかった場合には，$\mathcal{P}$ の境界における v_j の隣接点である──図 3.5 を参照のこと．上記のことを実行した後で v_j をスタックにプッシュする．

第 3.3 節
単調な多角形の三角形分割

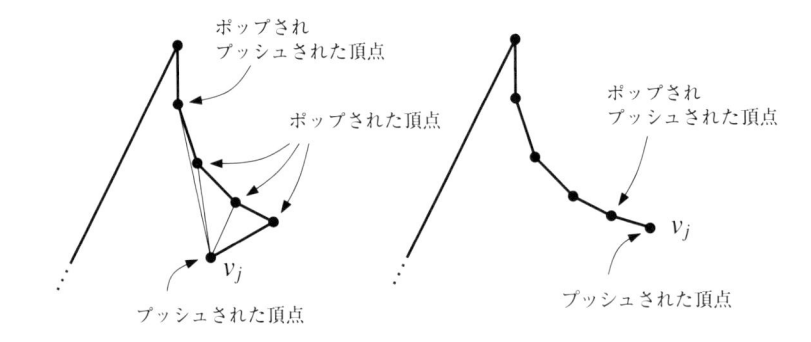

図 3.5
次の頂点がスタック上の鈍角の頂点と同じ側にある 2 つの場合

どちらの場合も，実行中不変の性質 (invariant) が復元される．漏斗の一方の側は単一の辺の一部によって区切られており，他方の側は鈍角の頂点のチェインによって区切られている．そこで，次のようなアルゴリズムが得られる．（このアルゴリズムは第 1 章で述べた凸包のアルゴリズムによく似ている．）

アルゴリズム TRIANGULATEMONOTONEPOLYGON($\mathcal{P}$)
入力：2 重連結辺リスト $\mathcal{D}$ の形で蓄えられた厳密に y 単調な多角形 $\mathcal{P}$．
出力：2 重連結辺リスト $\mathcal{D}$ の形で蓄えられた $\mathcal{P}$ の三角形分割．

1. y 座標値の降順にソートされた $\mathcal{P}$ の左側のチェイン上の頂点列と右側のチェイン上の頂点列を 1 つの系列に統合する．2 つの頂点が同じ y 座標値をもつ場合は，左の頂点を優先する．ソート列を $u_1, \ldots, u_n$ としよう．
2. スタック $\mathcal{S}$ を空に初期化した後，u_1 と u_2 をそこにプッシュする．
3. **for** $j \leftarrow 3$ **to** $n-1$
4.   **do if** u_j と $\mathcal{S}$ の一番上の頂点が異なるチェイン上にある
5.   **then** $\mathcal{S}$ からすべての頂点をポップする．
6. u_j とポップされたそれぞれの頂点を結ぶ対角線を $\mathcal{D}$ に挿入する．ただし，最後の頂点だけは除く．
7. u_{j-1} と u_j を $\mathcal{S}$ にプッシュする．
8.   **else** $\mathcal{S}$ から 1 つの頂点をポップする．
9. u_j からの対角線が $\mathcal{P}$ の内部にあるかぎり，$\mathcal{S}$ から他の頂点をポップする．これらの対角線を $\mathcal{D}$ に挿入する．ポップされた最後の頂点をスタックに戻す．
10. u_j を $\mathcal{S}$ にプッシュする．
11. 最初と最後の頂点を除いて，u_n からスタック上のすべての頂点への対角線を加える．

では，このアルゴリズムはどれだけの時間を必要とするだろうか．ステップ 1 は線形時間ででき，ステップ 2 は定数時間しかかからない．**for** ループは $n-3$ 回実行され，毎回の実行に線形時間かかる．しかし，**for** ルー

第 3 章
多角形の三角形分割

プの毎回の実行において，プッシュされる頂点は高々 2 つである．したがって，プッシュの合計回数は，ステップ 2 での 2 回を含めて，$2n-4$ で抑えられる．ポップの回数はプッシュの回数を超えることができないから，**for** ループ全体でかかる時間は $O(n)$ である．アルゴリズムの最後のステップも高々線形時間しかかからないので，アルゴリズム全体の実行時間は $O(n)$ である．

定理 3.7 n 頂点の厳密に y 単調な多角形は線形時間で三角形分割できる．

ここでの目標は，任意の単純多角形を三角形分割するためのサブルーティンとして，単調な多角形の三角形分割アルゴリズムを設計することであった．最初に多角形を単調な部分に分割しておいて，次にそれらの部分を三角形分割するという考え方であった．これで必要な材料はすべて整っているように思われる．しかしながら，まだ問題が 1 つある．本節では入力として**厳密な意味での y 単調な多角形**を仮定したが，前節のアルゴリズムで生成される部分多角形には水平な辺が含まれるかもしれないからである．前節では y 座標値が同じ頂点は左から右の順に処理したことに注意しよう．これは，どの 2 頂点も水平直線上にないように平面を少しだけ時計回りの方向に回転したのと同じ効果がある．したがって，前節のアルゴリズムで生成される単調な部分多角形は，この少し回転した平面においては厳密に y 単調である．したがって，本章の三角形分割アルゴリズムは，y 座標値が同じ頂点を左から右に処理する（回転した平面での動作に対応する）ことにすれば，正しく動作する．そこで，これら 2 つのアルゴリズムを組み合わせると，任意の単純多角形に対してうまくいく三角形分割アルゴリズムが得られる．

この三角形分割にどれだけの時間がかかるだろう．定理 3.6 により，多角形を単調な部分に分割するのに $O(n\log n)$ 時間がかかる．2 番目の段階でそれぞれの単調な多角形を本章の線形時間アルゴリズムで三角形分割する．各部分の頂点の個数の和は $O(n)$ であるから，2 番目の段階では全体で $O(n)$ しかかからない．結局，次の結果を得る．

定理 3.8 n 頂点の単純多角形は $O(n)$ の記憶領域を用いるアルゴリズムにより $O(n\log n)$ に三角形分割できる．

ここまで，単純多角形を三角形分割する方法を見てきたが，穴を含む多角形についてはどうだろう．そのような多角形も容易に三角形分割できるだろうか．答はイエスである．事実，ここまでに見てきたアルゴリズムは穴を含む多角形についても正しく動作する．多角形を単調な部分に分割するアルゴリズムのどの部分でも多角形が単純であるという事実は使っていない．さらに，もっと一般的な設定でも正しく動作する．すなわち，平面分割 S が与えられて，それを三角形分割したいものとしよう．もっと厳密に言うと，B を S のすべての辺をその内部に含む限界長方形

(bounding box) とするとき，S のどの辺とも交差せずに S または B の頂点を結ぶ対角線の極大集合を求めて，B を三角形に分割したい．図 3.6 は三角形分割された平面分割を示している．ただし，その平面分割の辺と限界長方形の辺は太線で示されている．そのような三角形分割を求める

第 3.4 節
文献と注釈

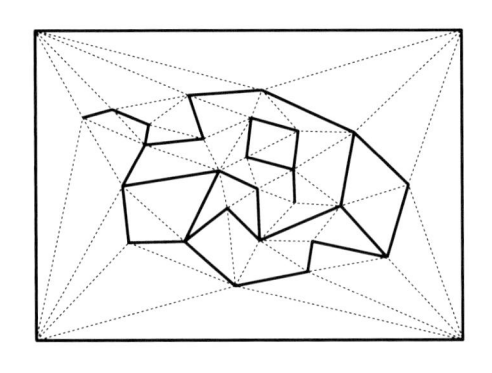

図 3.6
三角形分割された平面分割

のに，本章のアルゴリズムを用いることができる．すなわち，まず平面分割を単調な部分に分割し，次にそれらの部分を三角形分割すればよい．したがって，次の定理を得る．

定理 3.9 合計 n 個の頂点で平面が領域に分割されているとき，その内部を $O(n)$ の記憶領域と $O(n \log n)$ の時間で三角形分割することができる．

3.4　文献と注釈

美術館問題は，Victor Klee によって Vasek Chvátal との会話の中で 1973 年に提示されたものである．1975 年に Chvátal [128] は，$\lfloor n/3 \rfloor$ 台のカメラで常に十分であり，時には必要になるという証明を最初に与えた．**美術館定理** (Art Gallery Theorem) あるいは**監視員定理** (Watchman Theorem) として知られるようになった結果である．Chvátal の証明は非常に複雑であった．本章で与えたずっと簡単な証明は Fisk [178] によって発見されたものである．彼の証明は，Meisters [277] による **2 耳定理** (Two Ears Theorem) に基づいたものである．この定理から，単純な多角形の三角形分割であるグラフが 3 色で彩色できることが容易に導かれる．与えられた単純多角形に対する監視員の最小人数を求める問題が NP-困難であることは，Aggarwal [10] および Lee と Lin [246] によって示された．O'Rourke [298] による本と Shermer [355] のサーベイ論文には，美術館問題とその変形版が包括的に取り扱われている．

多角形または任意の他の領域を単純な断片に分解すると多くの問題で役に立つ．多くの場合，単純な断片は三角形であり，その場合の分割を三角形分割というが，四角形や台形など，三角形以外の形を使って分割することもある．第 6, 9, 14 章も参照されたい．ここでは，多角形の三角形分

第3章
多角形の三角形分割

割に関する結果だけを議論した．本章で述べた単調多角形を線形時間で三角形分割するアルゴリズムは Garey ら [188] によって与えられたものである．また，多角形を単調な断片に分割するための平面走査アルゴリズムは Lee と Preparata [250] によるものである．Avis と Toussaint [32] と Chazelle [85] は単純な多角形を $O(n \log n)$ 時間で三角形分割する他のアルゴリズムを与えている．

長い間，単純多角形が $o(n \log n)$ 時間で三角形分割できるかどうかは，計算幾何学における主要な未解決問題の1つであった．（穴をもつ平面分割を三角形分割する場合には $\Omega(n \log n)$ という下界が存在する．）本章では，単調な多角形に対しては実際にそうであることを見た．他の特殊な多角形のクラスに対しても線形時間の三角形分割アルゴリズムが見つかっているが [108, 109, 170, 184, 214]，一般の単純多角形に対する問題は長年未解決のままであった．1988 に Tarjan と van Wyk [368] は $O(n \log n)$ の壁を破り，$O(n \log \log n)$ 時間のアルゴリズムを与えた．彼らのアルゴリズムは後に Kirkpatrick ら [237] によって簡単化された．高速のアルゴリズムを開発するのに乱択化 (randomization) が非常によい道具であることが分かっているが，これについては第 4, 6, 9 章で説明する．Clarkson ら [134]，Devillers [141]，それに Seidel [345] は $O(n \log^* n)$ という実行時間をもつアルゴリズムを提案している．ここで，$\log^* n$ は n の反復対数 (iterated logarithm；結果が 1 より小さくなるまでに取れる対数の回数のこと) である．これらのアルゴリズムは $O(n \log \log n)$ のアルゴリズムよりほんの少しだけ速いだけでなく，簡単でもある．Seidel のアルゴリズムは，第 6 章で述べる平面分割の台形分割を構成するアルゴリズムと密接な関係がある．しかしながら，単純多角形は線形時間で三角形分割できるかどうかという疑問は未解決のままであった．1990 にこの問題は，（非常に複雑ではあるが）線形時間の決定性アルゴリズムを与えた Chazelle [92, 94] によって最終的に解かれた．後に Amato ら [15] によって線形時間の乱択アルゴリズムが開発されている．

多角形の三角形分割に等価な 3 次元問題は次のようなものである：与えられた多面体 (polyhedron) を交差のない四面体に分割せよ．ただし，四面体の頂点は元の多面体の頂点でなければならない．このような問題は，**多面体の四面体分割** (tetrahedralization) と呼ばれている．この問題は 2 次元の問題より格段に難しい．実際，余分の頂点を使わずに多面体を四面体に分割することは常に可能とは限らない．Chazelle [86] は，n 頂点の単純な多面体に対して，余分に $\Theta(n^2)$ 個の頂点を用いれば，常に四面体分割が得られること，およびそれだけの余分な頂点を必要とすることがあることを示した．この限界は，Chazelle と Palios [110] によって $\Theta(n+r^2)$ に改善された．ただし，r は多面体の優辺 (reflex edge) の本数である．この分割を求めるアルゴリズムの実行時間は $O(nr+r^2 \log r)$ である．与えられた単純多面体が余分な頂点を使わずに四面体分割できる

かどうかは NP-完全である [330].

3.5 演習

3.1 穴を含むかどうかに関係なく，どんな多角形も三角形分割できることを証明せよ．三角形分割したときの三角形の個数について何か言えるか．

3.2 **直角多角形** (rectilinear polygon) とは，すべての辺が水平か垂直であるような単純多角形のことである．$\mathcal{P}$ を n 頂点の直角多角形とする．そのような多角形を監視するのに $\lfloor n/4 \rfloor$ 台のカメラが必要になることがあるが，このことを例をあげて示せ．

3.3 次の事柄は成り立つか．証明か反証を与えよ．単調な多角形の三角形分割の双対グラフは常にチェインになっている．すなわち，このグラフのどの節点も次数は高々 2 である．

3.4 n 頂点の単純多角形 $\mathcal{P}$ と，$\mathcal{P}$ を凸四角形に分割するための対角線の集合が与えられているとする．$\mathcal{P}$ を監視するのに何台のカメラがあれば十分か．また，これが美術館定理と矛盾しないのはなぜか．

3.5 三角形分割された単純多角形を 3 彩色するアルゴリズムの擬似プログラムを与えよ．そのアルゴリズムは線形時間でなければならない．

3.6 n 頂点の単純多角形を対角線で切り離すと 2 つの単純多角形に分かれる．分割後のそれぞれの部分が高々 $\lfloor 2n/3 \rfloor + 2$ 個の頂点しかもたないような対角線を $O(n \log n)$ 時間で求めるアルゴリズムを与えよ．**ヒント**：三角形分割の双対グラフを使え．

3.7 $\mathcal{P}$ を n 個の頂点をもつ単純な多角形とし，単調な多角形に分割されているものと仮定する．各部分の頂点の個数の和は $O(n)$ であることを証明せよ．

3.8 本章で与えたアルゴリズムは，単純な多角形を単調な多角形に分割するために，分割された多角形に対する 2 重連結辺リストを構成する．アルゴリズムの実行中，新たな辺が 2 重連結辺リストに追加される（すなわち，分離点と統合点を取り除くための対角線のことである）．一般に，1 本の辺を 2 重連結辺リストに追加するのは定数時間ではできない．1 本の辺を追加するのに定数時間以上かかる理由について論ぜよ．また，それにもかかわらず多角形分割アルゴリズムにおいては対角線を $O(1)$ 時間で追加できることについても論ぜよ．

3.9 多角形が変曲点を $O(1)$ 個しかもたないなら，本章で与えたアルゴリズムの実行時間を $O(n)$ にすることができることを示せ．

3.10 本章のアルゴリズムを利用して n 点の集合を三角形分割することは可能か．もし可能なら，効率よく実行する方法を示せ．

第3章
多角形の三角形分割

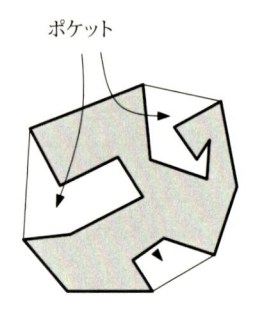

ポケット

3.11 n 頂点の多角形 $\mathcal{P}$ が，必ずしも水平とも垂直とも限らないある直線に関して単調かどうかを判定するアルゴリズムを与えよ．

3.12 単純多角形の**ポケット** (pocket) とは，多角形の外側にあるが，その凸包に関しては内側にある領域である．$\mathcal{P}_1$ を m 頂点の単純多角形とし，$\mathcal{P}_1$ の三角形分割とポケットが与えられていると仮定する．$\mathcal{P}_2$ を n 頂点の凸多角形とする．このとき，共通部分 $\mathcal{P}_1 \cap \mathcal{P}_2$ は，$O(m+n)$ 時間で計算できることを示せ．

3.13 三角形分割された単純多角形 $\mathcal{P}$ の内部に線分を引くと，これと交差する $\mathcal{P}$ の対角線の本数が定まる．$\mathcal{P}$ の**串刺し数** (stabbing number) とは，そのような対角線の本数の最大数である．串刺し数が $O(\log n)$ であるような凸多角形の三角形分割を求めるアルゴリズムを与えよ．

3.14 n 頂点の単純多角形 $\mathcal{P}$ とその内部の点 p が与えられたとき，$\mathcal{P}$ の内部の領域で p から見える部分を求める方法を示せ．

4 線形計画法

鋳型による製造

今日，我々の身の回りのものは，自動車のボディーからプラスティックのコップや刃物類に至るまで，ある種の自動製造 (automated manufacturing) 装置を用いて作られているものがほとんどである．この製造プロセスにおける設計段階と組立て段階の両方で計算機は重要な役割を果たしている．特定の製品を製造するのに使われる組立てプロセスは，その製品の原材料や，製品の形状，さらにはおの製品が大量生産されるかどうかによって異なる．本章では，プラスティックや金属の製品に対してよく使われる鋳型を用いた製造の幾何学的側面について考える．金属製品に対するこの製造プロセスは**鋳造** (casting) と呼ばれることが多い．

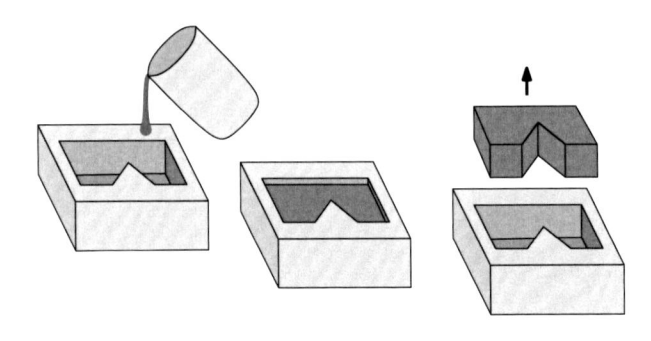

図 4.1
鋳造プロセス

図 4.1 は鋳造プロセスを説明したものである．液状の金属を鋳型に流し込み，冷えて固まったら，鋳型から製品を取り外すというものである．最後の工程はいつも見かけほど易しいわけではない．製品が鋳型の中に挟まってしまって，鋳型を壊さないと取り外せないことがある．別の鋳型を使うことでこの問題を克服することができることもある．しかしながら，よい鋳型が存在しないような場合もある．たとえば球がそうである．これが本章で学ぶ問題である．製品が与えられたとき，うまく製品を取り外すことができるような鋳型が存在するかどうかを考える．

ここでは次のような状況に限定して考える．まず，作ろうとしている製品は多面体であると仮定する．次に，ここでは複数の部分からなる鋳型ではなく，1つの部分からなる鋳型だけを考える．（2つの部分からなる鋳型を用いると，単一の鋳型では作れない球のような物も作ることができる．）最後に，1方向に平行移動することにより製品を鋳型から取り

外せるものとする．したがって，ネジを鋳型から取り外すことはできない．幸運にも，多くの場合，平行移動だけで十分である．

4.1 鋳造に必要な幾何

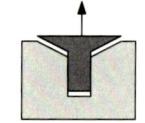

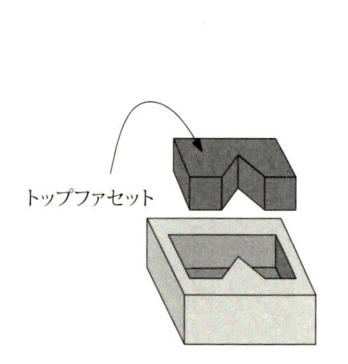

ある製品が鋳造によって製造できるかどうかを判定したければ，それに対する適当な鋳型を見つけなければならない．鋳型の穴の形状は製品の形状で決まるが，製品を取り出す方向によって鋳型の形も変わる．取り出す方向の選択は非常に重要である．下手に方向を選ぶと製品を取り外すことができなくなってしまうが，うまく方向を選ぶと取り外せることがある．方向に関する明らかな制約として，製品の**トップファセット** (top facet) は水平でなければならない．このファセットだけが鋳型と接触していないファセットである．したがって，製品のファセットの数と同じだけ可能な方向（鋳型と言ってもよい）が存在する．そこで，少なくとも1つの方向で鋳型から取り外せる製品のことを**鋳造可能** (castable) ということにする．以下では，ある製品が与えられた特定の鋳型から平行移動によって取り外すことができるかどうかの判定を集中的に考えることにする．製品の鋳造可能性を判定するには，単にありとあらゆる可能な方向を試してみればよい．

$\mathcal{P}$ を，指定されたトップファセットをもつ3次元の多面体，すなわち，平面的な面で囲まれた3次元固体とする．（多面体については，厳密な正式の定義は与えない．そのような定義を与えるのは少々難しく，またここでの問題設定では必要のないことである．）ここで，鋳型は長方形のブロックに対応しており，その穴はちょうど$\mathcal{P}$に対応していると仮定する．多面体を鋳型の中におくとき，多面体のトップファセットは鋳型の上面と同一の平面にあり，xy平面と平行であると仮定する．これは，鋳型の上面には$\mathcal{P}$を取り外すのを妨げるような不必要な部分はないことを意味している．

$\mathcal{P}$のファセットの中でそのトップファセット以外のファセットのことを**通常のファセット** (ordinary facet) という．通常のファセット f はすべて対応するファセットを鋳型の中にもっているが，そのようなファセットを $\hat{f}$ と書くことにする．

$\mathcal{P}$ が1回の平行移動でその鋳型から取り外せるかどうかを判定したい．言い換えると，平行移動のあいだ鋳型の内部と一度も交わることなく $\vec{d}$ の方向に無限に遠くまで平行移動することができるような方向 $\vec{d}$ が存在するかどうかを判定したい．ただし，鋳型に沿って $\mathcal{P}$ をスライドさせることは許す．鋳型に接触していない $\mathcal{P}$ のファセットはトップファセットであるから，取り外す方向は上向きでなければならない．すなわち，その z 成分は正でなければならない．これだけが取り外しの方向に関する必

要条件である．ある方向が妥当であるかどうかを確信するためにはさらなる制約が必要になる．

f を $\mathcal{P}$ の通常のファセットとする．このファセットは，鋳型の対応するファセット $\hat{f}$ から外の方向へ移動するか，あるいはそのファセットに沿って移動しなければならない．この制約を厳密にするには3次元空間における2つのベクトルのなす角度を定義する必要がある．そこで次のように定義する．これらのベクトルによって張られる平面を考える（どちらも原点を始点とすると仮定する）．このとき，この平面上にできる2つの角度を測ったとき小さい方をベクトルのなす角度とする．さて，f の外向き法線である $\vec{\eta}(f)$ との角度が90°未満であるような方向に平行移動しようとすると，$\hat{f}$ によってブロックされる．そこで，$\vec{d}$ に関する必要条件は，それが $\mathcal{P}$ のすべての通常のファセットの外向き法線と少なくとも90°の角度をなすことである．次の補題は，この条件が十分条件にもなっていることを示している．

補題 4.1 多面体 $\mathcal{P}$ が方向 $\vec{d}$ への1回の平行移動によってその鋳型から取り外すことができるための必要十分条件は，$\vec{d}$ が $\mathcal{P}$ のすべての通常のファセットの外向き法線を少なくとも90°の角度をなすことである．

証明 必要性は簡単である．$\vec{d}$ がある外向き法線 $\vec{\eta}(f)$ と90°未満の角度をなす場合には，$\vec{d}$ の方向に平行移動しようとすると，f の内部のどんな点 q も鋳型とぶつかってしまうからである．

十分性を証明するために，$\vec{d}$ の方向に平行移動しようとすると，ある時点で $\mathcal{P}$ が鋳型とぶつかってしまうものとしよう．このとき，$\vec{d}$ と90°未満の角度をなす外向き法線が存在するはずであることを示さなければならない．p を，鋳型のファセット $\hat{f}$ とぶつかる $\mathcal{P}$ の点とする．これは，p が鋳型の内部に入り込もうとしているので，$\hat{f}$ の外向き法線 $\vec{\eta}(\hat{f})$ は $\vec{d}$ と90°より大きな角度をなすはずであることを意味している．しかし，そのとき $\vec{d}$ は $\hat{f}$ に対応する $\mathcal{P}$ の通常のファセット f の外向き法線と90°未満の角度をなすことになる． □

補題4.1から興味深い結果が導かれる．すなわち，短い平行移動を繰り返して $\mathcal{P}$ を取り外すことができるなら，1回だけでも取り外し可能である．したがって，1回以上平行移動を許しても鋳型から製品を取り外すのに助けとはならない．

$\mathcal{P}$ の通常のファセットそれぞれの外向き法線と少なくとも90°の角度をなす方向 $\vec{d}$ を見つける仕事がまだ残っている．3次元空間での方向は，原点を始点とするベクトルによって表現できる．中でも正の z 値をもつ方向だけに限定してもよいことがすでに分かっている．そのようなすべての方向を平面 $z=1$ 上の点として表現することができる．ただし，点 $(x,y,1)$ はベクトル $(x,y,1)$ の方向を表すものとする．このように，平面

第 4.1 節
鋳造に必要な幾何

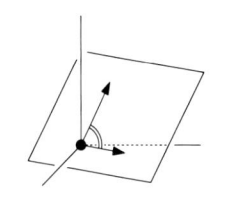

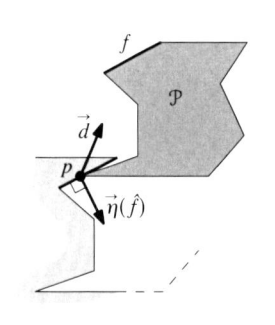

第4章
線形計画法

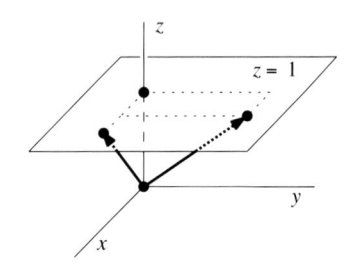

$z=1$ 上のすべての点は唯一の方向を表現しており，正の z 値をもつすべての方向はその平面上に唯一の点で表される．

補題 4.1 は，取り外しの方向 $\vec{d}$ に関する必要十分条件を与えている．では，これらの条件は方向を表す平面ではどのような意味をもつのだろうか．$\vec{\eta}=(\vec{\eta}_x,\vec{\eta}_y,\vec{\eta}_z)$ を通常のファセットの外向き法線とする．方向 $\vec{d}=(d_x,d_y,1)$ が $\vec{\eta}$ と少なくとも 90° の角度をなすための必要十分条件は，$\vec{d}$ と $\vec{\eta}$ の内積が正でないことである．したがって，通常のファセットは次の形式の制約 (constraint) を誘導する．

$$\vec{\eta}_x d_x + \vec{\eta}_y d_y + \vec{\eta}_z \leqslant 0$$

この不等式は，平面 $z=1$ 上での半平面，すなわち，平面上で直線の左または右の領域を表している．（この最後の言明は，$\vec{\eta}_x = \vec{\eta}_y = 0$ が成り立つ水平面に関しては正しくない．この場合，この制約式は満足することができないか，あるいは常に満足されるが，それを判定するのは容易である．）したがって，$\mathcal{P}$ の水平でないファセットはすべて平面 $z=1$ 上の閉じた半平面を定義し，それらの半平面の共通部分の任意の点は $\mathcal{P}$ を取り外すことができる方向に対応している．これらの半平面の共通部分は空かもしれない．その場合，$\mathcal{P}$ は与えられた鋳型から取り外すことはできない．

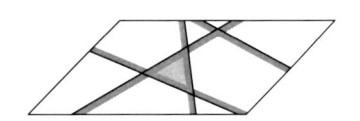

最初に述べた製造問題がこれで純粋に幾何問題に変換できた．すなわち，半平面の集合が与えられたとき，それらの共通部分の 1 点を求めるか，あるいは共通部分が空であると判定せよという問題である．製造しようとする多面体が n 個のファセットをもつとき，この平面の問題は半平面を高々 $n-1$ 個もつ（トップファセットは半平面を誘導しない）．以降の節では，上に述べたばかりの平面の問題が平均的に線形時間で解けることを見る――4.4 節参照．また，そこで "平均的に" という意味についても説明する．

この幾何問題は与えられた鋳型から $\mathcal{P}$ が取り外せるかどうかを判定する問題に対応していることに注意しよう．取り外しが不可能でも，鋳型を変えれば，すなわち，トップファセットの選び方を変えれば，取り外しできるようになることもある．$\mathcal{P}$ が鋳造可能かどうかを判定するために，トップファセットとしてすべてのファセットを試してみるとよい．これから次の結果が得られる．

定理 4.2 $\mathcal{P}$ を n 個のファセットをもつ多面体とする．$O(n^2)$ の平均時間と $O(n)$ の記憶領域で，$\mathcal{P}$ が鋳造可能かどうかを判定することができる．さらに，もし $\mathcal{P}$ が鋳造可能なら，$\mathcal{P}$ を取り外すことができる鋳型と正しい方向を同じ計算量で求めることができる．

4.2 半平面の交差

$H = \{h_1, h_2, \ldots, h_n\}$ を 2 変数の線形制約 (linear constraint)，すなわち，

$$a_i x + b_i y \leqslant c_i$$

という形式の制約の集合とする．ただし，a_i, b_i, c_i は，a_i と b_i のうちどちらかはゼロでないような定数である．幾何学的には，そのような制約を $a_i x + b_i y = c_i$ で囲まれた $\mathbb{R}^2$ の閉じた半平面と解釈することができる．本節で考える問題は，n 個の制約をすべて同時に満足するすべての点 $(x, y) \in \mathbb{R}^2$ の集合を求めるというものである．言い換えると，H の半平面の共通部分にある点をすべて求めたい．（前節では，鋳造問題を半平面の集合の共通部分における**ある 1 点**を求める問題に還元した．今度考える問題はより一般的である．）

半平面の集合の共通部分の形状は容易に決定できる．すなわち，半平面は凸であり，凸集合の共通部分も凸集合であるから，半平面の集合の共通部分は平面上の凸領域である．共通部分の境界上の点はすべてある半平面を区切る直線の上になければならない．したがって，この領域の境界は，半平面の境界をなす直線に含まれた辺からなる．共通部分は凸であるから，すべての境界となる直線は高々 1 本の辺としてしか貢献できない．したがって，n 個の半平面の共通部分は，高々 n 本の辺で区切られた凸多角形領域である．図 4.2 は半平面の共通部分の例をいくつか示したものである．境界となる直線のどちら側に半平面があるかは，図の中では黒い網掛けで示してある．共通部分には薄い網掛けが施されている．図 4.2 の (ii) と (iii) から分かるように，共通部分は有界とは限らな

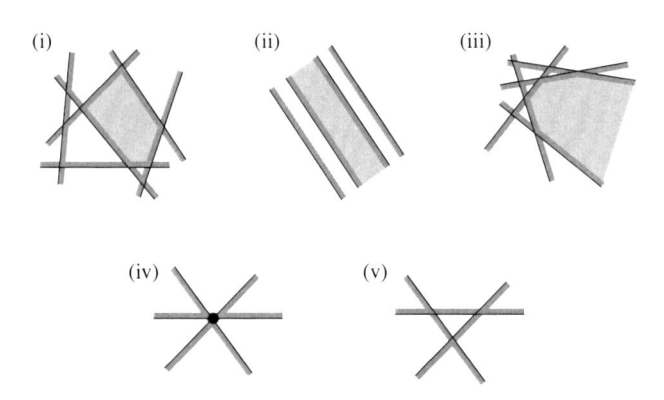

図 4.2
半平面の交差の例

い．共通部分は，(iv) に示したように，線分や点に縮退していることもあるし，(v) に示したように空になることもある．

ここでは，n 個の半平面の集合の共通部分を求めるアルゴリズムとして，分割統治法を直接的に適用したものを与える．これは，2 つの凸多角形領

第 4 章
線形計画法

域の共通部分を計算する手続き INTERSECTCONVEXREGIONS に基づいている．まず，全体のアルゴリズムは次のとおりである．

アルゴリズム INTERSECTHALFPLANES(H)
入力：平面上の n 個の半平面の集合 H．
出力：凸多角形領域 $C := \bigcap_{h \in H} h$．
1.   **if** card(H) = 1
2.   **then** $C \leftarrow$ 唯一の半平面 $h \in H$
3.   **else** H をサイズがそれぞれ $\lceil n/2 \rceil$ と $\lfloor n/2 \rfloor$ である集合 H_1 と H_2 に分割する．
4. $C_1 \leftarrow$ INTERSECTHALFPLANES(H_1)
5. $C_2 \leftarrow$ INTERSECTHALFPLANES(H_2)
6. $C \leftarrow$ INTERSECTCONVEXREGIONS(C_1, C_2)

INTERSECTCONVEXREGIONS．まだ説明していないのは，手続き INTERSECTCONVEXREGIONS である．しかし，待てよ．この問題を第 2 章で以前に見なかっただろうか．実際，系 2.7 は，2 つの多角形の共通部分を $O(n \log n + k \log n)$ 時間で計算できるというものであった．ここで，n は 2 つの多角形の頂点数の和であり，k は交点数である．ただし，この結果をここでの問題に適用するには少々気をつけなければならない．というのは，ここで扱う領域は有界でないかもしれないし，線分や点に縮退しているかもしれないからである．したがって，この領域は必ずしも多角形とは限らない．しかし，第 2 章のアルゴリズムを改善して，上記の条件下でも動くようにするのは難しいことではない．

この方法を解析してみよう．2 つの領域 C_1 と C_2 は再帰的にすでに計算済みと仮定しよう．それらはともに高々 $n/2+1$ 個の半平面によって定義されるから，ともに高々 $n/2+1$ 本の辺しかもたない．第 2 章のアルゴリズムは重ね合せを $O((n+k) \log n)$ の時間で求める．ここで，k は C_1 の辺と C_2 の辺の間の交点数である．では，k とは何だろう．C_1 の辺 e_1 と C_2 の辺 e_2 との交点 v に注目しよう．e_1 と e_2 がどのように交差しようとも，v は $C_1 \cap C_2$ の頂点でなければならない．しかし，$C_1 \cap C_2$ は n 個の半平面の共通部分であり，したがって高々 n 本の辺と頂点しかもたない．よって，$k \leqslant n$ であり，C_1 と C_2 の共通部分の計算は $O(n \log n)$ 時間でできる．

これより，全体の実行時間に対する次の漸化式を得る．

$$T(n) = \begin{cases} O(1), & n=1 \text{ のとき} \\ O(n\log n) + 2T(n/2), & n>1 \text{ のとき} \end{cases}$$

この漸化式を解くと，$T(n) = O(n\log^2 n)$ を得る．

この結果を得るために，任意の2つの多角形の共通部分を求めるサブルーティンを用いた．INTERSECTHALFPLANES で扱う多角形領域は常に凸である．これを用いてもっと効率のよいアルゴリズムを開発できるだろうか．実際，次に示すが，答はイエスである．共通部分を求める対象の領域は2次元的であると仮定しよう．2次元的ではなく，線分や点になってしまう場合はもっと簡単であるので，演習問題として残しておく．

まず，凸多角形領域 C の表現方法をもっと厳密に指定しよう．ここでは，左右の境界を別々に半平面のソート列として蓄える．これらのリストは，(左右の)境界を一番上から底までたどるときに半平面の境界となる直線が生じる順序にソートされている．左境界のリストを $\mathcal{L}_{\text{left}}(C)$ と記し，右境界のリストを $\mathcal{L}_{\text{right}}(C)$ と記す．頂点は明確な形では蓄えない．なぜなら，連続する限界直線の交点として計算できるからである．

アルゴリズムの記述を簡単にするために，水平辺はないものと仮定しよう．(水平辺も扱えるようにアルゴリズムを修正するためには，そのような辺が上から C を限定するときに左の境界に属すと定義し，下から限定するときには右の境界に属するものと定義すればよい．このように変更するためには，下に述べるアルゴリズムにほんの少しの変更を加えるだけでよい．)

新しいアルゴリズムは，第2章で扱ったような平面走査法のアルゴリズムである．すなわち，平面上で走査線を下方に動かし，走査線と交差する C_1 と C_2 の辺を管理する．C_1 と C_2 は凸であるから，走査線上には高々4本の辺しか存在しない．したがって，これらの辺を複雑なデータ構造に蓄える必要はない．むしろ，単にそれらへのポインタ *left_edge_C1*, *right_edge_C1*, *left_edge_C2*, *right_edge_C2* だけをもてばよい．走査線が領域の左右どちらの境界とも交差しないとき，対応するポインタは **nil** である．図4.3はこの定義を説明したものである．

これらのポインタはどのように初期化すればよいだろうか．y_1 を C_1 の最も上の頂点の y 座標値とする．C_1 が無限に上方に延びる辺をもっているなら，$y_1 = \infty$ と定義する．C_2 に対して y_2 も同様に定義し，$y_{\text{start}} = \min(y_1, y_2)$ とする．C_1 と C_2 の共通部分を求めるのに，平面上で y 座標値が y_{start} 以下の部分に限定してもよい．したがって，平面走査を y_{start} から始めることにし，辺 *left_edge_C1*, *right_edge_C1*, *left_edge_C2*, *right_edge_C2* を，直線 $y = y_{\text{start}}$ と交差する辺として初期化する．

第 4.2 節
半平面の交差

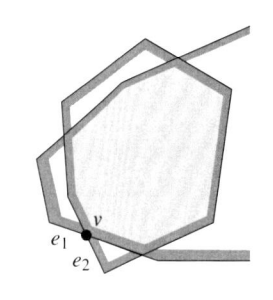

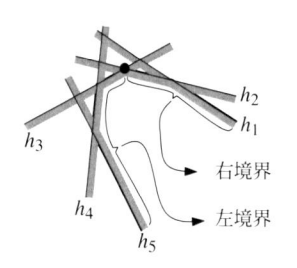

$\mathcal{L}_{\text{left}}(C) = h_3, h_4, h_5$
$\mathcal{L}_{\text{right}}(C) = h_2, h_1$

第 4 章
線形計画法

図 4.3
平面走査アルゴリズムに
よって管理される辺

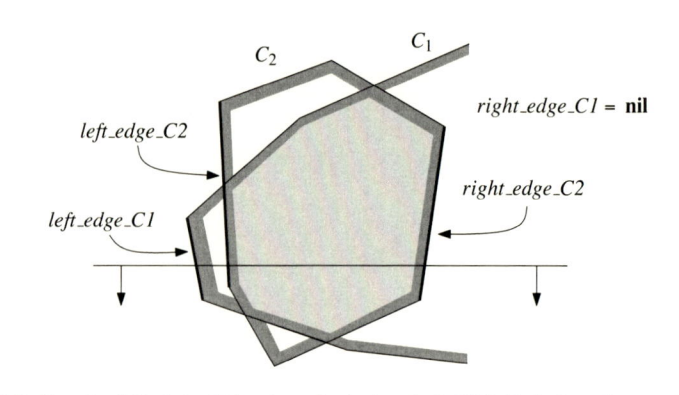

平面走査アルゴリズムでは，ふつうイベントを蓄えるためのキューも必要である．この場合，イベントは C_1 と C_2 の辺が走査線と交差し始めたり，交差を終えたりする点である．このことから，次に処理すべき辺を決める次のイベント点は，走査線と交差する辺の下端点の中で最も高いものであることが分かる．（同じ y 座標値の端点は左から右の順に処理される．もし 2 つの端点が一致するなら，左端の辺が先に処理される．）したがって，イベントキューは必要ない．次のイベントは，ポインタ *left_edge_C1*, *right_edge_C1*, *left_edge_C2* および *right_edge_C2* を用いて定数時間で求めることができるからである．

各イベント点で，境界上に新たな辺 e が現れる．辺 e を処理するために，最初 e が C_1, C_2 のどちらに属するかと，左右どちらの境界にあるかを判定し，その後で適当な手続きを呼び出す．ここでは，e が C_1 の左境界上にあるときに呼び出される手続きだけを説明しよう．他の手続きも同様である．

p を e の上端点とする．e を処理する手続きでは C に含まれる可能性のある 3 本の辺を求める．すなわち，p を上端点とする辺，$e \cap$ *left_edge_C2* を上端点とする辺，および $e \cap$ *right_edge_C2* を上端点とする辺の 3 本である．次の操作を実行する．

- まず，p が *left_edge_C2* と *right_edge_C2* の間にあるかどうかを判定する．もしそうなら，e は p から始まる C への辺に貢献する．そこで，境界線が e を含むような半平面をリスト $\mathcal{L}_{\text{left}}(C)$ に付け加える．
- 次に e が *right_edge_C2* と交差するかどうかを判定する．その場合，交点は C の頂点である．その交点から始まる両方の辺が C の辺になる—これが生じるのは p が図 4.4(i) に示すように *right_edge_C2* の右にある場合である—か，両方の辺がそこで終わる辺になっている—これが生じるのは p が図 4.4(ii) に示すように *right_edge_C2* の左にある場合である—かどちらかである．両方の辺が交点から始まる辺になるなら，e を定める半平面を $\mathcal{L}_{\text{left}}(C)$ に加え，*right_edge_C2* を定める辺を $\mathcal{L}_{\text{right}}(C)$ に加えなければならない．もしそれらが交点で終わる辺になるなら，何もしなくてよい．これらの辺はすでに別の所で発見されているはずだからである．

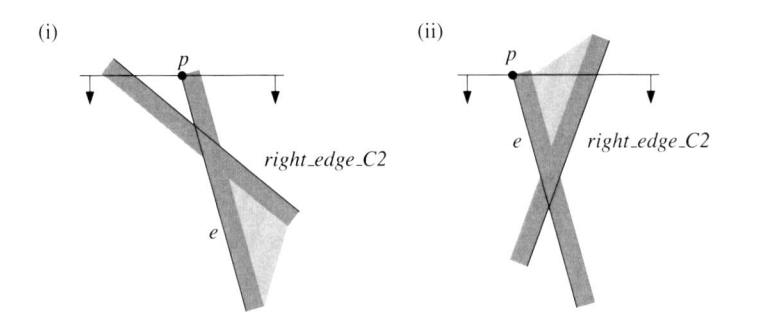

第 4.2 節
半平面の交差

図 4.4
e が $right\_edge\_C2$ と交差するときの 2 つの可能性

- 最後に e が $left\_edge\_C2$ と交差するかどうかを判定する．もしそうなら，その交点は C の頂点である．その頂点から始まる C の辺は e の一部か $left\_edge\_C2$ の一部である．どちらなのかを定数時間で判定することができる．p が $left\_edge\_C2$ の左にあるなら，それは e の一部である．そうでなければ，それは $left\_edge\_C2$ の一部である．e か $left\_edge\_C2$ が C への辺になるかどうかを判定した後，適当な半平面を $\mathcal{L}_{\text{left}}(C)$ に加える．

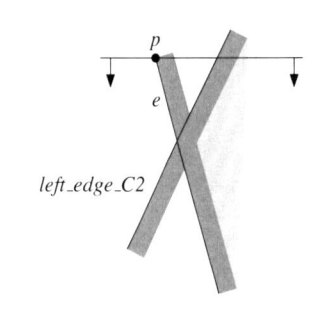

2 つの半平面を $\mathcal{L}_{\text{left}}(C)$ に加えないといけないかもしれないことに注意しよう．すなわち，e を境界とする半平面と $left\_edge\_C2$ を境界とする半平面である．そのとき，どちらを先に加えるべきだろうか．$left\_edge\_C2$ を加えるのは，それが $left\_edge\_C2$ と e の交点から始まる C の辺を定義するときだけである．また，e の半平面を加えると判定するとき，それは e がその上端点から始まる C の辺を定義するからである．どちらの場合も最初に e を境界とする半平面を加えなければならないが，これは上で与えられた判定の順序によって保証されている．

結論として，1 つの辺を処理するのに定数時間しかかからないと言えるから，2 つの凸多角形の交点は $O(n)$ 時間で求めることができる．アルゴリズムが正しいことを示すには，正しい順序で C の辺を定義する半平面が加えられることを証明しなければならない．C の 1 辺を考え，p をその上端点とする．p このとき，p は C_1 か C_2 の辺の上端点か，C_1 の C_2 の辺 e と e' の交点である．前者の場合，p に到達したとき，後者の場合は e と e' の上端点のうち下にある方に到達したとき，C の辺を発見する．したがって，C の辺を定義するすべての半平面が加えられることになる．それらが正しい順序で加えられることを証明するのは難しくない．

かくして，次の結果を得る．

定理 4.3 平面上の 2 つの凸多角形領域の共通部分は $O(n)$ 時間で計算できる．

この定理は，INTERSECTHALFPLANES における統合ステップが線形時間で実行できることを示している．したがって，アルゴリズムの実行時

間を表す漸化式は次のようになる．

$$T(n) = \begin{cases} O(1), & n=1 \text{ のとき} \\ O(n) + 2T(n/2), & n > 1 \text{ のとき} \end{cases}$$

これから，次の結果を得る．

系 4.4 平面上の n 個の半平面の集合の共通部分は $O(n \log n)$ 時間と線形の記憶領域で計算できる．

　半平面の共通部分を計算する問題は，凸包の計算と非常に密接な関係があり，第 1 章のアルゴリズム CONVEXHULL とほとんど同じである別のアルゴリズムが考えられる．凸包と半平面の共通部分との関係は 8.2 節と 11.4 節で詳細に論じる．これらの節は，本章の残りとは無関係であるから，興味を感じれば先に進んでもよい．

4.3　逐次構成法に基づく線形計画法

前節では n 個の半平面の集合の共通部分を求める方法を示した．言い換えると，n 個の線形制約の集合に対するすべての解を求めた．示したアルゴリズムの実行時間は $O(n \log n)$ であった．これは最適であることを示すことができる．ソーティング問題のように，半平面交差の問題を解くどんなアルゴリズムも最悪の場合には $\Omega(n \log n)$ の時間がかかる．しかしながら，鋳造問題への応用を考えると，線形制約集合の**すべての**解を知る必要はない．1 つでも解が分かればそれでよい．このことから，より高速のアルゴリズムが得られることを明らかにしよう．

　線形制約の集合の解を求める問題は，オペレーションズリサーチでよく知られた**線形最適化問題** (linear optimization) または**線形計画問題** (linear program) と呼ばれる問題と密接に関連している．（この用語は，「プログラミング」が「コンピュータに命令を与える」という意味で使われるようになる前に名づけられたものである．）唯一の差は，線形計画法は，制約集合に対して 1 つの特定の解，すなわち与えられた線形関数を最大にするものを求めることも含んでいることである．もっと厳密に言うと，線形最適化問題は次のように表すことができる．

最大化　　$c_1 x_1 + c_2 x_2 + \cdots + c_d x_d$

制約条件：　$a_{1,1} x_1 + \cdots + a_{1,d} x_d \leqslant b_1$
　　　　　　$a_{2,1} x_1 + \cdots + a_{2,d} x_d \leqslant b_2$
　　　　　　　　　　　　　　$\vdots$
　　　　　　$a_{n,1} x_1 + \cdots + a_{n,d} x_d \leqslant b_n$

ここで，c_i, $a_{i,j}$, b_i はすべて実数であり，問題の入力を形成している．最大化すべき関数は**目的関数** (objective function) と呼ばれ，目的関数と制

約集合を合わせたものを**線形計画問題** (linear program) という．変数の個数 d を線形計画問題の**次元** (dimension) という．線形制約は $\mathbb{R}^d$ の半空間とみなすことができることをすでに知っている．すべての制約を満たす点の集合に対応するこれらの半空間の共通部分を線形計画問題の**実行可能領域** (feasible region) と呼ぶ．この領域の点（解）は**実行可能である** (feasible) と言い，領域外の点は**実行不能である** (infeasible) という．図 4.2 より，実行可能領域は**非有界** (unbounded) であってもよいし，空になることもあることに注意しよう．後者の場合，対応する線形計画問題は実行不能であるという．目的関数は $\mathbb{R}^d$ における方向と見なすことができる．$c_1 x_1 + c_2 x_2 + \cdots + c_d x_d$ の最大化は，$\vec{c} = (c_1, \ldots, c_d)$ の方向にある境界の点 $(x_1, \ldots, x_d)$ を見つけることを意味している．したがって，線形計画問題の解は，$\vec{c}$ の方向にある実行可能領域の境界上の 1 点である．そこで，$\vec{c}$ の方向をもつベクトルによって定義される目的関数を $f_{\vec{c}}$ と書くことにする．

オペレーションズリサーチには線形計画問題として記述できる問題が多いので，線形最適化に関する多くの研究がなされてきた．その結果，様々な線形計画アルゴリズムが提案されてきたが，中でも有名な**シンプレックス法** (simplex algorithm) は実際にも非常に有効である．

では，元の問題に戻ろう．2 変数の線形制約が n 個あり，それらの制約集合に対する 1 つの解を見つけたいというものであった．そのためには，任意の目的関数を選んで，その目的関数と線形制約によって定義される線形計画問題を解けばよい．2 番目のステップでシンプレックス法を使ってもよいし，オペレーションズリサーチの分野で開発された他の任意の線形計画アルゴリズムを用いてもよい．しかしながら，この特別な線形計画問題は普通の問題とはかなり違っている．すなわち，オペレーションズリサーチでは，制約の個数と変数の数はどちらも大きいものを対象にしているが，我々の場合には変数が 2 つしかない．このような**低次元の**線形計画問題に対しては伝統的な線形計画アルゴリズムはあまり効率的ではなく，計算幾何学の分野で開発された以下に述べるような方法の方がよい．

2 次元の線形計画問題における n 個の線形制約の集合を H と記す．目的関数を定めるベクトルは $\vec{c} = (c_x, c_y)$ である．したがって，目的関数は $f_{\vec{c}}(p) = c_x p_x + c_y p_y$ となる．ここでの目標は，$p \in \bigcap H$ であり，かつ $f_{\vec{c}}(p)$ が最大となる点 $p \in \mathbb{R}^2$ を見つけることである．この線形計画問題を $(H, \vec{c})$ と表し，その実行可能領域を C という記号で表す．線形計画問題 $(H, \vec{c})$ の解を次のように 4 通りに区別することができる．4 つの場合を示したのが図 4.5 である．ただし，この例では目的関数を定めるベクトルを下向きにとっている．

(i) 線形計画問題が実行不能である場合，すなわち，この制約集合に解は存在しない．

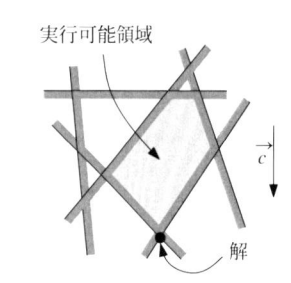

第 4 章
線形計画法

(ii) 実行可能領域が方向 $\vec{c}$ の方向に非有界である場合．この場合，実行可能領域 C に完全に含まれる半直線 ρ が存在して，関数 $f_{\vec{c}}$ が ρ に沿って任意に大きな値をとることができる．そこで，この場合にはそのような半直線の記述が必要になる．

(iii) 実行可能領域の境界上の 1 辺 e の外向き法線が方向 $\vec{c}$ を向いている場合．この場合，この線形計画問題に解は存在するが，一意には決まらない．e 上の任意の点が $f_{\vec{c}}(p)$ を最大にする実行可能点だからである．

(iv) ここまでの 3 つのどの場合にも当てはまらない場合には，唯一の解が存在し，それは方向 $\vec{c}$ にある C の境界上の頂点 v として与えられる．

図 4.5
線形計画問題の様々な
タイプの解

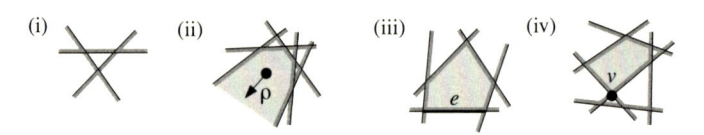

以下に与える 2 次元線形計画問題に対するアルゴリズムは逐次構成方式に基づくものである．すなわち，中間的な実行可能領域の最適頂点を管理しながら制約を 1 つずつ加えていくというものである．しかしながら，各中間的な問題に対する解がきちんと定義されていて，しかも唯一の解であることが必要である．すなわち，各中間的な実行可能領域が，上記の (iv) の場合のように，唯一の**最適頂点** (optimal vertex) をもつと仮定する．

この要求を満たすために，線形計画法に 2 つの付加的な制約を付け加えるが，それはこの線形計画法が有界であることを保証する．たとえば，$c_x > 0$ かつ $c_y > 0$ ならば，ある大きな $M \in \mathbb{R}$ に対して制約 $p_x \leqslant M$ と $p_y \leqslant M$ を付加する．このアイディアは，元の線形計画問題が有界ならば，この付け加えられた制約が最適解に影響を与えないように M を十分に大きく選ぶべきであるということである．

線形計画法の多くの実用例では，この形式の上界が実際には自然な制限である．たとえば，鋳型鋳造に対するここでの応用においては，機械的な制限によってほぼ水平な方向に多面体を取り外すことができない．たとえば，xy 平面との角度が 1 度以下であるような方向に多面体を取り外すことは不可能であろう．この制約より直ちに p_x と p_y の絶対値に関する上界を得る．

4.5 節において，**非有界な** (unbounded) 線形計画問題を正しく認識する方法と，解に人工的な制約を課さずに有界な問題を解く方法について議論する．

正確にするために，この 2 つの新たな制約に名前をつけよう．

$$m_1 := \begin{cases} p_x \leqslant M & c_x > 0 \text{ のとき} \\ -p_x \leqslant M & \text{それ以外のとき} \end{cases}$$

および
$$m_2 := \begin{cases} p_y \leqslant M & c_y > 0 \text{ のとき} \\ -p_y \leqslant M & \text{それ以外のとき} \end{cases}$$

第 4.3 節
逐次構成法に基づく線形計画法

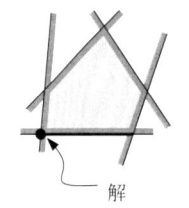

m_1 と m_2 は $\vec{c}$ だけの関数として選ばれ，それらは半平面 H には依存しないことに注意しよう．実行可能領域 $C_0 = m_1 \cap m_2$ は直交する楔形領域である．

少しだけの変更で (iii) の場合にも解は唯一であると言うこともできる．すなわち，最適な点がいくつかあるときは，辞書式順序で最小ものを選ぶようにすればよい．これは，概念的には，$\vec{c}$ を時計回りの方向に少しだけ回転して，どの半平面にも垂直でないようにしたのと同じである．

これを行うときには注意深くしなければならない．というのは，有界な線形計画問題ですら辞書式順序で最小の解を持たないことがある（演習問題 4.11 参照）からである．ここでは，そのようなことが起こらないように m_1 と m_2 を選んでいる．

これら 2 つの変更により，実行可能な線形計画問題はすべて唯一の解をもち，それは実行可能領域の頂点である．この頂点のことを**最適頂点** (optimal vertex) と呼ぶ．

$(H, \vec{c})$ を線形計画問題としよう．半平面に $h_1, h_2, \ldots, h_n$ と番号をつける．H_i を最初の i 個の制約の集合に特別な制約 m_1 と m_2 を加えたものとし，C_i をこれらの制約によって定まる実行可能領域とする．

$$H_i := \{m_1, m_2, h_1, h_2 \ldots h_i\}$$
$$C_i := m_1 \cap m_2 \cap h_1 \cap h_2 \cap \cdots \cap h_i$$

C_0 の選び方から，それぞれの実行可能領域 C_i は唯一の最適頂点をもつが，それを v_i で表す．

$$C_0 \supseteq C_1 \supseteq C_2 \supseteq \cdots \supseteq C_n = C$$

これは，ある i に対して $C_i = \emptyset$ であれば，すべての $j \geqslant i$ に対して $C_j = \emptyset$ であり，この線形計画問題は実行不可能であることを意味している．よって，我々のアルゴリズムは線形計画問題が実行不可能になった時点で終了してよい．

次の補題は半平面 h_i を加えたときに最適頂点がどのように変化するかを調べたものである．これが我々のアルゴリズムの基礎をなすものである．

補題 4.5 $1 \leqslant i \leqslant n$ とし，C_i と v_i を上で定義されるものとする．このとき，次の事柄が成り立つ．
(i) $v_{i-1} \in h_i$ ならば $v_i = v_{i-1}$ である．
(ii) $v_{i-1} \notin h_i$ ならば，$C_i = \emptyset$ あるいは $v_i \in \ell_i$ である．ただし，ℓ_i は h_i の境界線である．

第4章
線形計画法

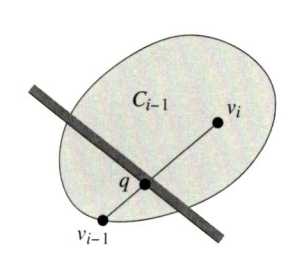

証明 (i) $v_{i-1} \in h_i$ としよう．$C_i = C_{i-1} \cap h_i$ および $v_{i-1} \in C_{i-1}$ であるから，これは $v_{i-1} \in C_i$ を意味する．さらに，$C_i \subseteq C_{i-1}$ であるから，C_i の最適点は C_{i-1} の最適点よりよいことはありえない．よって，v_{i-1} は C_i でも最適頂点である．

(ii) $v_{i-1} \notin h_i$ としよう．背理法で証明するために，C_i は空ではなく，v_i は ℓ_i の上にはないと仮定する．線分 $\overline{v_{i-1} v_i}$ を考えよう．$v_{i-1} \in C_{i-1}$ である．また，$C_i \subset C_{i-1}$ であるから，$v_i \in C_{i-1}$ である．C_{i-1} が凸であることも考えると，線分 $\overline{v_{i-1} v_i}$ は C_{i-1} に含まれることになる．v_{i-1} は C_{i-1} における最適頂点であり，目的関数 $f_{\vec{c}}$ は線形であるので，p が v_i から v_{i-1} に移動すると $f_{\vec{c}}(p)$ は $\overline{v_{i-1} v_i}$ に沿って単調に増加する．さて，$\overline{v_{i-1} v_i}$ と ℓ_i の交点 q を考えよう．$v_{i-1} \notin h_i$ および $v_i \in C_i$ であるから，この交点は存在する．$\overline{v_{i-1} v_i}$ は C_{i-1} に含まれるので，点 q は C_i の中にあるはずである．しかし，目的関数の値は $\overline{v_{i-1} v_i}$ に沿って増加するので，$f_{\vec{c}}(q) > f_{\vec{c}}(v_i)$ を得る．これは v_i の定義に矛盾する． □

図 4.6 は半平面を加えたときに生じる 2 つの場合を図示したものである．図 4.6(i) において，最初の 4 つの半平面を加えた後の最適頂点 v_4 は次に加える半平面である h_5 に含まれる．したがって，最適頂点は前と同じである．しかしながら，この最適頂点は h_6 には含まれないので，h_6 を加え

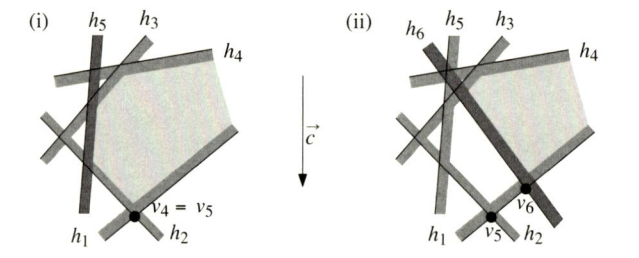

図 4.6
1 つの半平面を加えるときの状況

るときに，新たな最適頂点を求めなければならない．補題 4.5 により，この頂点 v_6 は図 4.6(ii) に示したように，h_6 の境界線上にある．しかし，補題 4.5 はこの新たな最適頂点の求め方を示してはいない．幸運なことに，これは次に示すようにそんなに難しいものではない．

現在の最適頂点 v_{i-1} は次の半平面 h_i に含まれないと仮定しよう．このとき解かなければならない問題は次のように述べることができる．

> $h \in H_{i-1}$ に対して，制約 $p \in h$ の下に $f_{\vec{c}}(p)$ を最大にする ℓ_i 上の点 p を求めよ．

用語を簡単にするために，ℓ は垂直ではなく，したがって x 座標でパラメータ化できるものと仮定する．次に点 $p \in \ell_i$ に対して $f_{\vec{c}}(p) = \overline{f_{\vec{c}}}(p_x)$ が成り立つように関数 $\overline{f_{\vec{c}}} : \mathbb{R} \mapsto \mathbb{R}$ を定義する．半平面 h に対して，ℓ_i と

h の境界線の交点の x 座標を $\sigma(h,\ell_i)$ とする．（もし交点がないなら，ℓ_i 上の任意の点が制約 h_j を満たすか，あるいは ℓ_i 上のどの点も満足しない．前者の場合，この制約は無視でき，後者の場合は線形計画問題が実行不能であると報告すればよい．）$\ell_i \cap h_j$ が左右どちらに有界かによって，解の x 座標値に関する制約が $x \geq \sigma(h,\ell_i)$ か $x \leq \sigma(h,\ell_i)$ のどちらかの形式になる．したがって，問題を次のように記述しなおすことができる．

最大化： $\overline{f_{\vec{c}}}(x)$

制約条件： $x \geq \sigma(h,\ell_i),\quad h \in H_{i-1}$ であり，$\ell_i \cap h$ は左に有界である
$x \leq \sigma(h,\ell_i),\quad h \in H_{i-1}$ であり，$\ell_i \cap h$ は右に有界である

これは 1 次元の線形計画問題であり，容易に解ける．

$$x_{\text{left}} = \max_{h \in H_{i-1}} \{\sigma(h,\ell_i) : \ell_i \cap h \text{ は左に有界である}\}$$

および

$$x_{\text{right}} = \min_{h \in H_{i-1}} \{\sigma(h,\ell_i) : \ell_i \cap h \text{ は右に有界である}\}$$

としよう．区間 $[x_{\text{left}} : x_{\text{right}}]$ は，この 1 次元線形計画問題の実行可能領域である．したがって，この線形計画問題が実行不能であるのは，$x_{\text{left}} > x_{\text{right}}$ のときである．そうでないとき，最適頂点は目的関数に応じて x_{left} か x_{right} である．

1 次元の線形計画問題は m_1 と m_2 の制約によっては有界でないこともありうることに注意しておこう．

そこで，次の補題を得る．

補題 4.6 1 次元の線形計画問題は線形時間で解ける．したがって，補題 4.5 の場合 (ii) が生じるとき，$O(i)$ 時間で，新たな最適頂点 v_i を求めることができるか，あるいはその線形計画問題は実行不能であると判断することができる．

これで線形計画法のアルゴリズムをもっと詳細に記述できる．ただし，上のように，ℓ_i によって半平面 h_i を区切る直線を表す．

アルゴリズム 2DBOUNDEDLP$(H,\vec{c},m_1,m_2)$
入力： 線形計画問題 $(H \cup \{m_1,m_2\},\vec{c})$．ただし，$H$ は n 個の半平面 $\vec{c} \in \mathbb{R}^2$ の集合であり，m_1,m_2 は解を限定するもの．
出力： $(H \cup \{m_1,m_2\},\vec{c})$ が実行可能でなければ，この事実を報告する．そうでなければ，$f_{\vec{c}}(p)$ を最大にする辞書式順序で最小の点を報告する．
1. v_0 を C_0 の角とする．
2. $h_1,\ldots,h_n$ を H の半平面たちとする．
3. **for** $i \leftarrow 1$ **to** n
4.   **do if** $v_{i-1} \in h_i$

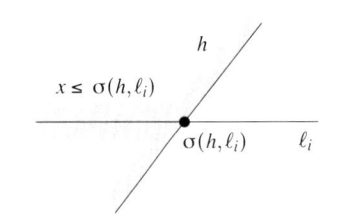

5.   **then** $v_i \leftarrow v_{i-1}$
6.   **else** $v_i \leftarrow H_{i-1}$ における制約の下で $f_{\vec{c}}(p)$ を最大にする ℓ_i 上の点 p
7.   **if** p が存在しない
8.   **then** この線形計画問題は実行不能である報告して終了．
9. **return** v_n

では，上記のアルゴリズムの効率を解析してみよう．

補題 4.7 アルゴリズム 2DBOUNDEDLP は，n 制約，2 変数の有界な線形計画問題の解を $O(n^2)$ の時間と線形の記憶領域で求める．

証明 このアルゴリズムが正しく解を見つけることを示すためには，毎回の処理の後—新たな半平面 h_i を加えるたびに—点 v_i は C_i の最適頂点であることを示さなければならない．これは補題 4.5 から直ちに得られる．ℓ_i 上での 1 次元線形計画問題が実行不能なら，C_i は空であり，したがって $C = C_n \subset C_i$ も空である．これは，この線形計画問題が実行不能であることを意味している．

このアルゴリズムが線形の記憶領域しか必要としないことは容易に確かめられる．アルゴリズムでは半平面を n 個の段階に分けて 1 つずつ加えていく．i 番目の段階で使う時間の中では 6 行目での 1 次元線形計画問題の解法に使う時間が大部分を占めるが，これは $O(i)$ 時間でできる．したがって，全体の時間は次式で抑えられる．

$$\sum_{i=1}^{n} O(i) = O(n^2)$$

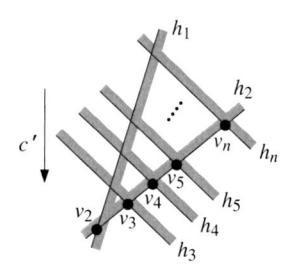

ここで述べた線形計画法のアルゴリズムは優れていてしかも単純ではあるが，その実行時間には失望させられる—このアルゴリズムは先に述べた実行可能領域全体を計算するものよりずっと遅い．解析が単純すぎたのだろうか．すべての段階 i のコストを $O(i)$ で上から抑えたが，この上界は常にタイトな上界ではない．段階 i に $\Theta(i)$ の時間がかかるのは，$v_{i-1} \notin h_i$ の場合だけである．$v_{i-1} \in h_i$ のときは，段階 i は定数時間で実行できる．そこで，最適頂点の変化回数の上界を求めることができれば，もっとよい実行時間を証明することができるかもしれない．残念ながら，最適頂点は n 回変化することがある．ある順序に半平面を並べると，新たな半平面を加える度にそれまでの最適頂点を実行不能にすることができるからである．余白の図はそのような例を示したものである．これは，アルゴリズムが実際に $\Theta(n^2)$ の時間を費やすことがあることを意味している．では，どうすればそのような嫌な場合を避けることができるだろうか．

4.4 乱択線形計画アルゴリズム

最適頂点が n 回変化する場合をもう一度見ると，半平面の集合が悪かったのではなかったことが分かる．半平面を加える順序を $h_n, h_{n-1}, \ldots, h_3$ にしていれば，最適頂点は h_n を加えた後では変化しなかっただろう．この場合の実行時間は $O(n)$ である．では，これは一般的な現象だろうか．半平面の任意の集合 H に対して，それを処理するためのよい順序が存在するというのは本当だろうか．この疑問に対する答はイエスであるが，だからと言って，あまり助けになるというわけではない．そのようなよい順序が存在したとしても，そのような順序を実際に見つける簡単な方法はありそうにないからである．アルゴリズムの始めに順序を見つけないといけないが，そのときにはまだ半平面の共通部分については何も分かっていないことを思い出そう．

これは非常に興味をそそる現象である．実行時間を短くすることを保証できる H の順序を求める方法はないが，非常に簡単な方法がある．H の順序を単純にランダムに決めるだけでよいのである．H の順序を単純にランダムに決めるだけでよいのである．もちろん，非常に運が悪くて，実行時間が 2 乗に比例するような順序を選んでしまうことはありうるが，実行時間を短くする順序を選ぶ幸運にめぐり合うかもしれない．実際，以下ではほとんどの順序でアルゴリズムが高速に動作することを証明しよう．完全を期すために，まずアルゴリズムを再掲する．

アルゴリズム 2DRANDOMIZEDBOUNDEDLP($H, \vec{c}, m_1, m_2$)
入力：線形計画問題 $(H \cup \{m_1, m_2\}, \vec{c})$．ただし，$H$ は n 個の半平面 $\vec{c} \in \mathbb{R}^2$ の集合であり，m_1, m_2 は解を限定するもの．
出力：$(H \cup \{m_1, m_2\}, \vec{c})$ が実行可能でなければ，この事実を報告する．そうでなければ，$f_{\vec{c}}(p)$ を最大にする辞書式順序で最小の点を報告する．
1. v_0 を C_0 の角とする．
2. RANDOMPERMUTATION($H[1 \cdots n]$) を呼び出すことによって半平面のランダムな順列を求める．
3. **for** $i \leftarrow 1$ **to** n
4.   **do if** $v_{i-1} \in h_i$
5.   **then** $v_i \leftarrow v_{i-1}$
6.   **else** $v_i \leftarrow H_{i-1}$ における制約の下で $f_{\vec{c}}(p)$ を最大にする ℓ_i 上の点 p
7.   **if** p が存在しない
8.   **then** この線形計画問題は実行不能である報告して終了．
9. **return** v_n

先のアルゴリズムとの唯一の差は，2行目において半平面をランダムに並べ替えてから1つずつ加えていくことである．これを可能にするために，乱数発生関数 (random number generator) を使えるものと仮定する．すなわち，整数 k を入力とし1と k の間のランダムな整数を定数時間で生成する手続き qproc[k]Random を仮定する．ランダム順列 (random permutation) は次の線形時間アルゴリズムによって求めることができる．

アルゴリズム RANDOMPERMUTATION(A)
入力：配列 $A[1\cdots n]$.
出力：要素は同じであるがランダムな順列で並べ替えた配列 $A[1\cdots n]$.
1. **for** $k \leftarrow n$ **downto** 2
2.   **do** *rndindex* $\leftarrow$ RANDOM(k)
3. $A[k]$ と $A[\textit{rndindex}]$ を交換する．

この新たな線形計画法のアルゴリズムは**乱択アルゴリズム** (randomized algorithm) と呼ばれる．その実行時間はアルゴリズム中で行うランダムな選択によって変わる．（この線形計画法のアルゴリズムでは，これらの選択はサブルーティン RANDOMPERMUTATION で行われる．）

この乱択逐次構成線形計画アルゴリズムの実行時間はどうだろうか．これに対する簡単な答はない．時間はすべて2行目で計算される順序に依存している．n 個の半平面の集合 H を固定してみよう．2DRANDOMIZEDBOUNDEDLP は2行目で選んだ順列に従って半平面を処理していく．n 個のものの順列は $n!$ 通りあるから，アルゴリズムの進み具合も $n!$ 通りあり，それぞれ実行時間が異なる．順列はランダムであるから，それらの実行時間のそれぞれが等しい確率で生じる．そこで，$n!$ 通りのすべての可能な順列に関してアルゴリズムの実行時間の期待値（**期待実行時間**）がどのようになるかを解析しよう．下の補題は，上記の乱択線形計画アルゴリズムの実行時間の期待値は $O(n)$ であると述べている．ここで重要なことは，入力に関しては何も仮定をしていないことである．半平面を処理するランダムな順序に関して期待値を取るが，これはどんな半平面の集合に対して成り立つ．

補題 4.8 n 個の制約で定まる2次元線形計画問題は，最悪の場合でも線形の記憶領域と $O(n)$ の乱択期待時間[1]で解ける．

証明 先に見たように，アルゴリズムで必要となる記憶領域は線形である．

RANDOMPERMUTATION の実行時間は $O(n)$ であるから，残っている

---

[1] ［訳注］randomized expected time を正確に訳すと，乱択アルゴリズムを用いたときの計算時間の期待値ということであるが，煩雑であるので，このような訳にしている．

のは半平面 $h_1,\ldots,h_n$ を加えるのに必要な時間を解析することである．最適頂点が変化しないときには，1 つの半平面を加える仕事は定数時間でできる．最適頂点が変化するときは，1 次元の線形計画問題を解かなければならない．そこで，1 次元線形計画問題を解くのに必要な時間の上界を求めよう．

X_i を，$v_{i-1} \notin h_i$ のとき 1，そうでないとき 0 という値をとる確率変数とする．i 個の制約に関する 1 次元線形計画問題は $O(i)$ 時間で解けたことを思い出そう．したがって，6 行目で費やす時間は半平面 $h_1,\ldots,h_n$ 全体で

$$\sum_{i=1}^n O(i) \cdot X_i$$

である．この和の期待値の上界を求めるのに，**期待値の線形性** (linearity of expectation) を利用する．すなわち，確率変数の和の期待値は，各確率変数の期待値の和に等しいという性質である．この性質は，確率変数が独立でなくても成立する．したがって，すべての 1 次元線形計画問題を解くための時間の期待値は次のようになる．

$$\mathrm{E}[\sum_{i=1}^n O(i) \cdot X_i] = \sum_{i=1}^n O(i) \cdot \mathrm{E}[X_i]$$

しかし，$\mathrm{E}[X_i]$ とは何だろうか．これは，$v_{i-1} \notin h_i$ である確率に等しい．そこで，この確率を解析しよう．

そのために，**後向き解析** (backwards analysis) と呼ばれる証明手法を用いる．これは，アルゴリズムを「後向きに」見ようというものである．そこで，アルゴリズムが終了して，最適頂点 v_n が求められたと仮定する．v_n は C_n の頂点であるから，少なくとも 2 つの半平面によって定義されているはずである．いま，1 単位時間だけ戻って，C_{n-1} を見てみよう．C_{n-1} は C_n から半平面 h_n を取り除くことによって得られることに注意しよう．では，最適頂点はいつ変化するだろうか．変化するのは，v_n が C_{n-1} の辺の内部にあるときであるが，それが可能になるのは h_n が v_n を定義する半平面の内の 1 つであるときだけである．しかし，半平面はランダムな順序で加えられるので，h_n は $\{h_3, h_4, \ldots, h_n\}$ の中からランダムに選んだものである．したがって，h_n が v_n を定義する半平面の内の 1 つである確率は高々 $2/(n-2)$ である．なぜ高々という表現を使うかというと，2 つ以上の半平面の境界が v_n を通ることもあり得るからである．そのような場合，v_n に接続する辺を含む 2 つの半平面の 1 つを取り去ると，v_n を変化させることができなくなるかもしれない．さらに，v_n は m_1 または m_2 で定義されているかもしれないが，それらは h_n のランダムな選択に対する n 個の候補の中には含まれていない．どちらの場合も，確率は $2/(n-2)$ よりずっと小さい．

同じ議論が一般に成り立つ．$\mathrm{E}[X_i]$ の上界を求めるために，最初の i 個の半平面の部分集合を固定しよう．すると，C_i が固定される．h_i を加える操作の最後の段階で何が起こるかを解析するために，後向きに考えて

第 4.4 節
乱択線形計画アルゴリズム

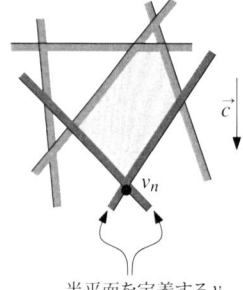

半平面を定義する v_n

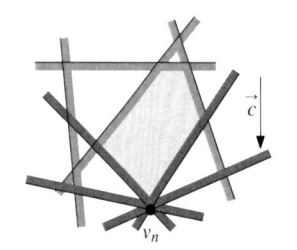

みよう．h_i を加えるときに最適頂点を求めなければならなかった確率は，C_i から 1 つの半平面を取り去るときに最適頂点が変化する確率に等しい．後者の事象は，固定された集合 $\{h_1,\ldots,h_i\}$ の中の高々 2 つの半平面に対してしか起こらない．ところが，半平面はランダムな順序で加えられるから，h_i がこの特別な半平面である確率は高々 $2/i$ にすぎない．この確率は，最初の i 個の半平面が H のある固定部分集合をなすという条件の下で得たものである．しかし，得られた上界は**任意**の固定部分集合に対して成り立つから，これは無条件に成り立つことになる．よって，$\mathrm{E}[X_i] \leqslant 2/i$ である．これで，すべての 1 次元線形計画問題を解くための全体の計算時間の期待値の上界として次式を得る．

$$\sum_{i=1}^{n} O(i) \cdot \frac{2}{i} = O(n)$$

アルゴリズムの残りの部分にかかる時間が $O(n)$ であることはすでに注意したとおりである． □

再度注意しておくが，ここでの期待値はアルゴリズムの中で行われるランダムな選択にのみ依存するものであり，すべての可能な入力について平均を取っているわけではない．n 個の半平面の**任意**の入力集合に対して，アルゴリズムの実行時間の期待値は $O(n)$ であり，悪い入力は存在しないのである．

4.5 非有界な線形計画問題の解法

前節では 2 つの人工的な制約を別に付け加えることによって，非有界な線形計画問題の場合を扱うことを避けた．これは常に適正な解だというわけではない．その線形計画問題が有界であったとしても，十分に大きな上界 M は分からないかもしれない．さらに，非有界な線形計画問題は実際に起こるので，その場合には正しく解かなければならない．

　与えられた線形計画問題 $(H,\vec{c})$ が非有界かどうかを認識することができるが，まずこれについて見てみよう．以前に見たように，これは実行可能領域 C に完全に含まれる半直線 ρ が存在して，関数 $f_{\vec{c}}$ は ρ に沿って任意に大きな値を取りうることを意味している．

　この半直線の始点を p と書き，その方向ベクトルを $\vec{d}$ と書くとき，ρ を次のようにパラメータ化することができる．

$$\rho = \{p + \lambda \vec{d} : \lambda > 0\}$$

関数 $f_{\vec{c}}$ が任意に大きな値をとることができるための必要十分条件は $\vec{d} \cdot \vec{c} > 0$ が成り立つことである．他方，$\vec{\eta}(h)$ が h の境界線の実行可能な側に方向付けられた半平面 $h \in H$ の法線ベクトルであれば，$\vec{d} \cdot \vec{\eta}(h) \geqslant 0$

を得る．次の補題は，$\vec{d}$ に関するこれら 2 つの必要条件が線形計画問題が非有界であるかどうかを判定するのに十分であることを示している．

補題 4.9 線形計画問題 $(H, \vec{c})$ が非有界であるための必要十分条件は，$\vec{d} \cdot \vec{c} > 0$ であるようなベクトル $\vec{d}$ が存在して，すべての $h \in H$ に対して $\vec{d} \cdot \vec{\eta}(h) \geqslant 0$ が成り立ち，線形計画問題 $(H', \vec{c})$ が実行可能であることである．ただし，$H' = \{h \in H : \vec{\eta}(h) \cdot \vec{d} = 0\}$ である．

証明 必要性は上の議論から得られる．よって，十分性だけを証明する．

補題の条件を満たす線形計画問題 $(H, \vec{c})$ とベクトル $\vec{d}$ を考えよう．$(H', \vec{c})$ は実行可能であるから，$p_0 \in \bigcap_{h \in H'} h$ である点が存在する．半直線 $\rho_0 := \{p_0 + \lambda \vec{d} : \lambda > 0\}$ を考えよう．$h \in H'$ に対して $\vec{d} \cdot \vec{\eta}(h) = 0$ が成り立つので，半直線 ρ_0 は各 $h \in H'$ に完全に含まれる．さらに，$\vec{d} \cdot \vec{c} > 0$ であるから，目的関数 $f_{\vec{c}}$ は ρ_0 に沿ってどんな大きな値でも取れる．

半平面 $h \in H \setminus H'$ については，$\vec{d} \cdot \vec{\eta}(h) > 0$ が成り立つ．これは，すべての $\lambda \geqslant \lambda_h$ に対して $p_0 + \lambda \vec{d} \in h$ であるようなパラメータ λ_h が存在することを意味している．$\lambda' := \max_{h \in H \setminus H'} \lambda_h$，および $p := p_0 + \lambda' \vec{d}$ としよう．したがって，半直線

$$\rho = \{p + \lambda \vec{d} : \lambda > 0\}$$

は完全に各半平面 $h \in H$ に含まれ，よって $(H, \vec{c})$ は非有界である． □

これで，4.1 節で述べたのと同様に議論を進めて，1 次元の線形計画問題を解くことにより，与えられた 2 次元線形計画問題 $(H, \vec{c})$ が非有界であるかどうかを判定できことが分かった．

まず，座標系を回転して，$\vec{c}$ が垂直上方に向かっているものとする．すなわち，$\vec{c} = (0, 1)$ とする．$\vec{d} \cdot \vec{c} > 0$ であるような任意の方向ベクトル $\vec{d} = (d_x, d_y)$ は $\vec{d} = (d_x, 1)$ という形に正規化することができ，直線 $y = 1$ 上の点 d_x によって表現できる．法線ベクトル $\vec{\eta}(h) = (\eta_x, \eta_y)$ が与えられたとき，不等式

$$\vec{d} \cdot \vec{\eta}(h) = d_x \eta_x + \eta_y \geqslant 0$$

は $d_x \eta_x \geqslant -\eta_y$ という不等式に翻訳される．したがって，n 個の線形不等式からなる連立不等式，すなわち，1 次元の線形計画問題 $\overline{H}$ を得る．（実際には，これは用語の乱用である．というのは，線形計画問題は制約と目的関数から構成されるからである．しかし，この時点では実行可能性にしか興味がないので，目的関数を無視するのが便利である．）

$\overline{H}$ が実行可能な解 d_x^* をもつとき，その解がタイトになるような，すなわち，$d_x^* \eta_x + \eta_y = 0$ が成り立つような半平面 h の集合 $H' \subseteq H$ を求める．連立方程式 H' が実行可能であることを確かめる仕事が残っている．では，再び 2 次元の線形計画問題が得られたのだろうか．そうではあるが，非常に特殊なものである．すなわち，各 $h \in H'$ に対して法線 $\vec{\eta}(h)$ は

$\vec{d} = (d_x^*, 1)$ と直交するが，それは h の境界線が $\vec{d}$ と平行であることを意味している．言い換えると，H' のすべての半平面は平行線を境界とし，x 軸とそれらとの交点を求めることにより再び1次元の線形計画問題 $\overline{H'}$ を得る．$\overline{H'}$ が実行可能であるとき，元の線形計画問題は非有界であり，上の補題のように $O(n)$ 時間で実行可能な半直線 ρ を構成することができる．$\overline{H'}$ が実行不能なら，H' もそうであり，よって H も実行不能である．

$\overline{H}$ が実行可能な解をもたないとき，上の補題により，元の線形計画問題 $(H, \vec{c})$ は有界である．この場合，もっと多くの情報を引き出すことはできるだろうか．1次元の線形計画問題を思い出そう．$\overline{H}$ が実行不能であるための必要十分条件は，左に有界な半直線 $\overline{h_1}$ の最大境界が，右に有界な半直線 $\overline{h_2}$ の最小境界よりも大きいことである．これら2本の半直線 $\overline{h_1}$ と $\overline{h_2}$ は交差しない．h_1 と h_2 がこれら2つの制約に対応する元の半平面であるとき，これは $(\{h_1, h_2\}, \vec{c})$ が有界であると言うことと等価である．ここでは，h_1 と h_2 のことを**証明書** (certificates) と呼ぶ．$(H, \vec{c})$ が実際に有界であることを証明するものだからである．

証明書がどれだけ役に立つものであるかは，次の観察によって明らかになる．2つの証明書 h_1 と h_2 を求めた後，2DRANDOMIZEDBOUNDEDLP において m_1 と m_2 のようにそれらを用いる．これは，解が存在することができる範囲に関して人工的な制約をする必要がなくなったことを意味している．

ここでも注意が必要である．線形計画問題 $(\{h_1, h_2\}, \vec{c})$ は有界であるが，辞書式順序で最小の解は存在しないということも起こりうる．これは，1次元の線形計画問題が1つの制約 h_1 によってのみ実行不能になるときである．すなわち，$\vec{\eta}(h_1) = -\vec{c} = (0, -1)$ のときである．その場合，$\eta_x(h_2) > 0$ であるような半平面 h_2 を探すために半平面の残りのリストを順に調べる．うまくいけば，h_1 と h_2 が辞書式順序で唯一の最小の解を保証する証明書となる．そのような h_2 が存在しなければ，この線形計画問題は実行不能か，あるいは，辞書式順序で最小の解はない．$\vec{\eta}_x(h) = 0$ であるようなすべての半平面 h によって定まる1次元の線形計画問題を解くことによって，上記の問題を解決することができる．それが実行可能なら，ρ 上のすべての点が実行可能な最適解になるような方向 $(-1, 0)$ をもつ半直線 ρ を返すことができる．

アルゴリズムを与える準備が整った．

アルゴリズム 2DRANDOMIZEDLP$(H, \vec{c})$

入力： 線形計画問題 $(H, \vec{c})$．ただし，H は n 個の半平面の集合であり，$\vec{c} \in \mathbb{R}^2$ である．

出力： $(H, \vec{c})$ が非有界なら，半直線を報告する．もしそれが実行不能なら，2つか3つの証明書となる半平面を報告する．そうでないとき，$f_{\vec{c}}(p)$ を最大にする辞書式順序で最小の点 p を報告する．

1. すべての $h \in H$ に対して $\vec{d} \cdot \vec{c} > 0$ かつ $\vec{d} \cdot \vec{\eta}(h) \geq 0$ となる方向ベク

トル $\vec{d}$ が存在するかどうかを判定する.
2.　**if** $\vec{d}$ が存在する
3.　　**then** H' を計算し, H' が実行可能かどうかを判定する.
4.　　　　**if** H' が実行可能
5.　　　　　**then** $(H,\vec{c})$ が非有界であることを証明する半直線を報告し, 終了.
6.　　　　　**else** $(H,\vec{c})$ が実行不能であることを報告し, 終了.
7.　$h_1, h_2 \in H$ を $(H,\vec{c})$ が有界であり, 唯一の辞書式順序で最小の解をもつことを証明する証明書とする.
8.　v_2 を ℓ_1 と ℓ_2 の交点とする.
9.　$h_3, h_4, \ldots, h_n$ を H にある残りの半平面のランダムな順列とする.
10.　**for** $i \leftarrow 3$ **to** n
11.　　**do if** $v_{i-1} \in h_i$
12.　　　　**then** $v_i \leftarrow v_{i-1}$
13.　　　　**else** $v_i \leftarrow H_{i-1}$ の制約の下に $f_{\vec{c}}(p)$ を最大にする ℓ_i 上の点 p.
14.　　　　　**if** p が存在しない
15.　　　　　　**then** h_j, h_k (ただし, $j, k < i$) を, $h_j \cap h_k \cap \ell_i = \emptyset$ であるような証明書 ($h_j = h_k$ であってもよい) とする.
16.　　　　　　　この線形計画問題は実行不能であることを, h_i, h_j, h_k を証明書として報告し, 終了.
17.　**return** v_n

ここまでの結果を次の定理としてまとめる.

定理 4.10 n 個の制約をもつ 2 次元線形計画問題は, 最悪でも線形のメモリを用いて $O(n)$ の乱択期待時間で解くことができる.

4.6* 高次元線形計画法

前節で示した線形計画法のアルゴリズムは高次元に一般化することができる. 次元があまり高くないときには, 得られるアルゴリズムはシンプレックス法のような伝統的なアルゴリズムと比較して遜色ない.

H を $\mathbb{R}^d$ における n 個の閉半平面の集合とする. ベクトル $\vec{c} = (c_1, \ldots, c_d)$ が与えられたとき, 線形関数 $f_{\vec{c}}(p) := c_1 p_1 + \cdots + c_d p_d$ を最大にする点 $p = (p_1, \ldots, p_d) \in \mathbb{R}^d$ を, p がすべての $h \in H$ に存在するという制約条件の下で求めたい. この線形計画問題が有界であるときに解が一意に定まることを確実にするために, $f_{\vec{c}}(p)$ を最大にする点の中で辞書式順序で最小のものを探すことにしよう.

平面の場合のように，半空間の制約を1つずつ加えながら，最適解を持っておく．これがうまくいくには，再び各段階で唯一の最適解が存在することを確かめる必要がある．前節ではこれを次のように行った：まず，その線形計画問題が非有界であるかどうかを判定する．そうでなければ，この解が有界で，辞書式順序で最小の解がただ1つ存在することを保証する d 個の証明書 $h_1, h_2, \ldots, h_d \in H$ を求める．これらの証明書を求める方法の詳細については後に述べる．ここでは当面の間，主たるアルゴリズムに専念しよう．

$h_1, h_2, \ldots, h_d$ をこの線形計画問題が有界であることを判定することによって得られた d 個の証明書となる半空間とする．さらに，C_i を最初の i 個の半空間を加えたときの実行可能領域として定義する．ただし，$d \leqslant i \leqslant n$ である．

$$C_i := h_1 \cap h_2 \cap \cdots \cap h_i$$

v_i によって C_i の最適頂点，すなわち，$f_{\vec{c}}$ を最大にする頂点を表すことにしよう．2次元の場合には最適頂点を簡単に管理する方法が補題4.5から得られた．すなわち，最適頂点は変化しないか，新たな最適頂点が今加えようとしている半平面 h_i の境界を定める直線に含まれる．次の補題はこの結果を高次元に一般化するものである．その証明は，補題4.5の証明を素直に一般化したものである．

補題4.11 $d < i \leqslant n$ とし，C_i と v_i を上に定義したとおりとする．このとき，以下が成り立つ．
(i) $v_{i-1} \in h_i$ ならば，$v_i = v_{i-1}$．
(ii) $v_{i-1} \notin h_i$ ならば，$C_i = \emptyset$ か $v_i \in g_i$ である．ただし，g_i は h_i の境界をなす超平面である．

半空間 h_i の境界をなる半平面を g_i と表すことにすると，C_i の最適頂点 v_i は，共通部分 $g_i \cap C_{i-1}$ の最適頂点を求めることで見つけることができる．

しかし，$g_i \cap C_{i-1}$ の最適頂点を見つけるにはどうすればよいだろうか．2次元だと，すべてが直線に制限されているので，これは線形時間で簡単にできる．3次元の場合を見てみよう．3次元では，g_i は平面であり，$g_i \cap C_{i-1}$ は2次元の凸多角形領域である．$g_i \cap C_{i-1}$ の最適頂点を求めるのに何をすべきだろうか．2次元の線形計画問題を解かなければならない！$\mathbb{R}^3$ において定義される線形関数 $f_{\vec{c}}$ は，g_i における線形関数を誘起するが，我々はこの関数を最大にする $g_i \cap C_{i-1}$ の点を求める必要がある．$\vec{c}$ が g_i と直交する場合には，g_i のすべての点は同程度によい．次の規則によると，このとき辞書式順序で最小の解を求める必要がある．ここでは目的関数を正しく選択することによってそれを達成する．たとえば，g_i が x_1 軸と直交しないときには，ベクトル $(-1, 0, 0)$ を g_i の上に投影することによりベクトル $\vec{c}$ を得る．

よって，3次元の場合，次のようにして $g_i \cap C_{i-1}$ の最適頂点を見つけることができる．$i-1$ 個の半空間すべてと g_i との共通部分を計算し，ベクトル

$$\vec{c}, \begin{pmatrix} -1 \\ 0 \\ 0 \end{pmatrix}, \begin{pmatrix} 0 \\ -1 \\ 0 \end{pmatrix}, \begin{pmatrix} 0 \\ 0 \\ -1 \end{pmatrix}$$

を投影がゼロでなくなるまで g_i 上に投影する．2DRANDOMIZEDLP．これによって2次元の線形計画問題が得られるが，それをアルゴリズム2DRANDOMIZEDLP を用いて解く．

今では，一般の d 次元の場合をどのように攻めるか大体の予測はつくだろう．g_i は超平面，すなわち $(d-1)$ 次元の部分空間であり，ここでは $f_{\vec{c}}$ を最大にする共通部分 $C_{i-1} \cap g_i$ にある点を見つけなければならない．これは $d-1$ 次元の線形計画問題であるので，我々のアルゴリズムの $(d-1)$ 次元版を再帰的に呼び出すことによって解くことができる．再帰が底をつくのは，1次元の線形計画問題を得たときであるが，これは線形時間で直接解くことができる．

まだしなければならないことは，線形計画問題が非有界であるかどうかを判定することと，そうでないときに適切な証明書を求めることである．最初に，補題 4.9 が任意の次元で成立することを確かめよう．その補題と証明は変更しなければならない．補題は，d 次元の線形計画問題 $(H, \vec{c})$ が有界であるための必要十分条件は，ある $(d-1)$ 次元の線形計画問題が実行不能であることだと述べている．この $(d-1)$ 次元の線形計画問題を再帰呼出しによって解こう．

もしこの $(d-1)$ 次元の線形計画問題が実行可能なら，方向ベクトル $\vec{d}$ が得られる．すると，d 次元の線形計画問題は $\vec{d}$ の方向に非有界であるか，あるいは実行不能である．このことは，$(H', \vec{c})$ が実行可能かどうかを確かめることによって判定することができる．ただし，H' は補題 4.9 で定義されたものである．H' のすべての半空間の境界は $\vec{d}$ と平行であるので，これは2番目の再帰呼出しで，2番目の $(d-1)$ 次元の線形計画問題を解くことによって判定できる．

この $(d-1)$ 次元の線形計画問題が実行不能なら，その解から $(H, \vec{c})$ が有界であることを「証明」する k 個の証明書となる半空間 $h_1, h_2, \ldots, h_k \in H$ が得られる．ただし，$k < d$ である．$k < d$ なら，$(\{h_1, \ldots, h_k\}, \vec{c})$ の最適解の集合は非有界である．その場合，これらの最適解は $(d-k)$ 次元の部分空間を形成する．この部分空間に制限された線形計画問題が辞書式順序に関して有界かどうかを判定する．もしそうでないなら，その解を報告することができる．そうでなければ，唯一の解をもつ d 個の証明書の集合が得られるまで，このプロセスを繰り返すことができる．

アルゴリズム全体は次のとおりである．g_i により，半空間 h_i の境界をなす超平面を表す．

第 4.6* 節
高次元線形計画法

アルゴリズム RANDOMIZEDLP($H,\vec{c}$)

入力：線形計画問題 $(H,\vec{c})$ と $\vec{c} \in \mathbb{R}^d$．ただし，H は $\mathbb{R}^d$ の n 個の半空間の集合である．

出力：$(H,\vec{c})$ が非有界なら，実行可能領域に完全に含まれる半直線 ρ を報告する．$(H,\vec{c})$ が実行不可能なら，この事実を報告する．それ以外の場合は，$f_{\vec{c}}(p)$ を最大にする実行可能点 p を報告する．

1. すべての $h \in H$ について $\vec{d}\cdot\vec{c} > 0$ かつ $\vec{d}\cdot\vec{\eta}(h) \geqslant 0$ であるような方向ベクトル $\vec{d}$ が存在するかどうかを判定する．
2. **if** $\vec{d}$ が存在する
3.   **then** H' を求め，H' が実行可能であるかどうかを判定する．
4.   **if** H' は実行可能である
5.   **then** $(H,\vec{c})$ は有界でないことを証明する半直線を報告して終了．
6.   **else** $(H,\vec{c})$ は実行可能でないことを報告し，証明書を与えて，終了．
7. $h_1,h_2,\ldots,h_d$ を $(H,\vec{c})$ が有界であることを証明する証明書とする．
8. v_d を $g_1,g_2,\ldots,g_d$ の共通部分とする．
9. H の残っている半空間のランダムな順列 $h_{d+1},\ldots,h_n$ を求める．
10. **for** $i \leftarrow d+1$ **to** n
11.   **do if** $v_{i-1} \in h_i$
12.   **then** $v_i \leftarrow v_{i-1}$
13.   **else** $v_i \leftarrow$ 制約 $\{h_1,\ldots,h_{i-1}\}$ の下に，$f_{\vec{c}}(p)$ を最大にする g_i 上の点 p
14.   **if** p は存在しない
15.   **then** H^* を $(d-1)$ 次元の問題の実行不可能性に対する高々 d 個の証明書とする
16. $H^* \cup h_i$ を証明書として，この線形計画問題は実行不可能であると報告し，終了．
17. **return** v_n

次の定理は RANDOMIZEDLP の効率について述べている．d を定数とみなしているが，実行時間が d にどの程度依存しているのかを示すのは意味のあることである．次の定理の証明の最後を参照のこと．

定理 4.12 任意の固定された d 次元において，n 個の制約をもつ d 次元線形計画問題は，$O(n)$ の期待時間で解くことができる．

証明 このアルゴリズムの平均実行時間は高々 $C_d n$ であるような定数 C_d が存在することを示さなければならない．ここでは次元数 d に関する帰納法を用いる．2 次元のとき，定理 4.10 よりこの結果を得るので，$d > 2$ と仮定しよう．帰納ステップは 2 次元の場合の証明と基本的に同じである．

$d-1$ 次元の線形計画問題を高々 d 個解くことから始めよう．帰納法の仮定により，これにかかる時間は $O(dn) + dC_{d-1}n$ である．

このアルゴリズムは v_d を計算するのに $O(d)$ の時間を使う．$v_{i-1} \in h_i$ かどうか判定するのに $O(d)$ 時間かかる．よって，実行時間は，13 行目でかかる時間を勘定に入れなければ，$O(dn)$ である．

13 行目では，g_i に関して $\tilde{c}$ を $O(d)$ 時間で投影しなければならず，$O(di)$ 時間で g_i と i 個の半空間との共通部分を求めなければならない．さらに，$d-1$ 次元で $i-1$ 個の半空間をもつ問題を再帰的に呼び出す．

$v_{i-1} \notin h_i$ のとき 1 で，それ以外のとき 0 であるような確率変数 X_i を定義しよう．そうすると，アルゴリズムが使う総時間の期待値は次式で抑えられる．

$$O(dn) + dC_{d-1}n + \sum_{i=d+1}^{n} (O(di) + C_{d-1}(i-1)) \cdot \mathrm{E}[X_i]$$

$\mathrm{E}[X_i]$ の上界を求めるために，後向き解析を適用する．$h_1, \ldots, h_i$ を加えた後の状況を想定しよう．最適頂点は C_i の頂点 v_i であり，これはこれらの半空間のうちの d 個によって定義されている．そこで，1 ステップだけだけ戻ろう．このとき，最適頂点が変化するのは，v_{i-1} を定義する半空間のうちの 1 つを取り除いてしまった場合だけである．$h_{d+1}, \ldots, h_i$ はランダムな順列であるから，このことが起こる確率は高々 $d/(i-d)$ である．

したがって，アルゴリズムの実行時間の期待値に関して次の漸化式を得る．

$$O(dn) + dC_{d-1}n + \sum_{i=d+1}^{n} (O(di) + C_{d-1}(i-1)) \frac{d}{i-d}$$

これは $C_d = O(C_{d-1}d)$ を満たす $C_d n$ で抑えられるので，次元に関係しない定数 c に対して $C_d = O(c^d d!)$ を得る． □

d が定数のとき，このアルゴリズムの実行時間は線形であると言うのは正しい．とは言うものの，これは誤解を生じやすい．係数 C_d は d の関数として非常に速く増加するので，このアルゴリズムが役に立つのは低次元のときだけである．

第 4.7* 節
最小包含円

4.7* 最小包含円

前節で用いた単純な確率化の技法はびっくりするほど強力であることが分かる．この技法は線形計画問題に限らず，他の様々な最適化問題にも適用可能である．本節では，そのような問題の 1 つに注目する．

作業台に基底部が固定されたロボットアームを考えよう．このアームで，様々な点に置かれた製品をつまみあげて，別の場所に置かなければならないものとする．このとき，アームの基底部をどこに置くのがよいだろ

第 4 章
線形計画法

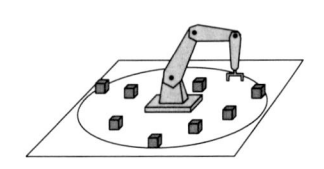

うか．どんな点にも手を伸ばさなければならないから，それらの真ん中あたりに置くのがよいだろう．もっと厳密に言うと，よい場所とは，すべての点を包含する最小の円の中心である．これは，アームの基底部から任意の点までの距離の最大値を最小にする点である．そこで，次のような問題が考えられる：平面上の n 個の点（アームが届かないといけない作業台上の点）の集合 P が与えられたとき，P に対する**最小包含円** (smallest enclosing disc)，すなわち，P のすべての点を含む最小の円を求めよ．この最小包含円は一意に決まる．下の補題 4.14(i) に，これをさらに一般化した結果がある．

前節と同様に，この問題に対する乱択逐次構成アルゴリズムを与えることにしよう．まず，P の点のランダムな順列 $p_1,\ldots,p_n$ を生成する．$P_i := \{p_1,\ldots,p_i\}$ とする．アルゴリズムでは，P_i の最小包含円 D_i を管理しながら，点を順次添加していく．

線形計画法の場合には最適頂点を管理するのに役立つ好都合な事実があった．すなわち，現在の最適頂点が次の半平面に含まれるなら，最適頂点は変化せず，そうでないときには，新たな最適頂点はその半平面の境界上にあるという事実である．最小包含円の場合にも同様の性質があるだろうか．答はイエスである．

補題 4.13 $2 < i < n$ とし，P_i と D_i を上に定義したとおりとする．このとき，以下が成り立つ．

(i) $p_i \in D_{i-1}$ ならば，$D_i = D_{i-1}$．

(ii) $p_i \notin D_{i-1}$ ならば，p_i は D_i の境界上にある．

この補題の証明は後回しにして，まずこの性質を用いて，線形計画問題のときと非常によく似た乱択逐次構成アルゴリズムを設計してみよう．

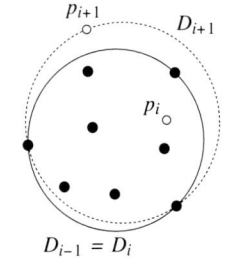

アルゴリズム MiniDisc(P)
入力：平面上の n 点の集合 P．
出力：P に対する最小包含円．
1. P のランダムな順列 $p_1,\ldots,p_n$ を求める．
2. D_2 を $\{p_1, p_2\}$ に対する最小包含円とする．
3. **for** $i \leftarrow 3$ **to** n
4.   **do if** $p_i \in D_{i-1}$
5.   **then** $D_i \leftarrow D_{i-1}$
6.   **else** $D_i \leftarrow$ MiniDiscWithPoint($\{p_1,\ldots,p_{i-1}\}, p_i$)
7. **return** D_n

重要なのは $p_i \notin D_{i-1}$ のときである．ここで必要なのは，p_i は最小包含円の円周上に存在するという知識を用いて，P_i の最小包含円を求めるサブルーチンである．このサブルーチンをどのように実現すればよいだろうか．$q := p_i$ とし，もう一度同じ枠組みを用いる．すなわち，P_{i-1}

の点をランダムな順序で加え，点 q は境界上にないといけないという制約の下に $P_{i-1} \cup \{q\}$ の最小包含円を管理するのである．次に述べる事実により，点 p_j を加える操作は簡単である：すなわち，p_j が現在の最小包含円の内部に含まれるなら，最小包含円はそのままであり，そうでないときには，p_j をその境界上に含まなければならない，というものである．そこで，後者の場合，最小包含円は q と p_j を共にその境界上にもつことになる．これにより，次のサブルーチンを得る．

第 4.7* 節
最小包含円

MINIDISCWITHPOINT(P, q)

入力：平面上の n 点の集合 P と，q をその境界上に含むような P に対する最小包含円が存在するような点 q.

出力：q をその境界上に含むような P に対する最小包含円．

1. P のランダム順列 $p_1, \ldots, p_n$ を求める．
2. D_1 を，q と p_1 をその境界上に含む最小包含円とする．
3. **for** $j \leftarrow 2$ **to** n
4.   **do if** $p_j \in D_{j-1}$
5.   **then** $D_j \leftarrow D_{j-1}$
6.   **else** $D_j \leftarrow$ MINIDISCWITH2POINTS($\{p_1, \ldots, p_{j-1}\}, p_j, q$)
7. **return** D_n

では，2 点 q_1 と q_2 がその境界上にあるという制限の下で点集合の最小包含円を求めるにはどうすればよいだろうか．実は簡単で，同じ方法を再度適用すればよいのである．すなわち，ランダムな順序で点を加えてゆき，最適な円を管理すればよい．点 p_k を加えるとき，これが現在の最小包含円の内部にあれば，何もしなくてよい．p_k が内部になければ，それは新たな最小包含円の境界上になければならない．後者の場合，3 点 q_1, q_2, p_k が円周上にあることになる．これは 1 つの円だけが残っていることを意味している．すなわち，q_1, q_2, p_k を円周上に含む唯一の円である．次の手続きはこれを詳細に述べたものである．

MINIDISCWITH2POINTS(P, q_1, q_2)

入力：平面上の n 点集合 P と 2 点 q_1 と q_2．ただし，q_1 と q_2 を境界上に含むような P 最小包含円が存在する．

出力：q_1 と q_2 を境界上に含むような P の最小包含円．

1. D_0 を，その境界上に q_1 と q_2 を含むような最小包含円とする．
2. **for** $k \leftarrow 1$ **to** n
3.   **do if** $p_k \in D_{k-1}$
4.   **then** $D_k \leftarrow D_{k-1}$
5.   **else** $D_k \leftarrow q_1, q_2, p_k$ を円周上に含む円
6. **return** D_n

これで，ようやく点集合の最小包含円を求めるアルゴリズムの説明は終

わりである．その解析を行う前に，アルゴリズムの中で用いたいくつかの事実を証明することによってその正しさを確かめよう．たとえば，新たに加えた点が現在の最適な円の外側にあったとき，新たな円はその点を円周上に含まなければならない，といった性質である．

補題 4.14 P を平面上の点集合とし，R を $P \cap R = \emptyset$ であるような空かもしれない点集合とし，さらに $p \in P$ とする．このとき，以下が成り立つ．

(i) P を包含する円で R の点をすべてその円周上に含むものが存在するなら，そのような最小の円は一意に定まる．それを $md(P, R)$ と記すことにしよう．

(ii) $p \in md(P \setminus \{p\}, R)$ ならば，$md(P, R) = md(P \setminus \{p\}, R)$ である．

(iii) $p \notin md(P \setminus \{p\}, R)$ ならば，$md(P, R) = md(P \setminus \{p\}, R \cup \{p\})$ である．

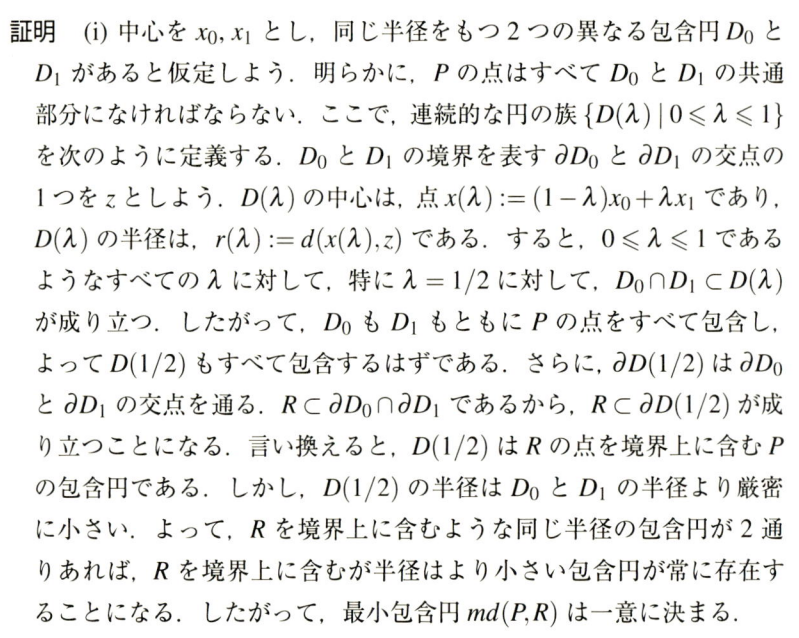

証明 (i) 中心を x_0, x_1 とし，同じ半径をもつ 2 つの異なる包含円 D_0 と D_1 があると仮定しよう．明らかに，P の点はすべて D_0 と D_1 の共通部分になければならない．ここで，連続的な円の族 $\{D(\lambda) \mid 0 \leq \lambda \leq 1\}$ を次のように定義する．D_0 と D_1 の境界を表す ∂D_0 と ∂D_1 の交点の 1 つを z としよう．$D(\lambda)$ の中心は，点 $x(\lambda) := (1-\lambda)x_0 + \lambda x_1$ であり，$D(\lambda)$ の半径は，$r(\lambda) := d(x(\lambda), z)$ である．すると，$0 \leq \lambda \leq 1$ であるようなすべての λ に対して，特に $\lambda = 1/2$ に対して，$D_0 \cap D_1 \subset D(\lambda)$ が成り立つ．したがって，D_0 も D_1 もともに P の点をすべて包含し，よって $D(1/2)$ もすべて包含するはずである．さらに，$\partial D(1/2)$ は ∂D_0 と ∂D_1 の交点を通る．$R \subset \partial D_0 \cap \partial D_1$ であるから，$R \subset \partial D(1/2)$ が成り立つことになる．言い換えると，$D(1/2)$ は R の点を境界上に含む P の包含円である．しかし，$D(1/2)$ の半径は D_0 と D_1 の半径より厳密に小さい．よって，R を境界上に含むような同じ半径の包含円が 2 通りあれば，R を境界上に含むが半径はより小さい包含円が常に存在することになる．したがって，最小包含円 $md(P, R)$ は一意に決まる．

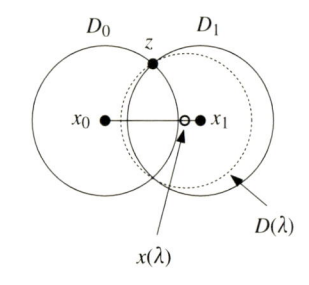

(ii) $D := md(P \setminus \{p\}, R)$ とする．$p \in D$ ならば，D は P を含み，かつ R の点をその境界上に含む．R の点をその境界上に含み，P を包含するもっと小さい包含円は存在し得ない．なぜなら，そのような円は R をその境界上に含み，$P \setminus \{p\}$ を包含する円であるが，それは D の定義に矛盾するからである．したがって，$D = md(P, R)$ である．

(iii) $D_0 := md(P \setminus \{p\}, R)$ とし，$D_1 := md(P, R)$ とする．上で定義した円の族 $D(\lambda)$ を考えよう．$D(0) = D_0$ かつ $D(1) = D_1$ であることに注目すると，この族は D_0 を D_1 に変化させる連続的な変形を定めていることになる．仮定により，$p \notin D_0$ である．また，$p \in D_1$ でもあるから，連続性により，ある $0 < \lambda^* \leq 1$ のところで，p が $D(\lambda^*)$ の境界に来るようになるはずである．(i) の証明と同様に，$P \subset D(\lambda^*)$ および $R \subset \partial D(\lambda^*)$ である．任意の $0 < \lambda < 1$ に対して $D(\lambda)$ の半径は D_1 の

半径より厳密に小さく，定義により D_1 は P に対する最小包含円であるから，$\lambda^* = 1$ でなければならない．つまり，D_1 は p をその境界上にもつ． □

第 4.7* 節
最小包含円

補題 4.14 は，MiniDisc が点集合の最小包含円を正しく求めることを意味している．実行時間の解析は次の定理の証明の中で与えられる．

定理 4.15 平面上の n 点集合の最小包含円は，最悪の場合でも線形の記憶領域と $O(n)$ の期待時間で求めることができる．

証明 MiniDiscWith2Points の実行時間は $O(n)$ である．なぜなら，ループの毎回の繰返しは定数時間しかかからず，線形の記憶領域しか使わないからである．MiniDiscWithPoint と MiniDisc も線形の記憶領域を必要とするので，後はその実行時間の期待値を解析すればよい．

MiniDiscWithPoint の実行時間は，MiniDiscWith2Points の呼出しにかかる時間を考慮しなければ，$O(n)$ である．では，そのような呼出しを行う確率はどうだろうか．ここでも再び後向き解析を用いて，その確率の上界を求める．そこで，部分集合 $\{p_1, \ldots, p_i\}$ を固定し，$\{p_1, \ldots, p_i\}$ を包含し，q をその円周上にもつ最小の円を D_i とする．ここで，$\{p_1, \ldots, p_i\}$ の中から 1 点を取り除いたところを考えよう．どのような時に最小包含円は変化するだろうか．これが起こるのは，境界上の 3 点のうちの 1 点を取り除いたときだけである．境界上の点の 1 つが q であるので，最小包含円を縮小させる原因となるのは高々 2 点である．p_i がそのような点のうちの 1 つである確率は，$2/i$ である．（境界上に 4 点以上があるときは，最小包含円が変化する確率は小さくなるだけである．）よって，MiniDiscWithPoint の全実行時間の期待値を次式で抑えることができる．

$$O(n) + \sum_{i=2}^{n} O(i) \frac{2}{i} = O(n)$$

同じ議論を再度適用すると，MiniDisc の実行時間の期待値が $O(n)$ であることも分かる． □

アルゴリズム MiniDisc には改良の余地がたくさんある．まず最初に，サブルーティン MiniDiscWithPoint を呼び出すたびに新たなランダム順列を用いる必要はない．その代わりに，MiniDisc の開始時に一度だけ順列を計算し，その順列を MiniDiscWithPoint に渡すとよい．さらに，3 つの手続きを書く代わりに，補題 4.14 で定義されたような $md(P, R)$ を計算する 1 つのアルゴリズム MiniDiscWithPoints(P, R) を書くこともできる．

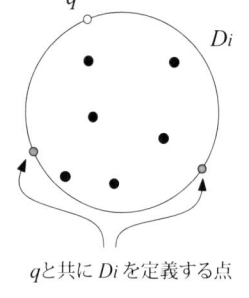

q と共に D_i を定義する点

4.8 文献と注釈

本章では鋳型鋳造を用いて品物を製造したいと思うときに生じるアルゴリズムの問題について学んだ．他の製造プロセスも興味あるアルゴリズムの問題にも繋がるが，そのような多くの問題が計算幾何学の分野で研究されてきた．たとえば，Dutta らの本 [152] や Janardan と Woo [220]，および Bose と Toussaint [72] によるサーベイ論文も参照されたい．

半平面の共通部分の計算は古くからよく研究された問題である．第 11 章で説明するが，この問題は平面上の点の凸包の計算と双対の関係にある．どちらの問題もこの分野では長い歴史をもっており，Preparata と Shamos [323] にすでに多数の解法が列挙されている．2 次元の凸包の計算に関しては，第 1 章の文献と注釈の節にもっと多くの情報がある．

平面上では $O(n \log n)$ 時間でできることであるが，半空間の共通部分を求める問題は，次元が高くなるにつれ，ますます計算量的に難しくなる．その理由は，共通部分として形成される凸多面体 (convex polytope) の（低次元の）面の数が $\Theta(n^{\lfloor d/2 \rfloor})$ 程度になるからである [158]．そこで，もし実行可能点を求めることだけが目標なら，明示的に共通部分を求めるという方法は魅力的でなくなってしまう．

線形計画は，数値解析と組合せ最適化 (combinatorial optimization) における基本問題の 1 つである．ただ，関連する文献を概観することは本章の役割を超えているので，ここではシンプレックス法とその変形版 [139]，さらに Khachian [234] や Karmerkar [227] の多項式時間解法を示唆するに止める．線形計画法に関してもっと情報が必要なら，Chvátal の本 [129] や Schrijver の本 [339] を参照されたい．

線形計画問題を計算幾何学における 1 つの問題として最初に考えたのは Megiddo [273] であった．彼は，半空間の共通部分が空かどうかを判定する問題は，共通部分を求める問題より厳密に簡単であることを示し，$O(C_d n)$ という形式の実行時間をもつ線形計画問題に対する最初の決定性のアルゴリズムを与えた．ただし，C_d は次元だけに依存する係数である．次元を固定すれば，彼のアルゴリズムは任意の次元において n に関して線形である．彼のアルゴリズムの係数 C_d は 2^{2^d} である．これは後に 3^{d^2} に改善された [130, 153]．もっと最近では，多数の単純でより実用的な乱択アルゴリズムが提案されている [132, 346, 354]．実行時間は準指数関数的であるが，まだ次元に関しては多項式にはなっていない乱択アルゴリズムも多数ある [222, 267]．線形計画問題に対して強多項式時間のアルゴリズム，すなわち組合せの数が多項式の複雑度をもつアルゴリズムを求めることは，この分野における主要な未解決問題の 1 つである．

本章で与えた 2 次元と高次元の単純な乱択逐次構成アルゴリズムは Seidel [346] によるものである．ここでの説明と違って，パラメータ M

を記号として扱うことにより非有界の線形計画問題を扱っている．こちらの方が多分より洗練されており，非有界の d 次元線形計画問題と実行可能な $(d-1)$ 次元の問題の間の関係を説明するために選ばれたものである．Seidel の方法では，C_d の係数は $O(d!)$ であることを示すことができる．

最小包含円の計算への一般化は Welzl [385] によるものであるが，彼は高次元における点集合の最小包含超球 (smallest enclosing ball) や最小包含楕円 (smallest enclosing ellipse) および楕円体を求める方法も示している．Sharir と Welzl [189, 354] は，この技法をさらに一般化して，ここで説明した方法と同様のアルゴリズムで効率よく解くことができる**LP タイプの問題** (LP-type problems) という概念を導入している．一般的に言うと，この技法が適用できるのは，新たな制約が加えられたときにその解が変化しないか，または解が問題の次元を下げる形で新たな制約により部分的に定義されるような最適化問題である．LP タイプの問題のこの特殊な性質は，いわゆる Helly タイプの定理 (Helly-type theorem) のもとになることも示されている [16]．

乱択化は，簡単でしかも効率のよいアルゴリズムに導く可能性の高い技法である．以下の章で，さらに多くの例を見ていく．我々が払わなければならない唯一の代価は，実行時間が期待値で表された上界であり，すでに観察したようにアルゴリズムが非常に長い時間を必要としてしまう可能性もあることである．これを理由にして乱択アルゴリズムは信用できないし，使うべきではないと主張する人もいる（病院における集中治療室や原子力プラントにおけるコンピュータのことを考えてみよ）．

一方，決定性のアルゴリズムは理論上でしか完全ではない．実際には，自明でないアルゴリズムならどんなものでもバグを含んでいるし，それを無視したとしても，主メモリーのたった 1 ビットだけが環境 α 放射線の影響で変化するというようなハードウェア誤動作や"ソフトエラー"の危険性もある．乱択アルゴリズムはずっと簡単でプログラムも短いことが多いから，そのような不運の確率は小さい．したがって，乱択アルゴリズムによって正しい答が時間内に得られない確率は，決定性のアルゴリズムが失敗する確率より大きいとは限らないのである．さらに，実行時間の期待値の係数を十分に大きく取っておけば，乱択アルゴリズムが実際に必要とする実行時間がその期待値を超える確率をいつでも減らすことができるのである．

4.9 演習

4.1 本章では 1 つの部品の鋳型による鋳造の問題を学んだ．この方式では球を作ることはできないが，2 つの部分に分かれた鋳型を使うと球も作れる．2 つの部分からなる鋳型では作れないが，3 つの部分

第 4.9 節
演習

からなる鋳型を使うと作れるような物体の例をあげよ.

4.2 平面上での鋳造問題を考えよう. 多角形 $\mathcal{P}$ とそれに対する2次元の鋳型が与えられているとする. 単一の平行移動で $\mathcal{P}$ を鋳型から取り外すことができるかどうかを判定する線形時間アルゴリズムを説明せよ.

4.3 3次元の鋳造問題で，鋳型から製品を取り外すとき，鋳型の面に沿って製品をスライドさせたくはないとする. このとき，本章で得た幾何問題（半平面の共通部分にある点を求める問題）にどんな影響があるか.

4.4 $\mathcal{P}$ をトップファセット f をもつ鋳造可能な単純多面体をする. $\vec{d}$ を $\mathcal{P}$ に対する削除の方向とする. 方向 $\vec{d}$ の任意の直線が $\mathcal{P}$ と交差するための必要十分条件は，それが f と交差することであることを示せ. また，方向 $\vec{d}$ の任意の方向の直線 ℓ に対して，共通部分 $\ell \cap \mathcal{P}$ は連結であることを示せ.

4.5 $\mathcal{P}$ を n 頂点の単純な多面体とする. $\mathcal{P}$ がある面 f をトップファセットとして鋳造可能であるとき，必要条件は f に隣接する面全体が f を通る平面 h_f の一方の側にあることである.（もちろん，逆は必ずしも成り立たない. 隣接する面がすべて h_f の一方の側に存在するなら，$\mathcal{P}$ は f をトップファセットとして鋳造可能であるとは限らない.）この条件が成り立つ $\mathcal{P}$ の面をすべて求める線形時間のアルゴリズムを与えよ.

4.6* 垂直方向（トップファセットに垂直な方向）にだけ鋳型から製品を取り外すことができるという制約付きの場合を考えよう.
   a. この場合，トップファセットとして可能なものは定数個しか存在しないことを証明せよ.
   b. 与えられた物体に対して，この制約付きのモデルで鋳型が存在するかどうかを判定する線形時間のアルゴリズムを求めよ.

4.7 物体を1回の平行移動で鋳型から取り外すのではなく，1回の回転によって取り外す場合も考えられる. 簡単のため，平面上での鋳造問題を考えることにし，回転方向は時計回りの場合だけを考える.
   a. 1回の平行移動で鋳型から取り外すことという制約を設けると鋳造不可能であるが，1点の周りの回転を用いると鋳造可能であるような単純多角形 $\mathcal{P}$ とトップファセット f の例をあげよ. $\mathcal{P}$ を単純な多角形として，$\mathcal{P}$ を回転によって鋳型から取り外すことという制約を設けると鋳造不可能であるが，1回の平行移動を用いると鋳造可能であるような単純多角形 $\mathcal{P}$ とトップファセット f の例もあげよ.
   b. 1回の回転で鋳型から取り外すことができるような回転中心を求める問題は，半平面の集合の共通部分にある1点を求める問題に還元できることを示せ.

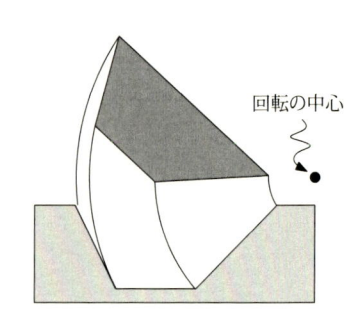

第 4.9 節
演習

4.8 $z = 1$ という平面を用いると，正の z 値をもつ 3 次元空間のベクトルのすべての方向を表すことができる．では，非負の z 値をもつ 3 次元空間のベクトルのすべての方向を表すにはどうすればよいか．また，3 次元空間のすべてのベクトルの方向を表すにはどうすればよいか．

4.9 n 個の制約をもつ 3 次元線形計画問題に対する**すべての**最適解を見つけたい．この問題を解く任意のアルゴリズムの最悪時の複雑度に対する下界は $\Omega(n \log n)$ であることについて議論せよ．

4.10 H を空でない共通部分をもつ少なくとも 3 つの半平面の集合とし，それらの境界の直線は平行ではないとする．半平面 $h \in H$ が**冗長** (redundant) であるのは，それが $\bigcap H$ の辺になっていないときである．

任意の冗長な半平面 $h \in H$ に対して，$h' \cap h'' \subset h$ であるような 2 つの半平面 $h', h'' \in H$ が存在することを証明せよ．すべての冗長な半平面を計算する $O(n \log n)$ 時間のアルゴリズムを与えよ．

4.11 有界ではあるが，辞書式順序で最小の解は存在しないような 2 次元の線形計画問題を与えよ．

4.12 RandomPermutation(A) が正しいこと，すなわち，A のすべての可能な順列が等確率で出力となることを証明せよ．また，2 行目の k を n に変更すると，このアルゴリズムはもはや正しくないこと（等確率ですべての順列を生成しないこと）を示せ．

4.13 本文でランダムな順列を求める線形時間のアルゴリズムを与えたが，そこでは 1 から n までの乱数を定数時間で生成する乱数発生関数が必要であった．では，定数時間でランダムなビット（0 または 1）だけを生成する乱数発生関数しか使えないとすると，ランダムな順列はどのようにして生成すればよいだろうか．また，その手続きの実行時間はどうなるか．

4.14 以下に示したのは，n 個の実数の集合 A の最大値を求める偏執狂的なアルゴリズムである．

アルゴリズム ParanoidMaximum(A)
1. **if** card(A) = 1
2.   **then return** 唯一の要素 $x \in A$
3.   **else** A からランダムに要素 x を取り出す．
4. $x' \leftarrow$ ParanoidMaximum($A \setminus \{x\}$)
5.   **if** $x \leq x'$
6.   **then return** x'
7.   **else** ここで，x が最大値ではないかと疑うが，絶対的な確信をもつために x を A のそれ以外の card(A) $-$ 1 個の要素と比較する．
8.   **return** x

このアルゴリズムの最悪の場合の実行時間は何か．また，(3行目でのランダム選択に関する) 実行時間の期待値は何か．

4.15 単純多角形 $\mathcal{P}$ は，$\mathcal{P}$ の内部の任意の 1 点 p に対して線分 $\overline{pq}$ が $\mathcal{P}$ の内部に含まれるような点 q が存在するとき，**星形多角形** (star-shaped polygon) と呼ばれる．単純多角形が星形多角形かどうかを判定するアルゴリズムで，実行時間の期待値が線形であるものを求めよ．

4.16 n 本の平行な軌道上を n 台の列車が一定の速度 $v_1, v_2, \ldots, v_n$ で走っている．時刻 $t = 0$ における各列車の位置を $k_1, k_2, \ldots, k_n$ とする．時間経過とともに先頭を走っている列車をすべて求める $O(n \log n)$ 時間のアルゴリズムを求めよ．半平面の共通部分を求めるアルゴリズムを用いること．

4.17* 補題 4.14 で定義した $md(P, R)$ を計算する 1 つの手続き MINIDISC-WITHPOINTS(P, R) だけを用いて，MINIDISC を実行する方法を示せ．ただし，実行中に 1 つしかランダム順列を計算しないこと．

5 直交領域探索

データベースの検索

データベースは幾何とはほとんど関係がないと思われがちであるが，データベースに蓄えられているデータに関する様々な種類の質問—今後は問合せ (query) と呼ぶことにする—の中には幾何的に解釈できるものが多い．そのために，データベース中のレコード (record) を多次元空間の点に変換し，レコードに関する質問を点集合に関する問合せに変換する．例を用いて説明しよう．

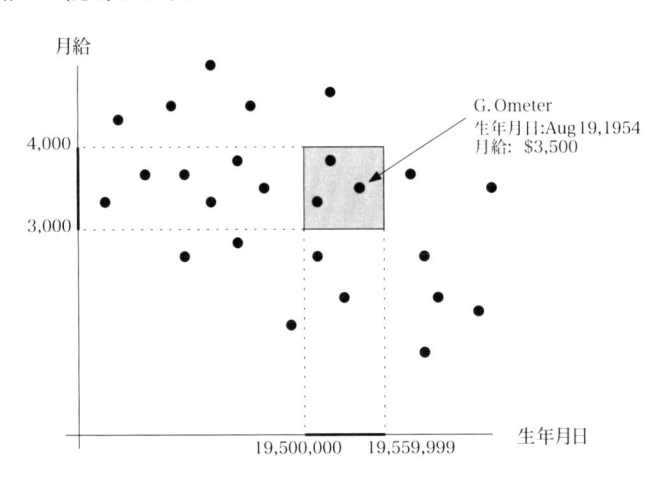

図 5.1
データベースに関する質問の幾何学的解釈

個人データ管理のデータベースについて考えてみよう．そのようなデータベースでは，従業員の氏名，住所，生年月日，給料等のデータが蓄えられている．典型的な問合せとしては，生年月日が 1950 年と 1955 年の間にあり，月給が 3 万ドルから 4 万ドルの間にあるような従業員をすべて報告したいというようなものがある．これを幾何の問題として定式化するために，各従業員を平面上の点で表す．この点の第 1 座標値は，$10{,}000 \times year + 100 \times month + day$ で定まる整数によって表すことができる生年月日であり，第 2 の座標値は，月給である．これらの点について，対応する従業員に関してもっている他の情報，たとえば，氏名や住所なども一緒に蓄えておく．1950 年と 1955 年の間に生まれ，月給が 3 万ドルから 4 万ドルの間にあるような従業員をすべて求めるデータベース問合せ (data base query) は，次のような幾何学的な問合せに変換される．すなわち，最初の座標値が 19,500,000 と 19,559,999 の間にあり，1 番目の

第 5 章

直交領域探索

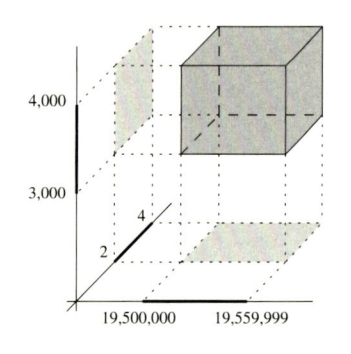

座標値が 3,000 と 4,000 の間にあるような点をすべて列挙するという問題になる．言い換えると，軸平行な質問長方形の内部にある点をすべて報告したい—図 5.1 参照．

各従業員の子供の数も情報としてもっているとして，「1950 年と 1955 年の間に生まれ，月給が 3 万ドルから 4 万ドルの間にあり，かつ 2～4 人の子供をもつ従業員をすべて求めよ」という問合せがあったときはどうだろうか．この場合は，各従業員を 3 次元空間の点で表さなければならない．最初の座標値は生年月日を，2 番目の座標値は月給を，そして 3 番目の座標値は子供の数を表す．このような問合せに答えるには，軸平行な直方体 $[19,500,000:19,559,999] \times [3,000:4,000] \times [2:4]$ の内部にある点をすべて報告しなければならない．

一般に，データベースにあるレコードの d 個のフィールドに関する問合せに答えるのにレコードを d 次元空間の点に変換する．そうすると，対応するフィールドが指定された範囲にあるレコードをすべて報告せよという問合せは，軸平行な d 次元のボックスの内部にある点をすべて求めよという問合せに変換される．このような問合せを，計算幾何学では，**長方形領域探索** (rectangular range query)，または**直交領域探索** (orthogonal range query) と呼ぶ．本章では，そのような問合せに対するデータ構造について学ぶ．

5.1　1 次元領域探索

2 次元以上の長方形領域探索問題に取り組む前に，1 次元の場合にどうなるかを調べてみよう．与えられているデータは，1 次元空間の点集合，すなわち，実数の集合である．問合せは，1 次元の質問長方形 (query rectangle)，言い換えると，区間 $[x:x']$ に含まれる点を尋ねるというものである．

$P := \{p_1, p_2, \ldots, p_n\}$ を，実数直線上に与えられた点集合とする．この 1 次元領域探索問題は，よく知られたデータ構造である平衡 2 分探索木 $\mathcal{T}$ を用いると効率よく解ける．（配列に基づく解も可能であるが，その場合には高次元への拡張ができないし，P に関する更新も効率が悪い．）$\mathcal{T}$ の葉節点に P の点を蓄え，$\mathcal{T}$ の内部節点には，探索を助けるための分割値を蓄えておく．節点 ν に蓄えられた分割値を x_ν と記す．節点 ν の左部分木には x_ν 以下の値をもつ点をすべて含んでおり，右部分木には x_ν より大きい値をもつ点をすべて含んでいるものと仮定する．

質問範囲 $[x:x']$ にある点を報告するために，次のように進んでいく．まず，x と x' を $\mathcal{T}$ 上で探索する．μ と μ' を，それぞれの探索が終了する葉節点とする．このとき，区間 $[x:x']$ の点としては，μ と μ' の間にある葉節点に蓄えられた点が確実に含まれており，μ と μ' 自身に蓄えられた点もその区間に入っていることがある．たとえば，図 5.2 の木にお

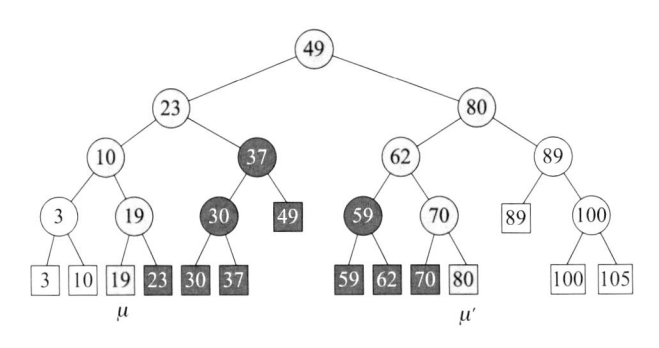

第 5.1 節
1 次元領域探索

図 5.2
2 分探索木上での 1 次元領域問合せ

いて $[18:77]$ という区間を探索する場合を考えると，黒く網掛けをした葉節点に蓄えられた点をすべてと，μ に蓄えられた点を報告することになる．では，μ と μ' の間にある葉節点を求めるにはどうすればよいだろう．図 5.2 から分かるように，それは μ への探索経路と μ' への探索経路によって囲まれた部分木に含まれる葉節点として与えられる．（図 5.2 では，この部分木の節点には濃い網掛けを，上記の探索経路上の節点には薄い網掛けを施している．）もっと厳密に言うと，ここで選ぶ部分木は，上記の 2 つの探索経路の間にあり，しかもその親が探索経路上にあるような節点 ν を根とするものである．これらの節点は次のようにすれば見つかる．まず，x への探索経路と x' への探索経路が分岐する節点 ν_{split} を探索する．これは次のサブルーティンを用いればできる．ただし，$lc(\nu)$ と $rc(\nu)$ を節点 ν の左右の子とする．

FINDSPLITNODE($\mathcal{T},x,x'$)
入力：木 $\mathcal{T}$ と 2 つの値 x と x'．ただし，$x \leqslant x'$．
出力：x への探索経路と x' への探索経路が分岐する節点 ν．または両方の経路が共に終了する葉節点 ν．
1. $\nu \leftarrow root(\mathcal{T})$
2. **while** ν は葉節点ではない **and** ($x' \leqslant x_\nu$ **or** $x > x_\nu$)
3.   **do if** $x' \leqslant x_\nu$
4.   **then** $\nu \leftarrow lc(\nu)$
5.   **else** $\nu \leftarrow rc(\nu)$
6. **return** ν

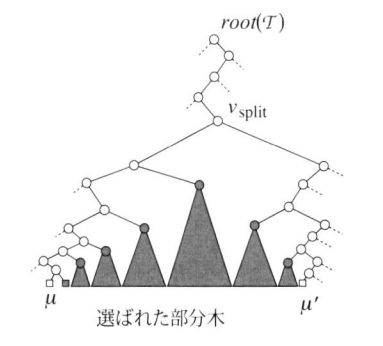

ν_{split} から出発して，x への探索経路をたどっていく．この経路が左に折れるときには，毎回その右部分木にある葉節点をすべて報告する．なぜなら，この部分木は 2 つの探索経路の間にあるからである．同様に，x' への経路もたどり，経路が右に曲がるときには，その左部分木にある葉節点を報告する．最後に，経路の先端にある葉節点に蓄えられた点について，範囲 $[x:x']$ に入っているかどうかを調べなければならない．

次に，問合せアルゴリズムをもっと詳細に説明しよう．このアルゴリズムは，与えられた節点を根とする部分木をたどって，その葉節点に蓄えられた点を報告するサブルーティン REPORTSUBTREE を用いる．どんな 2 分木でも，その内部節点は葉節点より少ないから，このサブルーティ

は報告される点の個数に線形な時間しかかからない．

アルゴリズム 1DRangeQuery($\mathcal{T},[x:x']$)

入力：領域木 $\mathcal{T}$ と範囲 $[x:x']$．
出力：指定された範囲にあるすべての点．

1. $v_{\text{split}} \leftarrow$ FindSplitNode($\mathcal{T},x,x'$)
2. **if** v_{split} は葉節点である
3. **then** v_{split} に蓄えられた点を報告すべきか判定する．
4. **else** (∗ x への経路をたどり，その経路の右にある部分木の点を報告する．∗)
5. $v \leftarrow lc(v_{\text{split}})$
6.   **while** v は葉節点ではない
7.   **do if** $x \leqslant x_v$
8.   **then** ReportSubtree($rc(v)$)
9. $v \leftarrow lc(v)$
10.   **else** $v \leftarrow rc(v)$
11.   葉節点 v に蓄えられた点を報告すべきかどうかを判定する．
12.   同様に，x' への経路をたどり，その経路の左にある部分木の点を報告し，その経路の先端にある葉節点に蓄えられた点を報告すべきかどうか判定する．

まず，上記のアルゴリズムの正しさを証明しよう．

補題 5.1 アルゴリズム 1DRangeQuery は，質問範囲にある点を正確に報告する．

証明 まず最初に，報告される点 p はいずれも質問範囲にあることを示そう．p が x または x' への探索経路の先端にある葉節点に蓄えられているなら，p が質問範囲に入っているかどうかは確かに判定している．それ以外の場合，p は ReportSubtree を呼び出したときに報告される．いま，この呼出しが x への経路をたどっているときになされたものと仮定しよう．すなわち，経路上の節点 v において ReportSubtree($rc(v)$) を呼び出したときに p が報告されたものとする．v_{split} の左部分木には，v と，したがって $rc(v)$ も含まれているから，$p \leq x_{v_{\text{split}}}$ である．x' の探索経路は v_{split} で右に折れるから，$p < x'$ であることが分かる．一方，x の探索経路は v で左に曲がり，p は v の右部分木にあるから，$x < p$ である．したがって，$p \in [x:x']$ であることが分かる．x' への経路をたどるときに報告される点 p が指定範囲に含まれることの証明も同様である．

　まだ証明していないことは，指定範囲にあるどんな点 p も必ず報告されることである．μ を p が蓄えられている葉節点とし，問合せアルゴリズムが訪問する μ の最も下の先祖を v とする．このとき，$v = \mu$ であると言える．すなわち，p は報告されていることになる．背理法で証明す

るために，$\nu \neq \mu$ と仮定しよう．すると，REPORTSUBTREE の呼出しで ν が訪問されることはないことに注意しよう．というのは，そのような節点の子孫はすべて訪問されるからである．したがって，ν は x への探索経路上にあるか，x' への探索経路上にあるか，または両方の経路上にある．これらの場合はどれも同様であるから，ここでは 3 番目の場合だけを考える．まず，μ が ν の左部分木にあると仮定しよう．すると，x の探索経路は ν で右に折れる（そうでなければ，ν は訪問した節点の中の最も下にある先祖でなくなってしまうからである）．しかし，そうすると $p < x$ となる．同様に，μ が ν の右部分木にあるなら，x' の探索経路は ν で左に折れ，$p > x'$ ということになる．どちらの場合も，p が指定範囲にあるという仮定に矛盾する． □

次に，上記のデータ構造の効率に眼を向けよう．平衡 2 分探索木であるから，記憶領域は $O(n)$ であり，$O(n \log n)$ の時間で構成できる．では，問合せ時間はどうだろうか．最悪の場合，すべての点が質問範囲に入っている．その場合，問合せ時間は $\Theta(n)$ ということになるが，これでは悪そうである．実際，$\Theta(n)$ という問合せ時間を達成するためには複雑なデータ構造は必要ない．単にすべての点について質問範囲に入っているかどうかを判定すれば同じ結果になるからである．一方，すべての点を報告しなければならないとすれば，$\Theta(n)$ という問合せ時間は避けられない．そこで，問合せ時間をもっと洗練された形で解析してみよう．その洗練された解析というのは，集合 P の点数 n だけでなく，報告すべき点の個数 k も考慮に入れるというものである．つまり，問合せアルゴリズムは**出力サイズに敏感** (output-sensitive) であることを示す．この概念はすでに第 2 章で見たものである．

REPORTSUBTREE の呼出しでかかる時間は，報告される点数に関して線形であることに注意しよう．したがって，このような呼出しでかかる時間は，全体で $O(k)$ である．これ以外に訪問する節点は，x や x' の探索経路上の節点である．$\mathcal{T}$ は平衡木であるから，これらの経路の長さは $O(\log n)$ である．各節点でかかる時間は $O(1)$ であるから，これらの節点でかかる時間は全体で $O(\log n)$ である．したがって，問合せ時間は $O(\log n + k)$ ということになる．

次の定理は 1 次元領域探索に対する結果をまとめたものである．

定理 5.2 P を 1 次元空間の n 点の集合とする．質問範囲にある点を $O(k + \log n)$ 時間で報告することができるように，集合 P を $O(n)$ の記憶領域と $O(n \log n)$ の構成時間を用いて平衡 2 分探索木に蓄えることができる．ただし，k は報告される点数である．

第 5.1 節
1 次元領域探索

5.2 *kd*-木

では，2次元の長方形領域探索問題に移ろう．P を平面上の n 点集合とする．本節を通じて，P のどの2点についても x 座標値も y 座標値も等しくないと仮定する．この制限はあまり現実的ではない．特に，点が従業員を表しており，座標値が給料や子供の数のようなものであるときは特に現実的ではない．幸運にも，この制限は5.5節で述べる優れた仕掛けだけを用いると克服できる．

P に関する2次元長方形領域問合せでは，質問長方形 $[x:x'] \times [y:y']$ の内部にある P の点を求める．点 $p := (p_x, p_y)$ がこの長方形の内部に含まれるための必要十分条件は，

$$p_x \in [x:x'] \qquad \text{かつ} \qquad p_y \in [y:y']$$

が成り立つことである．したがって，2次元長方形領域問合せは，点の x 座標値と y 座標値それぞれに関する2つの1次元部分問合せから構成されると言うこともできる．

　前節では，1次元範囲問合せのためのデータ構造を考えた．このデータ構造—単なる2分探索木—をどのように一般化すれば，2次元の領域問合せに使えるだろうか．2分探索木を次のように再帰的に定義してみよう．（1次元の）点集合はほぼ等しいサイズの2つの部分集合に分割される．ただし，一方の部分集合は分割値以下の点を含み，他方の部分集合は分割値より大きい点を含む．この分割値を根に蓄え，2つの部分集合は再帰的に2つの部分木に蓄える．

　2次元の場合，各点は重要な2つの値をもっている．すなわち，x 座標値と y 座標値である．したがって，最初に x 座標値に関して分割し，次に y 座標値に関して分割する．さらに，再び x 座標値に関して分割する，という操作を続ける．より厳密に言うと，このプロセスは次のとおりである．根において集合 P を垂直線 ℓ によってほぼ等しいサイズの2つの部分集合に分割する．この分割線を根に蓄える．この分割線より左かまたはその上にある点の部分集合 P_{left} を左部分木に蓄え，その右にある点の部分集合 P_{right} を右部分木に蓄える．根の左の子では，P_{left} を水平線で2つの部分集合に分割する：その水平線より下かその上にある点を左の子の左部分木に蓄え，それより上の点を右部分木に蓄える．左の子自身はこの分割線を蓄える．同様に，集合 P_{right} を，水平線で2つの部分集合に分割し，それを右の子の左右の部分木に蓄える．根の孫節点では，再び垂直線で分割する．一般に，深さが偶数の節点では垂直線で分割し，奇数の深さにある節点では水平線で分割する．図5.3は，どのように分割を行い，対応する2分木はどのようになるかを示したものである．このような木を ***kd*-木** (*kd*-tree) と呼ぶ．もともと，この名前は k 次元木

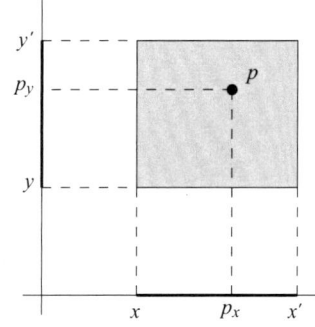

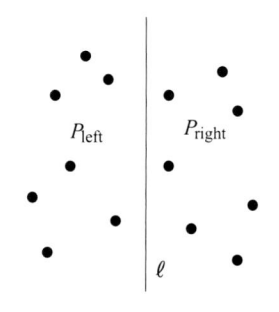

(k-dimensional tree) を表していた．だから，上に述べた木は $2d$-木ということになる．今日では，元の意味は失われ，$2d$-木と呼ばれていたものは 2 次元 kd-木と呼ばれる．

第 5.2 節
kd-木

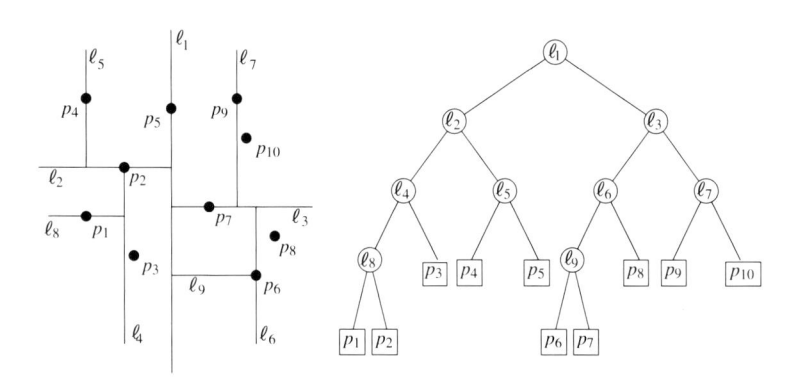

図 5.3
kd-木：左は平面の分割の仕方を，右は対応する 2 分木を示す

kd-木は下に述べる再帰的な手続きで構成することができる．この手続きには 2 つのパラメータがある：点集合と 1 つの整数である．最初のパラメータは，kd-木の対象となる集合である．最初，これは集合 P である．2 番目のパラメータは再帰の深さである．つまり，再帰呼出しによって構成される部分木の根の深さである．この深さパラメータは最初の呼出しでは 0 である．この深さが重要なのは，上に説明したように，それによって垂直線で分割するか，水平線で分割するかが決まるからである．この手続きは，kd-木の根を返す．

アルゴリズム BUILDKDTREE(P, $depth$)

入力：点集合 P と現在の深さ $depth$．

出力：P を蓄える kd-木の根．

1. **if** P が 1 点しか含まない
2.   **then return** その点を蓄えている葉節点
3.   **else if** 深さ $depth$ は偶数である
4.   **then** P の点の x 座標値の中央値を通る垂直線 ℓ で P を 2 つの部分集合に分割する．P_1 を ℓ の左または ℓ 上にある点の集合とし，P_2 を ℓ の右にある点の集合とする．
5.   **else** P の点の y 座標値の中央値を通る水平線 ℓ で P を 2 つの部分集合に分割する．P_1 を ℓ の下または ℓ 上にある点の集合とし，P_2 を ℓ より上にある点の集合とする．
6. $v_{\text{left}} \leftarrow$ BUILDKDTREE(P_1, $depth+1$)
7. $v_{\text{right}} \leftarrow$ BUILDKDTREE(P_2, $depth+1$)
8. ℓ を蓄えている節点 v を作り，v_{left} を v の左の子とし，v_{right} を v の右の子とする．
9.   **return** v

このアルゴリズムでは，分割線上の点—x または y 座標値の中央値を決め

るもの—は分割線の左または下にある部分集合に属するものと仮定している．これがうまくいくためには，n 個の数の集合の中央値は $\lfloor n/2 \rfloor$ 番目に小さい数として定義されなければならない．これは，2つの値の中央値は小さい方であることを意味しており，これによって，このアルゴリズムが停止することが保証される．

　問合せアルゴリズムに移る前に，2次元の kd-木を構成する時間を解析しよう．毎回の再帰呼出しで実行される最も時間がかかるステップは，分割線を求める部分である．そのためには，深さが偶数か奇数かによって，x 座標値の中央値か y 座標値の中央値を求めることが必要になる．中央値は線形時間で求められる．しかしながら，線形時間で中央値を求めるアルゴリズムはかなり複雑である．もっとよい方法として，点集合を前もって x 座標値または y 座標値に関してソートしておくというものがある．パラメータ集合 P は，x 座標値に関するソート列と y 座標値に関するソート列からなる2つのソート列の形で手続きに渡される．2つのソート列が与えられたとき，x 座標値の中央値（深さが偶数のとき）や y 座標値の中央値（深さが奇数のとき）を線形時間で求めるのは容易である．また，与えられたソート列から2つの再帰呼出しに対するソート列を線形時間で構成するのも簡単である．したがって，構成時間 $T(n)$ は次の漸化式を満たす．

$$T(n) = \begin{cases} O(1), & n=1 \text{ のとき} \\ O(n) + 2T(\lceil n/2 \rceil), & n>1 \text{ のとき} \end{cases}$$

これを解くと $O(n \log n)$ となる．この上界は，x 座標値と y 座標値に関して点をあらかじめソートするのにかかる時間を含んでいる．

　記憶領域の上界を求めるために，kd-木の各葉節点は P の異なる点を蓄えていることに注意しよう．よって，葉節点は $O(n)$ 個ある．kd-木は2分木であり，すべての葉節点と内部節点では $O(1)$ の記憶領域しか使わないから，全体の記憶領域は $O(n)$ となる．これより次の補題を得る．

補題 5.3 n 点集合に対する kd-木は，$O(n)$ の記憶領域と $O(n \log n)$ の時間で構成できる．

　では，問合せアルゴリズムに眼を向けよう．根に蓄えられた分割線は平面を2つの半平面に分割する．左半平面にある点は左の部分木に蓄えられ，右半平面にある点は右部分木に蓄えられる．ある意味で，根の左の子は左半平面に対応し，右の子は右半平面に対応している．（BUILDKDTREE では，分割線上の点は左の部分集合に属するものとみなしたが，これは，左半平面は閉じているが右半平面は左に開いていると見なすことと等しい．）kd-木の他の節点も，それぞれ平面のある領域に対応している．たとえば，根の左の子の左の子は，根に蓄えられた分割線を右の境界とし，根の左の子に蓄えられた分割線を上の境界とする領域に対応している．一般に，節点 v に対応する領域は，1つ以上の側辺が無

限遠にあってもよいような長方形である．その境界となる直線は，v の先祖に蓄えられた分割線である—図 5.4 参照．節点 v に対応する領域を

第 5.2 節
*kd-*木

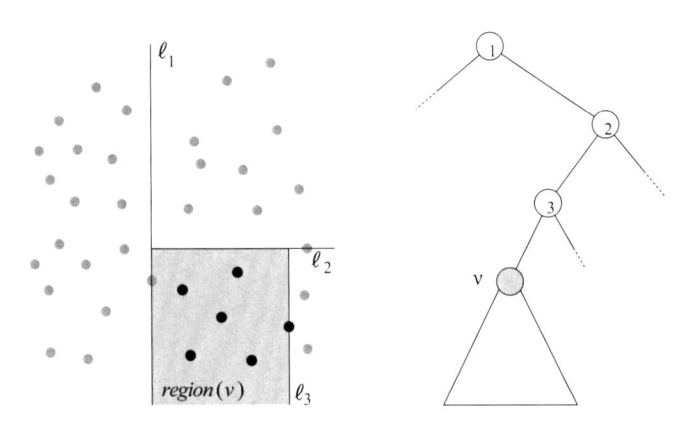

図 5.4
*kd-*木の節点と平面上の領域との対応関係

region(v) と表す．*kd-*木の根の領域は，単に全平面である．ある点が節点 v を根とする部分木に蓄えられるのは，それが *region*(v) にあるときであり，かつそのときだけであることに注意しておこう．たとえば，図 5.4 の節点 v の部分木は，黒の小点として示された点を蓄えている．したがって，v を根とする部分木を探索しなければならなくなるのは，質問長方形が *region*(v) と共通部分をもつときだけである．この観察より，次の問合せアルゴリズムが得られる．すなわち，*kd-*木をたどっていくわけであるが，対応する領域が質問長方形と共通部分をもつときだけ，節点を訪問するというものである．ある領域が質問長方形に完全に含まれているとき，その部分木に蓄えられている点をすべて報告すればよい．そうでなくて，葉節点まで探索を行った場合には，その葉節点に蓄えられた点が質問領域に含まれているかどうかを判定し，もし含まれているなら，報告しなければならない．図 5.5 は問合せアルゴリズムを説明したものである．（図 5.5 の *kd-*木はアルゴリズム BUILDKDTREE で構成したものではないことに注意しよう．すなわち，必ずしも分割値として中央値が選ばれているわけではないからである．）灰色の長方形に関する問合せが与えられたときに訪問する節点が灰色で示されている．星の印をつけた節点は，質問長方形に完全に含まれる領域に対応している．同図において，この長方形領域は濃い灰色で示されている．したがって，この節点を根とする濃い灰色で網掛けされた部分木をたどり，そこに蓄えられているすべての点を報告する．これ以外に訪問される葉節点は，質問長方形の内部とその一部が重なる領域に対応している．よって，それらの葉節点に蓄えられた点については，灰色の領域に入っているかどうかを判定しなければならない．この結果，点 p_6 と p_{11} は報告されるが，p_3, p_{12}, p_{13} は報告されない．問合せアルゴリズムは，*kd-*木の根と質問領域 R を引数とする再帰的な手続きとして，次のように表現できる．そこでは，節点 v を根とする部分木をたどり，その葉節点に蓄えられたすべての点を報告するサブルーティン REPORTSUBTREE(v) を用いる．下のアルゴリズム

第 5 章
直交領域探索

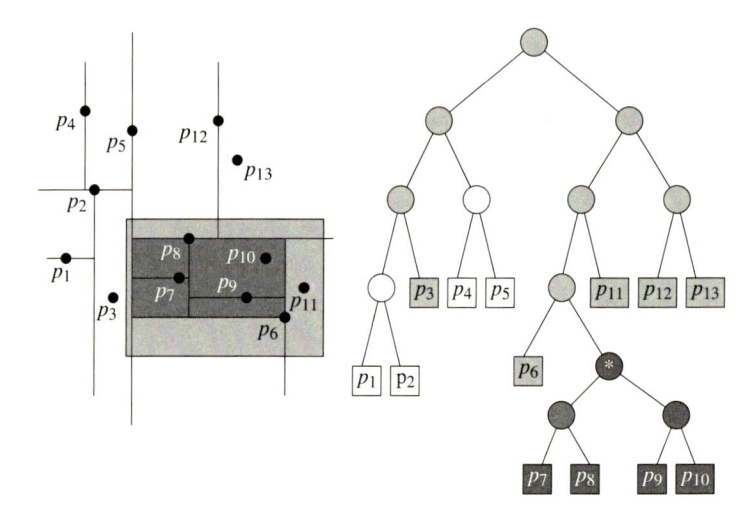

図 5.5
kd-木上での問合せ

において，$lc(v)$ と $rc(v)$ はそれぞれ節点 v の左右の子を表している．

アルゴリズム SEARCHKDTREE(v,R)
入力：kd-木の（部分木の）根と領域 R．
出力：この範囲に入っている v の下にある葉節点に蓄えられたすべての点．

1. **if** v が葉節点である
2.   **then** v に蓄えられた点を調べて，それが R の内部にあれば報告する．
3.   **else if** $region(lc(v))$ が R に完全に含まれている
4.   **then** REPORTSUBTREE($lc(v)$)
5.   **else if** $region(lc(v))$ が R と重なりをもつ
6.   **then** SEARCHKDTREE($lc(v),R$)
7.   **if** $region(rc(v))$ が R に完全に含まれている
8.   **then** REPORTSUBTREE($rc(v)$)
9.   **else if** $region(rc(v))$ が R と重なりをもつ
10.   **then** SEARCHKDTREE($rc(v),R$)

問合せアルゴリズムにおける主要な判定は，質問領域 R がある節点 v に対応する領域と重なりをもつかどうかの判定である．この判定を行えるようにするには，前処理のフェーズですべての節点 v に対して $region(v)$ を計算し，それを蓄えておけばよいが，必ずしもそうする必要はない．内部節点に蓄えられた分割線を用いると，再帰呼出しを通してその時点での領域を管理することができる．たとえば，深さが偶数である節点 v の左の子に対応する領域は，$region(v)$ を用いると次のように計算できる．

$$region(lc(v)) = region(v) \cap \ell(v)^{\text{left}}$$

ここで，$\ell(v)$ は v に蓄えられた分割線であり，$\ell(v)^{\text{left}}$ は $\ell(v)$ を含んでその左にある半平面である．

上記の問合せアルゴリズムでは，質問領域 R が長方形であることを仮

定していないことに注目してほしい．実際，このアルゴリズムは他のどのような質問領域についても正しく動作する．

では，長方形領域に関する問合せに要する時間を解析しよう．

補題 5.4 n 点を蓄えた kd-木上での軸平行な長方形に関する問合せは $O(\sqrt{n}+k)$ の時間で実行できる．ただし，k は報告される点の個数である．

証明 まず最初に，部分木をたどり，その葉節点に蓄えられた点を報告するのに要する時間は，報告される点の個数に関して線形であることに注目する．したがって，4 行目と 8 行目で部分木をたどるのに必要な時間の合計は $O(k)$ である．ただし，k は報告される点の個数である．残っているのは，問合せアルゴリズムが訪問する節点のうち，たどられる部分木に含まれないものの個数の上界を求めることである．（図 5.5 では薄い灰色に網掛けされた節点として示されている．）そのような各節点 v に対して，質問領域は $region(v)$ と真に交差する．すなわち，$region(v)$ と重なりをもつが質問領域に完全に含まれるわけではない．言い換えると，質問領域の境界が $region(v)$ と交差する．そのような節点の個数を解析するために，任意の垂直線と交わる領域の個数の上界を求めよう．これが分かると，質問長方形の左右の辺と交わる領域の個数の上界が得られる．質問領域の上下の辺と交差する領域の個数に関する上界も同様に得られる．

ℓ を垂直線とし，$\mathcal{T}$ を kd-木とする．また，$\ell(root(\mathcal{T}))$ を kd-木の根に蓄えられた分割線とする．直線 ℓ は，$\ell(root(\mathcal{T}))$ の左にある領域と交わるか，あるいは $\ell(root(\mathcal{T}))$ の右にある領域と交わるが，両方と交わることはない．この観察により，n 点集合を蓄えている kd-木の領域で交わるものの個数 $Q(n)$ は，$Q(n) = 1 + Q(n/2)$ という漸化式を満たすだろうと予想される．しかし，そうではない．なぜなら，分割線は根の子では水平だからである．このことから，たとえば，直線 ℓ が $region(lc(root(\mathcal{T}))$ と交わるなら，これは $lc(root(\mathcal{T}))$ の両方の子に対応する領域と必ず交わることが分かる．したがって，再帰的な状況は元の状況と同じではないので，上の漸化式は正しくないことになる．この問題を克服するためには，この再帰的な状況が元の状況とまったく同じになるようにしなければならない．部分木の根は垂直な分割線を含んでいる．そこで，$Q(n)$ の定義を改めて，n 点を蓄える kd-木の節点の中で，その節点が垂直分割線をもち，対応する領域が ℓ と交差するものの個数として再定義する．$Q(n)$ に対する漸化式を書こうとすると，今度は木を 2 段階降りなければならない．木において深さ 2 だけ下がった所にある 4 節点はそれぞれ $n/4$ 個の点を含む領域に対応している．（厳密に言うと，1 つの領域は高々 $\lceil\lceil n/2 \rceil/2\rceil = \lceil n/4 \rceil$ 個の点しか含まないが，漸近的には下の漸化式の結果に影響を及ぼすことはない．）これら 4 節点のうちの 2 つは ℓ と交わる領

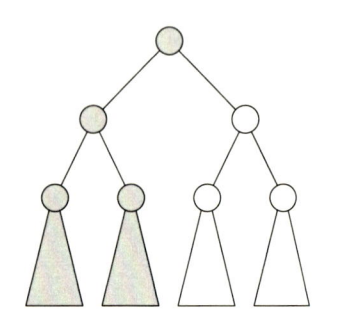

域に対応しているので，これらの部分木において ℓ と交差する領域数を再帰的にカウントしなければならない．さらに，ℓ は根とその一方の子の領域と交差する．したがって，$Q(n)$ は次の漸化式を満たす．

$$Q(n) = \begin{cases} O(1), & n=1 \text{ のとき} \\ 2 + 2Q(n/4), & n>1 \text{ のとき} \end{cases}$$

この漸化式を解くと $Q(n) = O(\sqrt{n})$ を得る．つまり，任意の垂直線は kd-木において $O(\sqrt{n})$ 個の領域と交差する．同様に，水平線と交差する領域数が $O(\sqrt{n})$ であることを証明することができる．したがって，長方形質問領域の境界と交差する領域の個数も $O(\sqrt{n})$ によって上から抑えられる． □

上で説明した問合せ時間の解析はいくぶん悲観的である．質問長方形の1辺と交差する領域の個数を，その辺を通る直線と交差する領域の個数によって抑えたからである．多くの実際的な状況では，質問領域は小さいだろう．したがって，辺も短いので，ずっと少ない領域としか交差しないだろう．たとえば，$[x:x] \times [y:y]$ という範囲について問い合わせる——この問合せは，点 (x,y) が集合に含まれるかどうかを尋ねているのと実質的に同じである——とき，問合せ時間は $O(\log n)$ で抑えられる．

kd-木の効率をまとめたのが次の定理である．

定理 5.5 平面上の n 点集合 P に対する kd-木の記憶領域は $O(n)$ であり，$O(n \log n)$ 時間で構成できる．kd-木上での長方形領域問合せは，報告される点の個数を k として，$O(\sqrt{n} + k)$ の時間でできる．

kd-木は，3次元以上の高次元空間の点集合に対しても使える．構成アルゴリズムは平面の場合とよく似ている．すなわち，根では x_1 軸に垂直な超平面によってほぼ同じサイズの2つの部分集合に点集合を分割する．つまり，根では第1座標値に基づいて点集合を分割する．根の子では，2番目の座標値に関して分割を行い，深さ2の節点では3番目の座標値に関して分割を行う．これを最後の座標値に関する分割を行って深さ $d-1$ の節点に至るまで続ける．深さ d で最初からやり直し，最初の座標値に関する分割を行う．1点しか残らなくなったときに，この再帰を終え，その点を葉節点に蓄える．n 点集合に対する d 次元 kd-木は n 個の葉節点をもつ2分木であるから，その記憶領域は $O(n)$ である．構成時間は $O(n \log n)$ である．（いつものように d は定数であると仮定している．）

d 次元 kd-木の節点は，平面の場合と同様に領域に対応している．問合せアルゴリズムは，対応する領域が質問領域と部分的に交差するような節点を訪問し，対応する領域が質問領域に完全に含まれる節点を根とする部分木を（その葉節点に蓄えられた点を報告するために）たどる．この問合せ時間の上界は $O(n^{1-1/d} + k)$ であると示すことができる．

5.3 領域木

前節で説明した kd-木の場合,問合せ時間は $O(\sqrt{n}+k)$ であったから,報告される点数が少ないときは,この問合せ時間は比較的長いと言える.本節では,長方形領域探索を行う別のデータ構造として,$O(\log^2 n + k)$ というもっとよい問合せ時間を達成する**領域木** (range tree) について説明する.この改善の代価として,kd-木では $O(n)$ の記憶領域で十分だったのが,領域木では $O(n \log n)$ という記憶領域が必要となる.

以前に見たように,2 次元領域問合せは,本質的に 2 つの 1 次元部分問合せからなる.1 つは点の x 座標値に関するものであり,他方は y 座標値に関するものである.これが与えられた点集合を x 座標値と y 座標値に関して交互に分割するという考え方につながり,kd-木が得られた.領域木を得るためには,この観察を別の形で用いる.

P を長方形領域問合せに対して前処理をしておきたい平面上の n 点集合とする.$[x:x'] \times [y:y']$ を質問領域とする.まず,その x 座標値が質問長方形の x 方向の区間である $[x:x']$ にある点を求め,その後で y 座標値について考える.x 座標値についてしか考えなければ,問合せは 1 次元領域問合せである.5.1 節では,どうすればこのような問合せに答えることができるかを見た.すなわち,点の x 座標値に関する 2 分探索木を用いるというものであった.ここでの問合せアルゴリズムは次のようなものである.探索経路が分かれる節点 v_{split} にたどり着くまで,木の中で x と x' を探索する.v_{split} の左の子から始めて,x を探索し,x の探索経路が左に折れる節点すべてにおいて,v の右部分木のすべての点を報告する.同様に,v_{split} の右の子から x' の探索を続け,x' の探索経路が右へ曲がる節点すべてにおいて,v の左部分木のすべての点を報告する.最後に,これら 2 つの探索経路が終る葉節点 μ と μ' を調べ,それらが指定領域の点を含んでいるかどうかを確かめる.実際,質問長方形の x 区間にその x 座標値が入っているような $O(\log n)$ 個の部分木たちを選ぶ.

節点 v を根とする部分木の葉節点に蓄えられた点の部分集合のことを v の**標準部分集合** (canonical subset) と呼ぶことにする.たとえば,木の根の標準部分集合は全体集合 P である.葉節点の標準部分集合は,単にその葉節点に蓄えられた点である.節点 v の標準部分集合を $P(v)$ と記す.その x 座標値が質問領域に入っているような点の部分集合は,互いに素な $O(\log n)$ 個の標準部分集合の和集合として表現することができることを見たばかりである.それらは,選ばれた部分集合の根である節点 v の集合 $P(v)$ たちである.そのような標準部分集合 $P(v)$ のすべての点に興味があるわけではなく,その y 座標値が区間 $[y:y']$ に入っているようなものを報告したいのである.これは別の 1 次元問合せであるが,$P(v)$ の点の y 座標値に関する 2 分探索木があれば解くことができる.これか

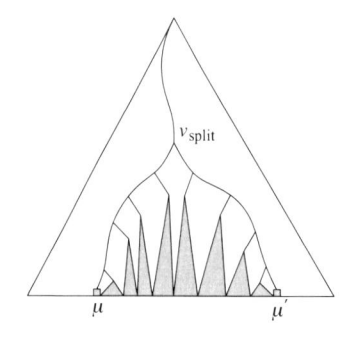

第 5 章
直交領域探索

ら，平面上の n 点集合に関する長方形領域問合せのためのデータ構造として次のようなものが得られる．

- マスター木 (main tree) は，P の点の x 座標値をキーとする平衡 2 分探索木 $\mathcal{T}$ である．
- $\mathcal{T}$ の任意の内部節点または葉節点 ν に対して，その標準部分集合 ν を，点の y 座標値をキーとする平衡 2 分探索木 $\mathcal{T}_{\text{assoc}}(\nu)$ に蓄える．節点 ν には，$\mathcal{T}_{\text{assoc}}(\nu)$ の根へのポインタを蓄える．これは ν の**付随構造** (associated structure) と呼ばれるものである．

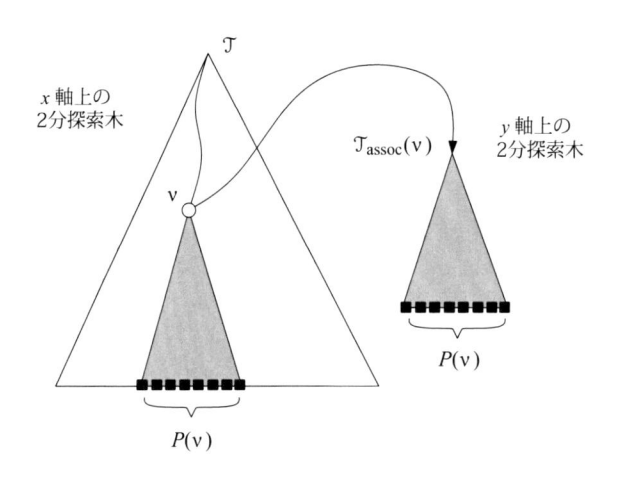

図 5.6
2 次元領域木

このデータ構造を領域木と呼ぶ．図 5.6 に領域木の構造を示している．節点が**付随構造**へのポインタをもっているデータ構造は，**マルチレベルデータ構造** (multi-level data structure) と呼ばれることが多い．このとき，**マスター木** $\mathcal{T}$ は，**第 1 レベル木** (first-level tree) と呼ばれ，**付随構造は第 2 レベル木** (second-level trees) と呼ばれる．マルチレベルデータ構造は計算幾何学で重要な役割を果たす．第 10 章と 16 章でもっと多くの例を見ることになるだろう．

領域木は，x 座標値に関してソートされた点集合 $P := \{p_1, \ldots, p_n\}$ を入力とし，P の 2 次元領域木 $\mathcal{T}$ の根を返す次の再帰アルゴリズムで構成することができる．前節と同様に，どの 2 点も同じ x 座標値も y 座標値ももたないと仮定する．この仮定を取り除くにはどうするかは 5.5 節で考えることにする．

アルゴリズム BUILD2DRANGETREE(P)
入力：平面上の点集合 P．
出力：2 次元領域木の根．
1. 付随構造として，P の点の y 座標値の集合 P_y に関する 2 分探索木 $\mathcal{T}_{\text{assoc}}$ を構成する．$\mathcal{T}_{\text{assoc}}$ の葉節点に，P_y の点の y 座標値だけでなく，その点自身も蓄える．

2. **if** P が 1 点しか含まない
3. **then** この点を蓄える葉節点 v を作り，$\mathcal{T}_{assoc}$ を v の付随構造とする．
4. **else** P を 2 つの部分集合に分割する；一方の部分集合 P_{left} は，x 座標値の中央値 x_{mid} 以下の x 座標値をもつ点を含み，他方の部分集合 P_{right} は，x_{mid} より大きい x 座標値をもつ点を含む．
5. $v_{\text{left}} \leftarrow$ BUILD2DRANGETREE(P_{left})
6. $v_{\text{right}} \leftarrow$ BUILD2DRANGETREE(P_{right})
7. x_{mid} を蓄える節点 v を作り，v_{left} を v の左の子にし，v_{right} を v の右の子にし，$\mathcal{T}_{assoc}$ を v の付随構造にする．
8. **return** v

付随構造の葉節点には点の y 座標値だけでなく，点自身も蓄えられていることに注意しよう．これがなぜ重要かというと，付随構造を探索しているとき，y 座標値だけでなく，点自身を報告しなければならないからである．

補題 5.6 平面上の n 点集合に関する領域木に必要な記憶領域は $O(n \log n)$ である．

証明 P の点 p は，p を含む葉節点に向かう $\mathcal{T}$ 上での経路上の節点の付随構造にしか蓄えられない．したがって，$\mathcal{T}$ の与えられた深さの節点すべてに対して，点 p はちょうど 1 つの付随構造にしか蓄えられない．1 次元領域木は線形の記憶領域を用いるから，$\mathcal{T}$ の任意の 1 つの深さにある節点の付随構造をすべて加えると $O(n)$ の記憶領域を使うことになる．ここで，$\mathcal{T}$ の深さは $O(\log n)$ である．したがって，必要な記憶領域の合計は $O(n \log n)$ で上から抑えられることになる． □

アルゴリズム BUILD2DRANGETREE は，このままでは，$O(n \log n)$ という最適な構成時間を達成することはできない．これを達成するためにはもう少し注意深く考える必要がある．ソートされていない n 個のキーの集合に関する 2 分探索木を構成するには，$O(n \log n)$ の時間がかかる．これより，1 行目で付随構造を構成するのに $O(n \log n)$ 時間かかることになる．しかし，P_y の点が y 座標値に関して前もってソートしてあれば，もっとうまいやり方がある．2 分探索木は，ボトムアップ的に線形時間で構成できる．構成アルゴリズムの実行中，点集合を 2 つのリストで管理しておく．一方は x 座標値に関してソートされた列であり，他方は y 座標値に関してソートされたものである．このようにすると，マスター木 $\mathcal{T}$ の 1 つの節点にかかる時間はその標準部分集合のサイズに関して線形である．このことから，構成にかかる時間は全体で，記憶領域の量と同じ，すなわち $O(n \log n)$ であることが分かる．プリソーティングにかかる時間も $O(n \log n)$ であるから，これを含めても構成に要する時間は $O(n \log n)$

第 5.3 節
領域木

第5章
直交領域探索

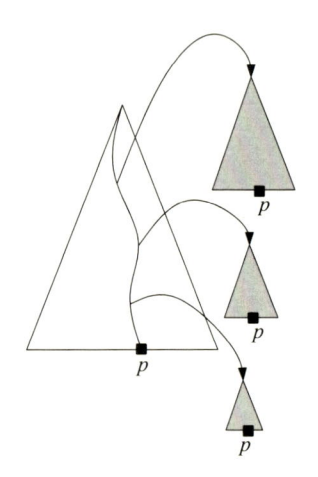

である．

問合せアルゴリズムでは，その x 座標値が $[x:x']$ の範囲に入っている点を含む $O(\log n)$ 個の標準部分集合をまず選ぶ．これには1次元の問合せアルゴリズムを用いればよい．これらの部分集合のうち，その y 座標値が $[y:y']$ の範囲にある点を報告する．これについても1次元問合せアルゴリズムを用いる．ただし，今度は選ばれた標準部分集合を蓄えている付随構造に適用する．したがって，問合せアルゴリズムは，仮想的には1次元問合せアルゴリズム 1DRangeQuery と同じであるが，唯一の違いは，ReportSubtree の呼出しが 1DRangeQuery の呼出しに置き換えられていることである．

アルゴリズム 2DRangeQuery($\mathcal{T}, [x:x'] \times [y:y']$)
入力：2次元領域木 $\mathcal{T}$ と領域 $[x:x'] \times [y:y']$．
出力：この領域にある $\mathcal{T}$ のすべての点．

1. $v_{\text{split}} \leftarrow$ FindSplitNode($\mathcal{T}, x, x'$)
2. **if** v_{split} は葉節点である
3.   **then** v_{split} に蓄えられた点を報告すべきかどうかを調べる．
4.   **else** (∗ x への経路をたどり，その経路の右にある部分木に関して 1DRangeQuery を呼び出す．∗)
5. $v \leftarrow lc(v_{\text{split}})$
6.   **while** v は葉節点でない
7.   **do if** $x \leq x_v$
8.   **then** 1DRangeQuery($\mathcal{T}_{\text{assoc}}(rc(v)), [y:y']$)
9. $v \leftarrow lc(v)$
10.   **else** $v \leftarrow rc(v)$
11. v に蓄えられた点を報告すべきかどうかを調べる．
12.   同様に，$rc(v_{\text{split}})$ から x' に至る経路をたどり，その経路の左にある部分木の付随構造に関して，$[y:y']$ の範囲で 1DRangeQuery を呼び出し，その経路の終端にある葉節点に蓄えられた点を報告すべきかどうかを調べる．

補題 5.7 n 点を蓄えている領域木に対する軸平行な長方形に関する問合せは，$O(\log^2 n + k)$ の時間で処理できる．ただし，k は報告される点数である．

証明 1DRangeQuery．マスター木 $\mathcal{T}$ の各節点 v では，1DRangeQuery を呼び出すかもしれないが，探索経路がどちらに向かうかを判定するのに定数時間しかかからない．定理 5.2 より，この再帰呼出しにかかる時間は，k_v をこの呼出しで報告される点の個数とすると，$O(\log n + k_v)$ である．したがって，必要な時間の合計は

$$\sum_v O(\log n + k_v)$$

となる.ただし,和は訪問するマスター木 $\mathcal{T}$ のすべての点について取るものとする.この和 $\sum_v k_v$ は報告される点の個数 k に等しいことに注意しよう.さらに,マスター木 $\mathcal{T}$ における x と x' の探索経路の長さは $O(\log n)$ であるから,$\sum_v O(\log n) = O(\log^2 n)$ を得る.したがって,補題が成り立つ. □

2次元領域木の効率をまとめたのが次の定理である.

定理 5.8 P を平面上の n 点集合とする.P に対する領域木の記憶領域は $O(n \log n)$ であり,$O(n \log n)$ の時間で構成できる.この領域木に対する問合せによって,長方形質問領域に含まれる点を $O(\log^2 n + k)$ 時間で報告することができる.ただし,k は報告される点の個数である.

定理 5.8 の問合せ時間は,**フラクショナルカスケーディング** (fractional cascading) という技法を用いると $O(\log n + k)$ に改善できる.これについては 5.6 節で説明する.

5.4 高次元領域木

2次元の領域木を高次元の領域木に一般化するのは非常に簡単である.ここでは方法の概略だけを説明する.

P を d 次元空間の点集合とする.点の最初の座標値に関して平衡2分探索木を構成する.第1レベル木,すなわちマスター木の節点 v の標準部分集合 $P(v)$ は,v を根とする部分木の葉節点に蓄えられる点からなる.各節点 v に対して,付随構造 $\mathcal{T}_{assoc}(v)$ を構成する.第2レベル木 $\mathcal{T}_{assoc}(v)$ は,残りの $d-1$ 個の座標値だけを考慮して $P(v)$ の点を $(d-1)$ 次元の領域木の形で蓄えたものである.この $(d-1)$ 次元領域木は,同じ方法で再帰的に構成される.すなわち,2番目の座標値に関する平衡2分探索木を構成し,その各節点に対して,残りの $(d-2)$ 個の座標値だけを考慮して,その部分木の点を $(d-2)$ 次元の領域木の形で蓄えたものである.最後の座標値だけをもつ点だけが残されたとき,再帰は終わり,これらの点は1次元領域木—平衡2分探索木—に蓄えられる.

問合せアルゴリズムは2次元の場合と非常によく似ている.第1レベル木を用いて,その標準部分集合を集めると,その最初の座標値が現在の領域に含まれるような点をすべて含んでいるような $O(\log n)$ 個の節点を求める.これらの標準部分集合に対する問合せは,対応する第2レベル構造に関する領域問合せを実行することによって行う.各第2レベル構造において,$O(\log n)$ 個の標準部分集合を選ぶ.これは,第2レベル構造には全部で $O(\log^2 n)$ 個の標準部分集合が存在することを意味している.全部集めると,その最初と2番目の座標値が正しい範囲に含まれるすべての点を含んでいる.これらの標準部分集合を蓄えている第3レベ

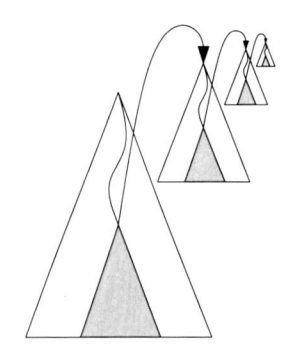

ル構造に対して，第3の座標値に対する範囲の問合せを行う．これを1次元木にたどり着くまで繰り返す．これらの木において，その最後の座標値が正しい範囲に入っている点を見つけ，それらを報告する．以上の方法により，次の結果が得られる．

定理 5.9 P を d 次元空間の n 点集合とする．ただし，$d \geqslant 2$ である．P に対する領域木の記憶領域は $O(n\log^{d-1} n)$ であり，$O(n\log^{d-1} n)$ 時間で構成できる．また，長方形の質問領域に含まれる点を $O(\log^d n + k)$ 時間で報告できる．ただし，k は報告される点の個数である．

証明 $T_d(n)$ により，d 次元空間の n 点集合に関する領域木の構成時間を表すことにする．定理 5.8 により，$T_2(n) = O(n\log n)$ であることが分かっている．d 次元領域木を構成するには，$O(n\log n)$ 時間をかけて平衡2分探索木を作り，付随構造を構成すればよい．第1レベル木の任意の深さにある節点において，各点は正確に1つの付随構造にだけ蓄えられる．ある深さの節点の付随構造をすべて作りあげるのに要する時間は $O(T_{d-1}(n))$ であるが，これは根の付随構造を作り上げるのに必要な時間に等しい．この構成時間は少なくとも線形であるので，このことが成り立つ．したがって，全体の構成時間は次式を満たす．

$$T_d(n) = O(n\log n) + O(\log n) \cdot T_{d-1}(n)$$

$T_2(n) = O(n\log n)$ であるから，この漸化式を解くと，$O(n\log^{d-1} n)$ となる．記憶領域に関する上界も同じようにして得られる．

$Q_d(n)$ により，n 点に関する d 次元領域木に対する問合せで必要になる時間を表すものとしよう．ただし，点の報告に要する時間は考慮しない．d 次元の領域木に対する問合せを行うには，$O(\log n)$ 時間かかる第1レベル木における探索と，対数個数の $(d-1)$ 次元領域木に対する問合せを行う必要がある．したがって，次式を得る．

$$Q_d(n) = O(\log n) + O(\log n) \cdot Q_{d-1}(n)$$

ここで，$Q_2(n) = O(\log^2 n)$ である．この漸化式は容易に解けて，$Q_d(n) = O(\log^d n)$ となる．これに，点を報告するのに必要な時間を加えないといけないが，それは $O(k)$ で抑えられる．これで問合せ時間に関する上界が得られた． □

2次元の場合のように，問合せ時間は，対数の分だけ改善することができる—5.6節参照．

5.5 一般の点集合

ここまでは，どの2点についても x,y 座標値は異なるものと仮定してきたが，これはまったく非現実的である．幸運にも補修は簡単である．座

標値が実数であるとは仮定しなかったが，これが重要である．つまり，2つの座標値を比較することができ，中央値を求めることができるように全順序が定義できさえすればよい．したがって，次に述べるような仕掛けを使うことができる．

実数で定義されている座標値を，いわゆる**複素数空間** (composite-number space) の要素で置き換えることにする．この空間の要素は2つの実数値 a, b の対である．2つの実数値 a, b の**複素数** (composite number) を $(a|b)$ という記号で表す．辞書式順序を用いると，複素数空間での全順序を定義することができる．そこで，2つの複素数 $(a|b)$ と $(a'|b')$ に対して，

$$(a|b) < (a'|b') \Leftrightarrow a < a' \text{ または } (a = a' \text{ かつ } b < b')$$

と定義する．さて，平面上に n 点集合 P が与えられたとしよう．それぞれの点は異なるが，多数の点が同じ x 座標値または y 座標値をもっているかもしれない．ここで，各点 $p := (p_x, p_y)$ を座標値が複素数であるような新たな点 $p' := ((p_x|p_y), (p_y|p_x))$ で置き換える．このようにして，新たな n 点集合 P' を得る．そうすると，どんな2点についても，最初の座標値は必ず異なる．同じことが2番目の座標値についても成り立つ．上のように定義された順序を用いると，P' に対する kd-木と2次元領域木を構成することができる．

では，領域 $R := [x : x'] \times [y : y']$ に含まれる P の点を報告するにはどうすればよいだろう．そのためには，P' に対して構成した木に対して問合せをしなければならない．したがって，質問領域を新しい複素数空間に翻訳して考えないといけないことになる．変換後の領域 $\widehat{R}$ は次のように定義できる．

$$\widehat{R} := [(x|-\infty) : (x'|+\infty)] \times [(y|-\infty) : (y'|+\infty)]$$

最後に，この方法が正しいこと，すなわち $\widehat{R}$ に関する問合せによって報告された P' の点が，R に含まれる P の点に正確に対応していることを証明しよう．

補題 5.10 p を点とし，R を長方形領域とする．このとき，次の関係が成り立つ．

$$p \in R \Leftrightarrow \hat{p} \in \widehat{R}$$

証明 $R := [x : x'] \times [y : y']$ および $p := (p_x, p_y)$ とする．定義より，p が R の内部に含まれるための必要十分条件は $x \leq p_x \leq x'$ かつ $y \leq p_y \leq y'$ が成り立つことである．これが成り立つための必要十分条件は $(x|-\infty) \leq (p_x|p_y) \leq (x'|+\infty)$ かつ $(y|-\infty) \leq (p_y|p_x) \leq (y'|+\infty)$ が成り立つことである．すなわち，$\hat{p}$ が $\widehat{R}$ に含まれることであることは容易に分かる． □

第 5.5 節
一般の点集合

結論として，上に述べた方法は正しいと言うことができる．すなわち，問合せに対して正しい答が得られる．実際には変換された点を蓄えておく必要はないことに注意しよう．元の点さえ蓄えておけば，それらの x 座標値，または y 座標値を比較することで，複素数空間での比較が行えるからである．

この複素数を用いる方法は高次元でも使うことができる．

5.6* フラクショナルカスケーディング

5.3 節で平面上の長方形領域問合せに対するデータ構造として，$O(\log^2 n + k)$ という問合せ時間をもつ領域木について述べた．（ここで，n はデータ構造に蓄えられている点の個数であり，k は報告される点の個数である．）本節では，問合せ時間を $O(\log n + k)$ に削減する技法である**フラクショナルカスケーディング**（断片的直列接続法，fractional cascading）について述べる．

まず，領域木の動作を簡単に思い出してみよう．平面上の点集合 P に対する領域木とは，2 レベルのデータ構造である．マスター木は，点の x 座標値に関する 2 分探索木である．マスター木の各節点 v は付随構造 $\mathcal{T}_{\text{assoc}}(v)$ をもっているが，ここには v の標準部分集合である $P(v)$ の点を y 座標値に関する 2 分探索木の形で蓄えている．長方形領域 $[x : x'] \times [y : y']$ に関する問合せは，次のように実行される．まず，マスター木において，その標準部分集合を合わせると $[x : x']$ の範囲にある点を含むようになる $O(\log n)$ 個の節点を求める．次に，これらの節点の付随構造に対して，$[y : y']$ という範囲についての問合せを行う．付随構造 $\mathcal{T}_{\text{assoc}}(v)$ に対する問合せは 1 次元の領域探索であるから，$O(\log n + k_v)$ 時間でできる．ただし，k_v は報告される点の個数である．したがって，全体の問合せ時間は $O(\log^2 n + k)$ である．

もし付随構造における探索を $O(1 + k_v)$ 時間で行うことができれば，全体の問合せ時間は $O(\log n + k)$ に減る．しかし，どうすればそれが可能になるだろうか．一般的には，1 次元領域問合せに対して，その答のサイズを k としたとき，$O(1 + k)$ 時間で答えることは不可能である．しかし，うれしいことに，**多数の** 1 次元探索が**同じ範囲**に関するものであれば，ある探索の結果を他の探索のときに利用して高速化を図ることができる．

最初に単純な例を用いてフラクショナルカスケーディングの考え方を説明しよう．S_1 と S_2 を 2 つの集合とし，それぞれの要素は実数のキーをもっているものとする．これらの集合を配列 A_1 と A_2 にソート順に蓄えておく．いま，S_1 と S_2 の要素の中で，そのキーの値が質問区間 $[y : y']$ に含まれるものをすべて報告したいとする．これは次のように処理できる．すなわち，配列 A_1 上で y に関して 2 分探索を行って，y 以上の最小の

キーを見つければよい．そこから，配列の中を順次右に見ていき，y' より大きいキーに出会うまで配列の要素を報告していけばよい．S_2 の要素についても同様に報告できる．報告される要素の個数が合計 k なら，問合せ時間は $O(k)$ に 2 回の 2 分探索に要した時間を加えたものということになる．ただし，1 回は A_1 上での 2 分探索であり，もう 1 回は A_2 上でのものである．しかしながら，S_2 の要素のキーが S_1 の要素のキーの部分集合になっているなら，次のようにして 2 回目の 2 分探索を避けることができる．配列 A_1 の各項目から A_2 へのポインタを付加するのである．$A_1[i]$ に y_i をキーとする要素が蓄えられているとき，y_i 以上の要素の中で最小のキーをもつ A_2 の要素へのポインタを $A_1[i]$ に蓄える．もしそのようなキーがなければ，$A_1[i]$ からのポインタは **nil** とする．これを説明したのが図 5.7 である．（この図ではキーだけが示されており，対応する要素は含まれていないことに注意．）

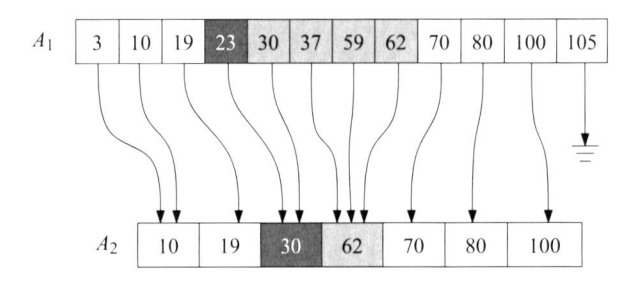

第 5.6*節
フラクショナルカスケーディング

図 5.7
ポインタを付加することによる探索の高速化

では，この構造をどのように使えば，S_1 と S_2 の要素の中で質問区間 $[y:y']$ に含まれるキーをもつものを報告することができるだろうか．S_1 の要素の報告については以前と同じである．すなわち，A_1 上で y に関して 2 分探索を行い，y' より大きなキーに出会うまで A_1 上を右に順次見ていく．S_2 の要素を報告するときは次のようにする．A_1 上での y に関する探索が $A[i]$ で終ったとしよう．したがって，$A[i]$ のキーは，S_1 の中のキーのうち，y 以上のものの中で最小である．S_2 のキーの集合は S_1 のキーの集合の部分集合であるから，このことより $A[i]$ からのポインタは，y 以上のものの中で最小のキーをもつ S_2 の要素を指しているはずである．そこで，このポインタをたどって，そこから A_2 上を右に見ていけばよい．このようにして，A_2 上での 2 分探索を省略することができるから，S_2 の要素を報告するのに要する時間は $O(1+k)$ で済む．ただし，k は報告される答の個数である．

図 5.7 は問合せの例を示している．たとえば，$[20:65]$ に関する問合せをしてみよう．まず，A_1 上での 2 分探索により，20 以上のキーの中の最小値である 23 を求める．そこから順次右に見ていき，65 より大きいキーに出会ったら止まる．それまでに通り過ぎた要素は，上の区間に含まれるキーをもっているので，それらを報告する．次に，23 から A_2 へのポインタをたどってキー 30 に行くが，これは A_2 の中で 20 以上のキーの中の最小値である．そこから 65 より大きなキーに出会うまで右に見て

いき，キー値が上の区間に含まれる S_2 の要素を報告する．

では，領域木に話を戻そう．ここで重要なのは，標準部分集合 $P(lc(v))$ と $P(rc(v))$ が両方とも $P(v)$ の部分集合だという事実である．その結果，同じ考え方で問合せ時間の高速化を図ることができる．詳細はもう少し複雑である．というのは，高速なアクセスが必要になる $P(v)$ の部分集合が，今度は 1 つではなく 2 つあるからである．$\mathcal{T}$ を平面上の n 点集合 P に関する領域木とする．各標準部分集合 $P(v)$ が付随構造に蓄えられている．しかし，付随構造として 2 分探索木を用いるのではなく，5.3 節のように，配列 $A(v)$ に蓄える．この配列は，点の y 座標値に関してソートされている．さらに，配列 $A(v)$ の各要素では 2 つのポインタを蓄えている．1 つは $A(lc(v))$ へのものであり，他方は $A(rc(v))$ へのものである．もっと厳密に言うと，次のポインタを加える．$A(v)[i]$ に点 p が蓄えられているとする．そのとき，$A(v)[i]$ から $A(lc(v))$ の要素で，そこに蓄えられた点 p' の y 座標値が p_y 以上のものの中で最小であるような要素へのポインタを蓄える．以前にも述べたように，$P(lc(v))$ は $P(v)$ の部分集合である．したがって，もし p が $P(v)$ の任意の点の y 座標値以上のものの中の最小の y 座標値をもつなら，p' は $P(lc(v))$ の任意の点の y 座標値以上のものの中の最小の y 座標値をもつことになる．$A(rc(v))$ へのポインタも同様に定義される．このポインタが指し示す要素は，そこに蓄えられた点の y 座標値が，p_y 以上であるものの中で最小であるようなものである．

このように修正された領域木を**層状領域木** (layered range tree) と呼ぶ．図 5.8 と 5.9 に例を示す．（配列が置かれている場所は，それらの関連する木の節点の場所に対応している．最も上の配列は根に付随するものであり，その下の左の配列は根の左の子に付随するものである，等々．図にはすべてのポインタが示されているわけではない．）

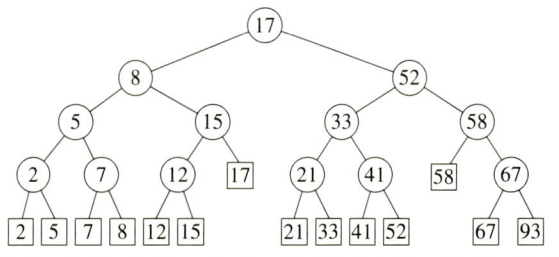

図 5.8
層状領域木のマスター木：葉節点には x 座標値だけが示されている．下に示したのは，葉節点に蓄えられた点である

層状領域木において，領域 $[x:x'] \times [y:y']$ に関する問合せにどのように答えるかを見てみよう．先と同じように，マスター木 $\mathcal{T}$ において x と x' を探索し，その標準部分集合を合わせると $[x:x']$ の区間にある x 座標値をもつ点を含むような $O(\log n)$ 個の節点を求める．これらの節点は，次のようにすれば求まる．v_{split} を 2 つの探索経路の分岐節点とする．ここ

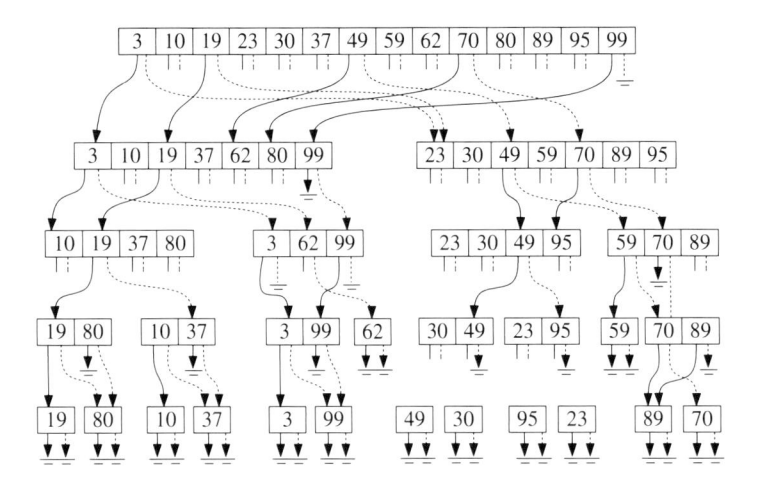

第 5.6*節
フラクショナルカスケーディング

図 5.9
マスター木の節点に付随する配列：標準部分集合の点が y 座標値のソート順に蓄えられている（ただし，ポインタは示されていない）

で探している節点は，v_{split} の下にあって，x への探索経路上で左に折れるところの節点の右の子か，または x' への探索経路上で右に折れるところの節点の左の子である．v_{split} において，その y 座標値が y 以上であるものの中で最小であるような $A(v_{\mathrm{split}})$ の要素を求める．これは 2 分探索により $O(\log n)$ 時間でできる．マスター木においてさらに x と x' を探索している間，付随する配列の中で，その y 座標値が y 以上であるものの中で最小であるものをもっておく．配列に蓄えられたポインタをたどることにより，その管理は定数時間でできる．さて，v を選ばれた $O(\log n)$ 個の節点のうちの 1 つとする．報告しなければらないのは，$A(v)$ に蓄えられた点の中で，その y 座標値が区間 $[y:y']$ にあるものである．そのためには，y 以上のものの中で最小の y 座標値をもつ点を見つけることができればよい．そこから配列を順に見ていって，その y 座標値が y' 以下であれば，その点を報告すればよいからである．$parent(v)$ は探索経路上にあり，y 以上のものの中で最小の y 座標値をもつ点を保持しているから，この点は定数時間で見つけられる．したがって，その y 座標値が $[y:y']$ の範囲にある $A(v)$ の点を $O(1+k_v)$ 時間で報告することができる．ただし，k_v は節点 v において報告される答の個数である．そうすると，問合せ時間は全体で $O(\log n + k)$ となる．

フラクショナルカスケーディングは高次元の領域木の問合せ時間についても対数分だけ改善する．d 次元領域問合せに対する解法では，まずその d 番目の座標値が正しい範囲にある $O(\log n)$ 個の点とその標準部分集合を選び，それらの標準部分集合について $(d-1)$ 次元の問合せ問題を解けばよかった．同じ方法で $(d-1)$ 次元の問合せ問題を再帰的に解く．これを 2 次元問合せ問題になるまで繰り返し，これを上に述べた方法が解けばよい．したがって，次の定理を得る．

定理 5.11 P を d 次元空間の n 点集合とする．ただし，$d \geqslant 2$ である．P に対する層状領域木の記憶領域は $O(n \log^{d-1} n)$ であり，$O(n \log^{d-1} n)$ 時間で構成できる．この領域木を用いると，ある質問長方形領域に含まれ

る P の点を $O(\log^{d-1} n + k)$ 時間で報告できる．ただし，k は報告される点の個数である．

5.7 文献と注釈

1970 年代—計算幾何学の初期—には，直交領域探索はこの分野における最も重要な問題の 1 つであり，多数の研究者によって研究された．その結果，非常に多くの結果が得られたが，そのうちの一部についてだけ以下に紹介する．

　直交領域探索のための最初のデータ構造は 4 分木 (quadtree) であった．これについてはメッシュ生成の関連で第 14 章で説明する．残念ながら，4 分木の最悪の場合の振舞いは非常に悪い．Bentley [44] が 1975 年に初めて提案した kd-木は，4 分木を改良したものである．Samet の本 [333, 334] では，4 分木と kd-木，さらにそれらの応用について詳細に論じている．2～3 年後に，領域木が数ヵ所で独立に発見された [46, 251, 261, 387]．フラクショナルカスケーディングを用いると問合せ時間が $O(\log n + k)$ に改善できることは，Lueker [261] と Willard [386] によるものである．フラクショナルカスケーディングは，実際，領域木だけでなく，同じキーで何度も探索を行うような状況では適用できることが多い．Chazelle と Guibas [105, 106] では，この技法を最も一般的な形で論じている．フラクショナルカスケーディングは動的な状況でも利用できる [275]．2 次元領域問合せに対して最も効率のよいデータ構造は，Chazelle [87] によって提案された層状領域木の修正版である．彼は，問合せ時間を $O(\log n + k)$ に保ったまま，記憶領域を $O(n \log n / \log \log n)$ に改善することに成功している．Chazelle はこれが最適であることも証明している [90, 91]．質問領域が有界でなく，1 つの方向に無限に開いている場合，たとえば $[x : x'] \times [y : +\infty]$ のような形の質問領域の場合，プライオリティ探索木 (priority search tree) を用いると，線形の記憶領域だけで $O(\log n)$ という問合せ時間を達成できる—第 10 章参照．高次元における直交領域探索の最善の結果も Chazelle [90] によるものである．そのデータ構造を用いると，d 次元の問合せに対して，$O(n(\log n / \log \log n)^{d-1})$ の記憶領域で対数多項式時間 (polylogarithmic time) で問合せに答えることができる．この結果も最適である．記憶領域と問合せ時間の間のトレードオフを考えることも可能である [338, 391]．

　下界に関しては，ある計算のモデルの下でしか与えられていない．したがって，特定の場合については改善の可能性が残っている．特に，Overmars [300] は，点が $U \times U$ のグリッド上にある場合の領域探索に対する効率のよいデータ構造を提案している．このデータ構造を用いると，どれだけの前処理時間を許すかによって $O(\log \log U + k)$ または $O(\sqrt{U} + k)$ 時間で問合せに答えることができる．その基礎になっている

のが，Willard [389, 390] の初期のデータ構造である．物体の座標値をグリッド点に制限すると，計算幾何学の多くの問題では一般の場合と比べて時間複雑度を改善できる．その例として，最近傍探索問題 [224, 225]，点位置決定問題 [287]，線分交差列挙問題 [226] などがある．

データベースでは，領域問合せは，基本的な 3 種類の多次元問合せの中で最も一般的なものと考えられている．残りの 2 種類は，**全一致問合せ** (exact match query) と**部分一致問合せ** (partial match query) である．全一致問合せは次のようなものである：その属性値 (座標値) がこれこれのもの（点）がデータベースの中にあるか．全一致問合せに対する自明なデータ構造として，たとえば座標値に関する辞書式順序に基づく平衡 2 分探索木が考えられる．このデータ構造を用いると，全一致問合せには $O(\log n)$ 時間で答えることができる．次元数—属性の数—が増えると，問合せの効率を表現するのに n だけではなく，次元数 d も用いた方がよい．全一致問合せに 2 分探索木を用いた場合，2 点を比較するのに $O(d)$ 時間かかるから，問合せ時間は $O(d \log n)$ となる．これを $O(d + \log n)$ に改善するのは容易であるが，これで最適である．部分一致問合せでは座標値の部分集合に対して 1 つの値だけを指定して，特定の座標値をもつ点をすべて求める．たとえば，平面上での部分一致問合せでは x 座標値か y 座標値だけを指定する．これを幾何学的に解釈すると，平面上での部分一致問合せでは，1 本の水平線または垂直線上にある点を求めていることになる．d 次元の kd-木を用いると，s （ただし $s<d$） 個の座標値を指定する部分一致問合せに $O(n^{1-s/d}+k)$ の時間で答えることができる [44]．ただし，k は報告される点の個数である．

多くの応用例では，与えられるのが点集合ではなく，多角形のような物体の集合である．質問領域 $[x:x']\times[y:y']$ に完全に含まれる物体を報告したい場合，この問合せを高次元の点データに関する問合せに変換することが可能である—演習問題 5.13 参照．また，質問領域と部分的にしか交差しない物体を求めたいという場合もある．この問題はウィンドウ問題 (windowing problem) と呼ばれるが，これについては第 10 章で論じる．

質問領域の形状を長方形から円や三角形などに変えると別の領域探索問題が考えられる．これらの変形版についても，いわゆる分割木 (partition tree) と呼ばれる木を用いて解けるものが多いが，これについては第 16 章で論じる．

5.8 演習

5.1 kd-木の問合せ時間の証明の中で，次の漸化式があった．

$$Q(n) = \begin{cases} O(1), & n=1 \text{ のとき} \\ 2+2Q(n/4), & n>1 \text{ のとき} \end{cases}$$

この漸化式を解くと，$Q(n) = O(\sqrt{n})$ となることを証明せよ．また，$\Omega(\sqrt{n})$ が kd-木における問合せに対する下界であることを，n 点の集合と質問長方形をうまく定義することによって示せ．

5.2 kd-木に点を挿入するアルゴリズムと，点を削除するアルゴリズムを述べよ．そのアルゴリズムでは，操作後に木のバランスが崩れても，バランスを取る必要はない．

5.3 5.2 節では，kd-木を用いて高次元空間の点集合を蓄えることもできることを示した．P を d 次元空間における n 点集合とする．(a) と (b) では d を定数と考えてよい．

　a. P の点を d 次元 kd-木に蓄える手続きを述べよ．その木の記憶領域は線形であること，さらに $O(n \log n)$ 時間で構成できることを証明せよ．

　b. d 次元領域問合せを実行するアルゴリズムを説明せよ．その問合せ時間は $O(n^{1-1/d} + k)$ で抑えられることを証明せよ．

　c. d が定数でないと仮定して，構成時間，記憶領域，および問合せ時間が d にどの程度依存しているかを求めよ．すなわち，d を定数と考えなければ記憶領域は $O(dn)$ になることを示せ．また，構成時間と問合せ時間についても d にどれだけ依存するかを示せ．

5.4 部分一致の問合せにも kd-木を利用することができる．2 次元部分一致問合せでは，1 つの座標を指定して，指定した座標値をもつ点をすべて求める．高次元の場合には座標の部分集合に対して値を指定する．ここで，複数の点が同じ座標値をもっていてもよいとする．

　a. 2 次元 kd-木を用いると，部分一致問合せに $O(\sqrt{n}+k)$ 時間で答えることができることを示せ．ただし，k は報告される答の個数である．

　b. 2 次元領域探索木を用いて部分一致問合せに答える方法を説明せよ．問合せ時間はどうなるか．

　c. 線形の記憶領域だけで 2 次元部分一致問合せを $O(\log n + k)$ 時間で解くデータ構造を述べよ．

　d. d 次元 kd-木により，d 次元部分一致問合せに $O(n^{1-s/d}+k)$ 時間で答えることができることを示せ．ただし，$s\,(s < d)$ は指定された座標の個数である．

　e. 線形の記憶領域を用いて d 次元の部分一致問合せに $O(\log n + k)$ 時間で答えることができるデータ構造を説明せよ．**ヒント**：記憶領域の d への依存が指数関数的であるような構造を用いること（もっと詳細には，$O(d2^d n)$ の記憶領域を用いる構造を用いる）．

5.5 アルゴリズム SEARCHKDTREE は，長方形以外の領域に関する問合せにも使える．たとえば，領域が三角形なら，問合せに正しく答

えることができる．

 a. 三角形に関する領域問合せに対する応答時間は，まったく答がない場合でも，最悪の場合に線形であることを示せ．**ヒント**：kd-木に蓄えるべき点をすべて直線 $y=x$ 上から選べ．

 b. 水平，垂直，または $+1$ または -1 の傾きの辺だけをもつ三角形に限定して，三角形領域問合せに答えることができるデータ構造が必要だとしよう．そのような領域問合せに $O(n^{3/4}+k)$ 時間で答えることができる線形記憶領域のデータ構造を作れ．ただし，k は報告される点の個数である．**ヒント**：平面に 4 つの座標軸を選び，4 次元 kd-木を作れ．問合せ時間を $O(n^{2/3}+k)$ に改善せよ．**ヒント**：練習問題 5.4 を先に解け．

5.6 領域木に対して点の挿入と削除を行うアルゴリズムを記述せよ．データ構造の再均衡化については考えなくてよい．

5.7 補題 5.7 の証明の中で，付随構造における問合せ時間が $O(\log n)$ で抑えられるとかなり乱暴に評価したが，実際には問合せ時間は，付随構造に実際に含まれる点の個数に依存している．標準部分集合 $P(v)$ の点の個数を n_v で表すことにする．このとき，全体でかかる時間は

$$\sum_v \Theta(\log n_v + k_v)$$

となる．ただし，マスター木 $\mathcal{T}$ の節点のうち，訪問する節点すべてについて和をとるものとする．この上界でもまだ $\Theta(\log^2 n + k)$ であることを示せ．（すなわち，もっと注意深く解析をしても上界の定数を改善するだけで，オーダーを改善しているわけではない．）

5.8 定理 5.8 によると，平面上の n 点集合に関する領域木は，$O(n \log n)$ の記憶領域を必要とする．マスター木の節点の部分集合についてだけ付随構造を蓄えることにすると，領域木の記憶領域を減らすことができるだろう．

 a. 深さ $0, 2, 4, \ldots$ の節点だけが付随構造をもつものとしよう．問合せアルゴリズムをどのように修正すると，問合せに正しく答えるようにすることができるか．

 b. そのようなデータ構造の記憶領域と問合せ時間を解析せよ．

 c. 深さ $0, \lfloor \frac{1}{j}\log n \rfloor, \lfloor \frac{2}{j}\log n \rfloor, \ldots$ の節点だけが付随構造をもつものとしよう．ただし，$j \geq 2$ は固定の整数である．このデータ構造の記憶領域と問合せ時間を解析せよ．上界を n と j で表せ．

5.9 本章で述べたデータ構造を用いると，特定の点 (a, b) が集合に含まれるかどうかを，領域 $[a:a] \times [b:b]$ に関する領域問合せを実行することにより判定できる．

 a. kd-木の場合，そのような領域問合せが $O(\log n)$ 時間で実行できることを証明せよ．

 b. 領域木の場合，そのような問合せの上界を求めよ．また，その答

第 5.8 節
演習

を証明せよ．

5.10 質問領域に含まれる点を報告するのではなく，そこに含まれる点の個数だけに興味があるような応用もある．そのような問合せは，**領域計数問合せ** (range counting query) と呼ばれることが多い．この場合，問合せ時間に $O(k)$ 時間をかけるのを避けたい．

   a. 1 次元領域木をどのように修正すると領域計数問合せが $O(\log n)$ 時間で実行できるようになるか．その問合せ時間の上界を証明せよ．

   b. 1 次元問題に対する解を用いて，d 次元領域計数問合せに $O(\log^d n)$ 時間で答えられるようにせよ．また，その問合せ時間を証明せよ．

   c.* フラクショナルカスケーディングを用いて，2 次元以上での領域計数問合せの実行時間を $O(\log n)$ 分だけ改善する方法を示せ．

5.11 S_1 を n 本の異なる水平線分の集合とし，S_2 を m 本の異なる垂直線分の集合とする．$S_1 \cup S_2$ に存在する交点の個数を $O((n+m)\log(n+m))$ で数える平面走査アルゴリズムを与えよ．

5.12 5.5 節において，複素数を用いると等しい座標値をもつ平面上の点集合をうまく扱えることを示した．この考え方を拡張して，d 次元空間の点を扱えるようにせよ．その目的のために，d 個の数の複素数を定義し，適当な順序関係を定義せよ．次に，この順序に基づいて点 $p := (p_1, \ldots, p_d)$ と領域 $R := [r_1 : r'_1] \times \cdots \times [r_d : r'_d]$ を変換せよ．この変換は，$p \in R$ であるための必要十分条件は変換後の点が変換後の領域に含まれるという性質をもたなければならない．

5.13 点ではなく物体に関する領域探索が必要になる応用も多い．

   a. P を平面上の n 個の軸平行な長方形の集合とする．P の長方形の中で質問長方形 $[x:x'] \times [y:y']$ に完全に含まれるものをすべて報告できるようにしたい．この問題に対して，記憶領域が $O(n \log^3 n)$ で，問合せ時間が $O(\log^4 n + k)$ であるようなデータ構造を述べよ．ただし，k は報告される答の個数である．**ヒント**：この問題を高次元空間における直交領域探索問題に変換せよ．

   b. P が平面上の n 個の多角形の集合からなるものとしよう．質問長方形に完全に含まれる多角形をすべて報告する問題に対して，記憶領域が $O(n \log^3 n)$ で，問合せ時間が $O(\log^4 n + k)$ であるようなデータ構造を述べよ．ただし，k は報告される答の個数である．

   c.* 読者の解の応答時間を（a. と b. の両方について）$O(\log^3 n + k)$ に改良せよ．

5.14* 定理 5.11 での記憶領域と構成時間に関する $O(n \log^{d-1} n)$ の上界を証明せよ．

6 点位置決定問題
現在位置を知ること

本書は，そのほとんどの部分がヨーロッパで執筆された．もっと厳密に言うと，東経 $5°6'$，北緯 $52°3'$ の点に近いところということになる．それはどこだろう．ヨーロッパの地図があれば，見つけることができよう．地図の横にあるスケールを用いると，上のように述べられた座標値をもつ点が「オランダ」という名前の小さな国にあることが分かるだろう．

このようにして，**点位置決定の問合せ** (point location query) に答えることができる：地図と座標値で指定された質問点 q が与えられたとき，q を含む地図上の領域を求めよ．もちろん，地図は平面を領域に分割したもの，すなわち第 2 章で定義した**平面分割**に他ならない．

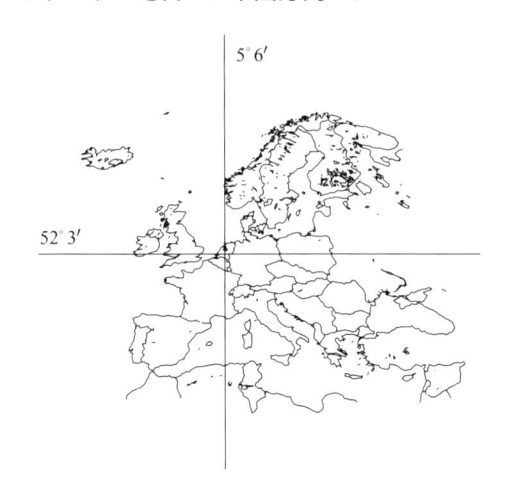

図 6.1
地図上での点位置決定

点位置決定の問合せは様々な状況で生じる．たとえば，浅瀬や危険な潮流に囲まれた海を航行しているとしよう．安全に航行できるようにするには，現在地での潮流を知らなければならないだろう．幸運なことに，海図によって潮流の種類を知ることができる．そのような地図を使うためには，次のようにすればよい．まず，自分の位置を決定しなければならない．星や太陽を見て決めたり，経度を決めるための上等のクロノメータに頼っていたのは，それほど以前のことではない．今日では，現在位置を決めるのはずっと簡単である．今では様々な人工衛生を用いて現在位置を決めることができる小さな箱に入った機械がマーケットで手に入

第6章
点位置決定問題

る．現在位置の座標値が決まったら，潮流を示している地図上でその点の位置を求めたり，海のどの領域にいるのかを求めなければならない．

もう一歩進めるとすれば，この最後のステップを自動化することであろう．そのために，地図を電子的に蓄え，あなたに代わってコンピュータに位置決定をさせなければならない．それから，あなたが居る領域の潮流—または，電子的に蓄えられたテーマ別地図から得られる他の情報—を連続的に画面に表示しなければならない．この状況では，多分かなり詳細なテーマ別地図を多数もっており，船が動いている間に表示されている情報を更新するために，点位置決定の問合せに対して頻繁に答えたい．そのためには，地図を**前処理** (preprocessing) しておいて，点位置決定の問合せに高速に答えることを可能にするデータ構造に蓄えておきたい．

点位置決定問題は全く違う規模でも生じる．たとえば，地図を画面上に表示するインタラクティブな地理情報システムを実装したいと仮定する．ある国に上でマウスをクリックすることにより，ユーザはその国に関する情報を検索することができる．マウスが動いている間，システムはマウスが画面上のどこかにある限りマウスポインタの下にある国の名前を表示しなければならない．マウスが動くたびに，システムはどの国名を表示するかを再計算しなければならない．明らかに，これは画面上に表示された地図上でマウスの位置が質問位置であるような点位置決定問題である．これらの問合せは非常に頻繁に生じる—つまり，画面情報をリアルタイムで表示したい—ので，答を高速に得る必要がある．ここでも，高速の点位置決定問合せを可能にするデータ構造が必要になる．

6.1 点位置決定と台形地図

S を n 個の辺をもつ平面分割とする．**平面点位置決定問題** (planar point location) とは，次のようなタイプの問合せに答えることができるように S を蓄えておくことである．質問点 q が与えられたとき，q を含む S の面を報告せよ．q が辺の上にあったり，頂点と一致したりするとき，問合せアルゴリズムはその情報を返さなければならない．

問題がよく理解できるように，まず点位置決定のための非常に簡単なデータ構造から始めよう．図 6.2 に示すように，平面分割の各頂点を通る垂直線を引く．これにより平面は垂直な**スラブ** (slab) に分割される．頂点の x 座標をソート順に配列に蓄えておく．これにより，どのスラブが質問点 q を含んでいるかを $O(\log n)$ 時間で求めることができる．スラブ内には S の頂点は存在しないので，その内部において平面領域分割は特別の形状をしている．すなわち，スラブと交差する辺はすべて完全にスラブを横切り—スラブ内に端点をもたない—，しかも互いに交差することもない．つまり，スラブ内の辺には上下の順序がついているのである．2

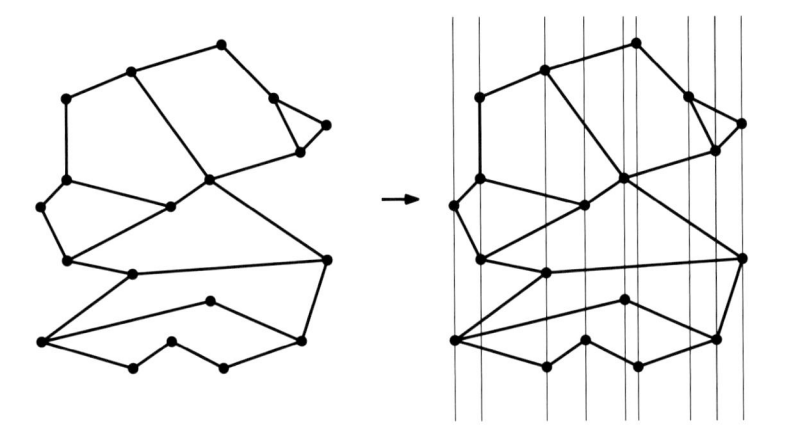

第 6.1 節
点位置決定と台形地図

図 6.2
スラブへの分割

辺で囲まれたスラブ内の領域は，いずれも S のただ 1 つの面に属していることに注意しよう．スラブ内の最も下と最も上の領域は有界ではなく，S の無限面の一部である．スラブと交差する辺が持つこの特殊な構造を考慮すると，それらをソート順に配列で蓄えればよいことが分かる．各辺に，スラブ内でそのすぐ上にある S の面をラベルとしてもっておく．

さて，問合せアルゴリズムの全体は次のようになる．まず，平面分割の頂点の x 座標値を蓄えた配列において質問点 q の x 座標値に関する 2 分探索を行う．これにより，q を含むスラブが分かる．次に，そのスラブに対する配列において q に関する 2 分探索を行う．この 2 分探索における基本的な操作は次のようなものである．点 q と q を通る垂直線が交差する線分 s が与えられたとき，q が s より上にあるか，s より下にあるか，あるいは s 上にあるかを判定する．この判定の結果，もしあれば，q のすぐ下にある線分が得られる．その線分に付けられたラベルから，q を含む S の面が分かる．判定結果が q の下に線分がないというものなら，q は下方の無限面に含まれることになる．

このデータ構造の問合せ時間は良好である．2 分探索をたった 2 回行うだけである．最初は，高々 $2n$ の長さの配列（平面分割の n 本の辺は高々 $2n$ 個の頂点しかもたない）に関するものであり，2 回目は高々 n の長さの配列（スラブを横断する辺は高々 n 本しかない）に関するものである．したがって，問合せ時間は $O(\log n)$ である．

記憶領域についてはどうだろうか．まず，頂点の x 座標値に関する配列が必要であり，これに $O(n)$ の記憶領域を使う．これ以外に各スラブに対する配列も必要である．その配列では，スラブを横断する辺を蓄えるため，それぞれ $O(n)$ の記憶領域を使う．$O(n)$ 個のスラブがあるから，全体の記憶領域は $O(n^2)$ ということになる．この最悪の場合の上界が実際に達成されるような例を作るのは簡単である．$n/4$ 個のスラブがそれぞれ $n/4$ 本の辺によって横断されるようにすればよい．

必要な記憶領域が大きすぎるという理由で，このデータ構造はあまり面白くない——記憶領域が 2 乗に比例するというのは，n の値があまり大き

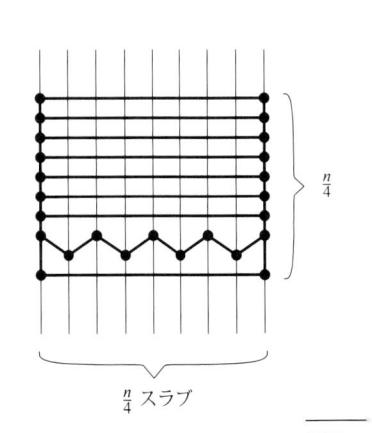

$\frac{n}{4}$

$\frac{n}{4}$ スラブ

第6章
点位置決定問題

くなくても，実際的な応用においてはほとんど役に立たない．（実際の場面では2乗に比例する領域が必要になることは起こらないと反論する読者がいるかもしれないが，$O(n\sqrt{n})$ 程度の記憶領域が必要になりそうなことはほぼ確かである．）この2乗に比例する振舞いの原因は何だろうか．図 6.2 をもう一度見てみよう．元の線分と端点を通る垂直線によって，台形，三角形，または無限の台形状の面からなる新たな平面分割 S' が定義されている．さらに，S' は元の平面分割 S の更なる**細分化** (refinement) になっている．つまり，S' のどの面も S の1つの面に完全に含まれるのである．上述の問合せアルゴリズムは，実際この細分化された平面分割における平面点位置決定を行っているのである．これは元の平面点位置決定問題の解も与えてくれる．S' は S の細分化であるから，q を含む面 $f' \in S'$ が分かれば，q を含む面 $f \in S$ が分かる．残念ながら，この細分化された平面分割は2乗に比例する複雑さをもっている．したがって，得られたデータ構造のサイズが2乗に比例するものであることは驚くことではない．

多分，S の細分化として別のものを探すべきであろう．すなわち，上に示した分割のように点位置決定をもっと容易にするものであり，上述のものとは違ってもとの平面分割 S と比べてあまり複雑度が高くないものを探すべきであろう．実際，そのような細分化が存在する．本節では，そのような望ましい性質をもつ細分化として，**台形地図** (trapezoidal map) を説明する．

平面上の2本の線分について，それらの共通部分が空か，共通の端点であるとき，それらの線分は**非交差である** (non-crossing) という．任意の平面分割の辺は非交差であることに注意しよう．

S を平面上の n 本の非交差線分の集合とする．そのような集合に対して台形地図を一般的に定義することもできるが，本節と次節での議論を容易にするために，次のような2通りの単純化を行う．

まず，シーンの境界部分に生じる有界でない台形状の面を取り除いておくと便利である．これには，全体を包含する，すなわち S のすべての線分を包含する大きな軸平行な長方形 R を導入するだけでよい．ここでの応用—平面分割における点位置決定—では，これによって問題が生じることはない．R の外部の質問点は常に S の有界でない面に含まれるから，R の内部だけに注目していても大丈夫である．

2番目の単純化は，集合 S の線分の端点の x 座標値はすべて異なると仮定し，その結果として垂直線分も許さないという仮定であるが，この仮定を正当化するのはそれ程容易ではない．垂直辺は多くの応用例でしばしば見られるし，座標精度が限られているために，2本の非交差線分が同じ x 座標値の端点をもつという状況は珍しくはないからである．そういう事情はあるが，とりあえずは上記の仮定の上で話を進め，一般的な場合の取扱いについては 6.3 節に譲る．

以上の仮定の下に，限界長方形 R に囲まれた n 本の非交差線分の集合 S が与えられており，異なる端点が同じ垂直線上にあることはないと仮定する．このような仮定を満たすとき，**一般の位置にある線分集合** (a set of

第 6.1 節
点位置決定と台形地図

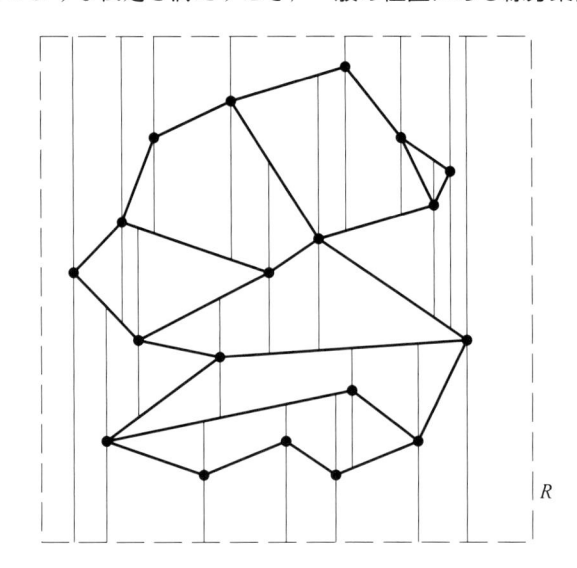

図 6.3
台形地図

line segments in general position) という．S の**台形地図** $\mathcal{T}(S)$——**垂直分割** (vertical decomposition) または**台形分割** (trapezoidal decomposition) とも呼ばれる——は，S の線分のすべての端点 p から 2 本の**垂直延長線** (vertical extension) を引くことによって得られる．1 本は上方に向かうものであり，他方は下方に向かうものである．これらの垂直延長線は，S の他の線分か R の境界にぶつかったところで終わる．これら 2 本の垂直線分のことをそれぞれ**上方垂直延長線** (upper vertical extension) および**下方垂直延長線** (lower vertical extension) と呼ぶ．S の台形地図とは，単に S，長方形 R，それにこれらの上下方垂直延長線によって定まる平面分割のことである．図 6.3 に一例が示されている．

$\mathcal{T}(S)$ の面は $\mathcal{T}(S)$ の多数の辺で囲まれている．これらの辺は隣接していたり，同一直線上にあったりする．そのような辺をまとめて**側辺** (side) と呼ぶ．言い換えると，面の側辺とは，その面の境界に含まれる極大長さの線分のことである．

補題 6.1 一般の位置にある線分集合 S の台形地図上の各面は，1 本か 2 本の垂直側辺とちょうど 2 本の垂直でない側辺をもつ．

証明 f を $\mathcal{T}(S)$ の面としよう．まず，f が凸であることを証明する．

S の線分は非交差であるから，f のどのコーナーも S の線分の端点か，垂直延長線が S の線分か R の辺とぶつかった点か，あるいは R のコーナーのいずれかである．垂直延長線であるから，線分の端点としてのコーナーは 180° より大きな内角をもつことはありえない．さらに，垂直延長線が S の線分とぶつかる点での角度は 180° 以下でなければならない．最後に，R のコーナーは 90° である．したがって，f は凸である——垂直延長

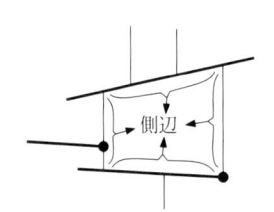

線により凸でない部分はすべて取り除かれたのである．

注目しているのは，f の境界上の $\mathcal{T}(S)$ の辺というよりは，f の側辺であるから，f が凸であるということは，それが垂直側辺を高々 2 本しかもたないことを意味している．そこで，矛盾を導くために，f が 3 本以上の側辺をもつと仮定しよう．すると，互いに隣接する 2 つの側辺があって，両方とも f の上部境界にあるか，ともに f の下部境界にあるかのいずれかである．垂直でない側辺は S の線分か R の辺に含まれ，線分たちは非交差であるから，この 2 つの隣接する側辺はある線分の端点でつながっていることになる．しかし，そうすると，その端点に対する垂直延長線があるために，それら 2 つの側辺は隣接しなくなってしまう．これは矛盾である．したがって，f は垂直でない側辺を高々 2 つしかもたない．

最後に，シーン全体を限界長方形 R で囲んだから，f は有界であることが分かる．したがって，f の垂直でない側辺が 2 本未満になることはないし，垂直な側辺は少なくとも 1 本はなければならない． □

補題 6.1 は，台形分割がその名に値することを示している．すなわち，各面は台形か三角形であるが，後者は長さゼロの退化した辺をもつ台形と見なせるからである．

補題 6.1 の証明の中で，台形の垂直でない側辺は S の線分か R の水平辺に含まれることを見た．台形 Δ の上部境界上にある S の垂直でない線分または R の辺を $top(\Delta)$ と記し，下部境界上にあるものを $bottom(\Delta)$ と記すことにする．

一般の位置に関する仮定より，台形の垂直側辺は，垂直延長線か R の垂直辺である．もっと厳密に言うと，台形 Δ の左右の側辺によって分類するとそれぞれ 5 種類になる．左の側辺の分類は以下のとおりである．

(a) $top(\Delta)$ と $bottom(\Delta)$ の左端点が一致するとき，左の側辺はその 1 点に退化している．

(b) $top(\Delta)$ の左端点から下方に延長した直線が $bottom(\Delta)$ にぶつかる場合．

(c) $bottom(\Delta)$ の左端点から上方に延長した直線が $top(\Delta)$ にぶつかる場合．

(d) 第 3 の線分 s の右端点 p からの上方および下方への垂直延長線が引けて，これらの延長線がそれぞれ $top(\Delta)$ および $bottom(\Delta)$ とぶつかる場合．

(e) R の左辺の場合．この場合が生じるのは，$\mathcal{T}(S)$ の 1 つの台形に対してのみである．

最初の 4 つの場合が図 6.4 に示されている．Δ の右辺に対する 5 つの場合というのも，これと対称的である．これですべての場合が尽くされていることを自分で確かめてほしい．

最も左の台形を除いて，すべての台形 $\Delta \in \mathcal{T}(S)$ に対して，Δ の左の垂

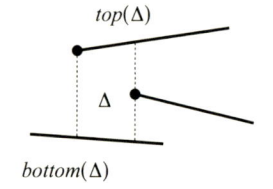

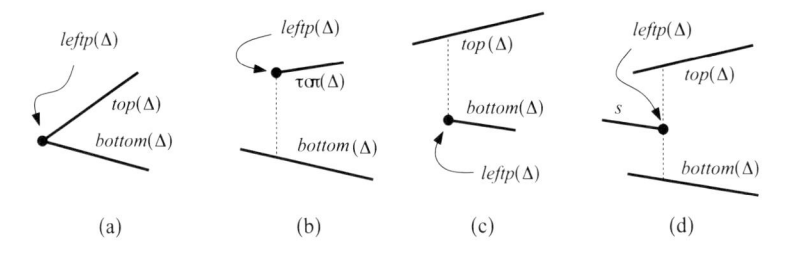

図 6.4
台形 Δ の左の辺に対する 5 つの場合のうちの 4 つ

第 6.1 節 点位置決定と台形地図

直辺は，ある意味で線分の端点 p によって定義されている．すなわち，それは p の垂直延長線に含まれるか，—退化している場合には—p 自身である．そこで，Δ の左辺を定義している端点を $leftp(\Delta)$ と書くことにしよう．上に示したように，$leftp(\Delta)$ は，$top(\Delta)$ または $bottom(\Delta)$ の左端点か第 3 の線分の右端点である．R の左辺を左辺とする唯一の台形に対しては，$leftp(\Delta)$ を R の左下の頂点と定める．同様に，Δ の右垂直辺を定める端点を $rightp(\Delta)$ と書くことにする．$top(\Delta)$, $bottom(\Delta)$, $leftp(\Delta)$, $rightp(\Delta)$ をすべて指定すれば，Δ は一意に定まることに注意しよう．したがって，Δ はこれらの線分と端点によって**定まる**と言うことがある．

平面分割の辺の台形地図は，その平面分割を細分化したものである．しかしながら，台形地図における点位置決定が一般の平面分割における点位置決定より簡単かどうかは明らかではない．次節でこの問題を考えるが，その前にまず台形地図の複雑度がそれを定義している線分の本数とあまり違わないことを確かめておこう．

補題 6.2 一般の位置にある n 本の線分の集合 S の台形地図 $\mathcal{T}(S)$ に含まれる頂点は高々 $6n+4$ 個であり，台形は高々 $3n+1$ 個である．

証明 $\mathcal{T}(S)$ の頂点は，R の頂点か，S の線分の端点か，あるいは端点からの垂直延長線が別の線分または R の境界とぶつかる点である．線分のどの端点でも 2 本の垂直延長線—上方および下方—が引けるから，頂点数は全体でも $4+2n+2(2n)=6n+4$ で抑えられることになる．

　台形の個数に関する上界は，オイラーの公式と頂点数の上界から得られる．ここでは，$leftp(\Delta)$ の点を用いた直接的な証明を与えよう．各台形はそのような点 $leftp(\Delta)$ を確かにもっていることに注意しよう．この点は，n 本の線分のうちの 1 つの端点か，R の左下のコーナーである．台形の左辺に関する 5 つの場合を見てみると，R の左下のコーナーが 1 つの台形に対してしかこの役割を果たさないこと，線分の右端点がこの役割を果たすのは高々 1 つの台形に対してだけであること，線分の左端点は，高々 2 個の異なる台形の $leftp(\Delta)$ になりうることが分かる．（端点は一致することがあるから，平面上の点は多数の台形に対する $leftp(\Delta)$ になりうる．しかし，場合 (a) で $leftp(\Delta)$ が $bottom(\Delta)$ の左端点であるとすると，線分 s の左端点は，s の上下のたった 2 個の台形に対する $leftp(\Delta)$ にしかなりえない．）したがって，台形は全部で高々 $3n+1$ 個しかない．□

第 6 章
点位置決定問題

2 つの台形 Δ と Δ' が 1 本の垂直辺を共有しているとき，それらは横に**隣接** (adjacent) していると言う．たとえば，図 6.5(i) において，台形 Δ は $\Delta_1, \Delta_2, \Delta_3$ と隣接しているが，Δ_4, Δ_5 とは隣接していない．線分の集合は一般の位置にあるから，1 つの台形が横に隣接している台形は高々 4 個しかない．一般の位置にない場合には，図 6.5(ii) に示すように，1 つの台形が任意個数の台形と横に隣接することが可能である．Δ の左垂直辺

図 6.5
Δ と横に隣接する台形—網掛けをしたもの

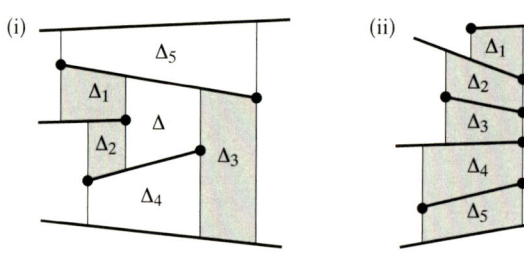

に関して Δ と隣接している台形を Δ' とする．すると，$top(\Delta) = top(\Delta')$ か $bottom(\Delta) = bottom(\Delta')$ が成り立つ．最初の場合，Δ' は Δ の**左上近傍** (upper left neighbor) と呼び，2 番目の場合は，**左下近傍** (lower left neighbor) と呼ぶ．そうすると，図 6.4(b) の台形は左下近傍はもつが，左上近傍はもたない．逆に図 6.4(c) の台形の場合は，左上近傍はもつが，左下近傍はもたない．また，図 6.4((d) の台形は左上近傍も左下近傍ももつ．図 6.4(a) の台形と R の左辺を左垂直辺とするただ 1 つの台形は左近傍をもたない．**右上近傍** (upper right neighbor) と**右下近傍** (lower right neighbor) も同様に定義する．

台形地図を表現するのに，第 2 章で述べた 2 重連結辺リストを使ってもよい．結局のところ，台形地図は平面分割だからである．しかしながら，台形地図の特殊な形状を利用してもっと便利に使える特殊なデータ構造を考えることができる．この構造では，平面分割を全体的に連結するのに台形の隣接関係を利用する．S のすべての線分と端点に対するレコードが必要である．これは，それらが $leftp(\Delta)$, $rightp(\Delta)$, $top(\Delta)$, $bottom(\Delta)$ となるからである．さらに，$\mathcal{T}(S)$ の台形に対するレコードも必要であるが，$\mathcal{T}(S)$ の辺や頂点に対するレコードは不必要である．台形 Δ のレコードには，$top(\Delta)$ と $bottom(\Delta)$ へのポインタ，$leftp(\Delta)$ と $rightp(\Delta)$ へのポインタ，さらにその高々 4 個の近傍へのポインタを蓄える．台形 Δ の幾何情報（すなわち，その頂点の座標値）は明示的には取り出せないが，$top(\Delta)$, $bottom(\Delta)$, $leftp(\Delta)$, $rightp(\Delta)$ により Δ は一意に定まる．したがって，Δ に蓄えられた情報から Δ の幾何情報は定数時間で求めることができる．

6.2 乱択逐次構成アルゴリズム

本節では，一般の位置にある n 本の線分集合 S に対する台形地図を構成する乱択逐次構成アルゴリズム (randomized incremental algorithm) につ

いて考える．台形地図を構成している間に，アルゴリズムは $\mathcal{T}(S)$ における点位置決定問合せに使うためのデータ構造 $\mathcal{D}$ も構成している．これが，台形地図を構成するのに平面走査法を選ばなかった理由である．つまり，平面走査法でも台形地図は作れるが，本章の主たる目的である点位置決定問合せを可能にするデータ構造は作れないのである．

アルゴリズムについて議論する前に，まずアルゴリズムで構成される点位置決定のためのデータ構造 $\mathcal{D}$ について説明しよう．**探索構造** (search structure) と呼ばれるこの構造は，1つの根をもつ閉路のない有向グラフ (directed acyclic graph) であり，S の台形地図のそれぞれの台形に対して正確に1つの葉節点をもつ．その内部節点の出次数は2である．内部節点には2種類ある．1つは ***x* 節点** (*x*-node) と呼ばれるもので，S のある線分の端点をラベルとしてもつ．他方は *y* 節点 (*y*-node) と呼ばれるもので，線分自身をラベルとしてもつ．

点 q に関する問合せが与えられると，まず根から出発して，葉節点のうちの1つに向かう有向経路上を進んでいく．この葉節点は，q を含む台形 $\Delta \in \mathcal{T}(S)$ に対応している．経路上の各節点において，q を調べることによって，どちらの子に進むかを決める．x 節点では，「q は，この節点に蓄えられた端点を通る垂直線の左右どちらにあるか」という形の判定を行い，y 節点では，「q は，ここに蓄えられた線分の上下どちらにあるか」という形の判定を行う．y 節点に来たときは，q を通る垂直線はその節点の線分と交差することが保証できるので，この判定は行える．内部節点での判定には2通りの結果しかない．x 節点に対しては端点の左右どちらにあるかと，y 節点に対しては線分の上下どちらにあるかの2者択一の答である．では，質問点がちょうど垂直線の上にのっていたり，その線分上にあるような場合はどうすればよいだろうか．今のところは，単にそのようなことが起こらないと仮定しておこう．このような質問点の扱いは，一般の位置にない線分集合を扱う 6.3 節で行うことにする．

アルゴリズムで計算される探索構造 $\mathcal{D}$ と台形地図 $\mathcal{T}(S)$ は，相互に結合されている．台形 $\Delta \in \mathcal{T}(S)$ は，それに対応する $\mathcal{D}$ の葉節点へのポインタをもち，$\mathcal{D}$ の葉節点は，$\mathcal{T}(S)$ の対応する台形へのポインタをもつ．図 6.6 は，2 本の線分 s_1 と s_2 の集合の台形地図と，それに対する探索構

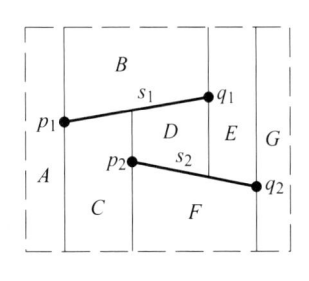

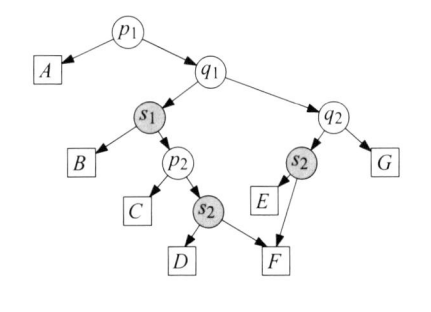

図 6.6
2 本の線分の台形地図と探索構造

造を示したものである．x 節点は白の円で表し，その中にラベルとなる端

第 6.2 節
乱択逐次構成アルゴリズム

点の番号が書かれている．灰色で示したのがy節点で，その中にラベルとなる線分の番号が書かれている．探索構造の葉節点は四角で示されているが，対応する台形地図中の台形がラベルとして記されている．

探索構造を構成するためのアルゴリズムとして，ここでは逐次構成方式のものを与える．すなわち，1本ずつ線分を加えてゆき，毎回線分を加える度に探索構造と台形地図を更新するというものである．線分を追加する順序によって探索構造は異なる．うまく順序を選ぶと問合せ時間は短くなるが，悪い順序を選んでしまうと，問合せが長くなってしまう．適切な順序を求めようと努力する代わりに，線形計画法について学んだ第4章と同じアプローチを取る．すなわち，ランダムな順序を取るのである．したがって，アルゴリズムは**乱択逐次構成法**となる．後で証明するが，乱択逐次構成アルゴリズムによってよい探索構造が得られることを期待できる．しかし，まずアルゴリズムをもっと詳細に説明しよう．最初に全体の構造を説明して，詳細は後で述べることにする．

アルゴリズム TRAPEZOIDALMAP(S)
入力：n本の非交差線分の集合S．
出力：限界長方形の内部における台形地図$\mathcal{T}(S)$とそれに対する探索構造$\mathcal{D}$．

1. Sのすべての線分を含む長方形Rを求め，台形地図$\mathcal{T}$と探索構造$\mathcal{D}$を初期化する．
2. Sの要素のランダム順列$s_1, s_2, \ldots, s_n$を求める．
3. **for** $i \leftarrow 1$ **to** n
4.   **do** s_iと真に交差する$\mathcal{T}$の台形の集合$\Delta_0, \Delta_1, \ldots, \Delta_k$を求める．
5. $\Delta_0, \Delta_1, \ldots, \Delta_k$を$\mathcal{T}$から削除し，それらを$s_i$の挿入によって生じる新たな台形で置き換える．
6. $\Delta_0, \Delta_1, \ldots, \Delta_k$に対する葉節点を$\mathcal{D}$から削除し，新たな台形に対する葉節点を作る．以下に述べる方法で新たな内部節点を加えることにより，新たな葉節点を現存する内部節点と連結する．

では，アルゴリズムの各ステップを詳細に説明しよう．以下では$S_i := \{s_1, s_2, \ldots, s_i\}$とする．TRAPEZOIDALMAPのループ不変式(loop invariant)は，$\mathcal{T}$がS_iに対する台形地図であり，$\mathcal{D}$が$\mathcal{T}$に対する正しい探索構造になっていることである．

1行目で$\mathcal{T}$と$\mathcal{D}$の初期化を行うが，これは簡単である．前者については，$\mathcal{T}(S_0) = \mathcal{T}(\emptyset)$とすればよい．空集合の台形地図は1つの台形——限界長方形R——だけからなり，$\mathcal{T}(\emptyset)$に対する探索構造は，その台形に対する1つの葉節点だけからなる．2行目ではランダム順列を計算するが，これについては第4章を参照されたい．そこで，4～6行における線分の挿入をどのように実行するかを見ることにしよう．

現在の台形地図を修正するためには，まずどこが変化するかが分かっていなければならない．変化が起こるのは，s_i と交差する台形だけである．もっと厳密に言うと，$\mathcal{T}(S_{i-1})$ の台形が $\mathcal{T}(S_i)$ に存在しないのは，それが s_i と交差するときであり，そのときに限る．したがって，最初の仕事は s_i と交差する台形を見つけることである．これらの台形を s_i に沿って左から右に並べたものを $\Delta_0, \Delta_1, \ldots, \Delta_k$ とする．Δ_{j+1} は Δ_j の右近傍の 1 つでなければならないことに注意しておこう．また，それがどの近傍かを判定するのも簡単である．$\mathit{rightp}(\Delta_j)$ が s_i より上にあれば，Δ_{j+1} は Δ_j の右下近傍であり，そうでなければ，右上近傍である．したがって，Δ_0 さえ分かれば，台形地図の表現上をたどれば，$\Delta_1, \ldots, \Delta_k$ が順に見つかる．そこで，最初に s_i の左端点 p を含む台形 $\Delta_0 \in \mathcal{T}$ を見つけなければならない．p が端点として S_{i-1} の中に含まれていなければ，一般の位置にあるとの仮定より，それは Δ_0 の内部にあるはずである．これは，$\mathcal{T}(S_{i-1})$ において q の位置を求めれば Δ_0 が見つかることを意味している．さて，ここからが面白いところである．アルゴリズムのこの段階で，$\mathcal{D}$ は $\mathcal{T} = \mathcal{T}(S_{i-1})$ に対する探索構造になっているので，$\mathcal{D}$ 上で点 q に関する問合せをするだけでよい．

第 6.2 節
乱択逐次構成アルゴリズム

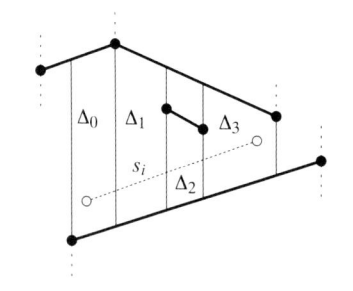

p がすでに S_{i-1} の線分の端点であるとき注意が必要である．異なる線分が端点を共有することを許していたことに注意しよう．Δ_0 を見つけるためには，$\mathcal{D}$ の中での探索を始める．p がまだ存在していなかったら，問合せアルゴリズムは問題なく進んで行き，Δ_0 に対応する葉節点を見つけて終る．しかしながら，p がすでに存在しているなら，次のようなことが起こる．すなわち，探索のある時点で，p はある x 節点の点を通る垂直線上にのっていることになる．そのような質問点は合法的でないと判断したことを思い出してほしい．これを修正するために，p のほんの少しだけ右の点 p' に関して問合せを続行するものとしよう．p を p' で置き換えるのは概念上のことであって，実際に探索を行うときは次のようにする：p が x 節点の垂直線の上にあれば，右にあるものと見なすのである．同様に，p が y 節点の線分 s の上にのっているとき（s_i が s と左端点 p を共有しているときにのみ生じる），s と s_i の傾きを比較し，s_i の傾きの方が大きいなら，p は s より上にあると見なし，そうでなければ，s より下にあると見なすのである．このように変更した上で，最初に s_i と真に交差する台形 Δ_0 を見つけて終る．まとめると，次のアルゴリズムを用いて $\Delta_0, \ldots, \Delta_k$ を見つける．

アルゴリズム FOLLOWSEGMENT($\mathcal{T}, \mathcal{D}, s_i$)
入力：台形地図 $\mathcal{T}$，$\mathcal{T}$ に対する探索構造 $\mathcal{D}$，および新たな線分 s_i．
出力：s_i と交差する台形の系列 $\Delta_0, \ldots, \Delta_k$．
1. p と q を s_i の左右の端点とする．
2. 探索構造 $\mathcal{D}$ の中を p に関して探索して，Δ_0 を見つける．
3. $j \leftarrow 0$;

4. **while** q は $rightp(\Delta_j)$ の右にある
5.   **do if** $rightp(\Delta_j)$ が s_i より上にある
6.   **then** Δ_{j+1} を Δ_j の右下近傍とする.
7.   **else** Δ_{j+1} を Δ_j の右上近傍とする.
8. $j \leftarrow j+1$
9. **return** $\Delta_0, \Delta_1, \ldots, \Delta_j$

s_i と交差する台形の見つけかたはすでに説明したとおりである. 次のステップは, $\mathcal{T}$ と $\mathcal{D}$ の更新である. まず, s_i が台形 $\Delta = \Delta_0$ に完全に含まれる単純な場合を考えよう. 図 6.7 の左側に示した状況を考えればよい.

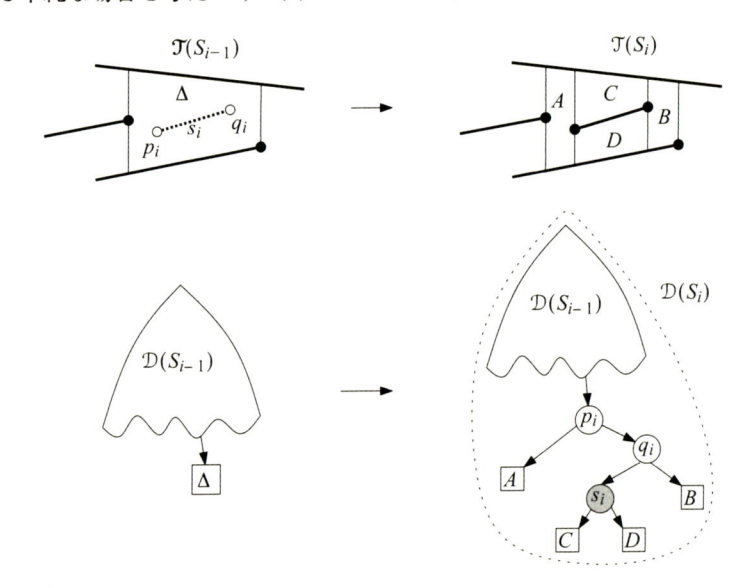

図 6.7 新たな線分 s_i が台形 Δ に完全に含まれる場合

$\mathcal{T}$ を更新するのに, Δ を $\mathcal{T}$ から削除し, それを 4 つの台形 A, B, C, D で置き換える. 新たな台形に対するレコードを正しく初期化するのに必要となる情報 (それらの近傍, 上部と下部の線分, それにその左右の垂直辺を定める点) を求めることができることに注意しよう. すなわち, 線分 s_i と Δ に対して蓄えられている情報を使って定数時間で求めることができる.

次に, $\mathcal{D}$ の更新について考えよう. Δ に対する葉節点を 4 つの葉節点をもつ小さな木で置き換える操作が必要である. この木は, s_i の端点の左右どちらにあるかを判定するための 2 個の x 節点と, 線分 s_i 自身に関する判定のための 1 個の y 節点を含んでいる. もし質問点が Δ にあることが分かっていれば, これら 4 つの新しい台形 A, B, C, D のどこに質問点があるかを決定できれば十分である. 図 6.7 の右側では, 探索構造がどのように修正されるかを示している. 線分 s_i の一方または両方の端点が $leftp(\Delta)$ や $rightp(\Delta)$ と等しくてもよいことに注意しよう. その場合には新しい台形は 2 個か 3 個しかないが, 修正は同じやり方である.

s_i が 3 個以上の台形と交差する場合は, ほんの少しだけ複雑になる. $\Delta_0, \Delta_1, \ldots, \Delta_k$ を交差する台形の系列とする. $\mathcal{T}$ を更新するために, まず

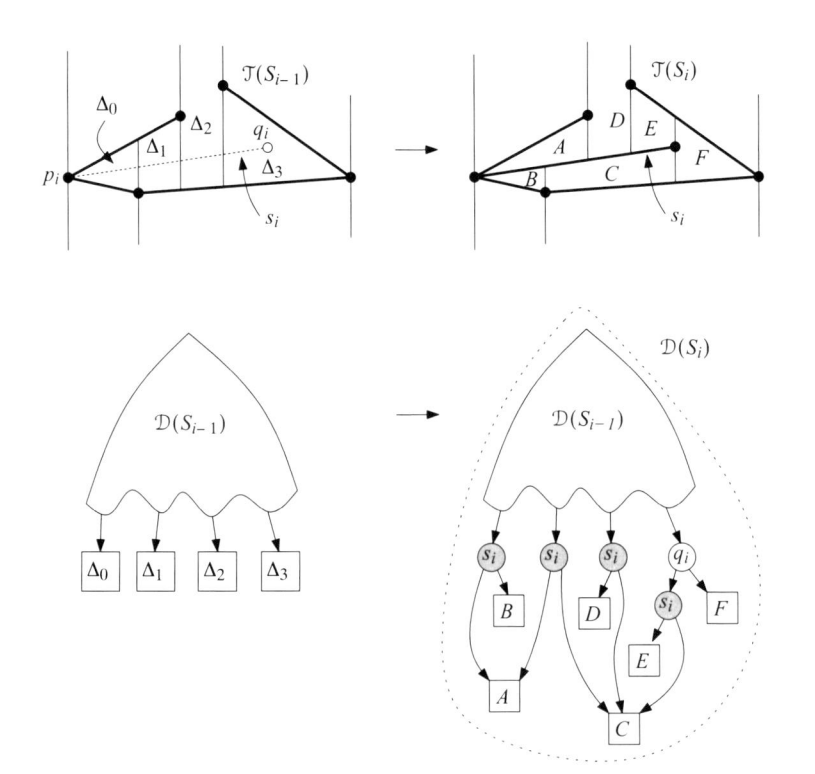

第 6.2 節
乱択逐次構成アルゴリズム

図 6.8
線分 s_i が 4 つの台形と交差する場合

s_i の端点を通る垂直延長線を引き，Δ_0 と Δ_k をそれぞれ 3 個の新しい台形に分割する．この操作は，s_i の端点が S_{i-1} の中にない場合にのみ必要である．次に，s_i とぶつかる垂直延長線を短くする．これは，図 6.8 に示すように，線分 s_i に沿って台形を 1 つにまとめることに相当する．台形 $\Delta_0, \Delta_1, \ldots, \Delta_k$ に蓄えられた情報を用いると，このステップは交差する台形の個数に比例する時間で実行できる．

$\mathcal{D}$ の更新についてはどうだろう．まず，$\Delta_0, \Delta_1, \ldots, \Delta_k$ に対する葉節点を削除し，新たな台形に対する葉節点を作り，必要な内部節点を導入しなければならない．もっと厳密に言うと，次のようになる．Δ_0 の内部に s_i の左端点が含まれている（この台形は 3 個の新しい台形に分割されたことを意味している）とき，Δ_0 に対する葉節点を s_i の左端点に対する x 節点と線分 s_i に対する y 節点で置き換える．同様に，Δ_k の内部に s_i の右端点があるときは，Δ_k に対する葉節点を s_i の右端点に対する x 節点と s_i に対する y 節点で置き換える．最後に，Δ_1 から Δ_{k-1} までの葉節点を，線分 s_i に対する 1 つの y 節点と置き換える．これらの新しい内部節点から出て行く辺を正しく新しい葉節点につなぐ．このとき，$\mathcal{T}$ の異なる台形から生じた台形を統合したのであるから，新しい台形に対してはいくつかの入力辺がありうることに注意しておかなければならない．これを説明したのが図 6.8 である．

これで，$\mathcal{T}(s)$ を構成しながら，同時にそれに対する探索構造 $\mathcal{D}$ を構成するアルゴリズムの説明を終る．アルゴリズムの正しさはループ不変式からすぐに分かる（アルゴリズム TRAPEZOIDALMAP のすぐ後で述べた）

ので，後はその効率を解析することだけが残っている．

　線分を処理する順序によって探索構造 $\mathcal{D}$ とアルゴリズムの実行時間そのものがかなり異なってくる．探索構造のサイズは 2 乗に比例し，探索時間も線形になる場合もあれば，同じ線分集合でも順列を変えると結果がずっとよくなることもある．第 4 章と同様に，ここでもよい順序を求めようとはせず，単にランダムな挿入順序を採用した．したがって，解析は確率を用いて行うことになる．そこで，アルゴリズムと探索構造の**期待効率** (expected performance) について考えることになる．この文脈で「期待値」という用語が何を意味するかは多分まだ明らかではないだろう．n 本の非交差線分の集合 S を固定しよう．TRAPEZOIDALMAP は $\mathcal{T}(S)$ に対する探索構造 $\mathcal{D}$ を求める．この構造は，2 行目で選ばれる順列によって異なる．n 個の物については $n!$ 通りの順列があるから，アルゴリズムの進行状況も $n!$ 通りある．アルゴリズムの期待実行時間は，$n!$ 通りの順列すべてについての実行時間の平均である．それぞれの順列に対して出来上がる探索構造は異なる．$\mathcal{D}$ の期待サイズは，これらの $n!$ 通りの探索構造すべてについてサイズの平均をとったものである．最後に，点 q に対する期待問合せ時間は，$n!$ 通りの探索構造すべてについて点 q に対する問合せ時間の平均をとったものである．（これは，探索構造に対する最大問合せ時間の平均と同じではないことに注意．この量に関する上界を証明するのはもう少し数学的に難しいので，6.4 節までその議論を延ばす．）

定理 6.3 アルゴリズム TRAPEZOIDALMAP は，一般の位置にある n 線分の集合 S に台形地図 $\mathcal{T}(S)$ とそれに対する探索構造 $\mathcal{D}$ を $O(n \log n)$ の期待時間で求める．探索構造 $\mathcal{D}$ の期待サイズは $O(n)$ であり，任意の質問点 q に対する期待問合せ時間は $O(\log n)$ である．

証明　先に述べたように，アルゴリズムの正しさはループ不変式より明らかであるので，ここでは効率の解析だけを行う．

　まず，探索構造 $\mathcal{D}$ の問合せ時間について考えよう．質問点 q を固定して考えよう．q に対する問合せ時間は，q に関する問合せをするときにたどる $\mathcal{D}$ 内の探索経路の長さに比例するから，その経路長の上界を求めればよい．可能な場合を全て列挙して解析してみれば，アルゴリズムの毎回の繰返しで $\mathcal{D}$ の深さ（すなわち，最大経路長）は高々 3 しか増加しないことが分かる．したがって，$3n$ が q に関する問合せ時間の上界となる．この上界は，S に対するすべての可能な挿入順序を考えたとき，これ以上改善できない**最善の最悪時の上界** (best possible worst-case bound) である．しかしながら，ここでは最悪時の振舞いよりも，平均的な振舞いに興味がある．すなわち，$n!$ 通りの挿入順序に関する q の平均問合せ時間の上界を求めたいのである．

　q に関する問合せを処理するためにたどる $\mathcal{D}$ 上の経路を考えよう．こ

の経路上のどの節点もアルゴリズムのある繰返しで作られたものである．i 回目の繰返しで作られた経路上の節点数を X_i と記すことにしよう．ただし，$1 \leqslant i \leqslant n$ である．S と q を固定しているから，X_i は確率変数である——線分のランダムな順序によってのみ値が決まる．経路長の期待値を次のように表すことができる．

$$\mathrm{E}[\sum_{i=1}^{n} X_i] = \sum_{i=1}^{n} \mathrm{E}[X_i]$$

上の等号は，**期待値の線形性**によるものである．すなわち，和の期待値は期待値の和に等しいという性質である．

任意の質問点に対する探索経路では高々 3 個の節点が毎回の繰返しで加えられるだけであることをすでに観察したから，$X_i \leqslant 3$ である．言い換えると，q の探索経路上に i 回目の繰返しで作られた節点が含まれる確率を P_i で表すと，次式を得る．

$$\mathrm{E}[X_i] \leqslant 3 P_i$$

P_i の上界は次の観察から得られる．i 回目の繰返しで q の探索経路上に 1 節点が増えるのは，$\mathcal{T}(S_{i-1})$ において q を含む台形 $\Delta_q(S_{i-1})$ が，$\mathcal{T}(S_i)$ において q を含む台形 $\Delta_q(S_i)$ と異なるときだけである．つまり，

$$P_i = \Pr[\Delta_q(S_i) \neq \Delta_q(S_{i-1})]$$

である．$\Delta_q(S_i)$ が $\Delta_q(S_{i-1})$ と異なれば，$\Delta_q(S_i)$ は i 回目の繰返しで作られた台形の 1 つでなければならない．i 回目の繰返しで作られた台形 Δ はすべて，この繰返しで挿入された線分 s_i に隣接していることに注意しよう．よって，$top(\Delta)$ か $bottom(\Delta)$ が s_i に等しいか，あるいは $leftp(\Delta)$ か $rightp(\Delta)$ が s_i の端点になっている．

さて，集合 $S_i \subset S$ を固定して考えよう．台形地図 $\mathcal{T}(S_i)$ は S_i の関数として一意に決まり，したがって $\Delta_q(S_i)$ も一意に決まる．$\Delta_q(S_i)$ は，S_i の線分が挿入される順序には**依存しない**．q を含む台形が s_i の挿入によって変化する確率の上界を求めるために，第 4 章でも用いた後向き解析と呼ばれる方法を用いる．$\mathcal{T}(S_i)$ を考え，s_i を取り除いたときに $\Delta_q(S_i)$ が台形地図から消える確率を考える．上に述べたことから，$\Delta_q(S_i)$ が消えるのは，$top(\Delta_q(S_i))$, $bottom(\Delta_q(S_i))$, $leftp(\Delta_q(S_i))$, $rightp(\Delta_q(S_i))$ のうちの 1 つが s_i の削除によって消えるときであり，そのときに限る．では，$top(\Delta_q(S_i))$ が消える確率は何だろうか．S_i の線分はランダムな順序で挿入されたのであるから，S_i のどの線分についても s_i になる確率は等しい．したがって，s_i が $top(\Delta_q(S_i))$ になる確率は $1/i$ である．($top(\Delta_q(S_i))$ が包含長方形 R の上辺なら，この確率はゼロになる．）同様に，s_i が $bottom(\Delta_q(S_i))$ になる確率は高々 $1/i$ である．点 $leftp(\Delta_q(S_i))$ を共有する線分は多数ありうる．したがって，s_i がこれらの線分のうちの 1 つである確率は大きくなりうる．しかし，$leftp(\Delta_q(S_i))$ が消えるのは，s_i が $leftp(\Delta)$ を端点と

第 6.2 節
乱択逐次構成アルゴリズム

する S_i の唯一の線分であるときだけである．したがって，$leftp(\Delta_q(S_i))$ が消える確率も高々 $1/i$ である．同じことが $rightp(\Delta_q(S_i))$ についても成り立つ．したがって，次の結論を得る：

$$P_i = \Pr[\Delta_q(S_i) \neq \Delta_q(S_{i-1})] = \Pr[\Delta_q(S_i) \notin \mathcal{T}(S_{i-1})] \leqslant 4/i$$

(些細なことではあるが，次のような技術的な問題点を解決しておこう：上の議論では集合 S_i を固定したので，P_i に関して得た上界は，S_i がこの固定集合であるという制約の下で成り立つということになる．しかし，この上界は固定した集合には実際には依存しないので，この上界は無条件に成り立つことになる．)

全部まとめると，問合せ時間の期待値に関する次の上界が得られる．

$$\mathrm{E}\left[\sum_{i=1}^{n} X_i\right] \leqslant \sum_{i=1}^{n} 3P_i \leqslant \sum_{i=1}^{n} \frac{12}{i} = 12 \sum_{i=1}^{n} \frac{1}{i} = 12 H_n$$

ここで，H_n は次のように定義される n 次の**調和数** (harmonic number) である．

$$H_n := \frac{1}{1} + \frac{1}{2} + \frac{1}{3} + \cdots + \frac{1}{n}$$

調和数はアルゴリズムの解析にしばしば現れるので，すべての $n > 1$ に対して成り立つ次の上界を覚えておくとよい．

$$\ln n < H_n < \ln n + 1$$

(この式は，H_n を積分 $\int_1^n 1/x\,dx = \ln n$ と比較することにより得られる．) したがって，先に述べたとおり，質問点 q に対する問合せ時間の期待値は $O(\log n)$ であるという結論を得る．

次に $\mathcal{D}$ のサイズに眼を向けよう．このサイズの上界を求めるには，$\mathcal{D}$ の節点数の上界を求めるだけでよい．まず，$\mathcal{D}$ の葉節点は $\mathcal{T}(S_i)$ の台形と1対1対応しているが，台形の個数は補題6.2により $O(n)$ であることに注意しよう．これより，節点数は次式で抑えられる．

$$O(n) + \sum_{i=1}^{n} (i \text{ 回目の繰返しで生成された内部節点数})$$

i 回目の繰返しで線分 s_i を挿入して作られた新たな台形の個数を k_i としよう．つまり，k_i は $\mathcal{D}$ の新しい葉節点の個数である．i 回目の繰返しで作られた内部節点数はちょうど $k_i - 1$ に等しい．$\mathcal{T}(S_i)$ の新たな台形の個数は，$O(i)$ である $\mathcal{T}(S_i)$ にあるすべての台形の個数より大きくなることはないという事実より，k_i に関する簡単な最悪時の上界が得られる．これから，次のような構造をもつ最悪時の上界が得られる．

$$O(n) + \sum_{i=1}^{n} O(i) = O(n^2)$$

実際，運が悪くて線分を挿入する順序が非常に不運であれば，$\mathcal{D}$ のサイズは2乗に比例することもある．しかしながら，ここで興味があるのは，

ありうる挿入順序すべてについて計算したデータ構造のサイズの期待値である．期待値の線形性を用いると，このサイズの期待値は次式で抑えられる．

$$O(n) + \mathrm{E}[\sum_{i=1}^{n}(k_i - 1)] = O(n) + \sum_{i=1}^{n}\mathrm{E}[k_i]$$

k_i の期待値の上界がまだ求まっていないが，問合せ時間に関する上界を得たときに，必要な道具はすでに用意できている．集合 $S_i \subseteq S$ を固定して考えよう．台形 $\Delta \in \mathcal{T}(S_i)$ と線分 $s \in S_i$ に対して，

$$\delta(\Delta, s) := \begin{cases} 1 & s_i\ \text{が}\ S_i\ \text{から削除されるときに}\ \Delta\ \text{が}\ \mathcal{T}(S_i)\ \text{から消えるとき} \\ 0 & \text{それ以外のとき} \end{cases}$$

とする．問合せ時間の解析において，与えられた台形が消える原因となる線分は高々 4 本しかないことを観察した．したがって，

$$\sum_{s \in S_i} \sum_{\Delta \in \mathcal{T}(S_i)} \delta(\Delta, s) \leqslant 4|\mathcal{T}(S_i)| = O(i)$$

さて，k_i は s_i の挿入によって作られた台形の個数である．これは，s_i を削除したときに消える $\mathcal{T}(S_i)$ の台形の個数に等しい．s_i は S_i のランダムな要素であるから，すべての $s \in S_i$ について平均を取れば k_i の期待値が求まる．

$$\mathrm{E}[k_i] = \frac{1}{i} \sum_{s \in S_i} \sum_{\Delta \in \mathcal{T}(S_i)} \delta(\Delta, s) \leqslant \frac{O(i)}{i} = O(1)$$

結論として，新たに作られた台形の個数の期待値は，アルゴリズムの毎回の繰返しにおいて $O(1)$ であると言うことができる．よって，記憶領域の期待値に関する $O(n)$ という上界が得られる．

次に構成アルゴリズムの期待実行時間の上界について考えよう．問合せ時間と記憶領域に関する解析が与えられていれば，これは簡単である．線分 s_i を挿入するための時間が，$O(k_i)$ に $\mathcal{T}(S_{i-1})$ の中で s_i の左端点の位置を求めるのに必要な時間を加えたものであることを示せばよい．k_i と問合せ時間に関して先に得た上界を用いると，アルゴリズムの期待実行時間が次式で与えられることがすぐに分かる．

$$O(1) + \sum_{i=1}^{n}\left\{O(\log i) + O(\mathrm{E}[k_i])\right\} = O(n \log n)$$

これで証明を終る． □

もう一度，定理 6.3 における期待値はアルゴリズムによってなされるランダムな選択だけに関するものであることに注意しておこう．つまり，考えられるすべての入力について平均をとっているわけではない．したがって，悪い入力は存在しない．n 本の線分からなる**任意**の集合に対して，アルゴリズムの期待実行時間は $O(n \log n)$ である．

第 6.2 節
乱択逐次構成アルゴリズム

先に論じたように，定理 6.3 は可能なすべての質問点についての最長問合せ時間の期待値については何も保証していない．しかしながら，6.4 節では最長問合せ時間の期待値も $O(\log n)$ であることを証明する．よって，期待サイズが $O(n)$ で期待問合せ時間が $O(\log n)$ であるようなデータ構造を作ることができる．これは，任意の質問点 q に対する $O(n)$ サイズ，$O(\log n)$ 問合せ時間のデータ構造の**存在** (existence) も証明している— 定理 6.8 参照．

最後に元の問題，平面分割 S における点位置決定問題に戻ろう．S は n 本の辺をもつ 2 重連結辺リストとして与えられるものと仮定する．アルゴリズム TRAPEZOIDALMAP を用いて，S の辺の台形地図に対する探索構造 $\mathcal{D}$ を求める．しかしながら，S における点位置決定にこの探索構造を用いるためには，$\mathcal{D}$ のすべての葉節点に，その葉節点に対応する $\mathcal{T}(S)$ の台形を含む S の面 f へのポインタをつながなければならない．これは結構簡単である．第 2 章で述べたように，S の 2 重連結辺リストでは，それぞれの片辺についてその左に接続する面へのポインタが蓄えられている．右に接続する面は $Twin(\vec{e})$ から定数時間で求まる．よって，$\mathcal{T}(S)$ のすべての台形 Δ について，下から $top(\Delta)$ に接続する S の面を見るだけでよい．$top(\Delta)$ が R の上辺なら，Δ は S のただ 1 つの非有界面に含まれる．

次節では，線分が一般の位置にあるという仮定をなくしてもよいことを示す．これにより，定理 6.3 より制約の少ない定理が得られる．これから次の系が得られる．

系 6.4 S を n 辺の平面分割とする．任意の質問点 q に対して，点位置決定のための期待時間が $O(\log n)$ であるようなデータ構造で，期待記憶領域が $O(n)$ であるものを $O(n \log n)$ の期待時間で構成することができる．

6.3 縮退の取扱い

前節では，議論を簡単にするために 2 つの仮定を置いた．まず最初に，一般の位置にある線分の集合を仮定した．すなわち，異なる端点が同じ x 座標にあることはないという仮定である．2 番目に，質問点がその探索経路上の x 節点の垂直線上にのっていることはないし，y 節点の線分上にのっていることもないという仮定である．では，これらの仮定を取り除こう．

最初に，異なる端点が同じ垂直線上にあることはないという仮定を避ける方法を示そう．鍵になるのは，線分の台形地図を定義するのに選んだ垂直方向は重要ではないという観察である．したがって，座標系を少しだけ回転することができる．回転角が十分に小さいと，異なる端点が同じ垂直線上にのることはもはやあり得ない．しかしながら，非常に小さ

い角度の回転を行うには計算精度上の問題がある．入力座標値が整数であっても，計算を正しく行うにはかなり高い精度が要求される．もっとよい方法は，記号的に (symbolically) 回転を行うことである．第 5 章では別の形の記号的変換について述べた．すなわち，データ点が同じ x 座標値または同じ y 座標値をもつような場合を扱うための複素数である．本章では，そのような**記号的摂動法** (symbolic perturbation) を別の角度から眺めて，それを幾何学的に解釈しよう．

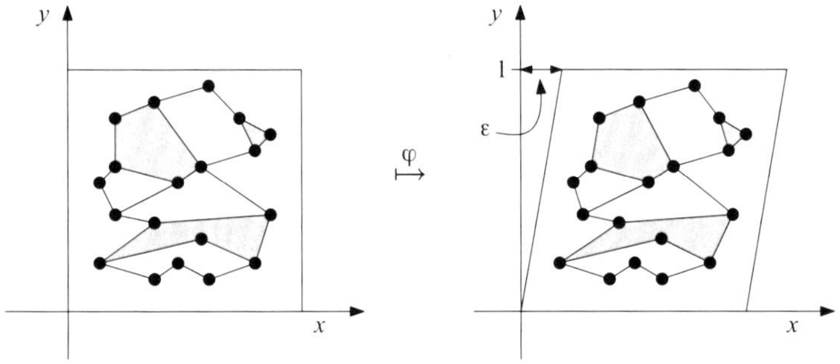

第 6.3 節
縮退の取扱い

図 6.9
シェア変換

回転を用いずに，**シェア変換** (shear transformation) と呼ばれるアフィン変換を用いた方が便利である．特に，ここで用いるのは，ある値 $\varepsilon > 0$ だけ x 軸に沿ってシェア変換したものである．

$$\varphi : \begin{pmatrix} x \\ y \end{pmatrix} \mapsto \begin{pmatrix} x + \varepsilon y \\ y \end{pmatrix}$$

図 6.9 は，このシェア変換の効果を図示したものである．この変換は垂直線を傾き $1/\varepsilon$ の直線に変換するものなので，同じ垂直線上にある任意の異なる 2 点は異なる x 座標値をもつ点に変換される．さらに，$\varepsilon > 0$ が十分に小さければ，この変換によって与えられた入力点の x 方向の順序が逆転することはない．この性質が成り立つことを保証する ε の上界を求めるのは難しくない．以下では，点の順序もシェア変換によって保存されるような十分に小さな値 $\varepsilon > 0$ が分かっているものと仮定する．驚くべきことに，後で ε の実際の値を計算する必要がないことが分かる．

任意の n 本の非交差線分の集合 S が与えられたとき，集合 $\varphi S := \{\varphi s : s \in S\}$ に関してアルゴリズム TRAPEZOIDALMAP を実行する．しかし，先に注意したように，実際にこの変換を実行しようとすると，数値計算上の問題が生じるので，次のようなトリックを用いる．すなわち，点 $\varphi p = (x + \varepsilon y, y)$ を単に (x, y) として蓄えるのである．これは一意に定まる表現である．このように表現された線分がアルゴリズムによって正しく処理されることを保証すればよい．ここでアルゴリズムが幾何学的なものを計算しないことが役に立つ．たとえば，垂直線の端点の座標値を計算したりはしない．アルゴリズムでは，入力点に 2 種類の初等的な操作を適用しているだけである．最初の操作は，異なる 2 点 p, q について，q が p を通る垂直線の左にあるか，右にあるか，それともその上にある

第 6 章
点位置決定問題

かを判定するというものである．2 番目の操作は，入力線分の 1 つについて，その両端点を p_1, p_2 と指定して，3 番目の点 q がこの線分より上にあるか，下にあるか，それともその上にのっているかを判定するというものである．この 2 番目の操作が適用されるのは，q を通る主直線がその線分と交差することがすでに分かっているときだけである．点 $p, q,$ p_1, p_2 はすべて入力集合 S の線分の端点である．（これら 2 つの操作だけを用いてアルゴリズムが実現されていることを確かめるために，再度アルゴリズムの記述に眼を通しておいた方がよい．）

最初の操作を 2 つの変換点 φp と φq に適用する方法を考えよう．これらの点の座標値は，それぞれ $(x_p + \varepsilon y_p, y_p)$ と $(x_q + \varepsilon y_q, y_q)$ である．$x_q \neq x_p$ ならば，x_q と x_p の関係によって判定の結果が決まる——結局のところ，この性質が成り立つように ε を選んだのである．$x_q = x_p$ ならば，y_q と y_p の関係により点の水平順序が決まる．したがって，任意の異なる点対に対して，（等しいものがないという意味で）厳密な水平順序が存在する．したがって，p と q が一致するとき以外は，φq が φp を通る垂直線上にあることは決してない．しかし，異なるどの 2 点も同じ x 座標値をもたないのであるから，これがちょうど必要としたものである．

2 番目の操作では，$\varphi p_1 = (x_1 + \varepsilon y_1, y_1)$ と $\varphi p_2 = (x_2 + \varepsilon y_2, y_2)$ を端点とする線分 φs が与えられたとき，点 $\varphi q = (x + \varepsilon y, y)$ が φs より上にあるか，それより下にあるか，あるいはちょうどその上にあるかを判定したい．このアルゴリズムは，この判定を行うときはいつでも φq を通る垂直線が φs と交差することを保証している．つまり，次式が成り立つ．

$$x_1 + \varepsilon y_1 \leqslant x + \varepsilon y \leqslant x_2 + \varepsilon y_2$$

これより，$x_1 \leqslant x \leqslant x_2$ を得る．さらに，$x = x_1$ ならば $y \geqslant y_1$ であり，$x = x_2$ ならば $y \leqslant y_2$ である．そこで，2 つの場合を区別して考えよう．

$x_1 = x_2$ のとき，変換前の線分 s は垂直である．$x_1 = x = x_2$ であるから，$y_1 \leqslant y \leqslant y_2$ となるが，これは q が s の上にあることを意味している．アフィン変換 φ は接続関係 (incidence) を保存する——変換前に 2 点が一致しているなら，変換後もそうである——から，φq は φs の上にあると結論づけることができる．

では，$x_1 < x_2$ の場合を考えよう．φq を通る垂直線が φs と交差することが分かっているから，φs に関して判定を行えば十分である．いま，変換 φ は点と直線の間の関係を保存することを確かめよう．点が与えられた直線より上に（ちょうどその上に，あるいはそれより下に）あるなら，変換後の点は変換後の直線より上に（ちょうどその上に，あるいはそれより下に）ある．したがって，単に変換前の点 q と線分 s に関して判定を行えばよいことになる．

これより，アルゴリズムを S ではなく φ に関して実行するためには，水平方向の順序を決めるために点を比較するときは辞書式順序を用いるように修正をするだけでよいことが分かる．もちろん，このアルゴリズ

ムで求まるのは φS に対する台形地図と $\mathcal{T}(\varphi S)$ に対する探索構造である．前に述べたように，ε の値は実際には必要ないので，最初にそのような値を計算する必要もないことに注意しよう．必要なのは，ε が十分に小さいということだけである．

上のシェア変換を用いて，どの異なる2点も異なる x 座標値をもたなければならないという仮定を取り除くことができた．では，質問点が探索経路上のどの x 節点の垂直線上にも，どの y 節点の線分にも含まれないという制約についてはどうだろうか．次に示すように，上記の方法はこの問題も解決している．

構成される探索構造は変換後の地図 $\mathcal{T}(\varphi S)$ に対するものであるから，問合せを行うときにも変換された質問点 φq を使わなければならない．言い換えると，探索の途中で行う比較は，すべて変換後の空間で行わないといけないが，変換後の空間での判定をどのようにして行えばよいかはすでに知っている．

x 節点では判定を辞書式順序で行わなければならない．その結果，異なるどの2点も垂直線上に含まれることはない．（トリック質問：もし変換 φ が全単射なら，どうすればこれを成り立たせることができるだろうか．）これは，x 節点での判定の結果が常に「より右」か「より左」であると言っているわけではない．判定の結果としては，「直線上にある」も可能である．しかし，これが生じるのは，質問点が節点に蓄えられた端点と一致するときだけであり，これが問合せに対する答になっているのである．

y 節点では，変換後の質問点が変換後の線分の上下どちらにあるかを判定しなければならない．上に述べた判定は，「より上」，「より下」，「その上」という3通りの結果をもつ．最初の2つの場合は問題がないので，その y 節点の対応する子節点に降りていけばよい．もし判定結果が「その上」であれば，変換前の点は変換前の線分の上にも乗っているので，この事実を問合せに対する答として報告すればよい．

これで，定理 6.3 を任意の非交差線分集合に一般化できたことになる．

定理 6.5 アルゴリズム TRAPEZOIDALMAP は n 本の非交差線分の集合 S の台形地図 $\mathcal{T}(S)$ と $\mathcal{T}(S)$ に対する探索構造 $\mathcal{D}$ を $O(n\log n)$ の期待時間で求める．探索構造の期待サイズは $O(n)$ であり，任意の質問点 q に対して，期待問合せ時間は $O(\log n)$ である．

6.4* 末尾評価

定理 6.5 は，任意の質問点 q に対して，問合せ時間の期待値は $O(\log n)$ であると述べている．これはかなり弱い結果である．事実，探索構造の

第 6 章
点位置決定問題

最長問合せ時間が小さいと期待する理由は見当たらない．線分をどのように並べ替えても，出来上がった探索構造がある質問点に対して悪い問合せ時間をもつということがあるかもしれない．本節では，そのような心配には及ばないことを証明しよう．すなわち，最長問合せ時間が悪くなる確率は非常に小さいのである．そのために，最初に次の**高確率の上界** (high-probability bound) を証明する．

補題 6.6 S を n 本の非交差線分の集合とし，q を質問点とする．また，λ を $\lambda > 0$ であるパラメータとする．このとき，アルゴリズム TRAPEZOIDALMAP によって求められた探索構造における q に対する探索経路が $3\lambda \ln(n+1)$ 個より多くの節点をもつ確率は，高々 $1/(n+1)^{\lambda \ln 1.25 - 1}$ である．

証明 $1 \leqslant i \leqslant n$ に対して確率変数 X_i を次のように定義したい．すなわち，X_i が 1 になるのは，アルゴリズムの i 回目の繰返しで q への探索経路上に少なくとも 1 つの節点が作られるときであり，そのような節点が作られないときは 0 という値をとる．残念ながら，このように定義した確率変数は独立ではない．（定理 6.3 の証明の中では独立性は必要なかったが，ここでは必要である．）したがって，少しトリックを使おう．

ソースとシンクを 1 つずつもつ閉路のない有向グラフ $\mathcal{G}$ を定義する．$\mathcal{G}$ におけるソースからシンクへの経路は S の順列に対応する．グラフ $\mathcal{G}$ を次のように定義する．空集合を含めて，S のすべての部分集合に対して 1 つの節点を設ける．少し用語を乱用して，しばしば「部分集合 S' に対応する節点」と言う代わりに「部分集合 S'」と言うことにする．節点は $n+1$ 個の層にグループ化されており，第 i 層は要素数 i の部分集合を含んでいるものと考えると便利である．第 0 層と第 n 層はともにちょうど 1 つの節点をもっており，それぞれ空集合と集合 S に対応していることに注意しよう．第 i 層の節点は，第 $i+1$ 層の節点のいくつかに向かう枝をもっている．もっと厳密に言うと，要素数 i の部分集合 S' が要素数 $i+1$ の部分集合 S'' に向かう枝をもつのは，$S' \subset S''$ のときであり，かつそのときに限る．言い換えると，部分集合 S' が部分集合 S'' に向かう枝をもつのは，S'' が S の 1 つの線分を S' に加えることによって得られるときである．枝にはこの線分をラベルとしてつける．第 i 層の部分集合 S' は入力枝をちょうど i 本だけもっており，それぞれに S' の線分がラベルとして付けられていること，また出力枝をちょうど $n-i$ 本だけもっており，それぞれに $S \setminus S'$ の線分がラベルとして付けられていることに注意しよう．

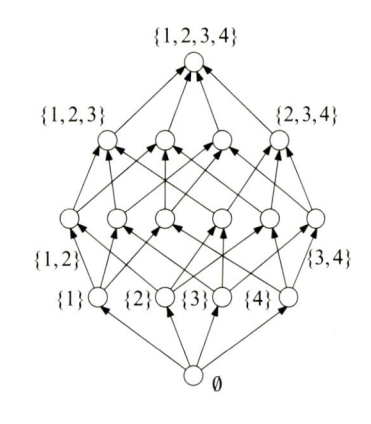

$\mathcal{G}$ におけるソースからシンクへの有向経路は，S の順列に 1 対 1 対応しており，したがってアルゴリズム TRAPEZOIDALMAP の実行順序に対応している．第 i 層の部分集合 S' から第 $i+1$ 層の部分集合 S'' への $\mathcal{G}$ の枝を考えよう．この枝にラベルとしてつけられた線分を s としよう．この枝は，s を S' の台形地図に挿入することを表している．この挿入によって

点 q を含んでいる台形に変化があれば，この枝にマークをつける．マークがついた枝の本数の評価を行うために，定理 6.3 の証明でも用いた後向き解析の議論を用いる．部分集合 S'' から削除されるときに q を含む台形を変化させる線分は高々 4 本しかない．したがって，$\mathcal{G}$ の任意の節点の入力枝のうちマークがついているものは高々 4 本しかないことになる．しかし，4 本未満の入力枝しかもたない節点もありうる．その場合は他の任意の入力枝にマークをして，マークされた枝がちょうど 4 本になるようにする．最初の 3 層にある節点は 4 本未満の入力枝しかもたないので，すべての入力枝にマークをつけることにする．

解析したいのは，q を含む台形が変化するステップ数の期待値である．言い換えると，$\mathcal{G}$ のソースシンク間のマーク枝の個数の期待値を解析したい．その目的のために，確率変数 X_i を次のように定義する：

$$X_i := \begin{cases} 1 & \mathcal{G} \text{ のソースシンク間の } i \text{ 番目の枝がマークされているとき} \\ 0 & \text{それ以外のとき} \end{cases}$$

147 頁でも確率変数 X_i を定義したが，今度の定義もよく似ている．経路上の i 番目の枝は，第 $i-1$ 層の節点から第 i 層の節点への枝であり，そのような枝はどれも等しい確率で第 i 番目の枝となる．第 i 層の節点はどれも i 本の入力枝をもっており，そのうちの正確に 4 本だけがマークされている（ただし，$i \geqslant 4$ と仮定している）ので，$i \geqslant 4$ に対して $\Pr[X_i = 1] = 4/i$ が成り立つことになる．$i < 4$ に対しては，$\Pr[X_i = 1] = 1 < 4/i$ が成り立つ．さらに，X_i は独立である（147 頁で定義された確率変数 X_i は独立ではなかった）ことに注意しよう．

$Y := \sum_{i=1}^{n} X_i$ としよう．q に関する探索経路上の節点数は高々 $3Y$ であるので，Y が $\lambda \ln(n+1)$ より大きくなる確率の上界を求めればよい．ここで用いる道具は**マルコフの不等式** (Markov's inequality) である．これは，任意の非負の確率変数 Z と任意の $\alpha > 0$ に対して

$$\Pr[Z \geqslant \alpha] \leqslant \frac{\mathrm{E}[Z]}{\alpha}$$

が成り立つというものである．よって，任意の $t > 0$ に対して，次式が成り立つ．

$$\Pr[Y \geqslant \lambda \ln(n+1)] = \Pr[e^{tY} \geqslant e^{t\lambda \ln(n+1)}] \leqslant e^{-t\lambda \ln(n+1)} \mathrm{E}[e^{tY}]$$

ここで，確率変数の和の期待値は期待値の和に等しいことに注意しよう．一般に，積の期待値は期待値の積には等しくないが，確率変数が独立であれば，両者は等しくなる．上で定義した X_i は独立なので，次のようになる．

$$\mathrm{E}[e^{tY}] = \mathrm{E}[e^{\sum_i t X_i}] = \mathrm{E}[\prod_i e^{tX_i}] = \prod_i \mathrm{E}[e^{tX_i}]$$

$t = \ln 1.25$ と選べば，以下のようになる．

$$\mathrm{E}[e^{tX_i}] \leqslant e^t \frac{4}{i} + e^0 \left(1 - \frac{4}{i}\right) = (1 + 1/4)\frac{4}{i} + 1 - \frac{4}{i} = 1 + \frac{1}{i} = \frac{1+i}{i}$$

第 6.4* 節
末尾評価

よって，結局次のようになる．

$$\prod_{i=1}^{n} \mathrm{E}[e^{tX_i}] \leqslant \frac{2}{1}\frac{3}{2}\cdots\frac{n+1}{n} = n+1$$

全部まとめると，証明したかった上界が得られる．

$$\Pr[Y \geqslant \lambda \ln(n+1)] \leqslant e^{-\lambda t \ln(n+1)}(n+1) = \frac{n+1}{(n+1)^{\lambda t}} = 1/(n+1)^{\lambda t - 1}$$

□

この補題を用いて，最大問合せ時間の期待値の上界を証明しよう．

補題 6.7 S を n 本の非交差線分の集合とし，$\lambda > 0$ をパラメータとする．このとき，S に対してアルゴリズム TRAPEZOIDALMAP が求める探索構造の探索経路の最大長が $3\lambda \ln(n+1)$ を超過する確率は，高々 $2/(n+1)^{\lambda \ln 1.25 - 3}$ である．

証明 2つの質問点 q と q' を探索構造 $\mathcal{D}$ の中で探索するとき，それらが同じ経路をたどるなら，q と q' は**同値** (equivalent) であるという．S のすべての端点を通る垂直線を引いて平面を垂直スラブに分割しよう．さらに，各スラブを S の線分によって台形に分割しよう．そうすると，平面は高々 $2(n+1)^2$ 個の台形に分解される．この分解でできる同じ台形に含まれる2点は，S に対して可能なすべての探索構造において同値である．結局，探索の途中で行われる比較は，質問点が線分の端点を通る垂直線の左右どちらにあるかの判定と，質問点が線分の上下どちらにあるかの判定だけである．

　これは，$\mathcal{D}$ の深さは，それぞれが異なる台形に含まれる高々 $2(n+1)^2$ 個の質問点に対する探索経路の長さの最大値に等しいことを意味している．補題 6.6 により，固定点 q に対する探索経路の長さが $3\lambda \ln(n+1)$ を超過する確率は高々 $1/(n+1)^{\lambda \ln 1.25 - 1}$ である．したがって，最悪の場合，$2(n+1)^2$ 個のテスト点の1つに対する探索経路の長さがこの上界を超える確率は高々 $2(n+1)^2/(n+1)^{\lambda \ln 1.25 - 1}$ である． □

この補題により，最長問合せ時間の期待値は $O(\log n)$ となる．ここで，たとえば $\lambda = 20$ としてみよう．すると $\mathcal{D}$ の深さが $3\lambda \ln(n+1)$ より大きくなる確率は高々 $2/(n+1)^{1.4}$ となるが，これは $n > 4$ のとき $1/4$ 以下である．言い換えると，$\mathcal{D}$ がよい問合せ時間をもつ確率は少なくとも $3/4$ となる．同様に，$\mathcal{D}$ のサイズが $O(n)$ となる確率は少なくとも $3/4$ であることを示すことができる．我々はすでにこの構造における探索経路の最大長が $O(\log n)$ であり，そのサイズが $O(n)$ ならば，アルゴリズムの実行時間は $O(n \log n)$ であることを見た．したがって，良好な問合せ時間，サイズ，構成時間を得る確率は少なくとも $1/2$ であると言える．

以上の議論より，最悪の場合の問合せ時間が $O(\log n)$ で，最悪の場合の記憶領域が $O(n)$ であるような探索構造を構成することができる．次のようにすればよい．まず，集合 S に対してアルゴリズム TRAPEZOIDALMAP を実行し，作成される探索構造のサイズと深さに注意しておく．適当に定数 c_1 と c_2 を選んでおいて，構成の途中でサイズが $c_1 n$ を超えたり，深さが $c_2 \log n$ を超えたりしたら，すぐにアルゴリズムの実行を中止し，新たな順列をランダムに選び直してアルゴリズムを最初から再実行する．1つの順列で望ましいサイズと深さをもつデータ構造が得られる確率は少なくとも 1/4 あるから，4 回も実行すれば望ましい結果を得て終ることができるものと期待できる．（事実，n が十分に大きいと，この確率はほぼ 1 であるので，試行回数の期待値は 1 よりほんの少し大きいだけである．）これより次の結果を得る．

定理 6.8 S を n 本の辺をもつ平面分割とする．S に対して，最悪の場合でも，記憶領域が $O(n)$ で問合せ時間が $O(\log n)$ である点位置決定のためのデータ構造が存在する．

上記の例における定数については，あまり説得力のある結果は得られていない―1 つの問合せを $60 \log n$ 個の節点を訪問して処理できると言ってもあまり魅力的ではない．しかしながら，同じ手法でずっとよい定数を証明することができる―演習問題 6.16 では読者に証明を託している．

上の定理は前処理時間については何も触れていない．実際，問合せ経路の最大長を記憶しておくためには $2(n+1)^2$ 個のテスト点を考えなければならない―補題 6.7 参照．これを単に $O(n \log n)$ 個のテスト点に減らすことができるが，これにより前処理の期待時間は $O(n \log^2 n)$ に増えてしまう．

6.5 文献と注釈

点位置決定問題は計算幾何学で長い歴史をもっている．初期の結果については Preparata と Shamos [323] によるサーベイがある．Snoeyink によるサーベイ [361] はもっと最近のものである．この問題に対して提案されたすべての方法の中で，$O(\log n)$ 探索時間と $O(n)$ 記憶領域という最適な複雑度をもつアプローチは基本的に 4 通りある．(1) 区分木と**フラクショナルカスケーディング**に基づく Edelsbrunner ら [161] による**チェイン法** (chain method)，（第 10 章も参照のこと）(2) Kirkpatrick [236] による**三角形詳細化法** (triangulation refinement)，(3) Sarnak と Tarjan [336] および Cole [135] による**残存性** (persistency) を利用したもの，および (4) Mulmuley [289] による乱択逐次構成法 (randomized incremental method) である．本書での説明は Seidel の論文 [345] によるものであり，解析に関しては Mulmuley のアルゴリズムに基づいている．

第 6 章
点位置決定問題

　最近の研究の傾向としては，平面分割が辺の挿入や削除によって更新される動的な点位置決定 (dynamic point location) へと進んでいる [41, 115, 120, 19]．動的点位置決定に関するサーベイとしては（今となっては少し時代遅れの感があるが），Chiang と Tamassia [121] によるものがある．

　3 次元以上での点位置決定問題は本質的にはまだ未解決である．3 次元での凸領域分割の一般的なデータ構造が Preparata と Tamassia [324] によって与えられている．$O(n \log n)$ の記憶領域と $O(\log^2 n)$ の問合せ時間を用いれば，静的な 3 次元の点位置決定の構造を得るために残存性の技法を用いた動的な点位置決定の構造を用いることもできる [361]．線形の記憶領域と $O(\log n)$ の応答時間をもつ構造は知られていない．高次元においては，**超平面のアレンジメント** (hyperplane arrangement) のような特別な領域分割に対してしか点位置決定のデータ構造が知られていない [95, 104, 131]．d 次元空間における n 個の超平面の集合 H によって定まる領域分割を考えると，この領域分割の組合せ複雑度（頂点数，辺数，等々）が最悪の場合に $\Theta(n^d)$ [158] であることは，よく知られた事実である．これについては，第 8 章の文献と注釈も参照されたい．Chazelle と Friedman [104] は，そのような領域分割を $O(n^d)$ の記憶領域で蓄えて，点位置決定の問合せに $O(\log n)$ 時間で答えられることを示した．この他にも効率のよい点位置決定が可能となる特殊な領域分割が知られている．凸多面体 [131, 266]，三角形のアレンジメント [59]，および代数多様体のアレンジメント [102] などである．

　3 次元以上の空間における点位置決定問題で効率よく解けるものとして，セルの形状に関する仮定を置くものがある．2 つ例を挙げると，長方形平面分割 (rectangular subdivision) [57, 162] と，いわゆる**太った領域分割** (fat subdivision) [51, 302, 309] である．

　点位置決定問合せでは，質問点を含む領域分割のセルのラベルを尋ねるのが普通である．d 次元空間における凸多面体の点位置決定に対しては，これは 2 通りの答しかないことを意味している．つまり，多面体の内部か外部かである．したがって，領域分割の組合せ複雑度よりずっと少ない記憶領域しか必要としない点位置決定用のデータ構造が得られてもおかしくない．n 個の半空間の共通部分として定義される凸多面体に対しては，この複雑度は $\Theta(n^{\lfloor d/2 \rfloor})$ 程度である [158]．これについては第 11 章の文献と注釈も参照されたい．実際，問合せ時間が $O(n^{1-1/\lfloor d/2 \rfloor} \log^{O(1)} n)$ でサイズが $O(n)$ であるようなデータ構造が存在する [264]．平面上の直線のアレンジメントは 2 乗の複雑度をもっているが，2 乗より少ない記憶領域しか必要としない**暗黙の点位置決定** (implicit point location) のデータ構造が提案されている [7, 160]．

6.6 演習

6.1 欄外に示した線分集合に対して，ある順序で線分を追加していくときの探索構造 $\mathcal{D}$ のグラフを描け．

6.2 探索構造のサイズが $\Theta(n^2)$ になり，最悪時の問合せ時間が $\Theta(n)$ になってしまうような n 本の線分とその順序の例を与えよ．

6.3 本章で考察したのは前処理を許す場合の点位置決定問題であり，平面分割と質問点が同時に与えられ，探索を高速化するための特別の前処理は行わない**単発の** (single shot) 問題は扱っていない．この演習問題と次の問題では，そのような問題について考える．

n 個の頂点をもつ単純多角形 $\mathcal{P}$ と質問点 q が与えられたとき，次のようなアルゴリズムで q が $\mathcal{P}$ の中にあるかどうかを判定できる．半直線 $\rho := \{(q_x+\lambda, q_y) : \lambda > 0\}$ を考えよう（これは，q から右に延びる水平な半直線である）．$\mathcal{P}$ のすべての辺 e に対して，それが ρ と交差するかどうかを判定する．もし，交差する辺の本数が奇数なら $q \in \mathcal{P}$ であり，そうでなければ $q \notin \mathcal{P}$ である．

このアルゴリズムが正しいことを証明し，退化した場合をどのように扱えばよいかを説明せよ．（縮退の 1 つのケースは，ρ が辺の端点を通る場合である．他にも特別な場合があるか．）このアルゴリズムの実行時間を求めよ．

6.4 n 個の頂点と辺をもつ平面分割 $\mathcal{S}$ と質問点 q が与えられたとき，q を含む $\mathcal{S}$ の面は $O(n)$ 時間で計算できることを示せ．$\mathcal{S}$ は 2 重連結辺リストで与えられると仮定せよ．

6.5 凸多角形 $\mathcal{P}$ が境界に沿ったソート順に並べられた n 個の頂点を配列に入れた形で与えられているとする．質問点 q が与えられたとき，q が $\mathcal{P}$ の内部にあるかどうかは $O(\log n)$ 時間で判定できることを示せ．

6.6 y 単調な多角形 $\mathcal{P}$ が境界に沿ったソート順に並べられた n 個の頂点を配列に入れた形で与えられているとする．前の演習問題に対する解を y 単調な多角形に一般化することはできるか．

6.7 多角形 $\mathcal{P}$ の内部に 1 点 p が存在して，$\mathcal{P}$ の内部の任意の他の点に対して線分 $\overline{pq}$ が $\mathcal{P}$ 内にあるとき，$\mathcal{P}$ は**星形** (star-shaped) であるという．そのような点 p は星形多角形 $\mathcal{P}$ と共に与えられるものと仮定せよ．前の演習問題のように，境界に沿ったソート順に配列に入れて与えられる．質問点 q が与えられたとき，q が $\mathcal{P}$ の内部にあるかどうかは $O(\log n)$ 時間で判定できることを示せ．$\mathcal{P}$ が星形であるが，点 p は与えられない場合はどうか．

6.8 非交差線分集合の台形地図を構成する**決定性の** (deterministic) アルゴリズム，すなわちランダムな選択を行わないアルゴリズムを設計

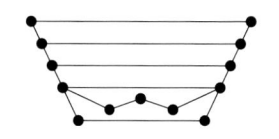

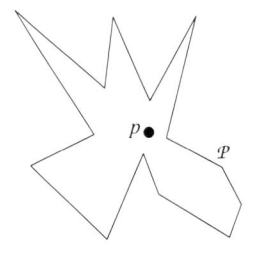

第6章
点位置決定問題

せよ．第2章で述べた平面走査法を用いよ．そのアルゴリズムの最悪の場合の実行時間は $O(n\log n)$ でなければならない．

6.9* 線分集合が与えられたとき，すべての交差線分対を期待時間 $O(n\log n + A)$ で求める乱択アルゴリズムを求めよ．ただし，A は交差線分対の個数である．

6.10 次の問題に対して $O(n\log n)$ の実行時間をもつアルゴリズムを設計せよ：n 点集合 P が与えられたとき，シェア変換 $\varphi:(x,y)\mapsto (x+\varepsilon y,y)$ が x 座標値に関する点の x 順序を変えないように $\varepsilon>0$ の値を定めよ．

6.11 S を平面上の非交差線分集合とし，s を S のどの線分とも交差しない新たな線分とする．$\mathcal{T}(S)$ の台形 Δ が $\mathcal{T}(S\cup\{s\})$ の台形でもあるのは，s が Δ の内部を通らないときであり，そのときに限ることを証明せよ．

6.12 アルゴリズム TRAPEZOIDALMAP の探索構造 $\mathcal{D}$ の内部節点数は，i 回目の繰返しで $k_i - 1$ だけ増えることを証明せよ．ただし，k_i は $\mathcal{T}(S_i)$ における新たな台形の個数である（したがって，$\mathcal{D}$ の新たな葉節点の個数でもある）．

6.13 **平面走査法**の議論を用いて，一般の位置にある n 本の線分の台形地図に含まれる台形の個数は高々 $3n+1$ であることを証明せよ．（すべての線分の端点で止まりながら，垂直な走査線を左から右に動かして平面を走査しているものとせよ．走査線が出会った台形の個数を数えよ．）

6.14 n 本の線分集合 S に対する台形地図としては，S が一般の位置にあるときだけについて定義を行った．任意の線分集合に対する台形地図 $\mathcal{T}(S)$ の定義を求めよ．台形の個数に関する $3n+1$ という上界はやはり成り立つことを証明せよ．

6.15 本章では地球表面上での点位置決定問題から始めたが，平面点位置決定問題しか扱っていない．しかし，地球は球体である．では，**球面領域分割** (spherical subdivision)—球の表面の領域分割—はどのように定義すべきか．そのような領域分割に対する点位置決定の構造を求めよ．

6.16 コンピュータグラフィックスの重要な問題の1つに**レイシューティング問題** (ray shooting problem) がある．その2次元版は次のようなものである．n 本の非交差線分集合をうまいデータ構造に蓄えて，「質問のレイ（半直線としての光線）ρ が与えられたとき，ρ が最初にぶつかる S の線分を求めよ」というタイプの問合せに高速に答えることができるようにせよ．（退化した場合の振舞いについては読者に定義を任せる．）

この演習問題では，**垂直なレイシューティング**を考える．すなわち，質問のレイは垂直に上方へ向かうものでなければならない．そ

のような問合せでは始点だけを指定すればよい．

一般の位置にある n 本の非交差線分集合の集合 S に対して垂直レイシューティング問題に対するデータ構造を求めよ．そのデータ構造の問合せ時間と記憶領域の上界を求めよ．また，前処理時間も求めよ．

線分どうしが交差していてもよいような場合についても同じことが可能か．

6.17* 定理 6.8 の証明を修正して，$O(\ )$ の記法を用いずに，節点の個数と探索構造の深さに対する上界を与えるようにし，それを証明せよ．本文では定理 6.8 の証明を詳細に証明しているが，もっとよい定数を与えるように修正しなければならない．

第 6.6 節
演習

7 ボロノイ図

郵便局問題

たとえば，読者がスーパーマーケットチェーンの新規出店計画の諮問委員会の委員として，新たな支店をある場所にオープンすべきかどうかを検討しているものとしよう．この新店舗が利益を出せるかどうかを予言するためには，どの程度の客が集まるかを推定しなければならない．そのためには，潜在的な顧客の振舞いをモデル化しなければならない．どこで買い物をするかを人々はどのように決定しているのだろうか．一国の経済活動を研究する社会地理学でも同様の疑問が生じる．都市の商圏とは何だろうか．もっと抽象的に言うと，ある商品やサービスを提供す

図7.1
オランダの12州の首府の商圏をボロノイ図で予測したもの

る中心的な場所—**サイト** (site) と呼ぶ—の集合が与えられていて，各サイトに対して，どこに人が住んでいて，誰がそのサイトから商品やサービスを得ているかを知りたい．(計算幾何学では，サイトと言えば，伝統的に顧客が手紙を投函する郵便局を指していた—本章の副題にあるとおりである．) このような問題を研究するために，次のような簡単化のための仮定を置く：

- 特定の商品やサービスの価格はすべてのサイトで同じである．
- 商品やサービスを得るためのコストは，価格プラスそのサイトへの運搬コストに等しい．
- あるサイトへの運搬コストは，そのサイトへのユークリッド距離と単位距離当りの固定価格の積に等しい．

第7章
ボロノイ図

■ 顧客は，商品やサービスを手に入れるコストを最小化しようとする．

これらの仮定は完全には満たされないのが普通である．商品の値段はサイトによって異なり，都市の中では運搬コストは2点間のユークリッド距離に関して線形ではないことが多いだろう．しかし，上のようなモデルはサイトの商圏を大雑把に近似していると言える．人々の振舞いが上記のモデルで予測されるものと異なることもあろうが，それについては何がそのような振舞いを起こす原因になっているかを調べる将来の研究に委ねよう．

興味があるのは，上記のモデルの幾何学的解釈である．このモデルにおける仮定から，考慮対象の全体領域は，同じ領域に住んでいる人々はすべて同じサイトに入るように，領域—そのサイトの商圏—に分割されることになる．上記の仮定は，人々は単に最も近いサイトで商品を手に入れることを意味するが，これはかなり現実的な状況である．したがって，与えられたサイトに対する商圏は，そのサイトが他のどのサイトよりも近くなるようなすべての点から構成されることになる．図7.1に一例を示す．同図のサイトは，オランダの12州の州都である．

すべての点が最も近いサイトに割り当てられるこのモデルは，**ボロノイ割当てモデル** (Voronoi assignment model) と呼ばれている．このモデルで定まる平面分割は，サイトに集合の**ボロノイ図** (Voronoi diagram) と呼ばれる．このボロノイ図から，そのサイトの商圏とそれらの関係に関するあらゆる種類の情報を引き出すことができる．たとえば，2つのサイトの領域が共通の境界をもっているなら，これら2つのサイトは境界領域に住んでいる顧客に対しては直接の競争相手となるだろう．

ボロノイ図は多才な幾何構造である．すでに社会地理学への応用について述べたが，ボロノイ図は，物理学，天文学，ロボティックスなどの多くの分野に応用されている．また，ボロノイ図は**ドロネー三角形分割** (Delaunay triangulation) の名前で知られているもう1つの重要な幾何構造と密接な関係にある．これについては第9章で述べる．本章では，平面上の点サイトの集合に対するボロノイ図について，その基本的な性質と構成方法に限定して話を進めていく．

7.1 定義と基本的な性質

2点 p, q 間のユークリッド距離 (Euclidean distance) を $\mathrm{dist}(p,q)$ で表すことにする．平面上では，

$$\mathrm{dist}(p,q) := \sqrt{(p_x - q_x)^2 + (p_y - q_y)^2}$$

である．$P := \{p_1, p_2, \ldots, p_n\}$ を，平面上の n 個の異なる点からなる集合とする．これらの点がサイトである．このとき，P のボロノイ図を，次のような性質をもつ平面分割として定義する：すなわち，P の各サイト

について 1 つのセル (cell) が対応するように平面が n 個のセルに分割されていて，点 q がサイト p_i に対応するセルに含まれるのは，$j \neq i$ であるすべての $p_j \in P$ について $\text{dist}(q, p_i) < \text{dist}(q, p_j)$ が成り立つときであり，かつそのときだけである．P のボロノイ図を $\text{Vor}(P)$ という記号で表す．用語を少しだけ乱用して，$\text{Vor}(P)$ とか「ボロノイ図」によってこの領域分割の辺と頂点だけを表すことがある．たとえば，ボロノイ図は連結であると言うとき，それは辺と頂点の和集合が連結な集合を形成することを意味する．サイト p_i に対応するセルを $\mathcal{V}(p_i)$ という記号で表す．これを p_i のボロノイセル (Voronoi cell) と言う．（本章のまえがきの用語では，$\mathcal{V}(p_i)$ はサイト p_i の商圏になる．）

では，ボロノイ図をもう少し詳しく見てみよう．最初に，1 つのボロノイセルの構造について考えよう．平面上の 2 点 p, q に対して，p と q の **2 等分線** (bisector of p and q) を，線分 $\overline{pq}$ の垂直 2 等分線として定義する．この 2 等分線は平面を 2 つの半平面に分割する．p を含む方の開半平面を $h(p, q)$ と記し，q を含む方の開半平面を $h(q, p)$ と記す．$r \in h(p, q)$ であることと $\text{dist}(r, p) < \text{dist}(r, q)$ は等価である．これから次の観察が得られる．

観察 7.1 $\mathcal{V}(p_i) = \bigcap_{1 \leq j \leq n, j \neq i} h(p_i, p_j)$

したがって，$\mathcal{V}(p_i)$ は $n-1$ 個の半平面の共通部分であり，したがって，高々 $n-1$ 個の頂点と高々 $n-1$ 本の辺によって囲まれた（有界でないかもしれない）開凸多角形領域である．

ボロノイ図全体はどのように見えるだろうか．ボロノイ図の各セルは多数の半平面の共通部分であるので，ボロノイ図はその辺が線分である平面分割であることを見たばかりである．辺の中には線分になっているものと，半直線のものがある．すべてのサイトが同一直線上にない限り，直線全体となる辺は存在しない．

定理 7.2 P を平面上の n 個の点サイトの集合とする．すべてのサイトが同一直線上にあれば，$\text{Vor}(P)$ は $n-1$ 本の平行線からなる．それ以外の場合は，$\text{Vor}(P)$ は連結で，その辺は線分か半直線である．

証明 定理の最初の部分の証明は簡単なので，P のすべてのサイトがすべて同一直線上にあるわけではないと仮定する．

まず，$\text{Vor}(P)$ の辺は線分か半直線であることを示そう．$\text{Vor}(P)$ の辺が直線の一部，すなわち，サイト間の 2 等分線の一部になっていることはすでに分かっている．そこで，矛盾を示すために，直線全体になっている $\text{Vor}(P)$ の辺 e があるとしよう．e はボロノイセル $\mathcal{V}(p_i)$ と $\mathcal{V}(p_j)$ の境界にあるものとしよう．$p_k \in P$ を p_i, p_j と同一直線上にはない点としよう．p_j と p_k の 2 等分線は e と平行ではない．したがって，e と交差する．しかし，$h(p_k, p_j)$ の内部にある e の部分は $\mathcal{V}(p_j)$ の境界上にあるこ

第 7.1 節
定義と基本的な性質

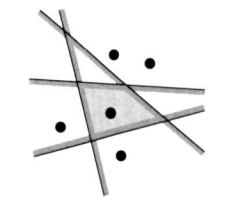

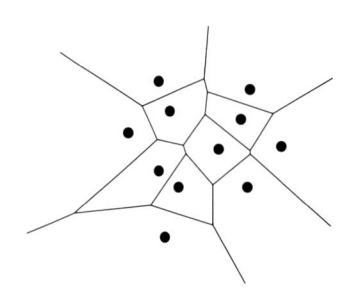

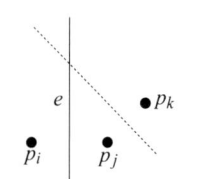

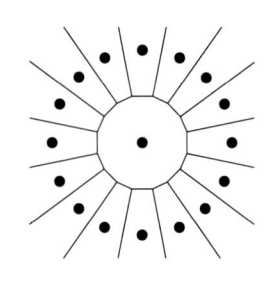

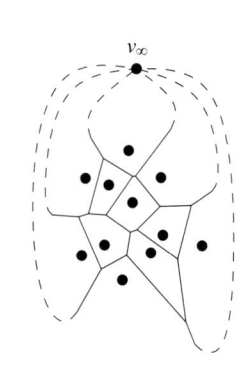

とはない．というのは，p_j より p_k の方に近いからである．これは矛盾である．

Vor(P) が連結であることはまだ証明していない．もしそうでないなら，平面を 2 分割するボロノイセル $\mathcal{V}(p_i)$ が存在することになる．ボロノイセルは凸であるから，$\mathcal{V}(p_i)$ は 2 本の直線で囲まれた細長い領域からなることになる．しかし，ボロノイ図の辺は直線全体になることはありえないことを上で証明したばかりである．したがって，矛盾が導けた．□

ボロノイ図の構造が分かったので，その複雑度，すなわち頂点と辺の総数を調べよう．サイトは n 個あり，各ボロノイセルは高々 $n-1$ 個の頂点と辺しかもたないから，Vor(P) の複雑度は高々 2 乗に比例する程度である．しかしながら，Vor(P) が実際に 2 乗に比例する複雑度をもつかどうかは明らかではない．1 つのボロノイセルが線形の複雑度をもつ例を構成するのは簡単であるが，多数のセルが線形の複雑度をもつことはありうるのだろうか．次の定理は，そのようなことはなく，ボロノイセルの平均頂点数は 6 未満であることを示している．

定理 7.3 平面上の n 個の点サイトの集合に対するボロノイ図の頂点数は，高々 $2n-5$ であり，辺数は高々 $3n-6$ である．

証明 もしすべてのサイトが一直線上にあれば，定理 7.2 より定理が直ちに得られるので，そうではないと仮定しよう．m_v 個の節点と m_e 本の枝と m_f 個の面をもつグラフを平面に埋め込んだものが連結であるとき，**オイラーの公式** (Euler's formula) によると，次の関係が成り立つ．

$$m_v - m_e + m_f = 2$$

オイラーの公式を Vor(P) に直接適用することはできない．というのは，Vor(P) は半無限の辺をもっているので，上記の性質を満たすグラフではないからである．上記の性質を満たすようにするために，頂点集合に "無限遠点" にある特別の頂点 v_∞ を加え，Vor(P) の半無限の辺がすべてこの頂点につながっているものと見なす．これでオイラーの公式が適用可能な連結平面グラフが得られた．Vor(P) の頂点数 n_v，Vor(P) の辺数 n_e およびサイト数 n に対して次の関係が成り立つ．

$$(n_v + 1) - n_e + n = 2 \tag{7.1}$$

さらに，このように定義された辺はすべて 2 個の頂点をもっているから，全頂点の次数の和を取ると辺数の 2 倍になる．v_∞ を含めて，どの頂点の次数も少なくとも 3 であるから，次式を得る．

$$2n_e \geqslant 3(n_v + 1) \tag{7.2}$$

これと式 (7.1) より定理を得る．□

本節の最後に，ボロノイ図の辺と頂点の性質を調べよう．辺はサイト対の2等分線の一部であり，頂点はこれらの2等分線の交点であることが分かっている．2等分線の本数は2乗に比例するが，$\text{Vor}(P)$ の複雑度は線形にすぎない．したがって，すべての2等分線が $\text{Vor}(P)$ の辺を定めるわけではなく，それらのすべての交点が $\text{Vor}(P)$ の頂点になるわけではない．どの2等分線とどの交点がボロノイ図の特徴を定義するのかを特徴づけるために，次の定義を行う．点 q に対して，P に関する q の**最大空円** (largest empty circle) を q を中心とし，その内部に P のどのサイトも含まない最大の円と定義し，$C_P(q)$ と記す．次の定理はボロノイ図の頂点と辺を特徴づけるものである．

第 7.1 節
定義と基本的な性質

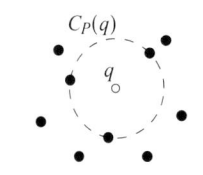

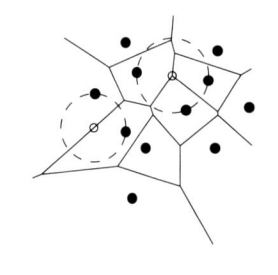

定理 7.4 点集合 P に対するボロノイ図 $\text{Vor}(P)$ に対して次のことが成り立つ．

(i) 点 q が $\text{Vor}(P)$ の頂点であるための必要十分条件は，最大空円 $C_P(q)$ がその境界上に3個以上のサイトを含むことである．

(ii) サイト p_i, p_j に対する2等分線が $\text{Vor}(P)$ の辺を定めるための必要十分条件は，その2等分線上に点 q が存在して，$C_P(q)$ がその境界上に p_i と p_j をともに含むが，それ以外のサイトは含まないことである．

証明 (i) $C_P(q)$ がその境界上に3個以上のサイトを含むような点 q が存在するとしよう．p_i, p_j, p_k をそのような3つのサイトとする．$C_P(q)$ の内部は空であるから，q は $\mathcal{V}(p_i), \mathcal{V}(p_j), \mathcal{V}(p_k)$ のそれぞれの境界上になければならず，また q は $\text{Vor}(P)$ の頂点でもなければならない．

他方，$\text{Vor}(P)$ のどの頂点 q も少なくとも3本の辺に，したがって，少なくとも3個のボロノイセル $\mathcal{V}(p_i), \mathcal{V}(p_j), \mathcal{V}(p_k)$ に接続している．頂点 q は p_i, p_j, p_k から等距離にあり，これらのサイトより q に近いサイトは存在しない．なぜなら，そうでなければ3つのボロノイセル $\mathcal{V}(p_i), \mathcal{V}(p_j), \mathcal{V}(p_k)$ が q で交差することはないからである．したがって，p_i, p_j, p_k を円周上に含む円の内部には他のサイトは含まれない．

(ii) 定理で述べた性質をもつ点 q が存在するとしよう．$C_P(q)$ はその内部に他のサイトを含まず，p_i と p_j はその境界上にあるから，すべての $1 \leq k \leq n$ に対して $\text{dist}(q, p_i) = \text{dist}(q, p_j) \leq \text{dist}(q, p_k)$ が成り立つ．したがって，q は $\text{Vor}(P)$ の辺上にあるか，$\text{Vor}(P)$ の頂点である．定理の最初の部分は，q が $\text{Vor}(P)$ の頂点とはなりえないことを意味している．したがって，q は $\text{Vor}(P)$ の辺上にあることになるが，これは p_i と p_j の2等分線によって定義されるものである．

逆に，p_i と p_j の2等分線がボロノイ辺を定義しているものとする．この辺の内部に任意に点 q をとって，その最大空円を求めると，それは p_i と p_j をその境界上に含み，他のサイトは含んでいない．

7.2 ボロノイ図の計算

前節ではボロノイ図の構造を調べた．そこで，今度はボロノイ図の求め方について考えよう．観察 7.1 から簡単な求め方が得られる．すなわち，各サイト p_i に対して，第 4 章で与えたアルゴリズムを用いて，すべての $j \neq i$ に関する半平面 $h(p_i, p_j)$ の共通部分を求めればよい．

この方法だと各ボロノイセルについて $O(n \log n)$ の時間がかかるので，ボロノイ図全体を求める $O(n^2 \log n)$ 時間のアルゴリズムということになる．もう少しうまくできないだろうか．ボロノイ図全体の複雑度は線形でしかないからである．答はイエスである．下に述べるような平面走査アルゴリズム—考案者の名前を取って **Fortune のアルゴリズム** (Fortune's algorithm) として一般に知られている—により，ボロノイ図は $O(n \log n)$ 時間で求められる．読者の中には，さらに高速のアルゴリズムはないか，たとえば線形時間のアルゴリズムはないかと考える人もいるだろうが，これは欲張りすぎである．n 個の実数をソートする問題がボロノイ図構成問題に還元可能であるので，ボロノイ図を求めるどんなアルゴリズムも最悪の場合には $\Omega(n \log n)$ の時間がかかってしまう．したがって，Fortune のアルゴリズムは最適である．

平面走査アルゴリズムの戦略は，水平線—**走査線** (sweep line)— を上から下に動かして平面を走査するというものである．走査を行っている間，求めたい構造に関する情報を管理しておく．もっと厳密に言うと，その構造と走査線との交差部分に関する情報を管理する．走査線が下方に移動していくとき，ある特別な点—**イベント点** (event point) —以外では情報は変化しない．

この一般的な戦略を平面上の点サイトの集合 $P = \{p_1, p_2, \ldots, p_n\}$ に対するボロノイ図の計算に適用しよう．平面走査法に基づいて，水平な走査線 ℓ を平面上で上から下まで動かしていく．この技法では，走査線とボロノイ図との交差部分を管理しておかなければならない．残念ながら，これは簡単なことではない．なぜなら，ℓ より上にある Vor(P) の部分は ℓ より上にあるサイトだけではなく ℓ より下にあるサイトにも依存するからである．表現を変えると，走査線がボロノイセル $\mathcal{V}(p_i)$ の最も上の頂点に達したとき，走査線は対応するサイト p_i にはまだ達していないのである．したがって，頂点を求めるのに必要な情報がすべて揃っているわけではない．そこで，少し違った形で平面走査法を適用せざるをえない．つまり，走査線 ℓ とボロノイ図の交差部分を管理するのではなく，ℓ より下のサイトによって変えることができない ℓ より上のサイトのボロノイ図の部分に関する情報を管理する．

ℓ より上の閉半平面を ℓ^+ と書くことにする．では，それ以上変更することができない ℓ より上のボロノイ図の部分とは何だろうか．言い換えると，どの点 $q \in \ell^+$ に対して，それらの最も近いサイトが何か確実に分かっているだろうか．点 $q \in \ell^+$ から ℓ より下の任意のサイトまでの距離は q から ℓ 自身への距離より大きい．したがって，q から $p_i \in \ell^+$ のあるサイトまでの距離が q から ℓ までの距離より大きくなければ，q に最も近いサイトが ℓ の下にあることはない．ℓ までの距離よりも $p_i \in \ell^+$ のあるサイトまでの距離の方が小さくなる点の範囲は，放物線によって境界が定められている．したがって，ℓ より上のサイトの方が ℓ 自身より近くなるような点の範囲は放物線の弧によって境界が定まることになる．この放物線の弧の系列を**ビーチライン** (beach line) と呼ぶ．ビーチラインは次のように視覚化することもできる．走査線より上のサイトはすべて完全な放物線 β_i を定める．ビーチラインは，—各 x 座標値について—すべての放物線の中で最も下の点を通る関数である．

第 7.2 節
ボロノイ図の計算

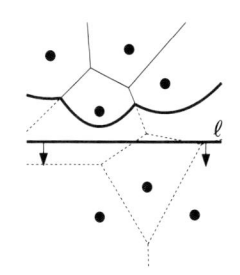

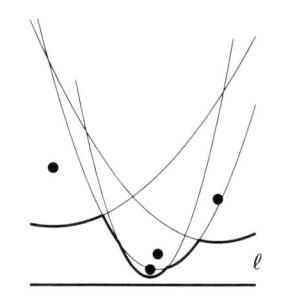

観察 7.5 ビーチラインは x 単調である，すなわち，すべての垂直線とちょうど1点でしか交差しない．

簡単に分かるように，1つの放物線がビーチラインに複数回現れることがある．1つの放物線がいくつの部分に分かれることがありうるかについては後で説明する．ビーチラインを構成している異なる放物線の弧の間の**ブレークポイント** (breakpoint) はボロノイ図の辺上にあることに注意しよう．これは偶然の一致ではない．走査線が上から下まで動く間，ブレークポイントは正確にボロノイ図をたどっている．ビーチラインのこれらの性質は初等幾何学的な議論だけで証明できる．

そこで，走査線 ℓ を動かしている間，ℓ と $\mathrm{Vor}(P)$ の交差部分を管理する代わりにビーチラインを管理することにする．ただ，ビーチラインを明示的に管理するわけではない．というのは，ℓ が動くときに連続的に変化するからである．しばらくの間，どこでどのようにビーチラインの組合せ構造が変化するかを理解するまで，ビーチラインを表現する方法に関する問題点を無視しよう．構造変化が生じるのは，新たな放物線の弧がビーチライン上に現れてくるときと，放物線の弧が1点に縮小し消えていくときである．

最初に，新たな弧がビーチラインに現れるイベントについて考えよう．1つの可能性は，走査線 ℓ が新たなサイトに到達したときである．このサイトによって定義される放物線は，最初は幅がゼロの退化した放物線である．すなわち，新たなサイトとビーチラインをつなぐ垂直線である．走査線が下方に移動していくと，新たな放物線は徐々に幅が広がっていく．以前のビーチラインの下にある新たな放物線の部分は，今では新たなビーチラインの一部である．図 7.2 はこの過程を図示したものである．新たなサイトにぶつかるイベントを**サイトイベント** (site event) と呼ぶ．

第7章
ボロノイ図

図 7.2
あるサイトに到達して新たな弧が
ビーチラインに現れる過程

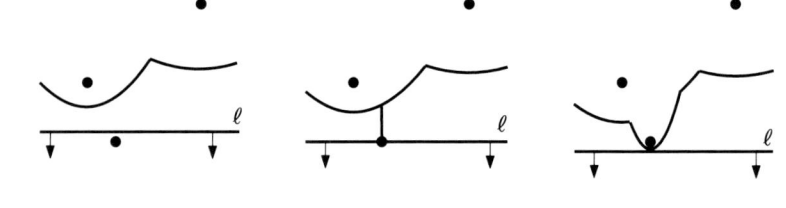

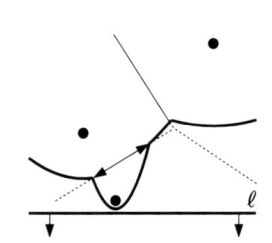

サイトイベントではボロノイ図に何が起こるのだろうか．ビーチライン上のブレークポイントがボロノイ図の辺をたどることに注意しよう．サイトイベントでは，2つの新たなブレークポイントが出現し，それらが辺上をたどりはじめる．実際，それらの新たなブレークポイントは最初は一致していて，同じ辺をたどりながら反対方向に動いていくのである．最初，この辺は走査線の上のボロノイ図の残りの部分とつながっていないが，後になって—正確にいつかはすぐ後で分かる—この辺が延びていって別の辺とぶつかり，ボロノイ図の残りの部分と連結になる．

というわけで，サイトイベントで何が起こるかが分かった．新たな弧がビーチラインに現れ，ボロノイ図の新たな辺をたどりはじめる．新たな弧が別の形でビーチラインに現れることがあるだろうか．答はノーである．

補題 7.6 サイトイベント以外で新たな弧がビーチラインに現れることはない．

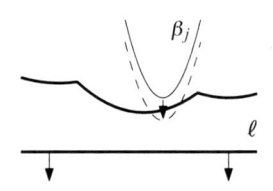

証明 背理法で証明するために，すでに存在するサイト p_j の放物線 β_j がビーチラインを突破するものと仮定しよう．このようなことが起こるとすると，2通り考えられる．

最初の可能性は，β_j が放物線 β_i の弧の中央を突破するというものである．これが起ころうとしている瞬間，β_i と β_j は互いに接している．すなわち，それらはちょうど1点で交差している．ℓ_y によって，この接触の瞬間における走査線の y 座標値を表すことにしよう．$p_j := (p_{j,x}, p_{j,y})$ なら，放物線 β_j は次式で与えられる．

$$\beta_j := \quad y = \frac{1}{2(p_{j,y} - \ell_y)}(x^2 - 2p_{j,x}x + p_{j,x}^2 + p_{j,y}^2 - \ell_y^2)$$

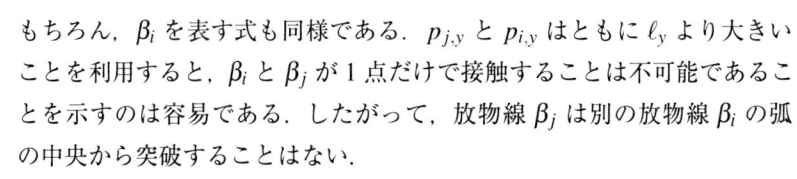

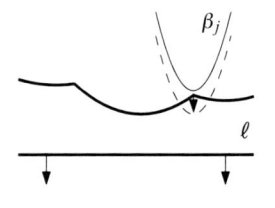

もちろん，β_i を表す式も同様である．$p_{j,y}$ と $p_{i,y}$ はともに ℓ_y より大きいことを利用すると，β_i と β_j が1点だけで接触することは不可能であることを示すのは容易である．したがって，放物線 β_j は別の放物線 β_i の弧の中央から突破することはない．

2番目の可能性は，β_j が2つの弧の間から出現するというものである．これらの弧は放物線 β_i と β_k の一部であるとしよう．図 7.3 に示すように，q を β_i と β_k の交点とし，そこで β_j がビーチラインに出現しようとしているものとし，さらに β_i は q の左のビーチライン上にあり，β_k は q の右のビーチライン上にあると仮定する．すると，これらの放物線を定義している3つのサイト p_i, p_j, p_k を通る円 C が存在する．この円も

ある点 p_ℓ で走査線 ℓ に接触している．C 上で ℓ との接点から始めて時計回りに並べると，p_ℓ, p_i, p_j, p_k という順になる．というのは，β_j は β_i と β_k の間に出現すると仮定したからである．円 C を ℓ に接触させたまま走査線を下方に無限小の距離だけ移動させてみよう．図 7.3 参照．この

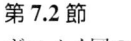

第7.2節
ボロノイ図の計算

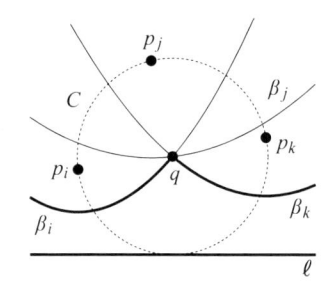

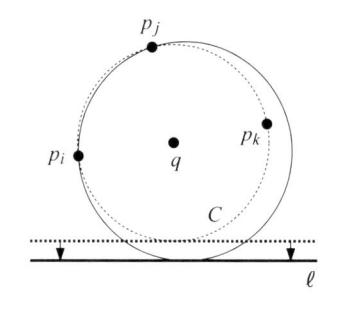

図 7.3
β_j がビーチライン上に出現する状況と，走査線が進んだときの円

とき，C の内部は空ではなく，まだ p_j を通っている．p_i か p_k が内部に入り込もうとしている．したがって，q の十分小さい近傍において，放物線が下方に進むとき，放物線 β_j がビーチラインに出現することはない．なぜなら，p_i か p_k が p_j より ℓ に近くなってしまうからである．□

この補題より直ちに，ビーチラインは高々 $2n-1$ 個の放物線の弧からなることが分かる．各サイトに出会うたびに 1 つの新たな弧が生じ，そのときに存在する高々 1 個の弧を 2 個に分ける．これ以外に弧がビーチラインに出現することはない．

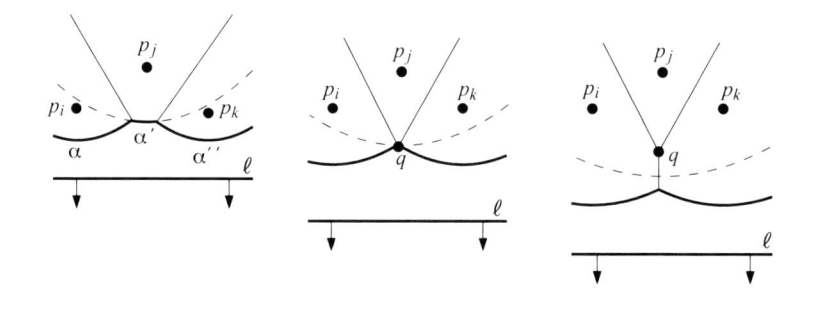

図 7.4
弧がビーチラインから消えていく様子

平面走査法における 2 番目のタイプのイベントが起こるのは，図 7.4 に示すように，ビーチラインにある弧が 1 点に縮小し消えていく所である．α' を消えていく弧とし，消える前に α' の両隣にあった弧を α と α'' とする．弧 α と α'' が同じ放物線に属することはない．この可能性がないことは補題 7.6 の証明で最初の場合が起こらないことを証明したのと同じ方法で証明できる．したがって，3 つの弧 $\alpha, \alpha', \alpha''$ は 3 つの異なるサイト p_i, p_j, p_k によって定まる．α' が消えるとき，これら 3 サイトで定まる放物線たちは共通の点 q を通ることになる．点 q は ℓ とこれら 3 つのサイトのそれぞれと等距離にあるので，p_i, p_j, p_k を通り q を中心とする円で，最下点が ℓ 上にあるような円が存在する．この円の内部にサイト

が存在することはない．なぜなら，そのようなサイトがあれば，q との距離が q と ℓ までの距離より小さくなってしまうからであるが，これは q がビーチライン上にあることに矛盾する．したがって，点 q はボロノイ図の頂点である．これは驚くことではない．というのは，先に見たようにビーチライン上のブレークポイントはボロノイ図をたどっているからである．そこで，1 つの弧がビーチラインから消えて 2 つのブレークポイントが一致するようになるとき，ボロノイ図の 2 つの辺も交差することになる．走査線がビーチライン上の連続する弧を定める 3 つのサイトを通る円の最下点に到達するときのイベントを，**円イベント** (circle event) と呼ぶ．以上より，次の補題が得られる．

補題 7.7 円イベント以外で現存する弧がビーチラインから消えることはない．

以上で，ビーチラインの組合せ構造が，どこで，どのように変化するかが分かった．サイトイベントで新たな弧が現れ，円イベントでそれまで存在した弧がなくなる．これが現在構成中のボロノイ図とも関係があることも分かっている．サイトイベントでは，新たな辺が成長を始め，円イベントでは 2 つの成長している辺が交差して頂点を形成する．残っているのは，走査の間に必要な情報を管理するための適切なデータ構造を求めることである．ここでの目標はボロノイ図を求めることであるから，これまでに求められたボロノイ図の部分を蓄えるデータ構造が必要である．また，どんな走査線アルゴリズムでも標準的なデータ構造は必要である．すなわち，**イベントキュー** (event queue) と，**走査線状態** (sweep line status) を蓄えるデータ構造である．ここで，後者のデータ構造はビーチラインを表現するものである．これらのデータ構造は次のように実現できる．

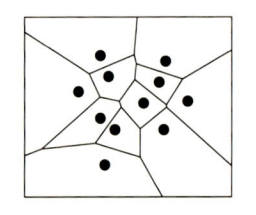

- 平面分割を表現する一般的な表現方法である 2 重連結辺リストを用いて，構成中のボロノイ図を蓄える．しかしながら，ボロノイ図は第 2 章で定義したような平面分割ではない．つまり，辺の中には半直線のものもあれば直線全体のものもあり，これらは 2 重連結辺リストでは表現できない．しかし，構成中にこれが問題になることはない．というのは，ビーチラインの表現—以下に述べる—により，2 重連結辺リストの適切な部分に効率よくアクセスすることが可能になるからである．もちろん，計算が終了したときには正しい 2 重連結辺リストが得られていなければならない．そのために，ボロノイ図のすべて頂点を含む十分に大きな限界長方形を考える．最終的に求めたい平面分割は，この包含長方形とその内部でのボロノイ図である．

- ビーチラインは平衡 2 分探索木 $\mathcal{T}$ によって表現する．これは状態構造である．その葉節点は x 単調なビーチラインの弧に順序よく対応している．すなわち，最も左の葉節点は最も左の弧を表し，次の葉節点

は左から 2 番目の弧を表している．各葉節点 μ には，対応する弧を定義するサイトが蓄えられている．$\mathcal{T}$ の内部節点はビーチラインのブレークポイントを表している．ブレークポイントはサイトの順序対 $\langle p_i, p_j \rangle$ の形で内部節点に蓄えられる．ここで，p_i はそのブレークポイントの左にある放物線を定義し，p_j はその右にある放物線を定義するものである．このようにビーチラインを表現しておくと，新たなサイトの上にあるビーチラインの弧を $O(\log n)$ 時間で求めることができる．内部節点では，単に新たなサイトの x 座標値をブレークポイントの x 座標値と比較するだけである．後者の座標値は，ブレークポイントに対応するサイト対と走査線の位置を用いて定数時間で計算できる．ここで，放物線を明示的には蓄えていないことに注意しよう．$\mathcal{T}$ では，走査の間に用いる他の 2 つのデータ構造へのポインタも蓄えている．弧 α を表している $\mathcal{T}$ の各葉節点には，イベントキューの節点，すなわち α が消失する円イベントを表す節点へのポインタが蓄えられている．このポインタは，α が消失する円イベントが存在しないとき，あるいは，この円イベントがまだ検出されていないとき **nil** である．最後に，すべての内部節点 ν は，ボロノイ図を二重連結辺リストで表現したときの片辺へのポインタをもっている．もっと詳細に言うと，ν は，ν によって表現されるブレークポイントによって辿り終わった辺の片辺の 1 つへのポインタをもつ．

第 7.2 節
ボロノイ図の計算

■ イベントキュー Q は，y 座標値でイベントの優先順位を表す優先順位つきキューによって実現できる．そこには，すでに分かっている将来のイベントが蓄えられる．サイトイベントに対しては，単にそのサイト自身を蓄える．円イベントについては，その円の最下点をイベント点として蓄えると共に，そのイベントで消失する弧を表す $\mathcal{T}$ の葉節点へのポインタも蓄える．

サイトイベントについては全部あらかじめ分かっているが，円イベントはそうではない．したがって，最後に残された問題は，円イベントの検出方法である．

走査の間，ビーチラインは各イベントにおいてその位相構造を変える．これによって連続する弧の新たな 3 つ組がビーチラインに出現させ，それによって現在の 3 つ組が消失するかもしれない．ここでのアルゴリズム 1 では，意味のある円イベントを定義するビーチライン上の 3 つの連続する弧に対して意味のある円イベントがイベントキュー Q に蓄えられることを確かめる．ここで 2 点微妙な問題がある．まず，その 2 つのブレークポイントが収束しない連続する 3 つ組が存在するかも知れない．すなわち，それらが移動する方向は将来それらが交差しないような方向かも知れない．これが起こるのは，その交点からブレークポイントが 2 つの等分線に沿って移動するときである．

この場合，この 3 つ組は意味のある円イベントを定めない．第 2 に，3

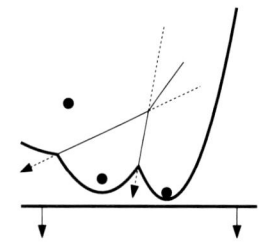

つ組が収束するブレークポイントをもったとしても，対応する円イベントは必ずしも起こるとは限らないのである．この3つ組がイベントが起こる前に消失するということも起こりうる（たとえば，ビーチラインに新たなサイトが出現するような場合である）．このような場合，このイベントのことを**誤警報** (false alarm) と呼ぶ．

そこで，アルゴリズムでは次のようにする．各イベントにおいて，出現する連続する弧の新たな3つ組を調べる．たとえば，あるサイトイベントでは3つの新たな3つ組を得ることもある．1つは新しい弧が3つ組の左の弧の場合，2番目はそれが中央の弧の場合，3番目はそれが右の弧の場合である．そのような新たな3つ組が収束するブレークポイントをもつとき，そのイベントがイベントキュー $\mathcal{Q}$ に挿入される．サイトイベントのとき，新たな弧が中央のものであるような3つ組は円イベントを引き起こすことは決してない．というのは，その3つ組の左と右の弧は同じ放物線に属しており，したがって，そのブレークポイントは発散するはずだからである．さらに，すべての消失する3つ組に対して，それらが $\mathcal{Q}$ に対応するイベントをもつかどうかが調べられる．もしそうなら，そのイベントは明らかに誤警報であり，$\mathcal{Q}$ から取り除かなければならないものである．$\mathcal{T}$ の葉から $\mathcal{Q}$ の対応する円イベントに対してもっているポインタを用いると，これは簡単にできる．

補題 7.8 ボロノイ頂点はすべて円イベントによって検出できる．

証明 ボロノイ頂点 q に対して，p_i, p_j, p_k をこれらの点を通り，内部には他の点を含まない円 $C(p_i, p_j, p_k)$ を定める3つのサイトとする．定理7.4により，そのような円と3つのサイトは確かに存在する．簡単のため，$C(p_i, p_j, p_k)$ 上に他のサイトがなく，$C(p_i, p_j, p_k)$ の最下点がそれら3つのサイトにうちの1つではない場合だけを証明しよう．一般性を失うことなく，$C(p_i, p_j, p_k)$ の最下点から時計回りに円周上をたどったとき，p_i, p_j, p_k の順に出会うものと仮定する．

証明すべきことは，走査線が $C(p_i, p_j, p_k)$ の最下点に到達する直前に，ビーチライン上には3サイト p_i, p_j, p_k によって定義される3つの連続する弧 $\alpha, \alpha', \alpha''$ が存在するということである．そのときにだけ円イベントが発生する．そこで，走査線が $C(p_i, p_j, p_k)$ の最下点に到達するほんの少し前を考えよう．$C(p_i, p_j, p_k)$ は，その内部と円周上に他のサイトを含んでいないから，p_i と p_j を通り走査線に接し，かつ内部にサイトを含まない円が存在する．よって，ビーチライン上に p_i と p_j によって定義される隣接した弧が存在する．同様に，p_j と p_k によって定義される隣接した弧も存在する．p_j によって定義されるこれら2つの弧は実際には同じ弧であることがすぐに分かるから，ビーチライン上には p_i, p_j, p_k によって定義される3つの連続する弧が存在することになる．したがって，対応する円イベントは，このイベントが発

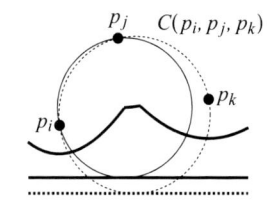

生する直前にはQにあり，このボロノイ頂点が検出されることになる．□

これで平面走査アルゴリズムを詳細に説明することができる．すべてのイベントを処理してイベントキューQが空になった後でもビーチラインはまだ消え去ってはいないことに注意しよう．まだ残っているブレークポイントはボロノイ図の半無限の辺に対応している．先に述べたように，2重連結辺リストは半無限の辺を表現することができないので，これらの辺がぶつかるようにシーンに包含長方形を加えなければならない．したがって，アルゴリズムの全体の構造は次のようになる．

第7.2節
ボロノイ図の計算

アルゴリズム VORONOIDIAGRAM(P)
入力：平面上の点サイトの集合 $P := \{p_1, \ldots, p_n\}$.
出力：限界長方形の内部のボロノイ図 Vor(P) を2重連結辺リスト $\mathcal{D}$ で表現したもの.

1. イベントキュー $\mathcal{Q}$ にすべてのサイトイベントを入れて初期化する．また，状態構造 $\mathcal{T}$ と2重連結変リスト $\mathcal{D}$ を空に初期化する．
2. **while** $\mathcal{Q}$ が空でない
3.   **do** $\mathcal{Q}$ の中で最大の y 座標値をもつイベントを $\mathcal{Q}$ から削除する．
4.   **if** そのイベントがサイト p_i で生じるサイトイベントである
5.   **then** HANDLESITEEVENT(p_i)
6.   **else** HANDLECIRCLEEVENT(γ)，ただし，γ は消えていく弧を表す $\mathcal{T}$ の葉である．
7. $\mathcal{T}$ に残っている内部節点はボロノイ図の半無限辺に対応する．その内部にボロノイ図のすべての頂点を含む包含長方形を求め，2重連結辺リストを適当に更新することによって，半無限辺を包含長方形に付加する．
8. 2重連結辺リストの片辺をたどって，セルレコードと片辺との間の双方向のポインタを付加する．

イベントを処理する手続きは以下のとおりである．

HANDLESITEEVENT(p_i)
1. $\mathcal{T}$ が空のとき，p_i を挿入して（これによって，$\mathcal{T}$ は p_i を蓄える単一の葉からなる）終わる．そうでないときは，ステップ2〜5を繰り返す．
2. $\mathcal{T}$ において p_i から垂直に上にある弧 α を探索する．もし α を表す葉が $\mathcal{Q}$ の円イベントへのポインタをもつなら，この円イベントは誤警報であるので，それを $\mathcal{Q}$ から削除しなければならない．
3. α を表す $\mathcal{T}$ の葉節点を，3個の葉節点をもつ部分木で置き換える．中央の葉節点には新たなサイト p_i を蓄え，残りの2個の葉節点には，元々 α と一緒に蓄えられていたサイト p_j を蓄える．また，新たな2個の内部節点に新たなブレークポイントを表す対 $\langle p_j, p_i \rangle$ と

$\langle p_i, p_j \rangle$ を蓄える．必要なら，$\mathcal{T}$ 上で再平衡化の操作を行う．

4. $\mathcal{V}(p_i)$ と $\mathcal{V}(p_j)$ を分離する辺に対して，ボロノイ図の構造に新たなレコードを作製するが，これらの辺は新たな 2 つのブレークポイントによってたどられることになる．

5. ブレークポイントが収束するかどうかを見るために，p_i に対する新たな弧が左の弧であるような連続する弧の 3 項組を調べる．もしそうならば，その円イベントを $\mathcal{Q}$ に挿入し，$\mathcal{T}$ の節点と $\mathcal{Q}$ の節点の間にポインタを加える．新たな弧が右の弧であるような 3 つ組についても同じ操作を行う．

HandleCircleEvent(γ)

1. 消えようとしている弧 α を表す葉節点 γ を $\mathcal{T}$ から削除する．内部節点にあるブレークポイントを表す 3 項組を更新する．必要なら $\mathcal{T}$ に関して再平衡化の操作を行う．α を含むすべての円イベントを $\mathcal{Q}$ から削除する．これらは，$\mathcal{T}$ における γ の先行節点と後続節点からのポインタを用いると見つけることができる．（α が中央の弧であるような円イベントは今処理中であるので，すでに $\mathcal{Q}$ から取り除かれている．）

2. イベントを引き起こす円の中心を構成中のボロノイ図を蓄えている 2 重連結辺リスト $\mathcal{D}$ に頂点レコードとして加える．ビーチラインの新たなブレークポイントに対応する 2 つの片辺レコードを作る．また，それらの間をポインタで適切につなぐ．これら 3 つの新たなレコードを，その頂点で終る片辺レコードに付加する．

3. 中央の弧として α の以前の左の近傍をもっていた新たな 3 連続弧を調べるが，それはこの 3 項組の 2 つのブレークポイントが収束するかどうかを見るためである．もしそうなら，対応する円イベントを $\mathcal{Q}$ に入れる．また，$\mathcal{Q}$ の新たな円イベントと $\mathcal{T}$ の対応する葉節点の間にポインタを設定する．以前の右の近傍が中央の弧であるような 3 項組についても同じことを行う．

補題 7.9 上のアルゴリズムの実行時間は $O(n \log n)$ であり，記憶領域は $O(n)$ である．

証明 要素の挿入や削除のような，木 $\mathcal{T}$ とイベントキュー $\mathcal{Q}$ に関する基本的な操作は，いずれも $O(\log n)$ 時間でできる．また，2 重連結辺リストに関する操作は定数時間でできる．1 つのイベントを処理するのに必要な基本操作の回数は定数であるから，1 つのイベントの処理に必要な時間は $O(\log n)$ である．明らかに，n 個のサイトイベントがある．円イベントの個数については，処理される円イベントはすべて $\mathrm{Vor}(P)$ の頂点を定義していることが分かっている．誤警報については，それらを処理する前に $\mathcal{Q}$ から削除されることに注意しておこう．それらは，別の実際

のイベントを処理している間に作り出され，そして削除される．それらにかかる時間は，この実際のイベントを処理するのにかかる時間の中に含まれている．したがって，処理される円イベントの個数は高々 $2n-5$ である．よって，実行時間と記憶領域に関する上界が得られる． □

第 7.2 節
ボロノイ図の計算

本節の最終結果を述べる前に，縮退の場合について説明をしておこう．

　上のアルゴリズムはイベントを上から下へと処理していくので，2 つ以上のイベントが 1 つの水平線上にあれば縮退となる．これが生じるのは，たとえば，同じ y 座標値をもつサイトが 2 つある場合である．x 座標値さえ異なるなら，これらのイベントをどんな順序で処理してもよいことは簡単に分かる．そこで，y 座標値は同じだが x 座標値は異なるようなイベントについては，どのようにタイブレークをしてもよい．しかしながら，このような状況がアルゴリズムの開始時に生じるとき，すなわち，2 番目のサイトイベントが最初のサイトイベントと同じ y 座標をもつとき，2 番目のサイトの上にはまだ弧がないので，特別な処理が必要になる．そこで，全く一致するイベント点があったとしよう．たとえば，4 個以上のサイトが同一円周上にあり，その円の内部が空であるような場合には，いくつかの円イベントが一致することがある．この円の中心はボロノイ図の頂点である．この頂点の次数は少なくとも 4 である．このような縮退の場合を処理するために例外処理用のプログラムを書くこともできるが，そうする必要はない．アルゴリズムにこれらのイベントを任意の順序で処理させるとどうなるだろうか．次数 4 の頂点を作り出す代わりに，次数 3 の頂点を 2 個同じ場所に作って，それらを長さゼロの辺で結ぶことになるが，これらの退化した辺については，必要なら後処理として取り除くこともできる．

長さゼロの辺

　イベントの処理順を選ぶときの縮退の他に，イベントを処理する際にも縮退が起こりうる．処理しようとしているサイト p_i が，たまたまビーチライン上の 2 つの弧の間のブレークポイントの真下にあるときが問題である．この場合，アルゴリズムはこれらの 2 つの弧を分割して p_i に対する弧をこの 2 つの部分の間に挿入するが，その一方の長さはゼロである．この長さゼロの部分は円イベントを定める 3 項組の中央の弧になっている．この円の最も下の点は p_i と一致する．アルゴリズムでは，ビーチライン上にその円イベントを定める 3 連続弧が存在するから，この円イベントはイベントキュー Q に挿入される．この円イベントを処理するとき，ボロノイ図の頂点は正しく作られ，長さゼロの弧は後で削除することが可能である．これとは別の縮退が生じるのは，ビーチライン上の 3 連続弧が同一直線上にある 3 つのサイトによって定義されているときである．このとき，それらのサイトは点も円イベントも定義しない．

　結論として，上のアルゴリズムは縮退の場合も正しく処理を行うと言うことができる．

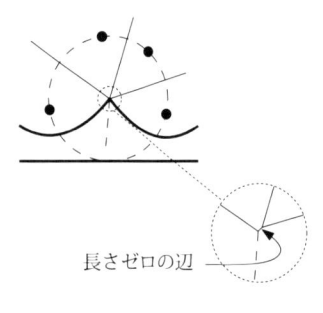

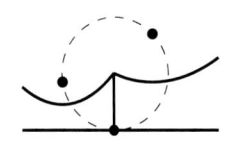

定理 7.10 平面上の n 個の点サイトの集合に対するボロノイ図は，平面走査アルゴリズムにより，$O(n \log n)$ 時間と $O(n)$ の記憶領域で計算できる．

7.3 線分のボロノイ図

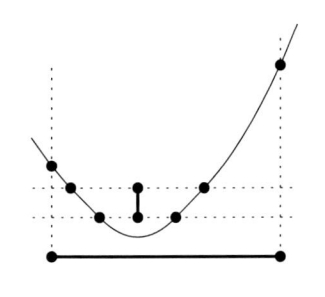

点以外の物体に対してもボロノイ図を定義することができる．このとき，平面上の点から物体への距離はその物体上の最近点までの距離として測られる．2点の2等分線は単に直線であるが，2つの互いに共通部分をもたない線分の2等分線はより複雑な形状をもつ．それは7つの部分からなるが，それぞれの部分は線分か放物線の弧である．放物線の弧が生じるのは，一方の線分の最近点が端点であり，他方の線分の最近点がその内部にあるときである．それ以外のすべての場合，2等分部分は直線となる．2等分線も複雑になり，したがってボロノイ図ももう少し複雑になるが，n 本の互いに共通部分をもたない線分に対するボロノイ図の頂点数，辺数，および面数は $O(n)$ のままである．

しばらくの間，線分は真に交差することはないが，端点は共有してもよいとする．そうすると，平面のある領域全体が2本の線分に対して，それらの共有の端点により等距離になることがあり，その場合には2等分線は曲線でもなくなる．端点を共有する線分のボロノイ図を定義したり，計算したりするときに生じるこのような複雑な状況を避けるために，ここでは単純にどの線分も互いに素である（共通部分をもたない）と仮定する．多くの応用例では，互いに素な線分を得るのに，線分を単に少しだけ短くすれば済む．

線分のサイトを扱えるように走査線アルゴリズムに手を入れることができる．$S = \{s_1, \ldots, s_n\}$ を互いに素な線分の集合とする．以前と同じように，S の線分のことを**サイト**と呼び，次の説明において**サイト端点** (site endpoint) と**サイト内部** (site interior) という用語を用いる．

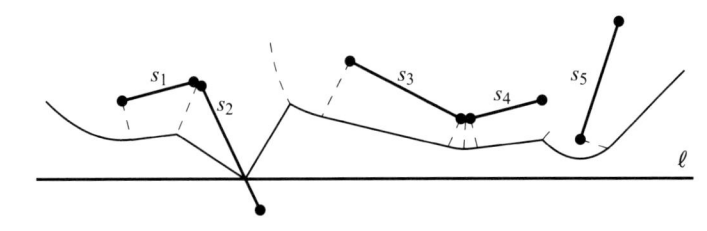

図 7.5
p_j によって定義される弧 α が消えるとき，Q の3つの円イベントがなくされる

点集合に対するアルゴリズムではビーチラインを保持していたことを思い出そう．すなわち，区分的に放物線で x 単調な曲線であるが，その曲線上の点に対しては走査線より上の最近点までの距離が走査線までの距離と等しいという性質をもっていた．では，サイトが線分のとき，ビーチラインはどのようなものだろうか．まず注意することは，1つの線分サイトが走査線より部分的に上にも下にも存在することがあることである．ビーチラインを定義するとき，走査線の上にあるサイトの部分だけを考

える．したがって，走査線 ℓ の与えられた位置に対して，そこでのビーチラインは ℓ より上にあるサイトの最も近い部分までの距離が ℓ までの距離に等しくなるような点から構成される．これは，ビーチラインは放物線の弧と直線分から構成されることを意味している．放物線の弧が生じるのは，ビーチラインの該当部分があるサイト端点に最も近くなるときであり，直線分が生じるのは，ビーチラインの該当部分がサイト内部に最も近くなるときである．あるサイト内部が ℓ と交差するとき，ビーチラインはその交点を終点とする 2 本の線分をもつことになる——図 7.5 のサイト s_2 を参照のこと．

ビーチライン上における放物線の弧と直線分の間のブレークポイントの生じ方は幾通りかある．図 7.5 はこれを説明したものである．走査線 ℓ は下向きの走査の途中の任意の時点のものと仮定して，どのようなブレークポイントが生じるかを解析してみよう．

- ある点 p が 2 つのサイト端点に最も近くて，それらと ℓ から等距離にあるとき，p は（点サイトの場合と同様に）直線分をたどるブレークポイントである．
- ある点 p が 2 つのサイト内部に最も近くて，それらと ℓ から等距離にあるとき，p は直線分をたどるブレークポイントである．
- ある点 p が 2 つのサイト端点と異なるサイトのサイト内部に最も近くて，それらと ℓ から等距離にあるとき，p は放物線の弧をたどるブレークポイントである．
- ある点 p が 2 つのサイト端点に最も近く，その最短距離がその線分サイトと直交する線分によって実現され，しかも p が ℓ から同じ距離にあるとき，p は線分をたどるブレークポイントである．
- あるサイト内部が走査線と交差するとき，その交点は線分（そのサイト内部）を辿るブレークポイントである．

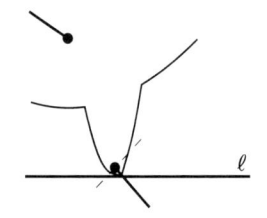

4 番目と 5 番目の場合，1 つのサイトしか関係していないから，実際にはブレークポイントはボロノイ図の弧をたどることはない．アルゴリズムの適切な操作のためには，このようなブレークポイントと対応するイベントを扱うことがまだ必要である．

点サイトに対する走査線アルゴリズムのように，再びサイトイベントと円イベントを考えることになる．サイトイベントが生じるのは，走査線がサイト端点に至ったときである．明らかに，上部端点におけるサイトイベントでの処理は下部端点におけるサイトイベントでの処理と違うものである．上部端点では，ビーチラインの弧は 2 つに分割され，その間に 4 つの新たな弧が生じる．これら 4 つの弧の間のブレークポイントは最後の 2 つのタイプをもつものである．下部端点では，サイト内部と走査線の交点であるブレークポイントは，4 番目のタイプの 2 つのブレークポイントによって（新たに見つかったサイト端点に対して）それらの

第 7.3 節
線分のボロノイ図

間にある放物線の弧と置き換えられる.

同様に，円イベントについてもいくつかのタイプがある．それらはすべてビーチラインの弧の消失に対応している．また，それらが生じるのは，走査線より上にある2個または3個のサイトによって定義される空円の底に走査線が達したときである．これらの空円の中心は，2つのブレークポイントが出会う場所にある．どんなタイプのブレークポイントが出会うかによっていくつかの場合に分かれ，それぞれ処理することができる．2つのブレークポイントが最初の3つのタイプのものであれば，3個のサイトが関係している．ブレークポイントの内の1つが4番目のタイプのものであれば，2つのサイトだけが関係する．5番目のタイプのブレークポイントが互いに素な線分に対して関係することはない．

アルゴリズムが計算するボロノイ図は線分と放物線の弧による分割であることに注意しておこう．では，この分割のタイプを2重連結辺リストに蓄えることはできるだろうか．これは実際に可能であり，しかも特にデータ構造を変更する必要はない．各面について対応するサイトを蓄えるが，これにより任意の片辺 $\vec{e}$ に対して（$IncidentFace(\vec{e})$ と $IncidentFace(Twin(\vec{e}))$ を用いて）それらの2等分線上に e をもつ2つのサイトを定めることができる．また，その辺の2つの端点（$Origin(\vec{e})$ と $Origin(Twin(\vec{e}))$）も簡単に求めることができるから，任意の辺の形状を定数時間で定めることができる．

今や全体の走査線アルゴリズムは，区別したり扱うべき場合は増えているが，点サイトに対するものを少し拡張したものであると言える．しかし，このアルゴリズムのイベント数はたった $O(n)$ であり，しかも，各イベントは $O(\log n)$ 時間で処理できる．

定理 7.11 n 本の互いに素な線分サイトの集合に対するボロノイ図は，$O(n)$ の記憶領域を用いて $O(n \log n)$ 時間で計算できる．

線分に対するボロノイ図の応用の1つに**移動計画問題** (motion planning problem) がある（第13章ではもっと包括的に扱う）．全部で n 個の線分からなる障害物の集合は与えられているものとし，我々はロボット $\mathcal{R}$ をもっているものと仮定する．そのロボットはどの方向にも自由に移動することができ，包含円 D によってうまく近似できているものと仮定する．たとえば，障害物にぶつからないようにロボットを1つの場所から別の場所まで移動させたい，あるいはそのような経路が存在しないことを判定したいものとしよう．

移動計画の1つの技法は**縮小法** (retraction) と呼ばれるものである．縮小法の考え方は，ボロノイ図の弧が線分の中央を定めているので，最も余裕のある経路を定義しているというものである．したがって，ボロノイ図の弧を通る経路が衝突のない経路として最善の選択となる．図 7.6 は長方形の内部における線分の集合を，それらの線分のボロノイ図と長方

形の辺と一緒に示したものである．

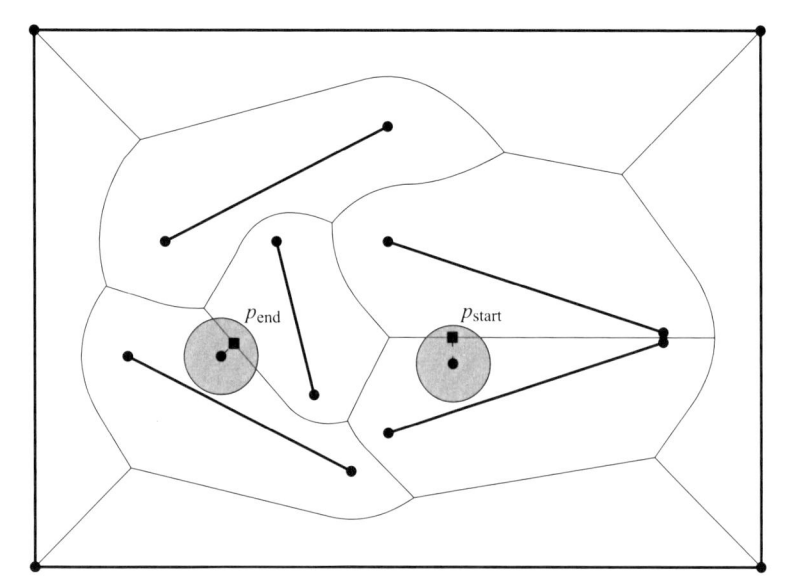

第7.3節
線分のボロノイ図

図 7.6
線分のボロノイ図と円板の始点と終点の位置

次のアルゴリズムによって線分の集合の間を通り抜ける 2 つの円の位置を結ぶ衝突のない経路を定めることができる．

アルゴリズム RETRACTION($S, q_{\text{start}}, q_{\text{end}}, r$)

入力：平面上の互いに素な線分の集合 $S := \{s_1, \ldots, s_n\}$ と，半径が r で q_{start} と q_{end} に中心をもつ 2 つの円板 D_{start} と D_{end}. これら 2 個の円板は S のどの線分とも交差しないとする．

出力：q_{start} と q_{end} を結ぶ経路で，半径 r の円板をその経路上のどこに置いても S のどの線分とも交差しないようなもの．そのような経路が存在しないときは，そのことを報告する．

1. 十分に大きな限界長方形の内部において S のボロノイ図 Vor(S) を求める．
2. q_{start} と q_{end} を含む Vor(P) のセルの場所を求める．
3. q_{start} を S における最も近い線分から遠ざけるように移動することによって，Vor(S) 上の点 p_{start} を求める．同様に，q_{end} を S における最も近い線分から遠ざけるように移動することによって，Vor(S) 上の点 p_{end} を求める．p_{start} と p_{end} を Vor(S) の頂点として加え，それを含む弧を 2 つの分割する．
4. $\mathcal{G}$ をボロノイ図の頂点と辺に対応するグラフとする．$\mathcal{G}$ から，最も近いサイトへの距離が r 以下であるような辺を取り除く．
5. 深さ優先探索を用いて，$\mathcal{G}$ における p_{start} から p_{end} への経路が存在するかどうかを判定する．もし存在するなら，q_{start} から p_{start} への線分，$\mathcal{G}$ における p_{start} から p_{end} への経路，および p_{end} から q_{end} への線分を経路として報告する．そうでなければ，そのような経路は存在しないと報告する．

q_{start} と p_{start} を結ぶ線分が衝突を生じることはない.というのは,円板は最も近い障害物から遠ざかる方向にだけ移動するからである.同様に,p_{end} と q_{end} の間の線分も衝突のない経路である.このボロノイ図の辺上に中心をもつ任意の 2 個の円板に対して,それらの間の衝突のない経路がボロノイ図上に存在するための必要十分条件は,そのような経路が 1 つでも存在することである.したがって,円板の形状をしたロボットに対して,経路が存在すれば必ず見つかる.

定理 7.12 n 個の互いに素な線分の障害物と円板の形をしたロボットが与えられたとき,ロボットの 2 つの位置の間に衝突のない経路が存在するかどうかは,$O(n)$ の記憶領域を用いて $O(n \log n)$ 時間で判定することができる.

7.4 最遠点ボロノイ図

さらにボロノイ図が必要になる別の応用例について考えよう.物を製造するとき,その物体の形状に少しだけ偏差 (deviation) が生じる.物体を完璧に円にする必要があるとき,製造物の真円度を検査する.これは物体の表面の点をサンプルする**座標測定器** (coordinate measurement machine) によって行える.いま,1 つの円板を作ったとして,その真円度を求めたいとしよう.この機械によりほぼ円の上にある平面上の点集合 P が得られる.点集合の**真円度** (roundness) は,それらの点を含む幅最小の環形の幅として定義される.**環形** (annulus) は 2 つの同心円の間の領域であり,その幅は 2 つの円の半径の差である.

幅最小の環形は,もちろん,P の点をその限界円上に含んでいるはずである.外側の円を C_{outer} と呼び,内側の円を C_{inner} と呼ぶことにしよう.明らかに,少なくとも 1 点が C_{outer} 上になければならない.そうでなければ C_{outer} の半径を減らすことができるからである.また,少なくとも 1 点が C_{inner} 上になければならない.そうでなければ C_{inner} の半径を増やすことができるからである.しかし,それぞれの限界円上に 1 点ずつを取ってもまだ幅最小の環形は決まらない.3 つの場合が考えられる:どれも 2 つの円上に 4 点をもつことになる(図 7.7 参照).

図 7.7
幅最小の環形が決まる 3 つの場合

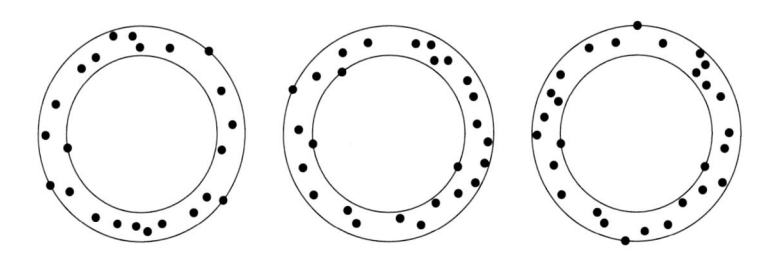

- C_{outer} は P の点を少なくとも 3 点含み,C_{inner} は P の点を少なくと

1点含む.

- C_{outer} は P の点を少なくとも1点含み, C_{inner} は P の点を少なくとも3点含む.
- C_{outer} も C_{inner} もともに P の点を2点含む.

C_{inner} か C_{outer} がこれらの場合のどれよりも少ない点しか含まないときには, 幅がより小さい環形を見つけることができる. 与えられた点集合を包含する幅最小の環形を求める問題は, 4.7節で学んだ点集合の最小包含円を求める問題と似ている. しかしながら, 最小包含円を求めるのに用いた技法は幅最小の環形を求めるのにはうまく行かない. その時点までで最適な環形に含まれない点を加えるとき, その点は常に新たな最適環形の境界上にあるという性質が成り立たないのである.

幅最小の環形を求めることは, その中心を求めることと等価である. なぜなら, 中心点を固定することができれば (それを q としよう), q に最も近い P の点と最も遠い P の点によって環形が定まるからである. P のボロノイ図があれば, 最近点はそのセルに q があるようなものである. 同様の構造が最遠点に対しても存在することが分かる. すなわち, **最遠点ボロノイ図** (farthest-point Voronoi diagram) である. これは P の同じ点が最遠点であるようなセルに平面を分割する. 点 p_i の最遠点ボロノイセルは, 標準のボロノイセルと全く同じように, $n-1$ 個の半平面の共通部分であるが, この2等分線の「反対側」, すなわち p_i が遠くなる側を取る. したがって, 最遠点ボロノイ図のセルはすべて凸である. ただ, 最遠点ボロノイ図では P のすべての点がセルをもつわけではない. 半平面の共通部分が空であることもあるからである. 平面上の任意の点に対して, 集合 P の中でそこから最も遠い点は P の凸包上にある点でなければならない. したがって, 凸包内部の点は最遠点ボロノイ図のセルをもつことはない.

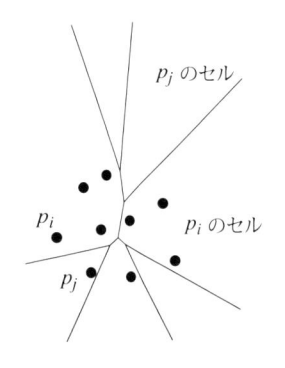

観察 7.13 平面上に点集合 P が与えられたとき, P の点が最遠点ボロノイ図にセルをもつための必要十分条件は, それが P の凸包の頂点であることである.

最遠点ボロノイ図についてもっと多くの性質を証明することができる. ある点 $p_i \in P$ が凸包上にあるとし, q を平面上のある点で p_i がその最遠点であるとしよう. $\ell(p_i, q)$ を p_i と q が通る直線としよう. このとき, $\ell(p_i, q)$ に含まれる半直線で q から p_i と反対側に延びる半直線上の点は, すべて p_i の最遠点ボロノイセルの中にもなければならない. これはすべてのセルが非有界だということを意味している. 最遠点ボロノイ図の頂点と辺は (グラフの意味で) 木のような構造をしている. これはこのボロノイ図が連結で閉路を含まないからである. 閉路があれば有界のセルがあることになる.

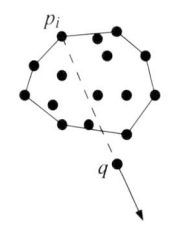

n 点の最遠点ボロノイ図は $O(n)$ 個の頂点, 辺, およびセルをもってい

第 7.4 節
最遠点ボロノイ図

第 7 章
ボロノイ図

る（演習問題 7.14 も参照のこと）．これとは別に興味深い性質がある．最小包含円（第 4.7 節参照）の中心は最遠点ボロノイ図の頂点か，あるいは最遠点ボロノイ図の 1 つの辺を定める 2 つのサイトの中点であるというものである．前者の場合，最も遠い等距離点は 3 個あり，後者の場合は 2 個ある．明らかに，最小包含円の中心から最も遠い点が 1 点しかないということはない．

最遠点ボロノイ図は半無限の辺をもつので，それを 2 重連結辺リストに蓄えることはできないが，データ構造を少し変更するだけでそのような領域分割を扱うことができるようにすることができる．ここでは，特別な頂点のようなレコードをその始点として実際の頂点をもたない各片辺の始点として用いる．これらの新たなレコードは座標の代わりに半無限の辺の方向を蓄える．さらに，半無限の辺に対応する片辺のレコードについては $Next(\vec{e})$ と $Prev(\vec{e})$ のどちらかが未定義である．ここでは，この変更された形式のものについても「2 重連結辺リスト」という用語を用いる．

では，平面上の n 点の集合 P に対する最遠点ボロノイ図を計算するアルゴリズムについて説明しよう．まず，P の凸包を計算し，その頂点を取って，それらをランダムな順に並べる．このランダムな順に並べたものを $p_1,\ldots,p_h$ とする．点 $p_h,\ldots,p_4$ を 1 つずつ環状の順序から削除し，p_i を削除するときには，削除のときにその時計回りの近傍 $cw(p_i)$ と反時計回りの近傍 $ccw(p_i)$ を蓄える．1 点を削除した後で，それが後に削除される点の時計回りあるいは反時計回りの近傍になることはない．

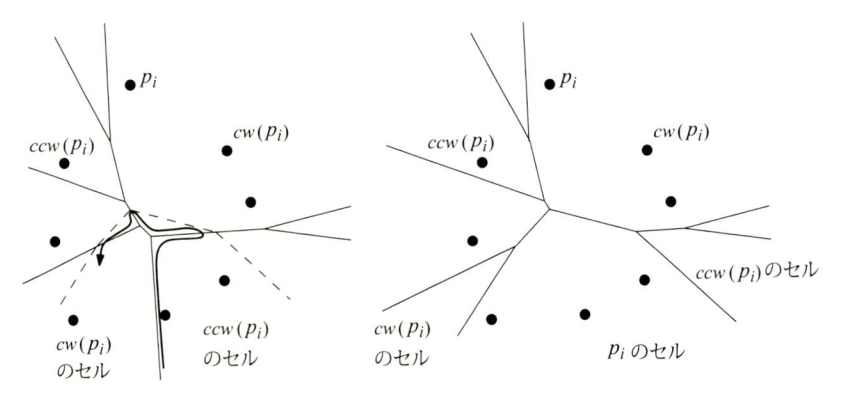

図 7.8
点 p_i を $p_1,\ldots,p_{i-1}$ の最遠点ボロノイ図に挿入するときの様子

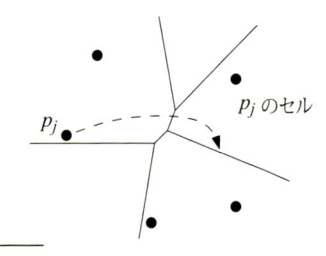

この逐次構成法を初期化するために，p_1,p_2,p_3 の最遠点ボロノイ図を計算する．その後，最遠点ボロノイ図を構成しながら，残りの点 $p_4,\ldots,p_h$ を加えていく．$\{p_1,\ldots,p_{i-1}\}$ に対する最遠点ボロノイ図が与えられているときに，p_i の最遠点ボロノイセルを効率よく加えることができるように，$p_j, 1 \leqslant j < i$ に対して，p_j の最遠点ボロノイセルの境界を辿るときに最も反時計回りにある 2 重連結リストの半無限の片辺へのポインタを管理しておく．

では，p_i のセルを加えるところをもっと詳細に見てみよう．図 7.8 参

照のこと．このセルは，セル $cw(p_i)$ と $ccw(p_i)$ の「中間」に来る．p_i が加えられる直前では，$cw(p_i)$ と $ccw(p_i)$ は $\{p_1,\ldots,p_{i-1}\}$ の凸包上で互いの近傍であるので，それらのセルはそれらの2等分線の一部分である半無限の辺によって分離されている．点 $ccw(p_i)$ はこの辺へのポインタをもっている．p_i と $ccw(p_i)$ の2等分線は $ccw(p_i)$ の最遠点ボロノイセルに含まれる新たな半無限の辺を与え，それは p_i の最遠点ボロノイセルの境界の一部になる．$ccw(p_i)$ のセルを時計回りの方向にたどって，2等分線がどの辺と交差するかを調べる．この辺の反対側には $\{p_1,\ldots,p_{i-1}\}$ のうちの別の点 p_j の最遠点ボロノイセルが存在するが，p_j と p_i の2等分線は p_i の最遠点ボロノイセルの辺も与える．再び p_j のセルを時計回りの方向に辿り，セルの境界と2等分線の他の挿入をどこにおくかを決める．セルの境界を時計回りの順にたどることにより，最遠点ボロノイセルを反時計回りの順にたどる．われわれが最後に見つける2等分線は $cw(p_i)$ に関するものであり，それから最遠点ボロノイ図の新たな半無限の辺を得る．新たに見つかった辺をすべて2重連結辺リストの表現に加え，その後で p_i の最遠点ボロノイセルの内部にある辺をすべて削除する．それらはもはや $\{p_1,\ldots,p_i\}$ の最遠点ボロノイ図の正当な辺ではないからである．

簡潔に言うと，次の最遠点ボロノイセルの挿入は，現在のボロノイ図の助けを借りて新たなセルをたどり，新たな辺を加え，使われなくなった辺を削除することによって実行できる．

定理 7.14 平面上に n 点の集合が与えられたとき，その最遠点ボロノイ図は $O(n)$ の記憶領域を用いて $O(n \log n)$ の期待時間で計算することができる．

証明 凸包上の h 点を反時計回りの順に求めるのに $O(n \log n)$ の時間がかかる．凸包上の点をソート順に求めた後では，最遠点ボロノイ図を構成するのに実際には $O(h)$ 時間しかかからない．これを見るために後ろ向き解析を適用しよう．p_i のセルの挿入後の状況を考えよう．もし p_i のセルがその境界上に k 個の辺をもつなら，このセルをたどるのに実行したなぞりでは $\{p_1,\ldots,p_{i-1}\}$ の最遠点ボロノイ図における k 個のセルを訪問し，これらのセルの境界辺を全体で高々 $4k-6$ だけ訪問したことに注意しよう．

$\{p_1,\ldots,p_i\}$ の最遠点ボロノイ図は高々 $2i-3$ 個の辺しかもたず (演習問題 7.14 参照)，それぞれは2個のセルで用いられる．$\{p_1,\ldots,p_i\}$ のどの点についても，それが最後に加えられる点になる確率は同じであるので，p_i のセルの期待サイズは4未満である．したがって，各挿入に対する期待時間は $O(1)$ であり，アルゴリズムは $O(h)$ の期待時間をもつことになる． □

では，幅最小の環形を計算する問題に戻ろう．ここでは，幅最小の環形

第 7.4 節
最遠点ボロノイ図

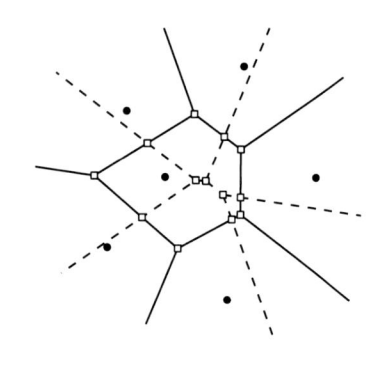

は C_inner が P の点を 3 点含むタイプのものであるとする．このとき，その中心は P の通常のボロノイ図の頂点である．同様に，幅最小の環形が C_outer に P の点を少なくとも 3 点含むタイプのものであるとき，その中心は P の最遠点ボロノイ図の頂点である．最後に，幅最小の環形が C_inner と C_outer の両方に P の点を 2 点含むタイプのものであるとき，その中心はボロノイ図の辺上と最遠点ボロノイ図の辺上の両方にある．このことは幅最小の環形の中心を含むはずの点集合があまり大きくないことを意味している．

このために，ボロノイ図と最遠点ボロノイ図の**重ね合せ** (overlay) の頂点を生成する．この重ね合せの頂点は，ちょうど 3 つの場合すべてをカバーする幅最小の環形の中心の候補たちである．ただ，その重ね合せ自身を計算する必要はない．ある頂点と C_inner と C_outer を決める 4 点が分かれば，これらの 4 点に対する幅最小の環形を直接 $O(1)$ の時間で計算することができる．これは幅最小の環形の候補である．

平面上の n 点の集合 P の幅最小の環形を計算するアルゴリズムの全体は次のようになる．P のボロノイ図と最遠点ボロノイ図を計算する．最遠点ボロノイ図の各頂点に対して，最も近い P の点を定める．通常のボロノイ図の各頂点に対しては，最も遠い P の点を定める．これにより，1 番目と 2 番目の場合の環形の候補を決める $O(n)$ 個の 4 点集合を得る．次に，それぞれのボロノイ図から 1 つずつ取ったそれぞれの辺の対についてそれらが交差するかどうかを判定する．もし交差するなら，候補の環形を形成する別の 4 点集合を得る．3 つのタイプすべてについてのすべての候補に対して幅最小の環形を与えるものを解として選ぶ．

定理 7.15 平面上に n 点の集合 P が与えられたとき，幅最小の環形（および真円度）は $O(n)$ の記憶領域を用いて $O(n^2)$ の時間で計算することができる．

7.5 文献と注釈

ボロノイ図の歴史に関する網羅的なサーベイをするのは本書の範囲を超えているが，主だった事柄について歴史上の説明を加えることにしよう．ボロノイ図の由来は Dirichlet [148] と Voronoi [379, 380] にあると言われることが多い．そのために**ディリクレ分割** (Dirichlet tessellations) という名前が使われることもある．また，1644 年に出版されたデカルトの『哲学原理 (*Principia Philosophiae*)』の第 III 部の中で普遍分解 (cosmic fragmentation) を扱っているところでもボロノイ図を見つけることができる．さらに，20 世紀においてもボロノイ図は何度も再発見されている．生物学では非常に短い期間に 2 度も再発見があった．1965 年に Brown [75] は森林の木の強さを研究した．彼は，木の**潜在的に利用可**

能な面積 (area potentially available) を定義したが，これは実際にはその木のボロノイセルに等しいものである．1 年後，Mead [272] は同じ概念を植物に対して用いたが，このボロノイセルのことを**植物多角形** (plant polygon) と呼んだ．現在までにボロノイ図は実に様々な研究分野で応用されてきたが，関連する文献の多さは非常に印象的である．Okabe らの本 [297] には，ボロノイ図とその応用に関する記述が多量にある．本節では，計算幾何学の文献にある様々なボロノイ図の側面に議論を限定しよう．

本章では，ボロノイ図のいくつかの性質を証明したが，もっと沢山の性質が知られている．たとえば，対応するボロノイセルが隣接しているようなサイト対をすべて結ぶと，点集合の三角形分割ができあがるが，これはドロネー三角形分割 (Delaunay triangulation) と呼ばれるものである．この三角形分割は非常に優れた性質をもっているが，そのことについては第 9 章で扱う．

ボロノイ図と凸多面体との間には美しい関連がある．$\mathbb{E}^2$ の点 $p = (p_x, p_y)$ を $\mathbb{E}^3$ の垂直でない平面 $h(p): z = 2p_x x + 2p_y y - (p_x^2 + p_y^2)$ に写す変換を考えよう．幾何学的には，$h(p)$ は単位放物体 $\mathcal{U}: z = x^2 + y^2$ に $(p_x, p_y, 0)$ の真上の点で接する平面である．平面上の点サイトの集合 P に対して，$H(P)$ を P のサイトの像である平面の集合としよう．いま，$H(P)$ の平面によって定義されるすべての半空間の共通部分である凸多面体 $\mathcal{P}$，すなわち，$\mathcal{P} := \bigcap_{h \in H(P)} h^+$ を考えよう．ただし，h^+ は h より上の半空間を表す．驚くべきことに，この多面体の辺と頂点を xy 平面に真下に射影すると，P のボロノイ図が得られる [167]．この変換についての詳細な説明については第 11 章を参照されたい．同様の変換が最遠点ボロノイ図についても存在する．

ここまでは，最も基本的な状況において，すなわち，ユークリッド平面における点サイトの集合に対してボロノイ図を調べてきた．この場合に対する最初の最適な $O(n \log n)$ 時間のアルゴリズムは Shamos と Hoey [350] による分割統治アルゴリズムによるものである．それ以来，他にも最適なアルゴリズムが多数開発されてきた．ここで説明した平面走査アルゴリズムは Fortune [183] によるものである．Fortune によるアルゴリズムの記述は，Guibas と Stolfi [203] による解釈に基づいた本書のものとは少し異なる．

ボロノイ図については様々な一般化が可能である [28, 297]．高次元空間の点集合への一般化もその 1 つである．$\mathbb{E}^d$ では，n 点集合のボロノイ図の最大組合せ複雑度（ボロノイ図に含まれる頂点や辺などの個数の最大値）は $\Theta(n^{\lceil d/2 \rceil})$ [239] であり，$O(n \log n + n^{\lceil d/2 \rceil})$ という最適な時間で計算できる [93, 133, 346]．ボロノイ図の双対はサイトの集合の三角形分割

第 7.5 節
文献と注釈

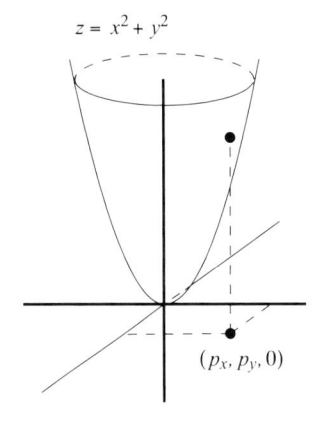

であるという事実と，上で論じたボロノイ図と凸多面体の間の関係は，高次元でも成り立つ．

どのような距離を用いるかによってもボロノイ図は異なる．L_1 距離 (L_1-metric) すなわちマンハッタン距離 (Manhattan metric) では，2 点 p, q 間の距離は

$$\mathrm{dist}_1(p, q) := |p_x - q_x| + |p_y - q_y|$$

と定義される．すなわち，x, y 座標値の差の絶対値の和である．L_1 距離におけるボロノイ図では，どの辺も水平，垂直，または座標軸と $(p_x, p_y, 0)$ をなす対角線である．もっと一般的な L_p 距離 (L_p-metric) では，2 点 p, q 間の距離は次のように定義される．

$$\mathrm{dist}_p(p, q) := \sqrt[p]{|p_x - q_x|^p + |p_y - q_y|^p}$$

L_2-距離 (L_2-metric) は，単にユークリッド距離である．これらの距離の下にボロノイ図を扱った論文もいくつかある [118, 248, 252]．また，サイトに重みを付けることによって距離関数 (distance function) を定義することもできる．つまり，サイトから点への距離をその点までのユークリッド距離にある重みを加えたものとする．できあがったボロノイ図は重み付きボロノイ図と呼ばれる [183]．この重みは，ユークリッド距離に重みを掛けたものとしてサイトから点までの距離を定義するのに用いることもできる．このような乗算的な重みをもつ距離に基づくボロノイ図も重み付きボロノイ図 (weighted Voronoi diagram) と呼ばれる [29]．勢力圏図 (power diagram) [25, 26, 27, 30] もボロノイ図を一般化したものであるが，ここでは異なる距離関数が使われる．距離関数をなくしてしまって，2 つのサイトの間の 2 分割線によってのみボロノイ図を定義することも可能である．そのようなボロノイ図は抽象ボロノイ図 (abstract Voronoi diagram) と呼ばれている [240, 241, 242, 274].

別の一般化はサイトの形状に関係したものである．本章では互いに共通部分をもたない線分の集合に対するボロノイ図について見てきた．このボロノイ図の応用として縮小法を用いた移動計画への応用について議論した．移動計画に関する一般的な議論は第 13 章で行う．

線分のボロノイ図の特殊であるが重要な場合として，単純な多角形の内部において多角形の辺のボロノイ図を求めるものがある．辺は端点を共有しているから，2 本の辺が同じ距離にあるような多角形の内部に領域全体が存在することもある．これは多角形の鈍角の頂点において起こる．このボロノイ図は多角形の内部を 1 個または 2 個の辺が最も近くなるような面に分割したものである．このボロノイ図は中間軸 (medial axis) または骨格線 (skeleton) としても知られているものであるが，形状解析に応用されている [366, 377]．中間軸は多角形の辺数に比例する時間で求めることができる [123].

空間を最も近いサイトに従って領域に分割する代わりに，ある $k, 1 \leqslant k \leqslant n-1$ に対して，空間を最も近いものから k 番目までに近いサイトに従って空間を分割することもできる．このようにして得られるボロノイ図は高次のボロノイ図 (higher-order Voronoi diagram)，または k 次のボロノイ図 (order-k Voronoi diagram) と呼ばれる [6, 31, 70, 98]．1 次のボロノイ図は標準的なボロノイ図に他ならないことに注意しよう．$(n-1)$ 次のボロノイ図は，最遠点ボロノイ図 (farthest-point Voronoi diagram) と呼ばれることもあるが，これは点 p_i が最も遠いサイトであるような点の領域が p_i のボロノイセルになっているからである．平面上の n 点集合の k 次のボロノイ図の最大複雑度は $\Theta(k(n-k))$ である [249]．現在，現在知られている k 次のボロノイ図を求めるアルゴリズムの中で，最善のものは $O(n\log^3 n + k(n-k))$ 時間のもの [6] と，$O(n\log n + nk2^{c\log^* k})$ 時間のもの [326] である．

最遠点ボロノイ図はその計算に $O(n\log n)$ の時間を要するが，点が凸の位置にあって，その凸包に沿った順序で与えられているなら，本章で与えたような，単純な $O(n)$ 期待時間のアルゴリズム [116] が存在する．また，$O(n)$ 時間の決定性のアルゴリズム [11] もある．ある物体や点集合の真円度 (roundness) を測定することが，測定の科学である度量衡学における問題である．真円度の定義はいくつかあるが，本章で用いたものは最も広く受け入れられているものである．真円度問題に対する 2 乗時間のアルゴリズムは Ebara ら [155] によって与えられたものである．Agarwal と Sharir [9] による 2 乗より速いアルゴリズムもあるが，複雑である．実際に起こる点集合に対応する特殊な場合に対しては線形もしくはほぼ線形時間のアルゴリズムが知られている [52, 142, 187]．度量衡学に関するサーベイとしては Yap と Chang によるものがある [396].

7.6 演習

7.1 任意の $n > 3$ に対して，Vor(P) のセルの 1 つが $n-1$ 個の頂点をもつような平面上の n 点の集合が存在することを示せ．

7.2 定理 7.3 を用いてボロノイセルの平均頂点数は 6 未満であることを示せ．

7.3 ソーティング問題をボロノイ図構成問題に帰着させることにより，ボロノイ図構成問題の下界が $\Omega(n\log n)$ であることを証明せよ．このとき，ボロノイ図構成アルゴリズムは，ボロノイ図のすべての頂点に対して，そこに接続する辺をその頂点の周りに時計回りの順に求めることができなければならないと仮定してよい．

7.4 第 7.2 節で定義したように，ビーチラインのブレークポイントは，走査線が一番上から一番下まで移動する間に，ボロノイ図全体をたどることを証明せよ．

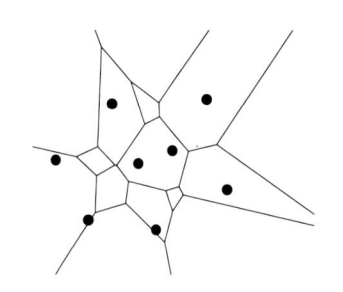

7.5 あるサイト p_i によって定義される放物線がビーチラインの弧として複数回出現するような例を与えよ．線形回だけ出現するような例を与えることはできるか．

7.6 6個のサイトを用いて，平面走査のアルゴリズムがどの円イベントにも出会わないうちに6個のサイトイベントに遭遇するような例を与えよ．ただし，サイトは一般の位置にあるとせよ．つまり，どの3点も1直線上にはなく，どの4点も同一円上にはない．

7.7 ビーチラインのブレークポイントはいつも下方へ移動するか．これを証明するか，または反例をあげよ．

7.8 走査が終了した後の不完全な2重連結辺リストと木 $\mathcal{T}$ から十分大きな限界長方形を求める手続きを書け．その長方形はサイトとボロノイ頂点をすべて含んでいなければならない．

7.9 限界長方形を加えた後で，すべてのレコードと対応する不完全な2重連結辺リストを加える手続きを書け．すなわち，アルゴリズム VoronoiDiagram の8行目の詳細を詰めよ．

7.10 P を平面上の n 点の集合とせよ．P の中で互いに最近点対 (closest piar) を求める $O(n \log n)$ 時間のアルゴリズムを与えよ．また，そのアルゴリズムが正しいことを証明せよ．

7.11 P を平面上の n 点の集合とせよ．P の各点 p に対して，P の中で p に最も近い点を求める $O(n \log n)$ 時間のアルゴリズムを与えよ．

7.12 本章で求めたのと同様に，ある限界長方形の内部で点集合 P のボロノイ図が2重連結辺リストの形で蓄えられているものとする．このとき，出力サイズに比例する時間で P の凸包上の点をすべてを求めるアルゴリズムを与えよ．そのアルゴリズムでは，入力として，限界長方形上に始点をもつある片辺のレコードへのポインタが与えられるものと仮定せよ．

7.13 図 7.5 に示した 10 個のブレークポイントのそれぞれに対して，それが5つのタイプのうちどれに対応するかを求めよ．

7.14 平面上の n 個の点に関する最遠点ボロノイ図は高々 $2n-3$ 本の（有限または無限の）辺をもつことを証明せよ．また，最遠点ボロノイ図の頂点の最大個数に関する正確な上界を求めよ．

7.15 最小幅の環形 (annulus) は乱択逐次添加構成法では計算できないことを示せ．そのために，集合 P_{i-1} の最小幅の環形の中にあるが，$P_i := P_{i-1} \cup \{p_i\}$ の幅最小の環形の境界上にあるような点 p_i が存在し得ることを示せ．

7.16 n 点の集合 P をうまく選ぶと，ボロノイ図の辺と最遠点ボロノイ図の辺の間に $\Omega(n^2)$ 個の交点が存在することを示せ．

7.17 ボロノイ図の辺と最遠点ボロノイ図の辺の間の交点が $O(n)$ 個しかなければ，最小幅の環形は $O(n \log n)$ の期待時間で計算できることを示せ．

7.18* ボロノイ割当てモデルでは，消費者が手に入れたいと考えている商品やサービスは各サイトにおいて市場価格が同じである．これが成り立たないと仮定して，サイト p_i における商品の価格は w_i であるものとしよう．そうすると，各サイトの商圏は，サイト p_i が加法的重み w_i をもつような重み付きボロノイ図のセルに対応することになる（7.5節参照）．この場合に対応できるように 7.2 節の平面走査アルゴリズムを一般化せよ．

7.19* 平面が n 個の凸領域に領域分割されているものとしよう．この図がボロノイ図になっているらしいが，サイトがどこにあるかは分からない．対応するボロノイ図がちょうど与えられた領域分割になっているような n サイトの集合があるなら，そのような集合を求めるアルゴリズムを開発せよ．

第 7.6 節
演習

8 アレンジメントと双対性
光線追跡法におけるスーパーサンプリング

コンピュータで生成された 3 次元のシーンはますますリアルなものになってきている．今日では，写真と見分けるのも難しいほどである．この発展を支えている重要な技術が光線追跡法（レイトレーシング，ray tracing）である．これは，次のようなものである．

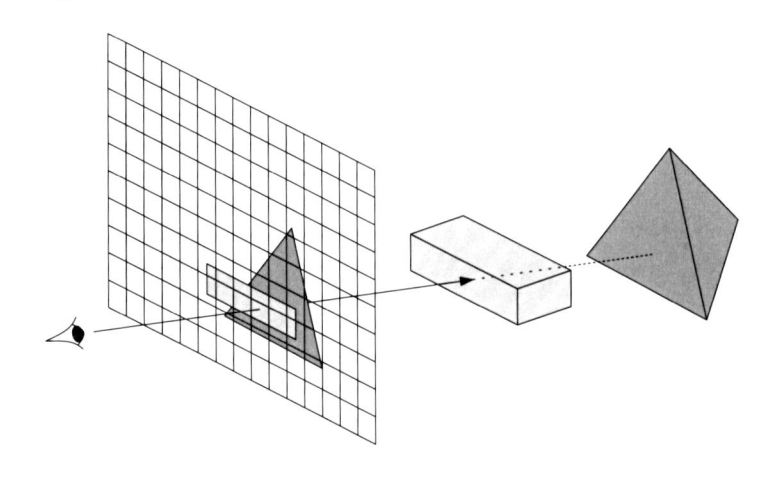

図 8.1
光線追跡法を用いて見える物体を求める方式

コンピュータモニタの画面は，画素 (pixel) と呼ばれる小さなドットからなる．よい画面だと，たとえば 1280×1024 の画素からなる．数個の物体を含む 3 次元シーン，光源，それに視点が与えられているとしよう．このシーンに対応する画像を生成するということ—シーンの**レンダリング** (rendering) とも呼ばれる—は，シーン上の各画素に対して，その画素においてどの物体が見えるかを求めて，その特定の点において視点の方向にその物体から出る光の強度を求めることに相当する．まず，各画素において見える物体を求めるという最初の仕事について見てみよう．光線追跡法では，図 8.1 に示すように，各画素を通る光線を放つことによってそのような物体を求める．最初にぶつかる物体がその画素から見える物体である．見える物体が求まると，物体から出る光の強度を求める必要がある．このとき，光源からその地点にどれだけの光が直接あるいは他の物体上での反射を介して間接的に伝わるかを考慮しなければならない．光線追跡法の強みは，リアルな画像を得るために決定的に大事な仕事であるこの 2 番目の仕事を非常にうまく実行できるところにあるが，

第8章
アレンジメントと双対性

本章では，主として最初の問題を扱う．

各画素に対して見える物体を求めるのに，今まで伏せてきた問題点がある．すなわち，画素は点ではなく，面積をもった小領域なのである．一般には，これが問題になることはない．多くの画素は1つの物体に完全に含まれており，その画素の中心を通して光線を発射することによって，その物体を求めることができる．しかし，物体の境界近くで問題が生じる．物体の境界部分が画素と交差するとき，その物体がその画素領域の49%をカバーしているのに画素の中心を外れているかもしれないのである．一方，その物体が画素領域の51%をカバーしているとき，光線がぶつかるから，画素全体がカバーされていると間違った判断を下すこともあるだろう．これが原因で出力画像にジャギー (jaggie) が現れることはよく知られた事実である．この影響を取り除くには，ぶつかるかどうかを2値で判定するのではなく，「49%ぶつかる」というような判断も入れることにすればよい．そのような場合，その画素の明度を物体の明度の0.49倍に設定することもできる．あるいは，その画素内で見える物体が複数あるときには，それらの物体の明度を混ぜ合わせたものとすることもできる．

このように異なる画素の明度を，これから述べる光線追跡法に組み入れるにはどうすればよいだろうか．ここでの解は，画素ごとに複数の光線を出すことである．たとえば，各画素について100本の光線を出して，その内の35本がある物体にぶつかるなら，その物体はその画素領域のほぼ35%で見ることができると考えることができる．これがスーパーサンプリングと呼ばれる手法である．すなわち，各画素について1つだけ標本点をとるのではなく，多数の標本点をとるというものである．

では，どのように光線を分散させればよいだろうか．1つの自明な方法として，規則的に分散させることが考えられる．100本の光線の場合，画素領域に10×10の規則的な格子を作ればよい．実際，これらの光線の内，35本の光線が物体にぶつかるとき，その物体が見える領域は35%と大きく食い違うことはない．しかしながら，規則的なサンプルパターンを選ぶことから生じる不利益も考えられる．それぞれの画素における誤差は小さくなるが，画素を横切るパターンに規則性が認められる．この誤差の規則性が人間の視覚系を刺激し，結果的に人工的な模様が目立つことになるからである．したがって，規則的なサンプルパターンを選ぶのは，あまりよくない．むしろ，ランダムに標本点を選んだ方がよいのである．もちろん，どんなランダムパターンでもよいというわけではない．ぶつかる光線の本数がカバーされる領域の割合に近くなるように標本点を分布させることができれば，その方がよい．

ランダムに標本点を生成した場合を考えよう．知りたいのは，この集合の良さを判定する方法である．物体にぶつかる光線の本数とその物体が見える画素領域の割合の差を小さくできるかどうかが問題である．この差

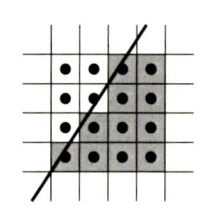

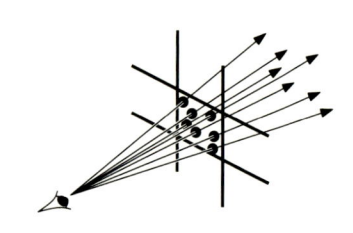

のことを，その物体に関する標本点集合の**ディスクレパンシ**(discrepancy) と呼ぶ．もちろん，その画素でどの物体が見えるかは前もって分かっているわけではないので，最悪の場合に対するシナリオを用意しておかなければならない．つまり，物体が画素の内部で見えるという条件の下で，すべての可能性についてのディスクレパンシの最大値をできるだけ小さくしたい．これを**標本点集合のディスクレパンシ**と呼ぶが，これはシーンに含まれる物体の種類に依存する．そこで，形式的には，標本点集合のディスクレパンシは与えられた物体のクラスに関して定義されることになる．与えられた標本点集合のディスクレパンシを用いると，その集合の良さを判定することができる．すなわち，ディスクレパンシが十分小さいなら，そのまま用い，そうでないときには新たなランダム集合を生成する．そのためには，与えられた点集合のディスクレパンシを求めるアルゴリズムが必要となる．

第 8.1 節
ディスクレパンシの計算

8.1　ディスクレパンシの計算

上で述べたように，点集合のディスクレパンシは物体のクラスに関して定義されている．考察の対象となる物体は，3次元物体を投影したものであり，これがシーンを構成している．曲線物体は多角形のメッシュを用いて近似するが，これはコンピュータグラフィックスでは普通のことである．したがって，考察の対象となる2次元物体は，多面体のファセットを投影したものと考えてよい．つまり，ここでは多角形に関するディスクレパンシを考えることになる．一般のシーンにおいて，非常に薄いか小さい多角形を多数含むようなシーンを除くと，ほとんどの画素は与えられた多角形の高々1本の辺としか交差しない．ある画素を1本の多角形辺が交差するとき，その画素の内部ではこの多角形は半平面のように扱ってよい．1つの画素を多数の多角形辺が交差するような状況は非常にまれである．また，そのような場合には，誤差に規則性もなくなるので，人工的な模様が生じることもない．したがって，ここでは半平面のディスクレパンシについてのみ考えることにする．

$U := [0:1] \times [0:1]$ を単位正方形—U は画素をモデル化したもの—とし，U 内の n 個の標本点の集合を S とする．あらゆる可能な閉半平面の（無限）集合を $\mathcal{H}$ と記すことにしよう．半平面 $h \in \mathcal{H}$ の**連続測度** (continuous measure) を，$h \cap U$ の面積と定義し，$\mu(h)$ という記号で表す．たとえば，U を完全に被覆する半平面を h とすると，$\mu(h) = 1$ である．これに対して，h の**離散測度** (discrete measure) は，h に含まれる標本点の割合として定義され，$\mu_S(h)$ という記号で表す．したがって，$\mu_S(h) := \text{card}(S \cap h)/\text{card}(S)$ である．ただし，$\text{card}(\cdot)$ は集合の要素数を表す．

サンプル集合 S に関する h の**ディスクレパンシ**とは，連続測度と離散

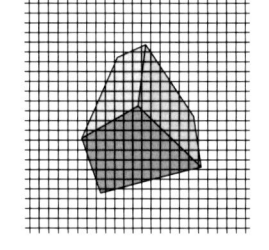

第 8 章
アレンジメントと双対性

測度の差（の絶対値）のことであり，$\Delta_S(h)$ と記す．すなわち，

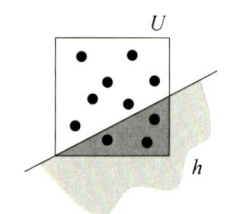

$$\Delta_S(h) := |\mu(h) - \mu_S(h)|$$

たとえば，横の図で半平面のディスクレパンシを計算すると，$|0.25 - 0.3| = 0.05$ となる．最後に，S の**半平面ディスクレパンシ** (half-plane discrepancy) とは，可能なすべての半平面についてのディスクレパンシの最小上界 (supremum) のことである：

$$\Delta_{\mathcal{H}}(S) := \sup_{h \in \mathcal{H}} \Delta_S(h)$$

これで計算したいものが何であるかを定義できた．では次に，その計算方法について見てみよう．

可能なすべての半平面に関するディスクレパンシの最小上界は，すべての開半平面または閉半平面に関するディスクレパンシの最大値に等しい．ディスクレパンシを最大にする半平面の探索を始めるために，まず候補となる半平面の集合を求める．無限の候補集合を有限の集合で置き換えるというのは，もし後者が興味あるものを含んでいるなら，常によい考えである．そこで，ここで求める有限集合は最大のディスクレパンシをもつ半平面を含んでいなければならないが，ここでは**局所的に極大**のディスクレパンシをもつ半平面を選ぶ．つまり，半平面を少しだけずらしたり，回転しても，ディスクレパンシが減少するようなものを求めるのである．ディスクレパンシを局所的に極大にする半平面の中に実際の最大値を与えるものが含まれている．

半平面の中で，その境界上に S の点を含まないものは，その離散測度が変わらない程度に少しだけ平行移動すると，その連続測度を増加させることが可能である．逆方向に少しだけ平行移動すると，離散測度は同じで連続測度だけが減少する．つまり，どちらかに平行移動するとディスクレパンシを増加させることができるのである．したがって，探していた半平面というのは，その境界上に S の点を含むようなものであることが分かる．そこで，その境界上に S の点を 1 点だけもつような半平面 h を考え，その 1 点を $p \in S$ とする．このとき，ディスクレパンシが増加するように h を p の周りで回転することは常に可能だろうか．言い換えると，ディスクレパンシ最大の半平面はその境界上に 2 点を含んでいなければならないのだろうか．答はノーである．なぜなら，h を p の周りに回転するとき，連続速度は極値をとることがあるからである．この極値が局所最大値だとしよう．このとき，ほんの少しだけ回転しても連続測度は減少してしまう．この局所最大値において離散測度が連続測度より小さいときには，回転することによってディスクレパンシが減少する．同様に，離散測度が連続測度より大きい場合には，連続測度が局所的に最小となる地点で少しでも回転するとディスクレパンシが減ることにな

る．したがって，ディスクレパンシの最大値はそのような極値で達成されることになる．

極値についてもっと詳しく調べてみよう．$p := (p_x, p_y)$ を S の点する．$0 \leqslant \phi < 2\pi$ に対して $\ell_p(\phi)$ を p を通り，x 軸の正方向と ϕ の角度をなす直線としよう．最初は $\ell_p(\phi)$ の上にある半平面の連続測度関数について考えよう．この半平面を $h_p(\phi)$ と書くことにする．ここで興味があるのは，関数 $\phi \mapsto \mu(h_p(\phi))$ の局所極値である．ϕ が 0 から 2π まで増加していくとき，直線 $\ell_p(\phi)$ は p の周りで回転する．まず最初に，$\ell_p(\phi)$ が U の頂点のうちの 1 つを通り過ぎるときに極値が生じることがある．これが起こるのは高々 8 回しかない．そのようなイベントが 2 回起こる間に，$\ell_p(\phi)$ は U の 2 つの固定辺と交差する．少し計算すれば，生じうる様々な場合に対する連続速度関数の値を求めることができる．たとえば，$\ell_p(\phi)$ が U の上辺と左辺と交差するとき，次式を得る．

$$\mu(h_p(\phi)) = \frac{1}{2}(1 - p_y + p_x \tan\phi)(p_x + \frac{1 - p_y}{\tan\phi})$$

この場合，局所的な極値は高々 2 個しかない．$\ell_p(\phi)$ が別の 2 本の辺と交差するときも連続測度関数は同様であるから，結論として，点 $p \in S$ ごとに局所的な極値は定数個しかないと言える．したがって，1 点がその境界上にあるような候補となる半平面の個数は全部で $O(n)$ となる．さらに，極値と対応する半平面を 1 点当り $O(1)$ 時間で求めることができる．次の補題が成り立つ．

補題 8.1 S を単位正方形 U 内の n 点の集合とする．S に関してディスクレパンシを最大にする半平面 h は次にあげるタイプのうちのどれかである．
(i) h はその境界上に 1 点 $p \in S$ を含むか，
(ii) h はその境界上に S の点を 2 つ以上含む．
タイプ (i) の候補は $O(n)$ 通りあり，それらは $O(n)$ 時間で求めることができる．

タイプ (ii) の候補は明らかに $O(n^2)$ ある．これに比べてタイプ (i) の候補はずっと少ないから，腕力法で処理してよい．すなわち，$O(n)$ の半平面それぞれについて，定数時間でその連続測度を計算し，離散測度を $O(n)$ 時間かけて求める．このようにして，これらの半平面のディスクレパンシの最大値を $O(n^2)$ 時間で求めることができる．タイプ (ii) の候補については，離散測度を計算するときにもっと注意しなければならない．そのために新たな技法が必要になる．以降の節でこれらの技法を導入し，これを用いて $O(n^2)$ 時間ですべての離散測度を求める方法を示す．これにより，各半平面について定数時間でこれらの半平面のディスクレパンシを求め，その最大値を求めることができる．最後に，この最大値をタ

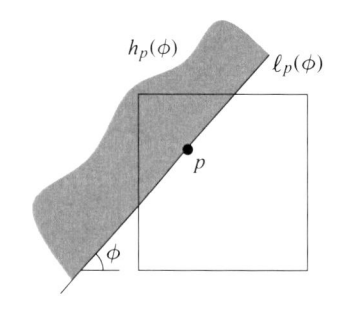

第 8.1 節
ディスクレパンシの計算

第 8 章
アレンジメントと双対性

イプ (i) の候補についてのディスクレパンシの最大値と比較することにより，S のディスクレパンシを求める．したがって，次の定理を得る．

定理 8.2 単位正方形内の n 点の集合 S に関する半平面ディスクレパンシは $O(n^2)$ 時間で求めることができる．

8.2 双対性

平面上の点は 2 つのパラメータをもっている．x 座標値と y 座標値の 2 つである．平面上の（垂直でない）直線も 2 つのパラメータをもっている．すなわち，その傾きと y 切片である．したがって，点集合を 1 対 1 で直線集合に写像することができる．しかも，点集合のある性質が，別の形で直線の集合に移されるようにできる．たとえば，直線上の 3 点は 1 点を通る 3 直線になる．そのような性質をもつ写像としていくつか考

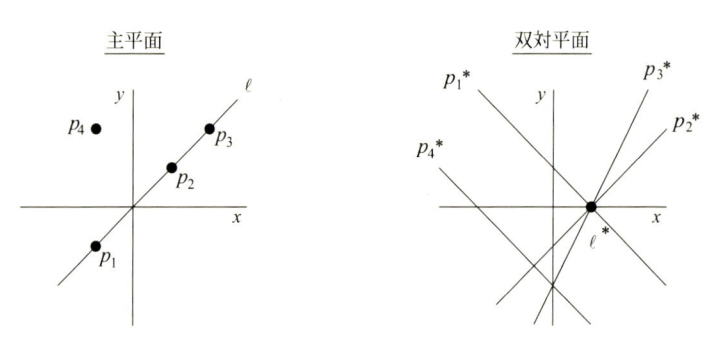

図 8.2
双対変換の例

えられるが，それらを総称して**双対変換** (duality transform) と呼んでいる．双対変換である物体を変換したとき，その像のことを元の物体の**双対** (dual) という．単純な双対変換に次のようなものがある．$p := (p_x, p_y)$ を平面上の点とする．p の双対は

$$p^* := (y = p_x x - p_y)$$

によって定義される直線であるが，これを p^* と記すことにする．直線 $\ell : y = mx + b$ の双対は $p^* = \ell$ であるような点 p である．つまり，次の関係が成り立つ．

$$\ell^* := (m, -b)$$

垂直線に対しては双対変換は定義されない．垂直線は別に扱われることが多いので，問題になることはない．別の解決法として，シーン全体を回転して垂直線がないようにすることも考えられる．

双対変換では，**主平面** (primal plane) の物体を**双対平面** (dual plane) 上に変換するという言い方をする．主平面で成り立つある種の性質は双対平面でも成り立つ．

観察 8.3 p を平面上の点とし，ℓ を平面上の垂直でない直線とする．双対変換 $o \mapsto o^*$ は次の性質をもっている．

- 接続関係は保持される．すなわち，$p \in \ell$ であることと $\ell^* \in p^*$ であることは等価である．
- 順序関係も保存される．すなわち，p が ℓ の上にあるのは，ℓ^* が p^* の上にあるときであり，かつそのときに限る．

図 8.2 はこれらの性質を説明したものである．同図では，主平面において 3 点 p_1, p_2, p_3 が直線 ℓ 上にある．双対平面では，3 本の直線 p_1^*, p_2^*, p_3^* が 1 点 ℓ^* を通っている．主平面で点 p_4 が直線 ℓ より上にあれば，双対平面では点 ℓ^* が直線 p_4^* より上にある．

双対変換は点と直線以外の物にも適用できる．たとえば，線分 $s := \overline{pq}$ の双対とは何になるだろうか．論理的に考えると，s^* は，s 上のすべての点の双対の和集合ということになる．これは，無限個の直線からなる集合である．s 上の点はすべて同一直線上にあるから，それらの双対直線はすべて 1 点を通ることになる．したがって，それらの和集合は，s の両端点の双対で囲まれた **2 重楔形** (double wedge) 領域を形成する．s の端点の双対直線は 2 つの楔形領域を定める．左右に分かれた楔形領域と上下に分かれた楔形領域である．このうち，s^* は左右に分かれた楔形領域である．図 8.3 は線分 s の双対を示したものである．同図には，s と交差する

図 8.3
線分に双対変換を適用した場合

直線 ℓ も示されているが，その双対 ℓ^* は s^* に含まれている．これは決して偶然ではない．s と交差する直線に関して p と q の一方は必ずその直線より上にあり，他方は下にあるので，そのような直線の双対は双対変換の順序保存 (order preserving) の性質により s^* に含まれることになる．

上のように定義される双対変換の幾何学的解釈をうまく利用して，次のような性質を導くことができる．$\mathcal{U}$ という記号で放物線 $\mathcal{U}: y = x^2/2$ を表すことにしよう．まず，$\mathcal{U}$ に含まれる点 p の双対について見てみよう．p における $\mathcal{U}$ の微分値は p_x であるから，p^* は p における $\mathcal{U}$ の接線と同じ傾きをもつ．実際，点 $p \in \mathcal{U}$ の双対は，p における接線である．というのは，接線と y 軸との交点は $(0, -p_x^2/2)$ だからである．点 q は $\mathcal{U}$ の上にはないものとする．q^* の傾きは何を表しているだろうか．同一垂直線上のどんな 2 点についても，その双対は同じ傾きをもつ直線である．特に，

第 **8.2** 節
双対性

第8章
アレンジメントと双対性

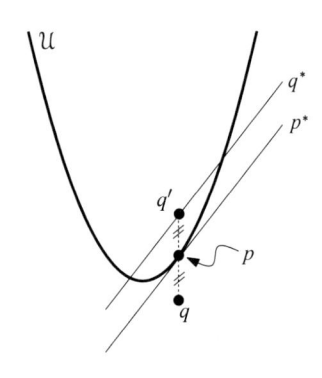

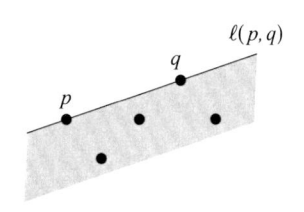

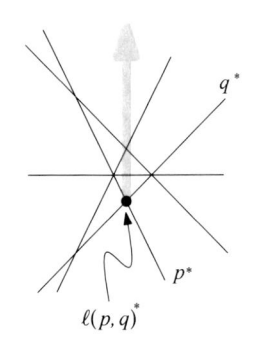

q^* は p^* に平行である．ただし，p は q を通る垂直線と $\mathcal{U}$ が交わる点であり，q と同じ x 座標値をもった点である．q' を q と同じ（したがって，p とも同じ）x 座標値をもつ点で $q'_y - p_y = p_y - q_y$ であるとする．2 点が同じ x 座標値をもつとき，それらの双対直線の間の垂直距離はそれらの点の y 座標値の差に等しい．したがって，q^* は，q' を通り，p における $\mathcal{U}$ の接線と平行な直線である．

では，双対変換は何の役に立つのだろう．ある問題を双対平面で解くことができれば，双対平面での解法を主平面において真似をすることにより，主平面でも解くことができる．結局のところ，主平面での問題と双対平面での問題は本質的には同じである．それにもかかわらず，問題を双対平面に変換すると非常に好都合なことがある．すなわち，新たな視点を与えてくれるのである．問題を別の角度から眺めてみると，その解決に必要な洞察を与えてくれることがある．

では，ディスクレパンシ問題を双対平面で考えるとどうだろう．前節では，次の問題を考えた：n 点の集合 S が与えられたとき，S の 2 点を通る直線を境界とする半平面それぞれについて，その離散測度を求めよ．点集合 S の双対を取ると直線の集合 $S^* := \{p^* : p \in S\}$ が得られる．S の 2 点 p, q を通る直線を $\ell(p,q)$ としよう．この直線の双対は，2 本の直線 $p^*, q^* \in S^*$ の交点である．$\ell(p,q)$ を境界とし，その下の開半平面を考えよう．この半平面の離散測度は，$\ell(p,q)$ より真に下にある点の個数である．これを双対平面で考えると，$\ell(p,q)^*$ より真に上にある直線の本数を求めていることになる．$\ell(p,q)$ より下の閉半平面に対して，$\ell(p,q)^*$ を通る直線も考慮に入れなければならない．同様に，$\ell(p,q)$ を境界とし，それより上の半平面に対しては，$\ell(p,q)^*$ より下にある直線の本数を求めたい．次節では直線の集合について考え，それぞれの交点より上にある直線の本数，それぞれの交点を通る直線の本数，それぞれの交点より下にある直線の本数を求める効率のよいアルゴリズムを与える．このアルゴリズムを S^* に適用すると，S の 2 点を通る直線によって囲まれたすべての半平面の離散測度を求めるのに必要な情報がすべて得られる．

ここで，気をつけなければならないことがある．すなわち，同じ x 座標値をもつ S の 2 点を双対変換すると，同じ傾きをもつ直線となる．したがって，これらの点を通る直線は双対平面では交点を与えないことになる．そのために垂直線に対しては双対変換が定義されないのである．ここで考えている応用では，このことが原因でもう 1 つのステップが必要になる．少なくとも 2 点を通るすべての垂直線に対して，対応する半平面の離散測度を求めなければならない．S の 2 点（または 3 点以上）を通る垂直線の本数は $O(n)$ しかないから，これらの直線に対する離散測度は腕力法でも $O(n^2)$ で求めることができる．

8.3 直線のアレンジメント

L を平面上の n 本の直線の集合とする．この集合 L によって，平面は頂点，辺，面に分割される．辺と面の中には非有界なものもある．この平面分割は，ふつう L によって誘導される**アレンジメント**(arrangement) と呼ばれ，$\mathcal{A}(L)$ という記号で表す．どの 3 直線も 1 点で交わることはなく，どの 2 直線も平行ではないアレンジメントは**単純** (simple) であると言う．アレンジメントを構成する頂点，辺，面の個数の合計をアレンジメントの**組合せ複雑度** (combinatorial complexity) ということにする．直線を高次元に拡張したもののアレンジメントを計算幾何学ではよく見かける．また，点集合に関して定義された問題が，その双対をとってアレンジメント上の問題に変換されることも多い．なぜそのような変換をするかというと，直線のアレンジメントの構造の方が点集合の構造より見通しがよいからである．たとえば，主平面上の点対を通る直線は双対平面上での直線のアレンジメントの頂点になるが，これの方がずっと明らかな特徴である．アレンジメントにおけるこの余分の構造は決してただでついて来るものではない．すなわち，アレンジメントの組合せ複雑度が高いために，アレンジメント全体を構成するためには時間も記憶領域もかかるのである．

定理 8.4 L を平面上の n 本の直線の集合とし，$\mathcal{A}(L)$ を L によって誘導されるアレンジメントとする．
(i) $\mathcal{A}(L)$ の頂点数は高々 $n(n-1)/2$ である．
(ii) $\mathcal{A}(L)$ の辺数は高々 n^2 である．
(iii) $\mathcal{A}(L)$ の面数は高々 $n^2/2 + n/2 + 1$ である．
ただし，等号が成り立つのは $\mathcal{A}(L)$ が単純なときであり，かつその時に限る．

証明 $\mathcal{A}(L)$ の頂点は L の直線の対の交点である．したがって，高々 $n(n-1)/2$ 個である．この頂点数が達成されるのは，すべての直線の対がそれぞれ別の交点を与えるときであるが，これが起こるのは $\mathcal{A}(L)$ が単純であるときである．

直線上の辺の本数は，その直線上の頂点数に 1 を加えたものである．後者の数は高々 $n-1$ であるので，1 直線上の辺の本数は n で抑えられる．これにより，全部で辺の本数は高々 n^2 であることが得られるが，この本数になるための必要十分条件は $\mathcal{A}(L)$ が単純であることである．

$\mathcal{A}(L)$ の面の個数の上界を求めるために直線を 1 本ずつ加えて行き，各ステップで面の個数の上界を求める．$L := \{\ell_1, \dots, \ell_n\}$ とする．$1 \leqslant i \leqslant n$ について $L_i := \{\ell_1, \dots, \ell_i\}$ と定義する．ℓ_i を加えて $\mathcal{A}(L_{i-1})$ から $\mathcal{A}(L_i)$ に移るとき，面の個数はどれだけ増加するだろうか．ℓ_i 上の各辺は $\mathcal{A}(L_{i-1})$

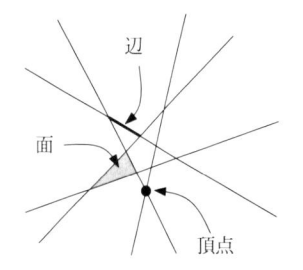

の1つの面を2つに分ける．したがって，面の個数は ℓ_i 上の $\mathcal{A}(L_{i-1})$ の本数だけ増えたことになる．後者の数は高々 i であるので，面の個数は全部で高々次式で抑えられる．

$$1+\sum_{i=1}^{n} i = n^2/2 + n/2 + 1$$

ここでも，この上界が得られるのは $\mathcal{A}(L)$ が単純なときであり，かつそのときに限る． □

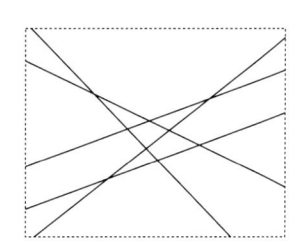

以上より，直線の集合 L によって誘導されるアレンジメント $\mathcal{A}(L)$ は高々2乗の複雑度をもつ平面分割であることが分かる．アレンジメントを蓄えるためのデータ構造としては2重連結辺リストがよさそうである．この表現を用いると，面を指定してその境界上の辺のリストを効率よく求めたり，1つの面から隣接する面に移ったりすることも容易になる．ただ，2重連結辺リストでは有界な辺しか蓄えられないが，アレンジメントには非有界な辺が含まれている．そこで，アレンジメントで重要な部分はすべて包み込むような，すなわちアレンジメントの頂点をすべて内に含むような十分大きい限界長方形を考えることにする．この限界長方形とその内側のアレンジメントによって定まる平面分割には有界な辺しか含まれないので，2重連結辺リストで蓄えることができる．

次に2重連結辺リストの構成方法について考えよう．すぐに思いつく方法は平面走査を用いたものである．第2章で，線分の集合が与えられたとき，その交点を平面走査法で求める方法を示し，そのアルゴリズムに基づいて2つの平面分割の重ね合せに対する2重連結辺リストを求めた．実際，第2章のアルゴリズムに修正を加えてアレンジメント $\mathcal{A}(L)$ を求めるようにすることは難しいことではない．交点数は2乗に比例するから，アルゴリズムの実行時間は $O(n^2 \log n)$ となる．これでも悪くはないが，最適ではない．そこで，別に思いつく方法を試してみよう．すなわち，逐次構成アルゴリズムである．

アレンジメント $\mathcal{A}(L)$ のすべての頂点を内に含む限界長方形は2乗に比例する時間で容易に求めることができる．すなわち，すべての直線の対についてその交点を求め，最も左の交点，最も右の交点，最も下の交点，最も上の交点を求めれば，これらの4頂点を辺上に含む軸平行な長方形はアレンジメントの交点をすべて含むことになる．

逐次構成アルゴリズムでは直線 $\ell_1, \ell_2, \ldots, \ell_n$ を1本ずつ順に加えていき，毎回2重連結辺リストを更新する．限界長方形 $\mathcal{B}(L)$ とその内部のアレンジメント $\mathcal{A}(\{\ell_1, \ldots, \ell_i\})$ によって定まる平面分割を $\mathcal{A}_i$ と記すことにしよう．直線 ℓ_i を加えるには，$\mathcal{A}_{i-1}$ の面の中で ℓ_i が交わるものを分割しなければならない．そのような面を見つけるには，次のようにして左から右へ ℓ_i 上をたどっていけばよい．辺 e を通って面 f に入るものとしよ

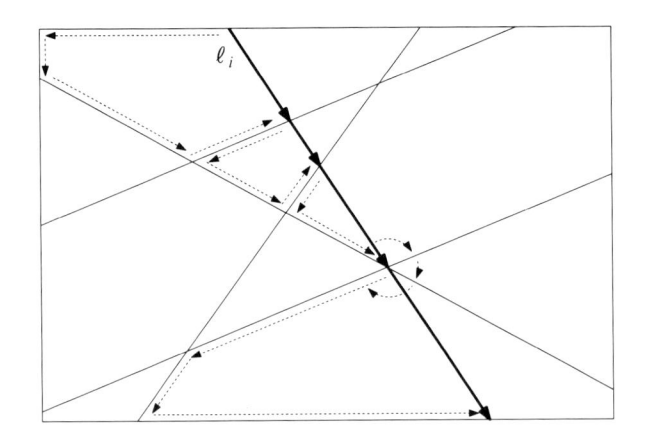

第 8.3 節
直線のアレンジメント

図 8.4
アレンジメントのたどり方

う．面 f の境界を 2 重連結辺リストの $Next()$ ポインタをたどっていって，ℓ_i が面 f を出るところにある辺 e' 辺の片辺に至ると面の境界がたどれたことになる．その後，その片辺の $Twin()$ ポインタによって 2 重連結辺リストにおける片辺 e' 辺のもう一方の片辺に移ると，それから隣接面の探索を開始することができる．このようにして，f の複雑度に比例する時間で次の面を求めることができる．f を出るときに，辺からではなく頂点 v を通って出て行く場合もある．その場合，v の周りを回って，その頂点に接続する辺を調べ，ℓ_i と交わる次の面を見つける．2 重連結辺リストを用いると，この操作も v の次数に比例する時間で実行できる．図 8.4 はアレンジメントをたどる様子を図示したものである．

まだ 2 つの仕事が残っている．1 つは，ℓ_i と交わる最も左の辺を見つけることである．これが $\mathcal{A}_{i-1}$ における更新操作を開始する出発点となる．もう 1 つは，見つかった面を実際にどのように分割するかである．

最初の問題は簡単である．ℓ_i が $\mathcal{A}_{i-1}$ と最も左で交わる所は $\mathcal{B}(L)$ の辺上である．したがって，単に $\mathcal{B}(L)$ 上の辺すべてと交差判定を行って，更新操作を開始する場所を決めればよい．この辺に隣接する面（ただし，$\mathcal{B}(L)$ 内部の面）が ℓ_i によって最初に分割される面である．ℓ_i が $\mathcal{A}_{i-1}$ と最初に交わる地点が $\mathcal{B}(L)$ のコーナーであれば，ℓ_i によって最初に分割される面は，$\mathcal{B}(L)$ の内部にあって，このコーナーを含む面であるので，一意に定まる．ℓ_i が垂直線である場合には，更新操作の出発点を ℓ_i と $\mathcal{A}_i$ の下側交点とする．$\mathcal{A}_{i-1}$ は $\mathcal{B}(L)$ 上に高々 $2i+2$ 個の辺しか含まないから，この操作に必要な時間は，それぞれの直線について線形である．

さて，面 f の左で ℓ_i と交わる面はすでに分割されていると仮定して，面 f を分割する方法を説明しよう．とくに，面 f への入り口の辺 e はすでに分割されているものとする．面 f の分割は次のようにして行う——図 8.5 参照．まず最初に面レコードを 2 つ作る．f を ℓ_i で分割したとき，ℓ_i より上にできる面に対するレコードと下にできる面に対するレコードである．次に，面 f の出口の辺 e' を分割し，$\ell_i \cap e'$ を表す新たな頂点を作る．したがって，頂点レコードを新たに 1 つ，両方の新たな辺について片辺レコードを新たに 2 つ作ることになる．（もし ℓ_i が頂点を通って

第8章
アレンジメントと双対性

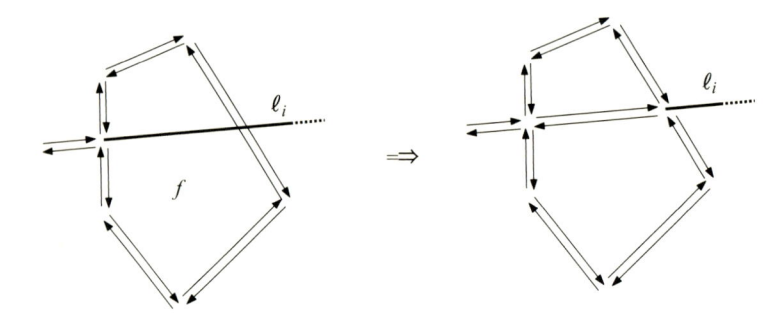

図 8.5
面の分割

f を出るときには，この操作は省略する．）さらに，辺 $\ell_i \cap f$ に対しても片辺レコードを作る．新たな面，頂点，片辺に対するレコードで様々なポインタを正しく初期設定し，関連するポインタを新たな頂点レコード，片辺レコード，および面レコードに設定し直し，f に対する面レコードと e' に対する片辺レコードを消去する仕事が残っている．これは，2 つの平面分割の重合せを構成した 2.3 節の方法と同様の方法で行える．この分割に要する合計時間は，f の複雑度に関して線形である．

以上をまとめると，アレンジメントを構成するアルゴリズムは次のようになる．

アルゴリズム CONSTRUCTARRANGEMENT(L)
入力：平面上の n 本の直線の集合 L．
出力：$\mathcal{B}(L)$ と $\mathcal{B}(L)$ の内部にある $\mathcal{A}(L)$ の部分によって定まる平面分割に対する 2 重連結辺リスト．ただし，$\mathcal{B}(L)$ は $\mathcal{A}(L)$ のすべての頂点を内に含む限界長方形である．

1. $\mathcal{A}(L)$ のすべての頂点を内に含む限界長方形 $\mathcal{B}(L)$ を求める．
2. $\mathcal{B}(L)$ によって誘導される平面分割に対する 2 重連結辺リストを構成する．
3. **for** $i \leftarrow 1$ **to** n
4.   **do** ℓ_i が $\mathcal{A}_i$ と最も左で交わる点を含む $\mathcal{B}(L)$ 上の辺 e を求める．
5. $f \leftarrow e$ で接する有界な面
6.   **while** f が非有界な面でない，すなわち，$\mathcal{B}(L)$ の外側の面でない
7.   **do** f を分割し，f を次に交わる面とする．

これがアレンジメントを構成するための簡単なアルゴリズムであるが，次にその実行時間を解析しよう．アルゴリズムのステップ 1 で $\mathcal{B}(L)$ を求めるが，これは $O(n^2)$ 時間でできる．ステップ 2 には定数時間しかからない．以前に述べたように，ℓ_i によって分割される最初の面を見つけるのには $O(n)$ 時間がかかる．そこで，ℓ_i と交わる面を分割するのにかかる時間の上界を求めよう．

まず，$\mathcal{A}(L)$ は単純であると仮定する．この場合，面 f を見つけ，次に交わる面を求めるのにかかる時間は，f の複雑度に関して線形である．し

たがって，直線 ℓ_i を付け加えるのに必要な時間は，ℓ_i が交わる $\mathcal{A}_{i-1}$ の面の複雑度の総和に関して線形である．$\mathcal{A}(L)$ が単純でない場合，辺からではなく頂点を通って面 f から出ることがある．その場合，次に分割すべき面を見つけるために v に接続する辺を順に調べていくと，交差する面の境界上にない辺が見つかる．しかし，その場合に調べた辺たちは，その**閉包** (closure) が ℓ_i と交差する面の境界上にあることに注意しておかなければならない．このことからゾーンの概念が得られる．

平面上の直線の集合 L によって誘導されるアレンジメント $\mathcal{A}(L)$ におけ

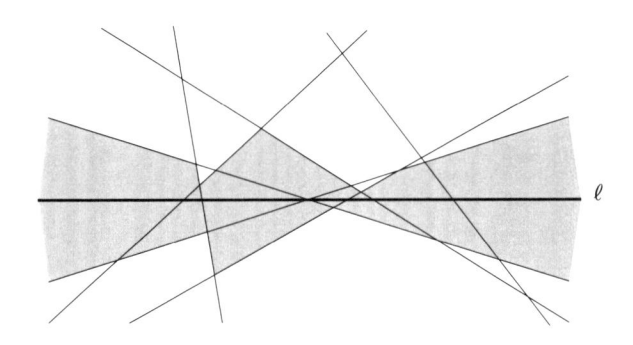

図 8.6
直線のアレンジメントにおける，ある直線のゾーン

る直線 ℓ の**ゾーン** (zone) とは，その閉包が ℓ と交差するような面の集合のことである．図 8.6 は 9 個の面からなるゾーンの例を示している．ゾーンの複雑度は，それを構成している面の複雑度の和として，すなわちそれらの面の辺と頂点の個数の総和として定義される．図 8.6 では，1 度しかカウントされない頂点もあれば，2 度，3 度，あるいは 4 度もカウントされる頂点もあることが分かるだろう．直線 ℓ_i を挿入するのに必要な時間は，$\mathcal{A}(\{\ell_1,\ldots,\ell_i\})$ における ℓ_i のゾーンの複雑度に関して線形である．次に示すゾーン定理 (zone theorem) は，この量が線形であることを示している．

定理 8.5（ゾーン定理） 平面上の m 直線の集合のアレンジメントにおいて，直線のゾーンの複雑度は $O(m)$ である．

証明 平面上の m 直線の集合を L とし，ℓ を L にない直線とする．一般性を失うことなく，ℓ は x 軸と一致すると仮定する．そうなるように，座標系を回転することができるからである．また，L のどの直線も水平ではないと仮定するが，この仮定は証明の最後で取り除く．

$\mathcal{A}(L)$ の各辺は 2 つの面の境界になっている．1 つの面の左側境界上にある辺（その辺の右に面があるような辺）を**左境界辺** (left bounding edge) と言い，右側境界上にある辺を**右境界辺** (right bounding edge) という．ここでは，ℓ のゾーンに含まれる面の左境界辺の個数は高々 $5m$ であることを証明しよう．これが証明できれば，対称性により，右境界辺も高々 $5m$ 個しかないことになるので，定理が成り立つ．

m に関する帰納法で証明しよう．$m=1$ の基底の場合は明らかに成り

第 8.3 節
直線のアレンジメント

第8章
アレンジメントと双対性

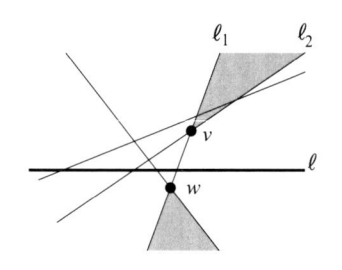

立つ．そこで，$m>1$ と仮定しよう．L の直線の中で，ℓ と最も右で交差するものを ℓ_1 としよう．まず，そのような直線は1本しかないと仮定しよう．帰納法の仮定により，$A(L\setminus\{\ell_1\})$ における ℓ のゾーンには高々 $5(m-1)$ 個の左境界辺しか含まれない．直線 ℓ_1 を加えるとき，左境界辺の個数は増加するが，2つの場合がある．ℓ_1 上に新たな左境界辺が生じる場合と，ℓ_1 によって以前の左境界辺が分割される場合である．ℓ_1 が ℓ より上で L の別の直線と交差する最初の点を v とし，ℓ より下で ℓ_1 と最初に交差する点を w としよう．2点 v,w を結ぶ辺は ℓ_1 上の新たな左境界辺である．さらに，ℓ_1 は v と w において左境界辺を分割する．これによって左境界辺は3本だけ増加する．v か w が存在しない場合，増加分は2本だけである．これ以外に増加することはないと言える．

直線 ℓ_1 の v より上の部分について考えよう．v で ℓ_1 と交差する直線を ℓ_2 としよう．ℓ_1 と ℓ_2 によって囲まれた v より上の領域は ℓ のゾーンには含まれない．ℓ_2 は v において ℓ_1 と左から右に交差するので，この領域は ℓ_1 の右にある．したがって，直線 ℓ_1 の v より上の部分は，対象のゾーンに対して左境界辺として貢献することはない．さらに，対象のゾーンにあった左境界辺 e が ℓ_1 と v より上のどこかで交差する場合，ℓ_1 の右にある e の部分はもはや対象のゾーンには含まれない．したがって，そのような交点によって左境界辺の個数が増加することはない．

直線 ℓ_1 の w より下の部分が ℓ のゾーンの左境界辺の個数を増やすことはないことも同様に示すことができる．したがって，最初に述べたとおり，増加分は全部で3本である．よって，この場合の左境界辺の本数は全体でも高々 $5(m-1)+3<5m$ である．

ここまで，ℓ 上の最も右の交点を通る直線 ℓ_1 は1本しか存在しないと仮定してきたが，そのような直線が2本以上存在するとき，任意の1本を ℓ_1 として選ぶ．上と同じ議論により，左境界辺は5本増加することを示すことができる．（2本より多くの直線がこの交点を通るなら，この増加分は高々5である．ちょうど2本の直線が交点を通るとき，増加分は高々5である．）したがって，左境界辺は全部で高々 $5(m-1)+5=5m$ ということになる．

最後に，L のどの直線も水平ではないという仮定を取り除く．ℓ と同じではない水平な直線に対しては，少し回転するだけでも $A(L)$ における ℓ のゾーンの複雑度が増大する．ここで証明しようとしているのはゾーンの複雑度に関する上界であるから，そのような直線は存在しないと仮定しても安全である．L が ℓ と全く一致する直線 ℓ_i を含んでいるとき，上の証明は $A(L\setminus\{\ell_i\})$ における ℓ のゾーンは高々 $10m-10$ 個の辺を含んでいることを示しており，ℓ_1 を付加することによる増加量は高々 $4m-2$ である．なぜなら，ℓ_i より上にある面に対しては ℓ_i 上で高々 m 個の辺が分割され，ℓ_i より下にある面に対しては ℓ_i 上で高々 m 個の辺が分割され，そして高々 $m-1$ 個の

辺だけが 2 分割されるが，それらはそれぞれ左境界辺および右境界辺としてカウントされるからである．これでゾーン定理の証明を終る．□

これでアレンジメントを構成するための逐次構成アルゴリズムの実行時間の上界を求めることができる．ℓ_i を挿入するのに必要な時間は，$\mathcal{A}(\{\ell_1,\ldots,\ell_{i-1}\})$ における ℓ_i のゾーンの複雑度に関して線形であることは分かっている．ゾーン定理により，これは $O(i)$ であるから，すべての直線を挿入するのに必要な時間は次のようになる．

$$\sum_{i=1}^{n} O(i) = O(n^2)$$

アルゴリズムのステップ 1—2 は全体で $O(n^2)$ 時間でできるので，アルゴリズムの実行時間は全体で $O(n^2)$ である．$\mathcal{A}(L)$ が単純であるとき，$\mathcal{A}(L)$ の複雑度は $\Theta(n^2)$ であるから，上のアルゴリズムは最適である．

定理 8.6 平面上の n 本の直線の集合によって誘導されるアレンジメントを表現する 2 重連結辺リストは $O(n^2)$ 時間で構成することができる．

8.4 レベルとディスクレパンシ

ディスクレパンシの問題に戻ろう．n 個の標本点の集合 S を n 本の直線の集合 S^* に双対変換したが，$\mathcal{A}(S^*)$ のすべての頂点について，それより上に何本の直線があり，そこを通る直線が何本あり，さらにその下には何本の直線があるかを求めなければならなかった．各頂点に対して，これら 3 つの数を足し合わせるとちょうど n になるから，これらのうち 2 つの数を求めるだけで十分である．$\mathcal{A}(S^*)$ に対する 2 重連結辺リストを構成すれば，各頂点を通る直線の本数を知ることができる．ここで，直線のアレンジメントにおける点の**レベル** (level) を，それより上を通る直線の本数と定義する．次に，$\mathcal{A}(S^*)$ において各頂点のレベルを計算する方法について述べよう．

$\mathcal{A}(S^*)$ の頂点のレベルを計算するには，各直線 $\ell \in S^*$ に対して次のことを行えばよい．最初に，ℓ 上で最も左の頂点のレベルを $O(n)$ 時間で計算する．具体的には，残りの直線について，それがその頂点より上にあるかどうかを判定すればよい．次に，2 重連結辺リストを用いて，ℓ 上を左から右にたどって ℓ 上にある頂点たちを順に見ていく．このようにたどる間，レベルの変化を管理することは容易である．レベルは頂点でしか変化せず，この変化は頂点に出会うたびにその頂点に接続する辺を調べることによって求めることができる．たとえば，図 8.7 では，ℓ 上の左端の頂点のレベルは 1 である．その頂点に接続する辺の中で右に出て行く辺の上の点もレベル 1 である．2 番目の頂点では，直線 ℓ は上から来る直線と交差する．このとき，レベルは 1 だけ減り，0 になる．レベルは点

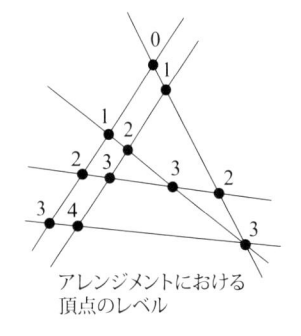

第 8.4 節
レベルとディスクレパンシ

アレンジメントにおける頂点のレベル

第8章
アレンジメントと双対性

図 8.7
直線上でのレベルの変化

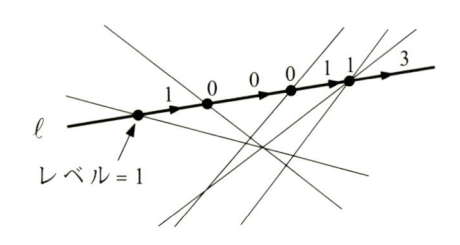

より上を通る直線の本数として定義されているから，2 番目の頂点自身のレベルは 0 である．3 番目の頂点では，直線 ℓ は下から来る直線と交差する．したがって，その頂点を通り過ぎた後でレベルは 1 に増加するが，3 番目の頂点自身のレベルは 0 のままである．以下同様である．

ここでは，垂直線については全く心配する必要はない．なぜなら，直線といっても点集合を双対変換したものだからである．以上より，ℓ 上の頂点のレベルの計算が $O(n)$ 時間でできることが分かる．したがって，$\mathcal{A}(S^*)$ の全ての頂点のレベルは $O(n^2)$ 時間で計算できる．

$\mathcal{A}(S^*)$ の各頂点について，それより上，ちょうどその上，およびそれより下を通る直線の本数から，S の 2 点を含む直線を境界とする半平面の離散測度を計算するのに必要な情報が得られる．したがって，この離散測度は $O(n^2)$ 時間で計算できる．これで定理 8.2 の証明が終わった．

8.5 文献と注釈

本章では，アルゴリズム的ではないが重要な概念として，幾何学的双対変換とアレンジメントを導入した．双対変換とは，幾何問題に別の角度から光を当てるものであり，計算幾何学の研究者にとっては標準的な道具である．8.2 節で説明した双対変換は垂直線に対しては定義されない．垂直線は特別な場合として，あるいは摂動を用いて扱うのが普通である．垂直線を扱うことができる双対変換もあるが，別の欠点もある—Edelsbrunner のテキスト [158] を参照のこと．双対変換は高次元の点集合にも適用可能である．

点 $p = (p_1, p_2, \ldots, p_d)$ に対して，その双対 p^* は，超平面 $x_d = p_1 x_1 + p_2 x_2 + \cdots + p_{d-1} x_{d-1} - p_d$ である．超平面 $x_d = a_1 x_1 + a_2 x_2 + \cdots + a_{d-1} x_{d-1} + a_d$ を双対変換したものは，点 $(a_1, a_2, \ldots, a_{d-1}, -a_d)$ である．この変換は接続関係と順序関係を保存する．

放物線 $y = x^2/2$ を用いて双対変換を幾何学的に解釈すると，点の双対を構成することができる．興味があるのは，点 q の双対も距離を測らずに構成することができることである．q は $\mathcal{U}$ の下にあると仮定しよう．q を通り $\mathcal{U}$ に接する 2 直線を引く．これらの接線が $\mathcal{U}$ に接する 2 点を通る直線が直線 q^* である．構成法より，点 q は 2 本の接線の交点である．したがって，q の双対は，これら 2 本の接線の双対を通ることになるが，これはそれらの接線の $\mathcal{U}$ 上での接点である．$\mathcal{U}$ より上にある点の双対も距

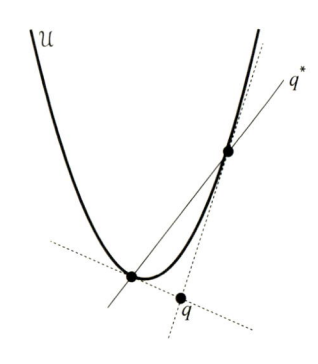

離を測ることなく構成することができる．ここではその方法を示すことはしない．（**ヒント**：与えられた点を通り，与えられた直線に平行な直線を引くことができなければならないだろう．）

計算幾何学でうまく応用されてきた別の幾何学的変換として**反転変換** (inversion) がある．これは，平面上で「点が円の内部に含まれるか」どうかの関係 (point-inside-circle relation) を 3 次元において「点が平面より下にあるか」どうかの関係に変換することができる．もっと具体的に説明しよう．点 $p := (p_x, p_y)$ を 3 次元空間における単位放物体 $z = x^2 + y^2$ に持ち上げる．

$$p^\circ := (p_x, p_y, p_x^2 + p_y^2)$$

平面上の円 $C := (x-a)^2 + (y-b)^2 = r^2$ は，その円を単位放物体に持ち上げてできた円を通る平面を取ることによって 3 次元における平面に変換される．具体的には，下のようになる．

$$C^\circ := (z = a(x-a) + b(y-b) + r^2)$$

さて，p が C の内部に含まれるのは，p° が C° より下にあるときであり，かつその時に限る．この変換は高次元にも拡張することができるが，その場合には d-次元空間における超球は $(d+1)$-次元の超平面になる．

アレンジメントは計算幾何学と組合せ幾何学 (combinatorial geometry) において様々な形で研究されてきた．アレンジメントは平面に限定されているわけではない．3 次元のアレンジメントは平面の集合によって誘導され，高次元のアレンジメントは超平面の集合によって誘導される．Edelsbrunner [158] のテキストは，1987 年までに得られたアレンジメントに関する研究成果を紹介した優れた書物である．そこには（計算幾何学ではなく）組合せ幾何学に関する初期のテキストも紹介されている．

もっと最近のサーベイについては，Halperin [206] によるハンドブックの章を参照されたい．ここでは平面上および高次元でのアレンジメントに関する結果の中からいくつか選んで説明しよう．

d-次元空間空における n 個の超平面のアレンジメントの複雑度は，最悪の場合 $\Theta(n^d)$ である．単純なアレンジメント (simple arrangement)—どの d 個の超平面も 1 点で交わるが，どの $d+1$ 個の超平面も 1 点では交差しない—によってこの複雑度が達成されている．Edelsbrunner ら [165] は，アレンジメントを構成するための最適なアルゴリズムを最初に提案した．この逐次構成アルゴリズムの最適性は，ゾーン定理を高次元に拡張したものに基づいている．すなわち，d-次元空間において，n 個の超平面のアレンジメントにおける 1 つの超平面のゾーンの複雑度は $O(n^{d-1})$ であるという定理である．

この定理は Edelsbrunner らによる論文 [168] において証明されている．

アレンジメントにおけるレベルの概念も高次元に拡張されている—Edelsbrunner のテキスト [158] を参照のこと．n 個の超平面の集合 H に

第 **8.5** 節
文献と注釈

第 8 章
アレンジメントと双対性

よって誘導されるアレンジメント $\mathcal{A}(H)$ における k-レベル (k-level) は，それより上には高々 $k-1$ 個の超平面しか存在せず，それより下にも高々 $n-k$ 個の超平面しか存在しないような点の集合として定義される．k-レベルの最大複雑度については，平面の場合についてさえタイトな上下界はまだ知られていない．双対変換すると，これは次の問題に密接に関連している．n 点の集合が与えられたとき，1 つの超平面によって k 点からなる何通りの部分集合を残りの $n-k$ 点から分離することができるか．そのような部分集合は k-集合 (k-set) と呼ばれるが，n 点の集合における k-集合の最大個数もまだ分かっていない．平面の場合については—k-集合についても k-レベルについても同じだが— Erdős ら [174] は 1973 年に $\Omega(n \log(k+1))$ の下界と $O(n\sqrt{k})$ という上界を証明した．これは，(Pach ら [313] による上界の改善はあったものの) 1997 年に Dey [143, 144] が $O(nk^{1/3})$ という現在知られている最善の上界の証明に成功するまで長年にわたって未解決問題であった．

平面上に n 点の集合が与えられたとき，その集合を直線によって 2 分割して，高々 k 個の点からなる部分集合と残りの $n-k$ 個の点からなる部分集合に分ける方法は全部で何通りあるだろうか．そのような部分集合は $(\leqslant k)$-集合 ($(\leqslant k)$-set) と呼ばれるが，k-集合の場合と違って $(\leqslant k)$-集合の最大個数に関してはタイトな上界が知られている．平面上では，その最大個数は $\Theta(nk)$ であり，d 次元空間では $\Theta(n^{\lfloor d/2 \rfloor} k^{\lceil d/2 \rceil})$ であるが，これは Clarkson と Shor [133] によって示されたものである．同じ上界がアレンジメントにおける $(\leqslant k)$-レベルについても成り立つ．

第 7 章の文献と注釈において，ボロノイ図と 1 次元高い空間における凸多面体との関連を説明した．平面上の点集合のボロノイ図は，3 次元空間における半空間の集合の共通部分の境界を投影したものと同一である．この境界は，実際これらの半空間を囲んでいる平面のアレンジメントの 0-レベルである．この関連は k 次のボロノイ図 (order-k Voronoi diagram) とアレンジメントにおける k-レベルに拡張することができる．平面の同じアレンジメントの k-レベルは，点に関する k 次のボロノイ図に射影される．

アレンジメントは直線や超平面以外のものについても定義することができる．たとえば，平面上の線分の集合もアレンジメントを作る．そのようなアレンジメントに対しては，1 つの面 (single cell) の最大複雑度に関する限界でさえ簡単には証明できない．この場合，面は凸でないこともありえるから，線分は境界上に数度も現れることができる．実際，1 つの面の最大複雑度は線形を越えることがある．最悪の場合には $\Theta(n\alpha(n))$ となる．ただし，$\alpha(n)$ は Ackermann 関数の逆関数であり，極度にゆっくりと増加するものである．この上界は **Davenport-Schinzel 列** (Davenport-Schinzel sequence) を用いると証明することができる．興味のある読者は Sharir と Agarwal による本 [353] を参照されたい．

アレンジメント，アレンジメントにおける 1 つのセル，およびエンベロープのような組合せ構造を研究する主たる動機はロボットの移動計画問題 (motion planning) に見出すことができる．いくつかの移動計画問題がアレンジメントとその部分構造に関する問題として定式かできる [201, 207, 208, 231, 342, 343]．

アレンジメントの研究は，元々はコンピュータグラフィックスとランダムサンプルの質の評価に端を発している．ディスクレパンシを利用することは Shirley [358] によってコンピュータグラフィックスに導入されたが，アルゴリズム的に発展させたのは Dobkin と Mitchell [150]，Dobkin と Eppstein [149]，Chazelle [96] および de Berg [50] である．

第 8.6 節
演習

8.6 演習

8.1 本章で述べた双対変換は，観察 8.3 で述べたように，実際に接続関係と順序を保存することを証明せよ．

8.2 線分を双対変換したものは，8.2 節で示したように，左右に分かれた楔形領域である．

    a. 3 点 p,q,r を頂点とする与えられた三角形の内部にある点の集合を双対変換したものは何か．

    b. 主平面における何を双対変換すると上下に分かれた楔型領域になるか．

8.3 オイラーの公式を用いて，$n(n-1)/2$ 個の頂点と n^2 個の辺をもつアレンジメントに対して，面の最大の個数は $n^2/2+n/2+1$ であることを示せ．

8.4 平面上の n 本の直線の集合を L とする．$\mathcal{A}(L)$ の頂点をすべて内部に含むような軸平行な長方形を求める $O(n\log n)$ 時間のアルゴリズムを求めよ．

8.5 平面上の n 個の点の集合を S とする．本章では，S の 2 点を通るすべての直線 ℓ に対して，ℓ より上に S の点が何個存在するかを求めるアルゴリズムを与えた．そのために，問題をまず双対化した．双対問題に対するこのアルゴリズムを主平面でのものに変換し，与えられた問題に対して対応する $O(n^2)$ 時間のアルゴリズムを求めよ．（この演習問題により，読者は双対性のありがたみを理解できるであろう．）

8.6 平面上の n 個の点の集合を S とし，平面上の m 本の直線の集合を L とする．L の直線上に S の点が存在するかどうかを判定したいものとする．この問題を双対化するとどうなるか．

8.7 R を平面上の n 個の赤点の集合とし，B を平面上の n 個の青点の集合とする．ある直線 ℓ で平面を 2 分割したときに，R の点がすべて一方の側にあり，B の点がすべて反対側にあるとき，直線 ℓ を**分離**

直線 (separator) という．R と B が分離直線をもつかどうかを $O(n)$ の期待時間で判定する乱択アルゴリズムを求めよ．

8.8 8.2 節で述べた双対変換にはマイナスの符号がついていた．その符号をプラスに変えて，点 (p_x, p_y) を双対変換したものを直線 $y = p_x x + p_y$ とし，直線 $y = mx + b$ を双対変換したものを点 (m, b) とした場合を考えてみよう．この双対変換では接続関係と順序関係が保存されるだろうか．

8.9 P を平面上の n 点の集合とする．$p \in P$ をそれらの点の内の 1 つとする．p が P の凸包の頂点かどうかを $O(n)$ の期待時間で判定することができる乱択アルゴリズムを求めよ．

8.10 L を平面上の n 本の垂直でない直線の集合としよう．いま，アレンジメント $\mathcal{A}(L)$ はレベル 0 の頂点しかもたないと仮定すると，このアレンジメントについて何が言えるだろうか．次に，L の直線が垂直であってもよいとすると，このアレンジメントについて何が言えるだろうか．

8.11 L を平面上の直線の集合とし，f を原点を含む $\mathcal{A}(L)$ の面とする．f の内部の点の双対である直線の集合はどんなものか．また，f の頂点の双対についても説明せよ．どちらも原点より上を通る 2 本の直線の交点として与えられる頂点，どちらも原点より下を通る 2 本の直線の交点として与えられる頂点，および，一方は原点より上を通り，他方は原点より下を通る 2 本の直線の交点として与えられる頂点を区別せよ．

8.12 直線の集合 L のアレンジメントを構成するとき，直線を加えるときに L の各直線上を左から右に順にたどった．ディスクレパンシを計算するにはアレンジメントにおける各頂点のレベルを知る必要があった．レベルを求めるために L の各直線上を再度左から右へ見ていった．これら 2 回の操作を組み合わせることができるだろうか．すなわち，アレンジメントに直線を加えて，交点のレベルを直ちに計算することはできるだろうか．

8.13 平面上に n 本の直線の集合 L が与えられたとき，アレンジメント $\mathcal{A}(L)$ における頂点のレベルの最大値を求める $O(n \log n)$ 時間のアルゴリズムを求めよ．

8.14 S を平面上の n 点の集合とする．S の点を最も多く含む直線を求める $O(n^2)$ 時間のアルゴリズムを求めよ．

8.15 S を平面上の n 本の線分の集合とする．S に前処理でデータ構造に蓄えておいて，次の問合せに答えることができるようにしたい：直線 ℓ が質問として与えられたとき，ℓ は S の何本の線分と交差するか．

a. この問題を双対平面で定式化せよ．

b. この問題に対するデータ構造として，記憶領域の期待値が $O(n^2)$

で，質問応答時間の期待値が $O(\log n)$ であるようなものを与えよ．

c. このデータ構造を $O(n^2 \log n)$ の期待時間で構成する方法を述べよ．

8.16 S を平面上の n 本の線分の集合とする．S のすべての線分と交差する直線 ℓ は S の**横断直線** (transversal) または**串刺し直線** (stabber) と呼ばれる．

a. S に対する串刺し直線が存在するかどうかを判定する $O(n^2)$ のアルゴリズムを求めよ．

b. ここでどの線分も垂直であると仮定しよう．S に対する串刺し直線が存在するかどうかを判定する $O(n)$ の期待時間をもつ乱択アルゴリズムを求めよ．

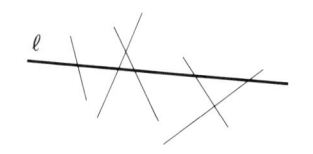

第 **8.6** 節
演習

9 ドロネー三角形分割

高さ方向の補間

これまでの章において地球表面の一部を表す地図について述べたときには，暗黙のうちに起伏はないものと仮定していた．この仮定はオランダのような国では妥当であるが，スイスのような国については悪い仮定だということになる．本章ではこの状況を修復しよう．

ここでは地球表面の一部を**地形図** (terrain) としてモデル化する．地形図は3次元空間の表面を次のような特別な性質をもった2次元の面として表現したものである．垂直線を引いてその面と交差するものなら必ず1点で交差する．すなわち，地形図の**定義域** (domain) A の各点 p に高さ $f(p)$ を割り当てる関数 $f : A \subset \mathbb{R}^2 \to \mathbb{R}$ のグラフになっているというものである．（地球は丸いので，世界規模で見ると，このように定義される地形図は地球のモデルとしてはよくないが，もっと局所的に見ると結構よいモデルになっている．）地形図は，図 9.1 に示すような透視図法で視覚化されたり，**等高線** (contour line) を用いて表現されたりする．

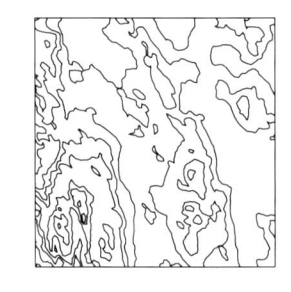

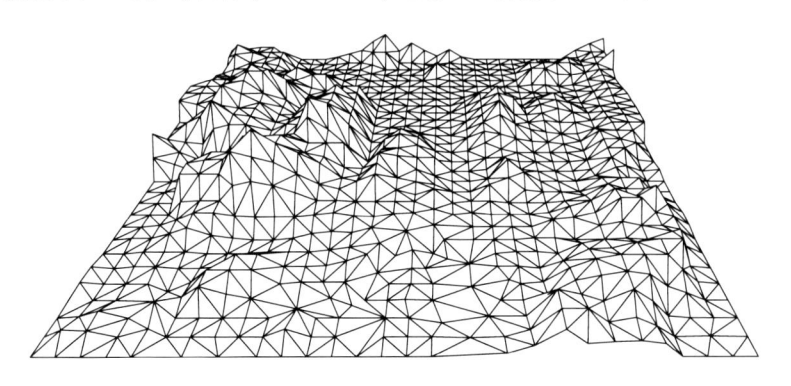

図 9.1
地形図を透視図で表現したもの

もちろん，地球上のすべての点の高さが分かっているわけではない．知っているのは高さを測定した地点だけである．つまり，地形図について述べるとき，標本点の有限集合 $P \subset A$ において関数 f の値が分かっているだけである．標本点の高さから，領域の他の点での高さを近似しなければならない．素朴な方法は，すべての $p \in A$ に最も近い点の高さを割り当てるというものであるが，これでは地形図は離散的になってしまい，あまり自然には見えない．したがって，ここでは次のように地形図を近似することにする．まず，P の**三角形分割**を求める．ただし，点集合

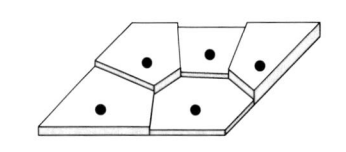

第 9 章
ドロネー三角形分割

P の三角形分割とは，有界な面がすべて三角形であり，P の点を頂点とする平面分割のことである．（地形図の領域を三角形でカバーできるように標本点が取られているものと仮定する．）その後，各標本点をその正しい高さに持ち上げると，三角形分割における各三角形は 3 次元空間における三角形に写像される．図 9.2 はこれを図示したものである．これによって得られるのは**多面体地形図** (polyhedral terrain) であるが，これは区分的に線形な連続関数のグラフである．この多面体地形図を元の地形図の近似として用いることができる．

図 9.2
標本点の集合から多面体地形図を得る方法

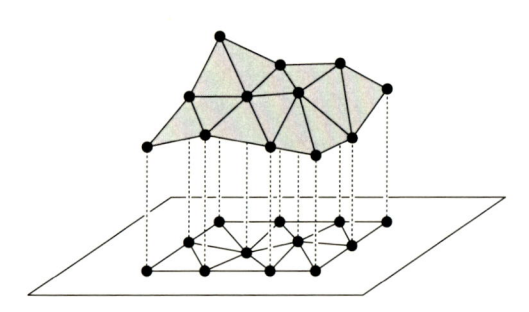

　まだ問題が残っている．すなわち，標本点の集合を三角形分割するにはどうすればよいだろうか．一般に，色々な方法が考えられる．しかし，ここでの目的である地形図の近似を考えると，どんな三角形分割が最も適切だろうか．これに対しては明確な答はない．元の地形図が正確に**分かっているわけではない**．分かっているのは，標本点における高さだけである．これ以外には情報がないし，標本点の高さはどんな三角形分割に対しても正しい高さであるから，P をどのように三角形分割しても良さは変わらないと考えられる．にもかかわらず，他のものより自然に見える三角形分割がある．たとえば，同じ点集合に対する 2 通りの三角形分割を示した図 9.3 を見てみよう．標本点の高さを見ると，山の尾根沿いに標本点を取ったという印象を受ける．(a) の三角形分割はこの直観を反映しているが，(b) の三角形分割は 1 つの辺を入れ換えただけなのに，山の尾根を直角に切断する狭い谷ができてしまっている．直観的には，これは間違っているように見える．では，この直観を三角形分割 (a) は三角形分割 (b) よりよいことを示す基準に変えることはできるだろうか．

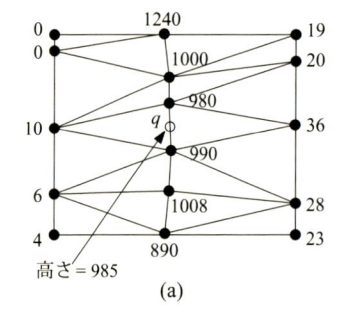

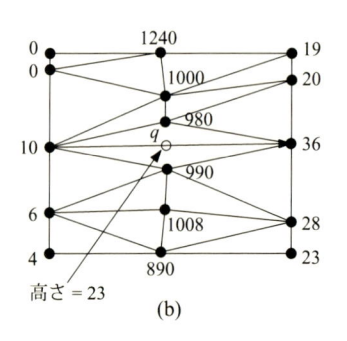

図 9.3
1 つの辺を交換するだけで大きな違いを生じる場合

三角形分割 (b) では，点 q の高さが比較的遠く離れた 2 点によって決

まるのが問題である．そうなるのは，q が 2 つの長く鋭い三角形の辺の中央にあるからである．これらの三角形が細長いときに問題が生じるのである．つまり，小さな角度を含む三角形分割は悪いと考えられる．したがって，最小角度を比較することによって三角形分割を順位づけよう．2 つの三角形分割の最小角度が同じときには，2 番目に小さい角度で比較することができる．以下同様である．与えられた点集合 P に対して何通りの三角形分割があるかというと，それは有限であるから，最小角度を最大にする最適な三角形分割が存在することになる．これが求めている三角形分割である．

9.1 平面上の点集合の三角形分割

$P := \{p_1, p_2, \ldots, p_n\}$ を平面上の点集合としよう．P の三角形分割を形式的に定義できるように，まず**極大平面分割** (maximal planar subdivision) を定義しよう．平面分割 S において辺で結ばれていないどの 2 点を辺で結んでも平面性が損なわれるとき，この平面分割は極大であるという．言いかえると，S では結ばれていないどの 2 点を結ぼうとしても，必ず現在存在するどれかの辺と交差してしまうというものである．そうすると，P の**三角形分割**は，P を頂点集合とする極大平面分割として定義できる．

このように定義したとき，三角形分割が存在することは明白である．しかし，それは三角形から構成されるだろうか．答はイエスである．外側の非有界な面を除くすべての面は三角形でなければならない．というのは，有界な面は多角形であるが，第 3 章で見たように，どんな多角形も三角形分割されるからである．では，非有界な面についてはどうだろうか．P の凸包の境界上で連続する 2 点を結ぶどの線分も（つまり，凸包のどの辺も）すべての三角形分割 $\mathcal{T}$ に含まれることはそれほど難しい観察ではない．これより，$\mathcal{T}$ の有界な面の和集合は常に P の凸包になっており，しかも非有界な面は常に凸包の補集合になっていることが分かる．（ここでの応用を考えると，定義域がたとえば長方形領域なら，この定義域の 4 角の頂点は標本点の集合に含まれていなければならないので，その三角形分割における三角形たちは地形図の定義域をカバーすることになる．）P をどのように三角形分割しても三角形の個数は同じである．辺の個数も三角形分割に依存せず一定であるが，正確な個数は P の凸包の境界上にある P の点数に依存して決まる．（ここでは凸包の辺の内部の点もカウントしているので，凸包の境界上の点数というのは，必ずしも凸包の頂点数とは一致しない．）もっと正確にしたのが次の定理である．

定理 9.1 P を平面上の n 点の集合とする．ただし，すべての点が一直線上にあることはないものとする．P の凸包の境界上にある P の点の個数を k とするとき，P の任意の三角形分割は $2n-2-k$ 個の三角形と $3n-3-k$ 個の辺からなる．

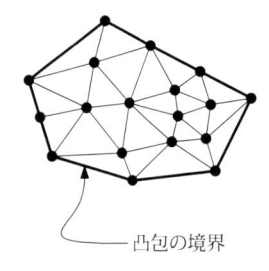

第 9.1 節
平面上の点集合の三角形分割

— 凸包の境界

第 9 章
ドロネー三角形分割

証明 $\mathcal{T}$ を P の三角形分割とし，$\mathcal{T}$ に含まれる三角形の個数を m とする．このとき，この三角形分割の面の個数 n_f は $m+1$ であることに注意しておきたい．どの三角形も 3 個の辺をもっており，非有界な面は k 個の辺からなる．さらに，どの辺もちょうど 2 個の面と接している．したがって，$\mathcal{T}$ の辺は全部で $n_e := (3m+k)/2$ 個ということになる．オイラーの公式より，

$$n - n_e + n_f = 2$$

となるが，ここで n_e と n_f の値を公式に代入すると，$m = 2n-2-k$ を得るが，これから $n_e = 3n-3-k$ であることが分かる． □

$\mathcal{T}$ を P の三角形分割とし，そこに m 個の三角形が含まれるものとしよう．$\mathcal{T}$ の三角形の $3m$ 個の内角を昇順にソートした列を考えよう．$\alpha_1, \alpha_2, \ldots, \alpha_{3m}$ をソートされた角度の列とする．したがって，任意の $i < j$ について $\alpha_i \leqslant \alpha_j$ である．$A(\mathcal{T}) := (\alpha_1, \alpha_2, \ldots, \alpha_{3m})$ を $\mathcal{T}$ の**角度ベクトル** (angle-vector) と呼ぶことにしよう．同じ点集合 P の別の三角形分割を $\mathcal{T}'$ とし，その角度ベクトルを $A(\mathcal{T}') := (\alpha'_1, \alpha'_2, \ldots, \alpha'_{3m})$ としよう．$A(\mathcal{T})$ が辞書式順序で $A(\mathcal{T}')$ より後にある，別の言い方をすると，次式を満たすようなインデックス i（ただし，$1 \leqslant i \leqslant 3m$）が存在するとき，$\mathcal{T}$ の角度ベクトルは $\mathcal{T}'$ の角度ベクトルより大きいと言う：

$$\text{すべての } j < i \text{ に対して } \alpha_j = \alpha'_j \quad \text{かつ} \quad \alpha_i > \alpha'_i$$

この関係を $A(\mathcal{T}) > A(\mathcal{T}')$ と表すことにする．P のすべての三角形分割 $\mathcal{T}'$ に対して $A(\mathcal{T}) \geqslant A(\mathcal{T}')$ が成り立つとき，この三角形分割 $\mathcal{T}$ は**角度最適** (angle-optimal) であるという．角度最適な三角形分割に興味があるのは，この章のまえがきでも述べたように，標本点の集合から多面体地形図を構成しようとするときには良好な三角形分割になっているからである．

以下では，どのような条件を満たすときに三角形分割が角度最適になるかについて調べよう．そのためには，ターレスの定理 (Thale's theorem) と呼ばれることが多い次の定理が役に立つ．3 点 p, q, r によって定義される角度の内の小さいほうの角度を $\angle pqr$ と表すことにする．

定理 9.2 C を円とし，ℓ を C と点 a, b で交差する直線とする．p と q が C 上にあり，r は C の内側に，s は C の外部にあると仮定する．このとき，次式が成り立つ．

$$\angle arb \; > \; \angle apb \; = \; \angle aqb \; > \; \angle asb$$

P の三角形分割 $\mathcal{T}$ の辺 $e = \overline{p_i p_j}$ について考えてみよう．e が非有界な面の辺でなければ，それは 2 つの三角形 $p_i p_j p_k$ と $p_i p_j p_l$ に接している．これら 2 つの三角形を合わせて凸四角形になるなら，$\mathcal{T}$ から $\overline{p_i p_j}$ を取り除き，代わりに $\overline{p_k p_l}$ を挿入することにより，新たな三角形分割 $\mathcal{T}'$ が

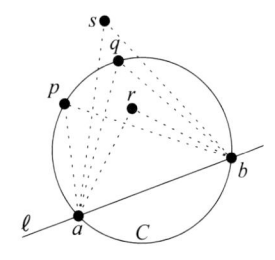

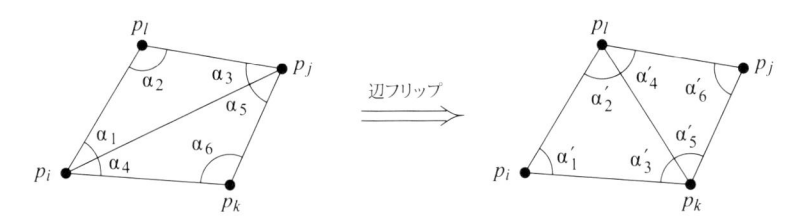

第 9.1 節
平面上の点集合の三角形分割

図 9.4
辺フリップ

得られる．この操作のことを**辺フリップ** (edge flip) と呼ぶ．$\mathcal{T}$ と $\mathcal{T}'$ の角度ベクトルで何が違うかと言うと，$A(\mathcal{T})$ における 6 個の角度 $\alpha_1,\ldots,\alpha_6$ が $A(\mathcal{T}')$ ではそれぞれ $\alpha_1',\ldots,\alpha_6'$ に置き換わっていることだけである．図 9.4 はこれを図示したものである．さて，次の条件を満たす辺 $e = \overline{p_i p_j}$ を**不正な辺** (illegal edge) と呼ぶことにする．

$$\min_{1 \leq i \leq 6} \alpha_i < \min_{1 \leq i \leq 6} \alpha_i'$$

言い換えると，ある辺が不正であるのは，その辺をフリップすることによって最小角度を局所的に増大させることができるときである．このように不正な辺を定義すると，次の観察はほぼ自明である．

観察 9.3 $\mathcal{T}$ を不正な辺 e をもつ三角形分割とする．e をフリップすることによって $\mathcal{T}$ から得られる三角形分割を $\mathcal{T}'$ とするとき，$A(\mathcal{T}') > A(\mathcal{T})$ が成り立つ．

これにより，ある辺が不正かどうかを判定するのに，$\alpha_1,\ldots,\alpha_6,\alpha_1',\ldots,\alpha_6'$ をすべて計算する必要はないことが分かる．その代わりに，次の補題で述べる簡単な基準を用いることができる．この基準の正当性はターレスの定理から得られる．

補題 9.4 $\overline{p_i p_j}$ を 2 つの三角形 $p_i p_j p_k$ と $p_i p_j p_l$ に接している辺としよう．また，C を 3 点 p_i, p_j, p_k を通る円としよう．このとき，辺 $\overline{p_i p_j}$ が不正であるための必要十分条件は p_l が C の内部に含まれることである．さらに，4 点 p_i, p_j, p_k, p_l が凸四角形をなし，同じ円の上にはないとき，$\overline{p_i p_j}$ と $\overline{p_k p_l}$ の内，一方だけが不正な辺である．

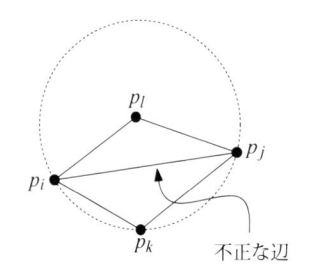

この基準は p_k と p_l に関して対称であることに注意しよう．すなわち，p_l が p_i, p_j, p_k を通る円の内部に含まれるための必要十分条件は，p_k が p_i, p_j, p_l を通る円の内部に含まれることである．これら 4 点がすべて 1 つの円周上にある場合には，$\overline{p_i p_j}$ も $\overline{p_k p_l}$ もともに正当な辺である．不正な辺に接する 2 つの三角形は凸四角形をなすはずであるから，不正な辺をフリップすることは常に可能である．

不正な辺を含まない三角形分割を**正当な三角形分割** (legal triangulation) と定義する．上の観察より，任意の角度最適な三角形分割も正当である．初期三角形分割さえ与えられていれば，正当な三角形分割を求めるのは極めて簡単である．すべての辺が正当になるまで，不正な辺をフリップするだけでよいからである．

第 9 章
ドロネー三角形分割

アルゴリズム LEGALTRIANGULATION(T)
入力：点集合 P のある三角形分割 T.
出力：P の正当な三角形分割.
1. **while** T が不正な辺 $\overline{p_i p_j}$ を含んでいる
2.   **do** (∗ $\overline{p_i p_j}$ をフリップする. ∗)
3. $p_i p_j p_k$ と $p_i p_j p_l$ を $\overline{p_i p_j}$ に接する 2 つの三角形とする.
4. T から $\overline{p_i p_j}$ を取り除き，代わりに $\overline{p_k p_l}$ を加える.
5. **return** T

このアルゴリズムはなぜ終了するのだろうか．観察 9.3 より，T の角度ベクトルは毎回の繰返しで確実に増加していくが，P の三角形分割は有限通りしかないから，アルゴリズムは必ず終了するのである．終了したときには，正当な三角形分割が得られている．このアルゴリズムは停止性が保証されてはいるが，遅すぎるのが難点である．ここではとにかくアルゴリズムを与えておく．後で同様の手続きが必要になるからである．しかし，まずは全く違う，あるいは違うように見えるアルゴリズムを見てみよう．

9.2 ドロネー三角形分割

P を平面上の n 個の点—または**サイト** (site) と呼ぶこともあるが— の集合とする．第 7 章で見たように，P のボロノイ図は平面を P のそれぞれのサイトに対応する n 個の領域に分割したものであり，サイト $p \in P$ に対する領域は p が最も近いサイトになっているような平面上のすべての点を含んでいる．P のボロノイ図を $\text{Vor}(P)$ という記号で表す．サイト p

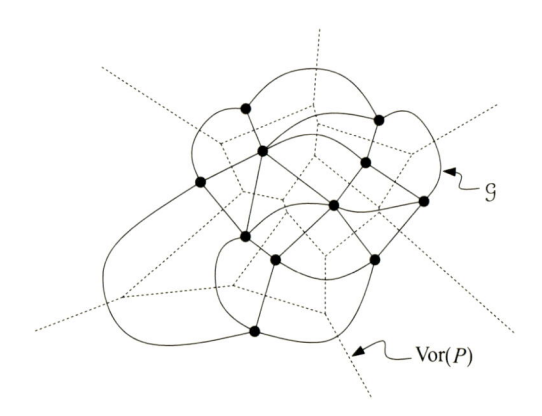

図 9.5
$\text{Vor}(P)$ の双対グラフ

の領域を p のボロノイセルと呼び，$\mathcal{V}(p)$ で表す．本節では，ボロノイ図の双対グラフについて調べてみよう．このグラフ $\mathcal{G}$ は，各ボロノイセルについて，したがって，各サイトについて 1 つの節点をもち，2 つのセルが 1 つの辺を共有するときに対応する 2 つの節点の間に枝をもつ．したがって，$\text{Vor}(P)$ の各辺について $\mathcal{G}$ は 1 つの枝をもつことに注意しておこ

う．図 9.5 を見れば分かるように，$\mathcal{G}$ の有界な面と $\mathrm{Vor}(P)$ の頂点との間には 1 対 1 の対応関係がある．

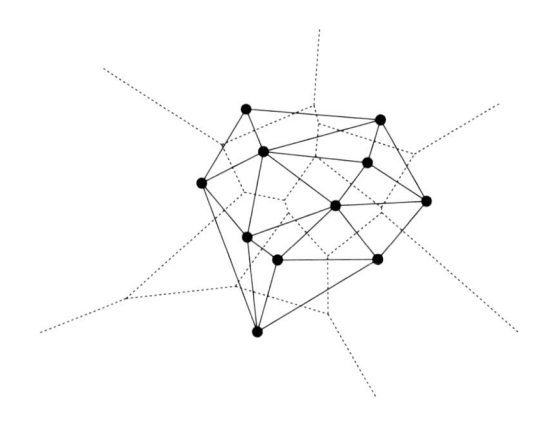

第 9.2 節
ドロネー三角形分割

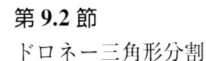

図 9.6
ドロネーグラフ $\mathcal{DG}(P)$

$\mathcal{G}$ の直線による平面埋込み (planar embedding) を考えよう．ただし，ボロノイセル $\mathcal{V}(p)$ に対応する節点は点 p であり，$\mathcal{V}(p)$ と $\mathcal{V}(q)$ の節点を結ぶ枝は線分 $\overline{pq}$ である——図 9.6 参照．この埋込みを P の**ドロネーグラフ** (Delaunay graph) と呼び，$\mathcal{DG}(P)$ という記号で表すことにする．（この名前はフランス語のようであるが，Delaunay はフランスの画家 (Robert Delaunay) とは全く関係がない．名前の起源は数学者の Boris Nikolaevich Delone にあるが，彼は自分の名前を "Борис Николаевич Делоне" と書いたのが，英語に翻訳されるときに "Delone" となったものらしい．しかしながら，彼の仕事はフランス語で出版されたので——その時代は，科学論文はフランス語かドイツ語で書かれたものである——彼の名前は今では Delaunay というフランス語表記の方がよく知られているのである．）点集合のドロネーグラフは驚くべき性質を多数もっていることが分かる．最初の性質は，それが必ず平面グラフ (plane graph) だということである．すなわち，どの 2 辺も交差しないように平面に埋め込まれているのである．

定理 9.5 平面上の点集合のドロネーグラフは平面グラフである．

証明 証明には定理 7.4(ii) で述べたボロノイ図における辺の性質が必要である．完全を期すために，その性質を繰返し説明しておく．ただし，ここではドロネーグラフを用いて記述することにする．

> 辺 $\overline{p_i p_j}$ がドロネーグラフ $\mathcal{DG}(P)$ に含まれるための必要十分条件は，p_i と p_j をその境界上に含み，P のそれ以外のサイトは内部に含まないような閉じた円板 C_{ij} が存在することである．（そのような円板の中心は $\mathcal{V}(p_i)$ と $\mathcal{V}(p_j)$ に共通な辺の上にある．）

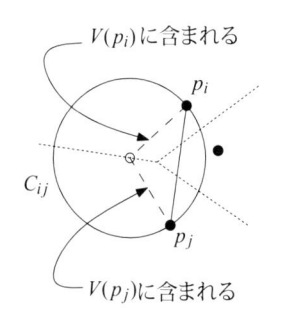

p_i, p_j と C_{ij} の中心を頂点とする三角形を t_{ij} とする．p_i と C_{ij} を結ぶ t_{ij} の辺は $\mathcal{V}(p_i)$ に含まれることに注意しておこう．同様の観察が p_j に対しても成り立つ．ここで，$\overline{p_k p_l}$ を $\mathcal{DG}(P)$ の別の辺とし，円 C_{ij} と三角形 t_{ij}

を定義したのと同様に円 C_{kl} と三角形 t_{kl} を定義する.

背理法で証明するために, $\overline{p_ip_j}$ と $\overline{p_kp_l}$ が共通部分をもつものとする. p_k も p_l も共に C_{ij} の外にあるはずなので, それらは t_{ij} の外部にある. これより, $\overline{p_kp_l}$ は C_{ij} の中心に接続する t_{ij} の辺の1つと交差するはずである. どうように, $\overline{p_ip_j}$ は C_{kl} の中心に接続する t_{kl} の辺の1つと交差するはずである. したがって, C_{ij} の中心に接続する t_{ij} の辺の1つは, C_{kl} の中心に接続する t_{kl} の辺の1つと交差するはずである. しかし, それはこれらの辺が互いに素なボロノイセルに含まれることに矛盾する. □

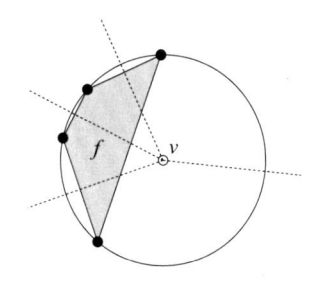

P のドロネーグラフはボロノイ図の双対グラフを平面に埋め込んだものである. 先に観察したように, それは $\text{Vor}(P)$ の各頂点について1つの面をもっている. 1つの面を取り囲む辺は, 対応するボロノイ頂点に接続するボロノイ辺に対応している. 特に, $\text{Vor}(P)$ の頂点 v がサイト $p_1, p_2, \ldots, p_k$ に対するボロノイセルの頂点なら, $\mathcal{DG}(P)$ における対応する面 f は, $p_1, p_2, \ldots, p_k$ をその頂点としてもつ. 定理 7.4(i) により, この状況では点 $p_1, p_2, \ldots, p_k$ は v を中心とする円の周上にあることになる. よって, f が k-角形であることだけでなく, 凸であることも分かる.

P の点がランダムに分布している場合には, 4点が1つの円上に同時に含まれる確率は非常に小さい. 本章では, どの4点も同一円周上に含まれないとき, この点集合は**一般の位置** (general position) にあるということにする. P が一般の位置にあるとき, ボロノイ図の頂点の次数はすべて3であるので, $\mathcal{DG}(P)$ の有界な面はすべて三角形であることになる. $\mathcal{DG}(P)$ が P の**ドロネー三角形分割** (Delaunay triangulation) と呼ばれることが多いのはそのためである. ここではもう少し注意深く, $\mathcal{DG}(P)$ のことを P の**ドロネーグラフ** (Delaunay graph) と呼ぶことにする. そして, ドロネーグラフに辺を加えることによって得られた三角形分割として**ドロネー三角形分割**を定義する. $\mathcal{DG}(P)$ の面はすべて凸であるから, そのような三角形分割を得るのは簡単である. P のドロネー三角形分割が一意に決まるのは, $\mathcal{DG}(P)$ が三角形分割になっているときであり, かつそのときに限るが, これが成り立つのは P が一般の位置にあるときである.

そこで, ボロノイ図に関する定理 7.4 をドロネーグラフを用いて言い直してみよう.

定理 9.6 P を平面上の点集合とする.

(i) 3点 $p_i, p_j, p_k \in P$ がドロネーグラフの同じ面の頂点であるための必要十分条件は, p_i, p_j, p_k を通る円がその内部に P の点を含まないことである.

(ii) 2点 $p_i, p_j \in P$ の間に P のドロネーグラフの辺が存在するための必要十分条件は, p_i と p_j をその境界上に含むが, それ以外の P の点は内部に含まない閉じた円 C が存在することである.

定理 9.6 から直ちにドロネー三角形分割に関する次の特徴づけが得られる．

第 9.2 節
ドロネー三角形分割

定理 9.7 P を平面上の点集合とし，$\mathcal{T}$ を P の三角形分割とする．このとき，$\mathcal{T}$ が P のドロネー三角形分割であるための必要十分条件は，$\mathcal{T}$ の任意の三角形の外接円がその内部に P の点を含まないことである．

角度ベクトルが大きい三角形分割ほど高さの補間という意味ではよいということを以前に述べたので，次にはドロネー三角形分割の角度ベクトルについて見てみよう．ここでは，正当な三角形分割を用いて少し回り道をする．

定理 9.8 P を平面上の点集合としよう．P の三角形分割 $\mathcal{T}$ が正当であるための必要十分条件は，$\mathcal{T}$ が P のドロネー三角形分割であることである．

証明 任意のドロネー三角形分割が正当であることは定義より明らかである．

ここでは，背理法によって任意の正当な三角形分割はドロネー三角形分割であることを証明しよう．そこで，$\mathcal{T}$ は P のドロネー三角形分割ではないが，P の正当な三角形分割であると仮定しよう．定理 9.6 より，外接円 $C(p_i p_j p_k)$ が点 $p_l \in P$ をその内部に含むような三角形 $p_i p_j p_k$ が存在することになる．$e := \overline{p_i p_j}$ を，三角形 $p_i p_j p_l$ が $p_i p_j p_k$ と共通部分をもたないような $p_i p_j p_l$ の辺としよう．$\mathcal{T}$ におけるそのようなすべての対 $(p_i p_j p_k, p_l)$ の中で，角度 $\angle p_i p_l p_j$ を最大にするものを選ぼう．e に関して三角形 $p_i p_j p_k$ に隣接する $p_i p_j p_m$ を見てみよう．$\mathcal{T}$ は正当であるから e は正当である．補題 9.4 により，p_m は $C(p_i p_j p_k)$ の内部にはないことになる．三角形 $p_i p_j p_m$ の外接円 $C(p_i p_j p_m)$ は，e によって $p_i p_j p_k$ から分離される $C(p_i p_j p_k)$ の部分を含んでいる．したがって $p_l \in C(p_i p_j p_m)$ である．$\overline{p_j p_m}$ は $p_j p_m p_l$ が $p_i p_j p_m$ と交差しないような $p_i p_j p_m$ の辺であると仮定しよう．しかし，タレスの定理により $\angle p_j p_l p_m > \angle p_i p_l p_j$ であるから，対 $(p_i p_j p_k, p_l)$ の定義に矛盾することになる． □

任意の角度最適な三角形分割は必ず正当であるから，定理 9.8 により，P の任意の角度最適な三角形分割は P のドロネー三角形分割である．P が一般の位置にあるとき，正当な三角形分割は一通りしかなく，それが角度最適な三角形分割，すなわちドロネーグラフと一致する唯一のドロネー三角形分割である．P が一般の位置にあるとき，ドロネーグラフの任意の三角形分割は正当である．これらすべてのドロネー三角形分割が角度最適であるとは限らないが，それらの角度ベクトルはあまり違わない．さらに，タレスの定理を用いると，同一円周上にある点の集合の任意の三角形分割における最小角度は同じであること，すなわち最小角度は三角形分割に無関係であることを示すことができる．これより，ドロネー

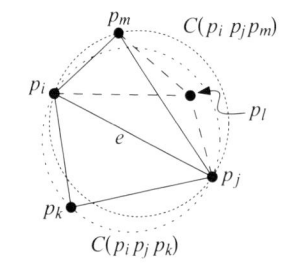

第 9 章
ドロネー三角形分割

グラフをドロネー三角形分割に変えるどんな三角形分割も同じ最小角度を持つことが分かる．これをまとめたのが次の定理である．

定理 9.9 P を平面上の点集合とする．P の任意の角度最適な三角形分割は P のドロネー三角形分割である．さらに，P の任意のドロネー三角形分割は，P のあらゆる三角形分割の中で最小角度を最大にするものである．

9.3 ドロネー三角形分割の計算

標本点の集合 P から多面体地形図を構成することによって地形図を近似するという目的に照らし合わせると，P のドロネー三角形分割はそれに適した三角形分割であることが分かった．その理由は，ドロネー三角形分割が最小角度を最大にしているからである．そこで，そのようなドロネー三角形分割の求め方について考えよう．

第 7 章で P のボロノイ図の求め方は分かっている．$\mathrm{Vor}(P)$ からドロネーグラフ $\mathcal{DG}(P)$ を得るのは簡単である．また，4 個以上の頂点をもつ面を三角形分割するとドロネー三角形分割を得ることができる．本節では，これとは違った方法を取る．すなわち，第 4 章の線形計画問題や第 6 章の点位置決定問題にうまく適用することができた乱択逐次構成法 (randomized incremental algorithm) を用いてドロネー三角形分割を直接求める．

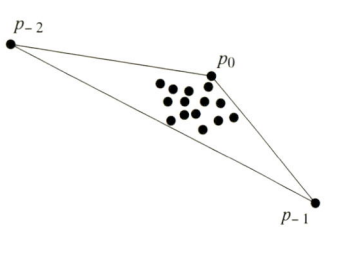

第 6 章では，非有界な台形によって生じる問題を避けるために，シーンを含む大きな長方形から始めるのが便利だということが分かった．同じ考え方で，集合 P を含む大きな三角形から始めよう．ここでは，P の最も高い位置にある点 p_0 の他に 2 点 p_{-1} と p_{-2} を余分に加えて，すべての点を包含するような三角形を構成する．つまり，P のドロネー三角形分割ではなくて，$P \cup \{p_{-1}, p_{-2}\}$ のドロネー三角形分割を求めるのである．後で，p_{-1} と p_{-2}, p_{-3}，およびそれらに接続する辺も一緒に取り除くことにより，P のドロネー三角形分割を求める．したがって，P のドロネー三角形分割に含まれるどの三角形も壊さないように，2 点 p_{-1} と p_{-2} を十分に離れた所に取る必要がある．特に，それらが P の 3 点によって定まるどのような円にも含まれないようにしておかなければならない．これに関する詳細な議論は後回しにして，まずアルゴリズムを見てみよう．

アルゴリズムは乱択逐次構成法であるので，ランダムな順序で点を加えていき，毎回現在の点集合のドロネー三角形分割を管理する．点 p_r を加える場合を考えよう．まず，現在の三角形分割において p_r を含む三角形を求める．その方法は後で述べることにして，p_r からこの三角形の頂点たちへの辺を加える．もしも p_r がちょうど三角形分割の一辺 e の上にあるなら，e を共有している 2 つの三角形の対角頂点と p_r を結ぶ辺を加え

なければならない．図 9.7 はこれらの 2 つの場合を図示したものである．これで再び三角形分割が得られたことになるが，必ずしもドロネー三角形分割ではない．その理由は，p_r を加えたことによって，いま存在する辺が正当でない辺になってしまうことがあるからである．これを補償する

第 9.3 節
ドロネー三角形分割の計算

p_r は三角形の内部にある　　　p_r は辺の上にある

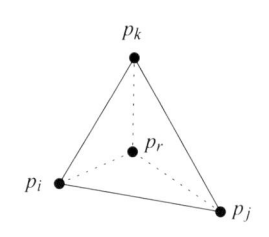

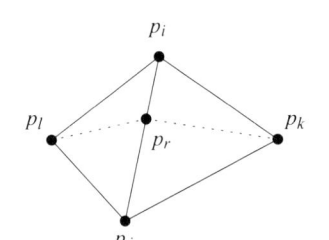

図 9.7
点 p_r を加えるときの 2 つの場合

ために，正当でなくなる可能性のある辺について手続き LEGALIZEEDGE が呼び出される．この手続きでは，辺フリップによって正当でない辺を正当な辺で置きかえる．その詳細を述べる前に，メインのアルゴリズムを厳密に記述してみよう．P を $n+1$ 点の集合とすると解析に便利である．

アルゴリズム DELAUNAYTRIANGULATION(P)
入力：平面上の n 個の点の集合 P．
出力：P のドロネー三角形分割．
1. p_0 を辞書式順序で最も高い位置にある P の点とする．すなわち，最大の y 座標をもつ点の中で最も右にある点である．
2. p_{-1} と p_{-2} を十分に遠くにある $\mathbb{R}^2$ の 2 点で，P が三角形 $p_0 p_{-1} p_{-2}$ に含まれるようなものとする．
3. ただ 1 つの三角形 $p_0 p_{-1} p_{-2}$ からなる三角形分割として $\mathcal{T}$ を初期化する．
4. $P \setminus \{p_0\}$ のランダム順列 $p_1, p_2, \ldots, p_n$ を求める．
5. **for** $r \leftarrow 1$ **to** n
6.   **do** (* p_r を $\mathcal{T}$ に挿入する：*)
7. p_r を含む三角形 $p_i p_j p_k \in \mathcal{T}$ を求める．
8.   **if** p_r が三角形 $p_i p_j p_k$ の内部にある
9.   **then** p_r から $p_i p_j p_k$ の 3 頂点への辺を加える．これによって $p_i p_j p_k$ は 3 つの三角形に分割される．
10.   LEGALIZEEDGE($p_r, \overline{p_i p_j}, \mathcal{T}$)
11.   LEGALIZEEDGE($p_r, \overline{p_j p_k}, \mathcal{T}$)
12.   LEGALIZEEDGE($p_r, \overline{p_k p_i}, \mathcal{T}$)
13.   **else** (* p_r が $p_i p_j p_k$ の辺，たとえば $\overline{p_i p_j}$ 上にある．*)
14. p_r から p_k への辺を加え，さらに $\overline{p_i p_j}$ に接するもう 1 つの三角形の第 3 の頂点 p_l と p_r を辺で結ぶことによって，$\overline{p_i p_j}$ に接するこれら 2 つの三角形を 4 つの三角形に分割する．

第 9 章
ドロネー三角形分割

15.   LegalizeEdge($p_r, \overline{p_i p_l}, \mathcal{T}$)
16.   LegalizeEdge($p_r, \overline{p_l p_j}, \mathcal{T}$)
17.   LegalizeEdge($p_r, \overline{p_j p_k}, \mathcal{T}$)
18.   LegalizeEdge($p_r, \overline{p_k p_i}, \mathcal{T}$)
19. 2 点 p_{-1}, p_{-2} と，これらに接続する辺をすべて $\mathcal{T}$ から取り除く．
20. **return** $\mathcal{T}$

次に 9 行目（または 14 行目）の実行によって得られた三角形分割をドロネー三角形分割に変える方法の詳細を説明しよう．定理 9.8 から，三角形分割がドロネー三角形分割であるのは，その辺がすべて正当であるときであることが分かっている．アルゴリズム LegalTriangulation では，再び正当な三角形分割が得られるまで正当でない辺をフリップするが，問題は p_r を加えることによってどの辺が正当でなくなることがあるかである．以前に正当であった辺 $\overline{p_i p_j}$ が正当でなくなるのは，その辺で隣接する三角形の 1 つが変化したときである．したがって，新たな三角形の辺だけを調べればよい．これは，辺の性質を調べて必要なら辺のフリップを行うサブルーティン LegalizeEdge を用いて行うことができる．LegalizeEdge が辺のフリップを行うと，他の辺が正当でなくなることがある．よって，LegalizeEdge は，正当でなくなる可能性のある辺について再帰的に呼び出す必要がある．

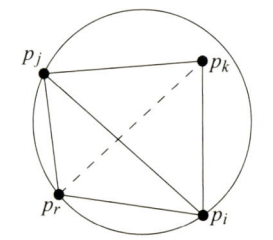

LegalizeEdge($p_r, \overline{p_i p_j}, \mathcal{T}$)
1. (∗ 挿入しようとしている点が p_r で，$\overline{p_i p_j}$ はフリップする必要があるかもしれない $\mathcal{T}$ の辺である．∗)
2. **if** $\overline{p_i p_j}$ が正当でない
3.   **then** $p_i p_j p_k$ を $\overline{p_i p_j}$ で $p_r p_i p_j$ と隣接する三角形とする．
4.   (∗ $\overline{p_i p_j}$ のフリップ: ∗) $\overline{p_i p_j}$ を $\overline{p_r p_k}$ で置き換える．
5.   LegalizeEdge($p_r, \overline{p_i p_k}, \mathcal{T}$)
6.   LegalizeEdge($p_r, \overline{p_k p_j}, \mathcal{T}$)

2 行目において辺が正当であるかどうかを判定しなければならないが，これは補題 9.4 を適用すれば普通に判定できる．しかしながら，p_{-1} および p_{-2} という特別な点が存在するために事は少し複雑である．これについては後に触れることにして，まずアルゴリズムの正当性を証明しよう．

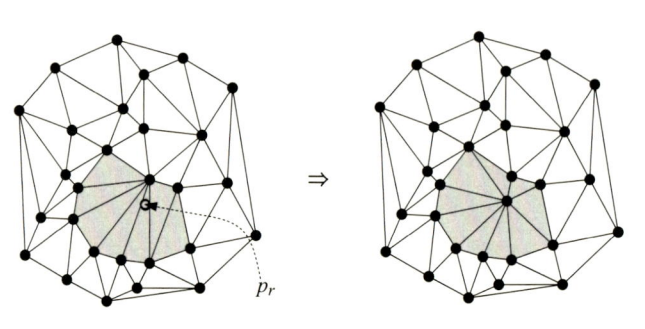

図 9.8
生成される辺はすべて p_r に接続する

アルゴリズムの正当性を保証するためには，手続き LEGALIZEEDGE に対する全ての呼出しが処理された後では正当でない辺は残っていないことを証明する必要がある．LEGALIZEEDGE のプログラムより，p_r の挿入に関連して生成された新たな辺はすべて p_r に接続していることは明らかである．それを図示したのが図 9.8 である．壊される三角形と新たにできる三角形が灰色で示されている．ここで重要な観察（以下で証明する）は，新たな辺はすべて正当であって，しかも判定する必要もないことである．先に，ある辺が正当でなくなるのは，その辺で隣接する 2 つの三角形の一方が変化するときだけであるということを知ったが，このことからアルゴリズムが調べるのは正当でなくなる可能性のある辺だけだということが分かる．したがって，アルゴリズムは正しい．ただし，アルゴリズム LEGALTRIANGULATION におけると同様に，このアルゴリズムが無限ループに陥ることはないことに注意しておこう．辺をフリップするたびに三角形分割の角度ベクトルは増大するからである．

補題 9.10 p_r を挿入する操作を行っている間に DELAUNAYTRIANGULATION または LEGALIZEEDGE によって作られた新たな辺は，すべて $\{p_{-2}, p_{-1}, p_0, \ldots, p_r\}$ のドロネーグラフの辺である．

証明 まず，$p_i p_j p_k$ を（および可能性として $p_i p_j p_l$ も）分割することによって作られる辺 $\overline{p_r p_i}, \overline{p_r p_j}$，および $\overline{p_r p_k}$（さらに可能性として $\overline{p_r p_l}$ も）を考えよう．$p_i p_j p_k$ は，P_R を加える前にはドロネー三角形分割に含まれる三角形であったから，$p_i p_j p_k$ の外接円 C は $t < r$ であるような点 p_t を内部に含むことはない．C を縮小することにより，C に含まれる p_i と p_r を通る円 C' を求めることができる．$C' \subset C$ であるから，C' は空である．これは，p_r を加えた後で $\overline{p_r p_i}$ はドロネーグラフの辺であることを意味している．同じことが $\overline{p_r p_j}$ と $\overline{p_r p_k}$ についても（また，もし存在するなら $\overline{p_r p_l}$ についても）成り立つ．

さて，LEGALIZEEDGE によってフリップされる辺を考えよう．そのような辺のフリップによって，三角形 $p_i p_j p_l$ の辺 $\overline{p_i p_j}$ は p_r に接続する辺 $\overline{p_r p_l}$ で置き換えられる．$p_i p_j p_l$ は p_r を加える前にはドロネー三角形分割であったことと，その外接円 C は p_r を含んでいること——そうでないと $\overline{p_i p_j}$ が正当な辺になってしまう——から，この外接円を縮めていくことにより p_r と p_l だけを円周上に含み，それ以外の点は内部に含まない空の円 C' を得ることができる．したがって，$\overline{p_r p_l}$ は p_r を加えた後のドロネーグラフの辺である． □

これでアルゴリズムの正当性が証明できた．残っているのは，2 つの重要なステップを実行する方法を記述することである．1 つは，DELAUNAYTRIANGULATION の 7 行目で点 p_r を含む三角形を求める方法である．もう 1 つは，LEGALIZEEDGE の 2 行目における判定で 2 点 p_{-1} と p_{-2} を

第 9.3 節
ドロネー三角形分割の計算

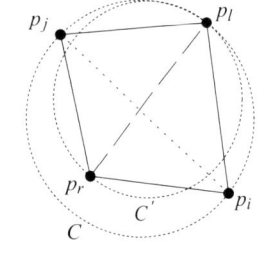

第9章
ドロネー三角形分割

いかに正しく扱うかである．まず，最初の問題点から始めよう．

p_r を含む三角形を求めるために，第6章と非常によく似た方法を用いる．すなわち，ドロネー三角形分割を構成している間に，サイクルを含まない有向グラフとして，点位置決定のためのデータ構造 $\mathcal{D}$ も構成するというものである．$\mathcal{D}$ の葉節点は現在の三角形分割 $\mathcal{T}$ の三角形に対応しており，葉節点と三角形の間には双方向のポインタをもっている．$\mathcal{D}$ の内部節点は，以前に作られたがすでに取り除かれた三角形に対応している．点位置決定のためのデータ構造は次のように作る．3行目で，$\mathcal{D}$ を1つの葉節点をもつ DAG として $\mathcal{D}$ を初期化するが，この葉節点は三角形 $p_0 p_{-1} p_{-2}$ に対応している．

では，ある点において現在の三角形分割に含まれる三角形 $p_i p_j p_k$ を3個（または2個）の新たな三角形に分割する場合を考えよう．これに対応して $\mathcal{D}$ の方では3個（または2個）の新たな葉節点を $\mathcal{D}$ に加え，$p_i p_j p_k$ に対する葉節点をこれら3個（または2個）の葉節点へのポインタをもつ内部節点に変える．同様に，辺のフリップによって2つの三角形 $p_k p_i p_j$ と $p_i p_j p_l$ を三角形 $p_k p_i p_l$ と $p_k p_l p_j$ で置き換えるとき，これら2つの新たな三角形に対応する葉節点をつくり，節点 $p_k p_i p_j$ と $p_i p_j p_l$ からこれらの新たな葉節点へのポインタを設ける．図9.9は点の追加によってデータ構造 $\mathcal{D}$ にどのような変化が引き起こされるかを図示したものである．葉節点を内部節点に変えるとき，その節点から出て行くポインタは高々3個であることに注意しておこう．

$\mathcal{D}$ を使って現在の三角形分割において挿入しようとする次の点 p_r の位置を求めることができる．これは次のようにして行う．まず，$\mathcal{D}$ の根から始めるが，これは初期三角形 $p_0 p_{-1} p_{-2}$ に対応している．根の3個の子節点を調べ，どの三角形に p_r が含まれるかを調べ，その子節点に制御を移す．その後，その節点の子節点を調べ，p_r を含んでいる三角形に対応する子節点に移る．以下同様にして $\mathcal{D}$ の葉節点に到達するまで木をたどっていく．この葉節点は，現在の三角形分割において p_r を含んでいる三角形に対応している．どの節点の出次数も高々3であるから，これには探索経路上の節点の個数，あるいは別の言い方では，$\mathcal{D}$ に蓄えられている三角形の中で p_r を含むものの個数に比例する時間しかかからない．

まだ説明していないのは，大した問題ではないが，p_{-1} と p_{-2} の選び方と，ある辺が正当かどうかの判定方法である．一方で，p_{-1} と p_{-2} は十分に遠くに選ばなければならない．というのは，それらの存在が P のドロネー三角形分割に影響を与えることを避けたいからである．他方，そのために巨大な座標値を導入することもしたくない．そこで，どうするかというと，これらの点を記号的に扱うことである．つまり，それらの点に実際の座標値を与えるのではなく，点位置決定の判定と正当な辺かどうかの判定を変更して，それらの点を非常に遠くに選んだかのようにす

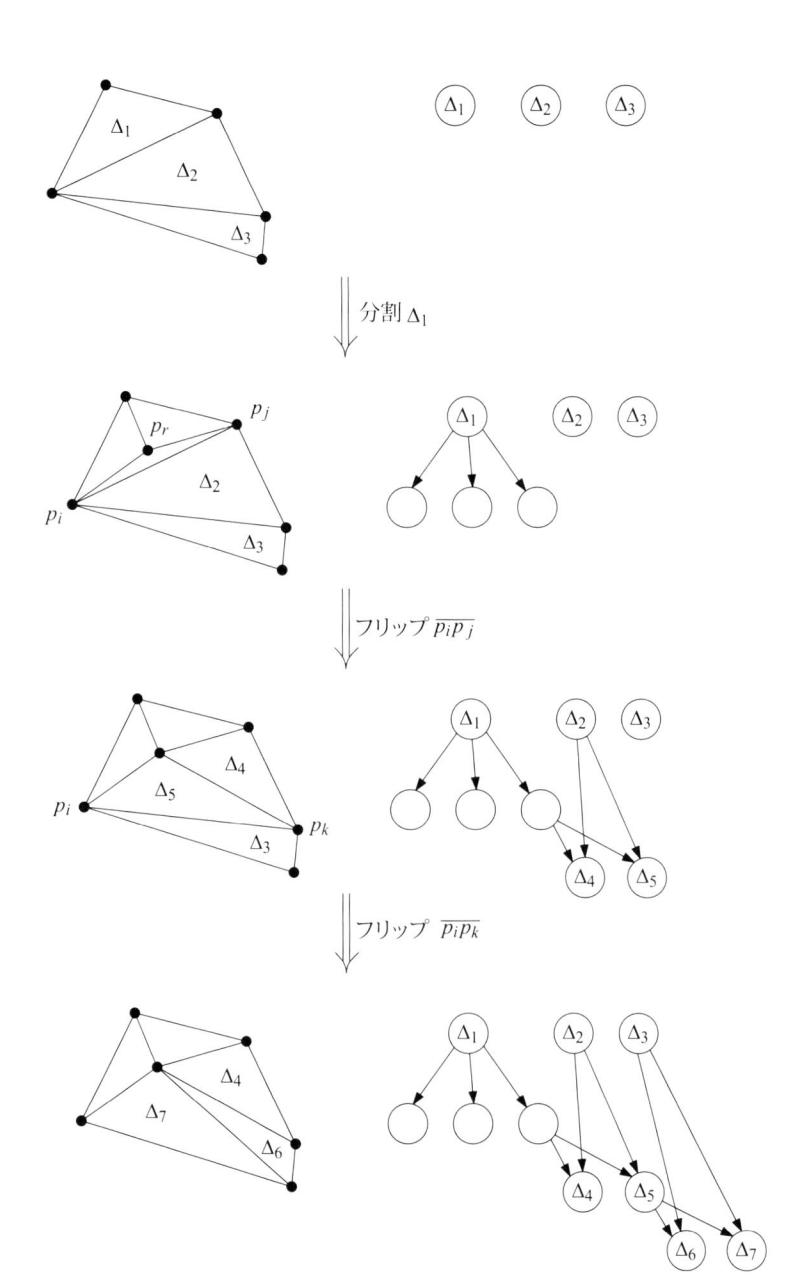

第 9.3 節
ドロネー三角形分割の計算

図 9.9
データ構造 $\mathcal{D}$ 上で点 p_r を三角形 Δ_1 に挿入するときの効果 ($\mathcal{D}$ で変化しない所は図では省略されている)

るのである.

以下において，2 点 $p = (x_p, y_p)$ と $q = (x_q, y_q)$ について，$y_p > y_q$ あるいは $y_p = y_q$ かつ $x_q > x_p$ のときに，p は q より高い所にあると言う．また，この関係によって定まる P 上の（辞書式）順序を用いる．ℓ_{-1} を P のどの点よりも下にある水平な直線とし，ℓ_{-2} を P のどの点よりも上にある水平な直線とする．概念的には，直線 ℓ_{-1} 上で十分遠くに p_{-1} を選んで，p_{-1} が P の一直線上にない 3 点によって定まるすべての円の外にあり，しかも p_{-1} を中心として P の点を時計回りの順に並べたものがそれらの辞書式順序となっているようにする．次に，直線 ℓ_{-2} 上で十分遠くに p_{-2} を選んで，p_{-2} が $P \cup \{p_{-1}\}$ の一直線上にない 3 点によって定まるすべての円の外にあり，しかも p_{-2} を中心として $P \cup \{p_{-1}\}$ の点を

反時計回りの順に並べたものがそれらの辞書式順序となっているようにする．

$P \cup \{p_{-1}, p_{-2}\}$ のドロネー三角形分割は P のドロネー三角形分割，p_{-1} と P の右側凸包上のすべての頂点を結ぶ辺，p_{-2} と P の左側凸包上のすべての頂点を結ぶ辺，および 1 つの辺 $\overline{p_{-1}p_{-2}}$ からなる．P の最も下の点と P の最も高い位置にある点 p_0 は，ともに p_{-1} と p_{-2} に繋がっている．

点位置決定のステップにおいて p_i から p_k に向かう有向直線に関して点 p_j の位置を決定しなければならない．p_{-1} と p_{-2} の選び方より，次の条件は等価である．

- p_j は p_i から p_{-1} への直線の左にある；
- p_j は p_{-2} から p_i への直線の左にある；
- p_j は時書式順序で p_i より大きい．

残る問題として，ある辺が正当かどうかを調べるときに p_{-1} と p_{-2} をどのように扱えばよいかを説明しよう．$\overline{p_ip_j}$ を判定すべき辺とし，p_k と p_l を（もし存在するなら）$\overline{p_ip_j}$ を含む三角形の残りの点とする．

- $\overline{p_ip_j}$ **は三角形** $p_0p_{-1}p_{-2}$ **の辺である**．これらの辺は常に正当である．
- **インデックス** i, j, k, l **はすべて非負である**．これが標準的な場合である．つまり，この判定に関係するどの点も記号的に扱われることはない．したがって，$\overline{p_ip_j}$ が正当でないための必要十分条件は，p_l が p_i, p_j, p_k によって定まる円の内部にあることである．
- **上記以外の場合**．この場合，$\overline{p_ip_j}$ が正当であるための必要十分条件は $\min(k,l) < \min(i,j)$ が成り立つことである．

最後の場合だけはさらに証明が必要である．$\overline{p_ip_j}$ が $\overline{p_{-1}p_{-2}}$ である状況は最初の場合として扱われるので，インデックス i と j の高々一方だけが負である．一方，p_k あるいは p_l が先ほど挿入したばかりの点 p_r であるので，インデックス k と l の高々 1 つだけが負である．

4 つのインデックスの内の 1 つだけが負ならば，この点は他の 3 点で定まる円の外部にある．したがって，この方法は正しい．

そうでないなら，$\min(i,j)$ も $\min(k,l)$ も負である．また，p_{-2} は $P \cup \{p_{-1}\}$ の 3 点で定まるどんな円についてもその外部にあるという事実より，この方法が正しいことが分かる．

9.4 解析

最初にアルゴリズムの実行過程でどのような**構造的変化**が生じるか見てみよう．すなわち，アルゴリズムの実行の過程で作られ，削除される三角形の個数に注目する．解析を始める前に，$P_r = \{p_1, \ldots, p_r\}$ と $\mathcal{DG}_r := \mathcal{DG}(\{p_{-2}, p_{-1}, p_0\} \cup P_r)$ という記号を導入する．

補題 9.11 アルゴリズム DELAUNEYTRIANGULATION で作り出される三角形の個数の期待値は高々 $9n + 1$ である．

証明 まず最初に，1つの三角形 $p_0 p_{-1} p_{-2}$ を作る．アルゴリズムでは毎回 1 点を挿入するが，r 回目に点 p_r を挿入するとき，まず 1 個か 2 個の三角形を分割し，新たな三角形を 3〜4 個作る．この分割により，$\mathcal{DG}_r$ に同じ個数の辺が作られる．すなわち，$\overline{p_r p_i}, \overline{p_r p_j}, \overline{p_r p_k}$（および可能性として $\overline{p_r p_l}$）である．さらに，手続き LEGALIZEEDGE においてフリップするすべての辺について新しい三角形が 2 個作られる．再び，このフリップによって，p_r に接続する $\mathcal{DG}_r$ の辺が作られる．まとめると次のようになる．p_r を挿入した後で $\mathcal{DG}_r$ の k 本の辺が p_r に接続しているなら，高々 $2(k-3)+3 = 2k-3$ 個の新しい三角形を作ったことになる．この数 k は $\mathcal{DG}_r$ における p_r の次数に等しい．この次数を $\deg(p_r, \mathcal{DG}_r)$ と書くことにしよう．それでは，集合 P の可能なすべての順列に関する p_r の次数の期待値はどの程度になるだろうか．第 4 章と 6 章での解析と同様に，この値の上界を**後向き解析** (backward analysis) を用いて求めることにしよう．そこで，しばらくの間，集合 P を固定する．抑えたいのは点 p_r の次数の期待値であるが，p_r は集合 P_r の**ランダム**な要素である．定理 7.3 により，ドロネーグラフ $\mathcal{DG}_r$ の辺数は高々 $3(r+3)-6$ である．これらの内の 3 個は $p_0 p_{-1} p_{-2}$ の辺であるから，P_r における頂点の次数の合計は $2[3(r+3)-9] = 6r$ よりも小さい．このことは，P_r のランダムな点の次数の期待値は高々 6 であることを意味している．以上をまとめると，ステップ r において作られた三角形の個数を次のように上から抑えることができる．

$$\mathrm{E}\big[\text{ステップ } r \text{ で作られた三角形の個数}\big] \leqslant \mathrm{E}\big[2\deg(p_r, \mathcal{DG}_r) - 3\big]$$
$$= 2\mathrm{E}\big[\deg(p_r, \mathcal{DG}_r)\big] - 3$$
$$\leqslant 2 \cdot 6 - 3 = 9$$

作られる三角形としては，最初に作った三角形 $p_{-1} p_{-2} p_{-3}$ の他に，点を挿入する各ステップで作られる三角形があり，これで全部である．期待値の線形性により，作られる三角形の総数の期待値が $1 + 9n$ で抑えられることが分かった． □

得られた結果をまとめたのが次の主要定理である．

定理 9.12 平面上の n 点の集合 P のドロネー三角形分割は，$O(n \log n)$ の期待実行時間と $O(n)$ の平均記憶量で求めることができる．

証明 アルゴリズムの正しさについては上記の議論で明らかであろう．記憶量については，探索構造 $\mathcal{D}$ で線形記憶量以上が使われてしまう場合だけに注目すればよい．しかしながら，$\mathcal{D}$ の節点はすべてアルゴリズムで作られた三角形に対応しており，先の補題により，その個数の期待値は $O(n)$ である．

第 9.4 節
解析

第9章
ドロネー三角形分割

期待実行時間に対する上界を求めるために，最初は点位置決定のステップ（7行目）で必要な時間を無視しよう．そうすると，必要な時間は作られた三角形の個数に比例することになる．したがって，先の補題から，点位置決定のための時間を考慮しなければ，実行時間の期待値は $O(n)$ であると言うことができる．

後は点位置決定のための時間を考慮すればよい．アルゴリズム実行の各時点において，その時点での三角形分割に関して点 p_r の位置を見つけるための時間は，探索のために訪れる $\mathcal{D}$ の節点の個数に関して線形である．訪れる節点は，それより以前に作られた三角形でしかも p_r を含むものに対応している．もしその時点での三角形分割を別に考えることができるなら，p_r の位置決定に必要な時間は，先の段階ではあったが p_r の挿入によって消えた三角形の中で p_r を含んでいたものの個数に比例する時間に $O(1)$ を加えたものになる．

三角形 $p_i p_j p_k$ が三角形分割から消えるのには次の2つの場合が考えられる．

- 新たな点 p_l が三角形 $p_i p_j p_k$ の内側（あるいは境界上）に挿入されて，$p_i p_j p_k$ が3個（または2個）の部分三角形に分割される場合．
- 辺のフリップによって，隣接三角形のペア $(p_i p_j p_k, p_i p_j p_l)$ が隣接三角形のペア $(p_k p_i p_l, p_k p_j p_l)$ と置き換えられる場合．

最初の場合，三角形 $p_i p_j p_k$ は p_l が挿入されるまではドロネー三角形であった．2番目の場合では，$p_i p_j p_k$ がドロネー三角形で p_l が挿入されたか，あるいは，$p_i p_j p_l$ がドロネー三角形で p_k が挿入されたかのいずれかである．もし $p_i p_j p_l$ がドロネー三角形なら，辺 $\overline{p_i p_j}$ が挿入されてフリップされたのなら，p_k と p_r は $p_i p_j p_l$ の外接円の内側にあることになる．

どちらの場合でも，三角形 $p_i p_j p_k$ を訪れたとき，$p_i p_j p_k$ と同じ段階で壊され，しかもその外接円が p_r を含んでいるようなドロネー三角形 Δ が存在するが，三角形 $p_i p_j p_k$ を訪れたことを，この三角形 Δ に課金することができる．与えられた三角形 Δ の外接円の中にある P の点の部分集合を $K(\Delta)$ と書くことにしよう．上記の議論において，p_r の位置決定の間に訪問した三角形それぞれに対して $p_r \in K(\Delta)$ である三角形 Δ に課金される．三角形 Δ が課金されるのは，$K(\Delta)$ の点のそれぞれに対して高々1回だけであることは容易に分かる．したがって，点位置決定に必要な時間は全部で

$$O(n + \sum_{\Delta} \mathrm{card}(K(\Delta))) \tag{9.1}$$

となる．ただし，アルゴリズムで生成されたすべてのドロネー三角形について和を取るものとする．後で，この和の期待値が $O(n \log n)$ であることを証明しよう．これで定理の証明が終わった． □

集合 $K(\Delta)$ のサイズの期待値の上界を求めよう．Δ がドロネー三角形分割 $\mathcal{DG}_r$ であるとき，$\mathrm{card}(K(\Delta))$ の期待値はどれぐらいになるだろうか．

$r=1$ のときはほぼ n であると期待し，$r=n$ のときはゼロであることを知っている．その間ではどうなっているだろうか．乱択化のよい点は，両極端の「中間」をとることができるという点である．直観的に説明すると，P_r はランダムサンプルであるから，三角形 $\Delta \in \mathcal{DG}_r$ の外接円の内側にある点の個数はほぼ $O(n/r)$ である．実際には $\mathcal{DG}_r$ の**すべての三角形**についてこのことが成り立つわけではないが，(9.1) 式の和については，これが成り立つのと同等である．

本節の残りで，一般の位置にある点集合に対してこの事実をざっと証明しよう．この結果は一般の場合についても成り立つが，そのためにはもう少し知らないといけないことがある．そこで，一般の場合についての解析は次節に持ち越すことにする．

補題 9.13 P が一般の位置にある点集合であるとき，

$$\sum_{\Delta} \mathrm{card}(K(\Delta)) = O(n \log n)$$

が成り立つ．ただし，和はアルゴリズムで生成されるすべてのドロネー三角形 Δ についてとるものとする．

証明 P は一般の位置にあるから，どの部分集合 P_r も一般の位置にある．したがって，点 p_r を加えた後の三角形分割は一意に定まる三角形分割 $\mathcal{DG}_r$ である．$\mathcal{DG}_r$ の三角形集合を $\mathcal{T}_r$ と記すことにしよう．すると，段階 r で生成されるドロネー三角形の集合は，定義により，$\mathcal{T}_r \setminus \mathcal{T}_{r-1}$ に等しい．したがって，求めたい和の上界を次のように書き直すことができる．

$$\sum_{r=1}^{n} \left(\sum_{\Delta \in \mathcal{T}_r \setminus \mathcal{T}_{r-1}} \mathrm{card}(K(\Delta)) \right)$$

点 q に対して，$k(P_r, q)$ によって $q \in K(\Delta)$ であるような三角形 $\Delta \in \mathcal{T}_r$ の個数を表し，$k(P_r, q, p_r)$ によって $q \in K(\Delta)$ であるだけでなく，p_r も Δ に接続しているような三角形 $\Delta \in \mathcal{T}_r$ の個数を表すものとする．段階 r で生成されたどのドロネー三角形も p_r に接続していることに注意すれば，次式を得る．

$$\sum_{\Delta \in \mathcal{T}_r \setminus \mathcal{T}_{r-1}} \mathrm{card}(K(\Delta)) = \sum_{q \in P \setminus P_r} k(P_r, q, p_r) \tag{9.2}$$

しばらくの間，P_r を固定して考える．すなわち，P_r が固定の集合 P_r^* に等しいという条件の下で，集合 P のすべての順列の集合に関して期待値を計算するものとする．このとき，$k(P_r, q, p_r)$ の値は p_r の取り方にだけ依存する．三角形 $\Delta \in \mathcal{T}_r$ はランダムな点 $p \in P_r^*$ に高々 $3/r$ の確率でしか接続しないので，次式を得る．

$$\mathrm{E}\bigl[k(P_r, q, p_r)\bigr] \leqslant \frac{3k(P_r, q)}{r}$$

第 9.4 節
解析

すべての $q \in P \setminus P_r$ について和を取り，(9.2) 式を用いると，

$$\mathrm{E}\Big[\sum_{\Delta \in \mathcal{T}_r \setminus \mathcal{T}_{r-1}} \mathrm{card}(K(\Delta))\Big] \leqslant \frac{3}{r} \sum_{q \in P \setminus P_r} k(P_r, q) \qquad (9.3)$$

となる．どの $q \in P \setminus P_r$ も p_{r+1} となる確率は等しいから，次式を得る．

$$\mathrm{E}[k(P_r, p_{r+1})] = \frac{1}{n-r} \sum_{q \in P \setminus P_r} k(P_r, q)$$

これを (9.3) 式に代入すると，次式を得る．

$$\mathrm{E}\Big[\sum_{\Delta \in \mathcal{T}_r \setminus \mathcal{T}_{r-1}} \mathrm{card}(K(\Delta))\Big] \leqslant 3\Big(\frac{n-r}{r}\Big) \mathrm{E}[k(P_r, p_{r+1})]$$

ここで，$k(P_r, p_{r+1})$ とは何だろうか．それは $p_{r+1} \in K(\Delta)$ をもつ $\mathcal{T}_r$ の三角形 Δ の個数である．定理 9.6(i) より，これらの三角形は p_{r+1} を挿入するときに壊される $\mathcal{T}_r$ の三角形である．したがって，上式を次のように書きなおすことができる．

$$\mathrm{E}\Big[\sum_{\Delta \in \mathcal{T}_r \setminus \mathcal{T}_{r-1}} \mathrm{card}(K(\Delta))\Big] \leqslant 3\Big(\frac{n-r}{r}\Big) \mathrm{E}[\mathrm{card}(\mathcal{T}_r \setminus \mathcal{T}_{r+1})]$$

定理 9.1 より，$\mathcal{T}_m$ における三角形の個数はちょうど $2(m+3) - 2 - 3 = 2m + 1$ である．したがって，点 p_{r+1} を挿入するときに**壊される**三角形の個数は，p_{r+1} を挿入するときに**作られる**三角形の個数よりもちょうど 2 個だけ少ないから，上の和を次のように書きなおすことができる．

$$\mathrm{E}\Big[\sum_{\Delta \in \mathcal{T}_r \setminus \mathcal{T}_{r-1}} \mathrm{card}(K(\Delta))\Big] \leqslant 3\Big(\frac{n-r}{r}\Big) \Big(\mathrm{E}[\mathrm{card}(\mathcal{T}_{r+1} \setminus \mathcal{T}_r)] - 2\Big)$$

ここまで P_r は固定してきた．ここで，上の不等式の両辺で $P_r \subset P$ のあらゆる取り方に関して単に平均値をとることができ，集合 P のすべての可能な順列に関する期待値を考えても同じ不等式が成り立つことが分かる．

p_{r+1} を挿入するときに新たに作られる三角形の個数は，$\mathcal{T}_{r+1}$ において p_{r+1} に接続する辺の個数と等しいこと，およびこれらの辺の個数の期待値は高々 6 であることが分かっている．したがって，次の結論を得る．

$$\mathrm{E}\Big[\sum_{\Delta \in \mathcal{T}_r \setminus \mathcal{T}_{r-1}} \mathrm{card}(K(\Delta))\Big] \leqslant 12\Big(\frac{n-r}{r}\Big)$$

r に関して和を取ると補題が得られる． □

9.5* 乱択アルゴリズムの枠組み

本書ではこれまでに 3 つの乱択アルゴリズムを見てきた．第 4 章では線形計画法に対するもの，第 6 章では台形地図を求めるためのもの，それに

本章におけるドロネー三角形分割を求めるためのものである．（この後，第 11 章でも 1 つのアルゴリズムを紹介する．）これらのアルゴリズムと，計算幾何学の文献にある他のほとんどの乱択逐次構成アルゴリズムはすべて次の原理に基づいている．

問題は幾何学的物体の集合 X によって定義される，ある幾何構造 $\mathcal{T}(X)$ を計算することであるとしよう．（たとえば，平面上の点集合によって定義されるドロネー三角形分割のようなものである．）乱択逐次構成アルゴリズムでは，目的の構造 $\mathcal{T}(X)$ を毎回更新しながら X の物体をランダムな順序で加えていく．次の物体を加える操作を 2 つのステップに分けて実行する．最初の **位置決定ステップ** (location step) では，現在の構造のどこを変えてその物体との衝突 (collision) をなくすかを求め，次の **更新ステップ** (update step) で構造を局所的に更新する．すべての乱択逐次構成アルゴリズムはほとんど同じなので，それらの解析も同様である．様々な問題に対して何度も繰返して同じ複雑度を証明することを避けるために，乱択逐次構成アルゴリズムの公理的な枠組みが開発されてきた．**コンフィギュレーション空間** (configuration space) と呼ばれるこの枠組みを用いて，多くの乱択逐次構成アルゴリズムの期待実行時間に対して安直に複雑度を証明することができる．（残念ながら，「コンフィギュレーション空間」という用語は移動計画問題においても使われているが，両者はまったく違うものである—第 13 章参照．）本節ではこの枠組みを説明し，この枠組みに当てはまるすべての乱択逐次構成アルゴリズムの解析に用いることができる定理を与える．たとえば，その定理を適用することにより，補題 9.13 を証明することができる．今度は P が一般の位置になければならないという仮定はない．

コンフィギュレーション空間は 4 つ組 (X, Π, D, K) として定義する．ここで，X は問題に対する入力であり，（幾何学的な）**物体**の有限集合である．ここで，X の要素数を n という記号で表す．集合 Π は，**コンフィギュレーション** (configuration) と呼ばれるものを要素とする集合である．最後に，D と K は共にすべてのコンフィギュレーション $\Delta \in \Pi$ に X の部分集合を割り当てるが，それらをそれぞれ $D(\Delta)$，$K(\Delta)$ という記号で表す．集合 $D(\Delta)$ の要素は，コンフィギュレーション Δ を **定義する** と言い，集合 $K(\Delta)$ の要素は Δ と **衝突している** (in conflict with)，または **拒否する** (kill) と言う．$K(\Delta)$ の要素数をコンフィギュレーション Δ の **衝突サイズ** (conflict size) と呼ぶ．ここで (X, Π, D, K) は次の条件を満足するものでなければならない．

- $d := \max\{\operatorname{card}(D(\Delta)) \mid \Delta \in \Pi\}$ は定数である．この数をコンフィギュレーション空間の **最大次数** (maximum degree) と呼ぶ．さらに，同じ定義集合を共有するコンフィギュレーションの個数はある定数を上界とする．

第 9.5* 節
乱択アルゴリズムの枠組み

第 9 章
ドロネー三角形分割

- すべてのコンフィギュレーション $\Delta \in \Pi$ について $D(\Delta) \cap K(\Delta) = \emptyset$ が成り立つ.

$D(\Delta)$ が S に含まれ,かつ $K(\Delta)$ が S と共通部分をもたないとき,コンフィギュレーション Δ は部分集合 $S \subseteq X$ の上で**アクティブ** (active) であるという.S の上でアクティブなコンフィギュレーションの集合を $\mathcal{T}(S)$ という記号で表すと,次式を得る.

$$\mathcal{T}(S) := \{\Delta \in \Pi : D(\Delta) \subseteq S \text{ かつ } K(\Delta) \cap S = \emptyset\}$$

アクティブなコンフィギュレーションこそが目標の構造である.もっと詳細に言うと,目標は $\mathcal{T}(X)$ を求めることである.この抽象的な枠組みに関する議論を進めていく前に,これまでに得られた幾何構造がどのように役立つかを見てみることにしよう.

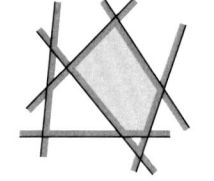

■半平面の共通部分

この場合,入力集合 X は平面上の半平面の集合である.$\mathcal{T}(X)$ がこの場合の目標になるように,すなわち X の半平面たちの共通部分になるように Π, D, K を定める.そのためには次のようにすればよい.コンフィギュレーション集合 Π は,X の半平面たちの境界をなす直線上のすべての交点からなる.コンフィギュレーション $\Delta \in \Pi$ の定義集合 $D(\Delta)$ は,共通部分を定義する 2 本の直線からなり,拒否集合 (killing set) $K(\delta)$ はその交点を含まないすべての半平面たちからなる.したがって,任意の部分集合 $S \subset X$ に対して,また特に X 自身に対して,$\mathcal{T}(S)$ は S における半平面の共通部分の頂点の集合である.

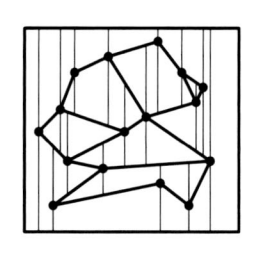

■台形地図

ここでは,入力 X は平面上の線分集合である.コンフィギュレーション集合 Π は,任意の $S \subseteq X$ の台形地図に現れるすべての台形を含んでいる.コンフィギュレーション Δ の定義集合 $D(\Delta)$ は,Δ を定義するのに必要な線分の集合である.台形 Δ の拒否集合 $K(\Delta)$ は,Δ と共通部分をもつ線分の集合である.これらの定義の下で,$\mathcal{T}(S)$ は S の台形地図における台形の集合となる.

■ドロネー三角形分割

入力集合 X は一般の位置にある平面上の点集合である.コンフィギュレーション集合 Π は X の 3 点(ただし,一直線上にはない)を頂点とする三角形からなる.定義集合 $D(\Delta)$ は Δ の頂点を形成する点からなり,拒否集合 $K(\Delta)$ は Δ の外接円の内部にある点の集合である.定理 9.6 により,$\mathcal{T}(S)$ は S に対して一意に決まるドロネー三角形分割の三角形集合に等しい.

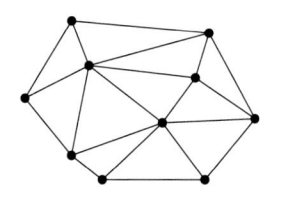

以前に述べたように,目標は構造 $\mathcal{T}(X)$ を求めることである.そのために

乱択逐次構成アルゴリズムを用いるが，そこでは X の物体のランダムな順列 $x_1, x_2, \ldots, x_n$ を求め，その後 $\mathcal{T}(X_r)$ を逐次更新しながら，その順序で物体を加えていく．ただし，$X_r := \{x_1, x_2, \ldots, x_r\}$ である．なぜこのようにできるかと言うと，コンフィギュレーション空間の基本的な性質により局所的に見るだけでコンフィギュレーション Δ が $\mathcal{T}(X_r)$ に含まれるかどうかを判断できるからである．実際，単に Δ の定義集合と拒否集合を探すだけでよい．特に，$\mathcal{T}(X_r)$ は X_r の物体を添加する順序には依存しない．たとえば，三角形 Δ が S のドロネー三角形分割に含まれるための必要十分条件は，Δ の頂点が S に含まれることであり，S の点は Δ の外接円には含まれていない．

乱択逐次構成アルゴリズムを解析するときには，構造の変化回数の期待値に関する上界を証明することから始めるのがふつうである—たとえば，補題 9.11 を参照のこと．次の定理も同じく期待値の上界を与えるものであるが，抽象的コンフィギュレーション空間の枠組みの中で述べている点が異なる．

定理 9.14 (X, Π, D, K) をコンフィギュレーション空間とし，$\mathcal{T}$ と X_r を上に定義した通りとする．このとき，$\mathcal{T}(X_r) \setminus \mathcal{T}(X_{r-1})$ に含まれるコンフィギュレーションの個数の期待値は，高々

$$\frac{d}{r} E[\mathrm{card}(\mathcal{T}(X_r))]$$

である．ただし，d はコンフィギュレーション空間の最大次数である．

証明 以前に構造変化の回数の上界を求めたときと同様に，ここでも後向き解析 (backward analysis) を用いる．つまり，x_r を X_{r-1} に加えることによって生じるコンフィギュレーションの個数について考える代わりに，X_r から x_r を取り除くことによって消失するコンフィギュレーションの個数について考えるのである．そのために，仮に X_r を要素数 r のある部分集合 $X_r^* \subset X$ に固定しておいて，X_r からランダムに物体 x_r を取り除くときに消え去るコンフィギュレーション $\Delta \in \mathcal{T}(X_r)$ の個数の期待値の上界を求めたい．$\mathcal{T}$ の定義により，そのようなコンフィギュレーション Δ は $x_r \in D(\Delta)$ をもっているはずである．$\Delta \in \mathcal{T}(X_r)$ と $x \in D(\Delta)$ であるような対 (x, Δ) は高々 $d \cdot \mathrm{card}(\mathcal{T}(X_r))$ 個しか存在しないから，次式を得る．

$$\sum_{x \in X_r} \mathrm{card}(\{\Delta \in \mathcal{T}(X_r) \mid x \in D(\Delta)\}) \leqslant d \cdot \mathrm{card}(\mathcal{T}(X_r))$$

したがって，X_r からランダムに物体を取り除くことによって消え去るコンフィギュレーションの個数の期待値は $\frac{d}{r} \mathrm{card}(\mathcal{T}(X_r))$ である．上の議論では，集合 X_r は要素数 r の固定された部分集合 $X_r^* \subset X$ であった．一般的な上界を得るためには，サイズ r のすべての可能な部分集合に関して平均をとらなければならない．これより $\frac{d}{r} \mathrm{E}[\mathrm{card}(\mathcal{T}(X_r))]$ という上界を得る． □

第 9.5* 節
乱択アルゴリズムの枠組み

第9章
ドロネー三角形分割

この定理は，乱択逐次構成アルゴリズムの実行中に生じる構造的変化のサイズの期待値に対する汎用の上界を与えている．しかし，点位置決定のステップのコストについてはどうだろうか．前章と同じ形の上界が必要になることが多い．すなわち，必要なのは次の和に対する上界である．

$$\sum_{\Delta} \mathrm{card}(K(\Delta))$$

ただし，アルゴリズムによって作られたすべてのコンフィギュレーション Δ に関して和を取るものと仮定する．すなわち，$\mathcal{T}(X_r)$ の1つに現れるすべてのコンフィギュレーションについての和である．この上界は次の定理の中で与えられる．

定理 9.15 (X, Π, D, K) をコンフィギュレーション空間とし，$\mathcal{T}$ と X_r を上に定義したとおりとする．このとき，少なくとも1つの $\mathcal{T}(X_r)$（ただし，$1 \leq r \leq n$）に現れるすべてのコンフィギュレーション Δ について和を取ることにすると，

$$\sum_{\Delta} \mathrm{card}(K(\Delta))$$

の値の期待値は，下の値で抑えられる．

$$\sum_{r=1}^{n} d^2 \left(\frac{n-r}{r}\right) \left(\frac{\mathrm{E}[\mathrm{card}(\mathcal{T}(X_r))]}{r}\right)$$

ここで，d はコンフィギュレーション空間の最大次数である．

証明 定理の証明は補題 9.13 の証明に非常によく似ている．まず，和を次のように書きなおす．

$$\sum_{r=1}^{n} \left(\sum_{\Delta \in \mathcal{T}_r \setminus \mathcal{T}_{r-1}} \mathrm{card}(K(\Delta))\right)$$

次に，$k(X_r, y)$ によって，$y \in K(\Delta)$ であるようなコンフィギュレーション $\Delta \in \mathcal{T}(X_r)$ の個数を表すことにし，$k(X_r, y, x_r)$ を，$y \in K(\Delta)$ だけではなく $x_r \in D(\Delta)$ でもあるようなコンフィギュレーション $\Delta \in \mathcal{T}(X_r)$ の個数とする．x_r の追加によって現れるどんな新たなコンフィギュレーションも $x_r \in D(\Delta)$ でなければならない．このことから，次式を得る．

$$\sum_{\Delta \in \mathcal{T}_r \setminus \mathcal{T}_{r-1}} \mathrm{card}(K(\Delta)) = \sum_{y \in X \setminus X_r} k(X_r, y, x_r) \tag{9.4}$$

ここで，集合 X_r を固定しよう．そうすると，$k(X_r, y, x_r)$ の期待値は，$x_r \in X_r$ として何を選択するかに依存する．コンフィギュレーション $\Delta \in \mathcal{T}(X_r)$ に対して $y \in D(\Delta)$ である確率は高々 d/r であるから，次式を得る．

$$\mathrm{E}[k(X_r, y, x_r)] \leq \frac{dk(X_r, y)}{r}$$

この和をすべての $y \in X \setminus X_r$ について取り，式 (9.4) を用いると，次式が得られる．

$$\tag{9.5}$$

一方，どの $y \in X \setminus X_r$ も x_{r+1} として現れる確率は同じであるから，次式を得る．
$$\mathrm{E}\bigl[k(X_r, x_{r+1})\bigr] = \frac{1}{n-r} \sum_{y \in X \setminus X_r} k(X_r, y)$$

これを (9.5) に代入すると，次のようになる．
$$\mathrm{E}\Bigl[\sum_{\Delta \in \mathcal{T}_r \setminus \mathcal{T}_{r-1}} \mathrm{card}(K(\Delta))\Bigr] \leqslant d\Bigl(\frac{n-r}{r}\Bigr) \mathrm{E}\bigl[k(X_r, x_{r+1})\bigr]$$

ここで，$k(X_r, x_{r+1})$ は，x_{r+1} を挿入したときに，次の段階で壊される $\mathcal{T}(X_r)$ のコンフィギュレーション Δ の個数であることに注意しよう．これより，最後の式は次のように書き直すことができる．

$$\mathrm{E}\Bigl[\sum_{\Delta \in \mathcal{T}_r \setminus \mathcal{T}_{r-1}} \mathrm{card}(K(\Delta))\Bigr] \leqslant d\Bigl(\frac{n-r}{r}\Bigr) \mathrm{E}\bigl[\mathrm{card}(\mathcal{T}(X_r) \setminus \mathcal{T}(X_{r+1}))\bigr] \quad (9.6)$$

しかしながら，補題 9.13 の証明とは違って，$r+1$ の段階で壊されたコンフィギュレーションの個数を，その段階で作られたコンフィギュレーションの個数によって単純に抑えることはできない．というのは，それは一般のコンフィギュレーション空間では必ずしも成立しないからである．したがって，少し違った方法が必要である．

まず最初に，X_r のすべての選び方について式 (9.6) の両辺で平均値を取っても不等号が成り立つことが分かり，X のすべての順列について期待値を取っても同じことが言えるということも分かる．次に，すべての r について和を取り，和を次のように書き換える．

$$\sum_{r=1}^{n} d\Bigl(\frac{n-r}{r}\Bigr) \mathrm{card}(\mathcal{T}(X_r) \setminus \mathcal{T}(X_{r+1})) = \sum_{\Delta} d\Bigl(\frac{n-[j(\Delta)-1]}{j(\Delta)-1}\Bigr) \quad (9.7)$$

ただし，右辺での和は，アルゴリズムの中で作られたが後で壊されるすべてのコンフィギュレーション Δ に関してとるものとする．また，$j(\Delta)$ によって，コンフィギュレーション Δ が壊されるステージを表すことにする．コンフィギュレーション Δ が作られるときのステージを $i(\Delta)$ によって表すことにする．$i(\Delta) \leqslant j(\Delta) - 1$ であるから，次式を得る．

$$\frac{n - [j(\Delta)-1]}{j(\Delta)-1} = \frac{n}{j(\Delta)-1} - 1 \leqslant \frac{n}{i(\Delta)} - 1 = \frac{n - i(\Delta)}{i(\Delta)}$$

これを式 (9.7) に代入すると，次のようになる．

$$\sum_{r=1}^{n} d\Bigl(\frac{n-r}{r}\Bigr) \mathrm{card}(\mathcal{T}(X_r) \setminus \mathcal{T}(X_{r+1})) \leqslant \sum_{\Delta} d\Bigl(\frac{n-i(\Delta)}{i(\Delta)}\Bigr)$$

この式の右辺は高々

$$\sum_{r=1}^{n} d\Bigl(\frac{n-r}{r}\Bigr) \mathrm{card}(\mathcal{T}(X_r) \setminus \mathcal{T}(X_{r-1}))$$

である（違いは，作られたが決して壊されないコンフィギュレーションだけである）．よって，次式を得る．

$$\mathrm{E}\Bigl[\sum_{r=1}^{n} \sum_{\Delta \in \mathcal{T}_r \setminus \mathcal{T}_{r-1}} \mathrm{card}(K(\Delta))\Bigr] \leqslant \sum_{r=1}^{n} d\Bigl(\frac{n-r}{r}\Bigr) \mathrm{E}\bigl[\mathrm{card}(\mathcal{T}(X_r) \setminus \mathcal{T}(X_{r-1}))\bigr]$$

第 9.5* 節
乱択アルゴリズムの枠組み

定理 9.14 により，証明したかった次の上界を得る．

$$\mathrm{E}\Big[\sum_{r=1}^{n}\sum_{\Delta\in\mathfrak{T}_r\setminus\mathfrak{T}_{r-1}}\mathrm{card}(K(\Delta))\Big] \leqslant \sum_{r=1}^{n} d\Big(\frac{n-r}{r}\Big)\frac{d}{r}\mathrm{E}[\mathrm{card}(\mathfrak{T}(X_r))]$$

□

これで抽象的な設定における解析を終る．以下では例をあげて得られた結果をドロネー三角形分割を求める乱択逐次構成アルゴリズムに適用してみよう．特に，次の関係を証明しよう．

$$\sum_{\Delta}\mathrm{card}(K(\Delta)) = O(n\log n)$$

ここで，アルゴリズムによって作られるすべての三角形 Δ に関して和を取るものとする．また，$K(\Delta)$ はその三角形の外接円内の点集合である．

残念ながら，それらの点が一般の位置にない場合については，コンフィギュレーションが三角形であるようなコンフィギュレーション空間をきちんと定義することが不可能なようである．したがって，少し違った風にコンフィギュレーションを選択しよう．

X を必ずしも一般の位置にあるとは限らない平面上の点集合とする．全体の構成を始めるときに用いた 3 点の集合を $\Omega := \{p_0, p_{-1}, p_{-2}\}$ とする．p_0 は P の中で辞書式順序で最大の点であるが，2 点 p_{-1} と p_{-2} は P のどのドロネー辺も壊さないように選ばれたことを思い出そう．$X := P\setminus\{p_0\}$ と置く．1 直線上にない $X\cup\Omega$ の点からなるすべての 3 つ組 $\Delta = (p_i, p_j, p_k)$ は $D(\Delta) := \{p_i, p_j, p_k\}$ であるようなコンフィギュレーションを定義し，$K(\Delta)$ は三角形 $p_i p_j p_k$ の外接円の内部にあるか，または外接円の円周上の p_i から p_k までの部分で p_j を含む方の上にある点の集合である．そのようなコンフィギュレーション Δ を X の**ドロネーコーナー** (Delaunay corner) と呼ぶ．というのは，Δ が $S \subseteq X$ に関してアクティブであるために必要十分条件は，p_i, p_j, p_k がドロネーグラフ $\mathcal{DG}(\Omega\cup S)$ の 1 つの面の境界上で連続的に存在することだからである．ただし，1 直線上にない 3 点のどのような集合も 3 通りの異なるコンフィギュレーションを定義することに注意されたい．

重要な観察は，DELAUNAYTRIANGULATION が新たな三角形を作るときは，この三角形はいつも $p_i p_r p_j$ という形をしているということである．ただし，p_r はそのステージで挿入される点であり，$\overline{p_r p_i}$ と $\overline{p_r p_j}$ はドロネーグラフ $\mathcal{DG}(\Omega\cup P_r)$ の辺である— 補題 9.10 参照．したがって，三角形 $p_i p_r p_j$ が作られるとき，3 つ組 (p_j, p_r, p_i) は $\mathcal{DG}(\Omega\cup P_r)$ のドロネーコーナーであり，したがって，それは集合 P_r に関してアクティブなコンフィギュレーションである．このコンフィギュレーションに対して定義された集合 $K(\Delta)$ は，三角形 $p_i p_r p_j$ の外接円に含まれるすべての点

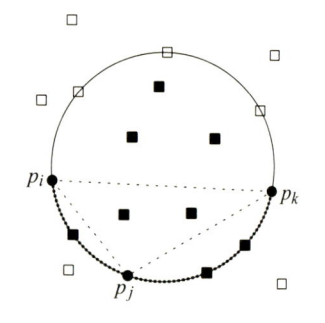

■ $K(\Delta)$ ないにある点
□ $K(\Delta)$ ないにない点

を含んでいる．したがって，元々の和を次式で抑えることができる．

$$\sum_\Delta \mathrm{card}(K(\Delta))$$

ただし，ある途中のドロネーグラフ $\mathcal{DG}(\Omega \cup P_r)$ に現れるすべての**ドロネーコーナー** Δ について和を取るものとする．

これで定理 9.15 が適用できる．$S \cup \Omega$ のドロネーグラフには何個のドロネーコーナーが存在するだろうか．最悪の場合が起こるのは，ドロネーグラフが三角形分割であるときである．S が r 個の点を含んでいるとき，三角形分割は $2(r+3)-5$ 個の三角形をもっているので，ドロネーコーナーは $6(r+3)-15 = 6r+3$ 個存在することになる．したがって，定理 9.15 より，次式を得る．

$$\sum_\Delta \mathrm{card}(K(\Delta)) \leqslant \sum_{r=1}^n 9\left(\frac{n-r}{r}\right)\left(\frac{6r-3}{r}\right) \leqslant 54n \sum_{r=1}^n \frac{1}{r} \leqslant 54n(\ln n + 1)$$

これで定理 9.12 の証明が完了した．

9.6 文献と注釈

点集合を三角形分割するという問題は，計算幾何学の分野における話題の中でも他の分野によく知られた存在である．2 次元や 3 次元以上での点集合の三角形分割は，数値解析においては有限要素法への応用などで特に重要であるだけでなく，コンピュータグラフィックスにおいても重要である．本章では与えられた点しか頂点として用いないという制限の下で三角形分割を考えた．点を追加することができる場合——いわゆるスタイナ点と呼ばれるものを許す場合——この問題は**メッシュ生成** (meshing) と呼ばれており，第 14 章において詳細に扱う．

Lawson [244] は，平面点集合の三角形分割をどのように 2 つ取っても，辺のフリップを繰り返すことで相互に変換可能であることを証明した．彼は後に辺を繰返しフリップすることによって良好な三角形分割が得られることを示唆している．ただし，辺のフリップとしては，三角形分割に対して決められたあるコスト関数を改善するものだけを実行するものとする [245].

良好な補間を得るためには三角形分割に長い辺や細長い三角形が含まれないようにすべきだということが言われてきた [38]．縮退の場合を除いて，角度ベクトルに関して局所的に最適な三角形分割は一意に決まり，それはドロネー三角形分割であるという結果は Sibson [360] によるものである．

角度ベクトルしか見ないというのは，データ点の高さを完全に無視することになっているので，そのような方法は**データに無関係な方法** (data-independent approach) とも呼ばれている．Rippa [328] はこの方法

に対する動機付けを与えている．すなわち，実際の高さデータが何であれ，ドロネー三角形分割は結果的に得られる地形図の**粗さ** (roughness) を最小化する三角形分割になっていることを証明したのである．ただし，粗さは地形図の傾きの L_2 ノルムの 2 乗積分として定義されるものである．もっと最近の研究では，高さ情報を考慮に入れることによって三角形分割を改善しようとしているものもある．この**データ依存の補間** (data-dependent interpolation) は，Dyn ら [154] によって提案されたのが最初であるが，彼らは三角形分割に対する様々なコストの基準としてデータ点の高さに依存したものを示唆している．興味深いことに，彼らの方法はドロネー三角形分割に辺のフリップを繰返し適用することによって三角形分割を改善するものである．同じ傾向の方法として，区分的に 3 次関数での補間を取り入れた Quak と Shumaker [325] らの方法と，それ以外にも Brown [76] の方法がある．Quak と Shumaker の報告によると，彼らの三角形分割は，滑らかな表面を近似しようとするとドロネー三角形分割に比べてあまり改善になっていないが，表面が滑らかでない場合には劇的に違ったものになることがある．

ボロノイ図の双対としてのドロネー三角形分割に関する文献については第 7 章の方が詳しい．

本章で与えた乱択逐次構成法は Guibas ら [196] によるものであるが，$\sum_\Delta \mathrm{card}(K(\Delta))$ の解析は Mulmuley の本 [290] から引用した．点位置に縮退がある場合に解析を拡張した議論は新しいものである．また，Boissonnat ら [69, 71] や Clarkson と Shor [133] では別の形式の乱択アルゴリズムが与えられている．

点集合 P に関して様々な**幾何学的グラフ** (geometric graph) が定義されているが，それらは P のドロネーグラフの部分グラフであることを知っている．そのうち最も重要なものは，点集合の**ユークリッド最小木** (EMST, Euclidean minimum spanning tree) であろう [349]．このほかにも**ガブリエルグラフ** (Gabriel graph) [186] や**相対近傍グラフ** (relative neighborhood graph) [374] がある．これらの幾何学的グラフについては演習問題で扱うことにする．

もう 1 つの重要な三角形分割として**最小重み三角形分割** (minimum weight triangulation) がある [12, 42, 146, 147]．これは，三角形分割の辺の長さの和を重みとして，それを最小にする三角形分割を求める問題である．与えられた点集合のすべての三角形分割の中で最小重みのものを見つける問題は最近になって NP-完全であることが示された [291].

9.7 演習

9.1 この問題では平面上の n 点の集合に対して何通りの三角形分割が可能かを調べる．

第 9.7 節
演習

a. n 点のどんな集合に対しても $2^{\binom{n}{2}}$ 通り以上の三角形分割は存在しないことを示せ.

b. 少なくとも $2^{n-2\sqrt{n}}$ 通りに三角形分割できるような n 点の集合が存在することを示せ.

9.2 三角形分割における点の次数をそこに接続する辺の本数とする. 平面上の n 点の集合で, それをどのように三角形分割しても常に $n-1$ の次数の点が存在するようなものの例をあげよ.

9.3 平面上の点集合の三角形分割を 2 通りどのように選んでも, 辺のフリップによって相互に変換できることを証明せよ. **ヒント**: まず, 凸多角形のどの 2 つの三角形分割も辺フリップによって相互に変換できることを示せ.

9.4 頂点が円周上にあるような凸多角形の三角形分割をどのように選んでも, その最小角度は同じであることを証明せよ. このことから, 点集合のドロネー三角形分割がどのような形で終了しても, 最小角度は最大化されている.

9.5 a. 平面上に 4 点 p,q,r,s が与えられたとき, 点 s が 3 点 p,q,r を通る円の内部にあるための必要十分条件は次の条件が成り立つことであることを証明せよ. ここで, p,q,r は時計回りの順に並んだ三角形の頂点を形成しているものと仮定する.

$$\det \begin{pmatrix} p_x & p_y & p_x^2 + p_y^2 & 1 \\ q_x & q_y & q_x^2 + q_y^2 & 1 \\ r_x & r_y & r_x^2 + r_y^2 & 1 \\ s_x & s_y & s_x^2 + s_y^2 & 1 \end{pmatrix} > 0$$

b. 問題 (a) の行列式を用いると, 三角形分割の 1 つの辺が正当かどうかを判定することができる. この判定を行う別の方法を考えることはできるか. その方法を行列式の方法と比べて長所と短所を議論せよ.

9.6 本文ではアルゴリズム DelaunayTriangulation の記述において再帰的な手続き LegalizeEdge の呼出しを用いた. このアルゴリズムを再帰を用いない繰返し型で与えよ. また, 再帰呼出しのものと比較して, その手続きの長所と短所について議論せよ.

9.7 $\mathcal{DG}(P_{r-1})$ に含まれない $\mathcal{DG}(P_r)$ の辺はすべて p_r に接続していることを示せ. 言い換えると, $\mathcal{DG}(P_r)$ の新しい辺は図 9.8 に示すような星の形をしている. アルゴリズム DelaunayTriangulation を参照せずに, 直接的に証明せよ.

9.8 P を一般の位置にある n 点の集合とする. また, $q \notin P$ を P の凸包の内部にある点とする. P のドロネー三角形分割において q を含む三角形を p_i, p_j, p_k とする. (q はドロネー三角形分割の辺上の点かもしれないので, そのような三角形が 2 つあるかもしれない.) このとき, $\overline{qp_i}, \overline{qp_j}$, および $\overline{qp_k}$ は $P \cup \{q\}$ のドロネー三角形分割の辺

であることを証明せよ．

9.9 本章で与えたアルゴリズムは乱択アルゴリズムであり，n 点の集合に対してドロネー三角形分割を $O(n\log n)$ の期待時間で計算する．このアルゴリズムの最悪時の実行時間は $\Omega(n^2)$ であることを示せ．

9.10 本章で与えたアルゴリズムは付加的な 2 点 p_{-1} と p_{-2} を用いてドロネー三角形分割の構成を始める．これらの点は入力のどの 3 点によって定まる円の内部にもないように遠い場所に選ばれているので，P の点を見るとそれらは辞書式順序に並んでいる．これらの条件はこれらの点に関係する操作を実行することによって課されたものである—228 頁参照．この特別なプログラムが必要なくなるような余分な点の座標を具体的に求めよ．この方がよい方法と言えるか．

9.11 平面上の点集合 P の**ユークリッド最小木** (EMST, Euclidean minimum spanning tree) は，すべての点を連結する木の中で辺の長さの総和を最小にするものである．EMST は，平面的な環境の下で，サイト間を通信線（またはローカルエリアネットワーク），道路，鉄道のようなもので結ぶことが要求されるような応用において重要である．

a. P のドロネー三角形分割の辺の集合は P の EMST を含んでいることを証明せよ．

b. この結果を用いて，与えられた n 点の集合に対する EMST を求める $O(n\log n)$ のアルゴリズムを与えよ．

9.12 **行商人問題** (traveling salesman problem, TSP) とは，与えられた点集合のすべての点を訪問する最短の周遊路を求める問題である．行商人問題は NP-困難である．前問で定義したユークリッド最小木を用いて，その長さが最適解の長さの高々 2 倍以内であるような周遊路を求める方法を示せ．

9.13 平面上の点集合 P の**ガブリエルグラフ** (Gabriel graph) は次のように定義される．2 点 p と q がガブリエルグラフの辺で繋がれるための必要十分条件は，pq を直径とする円板が P の他の点を含まないことである．

a. $\mathcal{DG}(P)$ は P のガブリエルグラフを含むことを証明せよ．

b. p と q が P に対するガブリエルグラフにおいて隣接するための必要十分条件は，p と q の間のドロネー辺がその双対のボロノイ図と交差することである．

c. n 点の集合に対するガブリエルグラフを $O(n\log n)$ 時間で計算するアルゴリズムを求めよ．

9.14 平面上の点集合 P の**相対近傍グラフ** (relative neighborhood graph) とは，次のように定義されるものである：相対近傍グラフにおいて

2 点 p, q 間に辺があるための必要十分条件は
$$d(p,q) \leq \min_{r \in P, r \neq p, q} \max(d(p,r), d(q,r))$$
が成り立つことである.

a. 2 点 p と q が与えられたとき, $\text{lune}(p,q)$ によって p と q をそれぞれ中心とし半径 $d(p,q)$ の 2 つの円の共通部分として与えられる月の形をした領域を表す. p と q が相対近傍グラフにおいて辺で結ばれているための必要十分条件は $\text{lune}(p,q)$ がその内部に P の点を含まないことである. これを証明せよ.

b. $\mathcal{DG}(P)$ は P の相対近傍グラフを含むことを証明せよ.

c. 与えられた点集合に対する相対近傍グラフを求めるアルゴリズムを設計せよ.

9.15 点集合 P に対する最小木 (EMST), 相対近傍グラフ (RNG), ガブリエルグラフ (GG), ドロネーグラフ ($\mathcal{DG}$) の辺集合の間に次の関係が成り立つことを示せ.

$$\text{EMST} \subseteq \text{RNG} \subseteq \text{GG} \subseteq \mathcal{DG}$$

(これらのグラフの定義については前の演習問題を参照のこと.)

9.16 平面上の n 点の集合 P の k-クラスタリングとは, P を k 個の空でない部分集合 $P_1, \ldots, P_k$ に分割することである. 任意のクラスターの対 P_i, P_j について, その距離を P_i と P_j のそれぞれから 1 点ずつ取って作った点対の最小距離として定義する:

$$\text{dist}(P_i, P_j) := \min_{p \in P_i, q \in P_j} \text{dist}(p, q).$$

ここでは, クラスター間の最小距離を最大にする k-クラスタリングを求めたい.

a. クラスター間の最小距離が 2 点 $p \in P_i$ と $q \in P_j$ によって達成されるものとしよう. $\overline{pq}$ はドロネー三角形分割の辺であることを証明せよ.

b. クラスター間の最小距離を最大にする k-クラスタリングを求める $O(n \log n)$ 時間のアルゴリズムを求めよ. **ヒント**: 統合-検索 (Union-Find) のデータ構造を利用すること.

9.17 三角形分割の**重み**とは, 三角形分割に含まれるすべての辺の長さの和である. ドロネー三角形分割が**最小重み**三角形分割になっているという仮説が間違っていることを証明せよ.

9.18* $\mathcal{T}(X_r) \setminus \mathcal{T}(X_{r+1})$ を $\mathcal{T}(X_{r+1}) \setminus \mathcal{T}(X_r)$ に比べて任意に大きくすることができるような幾何学的コンフィギュレーション空間 (X, Π, D, K) の例をあげよ.

9.19* コンフィギュレーション空間の考え方を応用して, 第 6 章の乱択逐次構成アルゴリズムを解析せよ.

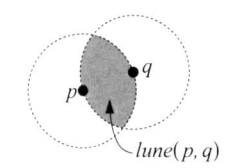

10 幾何データ構造

ウィンドウ処理

　将来の車にはナビゲーションシステムが標準で搭載されていて，運転者に現在位置だけでなく，目的地までの経路を教えてくれることだろう．そのようなシステムでは，たとえば米国全体の地図帳が蓄えられている．また，現在位置に関する情報を常にもっているので，どの時点でも地図帳の適切な部分を小さな計算機スクリーン上に表示することができる．表示されるのは，ふつう現在位置を中心とする長方形領域である．時には，このシステムはさらに多くのサービスもしてくれるだろう．たとえば，目的地に向けて曲がらないといけない所に来ると運転者に注意を喚起するなどである．

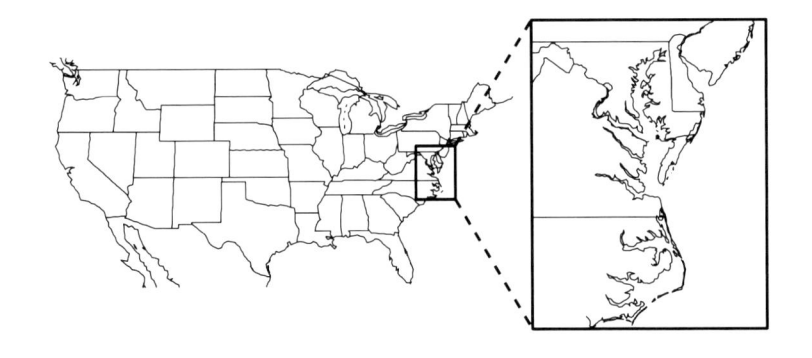

図 10.1
米国の地図上でのウィンドウ問合せ

　色々な使い方に応えるためには，十分に詳細な情報を含んだ地図をもっていないといけないが，ヨーロッパ全体の詳細地図には莫大なデータ量が含まれている．ただ，地図全体ではなくほんの一部分だけを表示すればよいのである．一部分ではあるが，どの部分を表示すべきかを求める必要がある．すなわち，**ウィンドウ** (window) と呼ばれる長方形領域が指定されたとき，そのウィンドウに含まれる地図部品（道路，都市など）を求めて，それらを表示しなければならない．これを**ウィンドウ問合せ** (window query) と呼んでいる．

　地図部品1つずつについてウィンドウに含まれるかどうかを判定するという方法は，扱おうとしているデータ量を考えると実用的ではない．必要なのは，ウィンドウ内部の地図部品を効率よく検索できるように地図を蓄えるためのデータ構造である．

第 10 章
幾何データ構造

ウィンドウ問合せは地勢図 (geographical map) 上での有用な操作であるだけではなく，コンピュータグラフィックスや CAD/CAM でも重要な役割を果たしている．一例はフライトシミュレーションである．周囲の景色を表示するには莫大な個数の三角形が必要であるが，パイロットの視界に含まれる一部の景色だけを表示すればよいのである．したがって，景色のどの部分が与えられた領域に含まれるかを選択しなければならない．この場合，考えている領域は 3 次元領域であり，これを**視体積** (viewing volume) と呼ぶ．

プリン回路ト基板の設計でもウィンドウ問合せが応用されている．プリント回路基板を設計する際には，（多層を用いて）配線や部品の位置を示す平面的な図を描く必要がある．（第 14 章も参照のこと．）設計の途中で，設計者は基板の一部を詳しく見るために拡大して調べることも多い．ここでも必要になるのは，ウィンドウに含まれる基板上の配線や部品を求めることである．実際，巨大で複雑な物体の一部を調べたいときには常にウィンドウ処理が必要になる．

ウィンドウ問合せは第 5 章で学んだ領域問合せに似ている．扱うデータの種類が違うだけである．すなわち，領域問合せの対象となるデータは点であるが，ウィンドウ問合せの対象となるデータは，線分，多角形，曲線などが代表的である．また，領域問合せに対しては高次元の探索空間も研究されているが，ウィンドウ問合せに関しては 2 次元あるいは 3 次元でしか扱われていない．

10.1 区間木

上でいくつかの例について見たが，その中で最も簡単なもの，すなわちプリント回路基板に対するウィンドウ問合せについて最初に考えてみよう．この例が他のものより簡単であるのは，扱うべきデータの種類が限定されているからである．すなわち，プリント回路基板上の物体の境界は，限られた方向しかもたない線分で構成されているのが普通である．また，多くの場合，線分の方向は基板の側辺に平行か，あるいは 45 度の角度をなす．ここでは，線分はすべて基板の辺に平行である場合だけを考える．言い換えると，基板の底辺を x 軸にとり，基板の左辺を y 軸にとると，どの線分も x 軸か y 軸に平行である．つまり，線分は**軸平行** (axis-parallel)，別の言い方をすると**直交的** (orthogonal) である．また，質問ウィンドウは軸平行，すなわち辺が軸平行である長方形であると仮定する．

S を軸平行な線分 (axis-parallel line segment) の集合としよう．ウィンドウ問合せに答えるためには，質問ウィンドウ $W := [x : x'] \times [y : y']$ と交差する線分が効率よく報告できるように，S を蓄えておくデータ構造が必要である．まず最初に，線分がウィンドウと交差するパターンを調べて

みよう．様々な場合が考えられる．線分がWに完全に含まれてしまったり，Wの境界と一度だけ交差したり，境界と2回交差したり，Wの境界と（部分的に）重なることもある．そのような線分の少なくとも一方の端点はWに含まれていることが多い．そのような線分を求めるには，Sの線分の$2n$個の端点の集合に対してWに関する領域問合せを実行してみればよい．そのためのデータ構造として第5章で学んだのは領域木 (range tree) であった．2次元領域木では$O(n \log n)$の記憶領域が必要であるが，領域問合せに対しては$O(\log^2 n + k)$時間で答えることができる．ただし，kは報告される点の個数である．また，フラクショナルカスケーディングの技法を用いると，問合せ時間を$O(\log n + k)$に減らすことができる．些細な問題であるが，線分の端点集合に対してWに関する領域問合せを行うとき，両端点ともWに含まれる線分を二度も報告してしまうことになる．これを避けるためには，ある線分を最初に報告するときに，その線分にマークをつけておき，マークがついていない線分だけを報告するようにすればよい．別の方法としては，ある線分の一方の端点がWの内部にあることが分かったとき，他方の端点もWの内部にあるかどうかも判定することができる．含まれていなければその線分を報告する．他方の端点がWの中にある場合には，注目しているのが左端点か下端点のときにだけ線分を報告することにする．したがって次の補題を得る．

補題 10.1 Sを平面上のn本の軸平行な線分の集合とする．少なくとも一方の端点が軸平行な質問ウィンドウWに含まれる線分を$O(\log n + k)$時間で報告することができる．ただし，そのためのデータ構造は$O(n \log n)$の記憶領域と前処理が必要である．ここに，kは報告される線分の個数である．

質問ウィンドウの内部に端点をもたない線分に対する扱いが残っている．そのような線分は，Wの境界と2度交差するか，境界の1つの辺を含んでいる．垂直な線分の場合，境界の上下の水平辺と交差することになる．したがって，そのような線分を求めるためには，境界の左辺と交わる線分をすべて求め，また境界の下辺と交わる線分をすべて求めればよい．（他の境界辺に関して問合せをする必要はない．）厳密に言うと，Wの内部に端点をもたない線分だけを報告すればよい．内部に端点をもつ線分はすでに報告されているからである．では，Wの左辺と交わる水平線分を求める問題を考えよう．上辺を扱うには，x座標とy座標の役割を逆にするだけでよい．

考えるべき問題は次のようなものである．すなわち，平面上の水平線分の集合Sに前処理を施して，質問垂直線分と交差する線分を効率よく報告できるようにしておくのである．この問題に対する見通しをよくするために，まず簡単なバージョンについて考えてみよう．すなわち，質問線分が端のない直線である場合である．$\ell := (x = q_x)$を質問直線と

第 10.1 節
区間木

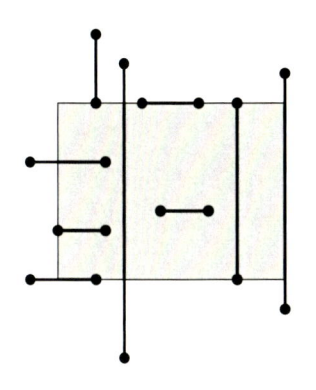

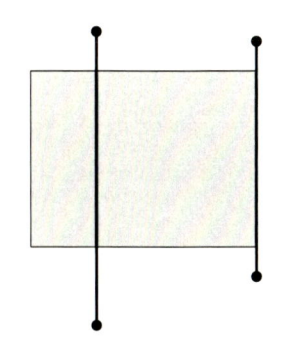

第 10 章
幾何データ構造

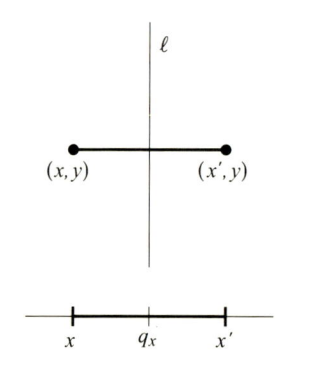

する．水平線分 $s := \overline{(x,y)(x',y)}$ が ℓ と交差するための必要十分条件は，$x \leqslant q_x \leqslant x'$ が成り立つことである．したがって，線分の x 座標値だけが関係していることが分かる．言い換えると，次のような 1 次元の問題を考えればよいことになる．すなわち，実数直線上の区間 (interval) の集合が与えられたとき，質問点 q_x を含むものを報告せよというものである．

$I := \{[x_1 : x'_1], [x_2 : x'_2], \ldots, [x_n : x'_n]\}$ を実数直線上の閉区間の集合とする．2 次元の問題との関連を保てるように，実数直線として水平な直線を考え，値の大小関係を左右関係で表すことにする．$2n$ 個の区間端点のメディアンを x_{mid} とする．すなわち，x_{mid} の左には区間端点の高々半分しかなく，x_{mid} の右にも区間端点の高々半分しかない．質問の値 q_x が x_{mid} の左にある場合，x_{mid} の完全に右にある区間は q_x を含むことはない．この考え方に基づいて 2 分木を構成しよう．つまり，右部分木には x_{mid} の完全に右にある区間の集合 I_{right} を蓄え，左部分木には x_{mid} の完全に左にある区間の集合 I_{right} を蓄える．これらの部分木についても同様にして再帰的に構成していく．ここで扱わなければならない問題が 1 つ残っている．すなわち，x_{mid} を含む区間についてはどうすべきか．1 つ

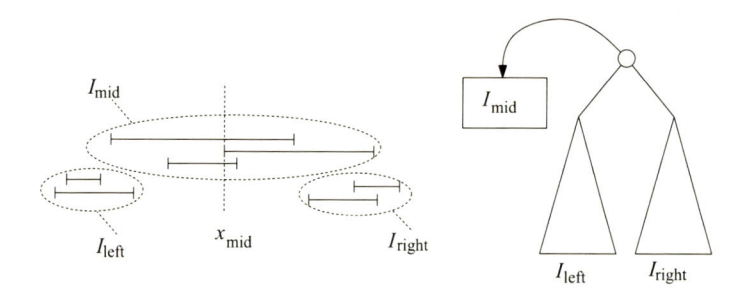

図 10.2
x_{mid} に関する線分の分類

の方法は，そのような線分を両方の部分木に蓄えることである．しかしながら，その節点の子節点に対して同じことが再び生じることがある．1 つの区間が何度も蓄えられることがありえるので，データ構造で必要となる記憶領域が大きくなりすぎることがある．そのような爆発を避けるために，問題の扱い方を変える．x_{mid} を含む区間の集合 I_{mid} を別の構造に蓄え，木の根と繋いでおく．この状況を説明するために図 10.2 を見てみよう．これ以降の図では，区間を区別しやすいように，区間を実数直線上に表現するときに少し高さを変えて書くことにする．

この付随構造 (associated structure) により，q_x を含む I_{mid} の区間を報告することができる．したがって，最初の問題に戻ったことになる．すなわち，区間の集合 I_{mid} が与えられたとき，q_x を含むものを求める問題である．しかし，I_{mid} が I と同じになってしまうことがある．結局同じ問題に戻ってきたように見えるが，少し違う．I_{mid} の区間はすべて x_{mid} を含んでいることが分かっているので，これが非常に大きな助けとなる．たとえば，q_x は x_{mid} の左にあるものとしよう．その場合，I_{mid} のすべての区間の右端点は q_x の右にあることがすでに分かっている．よって，区間の左端点だけが重要である．q_x が区間 $[x_j : x'_j] \in I_{\text{mid}}$ に含まれるため

の必要十分条件は，$x_j \leqslant q_x$ が成り立つことである．左端点の昇順に区間を並べたリストがあれば，q_x がある区間に含まれるのは，q_x がソート列でその前にあるすべての区間に含まれるときだけである．言い換えると，ソート列を順に調べてゆき，q_x を含まない区間に至るまで，順に区間を報告していけばよい．この時点で終了することができる．残りの区間はどれも q_x を含むことはない．同様に，q_x が x_{mid} の右にあるとき，右端点の順に区間をソートしたリストを順に調べればよい．このリストは，右端点の減少順にソートされていなければならない．q_x が x_{mid} の右にあるときにリストをたどることになるからである．最後に，$q_x = x_{\mathrm{mid}}$ のとき，I_{mid} の区間をすべて報告すればよい．（これを別の場合として扱う必要はない．ソート列の 1 つを順に見ていくだけでよい．）

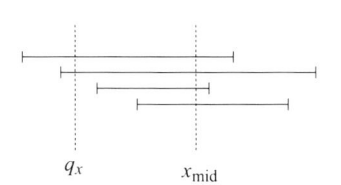

それでは，I の区間を蓄えるためのデータ構造全体を簡潔に説明しよう．このデータ構造は**区間木** (interval tree) と呼ばれるものである．図 10.3 に区間木を示す．ただし，破線はそれぞれの節点に対する x_{mid} の値を示している．

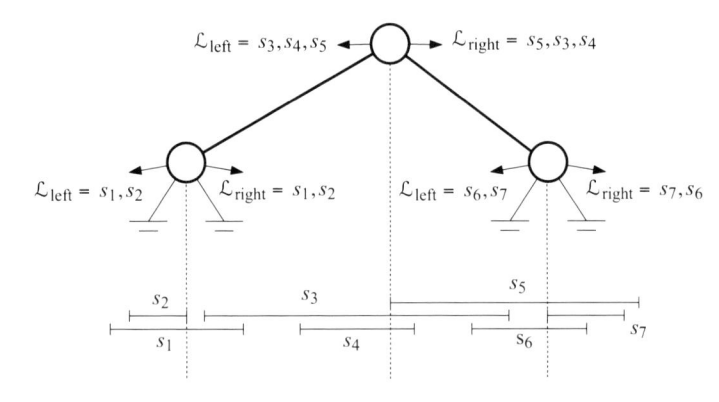

第 10.1 節
区間木

図 10.3
区間木

- $I = \emptyset$ のとき，区間木は 1 つの葉節点だけからなる．
- そうでないとき，区間の端点のメディアンを x_{mid} とする．また，

$$I_{\mathrm{left}} := \{[x_j : x'_j] \in I : x'_j < x_{\mathrm{mid}}\}$$
$$I_{\mathrm{mid}} := \{[x_j : x'_j] \in I : x_j \leqslant x_{\mathrm{mid}} \leqslant x'_j\}$$
$$I_{\mathrm{right}} := \{[x_j : x'_j] \in I : x_{\mathrm{mid}} < x_j\}$$

とする．区間木は，x_{mid} を蓄える根節点をもち，さらに，
  - 集合 I_{mid} を二度蓄える．一度は区間の左端点に関してソートしたリスト $\mathcal{L}_{\mathrm{left}}(\nu)$ に蓄え，さらに区間の右端点に関してソートしたリスト $\mathcal{L}_{\mathrm{right}}(\nu)$ にも蓄える．
  - 節点 ν の左部分木は，集合 I_{left} に対する区間木である．
  - 節点 ν の右部分木は，集合 I_{right} に対する区間木である．

補題 10.2 n 個の区間の集合 I に対する区間木は $O(n)$ の記憶領域で蓄えることができ，その深さは $O(n \log n)$ である．

証明 深さに関する上界は自明であるから，記憶領域についてだけ証明を行うことにする．$I_{\text{left}}, I_{\text{mid}}, I_{\text{right}}$ は互いに素な部分集合であることに注意しよう．結果として，各区間は集合 I_{mid} に一度だけ蓄えられるので，2つのソートリストにおいて一度しか出現しない．これにより，すべての付属リストに対して必要な記憶領域の量は全体で $O(n)$ で抑えられることが分かる．木自身でも $O(n)$ の記憶領域が必要である． □

区間木を構成するための次の再帰アルゴリズムは，その定義から直接得られるものである．（節点 v の左右の子節点をそれぞれ $lc(v)$ と $rc(v)$ で表していることに注意．）

アルゴリズム CONSTRUCTINTERVALTREE(I)
入力：実数直線上の区間集合 I．
出力：I に対する区間木の根．
1.　**if** $I = \emptyset$
2.　　**then return** 空の葉節点
3.　　**else** 節点 v を作る．区間の端点の集合のメディアン x_{mid} を計算し，v に x_{mid} を蓄える．I_{mid} を計算し，I_{mid} に対して2つのソート列を構成する：1つは左端点に関してソートしたリスト $\mathcal{L}_{\text{left}}(v)$ で，もう1つは右端点に関してソートしたリスト $\mathcal{L}_{\text{right}}(v)$ である．これら2つのリストを蓄えておく．
4.　　　　$lc(v) \leftarrow$ CONSTRUCTINTERVALTREE(I_{left})
5.　　　　$rc(v) \leftarrow$ CONSTRUCTINTERVALTREE(I_{right})
6.　　　　**return** v

点集合のメディアンは線形時間で求めることができる．実際，第5章で述べたように，点集合を前もってソートしておいてメディアンを求める方がよい．何度も再帰呼出しがされる間，これらのソート列をもっておくことは簡単である．$n_{\text{mid}} := \text{card}(I_{\text{mid}})$ としよう．リスト $\mathcal{L}_{\text{left}}(v)$ と $\mathcal{L}_{\text{right}}(v)$ を作るのは $O(n_{\text{mid}} \log n_{\text{mid}})$ 時間でできる．したがって，（再帰呼出しに必要な時間を考慮しなければ）必要な時間は $O(n + n_{\text{mid}} \log n_{\text{mid}})$ である．補題10.2の証明と同様の議論により，アルゴリズムの実行時間が $O(n \log n)$ であることが分かる．

補題10.3 n 個の区間の集合に関する区間木は $O(n \log n)$ 時間で構築できる．

区間木をどのように使えば質問点 q_x を含む区間を見つけることができるかを示そう．すでに概略については述べたが，ここでは正確なアルゴリズムを与えよう．

アルゴリズム QUERYINTERVALTREE(v, q_x)
入力：区間木の根 v と質問点 q_x．

出力：q_x を含むすべての区間.
1. **if** v は葉節点でない
2.   **then if** $q_x < x_{\mathrm{mid}}(v)$
3.   **then** 最も左の端点をもつ区間から始めて，リスト $\mathcal{L}_{\mathrm{left}}(v)$ を順に調べてゆき，q_x を含む区間をすべて報告する．q_x を含まない区間に到達すれば直ちに終了．
4.   QUERYINTERVALTREE$(lc(v), q_x)$
5.   **else** 最も右の端点をもつ区間から始めて，リスト $\mathcal{L}_{\mathrm{right}}(v)$ を順に調べてゆき，q_x を含む区間をすべて報告する．q_x を含まない区間に到達すれば直ちに終了．
6.   QUERYINTERVALTREE$(rc(v), q_x)$

第 10.1 節
区間木

問合せ時間の解析は難しくない．訪問する節点 v で費やす時間は $O(1 + k_v)$ である．ただし，k_v は v において報告される区間の個数である．訪問したすべての節点について k_v の和を取ると，もちろん，k になる．さらに，木のそれぞれの深さの節点を高々 1 つしか訪問しない．上で注意したように，区間木の深さは $O(\log n)$ であるから，全体の問合せ時間は $O(\log n + k)$ となる．

次の定理は区間木に関する結果をまとめたものである．

定理 10.4 n 個の区間の集合 I に対する区間木は $O(n)$ の記憶領域で蓄えることができ，$O(n \log n)$ 時間で構成することができる．区間木を用いると，質問点を含むすべての区間を $O(\log n + k)$ の時間で報告することができる．ただし，k は報告される区間の個数である．

ここで一服して，これらの結果何が分かったのかを見てみよう．元々解きたかった問題は次のようなものである．軸平行な線分の集合 S をデータ構造に蓄えておいて，質問ウィンドウ $W = [x : x'] \times [y : y']$ と交わる線分を効率よく求めることができるようにせよ．W の内部に端点をもつ線分を求める問題については，第 5 章で調べたデータ構造である領域木を用いればよい．それ以外に W と交わる線分は W の境界と 2 度交差するはずである．そこで，これらの線分を求めるために，W の左辺と上辺と交差する線分を求めようと考えた．そのために，与えられた水平線分を蓄えておいて，垂直な質問線分と交差するものを効率よく報告できるようなデータ構造と，垂直線分を蓄えておいて，水平な質問線分と交差するものを効率よく報告できるような同様のデータ構造が必要になった．これより少し簡単な問題，すなわち問合せの対象が無限の直線である場合に対処できるデータ構造を手始めに考えることにしたのである．その結果得られたのが区間木である．そこで，垂直線分に関する問合せができるようにこの区間木を一般化することにしよう．

$S_H \subseteq S$ を S における水平線分の部分集合とし，q を質問垂直線分

第10章
幾何データ構造

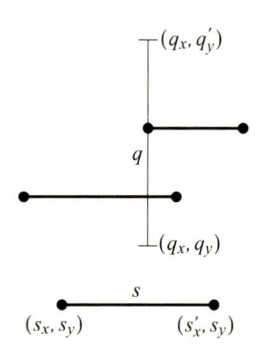

$q_x \times [q_y : q'_y]$ とする．S_H の線分 $s := [s_x : s'_x] \times s_y$ に対して，$[s_x : s'_x]$ をその線分の x 区間 (x-interval) と呼ぶ．S_H の線分をその x 区間に従って区間木 $\mathcal{T}$ に蓄えたとしよう．ここで，垂直線分 q について $\mathcal{T}$ に問合せを行ったとき，問合せアルゴリズム QUERYINTERVALTREE はどのように動くかを見てみよう．q_x は区間木 $\mathcal{T}$ の根に蓄えられた x_{mid} 値の左にあるものとしよう．左部分木だけを再帰的に探せばよいという点ではまだ正しい．なぜなら，x_{mid} の完全に右にある線分は q と交差することはありえないので，右部分木の探索は省略できるからである．しかし，I_{mid} の扱い方はもはや正しくない．線分 $s \in I_{\mathrm{mid}}$ が q と交差するのに，その左端点が q の左にあるというだけでは十分でないのである．つまり，y 座標値についても $[q_y : q'_y]$ の範囲になければならないのである．これを図示したのが図10.4である．したがって，端点を順序列に蓄えるだけでは十

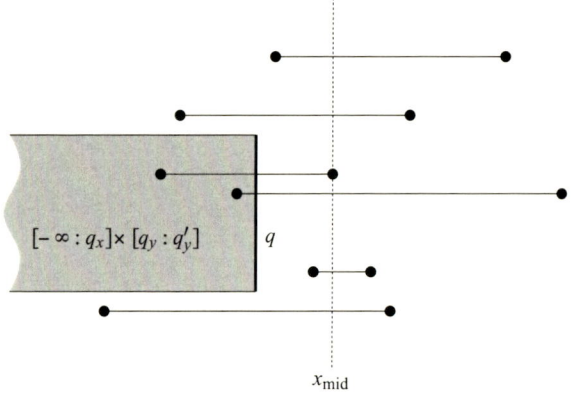

図10.4
q と交差する線分は網掛けをした領域にその左端点をもたなければならない

分ではない．もっと精巧な付随構造が必要である．すなわち，質問領域 $(-\infty : q_x] \times [q_y : q'_y]$ が与えられたとき，左端点がその領域に含まれるすべての線分を報告することが可能でなければならないのである．q が x_{mid} も右にあるとき，その右端点が $[q_x : +\infty) \times [q_y : q'_y]$ の領域に入っているような線分をすべて報告したいので，この場合については第2の付随構造が必要になる．では，この付随構造を実現するにはどうすればよいだろうか．ここで，実行したい問合せは，点集合上での長方形領域問合せに他ならないことに注意しよう．第5章で説明した2次元の領域木がこの役割を果たしてくれる．このようにして，この付随構造で必要な記憶領域は $O(n_{\mathrm{mid}} \log n_{\mathrm{mid}})$ である．ただし，$n_{\mathrm{mid}} := \mathrm{card}(I_{\mathrm{mid}})$ である．また，問合せ時間は $O(\log n_{\mathrm{mid}} + k)$ である．

以上の議論より，水平線分の集合 S_H を蓄えるデータ構造は次のようなものになる．マスター構造は，線分の x 区間に関する区間木 $\mathcal{T}$ である．ソート列 $\mathcal{L}_{\mathrm{left}}(\nu)$ と $\mathcal{L}_{\mathrm{right}}(\nu)$ の代わりに，2つの領域木を用いる．一方は，$I_{\mathrm{mid}}(\nu)$ の線分の左端点に関する領域木 $\mathcal{T}_{\mathrm{left}}(\nu)$ であり，他方は $I_{\mathrm{mid}}(\nu)$ の線分の右端点に関する領域木 $\mathcal{T}_{\mathrm{right}}(\nu)$ である．領域木が必要とする記憶領域はソート列の $\log n$ 倍であるから，このデータ構造で必要になる記

憶領域は全体で $O(n\log n)$ となる. 前処理の時間は $O(n\log n)$ のままである.

問合せアルゴリズムは QUERYINTERVALTREE と同じであるが, ソート列 $\mathcal{L}_{\text{left}}(\nu)$ を順に調べる代わりに, 領域木 $\mathcal{T}_{\text{left}}(\nu)$ において問合せを行う. そこで, 探索経路上の $O(\log n)$ 個の各節点 ν において $O(\log n + k_\nu)$ の時間がかかる. ただし, k_ν は報告される線分の本数である. したがって, 問合せ時間は全体で $O(\log^2 n + k)$ となる.

これで次の定理が証明できた.

定理 10.5 S を平面上の n 本の水平線分の集合としよう. 垂直な質問線分と交差する線分は, $O(n\log n)$ の記憶領域を使うデータ構造を用いると $O(\log^2 n + k)$ の時間で報告することができる. ただし, k は報告される線分の本数である. また, このデータ構造は $O(n\log n)$ 時間で構築できる.

これを補題 10.1 の結果と組み合わせると, 軸平行な線分に対するウィンドウ問題に対する解が得られる.

系 10.6 S を平面上の n 本の軸平行な線分の集合としよう. 軸平行な質問ウィンドウと交差する線分は, $O(n\log n)$ の記憶領域を使うデータ構造を用いると $O(\log^2 n + k)$ の時間で報告することができる. ただし, k は報告される線分の本数である. また, このデータ構造は $O(n\log n)$ 時間で構築できる.

10.2 プライオリティ探索木

10.1 節で述べたウィンドウ問合せのためのデータ構造において, 付随構造として領域木を用いた. ただ, そこでの領域問合せは特別な性質をもっていた. すなわち, 質問領域の一方の辺が開いているのである. 本節では, 別のデータ構造として, この性質を用いて記憶領域に関する上界を $O(n)$ に改善した**プライオリティ探索木** (priority search tree) について説明する. このデータ構造はフラクショナルカスケーディングを使わないので, 非常に簡単である. ウィンドウ問合せに対するデータ構造の中で領域木の代わりにプライオリティ探索木を用いると, 定理 10.5 で述べた記憶領域の上界を $O(n)$ に減らすことができる. 系 10.6 述べた記憶領域の上界については改善されない. これは, ウィンドウに含まれる端点を報告するのに領域木を必要とするからである.

$P := \{p_1, p_2, \ldots, p_n\}$ を平面上の点集合としよう. ここで設計したいのは, $(-\infty : q_x] \times [q_y : q'_y]$ という形の長方形領域問合せに対するデータ構造である. この特別な性質をどのように使うかを理解するために, 1 次元の場合について考えてみよう. 普通の 1 次元領域問合せでは, $[q'_x : q_x]$ という範囲にある点を求めたい. 第 5 章で述べたように, 点集合を 1 次元

第 10 章
幾何データ構造

の領域木に蓄えておくと，そのような点を効率よく求めることができる．その領域が左に開いていれば，$(-\infty : q_x]$ という範囲にある点を探していることになる．これは左端の点から始めて，その範囲に含まれない点に出会うまで順序列を順に調べていくだけで可能である．そうすると，問合せ時間は $O(\log n + k)$ ではなくて，$O(1+k)$ であり，これと同じことを一般の場合にも実現したい．

では，この戦略を左に開いた 2 次元の領域問合せに一般化するにはどうすればよいだろうか．とにかくデータ構造の中で付随構造を使わずに y 座標値に関する情報を集約し，その x 座標値が $(-\infty : q_x]$ の範囲にある点の中で，y 座標値が $[q_y : q'_y]$ に含まれるものを容易に選び出すことができるようにしておきたい．単純な線形リストではうまくいかないので，別のデータ構造として，ここでは**ヒープ** (heap) を使ってみよう．

図 10.5
集合 $\{1,3,4,8,11,15,21,22,36\}$ に対するヒープ

ヒープというのは，集合に含まれる最小の（または最大の）値を答えるプライオリティ問合せに使われるのが普通である．しかし，$(-\infty : q_x]$ という形式であれば，1 次元の領域問合せにヒープを用いて答えることもできる．問合せ時間についてはヒープはソート列と同じである．すなわち $O(1+k)$ である．ふつう，ヒープがソート列より有利であるのは，点を挿入したり，最大値の削除の効率が優っている点である．ここでは，ヒープの木構造からくる利点に注目する．この性質のために，y 座標値に関する情報を集約するのが簡単になるのである．この点については，この後すぐに述べる．ヒープとは，次のように定義された 2 分木である．この木の根は最小の x 値をもつ点を蓄えている．集合の残りはほぼ等しいサイズの 2 つの部分集合に分割され，それぞれ再帰的に蓄えられる．図 10.5 にヒープの一例を示す．$(-\infty : q_x]$ という問合せに対しては，木を順に降りて行くことで対処できる．ある節点を訪問するとき，その節点に蓄えられた点の x 座標値が $(-\infty : q_x]$ の範囲にあるかどうかを判定する．もし範囲に入っていれば，その点を報告し，両方の部分木について探索を継続する．そうでない場合には，木のこの部分での探索を中止する．たとえば，図 10.5 の木において $(-\infty : 5]$ の範囲を探索すると，点 1, 3, 4 を報告することになる．8 と 11 の節点も訪問するが，そこで探索を中断する．

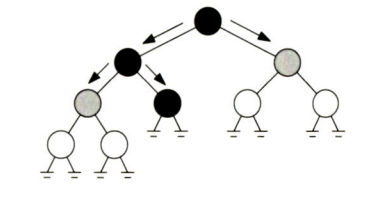

ヒープを用いると，集合を 2 つの部分集合に分割する方法に自由度がある．y 座標値に関しても探索したいのなら，ふつうのヒープのように任意に分割するのではなく，y 座標値に関して分割を行えばよい．もっと厳

密に言うと，一方の部分集合のどの点の y 座標値も他方の部分集合のどの点の y 座標値よりも小さくなるように，集合の残りをほぼ等しいサイズの2つの部分集合に分割するのである．これを図示したのが図 10.6 である．左横にある木は，分割が y 座標値に関するものであることを示す

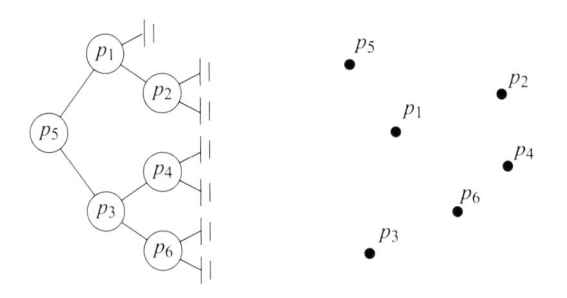

第 10.2 節
プライオリティ探索木

図 10.6
点集合と対応するプライオリティ探索木

ためのものである．図 10.6 の例では，点 p_5 が最小の x 座標値をもっているので，根に蓄えられる．残りの点は y 座標値に関して分割される．y 座標値が小さい方の部分集合に入る点は p_3, p_4, p_6 であるので，これらを左部分木に蓄える．これらの点の中で p_3 の x 座標値が最小であるので，この点を左部分木の根に置く．以下，このような操作を続ける．

点集合 P に対するプライオリティ探索木を正式に定義すると次のようになる．ただし，すべての点は異なる座標値をもつものと仮定しておく．第 5 章（より厳密には，5.5 節）で，このように仮定しても一般性を失わないことが分かっている．すなわち，複素数を用いると，すべての座標値が異なるように扱うことができた．

- $P = \emptyset$ ならば，プライオリティ探索木は空の葉節点である．
- そうでないなら，$p_{\min}$ を P の中で最小の x 座標値をもつ点とする．また，y_{mid} を残りの点の y 座標値のメディアンとする．また，

$$P_{\mathrm{below}} := \{p \in P \setminus \{p_{\min}\} : p_y < y_{\mathrm{mid}}\}$$
$$P_{\mathrm{above}} := \{p \in P \setminus \{p_{\min}\} : p_y > y_{\mathrm{mid}}\}$$

と定めるとき，プライオリティ探索木は，$p(v) := p_{\min}$ であるような根 v をもち，さらに値 $y(v) := y_{\mathrm{mid}}$ を蓄える．さらに，
  - v の左部分木は，集合 P_{below} に対するプライオリティ探索木であり，
  - v の右部分木は，集合 P_{above} に対するプライオリティ探索木である．

プライオリティ探索木を構成する $O(n \log n)$ 時間の再帰アルゴリズムを得るのは簡単である．興味深いことに，点があらかじめ y 座標値に関してソートしてあれば，プライオリティ探索木は線形時間でも構築できる．ヒープソートのときと同様に，トップダウンではなく，ボトムアップに木を構成するというのが考え方である．

第10章
幾何データ構造

プライオリティ探索木で $(-\infty : q_x] \times [q_y : q'_y]$ という領域に関する問合せは大雑把には次のようにして行う．図 10.7 に示すように，q_y と q'_y に関する探索を行う．同図において網掛けをした部分木はすべて y 座標値が正しい範囲にある点だけを含んでいる．これは次のサブルーティンでできるが，これは基本的にはヒープに対する問合せアルゴリズムである．

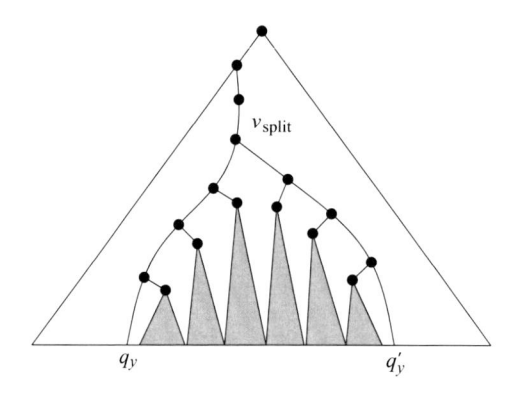

図 10.7
プライオリティ探索木に関する問合せ

REPORTINSUBTREE(v, q_x)
入力：プライオリティ探索木の部分木の根 v と値 q_x．
出力：この部分木に含まれる点の中で，その x 座標値が高々 q_x であるもののすべて．
1.   **if** v が葉節点でなく，かつ $(p(v))_x \leqslant q_x$
2.   **then** Report $p(v)$.
3.   REPORTINSUBTREE($lc(v), q_x$)
4.   REPORTINSUBTREE($rc(v), q_x$)

補題 10.7 REPORTINSUBTREE(v, q_x) は，v を根とする部分木に含まれる点の中で，その x 座標値が高々 q_x であるものをすべて $O(1+k_v)$ 時間で報告する．ここで，k_v は報告される点の個数である．

証明 v を根とする部分木の節点 μ に蓄えられた点で，$(p(\mu))_x \leqslant q_x$ であるものを点 $p(\mu)$ とする．データ構造の定義により，μ から v への経路上に蓄えられた点の x 座標値は減少列になっているので，これらの点の x 座標値はすべて高々 q_x である．したがって，これらの節点のどこにおいても探索が中断されることはないが，それは μ に探索が及び，$p(\mu)$ が出力されることを意味している．そこで，x 座標値が高々 q_x であるような点はすべて報告されると言うことができる．明らかに，それ以外の点が報告されることはない．

探索の途中で訪問するどの節点 μ においても $O(1)$ の時間しか使わない．$\mu \neq v$ である節点 μ を訪問するとき，μ の親節点にある点も報告したはずである．μ で費やした時間をこの点に課金することにしよう．このようにすると，報告された点はそれぞれ二度課金されることになり，したがって，$\mu \neq v$ である節点 μ において費やした時間は $O(k_v)$ である

ことが分かる．v で費やした時間の総和を取ると，合計 $O(1+k_v)$ となる．　□

アルゴリズムの中で選ばれた部分木（図 10.7 の網掛けの部分木）で毎回 REPORTINSUBTREE を呼び出すと質問領域に含まれる点をすべて求めることができるだろうか．答はノーである．たとえば，木の根には x 座標値が最小の点を蓄えている．この点が質問領域に含まれることは十分にあり得ることである．実際，q_y または q'_y への探索経路上の節点に蓄えられたどんな点も質問領域に含まれる可能性があるので，それらも同様に調べなければならない．以上より，次のような問合せアルゴリズムが得られる．

アルゴリズム QUERYPRIOSEARCHTREE($\mathcal{T},(-\infty:q_x]\times[q_y:q'_y]$)
入力：プライオリティ探索木と，左に開いた領域．
出力：その領域にあるすべての点．
1. $\mathcal{T}$ において q_y と q'_y に関する探索を実行する．2 つの探索経路の分岐点を v_{split} とする．
2. **for** q_y または q'_y の探索経路上の各節点 v について
3. 　　**do if** $p(v)\in(-\infty:q_x]\times[q_y:q'_y]$ **then** report $p(v)$.
4. **for** v_{split} の左部分木の経路上の各節点 v について
5. 　　**do if** 探索経路が v で左に折れる
6. 　　　　**then** REPORTINSUBTREE($rc(v),q_x$)
7. **for** v_{split} の右部分木における q'_y の探索経路上の各節点 v について
8. 　　**do if** 探索経路が v で右に折れる
9. 　　　　**then** REPORTINSUBTREE($lc(v),q_x$)

補題 10.8 アルゴリズム QUERYPRIOSEARCHTREE は，質問領域 $(-\infty:q_x]\times[q_y:q'_y]$ に含まれる点を $O(\log n+k)$ 時間で報告する．ただし，k は報告される点の個数である．

証明 まず，アルゴリズムで報告されるどの点も質問領域に含まれることを示そう．q_y と q'_y への探索経路上の点については自明である．なぜなら，これらの点については領域に入っているかどうかを明示的に判定しているからである．6 行目での呼出し REPORTINSUBTREE($rc(v),q_x$) について考えよう．p をこの呼出しで報告される点としよう．補題 10.7 により，$p_x\leqslant q_x$ である．さらに，この呼出しで訪問した節点はすべて v_{split} の左にあり，かつ $q'_y>y(v_{\text{split}})$ であるから，$p_y\leqslant q'_y$ を得る．最後に，この呼出しで訪問した節点はすべて v の右部分木にあり，q_y への探索経路は v において左に折れたから，$p_y\geqslant q_y$ である．同様の議論が 9 行目で報告される点についても当てはまる．

以上で，報告される点はすべて質問領域にあることが証明できた．逆に，$p(\mu)$ をその領域に含まれる点としよう．q_y への探索経路が右へ折

第 10.2 節
プライオリティ探索木

れ曲がる節点の左部分木に蓄えられた任意の点の y 座標値は，q_y より小さいはずである．同様に，q'_y への探索経路が左へ折れ曲がる節点の右部分木に蓄えられた任意の点の y 座標値は，q_y より大きいはずである．したがって，μ はこれらの探索経路のうちの一方の上にあるか，または REPORTINSUBTREE を呼び出すことになって部分木の1つに含まれているはずである．

残っているのはアルゴリズムの時間解析だけである．計算時間は，q_y と q'_y への探索経路上の節点の個数と，手続き REPORTINSUBTREE を実行するのに要した時間の和に関して線形である．木の深さが $O(\log n)$ だから，探索経路上の節点数も $O(\log n)$ である．手続き REPORTINSUBTREE を実行するのに要した時間は，補題 10.7 により $O(\log n + k)$ である． □

プライオリティ探索木の効率をまとめたのが次の定理である．

定理 10.9 平面上の n 点の集合 P に対するプライオリティ探索木は $O(n)$ の記憶領域で実現でき，$O(n \log n)$ 時間で構築できる．プライオリティ探索木を用いると，$(-\infty : q_x] \times [q_y : q'_y]$ という形の質問領域にあるすべての点を $O(\log n + k)$ 時間で報告することができる．ただし，k は報告される点の個数である．

10.3 区分木

軸平行な線分の集合に対するウィンドウ問合せ問題について考えてきた．プライオリティ探索木を付随構造としてもつ区間木を用いて，この問題に対する優れたデータ構造を開発した．軸平行な線分に対象を限定したが，これはプリント回路基板設計への応用から生じたものである．しかしながら，地図の上でウィンドウ問合せを行うときには，そのような制限はなくさなければならない．地図には任意の方向の線分が含まれているからである．

一般の問題を軸平行線分に関する問題に変換するトリックがある．各線分を，それを取り囲む**限界長方形** (bounding box) で置き換えるのである．先に開発した軸平行な線分に対するデータ構造を用いると，質問ウィンドウ W と交差する限界長方形をすべて求めることができる．その後で，実際に線分自身が W と交差するかどうかを調べればよい．実際には，この方法は実にうまく働く．W と交差する限界長方形をもつ線分のほとんどが実際に W とも交差するからである．しかし最悪の場合を考えるなら，この解は非常に悪いと言わなければならない．どの線分に対する限界多角形も W と交差するが，どの線分も実際には W と交差しないことがありえるからである．そこで，高速に問合せできることを保証したい場合には，別の方法を探さなければならない．

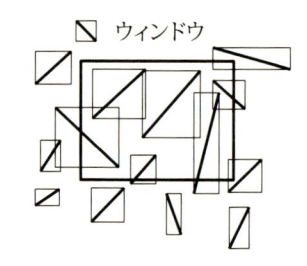

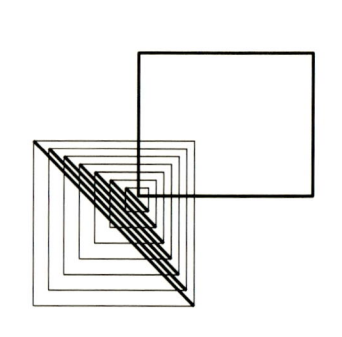

以前と同様に，ウィンドウの中に一方の端点をもつ線分と，ウィンドウの境界と交差する線分を区別して考えよう．最初のタイプの線分は領域木を用いて報告することができる．2 番目のタイプの線分については，ウィンドウを構成する 4 つの境界辺と交差問合せを行う必要がある．（もちろん，答は一度しか報告されないように配慮する必要がある．）ここでは，垂直辺との交差問合せの方法についてだけ考えることにしよう．水平辺については同様に扱うことができる．そこで，平面上で任意の方向をもつ線分の集合 S が与えられているものとし，S の線分の中で垂直辺 $q := q_x \times [q_y : q'_y]$ と交差するものを求めたい．ただし，S の線分は互いに交差することはないが互いに接することは構わないと仮定しよう．（線分どうしの交差を許すと，問題は難しくなり，計算時間についても悪くなる．この場合には，第 16 章で述べるような技法が必要になる．）

まず，前節で与えたアルゴリズムを改造して，任意の方向をもつ線分の場合を扱えるかどうかを考えてみよう．区間木で q_x を探索することにより，多数の部分集合 $I_{mid}(\nu)$ を選択する．$x_{mid}(\nu) > q_x$ という性質をもつ節点 ν を選んだとき，$I_{mid}(\nu)$ の任意の線分の右端点は q の右にある．線分が水平なら，それが質問線分と交差するための必要十分条件はその左端点が $(-\infty : q_x] \times [q_y : q'_y]$ という領域にあることである．しかしながら，線分の方向が任意でよいなら，物事はそれほど簡単ではない．線分の右端点が q の右にあると分かっても，あまり役には立たない．したがって，この場合には区間木はあまり有用ではない．では，1 次元の問題に対して別のデータ構造として，任意の方向をもつ線分を扱うのにもっと適したものを考えてみよう．

データ構造を設計する際の 1 つのパラダイムは**領域法** (locus approach) と呼ばれるものである．1 つの問合せは多数のパラメータによって記述される．たとえば，ウィンドウ問合せ問題については，4 つのパラメータ q_x, q'_x, q_y, q'_y がある．これらのパラメータを選ぶと 1 つの答が得られる．ほぼ近い値のパラメータを選ぶと，答が同じになることが多い．したがって，ウィンドウを少しだけずらしても，交差する線分は同じであることが多い．そこで，これらのパラメータのすべての選び方を表す空間を**パラメータ空間** (parameter space) と呼ぶことにする．ウィンドウ問合せ問題の場合だと 4 次元の空間になる．領域法というのは，同じ領域にある問合せに対しては答が同じになるようにパラメータ空間を分割していくという方法である．したがって，どの領域が問合せを含むかが分かれば，答が分かる．このような方法がうまくいくのは，領域が少ないときだけである．ウィンドウ問合せ問題を考えると，その条件は満たされない．領域数は $\Theta(n^4)$ にもなりうるからである．しかし，領域法を用いて区間木に代わるものを作ることができる．

$I := \{[x_1 : x'_1], [x_2 : x'_2], \ldots, [x_n : x'_n]\}$ を実数直線上の n 個の区間の集合とする．ここで求めようとしているデータ構造は，質問点 q_x を含む区間を

第 10.3 節
区分木

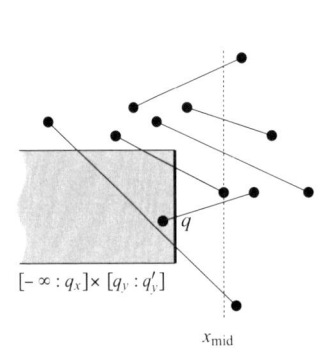

第 10 章
幾何データ構造

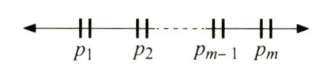

報告できるものでなければならない．ここでの問合せは1つのパラメータ q_x しかもっていないので，パラメータ空間は実数直線である．異なる区間の端点を左から右に順に並べたリストを $p_1, p_2, \ldots, p_m$ とする．パラメータ空間の分割は，単に実数直線を各点 p_i において分割することに他ならない．この分割で生じる領域のことを**基本区間** (elementary interval) と呼ぶ．したがって，基本区間を左から右の順に列挙すると，

$$(-\infty : p_1), [p_1 : p_1], (p_1 : p_2), [p_2 : p_2], \ldots,$$
$$(p_{m-1} : p_m), [p_m : p_m], (p_m : +\infty)$$

ということになる．基本区間のリストは，2つの連続する端点の間の開区間と，それぞれの端点だけからなる閉区間が交互に並んだものである．点 p_i 自身を区間として扱うのは，基本区間の内部とその端点では問合せに対する答が必ずしも同じではないからである．

質問点 q_x を含む区間を求めるには，q_x を含む基本区間を求めなければならない．そのために，葉節点に基本区間を対応させて，2分探索木 $\mathcal{T}$ を構築する．葉節点 μ に対応する基本区間を $\text{Int}(\mu)$ と表すことにする．

$\text{Int}(\mu)$ を含む I の区間がすべて葉節点 μ に蓄えられているなら，q_x を含む k 個の区間を $O(\log n + k)$ の時間で報告することができる．まず，$O(\log n)$ 時間で $\mathcal{T}$ の中で q_x を探索し，μ に蓄えられているすべての区間を $O(1 + k)$ 時間で報告すればよいからである．したがって，問合せには効率よく答えることができる．しかし，このデータ構造の記憶領域はどうだろうか．多数の基本区間にまたがる区間は多数の葉節点に蓄えられてしまう．したがって，互いに重なりをもつ区間の対が多ければ，大きな記憶領域が必要になってしまう．最悪の場合には，記憶領域はデータ数の2乗に比例することになってしまう．そこで，記憶領域を減らす方法について考えてみよう．図10.8には5つの基本区間にまたがる区間が

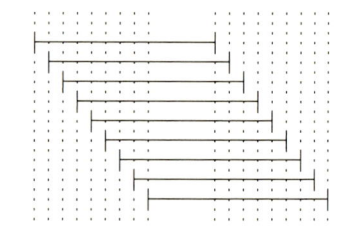

図 10.8
線分 s を $\mu_1, \mu_2, \mu_3, \mu_4$ すべてに蓄える代わりに，ν にだけ蓄えるようにする

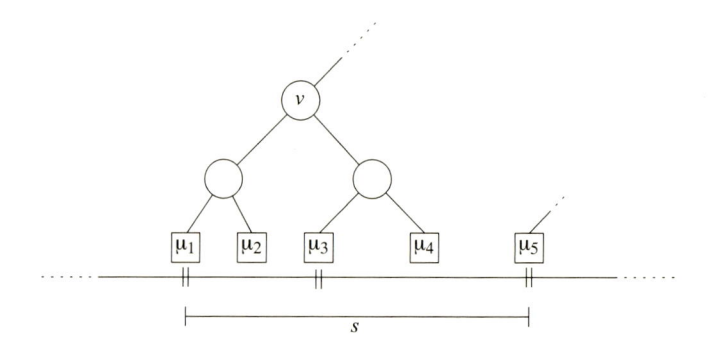

示されている．葉節点 $\mu_1, \mu_2, \mu_3, \mu_4$ に対応する基本区間を考えてみよう．q_x への探索経路がこれらの葉節点の1つで終了するとき，その区間を報告しなければならない．ここで大事な観察は，探索経路が $\mu_1, \mu_2, \mu_3, \mu_4$ のどれかで終了するのは，その経路が内部節点 ν を通過するときであり，かつそのときだけだということである．したがって，4つの葉節点

$\mu_1, \mu_2, \mu_3, \mu_4$ それぞれに蓄えるのではなく，節点 ν（および μ_5）にこの区間を蓄えるようにすればよい．一般に，1 つの区間を蓄えるには，全体でその区間をカバーできるようにいくつかの区間を選んで，それらに対応する節点を求めればよいが，そのときにできるだけ上方にある節点を選ぶようにする．この考え方に基づいたデータ構造を**区分木** (segment tree) と呼んでいる．では，区間の集合 I に対する区分木をもっと詳細に説明しよう．図 10.9 は 5 個の区間の集合に対する区分木を描いたものである．

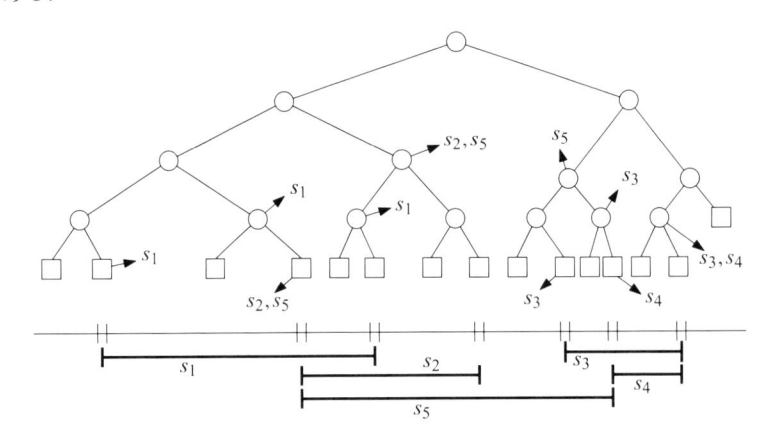

第 10.3 節
区分木

図 10.9
区分木：矢印は節点からその標準部分集合へのポインタを表す

- 区分木の骨格は平衡 2 分探索木 $\mathcal{T}$ である．$\mathcal{T}$ の葉節点は，I の区間の端点を順に並べたものによって定まる基本区間に対応している．たとえば，最も左の葉節点は最も左の基本区間に対応している，等々である．葉節点 μ に対応する基本区間を $\text{Int}(\mu)$ と表すことにする．
- $\mathcal{T}$ の内部節点 ν は，基本区間の和をとった区間に対応している．節点 ν に対応する区間 $\text{Int}(\nu)$ は，ν を根とする部分木の葉節点の基本区間 $\text{Int}(\mu)$ の和をとったものである．（したがって，$\text{Int}(\nu)$ は節点 ν の 2 つの子節点の区間の和ということになる．）
- $\mathcal{T}$ の各節点や葉節点 ν には，区間 $\text{Int}(\nu)$ と区間の集合 $I(\nu) \subseteq I$ を（たとえば，連結リスト構造で）蓄える．節点 ν の**標準部分集合** (canonical subset) は，$\text{Int}(\nu) \subseteq [x : x']$ かつ $\text{Int}(parent(\nu)) \not\subseteq [x : x']$ であるような区間 $[x : x'] \in I$ を含んでいる．

では，できるだけ上方にある節点に区間を蓄えるというここでの戦略が記憶領域を減らす上で役に立つかどうかを見てみよう．

補題 10.10 n 個の区間の集合に関する区分木は $O(n \log n)$ の記憶領域を必要とする．

証明 $\mathcal{T}$ は平衡 2 分探索木であり，葉節点の個数は高々 $4n+1$ であるから，その高さは $O(\log n)$ である．ここで，木のどの深さにおいても 1 つの区間 $[x : x'] \in I$ は高々二度しか，すなわち高々 2 個の節点に対する集合 $I(\nu)$ にしか蓄えられないことを示したい．なぜそうなるかを調べる

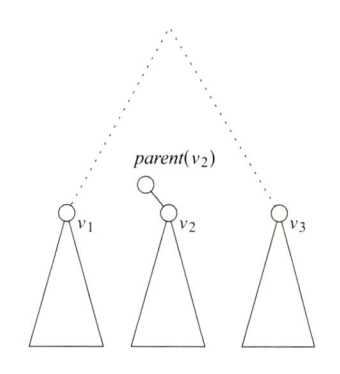

ために，v_1, v_2, v_3 を同じ深さにある 3 個の節点とし，この順で左から右に番号付けられているとする．$[x:x']$ が v_1 と v_3 に蓄えられているとする．これは，$[x:x']$ が $\text{Int}(v_1)$ の左端点から $\text{Int}(v_3)$ の右端点までの全区間にわたっていることを意味している．v_2 は v_1 と v_3 の間にあるから，$\text{Int}(parent(v_2))$ は $[x:x']$ に含まれているはずである．したがって，$[x:x']$ が v_2 に蓄えられることはない．したがって，木のどの深さにおいても，1 つの区間は高々二度しか蓄えられることはないので，記憶領域は全体で $O(n\log n)$ となる． □

これでこの戦略が役に立つことが分かった．すなわち，最悪の場合の記憶領域を $O(n^2)$ から $O(n\log n)$ に減らすことができたのである．しかし，問合せについてはどうだろう．このデータ構造でも問合せに答えることは簡単だろうか．答はイエスである．次のアルゴリズムがその方法を示している．このアルゴリズムはまず $v = root(\mathfrak{T})$ として呼び出される．

アルゴリズム QUERYSEGMENTTREE(v, q_x)
入力：区分木の（部分木の）根と質問点 q_x．
出力：木に蓄えられている q_x を含むすべての区間．
1. $I(v)$ にある区間をすべて報告する．
2. **if** v は葉節点ではない
3.   **then if** $q_x \in \text{Int}(lc(v))$
4.   **then** QUERYSEGMENTTREE$(lc(v), q_x)$
5.   **else** QUERYSEGMENTTREE$(rc(v), q_x)$

この問合せアルゴリズムでは木の各レベルで 1 つの節点を訪問するので，全部で $O(\log n)$ 個の節点を訪問することになる．節点 v で $O(1+k_v)$ 時間かかる．ここで，k_v は報告される区間の個数である．これから次の補題を得る．

補題 10.11 区分木を用いると，質問点 q_x を含む区間を $O(\log n + k)$ 時間で報告することができる．ただし，k は報告される区間の個数である．

 区分木を構成する方法は次のとおりである．まず，I の区間の端点を $O(n\log n)$ 時間でソートする．これにより基本区間が得られる．その後，基本区間について平衡 2 分探索木を構成し，木の各節点 v に対して対応する区間 $\text{Int}(v)$ を定める．この操作はボトムアップ方式で線形時間で実行できる．残っているのは，節点に対する標準部分集合を求めることである．そのために区間を 1 つずつ区分木に挿入していく．区間を $\mathfrak{T}$ に挿入するには，次の手続き $v = root(\mathfrak{T})$ を呼び出せばよい．

アルゴリズム INSERTSEGMENTTREE$(v, [x:x'])$
入力：区分木の（部分木の）根と区間．
出力：その区間を部分木に蓄える．

1.　**if** $\text{Int}(v) \subseteq [x:x']$
2.　　**then** v に $[x:x']$ を蓄える
3.　**else if** $\text{Int}(lc(v)) \cap [x:x'] \neq \emptyset$
4.　　　**then** INSERTSEGMENTTREE($lc(v), [x:x']$)
5.　　　**if** $\text{Int}(rc(v)) \cap [x:x'] \neq \emptyset$
6.　　　　**then** INSERTSEGMENTTREE($rc(v), [x:x']$)

第 10.3 節
区分木

区分木に区間 $[x:x']$ を挿入するのにどれだけの時間がかかるだろうか．探索の途中で訪れる各節点では定数時間しかかからない（ただし，$I(v)$ を連結リストのような単純な構造で蓄えるものと仮定する）．節点 v を訪れるとき，v に $[x:x']$ を蓄えるか，あるいは $\text{Int}(v)$ が $[x:x']$ の端点を含んでいる．すでに見たように，1 つの区間は $\mathcal{T}$ の各レベルに高々 2 回しか蓄えられない．各レベルで，対応する区間が x を含むものも高々 1 つしかなく，x' を含むものも高々 1 つしかない．したがって，各レベルで訪問する節点は高々 4 つしかない．したがって，1 つの区間を挿入するための時間は $O(\log n)$ であり，区分木を構成するのに必要な時間は全体で $O(n \log n)$ である．

区分木の効率をまとめたのが次の定理である．

定理 10.12 n 個の区間の集合 I に対する区分木は $O(n \log n)$ の記憶領域で実現でき，$O(n \log n)$ 時間で構成できる．区分木を用いると，質問点を含むすべての区間を $O(\log n + k)$ 時間で報告することができる．ただし，k は報告される区間の個数である．

　区間木は線形の記憶領域しか必要とせず，質問点を含む区間を $(\log n + k)$ 時間で報告することができた．したがって，区間木の方が区分木よりも優っていることになる．もっと複雑な問合せ，たとえば，線分の集合におけるウィンドウ問合せのようなものに対処したい場合に，区分木が強力なデータ構造となる．なぜなら，q_x を含む区間の集合は，区分木を探索するときに選んだ標準部分集合の和集合と**正確**に一致するからである．一方，区間木も問合せの途中に $O(\log n)$ 個の節点を選ぶが，それらの節点に蓄えられた区間すべてが質問点を含むわけではない．交差する区間を見つけるためにはリストを順にたどる必要があった．そこで，区分木に対して，さらなる問合せに対応できるように，標準部分集合を付随構造に蓄えておくという可能性も残されている．

では，ウィンドウ問合せ問題にもどろう．S を任意の方向をもつ，互いに交わらない平面上の線分の集合とする．これらの線分の中で，垂直な質問線分 $q := q_x \times [q_y : q'_y]$ と交差するものを求めたい．ここで，S の線分の x 区間に関する区分木 $\mathcal{T}$ を構成すると何が起こるかを見てみよう．$\mathcal{T}$ における節点 v は垂直スラブ (vertical slab) $\text{Int}(v) \times (-\infty : +\infty)$ に対応しているものと考えることができる．ある線分が v の標準部分集合に含まれ

第 10 章
幾何データ構造

るのは，それが v に対応するスラブを完全に横断する—その線分はスラブを**またぐ** (span) という— が，v の親節点に対応するスラブはまたがないときである．これらの部分集合を $S(v)$ と表すことにしよう．図 10.10 に説明がある．

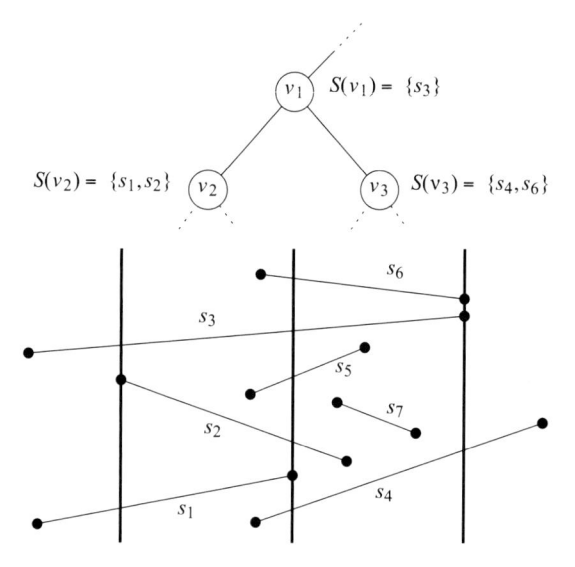

図 10.10
標準部分集合は，その節点のスラブはまたぐが，その親のスラブはまたがないような線分を含んでいる

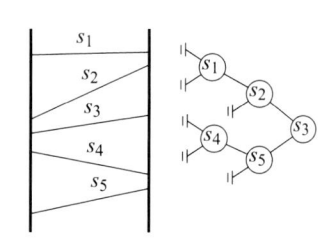

$\mathcal{T}$ において q_x を探索するとき，探索経路上の $O(\log n)$ 個の節点の標準部分集合が見つかるが，それらを全部合わせるとその x 区間が q_x を含むようなすべての線分を含んでいる．そのような標準部分集合の線分 s が q と交差するための必要十分条件は，q の下端点が s より下にあり，q の上端点が s より上にあることである．では，q の両端点の間にある線分を見つけるにはどうすればよいだろうか．ここで，標準部分集合 $S(v)$ の線分は v に対応するスラブをまたいでおり，それらは互いに交わらないという事実を用いる．これは，それらの線分が垂直方向に順序づけられていることを意味している．したがって，この垂直方向の順序に従って探索木 $\mathcal{T}(v)$ に $S(v)$ を蓄えることができる．$\mathcal{T}(v)$ で探索することにより，交差する線分を $O(\log n + k_v)$ 時間で見つけることができる．ただし，k_v は交差する線分の個数である．よって，集合 S に対する全体のデータ構造は次のようになる．

- 集合 S を，線分の x 区間に基づいて区分木 $\mathcal{T}$ に蓄える．
- $\mathcal{T}$ の節点 v の標準部分集合を，スラブ内の垂直順序に基づいて平衡 2 分探索木 $\mathcal{T}(v)$ に蓄える．ただし，その部分集合には，v に対応するスラブはまたぐが，v の親に対応するスラブはまたがない線分が含まれる．

任意の節点 v の付随構造は $S(v)$ のサイズに関して線形の記憶領域しか使わないから，全体の記憶領域は $O(n \log n)$ のままである．この付随構造は $O(n \log n)$ 時間で構成できるので，前処理時間は $O(n \log^2 n)$ 時間になる．少しだけ余分の仕事をすると，この時間を $O(n \log n)$ に減らすことが

できる．考え方は，区分木を構築する間，線分に関する（部分的な）垂直順序を管理しておくというものである．この順序を使うことができれば，付随構造の計算を線形時間で終えることができる．

問合せアルゴリズムは極めて簡単である．区分木において q_x をふつうに探索し，探索経路上の各節点 v において q の上下の端点を $\mathfrak{T}(v)$ において探索し，q と交差する $S(v)$ の線分を報告するというものである．これは基本的には1次元の領域問合せである——5.1 節参照．$\mathfrak{T}(v)$ での探索は $O(\log n + k_v)$ 時間でできる．ただし，k_v は v において報告される線分の本数である．したがって，問合せ時間は全体で $O(\log^2 n + k)$ となる．よって，次の定理を得る．

定理 10.13 S を平面上の n 本の互いに交差しない線分の集合とする．$O(n \log n)$ の記憶領域を使うデータ構造を用いると，垂直な質問線分と交差する線分を $O(\log^2 n + k)$ 時間で報告することができる．ただし，k は報告される線分の個数である．また，このデータ構造は $O(n \log n)$ 時間で構成できる．

実際，対象となる線分がその内部で交差しないことだけが重要である．線分の端点が別の線分の端点と一致してもよいときにも同じ方法が使えるが，それを確かめるのも容易である．したがって，次の結果を得る．

系 10.14 S を互いに内部で交差しない平面上の n 本の線分の集合とする．$O(n \log n)$ の記憶領域を使うデータ構造を用いると，軸平行な長方形の質問ウィンドウと交差する線分を $O(\log^2 n + k)$ 時間で報告することができる．ただし，ただし，k は報告される線分の個数である．また，このデータ構造は $O(n \log n)$ 時間で構成できる．

10.4 文献と注釈

与えられた点を含む区間をすべて求めよという問合せは，**串刺し問合せ** (stabbing query) と呼ばれることも多い．区間木のデータ構造を用いてこの問合せに答えようとする方法が Edelsbrunner [157] と McCreight [270] によって提案されている．プライオリティ探索木は McCreight [271] によって考案されたものであるが，同時に彼はこのプライオリティ探索木が串刺し問合せにも利用できることを示している．変換は簡単である．すなわち，各区間 $[a:b]$ を平面上の点 (a,b) に変換するのである．値 q_x に関する串刺し問合せは，$(-\infty : q_x] \times [q_x : +\infty)$ という領域に関する領域問い合わせに等しくなるが，この種の領域は正にプライオリティ探索木が得意とする特殊ケースであった．

一方，区分木は Bentley [45] によって考案されたものである．串刺し問合せに対する1次元のデータ構造として使う場合，$O(n \log n)$ の記憶領

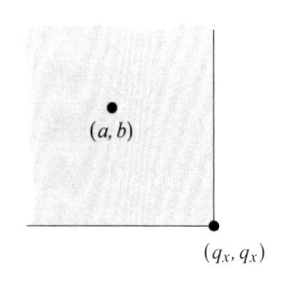

第 10 章
幾何データ構造

域を必要とする分，区間木よりも効率はよくない．区分木の重要性は，各節点に蓄えられた区間の集合を問題ごとに便利なように構造化できる点にある．したがって，2 次元や高次元における物体を扱えるように区分木を拡張した例は多い [103, 157, 163, 301, 375]．もう一点，区分木が区間木より優れている点は，質問点を含む区間の個数を報告するという，**串刺し計数問合せ** (stabbing counting query) にも区分木は対応できることである．節点において区間をリストの形で蓄えるのではなく，その個数だけを蓄えておくのである．そうすると，1 点に関する問合せに対しては，探索経路上のそれらの数値を単に足し合わせるだけで答えられるのである．このように区分木を串刺し計数問合せに用いたとき，その記憶領域は線形であり，しかも問合せ応答時間も $O(\log n)$ であるので，最適である．

区間木や区分木の動的化 (dynamization)，すなわち，これらのデータ構造に区間の挿入と削除の機能をもたせることについては過去に多くの研究がある．プライオリティ探索木は最初に完全に動的なデータ構造として提案された．たとえば，動的化するためには，1 回の更新について $O(1)$ 回の回転しか必要としない 2 色木 [199, 137] などの平衡 2 分探索木で 2 分探索木を置きかえればよい．動的化が重要になるのは，入力が変化する状況を扱うときである．動的データ構造は多くの平面走査法でも重要である．なぜなら，平面走査では状態が刻々変化するので，動的データ構造が必要になるからである．区分木を動的にしたものが必要になる問題が多い．

分解可能な探索問題 (decomposable searching problem) という考え方に基づいて動的化 (dynamization) が実現されたデータ構造の例は非常に多い [46, 48, 166, 254, 269, 276, 304, 306, 307, 308, 337]．S を探索問題に関連する物体の集合とし，$A \cup B$ を S の 1 つの分割としよう．S に関する探索問題の解が，A と B に対する探索問題のそれぞれの解から定数時間で得られるとき，この探索問題は**分解可能** (decomposable) であると言う．前述串き刺し問合せ問題は分解可能である．というのは，全体を 2 分割して，それぞれの部分集合で交差する区間が報告されれば，交差する区間全部を求めることは自動的にできるからである．同様に，串刺し計数問合せ問題も分解可能である．部分集合に対する整数の答を足し合わせるだけで全体集合に対する答が得られるからである．領域探索問題のような探索問題の中には分解可能なものが多い．分解可能な探索問題に対しては，静的なデータ構造さえ分かっていれば，それを動的化するための一般的な技法が存在する．それらのサーベイについては Overmars の本 [299] を参照されたい．

串刺し問合せ問題を高次元に一般化すると，軸平行な（ハイパー）長方形の集合が与えられているとき，指定された質問点を含む長方形を求める問題になる．マルチレベルの区分木 (multi-level segment tree) を利用するとこのような高次元の串刺し問合せ問題を扱うことができる．この

データ構造は，$O(n\log^{d-1} n)$ の記憶領域で $O(\log^d n)$ という問合せ時間を達成している．第 5 章で述べたフラクショナルカスケーディングの技法を用いると，対数分だけ問合せ時間を改善することができる．付随構造の最も深いレベルにおいて区間木を用いることにすると，記憶領域を対数分だけ改善することができる．区分木とプライオリティ探索木については，高次元に拡張したものはない．つまり，高次元で類似の問合せ問題を解くようにデータ構造を拡張する方法は知られていないのである．しかし，区分木や領域木の付随構造としてそれらのデータ構造を用いることは可能である．たとえば，軸平行な長方形の集合について串刺し問合せの問題を考えたり，$[x:x'] \times [y:y'] \times [z:+\infty)$ という形式の領域について領域探索をしたりする場合に役に立つだろう．

地理情報システムでは，最も広く使われた幾何データ構造は **R-木** (R-tree) [204] である．これは，よく知られた B-木の 2 次元への拡張版であり，ディスク上のメモリに適している．ディスク上では，メモリはあるサイズ B のブロックに分割されている．また，この考え方はちょうど 1 つのブロックに当てはまる高次の節点をもつことである．内部節点では，2 分割ではなくて，多分岐の分割となっており，これにより木があまり深くならないようにしている．木の 1 つの経路をたどる質問に答えるのにディスクから少ないブロックしか必要でない．したがって，2 分木よりも効率よく答えることができる．R-木は任意の物体（点，線分，多角形など）の集合を蓄えることができ，任意の質問物体と交差するものを求める質問に答えることができる．R-木は線形のメモリしか使わないが，最悪時の質問応答時間も線形であり，理論上では，その効率は単純な連結リストよりよくはない．しかし実際には R-木はうまくいく．R-木に関してはあまり理論的な結果は知られていない．[5] では d-次元空間の n 点に関して構成されたどのタイプの R-木も $\Omega((n/B)^{1-1/d} + k/B)$ 個のブロックを訪問しなければならない（ただし，k は答の個数である）．PR-木と呼ばれる R-木の変型版 [18] は，蓄えられた物体と質問の物体が共に軸平行な超長方形であるとき，この限界を達成している．R-木とそれに関連するデータ構造の更なる概観については [335] を参照されたい．

第 10.5 節
演習

10.5 演習

10.1　10.1 節では，水平線分の集合が与えられているとき，その中で垂直線分と交差するものをすべて求める問題を解いた．そのためにプライオリティ探索木を付随構造としてもつ区間木を用いた．別の方法も考えられる．水平線分の y 座標値に関する 1 次元領域木を用いると，その y 座標値が垂直質問線分に含まれる線分を求めることができる．そのような水平線分は質問線分の上下にあることはありえないが，完全に左とか右にあることは考えられる．

第 10 章
幾何データ構造

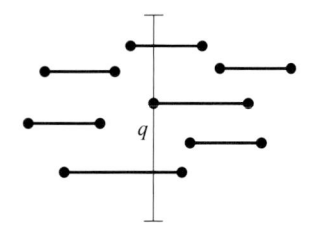

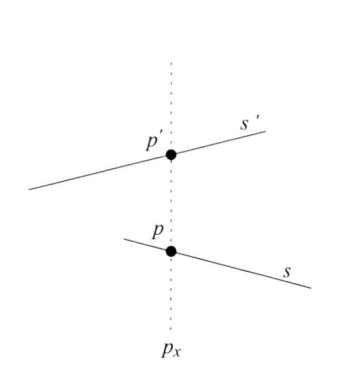

$O(\log n)$ 個の標準部分集合においてそれらの線分を得ることができる．それらの部分集合のそれぞれについて，付随構造として x 座標値に関する区間木を用いると，質問線分と実際に交差する線分を求めることができる．
 a. この方法を詳細に記述せよ．
 b. このデータ構造は問合せに対して正しく答えることができることを証明せよ．
 c. このデータ構造の前処理時間，記憶領域，問合せ時間を求めよ．また，その答を証明せよ．

10.2 P を平面上の n 点の集合とし，y 座標値に関してソートされているものとする．P はソートされているから，P の点をプライオリティ探索木に蓄えるのに $O(n)$ 時間ですむことを証明せよ．

10.3 プライオリティ探索木のアルゴリズムを記述したとき，どの点の座標値も異なると仮定した．5.5 節で説明した複素数を用いると，この仮定を取り除くことができることを示した．プライオリティ探索木を構成したり，問合せに答えたりするのに必要な基本的な操作はすべて複素数の上でも実行できることを示せ．

10.4 互いに交差しない線分の集合に対しては，端点の集合に関する領域問い合わせとウィンドウの 3 辺との交差問合せを用いて，ウィンドウ問合せを実行することができる．線分を重複して報告しないようにする方法を説明せよ．そのために，任意の方向をもった線分が質問ウィンドウと交差する仕方をすべてリストの形でまとめておくこと．

10.5 この演習問題では，定理 10.13 のデータ構造を $O(n\log n)$ 時間で構成する方法を示さなければならない．その解では，付随構造として線分の垂直順序に関する 2 分探索木を使うこと．垂直順序が与えられていれば，付随構造を線形時間で構成することができる．したがって，残っているのは，各標準部分集合に対する線分のソート列を全体で $O(n\log n)$ 時間で求める方法である．

S を平面上の n 本の互いに交差しない線分の集合とする．2 本の線分 $s, s' \in S$ に対して，$p_x = p'_x$ かつ $p_y < p'_y$ であるような点 $p \in s$ と $p' \in s'$ があるとき，s は s' の下にあると言い，記号では，$s \prec s'$ と表す．
 a. この関係 $\prec$ は S の上での非巡回的な関係を定義することを証明せよ．すなわち，S の線分に対して，$i > j$ ならば $s_i \not\prec s_j$ であるような順序 $s_1, s_2, \ldots, s_n$ が存在することを証明せよ．
 b. そのような順序を求める $O(n\log n)$ 時間のアルゴリズムを述べよ．ヒント：平面走査法を用いて，垂直方向に隣接している線分を求め，その隣接性に関する有向グラフを構成し，グラフ上でのトポロジカルソートを適用せよ．

c. この非巡回的順序を用いて区分木における標準部分集合に対するソート列を求める方法を説明せよ．

10.6 I を実数直線上の区間の集合とする．質問点を含む区間の個数を $O(\log n)$ 時間で求めることができるようにしたい．したがって，問合せ時間は質問点を含む線分数に無関係でなければならない．

a. この問題に対して $O(n)$ の記憶領域しか使わない区分木に基づくデータ構造を説明せよ．このデータ構造の記憶領域の量，前処理時間，および問合せ時間を解析せよ．

b. この問題に対して区間木に基づくデータ構造を説明せよ．ただし，区間木の節点に付随するリストを他のデータ構造で置き換えること．このデータ構造の記憶領域の量，前処理時間，および問合せ時間を解析せよ．

c. この問題に対して単純な 2 分探索木に基づいたデータ構造を説明せよ．その構造は，$O(n)$ の記憶量と $O(\log n)$ の質問応答時間をもつものでなければならない．（したがって，区分木は実際にはこの問題を効率よく解く必要はない．）

10.7 a. 次のような問合せ問題を解決したい．平面上の n 本の互いに交差しない線分の集合 S が与えられたとき，点 (q_x, q_y) から真上に無限にのびる垂直な半直線と交差する線分を求めよ．この問題に対して，$O(n \log n)$ の記憶領域を使い，$O(\log n + k)$ 時間で問合せに答えるデータ構造を与えよ．ただし，k は報告される答の個数である．

b. 質問の半直線がぶつかる最初の線分だけを報告したいものとしよう．この問題に対して，記憶量の期待値が $O(n)$ で，質問応答時間の期待値が $O(\log n)$ であるデータ構造を説明せよ．**ヒント**：領域法を適用すること．

10.8 区分木は，マルチレベルのデータ構造に対して用いることができる．

a. R を平面上の n 個の軸平行な長方形の集合とする．R に対するデータ構造で，質問点を含む長方形を効率よく報告することができるものを考えよ．そのデータ構造の記憶領域と問合せ時間を解析せよ．**ヒント**：長方形の x 方向の区間に関する区分木を用い，この区分木の節点の標準部分集合を適当な付随構造に蓄えること．

b. このデータ構造を d 次元空間に一般化せよ．すなわち，軸平行なハイパー長方形の集合——すなわち，$[x_1 : x'_1] \times [x_2 : x'_2] \times \cdots \times [x_d : x'_d]$ という形の多面体——が与えられているときに，質問点を含むハイパー長方形を求めたい．読者のデータ構造のメモリの量と質問応答時間を解析せよ．

10.9 I を実数直線上の区間の集合とする．与えられた区間 $[x : x']$ に完

第 10.5 節
演習

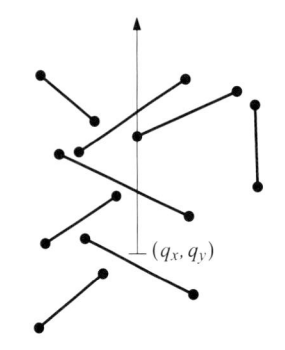

全に含まれる区間を効率よく求めることができるようにこれらの区間を求めたい．$O(n\log n)$ の記憶領域を用い，そのような問合せに $O(\log n + k)$ 時間で答えることができるデータ構造を考案せよ．ただし，k は報告される答の個数である．**ヒント**：領域木を使うこと．

10.10 実数直線上の区間の集合 I が与えられているが，今度は与えられた区間 $[x:x']$ を含む区間を効率よく求めたい．$O(n)$ の記憶領域を用い，そのような問合せに $O(\log n + k)$ 時間で答えることができるデータ構造を考案せよ．ただし，k は答の個数である．**ヒント**：プライオリティ探索木を使うこと．

10.11 2次元の領域探索問題を解くための別の方法を考えよ．点の x 座標値に関する平衡 2 分探索木を構成せよ．木の節点 v に対して，v を根とする部分木に蓄えられた点集合を $P(v)$ とする．各節点 v に対して，$P(v)$ のプライオリティ探索木を 2 つ付随構造として蓄える．一方は，左に開いた領域に対する問合せを処理するための木 $\mathcal{T}_{\text{left}}$ であり，他方は，右に開いた領域に対する問合せを処理するための木 $\mathcal{T}_{\text{right}}$ である．

領域 $[x:x'] \times [y:y']$ に関する問合せは次のように処理する．x と x' に向かう探索経路が木において分かれる所にある節点 v_{split} を探索する．そこで $\mathcal{T}_{\text{right}}(lc(v))$ の上で領域 $[x:+\infty) \times [y:y']$ に関する問合せを実行し，$\mathcal{T}_{\text{left}}(rc(v))$ の上で領域 $(-\infty:x'] \times [y:y']$ に関する問合せを実行する．これにより，答がすべて得られる（つまり，木をそれ以上下まで探索する必要はないのである）．

a. このデータ構造は領域問合せに正しく答えることを証明せよ．

b. このデータ構造の前処理時間，記憶領域の量および問合せ時間を解析せよ．また，その答が正しいことを証明せよ．

10.12 a. 10.3 節では区間を区分木に挿入するアルゴリズムを与えた（ただし，その端点は木の骨格にすでに存在するものと仮定した）．区間を $O(\log n)$ 時間で削除することも可能であることを示せ．（このために余分な上方を管理しておく必要があるかも知れない．）

b. $P = \{p_1, \ldots, p_n\}$ を平面上の n 点の集合とし，$R = \{r_1, \ldots, r_n\}$ を交差を許した n 個の長方形の集合とする．$p_i \in r_j$ であるようなペア p_i, r_j をすべて報告するアルゴリズムを求めよ．そのアルゴリズムの実行時間は $O(n \log n + k)$ でなければならない．ただし，k は報告されるペアの個数である．

11 凸包

物体の混合

油井の出力は数種類の異なる成分が混ざったものであり，成分比は場所によって異なる．この性質を利用することができる．たとえば，異なる油井の出力を混ぜ合わせると，精製の過程で特に都合のよい比率をもった混合物を生み出すことができる．

例をあげて説明しよう．簡単のため製品の多数の成分のうち2つ—AとBとする—だけに注目するものとしよう．混合物ξ_1はAの成分を10%，Bの成分を35%だけ含んでおり，混合物ξ_2はAの成分を16%，Bの成分を20%だけ含んでいるものと仮定しよう．欲しいのはAの成分を12%，Bの成分を30%だけ含んだものであるとしよう．与えられたものからそのような混合物を生産することができるだろうか．確かに，ξ_1とξ_2を2:1の割合で混ぜ合わせると，希望のものが作れる．しかしながら，ξ_1とξ_2を混ぜ合わせてAの成分を13%，Bの成分を22%だけ含んだものを作り出すことは不可能である．しかし，Aの成分を7%，Bの成分を15%だけ含んだ第3の混合物ξ_3があれば，ξ_1, ξ_2, ξ_3を1:3:1の割合で混ぜると，希望のものが得られる．

これを幾何的に解釈するとどうなるだろうか．混合物ξ_1, ξ_2, ξ_3を平面上の点，すなわち$p_1 := (0.1, 0.35), p_2 := (0.16, 0.2), p_3 := (0.07, 0.15)$として表してみると明らかになるだろう．$\xi_1$と$\xi_2$を2:1の割合で混ぜると，点$q := (2/3)p_1 + (1/3)p_2$で表される混合物が得られる．これは，線分$\overline{p_1 p_2}$を$\mathrm{dist}(p_2, q) : \mathrm{dist}(q, p_1) = 2 : 1$に内分する点である．ただし，$\mathrm{dist}(.,.)$は2点間の距離を表す．もっと一般的には，$\xi_1$と$\xi_2$を様々な割合で混ぜ合わせることにより，線分$\overline{p_1 p_2}$上の任意の点によって表される混合物を得ることができる．3つの基本混合物ξ_1, ξ_2, ξ_3から始める場合には，三角形$p_1 p_2 p_3$内部の任意の点に対応するものを作ることができる．たとえば，ξ_1, ξ_2, ξ_3を1:3:1の割合で混ぜると，点$(1/5)p_1 + (3/5)p_2 + (1/5)p_3 = (0.13, 0.22)$に対応する混合物が得られる．

では，3個ではなくn個の基本混合物があり，それぞれが点$p_1, p_2, \ldots, p_n$（ただし，$n > 3$）で表されている場合はどうだろうか．それらを$l_1 : l_2 : \cdots : l_n$の割合で混ぜ合わせたとする．$L := \sum_{j=1}^{n} l_j$および$\lambda_i := l_i / L$とす

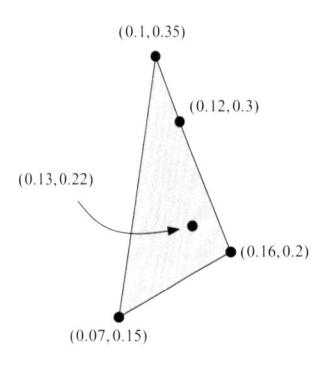

第 11 章
凸包

る．このとき，次式が成り立つことに注意しよう．

$$\text{すべての } i \text{ について} \quad \lambda_i \geq 0 \quad \text{かつ} \quad \sum_{i=1}^{n} \lambda_i = 1$$

その割合で基本混合物を混ぜ合わせることによって得られる混合物は，次式によって表されるものである．

$$\sum_{i=1}^{n} \lambda_i p_i$$

λ_i たちが上に述べた条件を満たす——つまり，各 λ_i は非負で，かつ λ_i の和は 1 である——として，このような点 p_i たちを線形結合したものを**凸結合** (convex combination) と呼ぶ．第 1 章で点集合の**凸包** (convex hull) をそれらの点を含む最小の凸集合として，あるいはもっと厳密にはそれらの点を含むすべての凸集合の共通部分として定義した．点集合の凸包は，それらの点の考えられるすべての凸結合の集合とちょうど等しいことを示すことができる．したがって，ある混合物が基本混合物から得られるかどうかは，それらが表す点の凸包を求め，求める混合物を表す点がその内部にあるかどうかを判定すればよい．

では，混合物を構成する成分が 2 つより多い場合はどうだろうか．それでも上に述べたことは成り立つ．単に高次元空間での話になるだけである．もっと厳密に言うと，d 個の成分を考慮したい場合には，混合物を d 次元空間の点によって表現しなければならない．基本混合物を表す点たちの凸包は，凸多面体であるが，可能なすべての混合物の集合を表している．

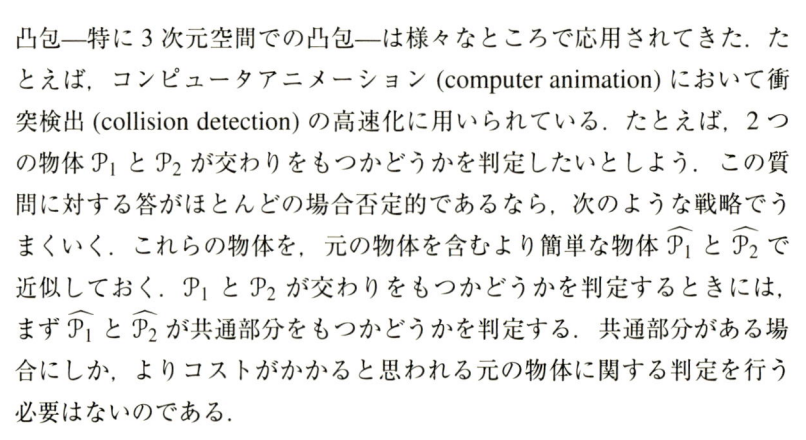

凸包——特に 3 次元空間での凸包——は様々なところで応用されてきた．たとえば，コンピュータアニメーション (computer animation) において衝突検出 (collision detection) の高速化に用いられている．たとえば，2 つの物体 $\mathcal{P}_1$ と $\mathcal{P}_2$ が交わりをもつかどうかを判定したいとしよう．この質問に対する答がほとんどの場合否定的であるなら，次のような戦略でうまくいく．これらの物体を，元の物体を含むより簡単な物体 $\widehat{\mathcal{P}_1}$ と $\widehat{\mathcal{P}_2}$ で近似しておく．$\mathcal{P}_1$ と $\mathcal{P}_2$ が交わりをもつかどうかを判定するときには，まず $\widehat{\mathcal{P}_1}$ と $\widehat{\mathcal{P}_2}$ が共通部分をもつかどうかを判定する．共通部分がある場合にしか，よりコストがかかると思われる元の物体に関する判定を行う必要はないのである．

物体の近似をどのように行うかでトレードオフがある．すなわち，交差判定を低コストで行うためにはそれらの物体を単純なものにしておきたいが，あまり単純に近似してしまうと，元の物体のよい近似になっていないので，元の物体に関する判定をしなければならない回数が増えてしまうのである．

限界球 (bounding sphere) による近似が一方の極端にある．球どうしの交差判定は非常に簡単であるが，球ではうまく近似できない物体も多い．

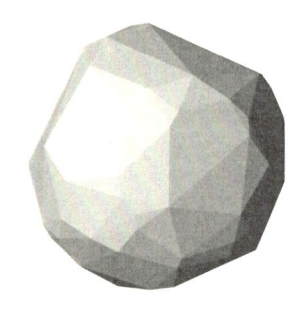

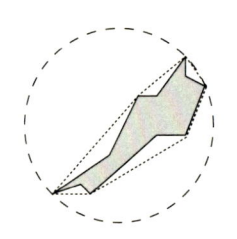

凸包も別の極端にある．凸包どうしの交差判定は球の場合よりずっと難しい—ただ，凸でない物体の交差判定よりははるかに簡単である—が，凸包は物体の近似としてはずっと望ましい．

第 11.1 節
3 次元空間における凸包の複雑度

11.1 3 次元空間における凸包の複雑度

第 1 章において，平面上の n 点集合 P の凸包は，P の点を頂点としてもつ凸多角形であることを知った．したがって，凸包は高々 n 個しか頂点をもたない．3 次元でも同様の事が言える．すなわち，n 点集合 P の凸包は，P の点を頂点とする凸多面体であり，したがって頂点数も高々 n である．平面の場合には，頂点数に関する上界から直ちに凸包の複雑度が線形であるという結論が得られた．平面多角形の辺の本数は頂点数に等しいからである．しかし，3 次元ではこの性質は成り立たない．つまり，多面体の辺数は頂点数より大きいのである．だが，幸いにも凸多面体の辺数とファセット数に関する次の定理に述べられてるように，その差はあまり大きくない．（形式的に言うと，凸多面体の**ファセット** (facet) は，その境界上で同一平面にある極大な部分集合として定義される．凸多面体のファセットは必然的に凸多角形である．凸多面体の**辺**は，そのファセットの 1 つの辺である．）

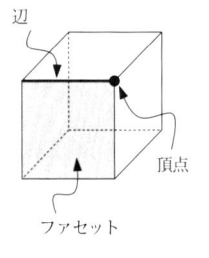

定理 11.1 $\mathcal{P}$ を n 個の頂点をもつ凸多面体とする．$\mathcal{P}$ の辺数は高々 $3n-6$ であり，$\mathcal{P}$ のファセット数は高々 $2n-4$ である．

証明 オイラーの公式により，n 個の節点，n_e 本の枝，および n_f 個の面をもつ連結平面的グラフ (planar graph) に対して次式が成り立つ：

$$n - n_e + n_f = 2$$

図 11.1 に示すように，凸多面体の境界を平面的グラフと解釈することができるから，凸多面体の頂点数，辺数，ファセット数に関しても同じ関係が成り立つ．（実際，オイラーの公式は元々多面体の性質を述べたも

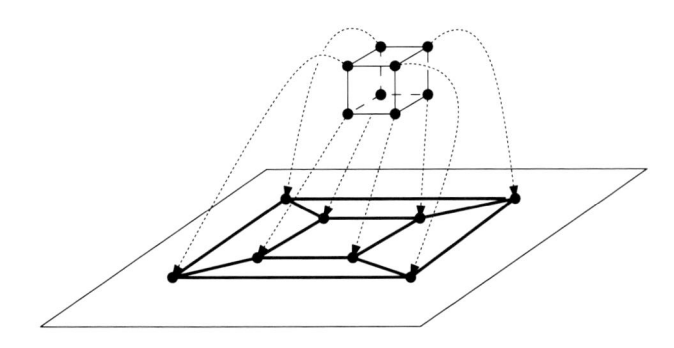

図 11.1
平面的グラフとして解釈できる立方体：1 つのファセットはグラフの非有界な面に写像されていることに注意

のであり，平面的グラフの性質を述べたものではなかった.）$\mathcal{P}$ に対応するグラフの各ファセットは少なくとも 3 本の枝をもっており，どの枝も

2つの面に接しているから，$2n_e \geqslant 3n_f$ を得る．これをオイラーの公式と組み合わせると，
$$n + n_f - 2 \geqslant 3n_f/2$$
となるので，$n_f \leqslant 2n - 4$ を得る．よって，オイラーの公式により，$n_e \leqslant 3n - 6$ であることが分かる．すべてのファセットが三角形であるような— **単体多面体** (simplicial polytope) — 特別な場合に対しては，$2n_e = 3n_f$ が成り立つから，n 頂点多面体の辺数とファセット数の個数は上界に一致する． □

定理 11.1 は，いわゆる**種数** (genus) が 0，すなわち穴もトンネルももたない凸でない多面体に対しても成り立つ．大きな種数をもつ多面体に対しても同様の上界が成り立つ．しかしながら，本章では凸包を扱うので，凸でない場合について定理を証明するのに必要になる（凸でない）多面体の定義には触れないことにする．

定理 11.1 と，3 次元空間の点集合の凸包はそれらの点を頂点としてもつ凸多面体であるという先の観察より，次の結果を得る．

系 11.2 3 次元空間の n 点の集合の凸包の複雑度は $O(n)$ である．

11.2　3 次元空間での凸包の計算

P を 3 次元空間における n 点の集合としよう．ここでは，第 4, 6, 9 章で用いた技法にしたがって，乱択逐次構成アルゴリズムに基づいて，P の凸包 $\mathcal{CH}(P)$ を計算する方法について説明しよう．

逐次構成法では，まず同一平面上に含まれない 4 点を P の中から選ぶが，それら 4 点の凸包は 4 面体である．実際には次にようにする．p_1 と p_2 を P の 2 点とする．次に P の点を順に調べて，p_1 と p_2 を通る直線上にない点 p_3 を求める．さらに P の点を順に調べて，p_1, p_2, p_3 の 3 点で決まる平面に含まれない点 p_4 を求める．（もしそのような点が存在しなければ，P の点はすべて同一平面上にあることになるので，第 1 章で述べた平面凸包を求めるアルゴリズムを用いることができる．）

次に残りの点のランダム順列 $p_5, \ldots, p_n$ を計算する．このランダムな順序に点を 1 点ずつ付け加えて，凸包を順次構成していく．整数 $r \geq 1$ に対して，$P_r := \{p_1, \ldots, p_r\}$ としよう．アルゴリズムの一般化ステップでは，点 p_r を P_{r-1} の凸包に加えなければならない．すなわち，$\mathcal{CH}(P_{r-1})$ を $\mathcal{CH}(P_r)$ に変換するのである．このとき，2 つの場合が考えられる．

- p_r が $\mathcal{CH}(P_{r-1})$ の内部か境界上にある場合には，$\mathcal{CH}(P_r) = \mathcal{CH}(P_{r-1})$ であるので，何もすることはない．

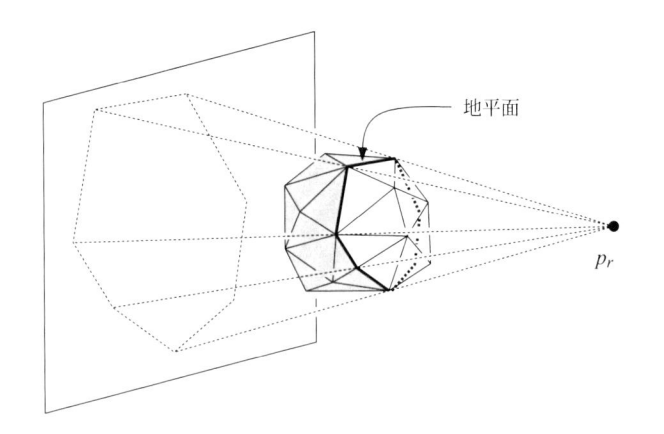

地平面

p_r

第 11.2 節
3 次元空間での凸包の計算

図 11.2
多面体の地平面

■ そこで，p_r は $\mathcal{CH}(P_{r-1})$ の外部にあるものと仮定しよう．いま，p_r の場所に立って $\mathcal{CH}(P_{r-1})$ を見ているところを想像しよう．このとき，$\mathcal{CH}(P_{r-1})$ のファセットの中で前面にあるものは見えるが，残りの面は後側に隠れてしまって見えなくなってしまう．見えるファセットは $\mathcal{CH}(P_{r-1})$ の表面上で 1 つの連結領域を形成するが，この領域のことを $\mathcal{CH}(P_{r-1})$ に関する p_r の**可視領域** (visible region) と呼ぶことにする．この領域は，$\mathcal{CH}(P_{r-1})$ の辺からなる閉曲線によって囲まれた領域である．この閉曲線のことを $\mathcal{CH}(P_{r-1})$ に関する p_r の**地平面** (horizon) と呼ぼう．図 11.2 から分かるように，地平面の射影は p_r を投影の中心において $\mathcal{CH}(P_{r-1})$ を平面に射影して得られる凸多角形の境界である．では，「見える」とは幾何学的に正確に言うとどういうことになるのだろうか．$\mathcal{CH}(P_{r-1})$ のファセット f を含む平面 h_f について考えよう．凸であることから，h_f によって定まる 2 つの閉半空間のうちの一方に $\mathcal{CH}(P_{r-1})$ は完全に含まれることになる．面 f が 1 点から見えるのは，その点が h_f の反対側にある開半空間にあるときである．

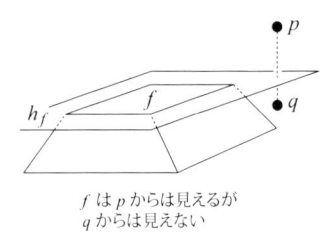

f は p からは見えるが q からは見えない

$\mathcal{CH}(P_{r-1})$ から $\mathcal{CH}(P_r)$ への変換を考える際に p_r の地平面が非常に重要な役割を果たす．これは，保つことができる境界の部分—見えるファセット—と置き換えなければならない境界の部分—見えるファセットの間の境界を形成している．見えるファセットは，p_r と地平面を結んで得られる面に置き換えられる．

詳細な議論に進む前に，空間における凸包の表現方法を決めておかなければならない．以前にも観察したように，3 次元の凸多面体の境界は平面的グラフと解釈することができる．したがって，凸包を 2 重連結辺リストの形で蓄えることができる．このデータ構造は第 2 章において平面分割を蓄えるのに開発したものである．唯一の違いは，ここでは頂点が 3 次元の点だということである．ここでも，多面体の**外側から見たとき**に，片辺が 1 つの面の境界上で反時計回りのサイクルを成すような方向が付けられていることである．

凸包に p_r を追加する操作に戻ろう．すでに $\mathcal{CH}(P_{r-1})$ を表す 2 重連結

第11章
凸包

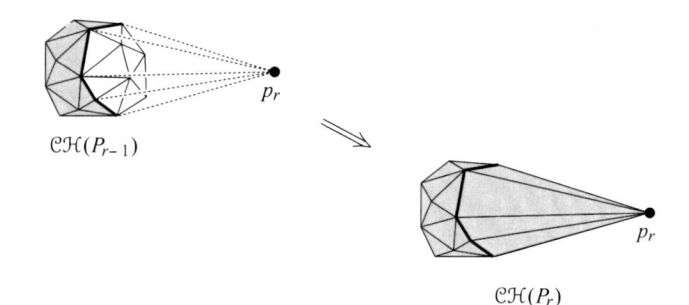

図 11.3
凸包に1点を追加するときの状況

辺リストはあるが，これを $\mathcal{CH}(P_r)$ を表す2重連結辺リストに変換しなければならない．いま，p_r から見える $\mathcal{CH}(P_{r-1})$ のファセットをすべて知っているものと仮定しよう．このとき，これらのファセットに対して2重連結辺リストに蓄えられていた情報を取り除き，p_r を地平面とつなぐ新たなファセットを計算して，それらの新しいファセットに対する情報を2重連結辺リストに蓄えるのは簡単である．これらの操作全体を，なくなるファセットの複雑度の総和に関して線形な時間で行うことができる．

ここで，新たなファセットを付け加えた後で考慮しておかなければならない微妙な点がある．すなわち，同じ平面にあるファセットを生成したかどうか確かめておかなければならない．これが生じるのは $\mathcal{CH}(P_{r-1})$ の面を含む平面にの面を含む平面に p_r があるときである．そのような面 f は，上に述べた可視性の定義によれば p_r からは見えない．したがって，f は変更されずに残り，p_r を地平面の一部ではない f の辺とつなぐ三角形を加えることになる．これらの三角形は f と同一平面に含まれるから，f と一緒に1つのファセットに統合しなければならない．

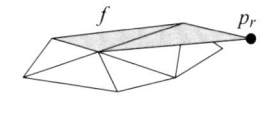

ここまでの議論では p_r から見える $\mathcal{CH}(P_{r-1})$ のファセットを見つける問題を無視してきた．もちろん，すべてのファセットを調べればできることではある．そのような判定は定数時間でできる．点 p_r が与えられた平面のどちら側にあるかを求めればよいだけだからである．したがって，見えるすべてのファセットを $O(r)$ 時間で求めることができる．ところが，この方法だと $O(n^2)$ 時間のアルゴリズムになってしまう．次にもっとうまくやる方法を示そう．

トリックは，先読みをすることである．現在の点集合の凸包の他に，別の情報を管理しておいて，見えるファセットを求めるのが簡単になるようにしておくのである．特に，現在の凸包 $\mathcal{CH}(P_r)$ の各ファセット f に対して，f を見ることができる点を含む集合 $P_{\text{conflict}}(f) \subseteq \{p_{r+1}, p_{r+2}, \ldots, p_n\}$ を管理しておく．逆に，各点 p_t （ただし，$t > r$）に対して，p_t から見える $\mathcal{CH}(P_r)$ のファセットの集合 $F_{\text{conflict}}(p_t)$ を蓄えておく．点 $p \in P_{\text{conflict}}(f)$ はファセット f と**衝突している**という．なぜなら，p と f が両方とも凸包に含まれることはないからであるすなわち，いったん点 $p \in P_{\text{conflict}}(f)$ を凸包に加えたら，ファセット f はなくなってしまうからである．そ

こで，$P_{\text{conflict}}(f)$ と $F_{\text{conflict}}(p_t)$ を**衝突リスト** (conflict lists) と呼ぶことにする．

第 11.2 節
3 次元空間での凸包の計算

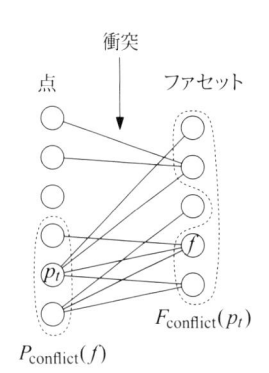

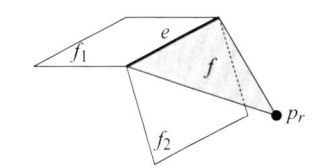

ここでは，これらの衝突を**衝突グラフ** (conflict graph) と呼ばれるもので管理する．以後，このグラフを $\mathcal{G}$ と記す．衝突グラフは 2 部グラフである．一方の節点集合は，まだ挿入されていない P の各点に対応する節点からなり，他方の節点集合は現在の凸包の各ファセットに対応する節点からなる．点とファセットの間に衝突があれば，対応する節点間に枝を引く．つまり，点 $p_t \in P$ と $\mathcal{CH}(P_r)$ のファセット f の間に枝を引くのは，$r < t$ で f が p_t から見えるときである．この衝突グラフ $\mathcal{G}$ を用いると，与えられた点 p_t に対する集合 $F_{\text{conflict}}(p_t)$（または，与えられたファセット f に対する $P_{\text{conflict}}(f)$）をそのサイズに比例する時間で報告することができる．これより，p_r を $\mathcal{CH}(P_{r-1})$ に挿入するときには，$\mathcal{G}$ において $F_{\text{conflict}}(p_r)$ を調べて，見えるファセットを得なければならないが，そのようなファセットは p_r を地平面と結ぶ新たな凸包のファセットで置きかえることができる．

$\mathcal{CH}(P_4)$ に対する衝突グラフ $\mathcal{G}$ の初期化は線形時間でできる．単に点集合 P のリストをたどって，$\mathcal{CH}(P_4)$ の 4 つのファセットのうちのどれが見えるかを調べるだけでよいからである．

点 p_r を加えたあとで $\mathcal{G}$ を更新するには，まず凸包からなくなる $\mathcal{CH}(P_{r-1})$ のすべてのファセットに対して，接続する節点と枝を無視する．これらが p_r から見えるファセットであるが，それらは $\mathcal{G}$ において p_r の近傍にあるので，これは簡単である．また，p_r に対する節点も無視する．その後，p_r を地平面につなぐために新たに作ったファセットに対する節点を $\mathcal{G}$ に加える．本質的な操作は，これらの新たなファセットの衝突リストを求めることである．それ以外の衝突リストは更新する必要がない．p_r の挿入によって影響を受けないファセットの衝突リスト $P_{\text{conflict}}(f)$ には変化がない．

p_r の挿入によって作られたファセットは，現在存在するファセットと同一平面に含まれるものと統合されたものを除いて，すべて三角形である．後者のタイプのファセットの衝突リストは簡単に求めることができる．統合の操作によってファセットを含む平面が変わることはないから，現在存在するファセットの衝突リストと同じだからである．そこで，$\mathcal{CH}(P_r)$ において p_r に接続する新たな三角形の 1 つ f を見てみよう．点 p_t から f が見えるとしよう．すると，p_t は確かに p_r と反対側にある f の辺 e を見ることができる．この辺 e は p_r の地平面の辺であり，それは $\mathcal{CH}(P_{r-1})$ にすでに存在したものである．$\mathcal{CH}(P_{r-1}) \subset \mathcal{CH}(P_r)$ であるから，e の辺は $\mathcal{CH}(P_{r-1})$ において p_t からも見えていたはずである．そうなるのは，$\mathcal{CH}(P_{r-1})$ において e に隣接する 2 つのファセットの 1 つが p_t から見えるときだけである．これは，$\mathcal{CH}(P_{r-1})$ において地平面の辺 e に接していた 2 つのファセット f_1 と f_2 の衝突リストにある点を調べる

ことにより，f の衝突リストを求めることができることを意味している．

先に凸包を2重連結辺リストの形で蓄えると述べたので，凸包を変更すると2重連結辺リストの情報も変わることになる．しかしながら，プログラムを長くしないようにするために，下に示した凸包を求めるアルゴリズムの擬似プログラムでは2重連結辺リストへのアクセスは省略してある．

アルゴリズム CONVEXHULL(P)
入力：3次元空間における n 点の集合 P.
出力：P の凸包 $\mathcal{CH}(P)$.

1. 4面体を構成する P の4点 p_1, p_2, p_3, p_4 を求める．
2. $\mathcal{C} \leftarrow \mathcal{CH}(\{p_1, p_2, p_3, p_4\})$
3. 残りの点のランダムな順列 $p_5, p_6, \ldots, p_n$ を求める．
4. すべての可視点対 (p_t, f) を求めて衝突グラフ $\mathcal{G}$ を初期化する．ただし，f は $\mathcal{C}$ のファセットであり，$t > 4$ である．
5. **for** $r \leftarrow 5$ **to** n
6.   **do** (∗ p_r を $\mathcal{C}$ に挿入する：∗)
7.   **if** $F_{\text{conflict}}(p_r)$ は空でない (∗ すなわち，p_r は $\mathcal{C}$ の外にある．∗)
8.   **then** $F_{\text{conflict}}(p_r)$ のファセットをすべて $\mathcal{C}$ から削除する．
9. p_r から見える領域の境界を順にたどり（その領域は $F_{\text{conflict}}(p_r)$ のファセットから構成されている）地平面の辺のリスト $\mathcal{L}$ を順に作る．
10.   **for** すべての $e \in \mathcal{L}$
11.   **do** 三角形のファセット f を作ることにより e を p_r につなぐ．
12.   **if** f が e に沿った近傍のファセットと同一平面にある
13.   **then** f と f' を1つのファセットに統合する．ただし，その衝突リストは f' のものと同じである．
14.   **else** (∗ f の衝突リストを定める：∗)
15. $\mathcal{G}$ に f に対する節点を作る．
16. f_1 と f_2 を元の凸包で e に接していたファセットとする．
17. $P(e) \leftarrow P_{\text{conflict}}(f_1) \cup P_{\text{conflict}}(f_2)$
18.   **for** すべての点 $p \in P(e)$
19.   **do** f が p から見えるなら，(p, f) を $\mathcal{G}$ に加える．
20. p_r に対応する節点と $F_{\text{conflict}}(p_r)$ のファセットに対応

する節点をそれらに接続する枝とともに $\mathcal{G}$ から削除する．

21. **return** $\mathcal{C}$

11.3* 解析

これまでの乱択逐次構成アルゴリズムの解析と同様に，まずは構造的変化の期待回数の上界について考えよう．凸包を構成するアルゴリズムにとっては，これは実行中に作られるファセットの総数に関する上界を意味している．

補題 11.3 CONVEXHULL によって作られるファセットの個数の期待値は，高々 $6n - 20$ である．

証明 アルゴリズムではまず 4 面体を作るが，これは 4 つのファセットをもっている．アルゴリズムの各段階 r で p_r が $\mathcal{CH}(P_{r-1})$ の外部にあるとき，p_r を $\mathcal{CH}(P_{r-1})$ に関する地平面と連結する新たな三角形のファセットが作られる．では，新たなファセットの個数の期待値について考えてみよう．ここでも前回と同様に後向き解析を用いて乱択アルゴリズムを解析することにしよう．$\mathcal{CH}(P_r)$ を見ているとして，頂点 p_r を取り除くところを考えよう．p_r を $\mathcal{CH}(P_r)$ から取り除くことによってなくなるファセットの個数は，p_r を $\mathcal{CH}(P_{r-1})$ に挿入することによって作ったファセットの個数に等しい．消滅するファセットは p_r に接していたものである．それらの個数は $\mathcal{CH}(P_r)$ において p_r に接続していた辺の本数に等しい．この数を $\mathcal{CH}(P_r)$ における p_r の次数と呼び，$\deg(p_r, \mathcal{CH}(P_r))$ という記号で表す．ここで求めたいのは，$\deg(p_r, \mathcal{CH}(P_r))$ の期待値の上界である．

定理 11.1 により，r 個の頂点をもつ凸多面体は高々 $3r - 6$ 個の辺しかもたない．したがって，r 個以下の頂点しかもたない凸多面体である $\mathcal{CH}(P_r)$ の頂点の次数の和は高々 $6r - 12$ ということになる．よって，平均次数は $6 - 12/r$ で抑えられそうである．ここでは頂点をランダムな順序で扱っているから，p_r の次数の期待値は $6 - 12/r$ で上から抑えられる．しかし，ここで少し気をつけなければならないことがある．ランダムな順列を生成するとき，最初の 4 点はすでに固定されているから，p_r は $\{p_5, \ldots, p_r\}$ のランダムな要素であって，P_r のランダムな要素というわけではないのである．$p_1, \ldots, p_4$ の次数の合計は少なくとも 12 であるか

ら，$\deg(p_r, \mathcal{CH}(P_r))$ の期待値は次のように上から抑えることができる．

$$\mathrm{E}[\deg(p_r, \mathcal{CH}(P_r))] = \frac{1}{r-4} \sum_{i=5}^{r} \deg(p_i, \mathcal{CH}(P_r))$$

$$\leqslant \frac{1}{r-4} \left(\left\{ \sum_{i=1}^{r} \deg(p_i, \mathcal{CH}(P_r)) \right\} - 12 \right)$$

$$\leqslant \frac{6r - 12 - 12}{r - 4} = 6$$

CONVEXHULL で作られるファセットの個数の期待値は，最初のファセット数 (4) に $p_5, \ldots, p_n$ を凸包に追加する間に作られたファセットの総数の期待値を加えたものに等しい．したがって，作られたファセットの個数の期待値は

$$4 + \sum_{r=5}^{n} \mathrm{E}[\deg(p_r, \mathcal{CH}(P_r))] \leqslant 4 + 6(n-4) = 6n - 20$$

となる． □

構造変化の総数の上界が分かったから，アルゴリズムの実行時間の期待値の上界を求めることができる．

補題 11.4 アルゴリズム CONVEXHULL は $\mathbb{R}^3$ における n 点の集合 P の凸包を $O(n \log n)$ の期待時間で求めることができる．ただし，期待値の計算はアルゴリズムによって使われるランダムな順列に関して行う．

証明 メインのループより以前のステップは，確かに $O(n \log n)$ 時間で実行することができる．アルゴリズムの段階 r は，$F_{\mathrm{conflict}}(p_r)$ が空ならば，つまり p_r が現在の凸包の内部かあるいは境界上にあるとき，定数時間しかかからない．

そうでない場合，段階 r の大部分は $O(\mathrm{card}(F_{\mathrm{conflict}}(p_r)))$ 時間でできる．ここで，$\mathrm{card}()$ は集合の要素数を表す．例外は，17～19 行と 20 行である．これらの行で必要な時間については後で考えることにしよう．まず，$\mathrm{card}(F_{\mathrm{conflict}}(p_r))$ の上界を求めよう．$\mathrm{card}(F_{\mathrm{conflict}}(p_r))$ は点 p_r を追加したときに削除されるファセットの個数であることに注意しよう．明らかに，ファセットが削除されるのは以前にそれが作られているときであり，高々一度しか削除されない．アルゴリズムで作られるファセット数の期待値は補題 11.3 により $O(n)$ であるから，削除の回数も全部で $O(n)$ であり，したがって，次式が成り立つ．

$$\mathrm{E}[\sum_{r=5}^{n} \mathrm{card}(F_{\mathrm{conflict}}(p_r))] = O(n)$$

さて，17～19 行目と 20 行目について考えよう．20 行目にかかる時間は，$\mathcal{G}$ から削除される節点と枝の個数に比例する．また，節点も枝も

削除されるのは高々 1 回であるから，この削除のコストをそれらを作ったときの段階に課金することができる．17〜19 行目の解析が残っている．段階 r では，これらの行はすべての地平面の辺，すなわち $\mathcal{L}$ のすべての辺に対して実行される．1 つの辺 $e \in \mathcal{L}$ について $O(\text{card}(P(e)))$ の時間がかかる．したがって，段階 r でこれらの行にかかる時間は全体で $O(\sum_{e \in \mathcal{L}} \text{card}(P(e)))$ ということになる．したがって，全体の実行時間の期待値の上界を得るためには次式の上界を得なければならない．

$$\sum_{e} \text{card}(P(e))$$

ただし，ここでの和は，アルゴリズムのどこかの段階で現れる地平面の辺すべてについて取るものとする．以下では，これが $O(n \log n)$ になることを証明する．したがって，実行時間全体では $O(n \log n)$ となる． □

第 11.3* 節
解析

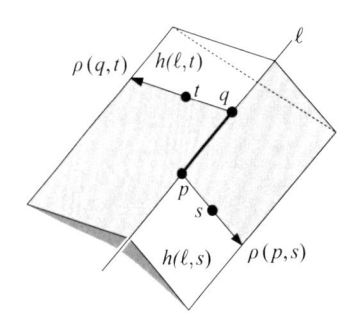

ここでは，まだ得られていない上界を求めるために，第 9 章で与えた**コンフィギュレーション空間**の枠組みを用いる．全体集合 X は P の集合であり，コンフィギュレーション Δ は凸包の辺に対応する．しかしながら，技術的な理由で—特に，縮退の場合を正しく扱えるようにするために—辺の両側に片辺を付けることにする．もっと厳密に言うと，**フラップ** Δ を，同一平面上にはない順序のついた 4 つ組 (p, q, s, t) として定義する．定義集合 (defining set) $D(\Delta)$ とは，単に集合 $\{p, q, s, t\}$ である．これに対して，拒否集合 (killing set) $K(\Delta)$ はもっと可視化しにくい．p と q を通る直線を ℓ とする．点 x が与えられたとき，ℓ を境界とする半平面のうち x を含む方を $h(\ell, x)$ という記号で表す．2 点 x, y が与えられたとき，x を始点とし y を通る半直線を $\rho(x, y)$ とする．点 $x \in S$ が $K(\Delta)$ に含まれるための必要十分条件は，それが次の領域のうちの 1 つに含まれることである．

- $h(\ell, s)$ と $h(\ell, t)$ によって定義される閉じた凸 3 次元楔形領域の外部，
- $h(\ell, s)$ の内部であるが，$\rho(p, q)$ と $\rho(p, s)$ によって定義される閉じた 2 次元楔形領域の外部，
- $h(\ell, t)$ の内部であるが，$\rho(q, t)$ と $\rho(q, p)$ によって定義される閉じた 2 次元楔形領域の外部，
- 直線 ℓ の内部であるが，線分 $\overline{pq}$ の外部，
- 半直線 $\rho(p, s)$ の内部であるが，線分 $\overline{ps}$ の外部，
- 半直線 $\rho(q, t)$ の内部であるが，線分 $\overline{qt}$ の外部．

各部分集合 $S \subseteq P$ に対して，アクティブなコンフィギュレーションの集合 $\mathcal{T}(S)$ —これが求めたいものである—を第 9 章で述べたように定義する．すなわち，$\Delta \in \mathcal{T}(S)$ であるための必要十分条件は，$D(\Delta) \subseteq S$ かつ $K(\Delta) \cap S = \emptyset$ が成り立つことである．

補題 11.5 フラップ $\Delta = (p, q, s, t)$ が $\mathcal{T}(S)$ に含まれるための必要十分条件は $\overline{pq}, \overline{ps}, \overline{qt}$ が凸包 $\mathcal{CH}(S)$ の辺であり，$\overline{pq}$ と $\overline{ps}$ に接続するファセッ

ト f_1 が存在することである．さらに，ファセット f_1 か f_2 が点 $x \in P$ から見えるとき，$x \in K(\Delta)$ である．

厳密な証明では点が同一直線や同一平面に含まれている場合も想定しなければならないが，それ以外の場合については難しくないので，この証明については読者の演習問題として残しておこう．

推測されるように，フラップは地平面の辺の役割を果たすものである．

補題 11.6 アルゴリズムのどこかの段階で現れる地平面の辺すべてについて和を取るものとして，$\sum_e \text{card}(P(e))$ の期待値は $O(n \log n)$ である．

証明 $\mathcal{CH}(P_{r-1})$ 上で p_r の地平面の辺 e について考えよう．$\Delta = (p,q,s,t)$ を $\overline{pq} = e$ となる 2 つのフラップのうちの 1 つとしよう．補題 11.5 より $\Delta \in \mathcal{T}(P_{r-1})$ が成り立ち，e に接続するファセットの 1 つを見ることができる点 $P \setminus P_r$ はすべて $K(\Delta)$ に含まれるので，$P(e) \subseteq K(\Delta)$ である．定理 9.15 により，次式

$$\sum_\Delta \text{card}(K(\Delta))$$

の期待値は次式によって上から抑えられる．ただし，和は少なくとも 1 つの $\mathcal{T}(P_r)$ に現れるフラップ Δ すべてについて取るものとする．

$$\sum_{r=1}^n 16 \left(\frac{n-r}{r}\right) \left(\frac{\mathrm{E}\left[\text{card}(\mathcal{T}(P_r))\right]}{r}\right)$$

$\mathcal{T}(P_r)$ の要素数は，$\mathcal{CH}(P_r)$ の辺数の 2 倍である．したがって，それは高々 $6r - 12$ であり，次の上界が得られる．

$$\sum_e \text{card}(P(e)) \leqslant \sum_\Delta \text{card}(K(\Delta)) \leqslant \sum_{r=1}^n 16 \left(\frac{n-r}{r}\right) \left(\frac{6r-12}{r}\right) \leqslant 96 n \ln n$$

$\square$

これで凸包構成アルゴリズムの解析の最後の部分が終わった．その結果として，次のことが分かった．

定理 11.7 $\mathbb{R}^3$ における n 点集合の凸包は，乱択アルゴリズムを用いると，$O(n \log n)$ という期待時間で求めることができる．

11.4* 凸包と半空間の交差

第 8 章では双対の概念に出会った．双対の概念の強さは，それによって問題を別の角度から眺めることができ，それによって実際に何が起こっているのかを洞察することができるようになるという点にある．点 p の

双対である直線を p^* で，直線 ℓ の双対である点を ℓ^* で表したことを思い出そう．また，双対変換は接続関係と順序関係を保存する．すなわち，$p \in \ell$ と $\ell^* \in p^*$ は等価であり，p が ℓ より上にあることと ℓ^* が p^* より上にあることは等価である．

では，双対空間では凸包が何に対応するかについて，もう少し詳しく見てみよう．まず，平面の場合から考えてみよう．P を平面上の点集合とする．技術的な理由で，$\mathcal{UH}(P)$ と記される**上部凸包**だけに焦点を当てる．これは，図 11.4 の左側に示したように，凸包の辺の中で，その支持直線の下に P があるものからなる．また，上部凸包は P の最も左の点から最も右の点に至る多角形チェインであると言うこともできる．（ここでは簡単のために，どの2点も x 座標値を共有しないものと仮定している．）

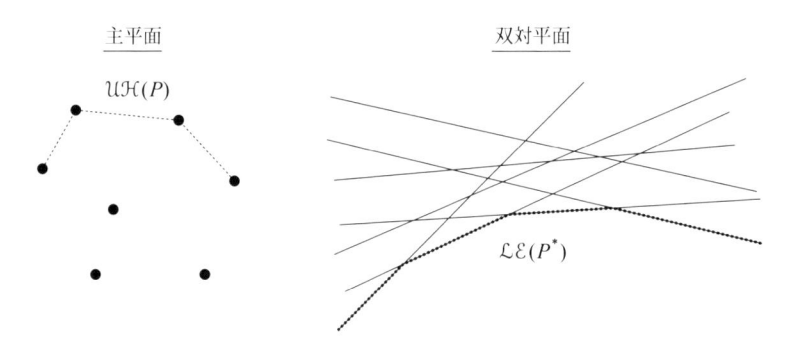

第 11.4* 節
凸包と半空間の交差

図 11.4
下側エンベロープに対応する上部凸包

点 $p \in P$ が上部凸包の頂点となるのはどんな場合だろうか．p を通る垂直でない直線 ℓ を引いて P の他の点がすべて ℓ の下にくるようにできれば，p は凸包の頂点であるし，またその逆も成り立つ．これを双対の言葉で言い換えると次のようになる．直線 $p^* \in P^*$ 上の点 ℓ^* で，ℓ^* が P^* の他のすべての直線の下にくるようなものがある．アレンジメント $\mathcal{A}(P^*)$ を見ると，これは p^* がアレンジメントの最も下のセルの境界辺を構成していることを意味している．このセルは，P^* の直線によって区切られた半平面の下半分の共通部分である．この最も下の境界は，x 単調なチェインである．このチェインは，P^* の直線を直線グラフとみなしたとき，それらの線形関数の最小値として定義することができる．そのため，アレンジメントにおけるこの最も下にあるセルの境界は，直線集合の**下側エンベロープ** (lower envelope) と呼ばれることが多い．P^* の下側エンベロープを $\mathcal{LE}(P^*)$ で表す（図 11.4 の右側を参照のこと）．

$\mathcal{UH}(P)$ に現れる P の点は，x 座標値の昇順に並んでいるから，P^* の直線は最も下のセルにおいて傾きの降順に現れる．直線 p^* の傾きは p の x 座標値に等しいから，$uh(P)$ に関する左から右への頂点リストは，$\mathcal{LE}(P^*)$ に関する右から左への辺リストに対応している．したがって，点集合の上部凸包は直線の集合の下側エンベロープと本質的には同じものである．

最後に1つだけチェックしよう．P の2点 p と q によって上部凸包の辺が定まるための必要十分条件は，P の他のすべての点が p と q を通る直線 ℓ の下にあることである．これを双対平面で考えると，$r \in P \setminus \{p, q\}$

であるすべての直線 r^* が p^* と q^* の交点 ℓ^* より上にあることになる．これは，ちょうど $p^* \cap q^*$ が $\mathcal{LE}(P^*)$ の頂点であるための条件である．

では，P の下部凸包と P^* の**上側エンベロープ**についてはどうだろうか．（ここでは厳密な定義はしない．）対称性により，これらの概念も互いに双対の関係にある．

これで，**下側半平面**—垂直でない直線を上部境界とする半平面—の共通部分は上部凸包を計算することによって，また，**上側半平面**の共通部分は下部凸包を計算することによって求められることが分かった．しかし，任意の半平面の集合 H の共通部分を求めたい場合はどうだろうか．もちろん，集合 H を上側半平面の集合 H_+ と下側半平面の集合 H_- に分割しておいて，H_+^* の下部凸包を計算することによって $\bigcup H_+$ を，H_-^* の上部凸包を計算することによって $\bigcup H_-$ を計算し，その後で $\bigcup H_+$ と $\bigcup H_-$ の共通部分を求めることによって $\bigcap H$ を計算することもできる．

しかし，このようなことは本当に必要だろうか．下側エンベロープが上部凸包に対応しており，上側エンベロープが下部凸包に対応しているなら，任意の半平面の共通部分は凸包全体に対応することにならないだろうか．ある意味でこれは正しい．問題は，ここでの双対変換が垂直な直線を扱えないことである．ほとんど垂直ではあるが互いに逆の傾きをもつ 2 直線があれば，それらの直線は非常に遠く離れた点に写像されてしまう．そのために，凸包の双対が非常に離れたところにある 2 つの部分からなるのである．

垂直な直線も扱える別の双対変換を定義することも可能である．しかし，そのような双対変換を与えられた半平面の集合に適用するには，半平面の共通部分が必要であるが，それは求めようとしているものである．ユークリッド平面以外の平面を考えるのでなければ，半平面の集合の共通部分を凸包に変えるような一般的な双対変換は存在しない．なぜなら，半平面の共通部分は次のようなある特別な性質をもつことがあるからである．すなわち，共通部分は空にもなり得るのである．では，双対平面で対応するものがあるとすれば，それは何だろうか．ユークリッド空間の点集合の凸包は常に明確に定義された (well defined) ものである．すなわち，「空っぽ」というようなものはないのである．（この問題は，有向射影空間の言葉でならうまく説明がつくが，その概念は本書の範囲を超えている．）共通部分が空ではなく，内部の 1 点が分かっているとしたら，共通部分を凸包と関連づけるような双対変換を定義することができるだろうか．

その点については，ここでは触れない．技術的に複雑なことがあるが，重要なことは凸包と半平面（または 3 次元では半空間）の共通部分は，本質的には互いの双対である．したがって，本章で説明したアルゴリズムの双対を取ると，平面上の半平面の共通部分（または 3 次元における半空間の共通部分）を求めるアルゴリズムが得られる．

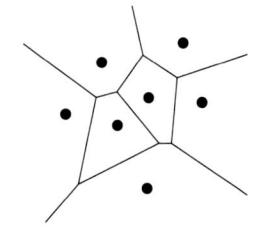

11.5* ボロノイ図（その2）

第7章で平面上の点集合に対するボロノイ図を導入した．平面ボロノイ図と3次元空間における上部半空間の共通部分との間に密接な関係があることは驚くべきことであった．したがって，前節の双対性の結果を用いると，平面ボロノイ図と3次元空間の下部凸包との間に密接な関係が存在することになる．

これを説明するためには，3次元空間における単位放物体の驚くべき性質を説明しなければならない．単位放物体を $\mathcal{U} := (z = x^2 + y^2)$ と表し，$p := (p_x, p_y, 0)$ を平面 $z = 0$ の1点をとる．ここで，p を通る垂直な直線を考えよう．それは $\mathcal{U}$ と点 $p' := (p_x, p_y, p_x^2 + p_y^2)$ において交差する．$h(p)$ を垂直でない平面 $z = 2p_x x + 2p_y y - (p_x^2 + p_y^2)$ とする．$h(p)$ は点 p' を含んでいることに注意しよう．さて，平面 $z = 0$ 上の他の任意の点 $q := (q_x, q_y, 0)$ を考えよう．q を通る垂直線は，点 $q' := (q_x, q_y, q_x^2 + q_y^2)$ において $\mathcal{U}$ と交差し，また $h(p)$ と次の点で交差する．

$$q(p) := (q_x, q_y, 2p_x q_x + 2p_y q_y - (p_x^2 + p_y^2))$$

q' と $q(p)$ の間の垂直距離は，

$$q_x^2 + q_y^2 - 2p_x q_x - 2p_y q_y + p_x^2 + p_y^2 = (q_x - p_x)^2 + (q_y - p_y)^2 = \text{dist}(p, q)^2$$

である．したがって，平面 $h(p)$ は—単位放物体とともに—p と平面 $z = 0$ 上の他の任意の点の間の距離を符号化する．（任意の点 q に対して $\text{dist}(p, q)^2 \geq 0$ であり，$p' \in h(p)$ であるから，これは $h(p)$ が p' で $\mathcal{U}$ に対する接平面であることも意味している．）

平面 $h(p)$ が他の点から p までの距離を符号化するという事実より，次に説明するように，ボロノイ図と上側エンベロープとの対応が得られる．P を平面点集合とし，3次元空間の平面 $z = 0$ にあるとする．平面の集合 $H := \{h(p) \mid p \in P\}$ を考え，$\mathcal{UE}(H)$ を H における平面の上側エンベロープとする．ここで，$\mathcal{UE}(H)$ を平面 $z = 0$ 上に射影したものは P のボロノイ図であることを示そう．図11.5 は，これを1次元下げて表示したものである．すなわち，直線 $y = 0$ 上の点 p_i たちのボロノイ図とは，直線 $h(p_i)$ の上側エンベロープを射影したものである．

定理 11.8 P を3次元空間の点集合とし，すべての点が平面 $z = 0$ にあるとする．H を上に定義したように，$p \in P$ に対して平面 $h(p)$ の集合とする．このとき，$\mathcal{UE}(H)$ を平面 $z = 0$ 上に射影したものは P のボロノイ図である．

証明 定理を証明するために，点 $p \in P$ のボロノイセルは，平面 $h(p)$ 上にある $\mathcal{UE}(H)$ のファセットを射影したものであることを示す．q を p の

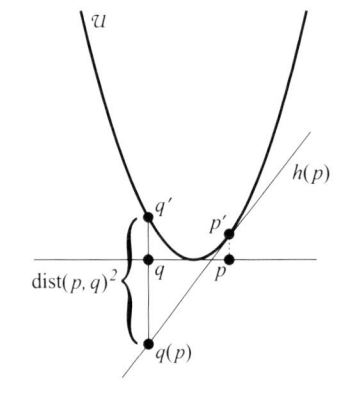

ボロノイセルに含まれる平面 $z=0$ の点とする．したがって，$r \in P$（ただし，$r \neq p$）であるすべての点 r について $\mathrm{dist}(q,p) < \mathrm{dist}(q,r)$ を得る．q を通る垂直線が $h(p)$ 上にある点で $\mathcal{UE}(H)$ と交差することを証明しなければならない．点 $r \in P$ に対して，平面 $h(r)$ は q を通る垂直線と点 $q(p) := (q_x, q_y, q_x^2 + q_y^2 - \mathrm{dist}(q,r)^2)$ と交差していた．P のすべての点の内，点 p は q に最も近い点であるので，$q(p)$ は最も上にある交点である．したがって，q を通る垂直線は $h(p)$ にある点で $\mathcal{UE}(H)$ と交差する． □

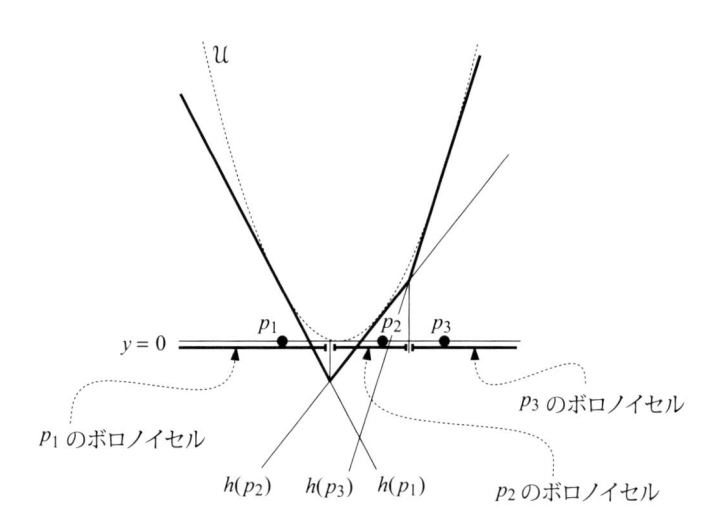

図 11.5
ボロノイ図と上側エンベロープの間の対応

この定理より，3 次元空間における平面の集合の上側エンベロープを求めれば，平面上でのボロノイ図を求めることができることになる．演習問題 11.10 により（前節も参照のこと），3 次元空間の平面たちの集合の上側エンベロープは，点 H^* の下部凸包と 1 対 1 で対応しているので，直ちにアルゴリズム CONVEXHULL を用いることができる．

驚くべきほどのことではないが，H^* の下部凸包も幾何学的な意味をもっている．すなわち，それを平面 $z=0$ に射影したものは，P のドロネーグラフである．

11.6　文献と注釈

初期の凸包構成アルゴリズムは平面上の点に対してのみ動作する―これらのアルゴリズムについて議論した第 1 章の文献と注釈を参照のこと．3 次元空間で凸包を求めるのは 2 次元に比べて相当難しいことが分かる．最初のアルゴリズムの 1 つは Chand と Kapur [84] による「ギフトラッピング」法である．この方法では，最初の点に戻ってくるまで，凸包の辺として見つかったものに関して平面を「回転する」ことにより 1 つずつファセットを求めていく．その実行時間は凸包が f 個のファセットをもつとき $O(nf)$ であるが，最悪の場合には $O(n^2)$ である．$O(n \log n)$ の実行時間を達成した最初のアルゴリズムは Preparata と Hong [322, 323]

による分割統治法によるものであった．初期の逐次構成アルゴリズムの実行時間は $O(n^2)$ である [223, 344]．ここで説明した乱択アルゴリズムは Clarkson と Shor [133] によるものである．本書で示した方法では $O(n \log n)$ の記憶領域が必要であるが，原論文では線形領域に改善するための単純な方法を与えている．本書で最初に用いた衝突グラフの考え方も Clarkson と Shor の論文によるものである．しかしながら，ここで示した解析は Mulmuley [290] によるものである．

本章では 3 次元空間に焦点を当てたが，凸包は 3 次元でも線形の複雑度を持っていた．いわゆる**上界定理** (upper bound theorem) によると，d 次元空間における n 点の凸包の最悪の場合の組合せ複雑度——双対空間の言葉で表現すると，n 個の半空間の共通部分の複雑度——は $\Theta(n^{\lfloor d/2 \rfloor})$ である．（ここでは，オイラーの公式を用いて $d = 3$ の場合に対してこの結果を証明した．）本章で説明したアルゴリズムは高次元に一般化でき，最悪の場合において最適である．すなわち，その期待実行時間は $\Theta(n^{\lfloor d/2 \rfloor})$ である．興味深いことに，奇数次元の空間に対して知られている最善の決定性の凸包構成アルゴリズムは，このアルゴリズムを（非常に込み入った方法で）脱乱択化 (derandomize: 乱択化したものを元に戻す方法) に基づいたものである [97]．3 次元以上の空間での凸包は非線形な複雑度をもつことがあるから，出力に敏感なアルゴリズム (output-sensitive algorithm) が有用であろう．$\mathbb{R}^d$ で凸包を構成する出力に敏感なアルゴリズムの中で最善のものは Chan [82] によるものである．その実行時間は $O(n \log k + (nk)^{1-1/(\lfloor d/2 \rfloor + 1)} \log^{O(1)})$ である．ただし，k は凸包の複雑度を表している．凸包の計算に関する多数の結果を含んだ優れたサーベイが Seidel [347] によって与えられている．高次元での多面体の数学的な側面について興味のある読者は，多面体理論に対する古典的な参考書である Grünbaum の本 [194]，または組合せ的側面を扱った Ziegler の本 [399] を参照されたい．

11.5 節で，平面点集合のボロノイ図は 3 次元空間におけるある平面集合の上側エンベロープを射影したものであることを知った．同様のことが高次元でも言える．すなわち，$\mathbb{R}^d$ における点集合のボロノイ図は，$\mathbb{R}^{d+1}$ におけるある超平面集合の上側エンベロープを射影したものである．（超）平面の集合すべてについて，その射影がある点集合のボロノイ図になっているような上側エンベロープが定まるとは限らない．興味深いことに，上側エンベロープは，サイトとして点ではなく球を用いるようにボロノイ図を一般化した [25]，いわゆるパワーダイアグラム (power diagram) に射影されるわけではない．

第 11.6 節
文献と注釈

11.7 演習

11.1 第1章では，点集合 P の凸包をすべての点を含む凸集合の共通部分として定義した．本章では別の定義を与えた．すなわち，P の凸包とは，P の点のすべての凸結合の集合であるというものである．これら2つの定義が等価であること，すなわち q が P の点の凸結合であるための必要十分条件は q が P を含むすべての凸集合に含まれることであることを証明せよ．

11.2 アルゴリズム CONVEXHULL の最悪時の実行時間は $O(n^3)$ であり，またランダムな順列として悪い選び方をしてしまうと，アルゴリズムが実際に $\Theta(n^3)$ 時間かかってしまうことを証明せよ．

11.3 平面上の n 点の凸包を求める乱択逐次構成アルゴリズムを説明せよ．縮退をどのように扱うかを説明すること．また，そのアルゴリズムの実行時間の期待値を解析せよ．

11.4 多くの応用においては，与えられた n 点の集合 P のほんの小さな割合の点だけが凸包の頂点になる．そのような場合には，P の凸包は n 個未満の頂点しかもたない．この性質を使うと，アルゴリズム CONVEXHULL を実際には $\Theta(n \log n)$ より早く実行させることができる．

たとえば，P の中から r 個ランダムに選んだ中で凸包上にある点の個数が，ある定数 $\alpha < 1$ に対して $O(r^\alpha)$ にすぎないと仮定しよう．（これは，集合 P が球の中で一様にランダムな点を選ぶことによって作られたものなら正しい．）この条件の下で，このアルゴリズムの実行時間は $O(n)$ であることを証明せよ．

11.5 3次元空間における n 点の集合 P の凸包は，ある平面を凸包の分かっている辺に関して「回転し」，それによって新たなファセットを見つけることによって計算できる．この方法に基づくアルゴリズムを詳細に記述し，その実行時間を解析せよ．

11.6 質問点 q が $\mathbb{R}^3$ における n 頂点の凸多面体の内部に含まれるかどうかの判定を可能にするデータ構造を与えよ．（ヒント：第6章の結果を用いよ．）

11.7 単純な多面体とは，3次元空間の領域で，ボールと位相的に等しい（が，必ずしも凸とは限らない）領域で，その境界は平面多角形から構成されるものであると定義しよう．質問点が3次元空間における n 頂点の単純な多面体の内部にあるかどうかを $O(n)$ 時間で判定する方法を示せ．

11.8 半平面の共通部分を求める乱択逐次構成アルゴリズムについて説明し，その実行時間の期待値を解析せよ．そのアルゴリズムは今までに処理した半平面の共通部分を保持するものでなければなら

ない．新たな半平面をどこに挿入すべきかを求めるために，現在の共通部分の頂点とこれから挿入すべき半平面の間の衝突グラフを保持すること．

11.9 3次元空間の半空間の共通部分を求める乱択逐次構成アルゴリズムについて説明し，その実行時間の期待値を解析せよ．前問と同様の衝突グラフを保持すること．

11.10 この演習問題では，3次元における双対変換について詳細に至るまで把握しなければならない．$\mathbb{R}^3$ に点 $p := (p_x, p_y, p_z)$ が与えられたとき，p^* を平面 $z = p_x x + p_y y - p_z$ とする．垂直でない平面 h に対して，$(h^*)^* = h$ が成り立つように h^* を定義せよ．また，3次元空間において，点集合 P の上部凸包 $\mathcal{UH}(P)$ と，平面の集合 H の下側エンベロープ $\mathcal{LE}(H)$ を定義せよ．11.4節では平面の場合について定義したが，それと同様にすること．

次の性質が成り立つことを示せ．

- 点 p が平面 h 上にあるための必要十分条件は，h^* が p^* 上にあることである．
- 点 p が h より上にあるための必要十分条件は，h^* が p^* より上にあることである．
- 点 $p \in P$ が $\mathcal{UH}(P)$ の頂点であるための必要十分条件は，p^* が $\mathcal{LE}(P^*)$ 上にあることである．
- 線分 $\overline{pq}$ が $\mathcal{UH}(P)$ の辺であるための必要十分条件は，p^* と q^* が $\mathcal{LE}(P^*)$ 上で辺を共有することである．
- 点 $p_1, p_2, \ldots, p_k$ が $\mathcal{UH}(P)$ のファセット f の頂点であるための必要十分条件は，$p_1^*, p_2^*, \ldots, p_k^*$ が1つの頂点を共有する $\mathcal{LE}(P^*)$ のファセットの境界を構成することである．

第11.7節
演習

12　空間2分割

塗り重ね法

今日ではパイロットは最初の飛行訓練を空ではなくて，地上でフライトシミュレータを用いて行っている．その方が航空会社にとって安上がりで，パイロットにとってもより安全であるだけでなく，環境にもよいからである．シミュレータで何時間も過ごした後でないと，パイロットは実際の飛行機の操縦桿を操作することは許されないのである．したがって，フライトシミュレータは，パイロットにシミュレータを使っていることを忘れさせるために，様々な仕事ができなければならない．重要な仕事は可視化である．パイロットから，現在飛んでいる場所を上から見た風景や，いま着陸しようとしている滑走路が見えなければならない．そのためには，風景のモデル化と，モデルのレンダリング (rendering) の両方が必要である．シーンをレンダリングする，すなわちあるシーンを絵として完成させるためには，スクリーン上の各ピクセルに対して，そのピクセルで見える物体が何かを決めなければならない．これが隠面除去 (hidden surface removal) と呼ばれているものである．また，シェーディング (shading) の計算を行って，見える物体から視点に向けて発せられる光の強度を求めなければならない．とてもリアルな画像を得たい場合には，この後者の仕事には非常に時間がかかる．なぜなら，どれだけの光が物体に届くか——光源から直接的に，あるいは他の物体上での反射を介して間接的に——計算しなければならないし，光が物体表面でどのような相互作用を受けるかを考えて，どれだけの割合の光が視点の方向に反射されるかを調べないといけないからである．フライトシミュレータでは，実時間でレンダリングを実行しなければならないので，シェーディングの計算を正確に行うだけの時間的余裕がない．したがって，高速で単純なシェーディングの技法が使われており，隠面除去がレンダリング処理の中でも時間的に重要になっている．

単純な隠面除去の方法として z バッファ法 (z-buffer algorithm) がある．この方法は次のようなものである．まず，シーンを変換して，視線の方向が z 軸の正方向になるようにする．次に，シーンの物体に対して任意の順序で走査変換 (scan conversion) を行う．ある物体の走査変換とは，その物体を射影したときにどのピクセルがカバーされるかを求めることに

第 12 章
空間 2 分割

相当する．つまり，潜在的にその物体を見ることができるピクセルである．アルゴリズムでは，2つのバッファを用いてすでに処理された物体に関する情報を管理している．フレームバッファとzバッファの2つである．フレームバッファでは，各ピクセルについて，現在見えている物体，すなわちすでに処理された物体だけを考えたときに見える物体の光の強度を蓄えておく．一方，zバッファには，各ピクセルについて，現在見えている物体のz座標値を蓄える．（もっと詳細に言うと，そのピクセルで見える物体上の点のz座標値を蓄えるのである．）いま，ある物体を走査変換して，1つのピクセルを選んだとしよう．そのピクセルにおけるその物体のz座標値がzバッファに蓄えられているz座標値よりも小さいときには，新たな物体がそれまで見えていた物体の前にあることになる．そこで，この新たな物体の明るさをフレームバッファに書き込み，そのz座標値をzバッファに書き込む．逆に，そのピクセルにおけるその物体のz座標値がzバッファに蓄えられているz座標値よりも大きいときには，新たな物体は見えないので，フレームバッファとzバッファの内容は変化しない．zバッファ法はハードウェアで簡単に実現できて，実際的に非常に速い．したがって，最も普及した隠面除去の方法である．このアル

図 12.1
塗り重ね法の実行例

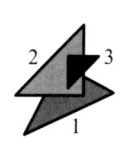

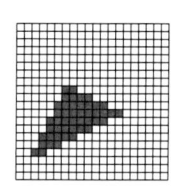

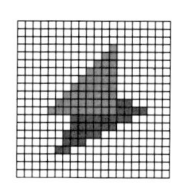

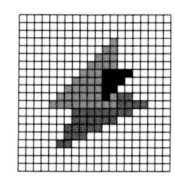

ゴリズムにも欠点はある．zバッファとして余分に大きな記憶領域が必要になるのである．また，ある物体で覆われた各ピクセルに対してz座標値に関する判定が余分に必要になる．**塗り重ね法** (painter's algorithm) では，これらの余分なコストを避けるために，まず物体を視点までの距離に従ってソートしておき，視点から最も遠い物体から始めて**深さ順** (depth order) に走査変換する．

1つの物体を走査変換するとき，そのz座標値に関する判定を実行する必要はなく，フレームバッファにその明るさを書き込むだけでよい．フレームバッファの内容は単に上から書き込まれるだけである．図 12.1 は3個の三角形からなるシーンについてアルゴリズムの動作を説明したものである．左の図では，三角形を走査変換の順序に対応する番号とともに示している．最初から3番目までの三角形を順に走査変換した後の画像も示してある．物体を後方から前方への順に物体を走査変換したから，この方法で正しく処理できる．各ピクセルに対して，フレームバッファの対応する要素に書き込まれた最後の物体が視点に最も近いものなので，そのシーンを正しく表している．この過程が画家が塗り重ねていく過程に似ていることから，この名前がつけられたのである．

この方法をうまく適用するためには，物体を効率よくソートすることが

できなければならない．残念ながら，これは簡単ではない．さらに悪いことに，深さ順は常に存在するとは限らない．物体の前後関係はサイクルを含むことがありうるからである．前後関係に**巡回的な重なり** (cyclic overlap) があるなら，どんな順序で処理してもシーンを正しく表示することはできない．この場合，1個以上の物体を分割することによってサイクルを断ち切り，深さ順が得られるようにしなければならない．たとえば，3個の三角形がサイクルをなすとき，その内の1つを三角形と四角形に分割して，得られた4個の物体に対して正しい表示順序が存在するようにすることが常に可能である．どの物体を分割すべきか，どこで分割すべきかを求め，さらに分割の結果生じた物体をまとめてソートするのは時間のかかる仕事である．求める順序は視点の位置によって変わるから，視点が移動する度に順序を再計算しなければならない．フライトシミュレーションのように，この塗り重ね法を実時間で実行しないといけないとしたら，どんな視点に対しても正しい表示順序が素早く求められるようにシーンを前処理しておくのがよい．これを可能にする優雅なデータ構造が**空間2分割木** (binary space partition tree)，あるいは **BSP木** (BSP tree) と呼ばれるものである．

第 12.1 節
BSP 木の定義

12.1 BSP木の定義

BSP木がどんなものかを感覚的に知るために，図12.2の例を見てみよう．この図は平面上の物体の集合に対する空間2分割 (BSP) を，それに対応する木と一緒に示したものである．見て分かるように，この空間2分割は，直線で平面を再帰的に分割することによって得られている．すなわち，まず最初に全平面を ℓ_1 で分割し，ℓ_1 より上の半平面を ℓ_2 で，ℓ_1 より下の半平面を ℓ_3 で分割する．以下同様である．これらの分割線は平面を分割しているだけでなく，物体も分断してしまうことがある．各領域の内部に1つしか物体が残らなくなったときに，この分割操作は終了する．上記の分割過程は2分木でモデル化するのが自然である．この木

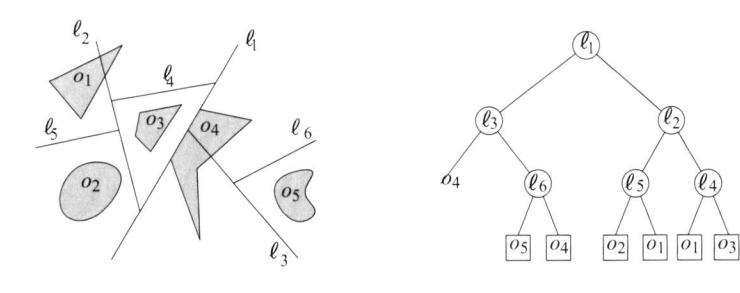

図 12.2
空間2分割と対応する木

の葉節点は最終的な領域分割の面に対応しており，1つの面に含まれる物体の断片は対応する葉節点に蓄える．一方，内部節点は分割線に対応していて，分割線をその節点に蓄える．シーンに（線分のような）1次元の物体が含まれているときは，分割線に含まれてしまうこともありうる．

第 12 章
空間 2 分割

そのような場合，対応する内部節点ではこれらの物体をリストの形で蓄える．

超平面 $h: a_1x_1 + a_2x_2 + \cdots + a_dx_d + a_{d+1} = 0$ に対して，h を境界とする正方向の開半平面を h^+ とし，負方向の開半平面を h^- とする．すなわち，

$$h^+ := \{(x_1, x_2, \ldots, x_d) : a_1x_1 + a_2x_2 + \cdots + a_dx_d + a_{d+1} > 0\}$$

および

$$h^- := \{(x_1, x_2, \ldots, x_d) : a_1x_1 + a_2x_2 + \cdots + a_dx_d + a_{d+1} < 0\}$$

d 次元空間の物体の集合 S に対する空間 2 分割木，すなわち BSP 木とは，次の性質をもった 2 分木 $\mathcal{T}$ として定義される．

- $\mathrm{card}(S) \leqslant 1$ のとき，$\mathcal{T}$ は 1 つの葉節点だけからなる．S の物体の断片（もし存在するなら）をこの葉節点に蓄える．この葉節点を ν と表すとき，この葉節点に蓄えた（空かもしれない）集合を $S(\nu)$ と記す．
- $\mathrm{card}(S) > 1$ のときは，$\mathcal{T}$ の根 ν には超平面 h_ν と h_ν に完全に含まれる物体の集合 $S(\nu)$ を蓄える．ν の左の子は，集合 $S^- := \{h_\nu^- \cap s : s \in S\}$ に対する BSP 木 $\mathcal{T}^-$ の根であり，ν の右の子は，集合 $S^+ := \{h_\nu^+ \cap s : s \in S\}$ に対する BSP 木 $\mathcal{T}^+$ の根である．

BSP 木の**サイズ**は，BSP 木のすべての節点 ν について集合 $S(\nu)$ のサイズを合計したものである．言い換えると，BSP 木のサイズとは，生成された物体の断片の総数である．BSP 木が意味のない分割線，すなわち何もない部分空間を分割する線を含んでいないなら，木の節点の総数は BSP 木のサイズに関して高々線形である．厳密に言うと，BSP 木のサイズは，木を蓄えるのに必要なメモリーの量に関しては何の情報も与えてくれない．なぜなら，1 つの断片を蓄えるのに必要なメモリーの量に関して何の情報ももたないからである．そのような事情はあるが，ここで定義した BSP のサイズは，与えられた物体の集合に対して様々な BSP 木を考えたときに，どれがよいかを比較するのによい測度 (measure) となる．

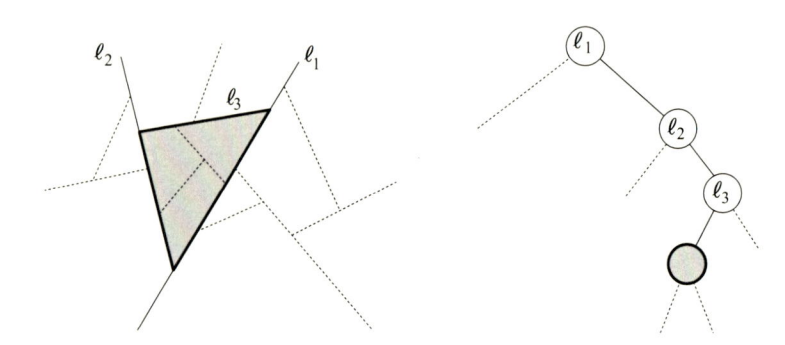

図 12.3
節点と領域の対応関係

BSP 木の葉節点は，対応する空間 2 分割 (BSP) が定める領域分割の面を表している．もっと一般的に言うと，BSP 木 $\mathcal{T}$ の各節点 ν と凸領域

を同一視することができる．すなわち，この領域は，半空間 $h_\mu^\diamond$ の共通部分である．ただし，μ は ν の先祖であり，ν が μ の左部分木にあれば $\diamond = -$ であり，右部分木にあれば $\diamond = +$ である．$\mathcal{T}$ の根に対応する領域は全空間である．図 12.3 は，これを図示したものである．灰色で示した節点は灰色の領域 $\ell_1^+ \cap \ell_2^- \cap \ell_3^+$ に対応している．

BSP では任意の超平面を用いて分割してもよいが，計算の都合上，許される分割超平面の集合に制限を加えておくと便利である．よく用いられる制限とは次のようなものである．たとえば，平面上の線分の集合に対する BSP 木を構成する場合を考えてみよう．分割線に対する候補の集合として明らかなものは，入力の線分を延長したものである．そのような分割だけを用いる BSP を自己分割 (auto-partition) と呼んでいる．3 次元空間における平面的多角形の集合に対しては，入力多角形を含む平面だけを用いた BSP が自己分割となる．自己分割だけに制限するのは厳しいように思われる．しかし，自己分割で常に最小サイズの BSP 木を構成できるわけではないけれども，十分小さなサイズの木を構成できることを次に見てみよう．

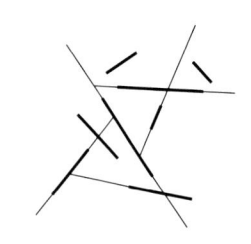

12.2 BSP 木と塗り重ね法

3 次元空間の物体の集合 S に関する BSP 木 $\mathcal{T}$ を構成したとしよう．では，この木 $\mathcal{T}$ をどのように使えば，塗り重ね法で集合 S を表示するのに必要な深さ順 (depth order) を得ることができるだろうか．p_{view} を視点とし，p_{view} は $\mathcal{T}$ の根に蓄えられた分割平面より上にあると仮定しよう．このとき，この分割平面より下にある物体が分割平面より上にある物体を覆い隠すことがないことは明らかである．したがって，部分木 $\mathcal{T}^+$ にある物体を表示する前に部分木 $\mathcal{T}^-$ の物体（より厳密には，物体の断片）をすべて表示しても安全である．この 2 つの部分木 $\mathcal{T}^+$ と $\mathcal{T}^-$ に含まれる物体の断片に対する順序は同様の方法を再帰的に適用することにより得られる．以上をまとめると次のアルゴリズムが得られる．

アルゴリズム PAINTERSALGORITHM($\mathcal{T}, p_{\text{view}}$)
1. ν を $\mathcal{T}$ の根とする．
2. **if** ν は葉節点である
3. **then** $S(\nu)$ にある物体の断片を走査変換する．
4. **else if** $p_{\text{view}} \in h_\nu^+$
5.   **then** PAINTERSALGORITHM($\mathcal{T}^-, p_{\text{view}}$)
6. $S(\nu)$ にある物体の断片を走査変換する．
7.   PAINTERSALGORITHM($\mathcal{T}^+, p_{\text{view}}$)
8.   **else if** $p_{\text{view}} \in h_\nu^-$
9.   **then** PAINTERSALGORITHM($\mathcal{T}^+, p_{\text{view}}$)

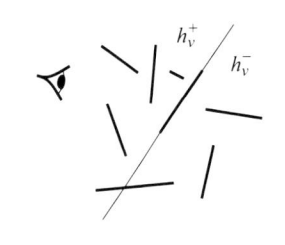

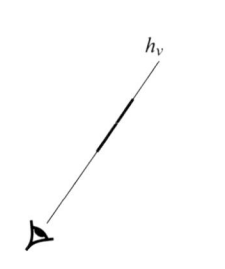

10.　　　　　　　　$S(v)$ にある物体の断片を走査変換する．
11.　　　　　　　　PAINTERSALGORITHM($\mathcal{T}^-, p_{\text{view}}$)
12.　　　　　else (∗ $p_{\text{view}} \in h_v$ ∗)
13.　　　　　　　　PAINTERSALGORITHM($\mathcal{T}^+, p_{\text{view}}$)
14.　　　　　　　　PAINTERSALGORITHM($\mathcal{T}^-, p_{\text{view}}$)

ここで，p_{view} が分割平面 h_v 上にあるときには，$S(v)$ の多角形は描かないことに注意しておこう．これは，多角形は平たい 2 次元物体であるので，それを含む平面上の点からは見えないからである．

このアルゴリズムの効率は—実際，BSP 木を用いる任意のアルゴリズムの効率は— BSP 木のサイズに大きく依存している．したがって，物体の断片化が最小になるように分割平面をうまく選ばなければならない．小さな BSP 木を作り出す分割戦略を開発する前に，どんなタイプの物体を許すのかを決めておかなければならない．ここで BSP 木に興味を持ったのは，フライトシミュレータに対して隠面除去を高速に行う必要があったからである．速度がここでの主な関心であるから，シーンに含まれる物体のタイプを単純なものにしておきたい．したがって，曲面は使わずに，多面体のモデルですべてを表現する．ここで，多面体のファセットは三角形分割されているものとする．したがって，ここでの目標は，3 次元空間における与えられた三角形の集合に対してサイズの小さい BSP 木を構成することである．

12.3　BSP 木の構成法

3 次元の問題を解こうとするとき，まずその問題を 2 次元で考えてみて感じをつかむことはふつう悪い考えではない．本節でも同じことをしよう．

S を平面上の n 本の互いに交差しない線分の集合としよう．ここでは，自己分割だけを考えることにする．すなわち，S のどれかの線分を含む直線だけを分割線の候補として考える．そうすると，次のような再帰的アルゴリズムで BSP を構成できることがすぐに分かるだろう．$\ell(s)$ によって線分 s を含む直線を表すことにしよう．

アルゴリズム　2DBSP(S)
入力：線分の集合 $S = \{s_1, s_2, \ldots, s_n\}$.
出力：S に対する BSP 木．
1.　　**if** card(S) ≤ 1
2.　　**then** 1 つの葉節点だけからなる木 $\mathcal{T}$ を作り，そこに集合 S を蓄える．
3.　　　　**return** $\mathcal{T}$
4.　　**else** (∗ $\ell(s_1)$ を分割線として使うこと．∗)

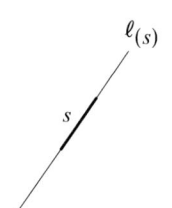

5. $S^+ \leftarrow \{s \cap \ell(s_1)^+ : s \in S\}$; $\mathcal{T}^+ \leftarrow$ 2DBSP(S^+)
6. $S^- \leftarrow \{s \cap \ell(s_1)^- : s \in S\}$; $\mathcal{T}^- \leftarrow$ 2DBSP(S^-)
7. $v, \mathcal{T}^-, \mathcal{T}^+$ をそれぞれ，根，左部分木，右部分木とし，$S(v) = \{s \in S : s \subset \ell(s_1)\}$ とする BSP 木を構成する．
8.   **return** $\mathcal{T}$

第 12.3 節
BSP 木の構成法

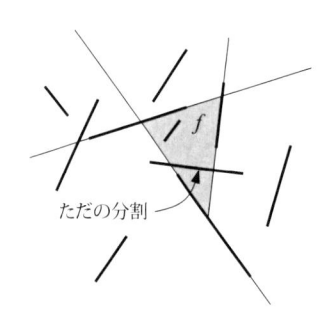

このアルゴリズムは明らかに集合 S に対する BSP 木を構成するが，構成された木は小さいだろうか．多分，何も考えずに最初の線分 s_1 を用いて分割を行うのではなく，どの線分を分割線として選ぶかについてもう少し考えるべきだろう．頭に浮かぶ 1 つの方法は，$\ell(s)$ が交差する線分数が最小になるように線分 $s \in S$ を選ぶというものである．しかし，この方法はあまりにも貪欲である．つまり，この方法ではうまくいかないように線分を配置することができるのである．さらに，そのような線分を求めること自体が時間のかかることである．では，他にどんな方法が考えられるだろうか．多分，読者はすでに次のような方法を推測していることだろう．前章で難しい選択をする必要があったが，同様にランダムな選択をすることにしよう．つまり，ランダムに線分を選んで分割を行うのである．後で分かることであるが，このようにして得られた BSP 木は結構小さいことが期待できる．

この方法を実現するには，構成を始める前に線分をランダムな順序に並べておく．

アルゴリズム 2DRANDOMBSP(S)
1.   集合 S のランダム順列 $S' = s_1, \ldots, s_n$ を生成する．
2. $\mathcal{T} \leftarrow$ 2DBSP(S')
3.   **return** $\mathcal{T}$

この乱択アルゴリズムを解析する前に，1 つの単純な最適化が可能であることに注目する．最初の 2, 3 の分割直線をすでに選んだとしよう．これらの直線によって平面の領域分割が定まるが，その面はこれから構成しようとしている BSP 木の節点に対応している．そのような 1 つの面 f に注目しよう．この面 f を完全に横断する線分が存在することがある．そのような横断線分の内の 1 つを選んで f を分割しても，f の内部において他のどの線分も切断されることはないが，その線分自身はそれ以降は考慮の対象から外すことができる．そのような**ただの分割** (free split) を利用しない手はない．そこで，ただの分割が可能なときは常に使い，そうでないときにだけランダムな分割を使うように戦略を改善する．この最適化を実現するためには，1 つの線分がただの分割を与えるかどうかを判定できなければならない．そのために，各線分について左右の端点がすでに加えられた分割線に含まれるかどうかを表す 2 つのブール変数をもっておくことにする．どちらの変数も真なら，その線分はただの分割を与える．

ただの分割

第 12 章
空間 2 分割

それではアルゴリズム 2DRANDOMBSP の効率を解析しよう．ものごとを単純にするために，ただの分割を用いない場合について解析をしよう．（実際，漸近的にはただの分割があっても違いはない．）

まず，BSP 木のサイズ，すなわち生成される断片の個数を解析してみよう．もちろん，この個数は 1 行目でどんな順列を生成するかによって大きく異なる．すなわち，小さな BSP 木を与えるものもあれば，非常に大きなものを与えるものもあるのである．一例を挙げよう．図 12.4 に示

図 12.4
順序を変えると出来上がる BSP も異なる

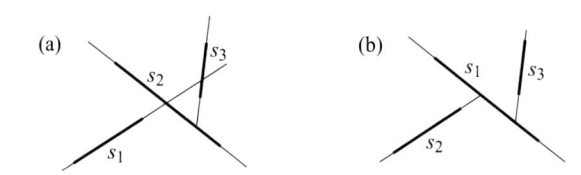

した 3 本の線分について考えよう．これらの線分を図の (a) に示した順序で処理すると，5 個の線分の断片が得られることになる．しかし，同図 (b) に示すような別の順序だと 3 個の断片しか生じない．どんな順列を用いるかによって BSP 木のサイズも異なるから，BSP 木のサイズの**期待値**，すなわち，$n!$ 通りの順列についてサイズの平均をとったものを解析することにしよう．

補題 12.1 アルゴリズム 2DRANDOMBSP によって生成される物体の断片の個数の期待値は $O(n \log n)$ である．

証明 S の線分 s_i を固定して考えよう．次の分割線として $\ell(s_i)$ を加えたときに切断される他の線分の本数の期待値を解析しよう．

図 12.4 で，$\ell(s_i)$ を加えたときに線分 s_j が切断されるかどうかは，—$\ell(s_i)$ によって 2 分割されると仮定すると—s_i と s_j の「間に」あって $\ell(s_i)$ によって切断される他の線分に依存することが分かるだろう．特に，そのような線分を通る直線を $\ell(s_i)$ より前に使うと，それは s_i から s_j を隠してしまうことになる．これを示したのが図 12.4(b) である．すなわち，線分 s_1 は s_2 から s_3 を隠してしまっている．以上の考察より，この固定線分 s_i に関する線分の距離を次のように定義することができる．

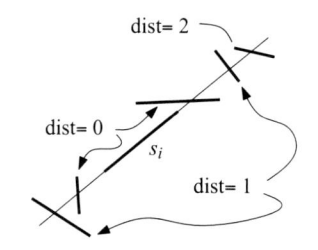

$$\mathrm{dist}_{s_i}(s_j) = \begin{cases} s_i \text{ と } s_j \text{ の間で } \ell(s_i) \text{ と交差する線分の本数} & \ell(s_i) \text{ が } s_j \text{ と交差するとき} \\ +\infty & \text{それ以外のとき} \end{cases}$$

任意の有限の距離に対して，その距離には s_j の両側に 1 つずつの高々 2 本の線分しかない．

$k := \mathrm{dist}(s_j)$ とし，$s_{j_1}, s_{j_2}, \ldots, s_{j_k}$ を s_i と s_j の間にある線分とする．$\ell(s_i)$ を分割線として加えたとき，$\ell(s_i)$ が s_j と交差する確率はどの程度だろうか．交差が生じるためには，ランダムな順序づけで s_i が s_j より前になければならず，さらに，s_i と s_j の間にある線分の中で，s_i から s_j を隠すどの線分よりも前になければならない．言い換えると，インデック

スの集合 $\{i, j, j_1, \ldots, j_k\}$ の中で，i が最小のものでなければならない．線分の順序はランダムであるから，これより次式を得る．

$$\Pr[\ell(s_i) \text{ が } s_j \text{ を切断する}] \leq \frac{1}{\text{dist}_{s_i}(s_j) + 2}$$

ここで，$\ell(s_i)$ に切断されることはないが，それを延長した直線が s_j を隠してしまうような線分は存在し得ることに注意しておこう．そのために，上記の式が等号として成り立たないのである．

以上より，s_i によって生成される切断数の総数の期待値を次のように上から抑えることができる．

$$\begin{aligned}
\mathrm{E}[s_i \text{ によって生成される切断数}] &\leq \sum_{j \neq i} \frac{1}{\text{dist}_{s_i}(s_j) + 2} \\
&\leq 2 \sum_{k=0}^{n-2} \frac{1}{k+2} \\
&\leq 2 \ln n
\end{aligned}$$

期待値の線形性により，すべての線分によって生成される切断数の総数の期待値は高々 $2n \ln n$ であると言うことができる．最初は n 本の線分があったから，生成される断片の総数の期待値は $n + 2n \ln n$ で抑えられる． □

以上で，2DRANDOMBSP によって生成される BSP のサイズの期待値が $n + 2n \ln n$ であることを示せた．その結果，どのような n 本の線分からなる集合に対してもサイズが $n + 2n \ln n$ である BSP が存在することを示したことになる．さらに，すべての順列の少なくとも半分からサイズが $n + 4n \ln n$ の BSP が得られることも言える．これを用いると，そのサイズの BSP を求めることができる．つまり，2DRANDOMBSP を実行した後で，木のサイズを判定し，もし限度を超えていれば，再びランダムな順列を一から作り直してアルゴリズムを再度走らせればよい．その場合の実行回数の期待値は 2 である．

2DRANDOMBSP で生成される BSP のサイズについては解析できたが，実行時間についてはどうだろうか．今度もどんなランダム順列を使うかによって結果が異なるので，実行時間の期待値について考えることにしよう．ランダム順列の計算は線形時間でできる．再帰呼出しの時間を無視するなら，アルゴリズム 2DBSP にかかる時間は S の断片の個数に関して線形である．この個数は n より大きくなることはない——事実，毎回再帰呼出しをする度に小さくなっていく．最後に，再帰呼出しの回数は，明らかに生成される断片の総数で抑えられるが，これは $O(n \log n)$ である．したがって，全体の構成時間は $O(n^2 \log n)$ となり，次の結果が得られる．

定理 12.2 サイズ $O(n \log n)$ の BSP は $O(n^2 \log n)$ の期待時間で求めることができる．

第 12.3 節
BSP 木の構成法

第 12 章
空間 2 分割

2DRANDOMBSP で構成される BSP のサイズの期待値はかなりよいが，アルゴリズムの実行時間はいくぶん期待はずれである．しかしこのことは多くの応用においてはあまり重要ではない．というのは，木の構成はオフラインで行われるからである．さらに，構成時間が 2 乗に比例するのは，BSP が非常にアンバランスなときだけであり，実際にはそのようなことは起こりそうにないからである．ではあるが，理論的な見地からすると，この構成時間は期待はずれである．区分木—第 10 章参照—に基づく方法を用いると，これを改善することは可能である．つまり，決定性のアルゴリズムで $O(n \log n)$ のサイズの BSP を $O(n \log n)$ 時間で構成することができるのである．しかしながら，この方法は自己分割にならないので，実際には少し大き目の BSP を作ることになる．

ここで考えられる自然な疑問は，2DRANDOMBSP で作られる BSP のサイズも改善できるかどうかというものである．つまり，平面上の互いに素な任意の n 本の線分の集合に対して $O(n)$ のサイズの BSP を生成するアルゴリズムを考案することは可能だろうか．答はノーである．つまり，どんな BSP も $\Omega(n \log n / \log \log n)$ のサイズをもってしまうような線分の集合が存在するのである．注意しておきたいのは，ここに示したアルゴリズムはこの限界を達成しているわけではないので，まだ少し改善の余地が残されている．

平面の場合について説明したアルゴリズムを 3 次元空間に一般化するのは容易である．S を $\mathbb{R}^3$ における n 個の互いに交差しない三角形の集合とする．今度も自己分割だけを考えることにしよう．すなわち，S の三角形を含む平面だけを分割平面として用いるのである．三角形 t に対して，t を含む平面を $h(t)$ と表す．

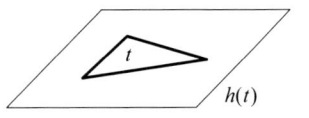

アルゴリズム 3DBSP(S)
入力：$\mathbb{R}^3$ における三角形の集合 $S = \{t_1, t_2, \ldots, t_n\}$．
出力：S に対する BSP．
1.   **if** card(S) $\leqslant$ 1
2.   **then** 1 つの葉節点だけからなる木 $\mathcal{T}$ を作り，そこに集合 S を蓄える．
3.   **return** $\mathcal{T}$
4.   **else** (∗ 分割平面として $h(t_1)$ を使う．∗)
5. $S^+ \leftarrow \{t \cap h(t_1)^+ : t \in S\}$; $\mathcal{T}^+ \leftarrow$ 3DBSP(S^+)
6. $S^- \leftarrow \{t \cap h(t_1)^- : t \in S\}$; $\mathcal{T}^- \leftarrow$ 3DBSP(S^-)
7. v を根とし，$\mathcal{T}^-$ と $\mathcal{T}^+$ をそれぞれ左右の部分木とする BSP 木を作る．ただし，$S(v) = \{t \in T : t \subset h(t_1)\}$ である．
8.   **return** $\mathcal{T}$

得られる BSP のサイズもまた三角形の順序によって異なる．つまり，順序が違えばより多くの断片が生じることがある．平面の場合と同様に，

まず三角形をランダムな順序に並べることによってサイズの期待値をよくしようとすることを考えると,実際にはこれでよい結果が得られるのが普通である.しかしながら,このアルゴリズムの平均的な振舞いを理論的に解析する方法は知られていない.そこで,上に説明したアルゴリズムの方が実際には優れているであろうが,次節ではこのアルゴリズムの変形版を解析することにしよう.

12.4* 3次元空間でのBSP木のサイズ

本節では3次元空間においてBSP木を構成する乱択アルゴリズムの解析を行うが,これは上で述べた修正版のアルゴリズムとほぼ同じである.すなわち,三角形をランダムな順序で処理し,ただの分割が可能であれば必ず行うというものである.ただの分割が生じるのは,Sの三角形が1つのセルを2つの非連結な部分セルに分割するときである.唯一の違いは,ある平面$h(t)$を分割平面として使うとき,tが交差するセルで使うだけではなく,その平面が交差するすべてのセルにおいて使うという点である.(また,それゆえに単純な再帰アルゴリズムはうまくいかない.)このルールに1つの例外がある.すなわち,すべてのセルを$h(t)$で分割するが,あるセルに含まれる三角形がすべて$h(t)$に関して一方の側にだけあって,$h(t)$による分割がそのセルにとってまったく無意味であるならば,そのような分割は実行しない.

図12.5は2次元での例を用いて説明したものである.同図(a)では,前節のアルゴリズムにしたがって線分s_1, s_2, s_3を(この順序で)処理した後の領域分割を示している.一方,同図(b)に示したのは,修正版のアルゴリズムの結果である.修正版のアルゴリズムでは,$\ell(s_1)$より下の部分空間において$\ell(s_2)$を分割線として用い,$\ell(s_2)$の右の部分空間では$\ell(s_3)$を分割線として使っていることに注意しよう.しかしながら,$\ell(s_1)$と$\ell(s_2)$に挟まれた部分空間では,$\ell(s_3)$が無意味になるので,$\ell(s_3)$を分割線として使うことはない.

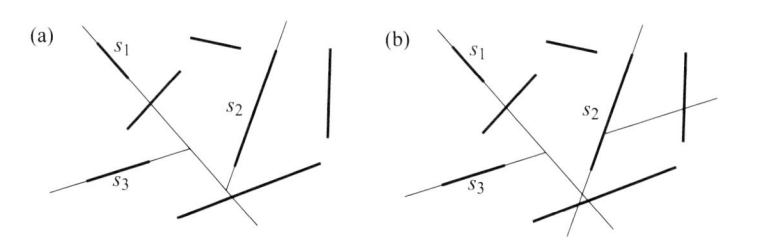

ただの分割

図12.5
元のアルゴリズムと修正版アルゴリズムによる分割

修正版アルゴリズムを大まかに言うと次のようになる.詳細については練習問題とする.

アルゴリズム 3DRANDOMBSP2(S)
入力:$\mathbb{R}^3$における三角形の集合$S = \{t_1, t_2, \ldots, t_n\}$.

第 12 章
空間 2 分割

出力：S に対する BSP 木．
1. 集合 S のランダム順列 $t_1,\ldots,t_n$ を生成する．
2. **for** $i \leftarrow 1$ **to** n
3.   **do** $h(t_i)$ が意味をもつすべてのセルを $h(t_i)$ で分割する．
4.   ただの分割が可能ならすべて実行すること．

次の補題は上記のアルゴリズムによって生成される断片の個数の期待値を解析したものである．

補題 12.3 $n!$ 通りのすべての順列についてアルゴリズム 3DRANDOMBSP2 によって生成された物体の断片の個数の期待値は $O(n^2)$ である．

証明 1 つの三角形 $t_k \in S$ を固定して，これが何個の断片に切断されるか，その期待値に関する上界を証明することにしよう．$i < k$ である三角形 t_i に対して $\ell_i := h(t_i) \cap h(t_k)$ と定義する．集合 $L := \{\ell_1,\ldots,\ell_{k-1}\}$ は，平面 $h(t_k)$ に含まれる高々 $k-1$ 本の直線の集合である．その中には t_k と交差するものもあるし，交差しないものもある．t_k と交差する直線 ℓ_i に対して，$s_i := \ell_i \cap t_k$ と定義する．I をそのような共通部分 s_i たちの集合としよう．ただの分割により，t_k から生じる断片の個数は，一般には I が誘導する t_k 上のアレンジメントの面の個数とは単純には一致しない．これを理解するために，t_{k-1} を処理する瞬間を考えてみよう．ℓ_{k-1} は t_k と交差するものと仮定しよう．もし交差しなければ，t_{k-1} によって t_k が切断されることはない．線分 s_{k-1} は，$I \setminus \{s_k\}$ によって誘導される t_k 上でのアレンジメントのいくつかの面と交差することがある．しかし，そのような面 f が t_k の辺の 1 つと接続していないなら— f は内面であると呼ぶ— t_k のこの部分を通るただの分割がすでに実行されているはずである．言い換えると，$h(t_{k-1})$ は外面だけ，すなわち t_k の 3 本の辺の 1 つと接続する面だけを切断する．したがって，$h(t_{k-1})$ が t_k 上で行う分割の回数は，s_{k-1} が I によって誘導される t_k 上でのアレンジメントの外面と交差する辺数に等しい．（以下の解析で重要なことは，外面の集合は $t_1,\ldots,t_{k-1}$ を扱う順序には無関係だということである．ところが，この性質は前節で述べたアルゴリズムでは成り立たない．これが修正を施した理由である．）では，そのような辺数の期待値はどうだろうか．この質問に答えるために，まず外面の辺の総数を抑えよう．

第 8 章において，平面上の直線のアレンジメントにおいて直線 ℓ が交差する面の集合として直線 ℓ のゾーン (zone) を定義した．m 本の直線からなるアレンジメントに対してゾーンの複雑度は $O(m)$ であったことに注意しよう．さて，e_1, e_2, e_3 を t_k の 3 辺とし，各 $i = 1, 2, 3$ について $\ell(e_i)$ を，e_i を通る直線としよう．そうすると，ここで興味のある辺は，平面 $h(t_k)$ 上で集合 L によって誘導されるアレンジメントにおいて $\ell(e_1), \ell(e_2), \ell(e_3)$ のどれかのゾーンにあるはずである．したがって，外面の辺

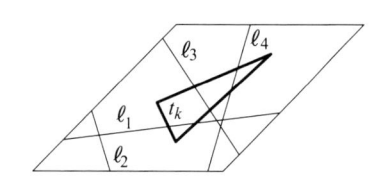

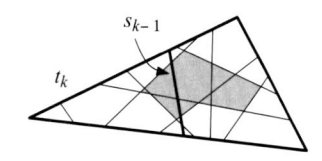

の総数は $O(k)$ である.

外面の辺の総数が $O(k)$ ならば,線分 s_i の上にある辺数の平均値は $O(1)$ である.$t_1,\ldots,t_n$ はランダムな順列であるから,$t_1,\ldots,t_{k-1}$ も同じである.したがって,線分 s_{k-1} 上の辺数の期待値は定数であり,よって $h(t_{k-1})$ によって t_k 上で余分に作られた断片の数の期待値は $O(1)$ である.同じ議論によって,$h(t_1)$ から $h(t_{k-2})$ までのそれぞれの分割平面によって作られた t_k 上の断片の個数の期待値は定数であることを示すことができる.これより,t_k が切断されてできる断片の個数の期待値は $O(k)$ であることが分かる.したがって,断片の総数の期待値は次式で与えられる.

$$O(\sum_{k=1}^{n} k) = O(n^2)$$

□

第 12.4* 節
3 次元空間での BSP 木のサイズ

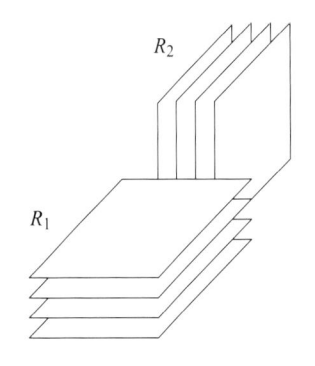

アルゴリズム 3DRANDOMBSP によって生成される分割のサイズの期待値の上界が 2 乗に比例することから,直ちに 2 乗のサイズの BSP 木が存在することが証明できる.

読者の中には上で得た上界に失望した人もいるであろう.2 乗のサイズをもつ BSP 木では,10,000 個の三角形の集合が与えられているときには役に立たないのである.次の定理は,自己分割に制限する限り,これよりよい結果を望むことはできないことを示している.

補題 12.4 3 次元空間で互いに交差しない n 個の三角形の集合で,それに対する自己分割のサイズが $\Omega(n^2)$ になるものが存在する.

証明 縁の部分に示したように,xy-平面に平行な長方形の集合 R_1 と,yz-平面に平行な長方形の集合 R_2 からなる長方形の集合について考えよう.(この例は,三角形の集合としても問題ないが,長方形の方が可視化が容易である.)$n_1 := \text{card}(R_1)$ および $n_2 := \text{card}(R_2)$ とし,$G(n_1, n_2)$ をそのようなコンフィギュレーション (configuration) に対する自己分割の最小サイズとしよう.ここで,$G(n_1, n_2) = (n_1+1)(n_2+1) - 1$ が成り立つことを示そう.証明は,$n_1 + n_2$ に関する帰納法で行う.上記の式は $G(1, 0)$ と $G(0, 1)$ については明らかに正しいので,$n_1 + n_2 > 1$ の場合について考えよう.一般性を失うことなく,自己分割は集合 R_1 から長方形 r を選ぶものと仮定しよう.r を通る平面は R_2 の長方形をすべて分割する.さらに,再帰的に処理しなければならない 2 つの部分シーンにおけるコンフィギュレーションは,初期コンフィギュレーションと全く同じ形をしている.r より上にある R_1 の長方形の個数を m で表すと,次式を

第 12 章
空間 2 分割

得る.

$$G(n_1, n_2) = 1 + G(m, n_2) + G(n_1 - m - 1, n_2)$$
$$= 1 + ((m+1)(n_2+1) - 1) + ((n_1 - m)(n_2+1) - 1)$$
$$= (n_1 + 1)(n_2 + 1) - 1$$

□

したがって，自己分割に制約してしまわない方がよいだろう．補題 12.4 で下界の証明をしたときには，自己分割に制限したことは明らかに悪い考えであった．つまり，そのような分割を用いると必ず 2 乗のサイズが

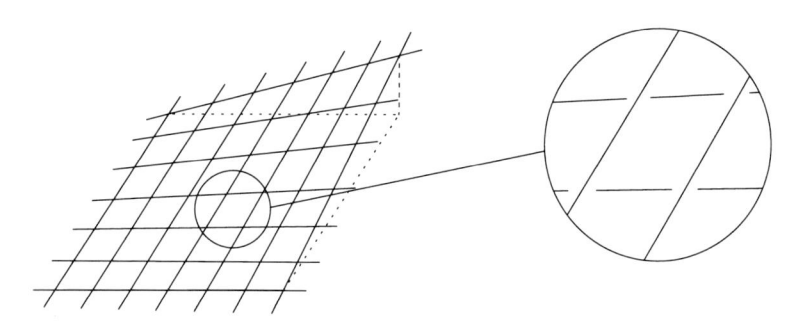

図 12.6
一般的な下界の構成

必要になることを示したが，最初に集合 R_1 と R_2 を xz-平面で分割しておけば，線形サイズの BSP が得られる．しかし，制約のない分割方法でも，図 12.6 のコンフィギュレーションに対しては小さな BSP を与えることはできない．このコンフィギュレーションは次のようにして得たものである．まず，x 軸に平行に $n/2$ 本の直線と y 軸に平行に $n/2$ 本の直線からなる平面上のグリッドを構成する．（直線の代わりに，非常に細長い三角形を考えてもよい．）これらの直線を少しだけ傾けて，図 12.6 のようにする．そうすると，直線たちはいわゆる双曲放物面 (hyperbolic paraboloid) 上にあることになる．最後に，直線たちを y 軸に平行に少しだけ上方に移動して，直線どうしが交差しないようにする．こうして得られた直線の集合は，次のようなものである．

$$\{y = i, z = ix : 1 \leqslant i \leqslant n/2\} \cup \{x = i, z = iy + \varepsilon : 1 \leqslant i \leqslant n/2\}$$

ここで ε は小さな正定数である．もし ε が十分に小さければ，どんな BSP も 1 つのグリッドセルを囲む 4 本の直線の少なくとも 1 つと，そのセルのすぐ隣で交差するはずである．この事実を形式的に証明するのは初等的ではあるが，退屈であまり教育上ためになるわけでもない．考え方としては，直線たちはどの平面も 4 つの開口部を同時に通るようにはできないことを示すのである．グリッドセルは 2 乗に比例するだけ存在するから，その結果，$\Theta(n^2)$ 個の断片が生じることになる．

定理 12.5 $\mathbb{R}^3$ における n 個の互いに交差しない三角形の任意の集合に対

して，$O(n^2)$ のサイズをもつ BSP 木が存在する．さらに，どんな BSP 木のサイズも $\Omega(n^2)$ になるようなコンフィギュレーションも存在する．

12.5 低密度のシーンに対する BSP 木

前節では，$\mathbb{R}^3$ における互いに共通部分をもたない n 個の三角形の集合に対する BSP 木を構成するアルゴリズムについて説明した．これによって常に $O(n^2)$ のサイズの BSP 木が生成される．また，**どんな BSP 木も $\Omega(n^2)$ のサイズをもつような n 個の三角形の集合**の例も与えた．したがって，$O(n^2)$ の上界は最悪の場合においてタイトであり，理論的な観点からすれば，この問題は解決済みと思ってよい．しかし，この2乗の上界は BSP 木が実際には役に立たないものだという印象を与えてしまうことになりかねない．幸運にもそうではない．すなわち，多くの実際的な場面では BSP 木はうまくいくのである．明らかに，理論的な解析が BSP 木の実際の効率を予測するのに失敗しているだけである．

　これは心配の種である．理論的な解析に基いて，実際には非常に役に立つ構造を無視してしまうことになったかもしれないのである．問題は，ある入力—たとえば，グリッドを用いた下界の構成など—では，BSP 木は物体を切断しなければならなくなるが，別の入力—実際によく起こるもの— ではほんの少しの物体しか切断しない BSP も得られるということである．これを解析に反映させたい．これにより様々なタイプの入力にそれぞれ異なる上界が得られることになる．これは，入力のサイズ n だけで解析をすることはできないということを意味している．ここで，簡単な入力を難しい入力から区別するために別のパラメータを導入しなければらない．では，簡単な入力とはどんなものだろうか．直観的には，簡単な入力とは物体が比較的うまく分離されているようなものであり，逆に難しい入力とは多数の物体が密に詰まっているようなものである．物体が互いに近くにあるかどうかは，それらの絶対的な距離の問題ではなくて，それらのサイズと相対的な距離が重要である．そうでなければ，全体のシーンの倍率を変えれば異なる結果が得られることになり，望ましくないからである．したがって，次のようにシーンの**密度**(density) と呼ぶパラメータを定義する．

　$\text{diam}(o)$ によって物体 o の直径を表すことにする．$\mathbb{R}^d$ における物体

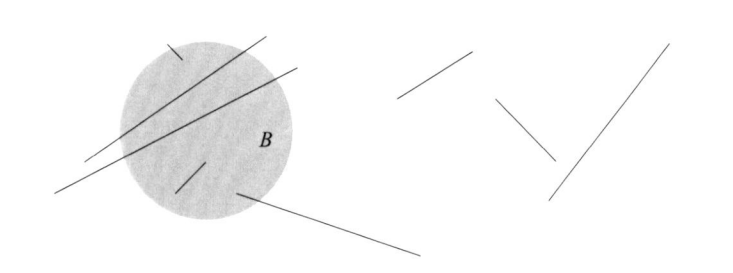

第 12.5 節
低密度のシーンに対する BSP 木

図 12.7
密度3をもつ8本の線分の集合．円板 B は5本の線分と交差するが，それらのうちの2つは$\text{diam}(B)$よりも小さい直径をもつので，それらは勘定に入れない

の集合 S の**密度**を，次の条件が成り立つ最小数 λ と定義する：任意の
ボール B は $\mathrm{diam}(o) \geqslant \mathrm{diam}(B)$ であるような高々 λ 個物体 o と交差す
る．図 12.7 はこの定義を説明するためのものである．この定義では**任意
のボール**を用いていることに注意しよう．B は S の物体ではなくて，そ
の中心が空間のどこにあってもよい任意の半径をもつボールである．

密度が n であるような n 個の物体の集合を求めるのは簡単である．た
とえば，直線の集合がそうである．物体が有界であっても密度はまだ高
いことがある．たとえば，図 12.6 に示したグリッド状の構造は，そこに
含まれる物体が直線全体ではなくて線分であっても $\Theta(n)$ の密度をもつ．
他方，密度が非常に低くなることもある．どの 2 つのボールも 1 単位の
距離より離れているような n 個の単位球の集合の密度は 1 である．事実，
互いに素な n 個の球からなる任意の集合は，たとえそれらが非常に異な
る様々なサイズをもっていたとしても，$\Theta(1)$ の密度をもつ— 演習問題
12.13 参照．

どうなっているのかを見てみよう．ここでは密度というパラメータを定
義したが，これは次のような意味でシーンの難しさを捉えている．密度
が低いとき，物体はかなりうまく分離されており，密度が高いときは，多
数の物体が近くにあるような領域がある．次に示したいことは，密度が
低い—たとえば，n に無関係な定数である—ときには小さな BSP 木を見
つけることができるということである．1 つの可能性は，前節の乱択アル
ゴリズムをもっと詳しく解析して，入力の集合の密度が低いときには小
さな BSP 木を生成することを示すというものであろう．残念ながら，そ
うではない．低密度の入力に対してさえ，そのサイズの期待値が 2 乗に
比例するような BSP 木を作ってしまうこともある．言い換えると，この
アルゴリズムは入力のシーンは簡単であるときには，その状況を常に利
用できるわけではない．新たなアルゴリズムが必要である．

S を $\mathbb{R}^2$ における物体の集合としよう— S は線分，円板，三角形などを含
んでよい．また，λ を S の密度とする．(以下に与えるアルゴリズムは
$\mathbb{R}^3$ でも，さらに高次元でもうまくいく．簡単のため今からは $\mathbb{R}^2$ に限定
して話を進める．) このアルゴリズムの背景にある考え方は，各物体 $o \in S$
に対して小さな点集合を定義し—それらの点を**見張り** (guard) と呼ぶこ
とにする—見張りの分布が物体の分布を代表するようにし，BSP 木がそ
れらの見張りに導かれて構成されるようにするというものである．

$\mathrm{bb}(o)$ によって o の限界長方形を表すことにする．すなわち，$\mathrm{bb}(o)$ は
o を含む最小の軸平行な長方形である．o に対してここで定義する見張り
は単に $\mathrm{bb}(o)$ の 4 頂点である．$G(S)$ を S の物体に対して定義される $4n$
の見張りの多重集合とする．(限界長方形の頂点に重複があってもよいの
で $G(S)$ は多重集合である．重複があるかどうかとは別に，限界長方形の
頂点を見張りとしてその出現回数分だけ $G(S)$ に入れたい．) S の密度が

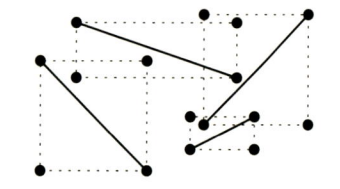

低いとき，$G(S)$ の見張りは，次の意味で S の分布の代表元となっている．任意の正方形 σ に対して，σ と交差する物体の個数は，σ の中にある見張りの個数を超えることはない．次の補題はこれを正確に述べたものである．この補題は正方形と交差する物体の個数に関する上界を与えているだけであって，下界は与えていない．ある正方形は多数の見張りを含んでいるのに，どの物体とも交差しないということは十分にありうることである．（2 次元における）密度の定義では円板を用いたが，次の補題で与えられる見張りの性質は正方形に関するものであることにも注意をしておく必要がある．

第 12.5 節
低密度のシーンに対する BSP 木

補題 12.6 $G(S)$ からの k 個の見張りを内部に含む任意の軸平行な正方形が交差する S の物体は高々 $k+4\lambda$ 個である．

証明 σ を内部に k 個の見張りを含む軸平行な正方形としよう．明らかに，σ の内部に見張り（すなわち，限界長方形の頂点）を含む物体は高々 k 個だけ存在する．S の残りの物体の集合を S' としよう．すなわち，σ の内部に見張りをもたないような物の集合である．明らかに，S' の密度は高々 λ である．ここでは，S' の高々 4λ 個の物体が σ と交差する可能性があることを示さなければならない．

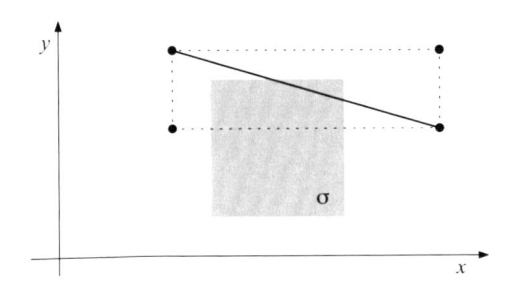

図 12.8
この正方形 σ は線分とは交差するが，見張りは含まない．したがって，この線分の直径は少なくとも σ の辺長である

物体 $o \in S'$ が σ と交差するなら，明らかに $\mathrm{bb}(o)$ は σ とも交差する．S' の定義により，正方形 σ は $\mathrm{bb}(o)$ の頂点をその内部に含まない．しかし，そうすると $\mathrm{bb}(o)$ を x-軸に射影したものは，σ を x-軸に射影したものを含むか，$\mathrm{bb}(o)$ を y-軸に射影したものは，σ を y-軸に射影したものを含む．図 12.8 参照．これは，o の直径が σ の辺長以上であることを意味しており，よって $\mathrm{diam}(o) \geqslant \mathrm{diam}(\sigma)/\sqrt{2}$ である．さて，σ を $\mathrm{diam}(\sigma)/2$ を直径とする 4 個の円板 $D_1, \ldots, D_4$ で被覆しよう．物体 o は，これらの円板の少なくとも 1 つ D_i と交差する．そこで，o を D_i に課金する．次式が成り立つ．

$$\mathrm{diam}(o) \geqslant \mathrm{diam}(\sigma)/\sqrt{2} > \mathrm{diam}(\sigma)/2 = \mathrm{diam}(D_i)$$

S' の密度は高々 λ であるので，各 D_i は高々 λ 回しか課金されない．したがって，σ が交差する S' の物体は高々 4λ 個である．S' にない高々 k 個の物体を加えると，σ が交差する S の物体は高々 $k+4\lambda$ 個であることが分かる．

第 12 章
空間 2 分割

補題 12.6 は BSP 木を構成する次の 2 段階のアルゴリズムを示唆している．U を S のすべての物体を内部に含む正方形とする．

第 1 段階では，各正方形がその内部に見張りを高々 1 個しか含まないようになるまで再帰的に U を正方形に分割する．言い換えれば，$G(s)$ に関する 4 分木—第 14 章参照—を構成する．正方形を 4 つの象限に分割する作業は，まず正方形を垂直線で 2 等分し，その後で各半分を水平線で分割することで実現できる．したがって，4 分木から集合 $G(S)$ に関する BSP 木が得られる．図 12.9 はこれを図示したものである．ここで，分割線の中には同じものがあることに注意をしておこう．実際，たとえば ℓ_2 と ℓ_3 は同じ直線である．違いは何かというと，直線のどの部分が使われているかであるが，この情報は BSP 木の節点に蓄えられるわけではない．補題 12.6 により，最終的な分割における各葉節点の領域はほんの少

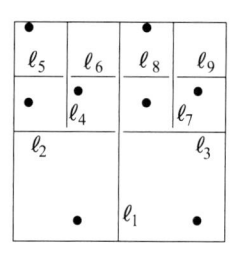

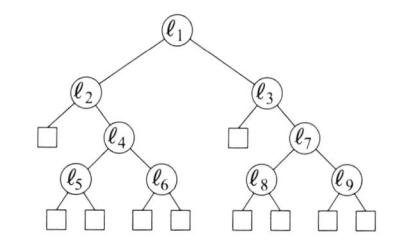

図 12.9
4 分木の分割と対応する BSP 木

しの物体としか交差しない—正確に言うと，高々 $1+4\lambda$ 個である．アルゴリズムの第 2 段階では，それぞれの葉節点の領域をさらにすべての物体が分離されるまで分割する．この第 2 段階をどのように実現するかは，正に S の物体のタイプに依存する．たとえば，物体が線分であれば，12.3 節で与えたアルゴリズム 2dRandomBSP を各葉節点の領域にある線分の断片に適用する．

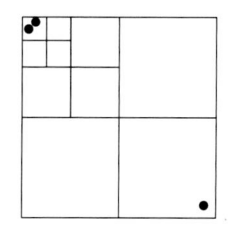

上にスケッチしたアルゴリズムの重要な性質は，低密度のシーンに対しては第 1 段階では少しの物体としか交差しない葉節点の領域が生成されるということである．残念ながら 1 つ問題がある．葉節点の領域はとても大きくなることがあるのである．これが生じるのは，たとえば，2 個の見張りが最初の正方形 U の 1 つの角のごく近くにある場合である．したがって，アルゴリズムの第 1 段階を修正して，葉節点の領域を線形個しか生成しないことを保証できるようにしなければらない．これは次のようにすればよい．

最初の修正は，各領域が 1 個しか見張りを含まないようになるまで分割を継続するのではなくて，ある適切なパラメータ $k \geqslant 1$ に対して，領域が含む見張りが k 個以下になったときにやめるというものである．なぜそうするのか，また k の値をどのように選ぶのかについては後に議論する．

第 2 の修正は次のとおりである．再帰的な分割の手続きにおいて正方

形 σ を分割しなければならないものとしよう．σ の 4 つの象限を考えよう．もしそれらの内少なくとも 2 つがその内部に k 個より多い見張りを含んでいるなら，**4 分木分割** (quadtree split) を適用することによって以前と同様に進む．σ を 4 つの象限に分割するのに，まずそれを垂直線 $\ell_v(\sigma)$ で分割し，その後で各半分を水平線 $\ell_h(v)$ で分割する—図 12.10 参照．4 分木分割を適用した後で，それぞれの象限について再帰的に同じ操作を行う．もしどの象限も k 個より多くの見張りを含んでいなければ，4 分

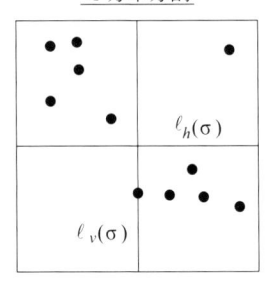

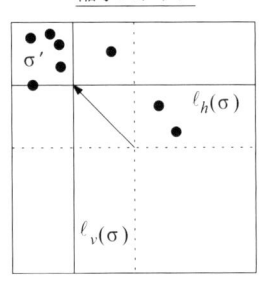

第 12.5 節
低密度のシーンに対する BSP 木

4 分木分割　　　　縮小ステップ

図 12.10
$k = 4$ の場合の 4 分木分割と縮小ステップの例

木分割を終了する．この場合，4 つの象限はすべて葉領域節点となる．もしちょうど 1 つの象限 σ' だけが内部に k 個より多くの見張りを含んでいる場合には注意が必要である．すべての見張りが 1 つの角に非常に近いことも可能であり，そのときには最終的にそれらを分離するまでに何度も 4 分木分割を行ってしまうかもしれない—補題 14.1 も参照のこと．したがって，**縮小ステップ** (shrinking step) を実行する．直観的には，少なくとも k 個の見張りが σ' の内部には存在しないようになるまで σ' を縮小するである．もっと正確に述べると，縮小ステップは次のように進む．σ' は σ の北西象限であると仮定する．残りの 3 象限は対称的に扱える．ここでは σ' を縮小するのに，その右下の角を北西方向の対角線にそって—したがって σ' は縮小の過程の間，ずっと正方形であり続ける—少なくとも k 個の見張りが σ' の外に出て行くまで移動する．記法を少しだけ乱用して，σ' によって縮小された象限を表すことにしよう．σ' は少なくとも 1 つの見張りをその境界上に含むことに注意しておこう．σ を分割するのに，まずそれを σ' の右辺を通る垂直線 $\ell_v(\sigma)$ で分割し，その後で得られた 2 つの部分を σ' の下辺を通る水平線 $\ell_h(\sigma)$ によって分割する—図 12.10 参照．これによって σ は 4 つの領域に分割されるが，そのうちの 2 つは正方形である．特に，k 個より多くの見張りを含み，したがってさらに分割しなければならない唯一の領域である σ' は正方形である．

アルゴリズム PHASE1 は再帰的な分割手続きをまとめたものである．

アルゴリズム PHASE1(σ, G, k)
入力：領域 σ，σ の内部の見張りの集合 G，および整数 $k \geqslant 1$．
出力：各葉節点の領域が高々 k 個の見張りしか含まないような BSP 木 $\mathcal{T}$．
1. **if** card$(G) \leqslant k$

2. **then** 1つの葉節点だけからなるBSP木Tを構成せよ．
3. **else if** σのちょうど1つの象限だけが内部にk個より多くの見張りを含む
4.   **then** 上に述べた方法で，縮小ステップに対する分割線 $\ell_v(\sigma)$ と $\ell_h(\sigma)$ を求めよ．
5.   **else** 上に述べた方法で，4分木分割に対する分割線 $\ell_v(\sigma)$ と $\ell_h(\sigma)$ を求めよ．
6.   3個の内部節点をもつBSP木Tを構成せよ；Tの根はその分割線として $\ell_v(\sigma)$ を蓄え，根の2つの子節点には分割線として $\ell_h(\sigma)$ を蓄える．
7.   Tの各葉節点 μ を μ に対応する領域とその領域の内部の見張りに関して再帰的に計算されたBSP木 T_μ で置き換えよ．
8. **return** T

補題 12.7 PHASE1$(U,G(S),k)$ は $O(n/k)$ 個の葉節点をもつBSP木を生成する．ただし，各葉節点の領域は高々 $k+4\lambda$ 個の物体としか交差しない．

証明 最初に，葉節点の個数に関する上界を証明しよう．この個数は内部節点の個数に1を加えたものであり，よって後者の個数の上界を求めるだけで十分である．

card$(G)=m$ のときに PHASE1(σ,G,k) によって生成されるBSP木の内部節点の最大個数を $N(m)$ によって表すことにしよう．$m \leq k$ なら分割は実行されないので，この場合 $N(m)=0$ である．そうでないなら，4分木分割か縮小ステップが σ に適用される．その結果として3個の内部節点と，再帰の対象となる4個の領域が得られる．$m_1,\ldots,m_4$ によってこの4個の領域における見張りの個数を表すことにし，$I := \{i : 1 \leq i \leq 4 \text{ かつ } m_i > k\}$ とする．k 個以下の見張りしか含まない領域は葉節点の領域であるから，$i \notin I$ に対して $N(m_i)=0$ を得る．

$$N(m) \leq \begin{cases} 0 & m \leq k \text{ のとき} \\ 3 + \sum_{i \in I} N(m_i) & \text{それ以外のとき} \end{cases}$$

ここでは帰納法により $N(m) \leq \max(0,(6m/k)-3)$ を示そう．$m \leq k$ に対しては明らかに成り立つから，ここでは $m > k$ と仮定しよう．1個の見張りは高々1つの領域の内部にしかあり得ないが，これより $\sum_{i \in I} m_i \leq m$ であることが分かる．σ の少なくとも2つの象限が k 個より多くの見張りを含むなら，card$(I) \geq 2$ であり，欲しかった次式を得る．

$$N(m) \leq 3 + \sum_{i \in I} N(m_i) \leq 3 + \left(\sum_{i \in I}(6m_i/k)\right) - \text{card}(I) \cdot 3 \leq 6m/k - 3$$

もしどの象限も k 個より多くの見張りを含まないなら，これらの4領域はすべて葉節点の領域になるから，$N(m)=3$ を得る．$m>k$ という仮定

を考えると，これにより $N(m) \leq (6m/k) - 3$ を得る．残りの場合は，ちょうど1つの象限だけが k 個より多くの見張りを含む場合である．この場合，縮小ステップを適用する．縮小ステップを実行する方法により，縮小された象限は $m-k$ 個より少ない見張りだけを含み，他に生じた領域も高々 k 個の見張りしか含まない．

$$N(m) \leq 3 + N(m-k) \leq 3 + (6(m-k)/k - 3) \leq 6m/k - 3$$

したがって，どんな場合でも主張どおり $N(m) \leq (6m/k) - 3$ である．これで内部節点の個数の上界が示せた．

まだ証明できていないことは，各葉節点の領域は高々 $k + 4\lambda$ 個の物体としか交差しないことである．構成法により，葉節点の領域はその内部に高々 k 個の見張りしか含まない．したがって，葉節点の領域が正方形なら，補題 12.6 によりそれは $k + 4\lambda$ 個の物体と交差する．しかしながら，正方形ではない葉節点の領域もあり得る．その場合，補題 12.6 を直接適用することはできない．正方形でない葉節点の領域 σ'' は図 12.10 に示すように，縮小ステップで作られたに違いない．縮小ステップは，k 個以上の見張りが内部に含まれなくなると直ちに停止することを思い出そう．これらの見張りのうちの少なくとも1つは σ' の境界上に存在しなければならない．事実，σ' の外部にある見張りの個数は (σ' の境界上の見張りを数えずに) k 個未満のはずである．これは，σ'' をその内部に高々 k 個の見張りしか含まない正方形で被覆できることを意味している．この正方形は余白の図では灰色で示してある．補題 12.6 により，この正方形は高々 $k + 4\lambda$ 個の物体としか交差しないので，σ'' も高々それだけの物体としか交差しない．□

補題 12.7 は，k として 1 より大きな値を用いると有利になることがある理由を説明している．k が大きくなればなるほど，得られる葉節点の領域は少なくなる．他方，k の値を大きくするということは，1つの葉節点の領域あたりの物体が多くなることも意味している．したがって，k の値としてよいのは，1つの葉節点の領域あたりの物体の個数を大きく増やすことなく，葉節点の領域の個数をできるだけ減らすような値である．そのためには $k := \lambda$ とすればよい．葉節点の領域の個数は ($k = 1$ の場合と比較して) λ 分の 1 に減るが，1つの葉節点の領域当りの物体の最大個数は漸近的に増加するわけではない—— $1 + 4\lambda$ から 5λ に増えるだけである．

しかしながら，1つ問題がある．入力シーンの密度 λ を知らないのである．よって，それをアルゴリズムの中でパラメータとして使うことはできない．そのために，ここでは次のトリックを用いる．λ の値として小さな値，たとえば $\lambda = 2$ と推測する．このとき，k の値をこのように推測したとして PHASE1 を実行する．また，得られた BSP 木における各葉節点の領域が高々 $5k$ 個の物体と交差するかどうかを調べる．もしそう

第 12.5 節
低密度のシーンに対する BSP 木

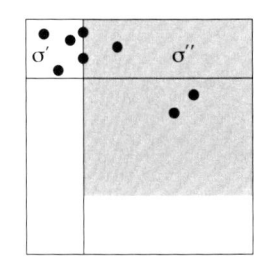

ら，アルゴリズムの第 2 段階に進む．そうでなければ，推測した値を 2 倍して同じことを再び試みる．このようにして次のアルゴリズムを得る．

アルゴリズム LowDensityBSP2D(S)
入力：平面上の n 個の物体の集合 S.
出力：S に対する BSP 木 $\mathcal{T}$.
1. $G(S)$ を，S の物体の限界正方形の $4n$ 個の頂点の集合とする．
2. $k \leftarrow 1$; $done \leftarrow$ **false**; $U \leftarrow S$ の限界長方形
3. **while not** $done$
4.   **do** $k \leftarrow 2k$; $\mathcal{T} \leftarrow$ Phase1($U, G(S), k$); $done \leftarrow$ **true**
5.   **for** $\mathcal{T}$ の各葉節点 μ
6.   **do** μ の領域における物体の断片の集合 $S(\mu)$ を求めよ．
7.   **if** card($S(\mu)$) $> 5k$ **then** $done \leftarrow$ **false**
8.   **for** $\mathcal{T}$ の各葉節点 μ
9.   **do** $S(\mu)$ に対する BSP 木 $\mathcal{T}_\mu$ を求め，μ を $\mathcal{T}_\mu$ で置き換える．
10.   **return** $\mathcal{T}$

入力の S が平面上の互いに交差しない線分からなるとき，2dRandomBsp を用いて 9 行目において BSP 木を求めるのに 2dRandomBsp を用いることができる．これにより，次の結果を得る．

定理 12.8 n 本の互いに素な任意の n 本の線分の集合 S に対して，サイズが $O(n \log \lambda)$ である BSP が存在する．ただし，λ は S の密度である．

証明 補題 12.7 により，Phase1($U, G(S), k$) を実行すると，各葉節点の領域が高々 $k + 4\lambda$ 個の物体としか交差しないような BSP 木が得られる．したがって，LowDensityBSP2D の 7 行目における判定の結果は，$k \geq \lambda$ であれば偽であることが保証されている．（$k < \lambda$ なら，この判定は偽かもしれないし，そうでないかもしれない．）よって，**while** ループは，遅くとも k が初めて λ より大きくなったときに終了する．このことを考えると，k の値は毎回 2 倍されるから，8 行目で第 2 段階に入るとき $k \leq 2\lambda$ であることが分かる．

8 行目に着いたときの k の値を k^* と表すことにしよう．先ほどの議論により $k^* \leq 2\lambda$ である．7 行目の判定は，各葉節点の領域が高々 $5k^*$ 個の線分としか交差しないことを保証している．したがって，補題 12.1 によれば，2dRandomBsp を 9 行目で用いたとき，それぞれの木 $\mathcal{T}_\mu$ は（期待値として）$O(k^* \log k^*)$ のサイズをもつ．葉節点の領域は $O(n/k^*)$ 個あるから，BSP 木の全サイズは $O(n \log k^*)$ である．$k^* \leq 2\lambda$ であるから，これで定理が証明できた． □

定理 12.8 の上界は $O(n \log n)$ より決して悪くはならない．言い換えると，

上に記述したアルゴリズムは，最悪の場合に 12.3 節で与えたアルゴリズムと同じだけよいが，入力の密度が低いときには多分もっと役に立つであろう．

密度の概念を導入する理由は $\mathbb{R}^3$ における三角形に対する BSP の最悪時の上界が 2 乗に比例することであったことを思い出そう．上に記述したアルゴリズムは平面上の線分に対しては非常にうまくいく．それによって生成される BSP は，最悪時のサイズは $O(n \log n)$ であるが，入力の密度が定数のときには $O(n)$ である．この方法を $\mathbb{R}^3$ の三角形集合に適用すればどうなるだろうか．次の定理に述べるように，この場合にもよい結果が得られることが分かる．(演習問題 12.18 では，この定理の証明が要求されている．)

定理 12.9 $\mathbb{R}^3$ における n 個の互いに共通部分をもたない三角形の任意の集合 S に対して，サイズ $O(n\lambda)$ の BSP が存在する．ここで，λ は S の密度である．

定理 12.9 の上界は，λ が 1 から n まで変化するときに $O(n)$ と $O(n^2)$ の間でよい補間となっている．したがって，このアルゴリズムが生成する BSP は，そのサイズが最悪の場合に最適である．しかし，結果はさらに強いものである．すなわち，λ のすべての値に対して $O(n\lambda)$ の上界が最適なのである．任意の n と $1 \leqslant \lambda \leqslant n$ を満たす任意の λ に対して，$\mathbb{R}^3$ に n 個の三角形からなる集合があり，その密度は λ で，それに対して任意の BSP は $\Omega(n\lambda)$ のサイズをもたなければならない．

12.6 文献と注釈

BSP 木は多くの応用分野で使われているが，特にコンピュータグラフィックスでは一般的である．本章で述べた応用は，塗り重ね法 [185] を用いて隠面除去を行うというものであった．その他応用例としては，影の生成 [124]，多面体の集合演算 [292, 370] やインタラクティブなウォークスルー (walkthrough) を効率よく実行するための可視性に関する前処理 [369] などがある．BSP 木は，ロボットの移動計画作成のためのセル分解法 [36]，領域探索 [60]，および GIS [294] における一般的な索引構造として利用されている．他によく知られたデータ構造である kd-木 (kd-tree) と 4 分木 (quad tree) は，実際，軸平行な分割平面しか使わないという意味で，BSP 木の特殊な場合となっている．kd-木については第 5 章において詳細に説明した．また 4 分木については第 14 章で論じることにする．

BSP 木を理論的観点から扱った研究は，Paterson と Yao [317] によるものが最初である．実際，12.3 節と 12.4 節の結果は彼らの論文から引用したものである．彼らは高次元での BSP の限界についても示している．す

なわち，$\mathbb{R}^d$ における $(d-1)$ 次元（ただし，$d \geqslant 3$）のどんな単体の集合に対しても，$O(n^{d-1})$ のサイズの BSP が存在する．Paterson と Yao は，このような直交物体に関する結果を高次元に一般化することも行っている [318]．たとえば，彼らは $\mathbb{R}^3$ における任意の直交長方形の集合に対して $O(n\sqrt{n})$ のサイズをもつ BSP が存在することを示し，さらにその上界は最悪の場合にそれ以上改善できないことも示している．以下では，それ以降に得られたいくつかの結果について論じる．より広範囲の概観が Tóth によって与えられている [373]．

長年にわたって，平面上の n 本の互いに交差しない線分からなる任意の集合が $O(n)$ のサイズをもつ BSP をもつかどうかは知られていなかったが，Tóth [372] はそうではないことを，それに対して任意の BSP が $\Omega(n\log n/\log\log n)$ のサイズをもつような線分の集合を構成することによって示した．注目したいのは，この下界と現在知られている上界，すなわち $O(n\log n)$ との間にまだ少しだけ隙間があることである．しかしながら，$O(n)$ のサイズをもつ BSP が可能であるような特別な場合もある．たとえば，Paterson と Yao [317] は，平面上の n 本の互いに交差しない線分からなる任意の集合に対しては，それらが水平または垂直の線分なら，$O(n)$ のサイズをもつ BSP が可能であることうを示した．同じ結果が d'Amore と Franciosa [138] によっても達成されている．Tóth [371] はこの結果を限定された個数の方向をもつ線分に一般化した．線形サイズの BSP が常に可能となる他の特殊な場合というのは，ほぼ同じ長さをもつ線分を対象にした場合 [54] と，すでに本章で見たように，定数の密度をもつ物体集合を対象にした場合である．

12.5 節では低密度のシーンに対する BSP について学んだ．これは，3 次元シーンに対する BSP の最悪時のサイズは実際の効率とほとんど関係ないという観察から導かれたものである．同様の状況は幾何アルゴリズムの研究においてしばしば生じる．手許にあるアルゴリズムの効率があまりよくないような入力集合が頭に浮かぶことが多いが，そのような入力集合は多くの場合あまり現実的ではない．このことは 2 つの欠点をもつ可能性がある．第 1 に，アルゴリズムの最悪時の解析は，そのアルゴリズムが実際的に役に立つかどうかについてよい情報源になっていない可能性がある．第 2 に，アルゴリズムは最悪の場合の効率が最もよくなるように設計されるのが常であるから，実際には起こりそうにない状況をうまく扱えるように調整され，そのために必要以上に複雑になってしまうことがある．なぜそんなことになるかと言うと，ふつう，幾何アルゴリズムの実行時間は入力のサイズだけではなく，入力物体の形状とそれらの空間的な分布にも強く影響を受けるという点にある．この問題を克服するために，12.5 節で行ったように，入力の幾何的性質を反映するパラメータを定義しようと試みるのも 1 つの方法である．

この流れで最も頻繁に用いられてきたパラメータが**肥満度** (fatness) で

ある．三角形の内角がすべて β 以上であるとき，その三角形は β-肥満であるという．平面における n 個の交差する β-肥満の三角形の共通部分の複雑度は，β が定数であれば，ほぼ線形であることが示されている [268]．現在知られている最善の上界は $O((1/\beta)\log(1/\beta)\cdot n\log\log n)$ である [314]．肥満度の概念は任意の凸物体や非凸物体にさえ一般化されてきた．最も一般的な定義のうちの 1 つは van der Stappen [362] によって与えられたものであるが，彼は次の条件が成り立つときに $\mathbb{R}^d$ の物体が β-肥満であると定義した：o に中心をもち，o をその内部に完全には含んでいない任意の球 B に対して，$\mathrm{vol}(\cdot)$ で体積を表すとき，$\mathrm{vol}(o\cap B)\geqslant \beta\cdot\mathrm{vol}(B)$ が成り立つ．一般の物体よりも肥満物体の方が効率よく解けるという問題が多数存在する．例を挙げると，領域探索と点位置決定 [51, 60]，移動計画問題 [363]，隠面除去 [229]，レイシューティング [21, 49, 53, 228]，および深さ順の計算 [53, 228] である．

12.5 節で用いたパラメータである密度に関しても多数の研究結果がある．互いに共通部分をもたない β-肥満の物体からなる任意の集合は $O(1/\beta)$ の密度をもつこと [55, 362]，よって低密度のシーンに対して得られた任意の結果は，共通部分をもたない肥満物体に対する結果も与えることを示すことができる．12.5 節で述べた低密度のシーンに対して BSP を構成するアルゴリズムは，de Berg [51] による修正版である．肥満物体に対して述べた上記の結果の中には，実際，この構成法 [60, 363] に基づいたものがあるので，低密度のシーンにも当てはまる．

12.7 演習

12.1 PaintersAlgorithm が正しいことを証明せよ．すなわち，ある物体 A（の一部分）が物体 B（のある一部分）よりも前になるように走査変換されたとき，A は決して B より前にあることはないことを証明せよ．

12.2 S を平面上の m 個の多角形の集合で，全部で n 個の頂点を持つものとする．$\mathcal{T}$ をサイズ k の S に対する BSP 木とする．このとき，BSP によって生成される断片の複雑度の合計は $O(n+k)$ であることを証明せよ．

12.3 自己分割を構成する貪欲法（常にカット数を最小にする分割線 $\ell(s)$ をとる方法）で平面上の線分の集合を処理すると 2 乗に比例する BSP が得られるような例をあげよ．

12.4 平面上の n 本の互いに交差しない線分の集合で，それに対するサイズ n の BSP 木は存在するのに，S をどのように自己分割しても BSP のサイズが少なくとも $\lfloor 4n/3\rfloor$ になってしまうような例をあげよ．

12.5 平面上の n 本の互いに交差しない線分の集合 S で，S に対する任

意の自己分割が $\Omega(n)$ の深さをもつような例を挙げよ．

12.6 アルゴリズム 2DRANDOMBSP で生成される分割のサイズの期待値が $O(n\log n)$ であることを示した．では，最悪の場合のサイズは何か．

12.7 平面上の**交差する**線分の集合にアルゴリズム 2DRANDOMBSP を適用したとしよう．その結果得られる BSP 木のサイズの期待値について何か言えるか．

12.8 アルゴリズム 3DRANDOMBSP2 では，分割平面を加えるときに，分割すべきセルをどのようにして求めるかは説明されていなかった．また，そのような分割を効率よく実行する方法も述べていなかった．このステップを詳細に記述し，そのアルゴリズムの実行時間を解析せよ．

12.9 平面上の n 本の線分の集合に対して $O(n\log n)$ のサイズをもつ BSP 木を構成する決定性の分割統治法のアルゴリズムを与えよ．**ヒント**：ただの分割をできるだけ何度も使い，そうでない場合には垂直分割線を用いること．

12.10 C を平面上における n 個の互いに共通部分をもたない単位円板—半径 1 の円板—の集合とする．C に対して $O(n)$ の BSP が存在することを示せ．**ヒント**：ある整数 i に対して，$x = 2i$ の形の垂直線の適当な集合から始めよ．

12.11 BSP 木は様々な問題に対して用いることができる．平面分割の辺に関する BSP をもっているとしよう．

 a. この領域分割に関して点位置決定を行うのに BSP 木を用いるアルゴリズムを与えよ．その最悪時の問合せ時間は何か．

 b. BSP 木を用いて質問線分と交差する領域分割の面をすべて報告するアルゴリズムを与えよ．最悪時の問合せ時間は何か．

 c. BSP 木を用いて軸平行な質問長方形と交差する領域分割の面をすべて報告するアルゴリズムを与えよ．最悪時の問合せ時間は何か．

12.12 第 5 章で kd-木を説明した．この木は，実際 BSP 木の特別な場合である．すなわち，木の偶数深さの節点における分割線は水平で，奇数レベルでの分割線は垂直である．

 a. BSP 木が kd-木に優っている点と劣っている点について論ぜよ．

 b. 平面上の 2 本の互いに交差しない任意の線分の集合に対して，サイズ 2 の BSP 木が存在する．kd-木に対しては，どんな線分の集合に対してもサイズが高々 c であるような kd-木が存在するような定数 c は存在しないことを証明せよ．

12.13 平面上で互いに共通部分をもたない円板からなる任意の集合の密度は高々 9 であることを証明せよ．（したがって，この依存性は円板の個数に関係ない．）これを用いて，平面上の n 個の互いに共通

部分をもたない円板からなる任意の集合は $O(n)$ のサイズの BSP をもつことを証明せよ．その結果を高次元に一般化せよ．

12.14 三角形のすべての角度が α 以上であるとき，その三角形は α-肥満であるという．平面上で互いに共通部分をもたない α-肥満の三角形からなる任意の集合の密度は $O(1/\alpha)$ であることを証明せよ．これを用いて，互いに共通部分を持たない n 個の α-肥満な三角形からなる任意の集合に対して $O(n \log(1/\alpha))$ のサイズの BSP が存在することを示し，それから互いに共通部分をもたない n 個の正方形からなる集合に対して $O(n)$ のサイズをもつ BSP が存在することを示せ．

12.15 n 個の三角形からなる集合で，その密度が定数であって，任意の自己分割——すなわち，入力の三角形を含む分離平面だけを用いる任意の BSP——は $\Omega(n^2)$ のサイズをもつような例をあげよ．（この例は，12.4 節の乱択アルゴリズムが，入力の三角形の集合の密度が定数であっても，そのサイズの期待値が $\Omega(n^2)$ であるような BSP を生成する可能性があることを示している．）**ヒント**：すべて z-軸に平行な三角形の集合で，それらの xy-平面への写像が格子を構成するようなものを用いること．

12.16 T を平面上における互いに共通部分をもたない三角形の集合とする．これらの三角形の限界長方形の頂点を見張りとして用いる代わりに，それらの三角形の頂点そのものを見張りとして用いるという方法も考えられる．見張りをこのように定義したとき，補題 12.6 に対する反例を与えることにより，よい見張りの集合は存在しないことを示せ．すべての三角形が 2 等辺三角形である場合に対して反例を与えよ．

12.17 アルゴリズム LowDensityBSP2D は，$O(n^2)$ の実行時間をもつように実現できることを示せ．

12.18 アルゴリズム LowDensityBSP2D を $\mathbb{R}^3$ に一般化し，得られる BSP のサイズを解析せよ．

第 12.7 節
演習

13 ロボットの移動計画

目的地への行き方

　自律ロボット (autonomous robot) を設計することはロボティックスにおける究極の目標の1つである．すなわち，**どのように**実現すべきかを教えずに，**何を**しろとだけ伝えることができるようなロボットを設計したいのである．中でも，ロボットが自分の動作を計画できる能力を身に付けていることが重要である．

　ある動作を計画できるためには，ロボットは動き回る環境に関する知識が必要である．たとえば，工場の中を動き回る移動ロボット (mobile robot) は，どこに障害物 (obstacle) があるかを知っていなければならない．これらの壁や機械の場所に関する情報の中には建物の間取り図 (floor plan) から得られるものもある．また，ロボットがセンサーに頼らなければ得られない情報もある．ロボットは間取り図にはない障害物—たとえば，人間—も検出できなければならない．環境に関する知識を用いて，ロボットはどの障害物ともぶつからずに目標位置まで移動しなければならない．

　この**移動計画問題** (motion planning problem) は，どのような種類のロボットでも物理的な空間の中で移動させようとするときには常に解決しなければならない問題である．上の説明では，ある工場の環境の中で動き回る自律ロボットがあると仮定したが，産業界で今や広く使われているロボットアーム (robot arm) に比べて，そのような種類のロボットはまだまだ非常に希である．

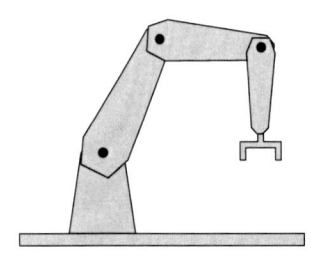

　ロボットアーム，別の言い方で**関節ロボット** (articulated robot) とは，継ぎ手 (joint) で連結された多数のリンク (link) からなるものである．ふつうはアームの一方の端—**基部** (base)—は地面にしっかりと固定されているが，他方の端には**ハンド** (hand) やある種の道具が付けられている．リンクの個数は3から6まで，あるいはもっと多くあったりする．継ぎ手にはふつう2種類ある．1つはそれを中心としてリンクが回転できるようになっている**回転式継ぎ手** (revolute joint) と呼ばれるもので，人間の肘に似たものである．もう1つは，リンクの1つがスライド式に出たり入ったりできるようになっている**プリズム継ぎ手** (prismatic joint) である．ロボットアームの大部分は，物体の部品を組み立てたり，操作した

第 13 章 ロボットの移動計画

り，溶接や噴霧などの作業を行うのに使われている．そのためには，ロボットは操作の対象物を周囲の障害物にぶつからないように——これが難しいところであるが——独力で，1 つの場所から別の場所に移動させなければならない．

本章では，ロボットの移動計画問題に関する基本的な概念や技法を導入する．一般的な移動計画問題は非常に難しいので，ここでは簡単化のためにいくつかの仮定を設ける．

　この単純化の中でも最も劇的なものは，3 次元ではなく 2 次元の移動計画問題を考えるというものである．環境としては，多角形の障害物を含んだ平面領域であり，ロボット自身も多角形である．また，環境は静的であり——ロボットの通り道を歩く人間はいない——しかもロボットはその地図をもっていると仮定する．平面ロボットに制限はしているが，これは第一印象ほど厳しいものではない．というのは，作業が行われる床の上を移動するロボットにとって，壁やテーブルや機械などの位置を示す間取り図さえあれば移動計画を立てるのに十分だからである．

　ロボットが実行できる移動の種類はそのメカニズムによって決まる．任意の方向に移動することができるロボットもあれば，移動に制限がついたロボットもある．たとえば，**自動車タイプのロボット** (car-like robot) は横方向に移動することはできない——そうでないと，並列駐車は難しくなくなってしまう．また，そのようなロボットの場合には最小の回転角度があるのが普通である．自動車のようなロボットの移動に関する幾何は非常に複雑であるので，ここでは任意の方向に移動できるロボットだけを考えることにする．実際，主として平行移動しかできないロボットについて考えていく．本章の最後で回転によって方向を変えることができるロボットの場合についても簡単に触れる．

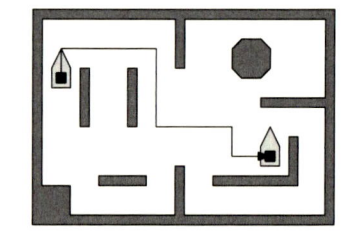

13.1　作業空間とコンフィギュレーション空間

2 次元の環境すなわち障害物の集合 $S = \{\mathcal{P}_1, \ldots, \mathcal{P}_t\}$ からなる**作業空間** (work space) の中を動き回るロボットを $\mathcal{R}$ とする．ここで，$\mathcal{R}$ は単純多角形であると仮定する．すると，**ロボットの位置** (placement of robot) は，移動ベクトルで指定することができる．ベクトル (x, y) の分だけ並進移動したロボットを $\mathcal{R}(x, y)$ と記すことにする．たとえば，$(1, -1), (1, 1), (0, 3), (-1, 1), (-1, -1)$ を頂点とする多角形状のロボットを考えたとき，$\mathcal{R}(6, 4)$ の頂点は $(7, 3), (7, 5), (6, 7), (5, 5), (5, 3)$ ということになる．この記法を用いると，ロボットの形状は $\mathcal{R}(0, 0)$ の頂点リストによって指定することができる．

　これを別の角度から眺めるのに**参照点** (reference point) の考え方がある．これを直観的に説明すると，原点 $(0, 0)$ が $\mathcal{R}(0, 0)$ の内部にあるようにするというものである．定義により，この点はロボットの参照点と呼

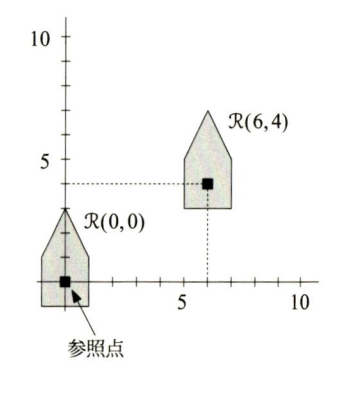

ばれるものである．そうすると，ロボットがある与えられた位置にあるとき，そのロボット $\mathcal{R}$ の位置を参照点の座標値だけで指定することができる．したがって，$\mathcal{R}(x,y)$ と書くと，それはロボットが (x,y) に参照点がくるように置かれていることになる．一般的には，参照点はロボットの内部になければならないということはない．ロボットの外部の点であってもよいが，その場合にはロボットに見えない棒がついていると思えばよい．定義により，この点は $\mathcal{R}(0,0)$ に対する原点である．

さて，ロボットはたとえば参照点を中心とする回転によってその方向を変えることができるものとしよう．そうすると，ロボットの方向を示すために余分に 1 つのパラメータ ϕ が必要になる．$\mathcal{R}(x,y,\phi)$ によって，参照点が (x,y) にあり，角度 ϕ だけ回転されたロボットを表すことにしよう．したがって，最初に指定されるのは $\mathcal{R}(0,0,0)$ である．

一般的に，**ロボットの位置**はロボットの**自由度** (degree of freedom, DOF) に等しい個数のパラメータによって指定される．この数は並進移動だけの平面的ロボットの場合は 2 で，並進の他に回転もできる平面的ロボットの場合は 3 である．3 次元空間にあるロボットを記述するのに必要なパラメータ数はもちろんもっと高い．実際，$\mathbb{R}^3$ における並進ロボットの場合自由度は 3 であるが，並進と回転を許すと自由度は 6 になる．

ロボット $\mathcal{R}$ の**パラメータ空間** (parameter space) は**コンフィギュレーション空間** (configuration space) と呼ばれるのがふつうで，$\mathcal{C}(\mathcal{R})$ という記号で表される．このコンフィギュレーション空間の点 p は作業空間におけるロボットのある位置 $\mathcal{R}$ に対応している．

平面上で並進と回転をするロボットの例では，コンフィギュレーション空間は 3 次元である．この空間における点 (x,y,ϕ) は，作業空間における位置 $\mathcal{R}(x,y,\phi)$ に対応している．コンフィギュレーション空間はユークリッド 3 次元空間ではなく，空間 $\mathbb{R}^2 \times [0:360)$ である．0 度の回転と 360 度の回転は同じであるから，回転するロボットのコンフィギュレーション空間は円柱のような特別のトポロジーをもっている．

平面上での並進ロボットのコンフィギュレーション空間は 2 次元のユークリッド空間であり，したがって作業空間と等しい．ではあるが，これら 2 つの概念を区別しておくと役に立つ．すなわち，作業空間はロボットが実際に動き回る空間——いわば実世界——であり，コンフィギュレーション空間はロボットのパラメータ空間である．作業空間での多角形ロボットはコンフィギュレーション空間における点として表現され，コンフィギュレーション空間の任意の点は作業空間における実際のロボットのある位置に対応している．

次に，位置を決めるパラメータの値を指定することにより，言い換えると，コンフィギュレーション空間で 1 点を指定することにより，ロ

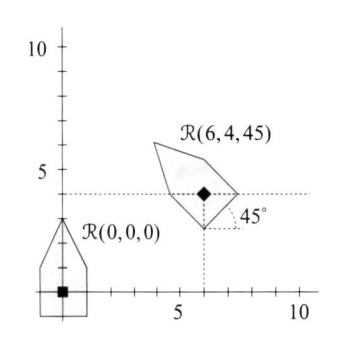

第 13.1 節
作業空間とコンフィギュレーション空間

第 13 章
ロボットの移動計画

ボットの位置を指定する方法が必要である．しかし，明らかにコンフィギュレーション空間のすべての点が可能であるわけではない．ロボットが S の障害物の 1 つと交差する位置に対応する点は禁止されている．これらの点からなるコンフィギュレーション空間の部分を**禁止コンフィギュレーション空間** (forbidden configuration space)，または略して**禁止空間** (forbidden space) と呼ぶ．これを $\mathcal{C}_{\text{forb}}(\mathcal{R},S)$ という記号で表す．コンフィギュレーション空間の残りは**自由位置** (free placement)—ロボットがどの障害物とも交差しない位置—に対応する点からなるが，これを**自由コンフィギュレーション空間** (free configuration space)，または**自由空間** (free space) と呼び，$\mathcal{C}_{\text{free}}(\mathcal{R},S)$ という記号で表すことにする．

ロボットの経路はコンフィギュレーション空間では曲線となり，逆も言える．経路に沿ったどの位置も単にコンフィギュレーション空間の対応する点となる．無衝突経路 (collision-free path) は自由空間における曲線になる．これを平面的並進ロボットについて示したのが図 13.1 である．同図左には作業空間において初期位置から目標位置までのロボットの無衝突経路を示している．一方，同図右はコンフィギュレーション空間を示している．灰色の領域は禁止部分を表している．灰色の領域の間の陰をつけていない領域が自由空間である．コンフィギュレーション空間では障害物はあまり意味がないが，分かりやすいように，障害物をコンフィギュレーション空間でも示してある．無衝突経路に対応する曲線も示してある．

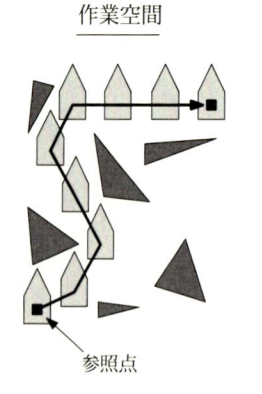

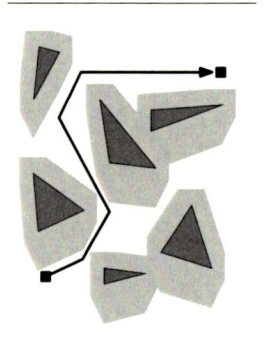

図 13.1
作業空間における経路と
コンフィギュレーション
空間における対応する曲線

作業空間　　　　コンフィギュレーション空間

参照点

ここまでロボットの位置をコンフィギュレーション空間の点に，そしてロボットの経路をコンフィギュレーション空間の曲線に写す方法について見てきた．では，障害物もコンフィギュレーション空間に移すことはできるだろうか．答はイエスである．すなわち，障害物 $\mathcal{P}$ は $\mathcal{R}(p)$ が $\mathcal{P}$ と交差するようなコンフィギュレーション空間の点 p の集合に写される．その結果得られる集合を $\mathcal{P}$ の**コンフィギュレーション空間障害物** (configuration-space obstacle)，または略して **$\mathcal{C}$-障害物** ($\mathcal{C}$-obstacle) と呼ぶ．

$\mathcal{C}$-障害物は，作業空間の障害物が互いに共通部分をもたないときでも

互いに重なることがある．ロボットが1つの位置において複数の障害物と同時に交差するときに，そのようなことが起こる．

第13.2節
点ロボット

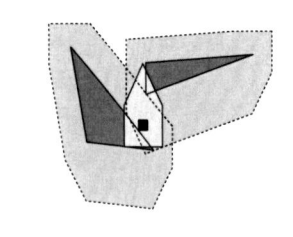

ここで，ここまでは無視してきたが，小さな問題がある．ロボットが障害物と接触しているとき，それは衝突と言えるかという問題である．言い換えると，障害物をトポロジー的に開いた集合として定義するか，閉じた集合として定義するか，どちらにするかが問題である．ここでは，最初の方を選択する．すなわち，障害物は開集合であり，ロボットはそれらに接触してもよいことにする．この点は本章ではあまり重要性はもたないが，第15章では有効になる．実際には，ロボットが障害物に非常に近づく動作は安全とは考えられない．というのは，ロボットを制御するのに誤差が避けられないからである．そのような動作を避けるには，経路の計算を行う前に障害物を少しだけ拡大しておけばよい．

13.2 点ロボット

平面上の多角形ロボットの移動計画を考える前に，点ロボット (point robot) について見てみよう．前節で学んだ作業空間からコンフィギュレーション空間への写像が与えられていれば，そのように考えるのは別に奇妙ではない．さらに，単純な場合から始めるのは常によいことである．以前と同様に，ロボットを $\mathcal{R}$ と表し，障害物を $\mathcal{P}_1, \ldots, \mathcal{P}_t$ と表すことにする．障害物は互いに共通部分をもたない多角形であり，その頂点数は全部で n 個あるものとする．点ロボットにとって，作業空間とコンフィギュレーション空間とは同一のものである．(参照点が点ロボット自身であるという自然な仮定を置いた場合，それらは一致する．そうでない場合，コンフィギュレーション空間は作業空間を並進的にコピーしたものである．)

特定の出発点から特定の目標点までの経路を見つようとする前に，自由空間の表現を蓄えるデータ構造を構築する．このデータ構造を用いると，任意に与えられた出発点と目標点の間の経路を計算することができる．そのような方法が役に立つのは，ロボットの作業空間が変わらない状況で多数の経路を求めなければならないときである．

記述を単純化するために，ロボットの動作を多角形の集合を包含する大きな限界長方形 B に制限する．つまり，B の外部の領域に対応する大きな障害物を1つだけ付け加えるのである．そうすると，自由コンフィギュレーション空間 $\mathcal{C}_{\text{free}}$ は，どんな障害物にも覆われない自由空間から構成されることになる．

$$\mathcal{C}_{\text{free}} = B \setminus \bigcup_{i=1}^{t} \mathcal{P}_i$$

自由空間は非連結な領域であることも，穴を含んでいることもありうる．

第 13 章
ロボットの移動計画

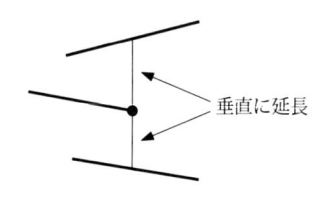

ここでの目標は，任意の出発点と目標点に対する経路を見つけられるようにするには自由空間をどのように表現すべきかを求めることである．そのために，台形地図 (trapezoidal map) を用いる．第 6 章で，限界長方形に含まれる互いに交差しない線分の集合が与えられたとき，各線分の端点から線分か限界長方形にぶつかるまで垂直に線を延長することにより台形地図が得られることを学んだ．第 6 章では $O(n \log n)$ の期待時間で n 本の線分からなる集合に対する台形地図を求める乱択アルゴリズムを開発した．自由空間の表現を求めるための次のアルゴリズムでは，上記のアルゴリズムをサブルーティンとして用いている．

アルゴリズム COMPUTEFREESPACE(S)
入力：互いに交差しない多角形の集合 S．
出力：平面ロボット $\mathcal{R}$ に対する台形地図 $\mathcal{C}_{\text{free}}(\mathcal{R}, S)$．
1. E を S の多角形の辺集合とする．
2. 第 6 章で述べたアルゴリズム TRAPEZOIDALMAP により台形地図 $\mathcal{T}(E)$ を求める．
3. S の多角形の内部にある台形を $\mathcal{T}(E)$ から削除し，出来上がった領域分割を返す．

このアルゴリズムの動作を図示したのが図 13.2 である．同図 (a) には，限界長方形の内部における障害物の辺に対する台形地図を示している．これはアルゴリズムの第 2 行目で求めたものである．同図 (b) では障害物内部の台形を第 3 行目で削除した後の領域分割を示している．

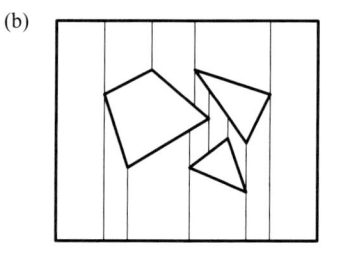

図 13.2
自由空間の台形地図

些細な問題が残っている．つまり，削除すべき障害物内部の台形はどのようにして見つければよいだろうか．これはあまり難しくない．というのは，TRAPEZOIDALMAP を実行してみると，各台形についてその上辺を構成する辺が分かっており，その辺がどの障害物に属しているかも分かるからである．台形を削除すべきかどうかを見るためには，その辺に関して障害物が上下どちらにあるかを判定するだけでよい．障害物の辺は障害物の境界上で障害物の内部が常に同じ側にあるように方向づけられているから，後者の判定には定数時間しかかからない．

TRAPEZOIDALMAP に必要な時間の期待値は $O(n \log n)$ であるから，次の結果を得る．

補題 13.1 合計 n 本の辺をもつ互いに共通部分をもたない多角形障害物

の集合の間を動き回る点ロボットに対する自由コンフィギュレーション空間の台形地図は，乱択アルゴリズムにより $O(n\log n)$ の期待時間で求めることができる．

第 13.2 節
点ロボット

以下では自由空間の台形地図を $\mathfrak{T}(\mathcal{C}_{\text{free}})$ と記すことにする．

では，$\mathfrak{T}(\mathcal{C}_{\text{free}})$ をどのように利用すれば出発点 p_{start} から目標点 p_{goal} までの経路を求めることができるだろうか．

もし p_{start} と p_{goal} が地図の同じ台形に含まれていれば簡単である．ロボットは目標点に向かって直線的に進めばよいだけである．

しかしながら，出発点と目標点が異なる台形に含まれている場合にはそれほど簡単ではない．その場合，経路は多数の台形を通過したり，方向を変えたりすることもあるだろう．台形を横切る動作を誘導するために，自由空間を通る**ロードマップ** (road map) を作成する．ロードマップは平面に埋め込まれたグラフ $\mathcal{G}_{\text{road}}$ である．もっと詳細に言うと，自由空間に埋め込まれたものである．初期位置と最終位置を除いて，経路は常にロードマップに従う．ここで，2つの隣接する台形は必ず線分の端点から延長された垂直辺を共有することに注意しよう．これより，ロードマップに対する次のような定義が得られる．すなわち，各台形の中心に1つの節点を置き，各垂直延長線の中間にも1つの節点を置く．2節点間に

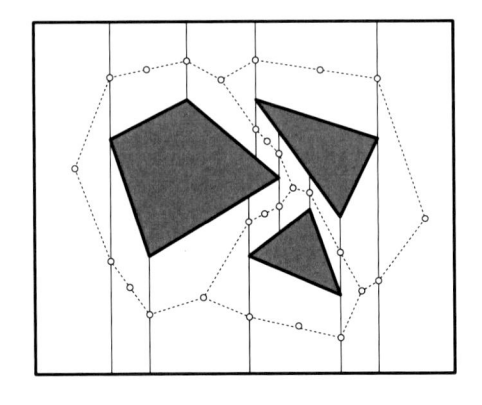

図 13.3
ロードマップ

枝があるための必要十分条件は，一方の節点が台形の中心で，他方の節点が同じ台形の境界上にあることである．この枝は平面上に直線で埋め込めるので，ロードマップ上で枝をたどることはロボットの直線移動に対応する．図 13.3 はこれを図示したものである．ロードマップ $\mathcal{G}_{\text{road}}$ は，$\mathfrak{T}(\mathcal{C}_{\text{free}})$ を 2 重連結辺リストで表現したものをたどることにより $O(n)$ 時間で構成することができる．ロードマップの枝を使うと，台形の中心にある節点から隣接する台形の中心まで共通の境界を通って行くことができる．

出発点から目標点までの移動計画を立てるのに，台形地図だけではなくロードマップも用いることができる．そのために，まずこれら2点を含む台形 Δ_{start} と Δ_{goal} を求める．もし同じ台形に2点が含まれるなら，

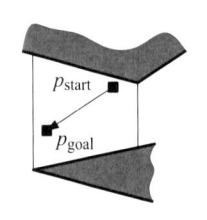

p_{start} から p_{goal} まで直線的に移動すればよい．そうでない場合には，これらの台形の中心に置かれたロードマップ上の節点を v_{start} と v_{goal} とする．今から構成しようとする p_{start} から p_{goal} への経路は3つの部分に分けることができる．最初の部分は p_{start} から v_{start} への直線移動で，2番目はロードマップの枝を用いた v_{start} から v_{goal} までの経路である．最後の部分は，v_{goal} から p_{goal} までの直線移動である．図13.4はこれを示したものである．

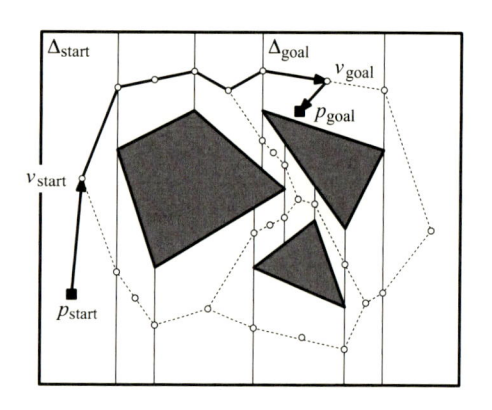

図13.4
図13.3のロードマップから求めた経路

次のアルゴリズムは経路の求め方をまとめたものである．

アルゴリズム COMPUTEPATH($\mathcal{T}(\mathcal{C}_{free}), \mathcal{G}_{road}, p_{start}, p_{goal}$)
入力：自由空間の台形地図 $\mathcal{T}(\mathcal{C}_{free})$，ロードマップ $\mathcal{G}_{road}$，出発点 p_{start}，および目標点 p_{goal}．
出力：p_{start} から p_{goal} までの経路．そのような経路が存在しない場合には，存在しないことを報告する．

1. p_{start} を含む台形 Δ_{start} と，p_{goal} を含む台形 Δ_{goal} を求める．
2. **if** Δ_{start} または Δ_{goal} が存在しない
3.   **then** 出発点または目標点が禁止空間にあることを報告する．
4.   **else** v_{start} を Δ_{start} の中心にある $\mathcal{G}_{road}$ の節点とする．
5. v_{goal} を Δ_{goal} の中心にある $\mathcal{G}_{road}$ の節点とする．
6. $\mathcal{G}_{road}$ において，幅優先探索により v_{start} から v_{goal} への経路を求める．
7.   **if** そのような経路が存在しない
8.   **then** p_{start} から p_{goal} への経路は存在しないと報告する．
9.   **else** p_{start} から v_{start} までの直線移動と，$\mathcal{G}_{road}$ において求めた経路と，v_{goal} から p_{goal} までの直線移動からなる経路を報告する．

アルゴリズムの時間複雑度を解析する前に，アルゴリズムの正当性について考えてみよう．また，アルゴリズムで報告される経路は必ず無衝突であろうか．無衝突の経路があれば，必ずアルゴリズムで見つけることができるだろうか．

後の疑問には簡単に答えられる．報告される経路は台形の内部にある線分から構成されており，かつすべての台形は自由空間に含まれるから，その経路は無衝突であるはずである．

最初の疑問に答えるために，p_{start} から p_{goal} への無衝突経路が存在したと仮定しよう．明らかに，p_{start} と p_{goal} はいずれも自由空間を覆う台形たちの1つに含まれているはずである．よって，$\mathcal{G}_{\text{road}}$ 上で v_{start} から v_{goal} に至る経路が存在することを示せばよい．v_{start} から v_{goal} への経路は多数の台形を順に横切っていくはずである．それらの台形を順に並べたものを $\Delta_1, \Delta_2, \ldots, \Delta_k$ と表すことにしよう．定義より，$\Delta_1 = \Delta_{\text{start}}$，$\Delta_k = \Delta_{\text{goal}}$ である．Δ_i の中心にある $\mathcal{G}_{\text{road}}$ の節点を v_i としよう．もし経路が Δ_i から Δ_{i+1} へと進むなら，Δ_i と Δ_{i+1} は互いに隣接しているはずなので，両方に共通な垂直延長線が存在するはずである．しかし，$\mathcal{G}_{\text{road}}$ の構成を考えると，そのような台形の節点は共通境界上の節点を介して連結している．したがって，$\mathcal{G}_{\text{road}}$ に v_i から v_{i+1} への（2本の辺からなる）経路が存在することになる．これを繰り返すと，v_1 から v_k へも経路が存在することが分かる．したがって，$\mathcal{G}_{\text{road}}$ で幅優先探索を行うと，v_{start} から v_{goal} への（複数あるかもしれない）経路が見つかることが分かる．

第13.2節
点ロボット

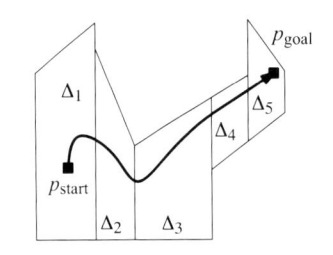

では，アルゴリズムの計算時間を解析してみよう．

出発点と目標点を含む台形を見つめる操作は，第6章で述べた点位置決定のデータ構造を用いると $O(\log n)$ 時間で求めることができる．あるいは，線形時間をかけて単にすべての台形を調べるというのでもよい．後で分かるように，アルゴリズムの残りの部分で線形時間はとにかく必要であるから，これによってアルゴリズムの時間複雑度を漸近的に増大させることはない．

深さ優先探索は，グラフ $\mathcal{G}_{\text{road}}$ のサイズに関して線形な時間しかかからない．このグラフは台形ごとに1つの節点と垂直延長線ごとに1つの節点をもっている．垂直延長線の本数も台形の個数もともに障害物の全頂点数に関して線形である．グラフは平面的であるから，グラフの枝の本数も線形である．したがって，深さ優先探索には $O(n)$ 時間しかかからない．

経路を報告するために必要な時間は，$\mathcal{G}_{\text{road}}$ の経路上の枝の最大本数によって上から抑えられるが，これは $O(n)$ である．

以上より次の定理を得る．

定理13.2 $\mathcal{R}$ を全部で n 本の辺をもつ多角形障害物の集合 S の間を動き回る点ロボットとする．$O(n \log n)$ の期待時間で S に前処理を施しておいて，どのような出発点と目標点が与えられても，それらを結ぶ無衝突経路を，もし存在するなら $O(n)$ の時間で求めることができる．

本節のアルゴリズムによって求められる経路は無衝突であるが，その経路があまり回り道をしていないという保証を与えることはできていな

い．第15章では，できる限り最短の経路を実際に求めることができるアルゴリズムを開発する．しかしながら，そのアルゴリズムはずっと遅い．

13.3 ミンコフスキー和

前節では点ロボットの移動計画問題について考えた．まず自由空間の台形地図を求め，その地図を用いて移動計画を立てた．ロボットが多角形の場合でも同じ方法が可能である．ただし，1つだけ違いがあり，そのために多角形ロボットの扱いを難しくしている．コンフィギュレーション空間障害物は作業空間における障害物とは同じではないからである．したがって，まずは並進多角形ロボット (translating polygonal robot) のコンフィギュレーション空間について考えよう．次節ではその計算方法を説明するが，それに従ってロボットの移動計画を立てることができる．

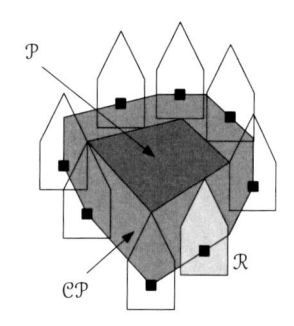

ロボット $\mathcal{R}$ は凸であると仮定しておく．また，当面の間，障害物も凸であると仮定しておく．ここで，$\mathcal{R}(x,y)$ という記号で，参照点が点 (x,y) にある $\mathcal{R}$ の位置を表すものとしたことに注意しよう．障害物 $\mathcal{P}$ とロボット $\mathcal{R}$ のコンフィギュレーション空間障害物，すなわち $\mathcal{C}$-障害物は，対応する $\mathcal{R}$ の位置が $\mathcal{P}$ と交差するようなコンフィギュレーション空間内の点集合として定義される．よって，$\mathcal{P}$ の $\mathcal{C}$-障害物を $\mathcal{CP}$ という記号で表すことにすると，次式を得る．

$$\mathcal{CP} := \{(x,y) \,:\, \mathcal{R}(x,y) \cap \mathcal{P} \neq \emptyset\}$$

$\mathcal{CP}$ の形状を見るためには，$\mathcal{R}$ を $\mathcal{P}$ の境界に沿って動かしてやればよい．$\mathcal{R}$ の参照点がたどる曲線が $\mathcal{CP}$ の境界である．

ミンコフスキー和 (Minkowski sum) の概念を用いるとこれを別の形で説明することができる．2つの集合 $S_1 \subset \mathbb{R}^2$ と $S_2 \subset \mathbb{R}^2$ のミンコフスキー和を $S_1 \oplus S_2$ と表すが，これを次式で定義する．

$$S_1 \oplus S_2 := \{p+q \,:\, p \in S_1, q \in S_2\}$$

ただし，$p+q$ はベクトル p と q のベクトル和を表す．すなわち，$p = (p_x, p_y)$ および $q = (q_x, q_y)$ のとき，

$$p+q := (p_x+q_x, p_y+q_y)$$

である．多角形は平面的集合であるから，ミンコフスキー和もそうである．

$\mathcal{C}$-障害物をミンコフスキー和として表現するには，さらに記号が必要である．点 $p = (p_x, p_y)$ に対して $-p := (-p_x, -p_y)$ と定義し，集合 S に対しても $-S := \{-p \,:\, p \in S\}$ と定義する．言い換えると，原点に関して S の鏡像をとると $-S$ が得られる．そこで，次の定理を得る．

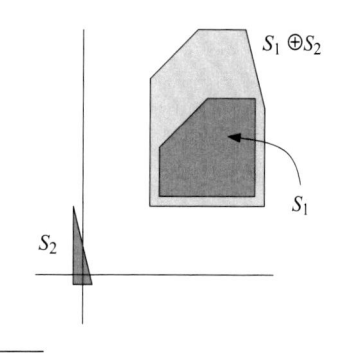

定理 13.3 $\mathcal{R}$ を並進可能な平面的ロボットとし，$\mathcal{P}$ を障害物とする．このとき，$\mathcal{P}$ の $\mathcal{C}$-障害物は $\mathcal{P} \oplus (-\mathcal{R}(0,0))$ である．

第 13.3 節
ミンコフスキー和

証明 証明すべきことは，$\mathcal{R}(x,y)$ が $\mathcal{P}$ と交差するための必要十分条件を $(x,y) \in \mathcal{P} \oplus (-\mathcal{R}(0,0))$ と表現できることである．

まず，$\mathcal{R}(x,y)$ が $\mathcal{P}$ と交差するものとし，$q = (q_x, q_y)$ をその共通部分の 1 点とする．$q \in \mathcal{R}(x,y)$ より，$(q_x - x, q_y - y) \in \mathcal{R}(0,0)$ である．また，これと同じことであるが，$(-q_x + x, -q_y + y) \in -\mathcal{R}(0,0)$ が成り立つ．$q \in \mathcal{P}$ でもあるから，これより $(x,y) \in \mathcal{P} \oplus (-\mathcal{R}(0,0))$ ということになる．

逆に，$(x,y) \in \mathcal{P} \oplus (-\mathcal{R}(0,0))$ としよう．このとき，$(x,y) = (p_x - r_x, p_y - r_y)$ であるような点 $(r_x, r_y) \in \mathcal{R}(0,0)$ と $(p_x, p_y) \in \mathcal{P}$ が存在する．つまり，$p_x = r_x + x$ および $p_y = r_y + y$ であるような点が存在するので，これより $\mathcal{R}(x,y)$ は $\mathcal{P}$ と交差することになる． $\square$

したがって，並進可能な平面的ロボット $\mathcal{R}$ に対して，$\mathcal{C}$-障害物は障害物と $-\mathcal{R}(0,0)$ のミンコフスキー和である．（$\mathcal{P} \oplus (-\mathcal{R}(0,0))$ を $\mathcal{P}$ と $\mathcal{R}(0,0)$ のミンコフスキー差 (Minkowski difference) と呼ぶこともある．ミンコフスキー差は数学の文献で違う風に定義されているので，ここではその用語を避けよう．）

本節の後半では，ミンコフスキー和に関していくつかの有用な性質を導き，それを求めるアルゴリズムを開発する．

まず，ミンコフスキー和に関する端の点 (extreme point) に関する簡単な観察から始めよう．

観察 13.4 $\mathcal{P}$ と $\mathcal{R}$ を平面上の 2 つの物体とし，$\mathcal{CP} := \mathcal{P} \oplus \mathcal{R}$ とする．$\mathcal{CP}$ 上で方向 $\vec{d}$ の端の点は，方向 $\vec{d}$ における $\mathcal{P}$ と $\mathcal{R}$ の端の点の和である．

図 13.5 はこの観察を図示したものである．この観察を用いると，2 つの凸多角形のミンコフスキー和が線形の複雑度をもつことが証明できる．

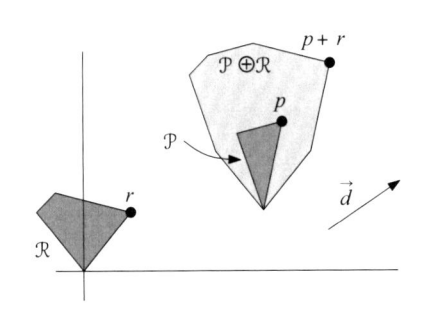

図 13.5
ミンコフスキー和上での端の点は，端の点たちの和である

定理 13.5 $\mathcal{P}$ と $\mathcal{R}$ をそれぞれ n 本と m 本の辺をもつ 2 つの凸多角形とする．このとき，ミンコフスキー和 $\mathcal{P} \oplus \mathcal{R}$ は，高々 $n + m$ 本の辺しかもたない凸多角形である．

第13章
ロボットの移動計画

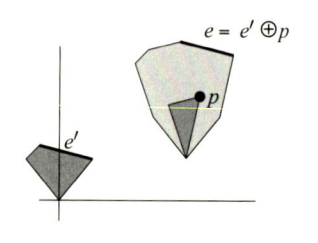

証明 2つの凸集合のミンコフスキー和が凸であることは，定義より明らかである．

ミンコフスキー和の複雑度が線形であることを確かめるために，$\mathcal{P} \oplus \mathcal{R}$ の辺 e について考えてみよう．この辺は，その外向き法線の方向に見て最も端にある．したがって，その点は同じ方向で端にある $\mathcal{P}$ と $\mathcal{R}$ 上の点によって生成されたはずである．さらに，$\mathcal{P}$ と $\mathcal{R}$ の少なくとも一方は，その方向に最も端にある辺をもっているはずである．e をこの辺に課金することにする．このようにしたとき，各辺は高々1回しか課金されないので，辺の合計数は高々 $n+m$ である．（$\mathcal{P}$ と $\mathcal{R}$ が平行な辺を持っていないなら，ミンコフスキー和の辺の本数はちょうど $n+m$ である．）□

よって，2つの凸多角形のミンコフスキー和は凸である．線形の複雑度をもつ．しかし，まだある．2つのミンコフスキー和の境界は，交差するとしても非常に特殊な風に交差する．これを詳細に述べるためには，さらに用語と記号が必要である．

2つの平面物体 o_1 と o_2 を考えよう．ただし，それぞれ単純な閉曲線を境界としてもつものとする．直観的に言うと，それらの境界 ∂o_1 と ∂o_2 が高々2点でしか交差しないとき，この対 o_1, o_2 を**擬似ディスク対** (pair of pseudodisc) と呼ぶ．図 13.6 はこの定義を説明したものである．縮退が生じている状況では，たとえば，境界に1次元的な重複があるとき，この定義では十分に一般的であるとは言えない．したがって，形式的には次の条件が成り立つときに o_1, o_2 が擬似ディスク対であると定義する．$\partial o_1 \cap \mathrm{int}(o_2)$ は連結で，かつ $\partial o_2 \cap \mathrm{int}(o_1)$ も連結である．（ここで，$\mathrm{int}(o)$ は物体 o の内部を表すものとする．）単純な閉曲線を境界としてもつ物体の集合が**擬似ディスクの集合**と呼ばれるのは，物体のすべての対が擬似ディスク対であるときである．擬似ディスクの集合の例として，ディスクの集合や軸平行な正方形の集合などがある．この擬似ディスク条件は，2つの物体（の境界）がどのように交差するかに関するものである．したがって，1つの物体だけを取り上げて，それが擬似ディスクだと言うのは意味がない．

図 13.6
擬似ディスク条件

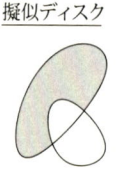

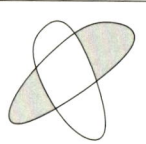

さて，2つの多角形 $\mathcal{P}$ と $\mathcal{P}'$ を考えよう．交点 $p \in \partial \mathcal{P} \cap \partial \mathcal{P}'$ が**境界交差** (boundary crossing) であると言うのは，$\partial \mathcal{P}$ が p において $\mathcal{P}'$ の内部から $\mathcal{P}'$ の外部にかけて交差するときである．

多角形の擬似ディスクは次の重要な性質を満たす：

観察 13.6 多角形の擬似ディスク対 $\mathcal{P}, \mathcal{P}'$ によって定義される境界交差は

高々2つである.

以下でミンコフスキー和の集合は擬似ディスクの集合をなすことを証明しよう．しかし，その前に方向について再考し，さらに互いに真に交わることはない凸多角形の対に関する性質を観察することにしよう．1つの多角形が方向 $\vec{d}$ において別の多角形よりも端にあるという言い方をするのは，その端の点が他方の多角形の端の点よりもその方向により遠いところにある場合である．たとえば，1つの多角形の右端の点が別の多角形の右端の点よりも右にあるとき，前者は後者より x 軸の正の方向により端にあることになる．

様々な方向について端の点を見てみよう．そのために，すべての方向の集合を原点を中心とする単位円によってモデル化する．この単位円上の1点 p は原点から p へのベクトルで与えられる方向を表している．方向 $\vec{d_1}$ から方向 $\vec{d_2}$ までの範囲は，$\vec{d_1}$ を表す点から $\vec{d_2}$ を表す点までの反時計回りの円弧上の点に対応する方向として定義される．ここで，$\vec{d_1}$ から $\vec{d_2}$ までの範囲は $\vec{d_2}$ から $\vec{d_1}$ までの範囲と同じではないことに注意しておきたい．次の観察を図で説明したのが図 13.7 である．

第 13.3 節
ミンコフスキー和

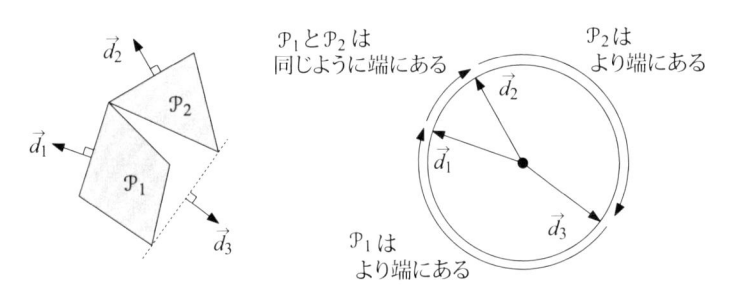

図 13.7
1つの連結な方向の範囲に対して一方の多角形が別の多角形より端にある例

観察 13.7 $\mathcal{P}_1$ と $\mathcal{P}_2$ を互いに真に交差することはない凸多角形としよう．また，$\vec{d_1}$ と $\vec{d_2}$ を $\mathcal{P}_1$ の方が $\mathcal{P}_2$ よりも端にあるような方向とする．このとき，$\vec{d_1}$ から $\vec{d_2}$ までの範囲のすべての方向で，あるいは $\vec{d_2}$ から $\vec{d_1}$ までのすべての方向で，$\mathcal{P}_1$ は $\mathcal{P}_2$ よりも端にある．

これでミンコフスキー和が擬似ディスクであることを証明する準備が整った．

定理 13.8 $\mathcal{P}_1$ と $\mathcal{P}_2$ を互いに真に交差することはない凸多角形としよう．また，$\mathcal{R}$ を別の凸多角形とする．このとき，2つのミンコフスキー和 $\mathcal{P}_1 \oplus \mathcal{R}$ と $\mathcal{P}_2 \oplus \mathcal{R}$ は擬似ディスクである．

証明 $\mathcal{CP}_1 := \mathcal{P}_1 \oplus \mathcal{R}$ および $\mathcal{CP}_2 := \mathcal{P}_2 \oplus \mathcal{R}$ と定義しよう．対称性により，$\partial \mathcal{CP}_1 \cap \text{int}(\mathcal{CP}_2)$ が連結であることを示せば十分である．

$\partial \mathcal{CP}_1 \cap \text{int}(\mathcal{CP}_2)$ は連結でないとしよう．このとき，4つの交互に起こる方向 $\vec{d_p}, \vec{d_q}, \vec{d_r}, \vec{d_s}$ が存在して——これらの方向は，$p, r \in \text{int}(\mathcal{CP}_2)$ および $q, s \notin \text{int}(\mathcal{CP}_2)$ であるような $\partial \mathcal{CP}_1$ に沿って与えられた順序で生じる

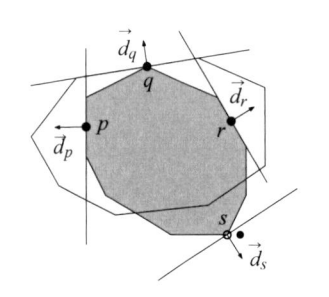

点 $p,q,r,s \in \partial \mathcal{CP}_1$ の外向き法線である—$\mathcal{CP}_2$ は $\vec{d}_p$ と $\vec{d}_r$ の方向において $\mathcal{CP}_1$ より端にあるが，$\vec{d}_q$ と $\vec{d}_s$ の方向についてはそうではない．観察 13.4 より，$\mathcal{P}_1$ は $\vec{d}_p$ と $\vec{d}_r$ の方向に $\mathcal{P}_2$ よりも端にあり，$\vec{d}_q$ と $\vec{d}_s$ の方向には端にはないということが分かる．しかし，これは観察 13.7 に矛盾する． □

この結果を次の定理と組み合わせると，後で役に立つ．

定理 13.9 S を全部で n 本の辺をもつ凸多角形の擬似ディスクの集合とすると，それらの合併 (union) の複雑度は高々 $2n$ である．

証明 証明は課金方式に基づいて行う．すなわち，擬似ディスクの合併のすべての頂点に課金していくが，どの擬似ディスク頂点も高々 2 回しか課金されないようにするのである．これから合併の最大複雑度が $2n$ で抑えられるという結果が得られる．

課金は次のようにして行う．合併の境界には 2 種類の頂点が存在する．すなわち，擬似ディスクの頂点と擬似ディスクの辺どうしの交点である．

前者のタイプの頂点は単に自分自身に課金するだけである．

擬似ディスク $\mathcal{P} \in S$ の辺 e と擬似ディスク $\mathcal{P}' \in S$ の辺 e' との交点である合併の頂点 v を考えよう．このとき，$e \cap e'$ は境界交差である．したがって，観察 13.6 により，e が $\partial \mathcal{P}'$ と別の境界交差をもたないか，あるいは e' が $\partial \mathcal{P}$ と別の境界交差をもたないか（あるいは，その両方か）である．一般性を失うことなく e は $\partial \mathcal{P}'$ と別の境界交差をもたないと仮定しよう．$e \cap e'$ から始めて，e をたどって $\mathcal{P}'$ の内部に入っていく．e は 2 回目に $\partial \mathcal{P}'$ と交差することはないから，$\mathcal{P}'$ の外部に到達する前に e の端点に到達しなければならない．v を e のこの端点に課金する．

このように課金を行うと，すべての擬似ディスク頂点は高々 2 回しか課金されることはない．

最初に，v が他のどの擬似ディスク $\mathcal{P}'$ の内部にも境界上にもない場合を考えよう．このとき，明らかに v は合併の頂点であり，それには自分自身しか課金しない．次に，v が他の擬似ディスク $\mathcal{P}'$ の内部にある場合を考えよう．これは，v が合併の内部にあることを意味する．さて，ある別の辺との交差において合併の境界にたどり着くまで v に接続する $\mathcal{P}$ の 2 つの辺をたどる．これら 2 つの交差は，もし存在するなら，それだけが v に課金されるものである．最後に，v がある擬似ディスク $\mathcal{P}'$ の境界上にあるなら，v はそれ自身とその 2 つの接続辺に沿った最初の 2 つの交差によって課金されるかもしれない（v が擬似ディスクの内部にあるときも同様である）．しかしながら，接続辺が v から擬似ディスクの合併の内部に入っていくときには，その接続辺の両方からしか課金されることはない．その場合，v は合併頂点ではなく，それ自身によって課金されることはない．したがって，すべての場合に v は高々 2 回しか課金されない． □

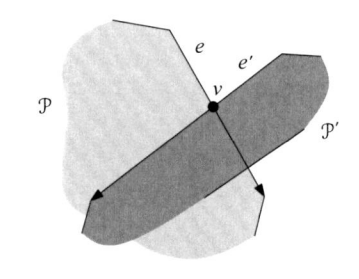

この定理の証明は擬似ディスクが多角形であることに強く依存しているが，定理自身は任意の擬似ディスクに一般化することができる．任意の擬似ディスクの合併の複雑度は，擬似ディスクの総複雑度に関して線形である．したがって，たとえば平面上の n 個の円板の合併は $O(n)$ という複雑度をもつ．事実，より強力な次の結果が成り立つ．合併頂点として出現する境界交差の個数は擬似ディスクの個数に関して線形である．このより一般的な定理ははるかに証明しにくいものである．

移動計画への応用に戻る前に，2 つの凸多角形 $\mathcal{P}$ と $\mathcal{R}$ のミンコフスキー和を求めるアルゴリズムについて説明しよう．非常に単純なアルゴリズムとして，次のようなものを考えることができる．$v \in \mathcal{P}$ かつ $w \in \mathcal{R}$ であるような各頂点対 v, w に対して，$v+w$ を求める．次に，これらの和すべての凸包を求める．残念ながら，このアルゴリズムは多角形が多数の頂点を持っていれば効率が悪い．なぜなら，すべての頂点対を調べなければならないからである．以下に別のアルゴリズムを与えるが，同程度に実行しやすいものである．今度は同じ方向で端にある頂点の対しか調べない—そうしてもよいことは観察 13.4 で保証されている—ので，今度は線形時間しかかからない．ただし，$angle(pq)$ という記号を用いてベクトル $\vec{pq}$ が x 軸の正の方向となる角度を表している．

第 13.3 節
ミンコフスキー和

アルゴリズム MINKOWSKISUM($\mathcal{P}, \mathcal{R}$)

入力：$v_1, \ldots, v_n$ を頂点とする凸多角形 $\mathcal{P}$ と，$w_1, \ldots, w_m$ を頂点とする凸多角形 $\mathcal{R}$．頂点リストは，v_1 と w_1 を最小の y 座標値（かつ，y 座標値が同じときは最小の x 座標値）をもつ頂点として，反時計回りに並んでいると仮定する．

出力：ミンコフスキー和 $\mathcal{P} \oplus \mathcal{R}$．

1. $i \leftarrow 1; j \leftarrow 1$
2. $v_{n+1} \leftarrow v_1; v_{n+2} \leftarrow v_2; w_{m+1} \leftarrow w_1; w_{m+2} \leftarrow w_2$
3. **repeat**
4. 　　$v_i + w_j$ を頂点として $\mathcal{P} \oplus \mathcal{R}$ に加えよ．
5. 　　**if** $angle(v_i v_{i+1}) < angle(w_j w_{j+1})$
6. 　　　**then** $i \leftarrow (i+1)$
7. 　　　**else if** $angle(v_i v_{i+1}) > angle(w_j w_{j+1})$
8. 　　　　**then** $j \leftarrow (j+1)$
9. 　　　　**else** $i \leftarrow (i+1); j \leftarrow (j+1)$
10. **until** $i = n+1$ **and** $j = m+1$

MINKOWSKISUM は線形時間で実行できる．なぜなら，**repeat** ループの毎回の繰返しで，i か j は必ず増加するし—プログラムよりほとんど明らかであるが—$n+1$ と $m+1$ という値に達した後では増加しないからである．正しい頂点対が取られるという事実は定理 13.5 と同様に証明できる．ミンコフスキー和のどの頂点も，共通の方向で端にある 2 つの元々

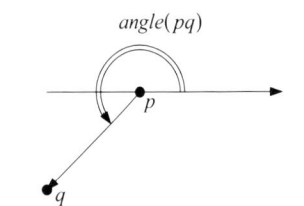

第 13 章
ロボットの移動計画

の頂点の和であることを示し，角度の判定によりすべての端の点の対が見つかることが分かればよい．

まとめると次の定理のようになる．

定理 13.10 それぞれ n 個と m 個の頂点をもつ 2 つの凸多角形のミンコフスキー和は $O(n+m)$ 時間で求めることができる．

2 つの多角形の内の一方あるいは両方が凸でないときにはどうだろうか．任意の集合 S_1, S_2, S_3 に対して下の等式が成り立つことを知っていれば，この疑問に答えることは難しくない．

$$S_1 \oplus (S_2 \cup S_3) = (S_1 \oplus S_2) \cup (S_1 \oplus S_3)$$

では，それぞれ n, m 個の頂点をもつ凸でない多角形 $\mathcal{P}$ と凸多角形 $\mathcal{R}$ のミンコフスキー和について考えてみよう．$\mathcal{P} \oplus \mathcal{R}$ の複雑度はどうだろう．第 3 章で，多角形 $\mathcal{P}$ は $n-2$ 個の三角形 $t_1, \ldots, t_{n-2}$ に分割できることを説明した．ただし，n は頂点数である．上の等式より，次式が得られる．

$$\mathcal{P} \oplus \mathcal{R} = \bigcup_{i=1}^{n-2} t_i \oplus \mathcal{R}$$

t_i は三角形であり，$\mathcal{R}$ は m 個の頂点をもつ凸多角形であるから，$t_i \oplus \mathcal{R}$ は高々 $m+3$ 個の頂点をもつ凸多角形であることが分かる．さらに，これらの三角形たちの内部は互いに共通部分をもたないから，ミンコフスキー和の集合も擬似ディスクの集合である．したがって，それらの合併の複雑度は，それらの複雑度の和に関して線形である．これから，$\mathcal{P} \oplus \mathcal{R}$ の複雑度が $O(nm)$ であることが分かる．

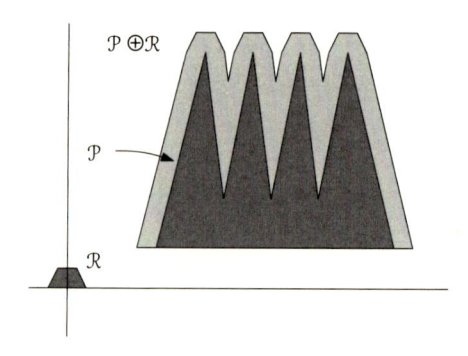

図 13.8
凸でない多角形と凸多角形のミンコフスキー和

凸でない多角形と凸多角形のミンコフスキー和の複雑度に関する上記の上界は最悪の場合にはタイトである．それを確かめるために，上を向いた $\lfloor n/2 \rfloor$ 個の尖った部分 (spike) をもつ多角形 $\mathcal{P}$ と，正 $(2m-2)$ 角形の上半分の形をしたずっと小さな多角形 $\mathcal{R}$ を考えよう．これらの多角形のミンコフスキー和も $\lfloor n/2 \rfloor$ 個の尖った部分をもち，そのそれぞれがその上に m 個の頂点をもつ．図 13.8 にその構成が図示されている．

2 つの凸でない多角形 $\mathcal{P}$ と $\mathcal{R}$ のミンコフスキー和の複雑度の上界を得るために，両方の多角形を三角形分割しよう．そうすると，$n-2$ 個の三角

形 t_i の集合と $m-2$ 個の三角形 u_j の集合が得られる．そうすると，$\mathcal{P}$ と $\mathcal{R}$ のミンコフスキー和は，対 t_i, u_j のミンコフスキー和の合併ということになる．それぞれの和 $t_i \oplus u_j$ は定数の複雑度しかもたない．したがって，$\mathcal{P} \oplus \mathcal{R}$ は，$(n-2)(m-2)$ 個の定数複雑度の多角形たちの合併である．これより，$\mathcal{P} \oplus \mathcal{R}$ 全体の複雑度は $O(n^2 m^2)$ であることが分かる．今度も，この上界は最悪の場合にタイトである．すなわち，うまく凸でない多角形を選べば，ミンコフスキー和が実際に $\Theta(n^2 m^2)$ の複雑度をもつようにすることができる．これを図示したのが図 13.9 である．

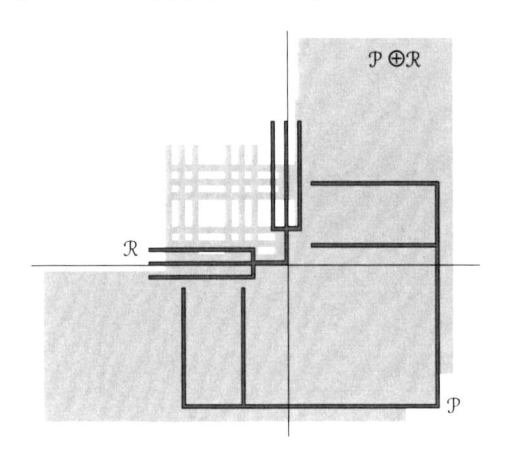

第 13.4 節
並進移動計画

図 13.9
2つの凸でない多角形のミンコフスキー和

次の定理はミンコフスキー和の複雑度に関する結果をまとめたものである．すべての場合を尽くすために，2つの凸多角形の場合についても複雑度を与えている．

定理 13.11 $\mathcal{P}$ と $\mathcal{R}$ を，それぞれ n 個と m 個の頂点をもつ多角形とする．このとき，ミンコフスキー和 $\mathcal{P} \oplus \mathcal{R}$ の複雑度は次のような上界をもつ．
(i) 両方が凸の場合は $O(n+m)$．
(ii) 一方が凸で他方が凸でない場合は $O(nm)$．
(iii) 両方が凸でない場合は $O(n^2 m^2)$．
これらの上界は最悪の場合にタイトである．

凸でない多角形のミンコフスキー和の計算はあまり難しくない．両方の多角形を三角形分割し，各三角形の対についてミンコフスキー和を求め，それらの合併を取ればよいからである．この方法は，次節で述べる並進ロボットの禁止空間を求める方法と基本的に同じであるので，ここでは詳細を省略する．

13.4 並進移動計画

平面上での移動計画問題に戻ろう．ここで考えているロボット $\mathcal{R}$ は並進しかできないし，障害物は互いに共通部分をもたない多角形であっ

た．前節の始めで，障害物 $\mathcal{P}_i$ に対応する $\mathcal{C}$-障害物はミンコフスキー和 $\mathcal{P}_i \oplus (-\mathcal{R})$ であることを示した．さらに，凸多角形のミンコフスキー和は擬似ディスクであることも知った．これを用いて，移動計画問題に関する最初の主要結果を証明するが，それは平面上を並進するロボットの自由空間の複雑度が線形であることを述べたものである．

定理 13.12 $\mathcal{R}$ を定数複雑度の凸状のロボットとし，互いに共通部分を持たない障害物の集合 S の間を並進できるものとする．ただし，障害物の辺数の合計を n とする．このとき，自由空間 $\mathcal{C}_{\text{free}}(\mathcal{R}, S)$ の複雑度は $O(n)$ である．

証明 まず，各障害物の多角形を三角形分割する．その結果，$O(n)$ 個の三角形の，したがって凸の障害物が得られ，それらの内部は互いに共通部分をもたない．自由空間はこれらの三角形の $\mathcal{C}$-障害物の合併の補集合である．ロボットの複雑度は定数であるから，$\mathcal{C}$-障害物の複雑度も定数である．したがって，定理 13.8 によりそれらは擬似ディスクの集合をなす．すると，定理 13.9 より，その合併は線形の複雑度をもつことが分かる． □

自由空間を構成するアルゴリズムを求める仕事が残っている．自由空間 $\mathcal{C}_{\text{free}}$ を求めるのではなく，自由空間の補集合である禁止空間 $\mathcal{C}_{forb}$ を求めることにしよう．

障害物を三角形分割することによって三角形 $\mathcal{P}_1, \ldots, \mathcal{P}_n$ が得られたとしよう．ここで求めたいのは次のものである．

$$\mathcal{C}_{\text{forb}} = \bigcup_{i=1}^{n} \mathcal{CP}_i = \bigcup_{i=1}^{n} \mathcal{P}_i \oplus (-\mathcal{R}(0,0))$$

13.3 節において，個々のミンコフスキー和 $\mathcal{CP}_i$ を求める方法を学んだ．それらの合併を求めるには，単純な分割統治法を用いればよい．

アルゴリズム FORBIDDENSPACE($\mathcal{CP}_1, \ldots, \mathcal{CP}_n$)
入力：$\mathcal{C}$-障害物の集合．
出力：禁止空間 $\mathcal{C}_{\text{forb}} = \bigcup_{i=1}^{n} \mathcal{CP}_i$．

1.　**if** $n = 1$
2.　　**then return** $\mathcal{CP}_1$
3.　　**else** $\mathcal{C}_{\text{forb}}^1 \leftarrow$ FORBIDDENSPACE($\mathcal{P}_1, \ldots, \mathcal{P}_{\lceil n/2 \rceil}$)
4.　　　　$\mathcal{C}_{\text{forb}}^2 \leftarrow$ FORBIDDENSPACE($\mathcal{P}_{\lceil n/2 \rceil+1}, \ldots, \mathcal{P}_n$)
5.　　　　$\mathcal{C}_{\text{forb}} = \mathcal{C}_{\text{forb}}^1 \cup \mathcal{C}_{\text{forb}}^2$ を計算せよ．
6.　　　　**return** $\mathcal{C}_{\text{forb}}$

このアルゴリズムで最も重要な所は，統合のステップ（5 行目）で必要になる，2 つの平面領域の合併を求めるサブルーチンである．これらの領域を 2 重連結辺リストで表すとき，第 2 章で述べた重ね合せのアルゴリ

ズムを用いることができる．

次の補題はその結果をまとめたものである．

補題 13.13 全部で n 個の辺をもつ多角形障害物の間を並進する定数複雑度の凸ロボットの自由コンフィギュレーション空間 $\mathcal{C}_{\text{free}}$ は，$O(n\log^2 n)$ 時間で求めることができる．

証明 第 3 章で，$O(m\log m)$ 時間で m 頂点の多角形を三角形分割できることを見た．(実際，第 3 章の文献と注釈の所で述べたように，非常に複雑なアルゴリズムを用いれば $O(m)$ 時間でも三角形分割は可能である．) したがって，障害物 $\mathcal{P}_i$ の複雑度を m_i と記すことにすれば，すべての障害物を三角形分割するのに必要な時間は次式に比例する．

$$\sum_{i=1}^{t} m_i \log m_i \leq \sum_{i=1}^{t} m_i \log n = n \log n$$

得られた三角形のそれぞれについて $\mathcal{C}$-障害物を計算しなければならないが，これは全体でも線形時間でできる．まだ示していないのは，FORBIDDENSPACE が $\mathcal{C}$-障害物の合併を求めるのにかかる時間の上界である．

第 2 章の結果を用いると，統合ステップ (5 行目) は $O((n_1 + n_2 + k)\log(n_1 + n_2))$ 時間で実行できる．ただし，n_1, n_2, k は，それぞれ $\mathcal{C}_{\text{forb}}^1$, $\mathcal{C}_{\text{forb}}^2$, および $\mathcal{C}_{\text{forb}}^1 \cup \mathcal{C}_{\text{forb}}^2$ を表している．定理 13.12 により，自由空間の複雑度—そして，したがって禁止空間の複雑度—は，障害物の複雑度の総和に関して線形である．ここでの場合については，n_1, n_2, k はすべて $O(n)$ であるから，統合ステップに必要な時間は $O(n\log n)$ となる．n 個の定数複雑度の $\mathcal{C}$-障害物の集合に適用したときにアルゴリズムで必要な時間を $T(n)$ とすると，$T(n)$ に関して次の漸化式が得られる．

$$T(n) = T(\lceil n/2 \rceil) + T(\lfloor n/2 \rfloor) + O(n\log n)$$

この漸化式の解は $O(n\log^2 n)$ である． □

この定理の結果はこれ以上改善できないというものではない—本章の文献と注釈を参照のこと．

自由空間が求まったから，13.2 節と全く同じように後の処理を続けることができる．すなわち，自由空間の台形地図とロードマップを求める．ロボット $\mathcal{R}$ の初期位置と目標位置が与えられたとき，次のようにして経路を求めることができる．まず，初期位置と目標位置に対応する点をコンフィギュレーション空間内に求める．その後，13.2 節で説明したのと同様にして，台形地図とロードマップを用いて自由空間内でこれらの 2 点を結ぶ経路を求める．最後に，この経路を作業空間での $\mathcal{R}$ の経路に戻す．

次の定理は，ここまでの結果をまとめたものである．

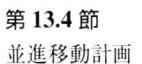

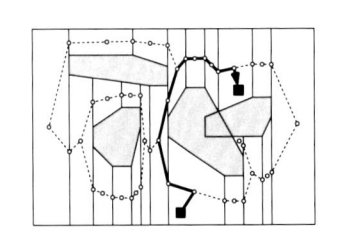

第 13.4 節
並進移動計画

定理 13.14 全部で n 個の辺をもち，互いに共通部分をもたない多角形障害物の集合 S の間を並進する定数複雑度の凸ロボットを $\mathcal{R}$ とする．$\mathcal{R}$ に対する任意の出発点と目標点を結ぶ無衝突経路を，もし存在すれば，$O(n)$ 時間で求めることができるように，S を $O(n\log^2 n)$ の期待時間で前処理しておくことができる．

13.5* 回転を許した場合の移動計画

前節ではロボットは並進しか許されていなかった．ロボットが円形であれば，それによって移動方法に制約を受けることはない．一方，細長いロボットの場合には並進だけでは十分ではない．というのは，狭い通路を通りぬけたり，コーナーを曲がったりするには方向を変化させることができないといけないからである．本節では並進だけではなく回転もできるロボットの移動計画を立てる方法を簡単に述べる．

互いに共通部分をもたない障害物の集合 $\mathcal{P}_1,\ldots,\mathcal{P}_t$ を含む平面的な作業空間において，並進と回転ができる凸多角形のロボットを $\mathcal{R}$ とする．ロボット $\mathcal{R}$ の自由度は 3 である．すなわち，並進に関する自由度が 2 で，回転に関する自由度が 1 である．したがって，3 つのパラメータによって $\mathcal{R}$ の位置を決めることができる．すなわち，$\mathcal{R}$ の参照点の x,y 座標値と，方向を定める角度 ϕ である．13.1 節と同様に，$\mathcal{R}(x,y,\phi)$ という記号で，その参照点が (x,y) に置かれ，角度 ϕ だけ回転されたロボットの位置を表すものとする．

得られるコンフィギュレーション空間は 3 次元空間 $\mathbb{R}^2 \times [0:360)$ である．ただし，点 $(x,y,0)$ と $(x,y,360)$ は同一視するものとする．障害物 $\mathcal{P}_i$ の $\mathcal{C}$-障害物 $\mathcal{CP}_i$ は次のように定義されていたことに注意しよう．

$$\mathcal{CP}_i := \{(x,y,\phi) \in \mathbb{R}^2 \times [0:360) : \mathcal{R}(x,y,\phi) \cap \mathcal{P}_i \neq \emptyset\}$$

では，$\mathcal{C}$-障害物とはどのような形をしているだろうか．この質問に直接的に答えるのは難しいが，ϕ の値が一定である平面での断面を見ることによって感じをつかむことができる．そのような平面では回転角度は固定されているので，純粋に並進による問題を扱うことになる．したがって，断面の形状は分かる．それはミンコフスキー和なのである．もっと厳密に言うと，$\mathcal{CP}_i$ の平面 $h : \phi = \phi_0$ との断面は $\mathcal{P}_i \oplus \mathcal{R}(0,0,\phi_0)$ に等しい．（もっと厳密に言うと，それは高さ ϕ_0 に置かれたミンコフスキー和のコピーである．）それでは，水平平面でコンフィギュレーション空間を上方へ走査するところを考えてみよう．つまり $\phi = 0$ から始めて $\phi = 360$ まで走査するのである．走査の任意の時点で，平面の $\mathcal{CP}_i$ との断面はミンコフスキー和である．ミンコフスキー和の形状は連続的に変化する．すなわち，$\phi = \phi_0$ では断面は $\mathcal{P}_i \oplus \mathcal{R}(0,0,\phi_0)$ であり，$\phi = \phi_0 + \varepsilon$ では断面

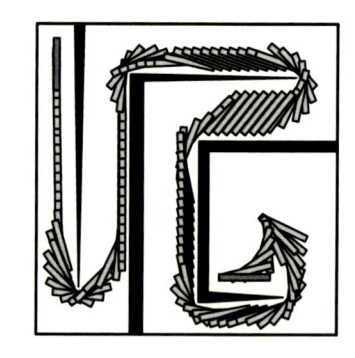

作業空間　　　　　　　コンフィギュレーション空間

第 13.5* 節
回転を許した場合の移動計画

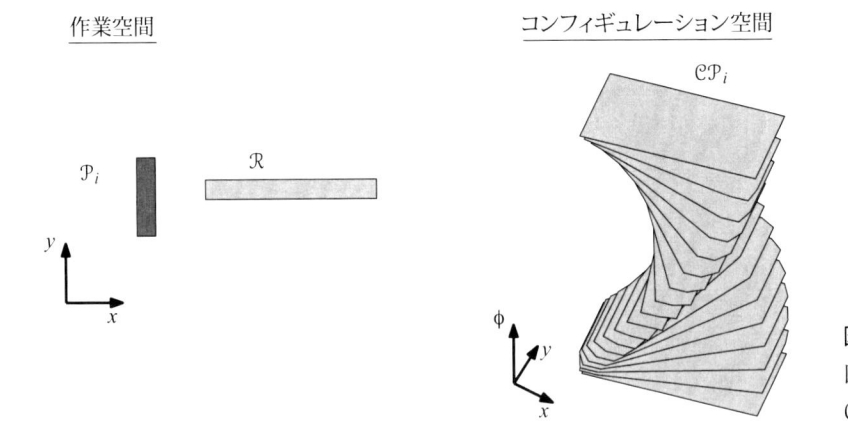

図 13.10
回転と並進ができるロボットの
$\mathcal{C}$-障害物

は $\mathcal{P}_i \oplus \mathcal{R}(0, 0, \phi_0 + \varepsilon)$ である．これは，図 13.10 に示すように，$\mathcal{CP}_i$ が捻った柱のように見えることを意味している．この捻った柱の辺とファセットは，一番上のファセットと最も下のファセットを除いて，曲線状である．

これで $\mathcal{C}$-障害物がどのように見えるかについて多少は分かった．自由空間は，これらの $\mathcal{C}$-障害物の合併の補集合である．$\mathcal{C}$-障害物のこの扱いにくい形状のせいで，自由空間もかなり複雑である．その境界はもはや多角形ではなく，曲線である．さらに，自由空間の組合せ複雑度は，凸であるロボットに対して 2 乗に比例し，凸でないロボットに対しては 3 乗に比例する．にもかかわらず，以前と同じ方法を用いて移動計画問題を解くことができる．つまり，まず自由空間をセルに分割し，ロードマップを作って，隣接セル間の移動を誘導するのである．その後で，ロボットの初期位置と目標位置が与えられたとき，次のようにして経路を見つける．これらの位置をコンフィギュレーション空間内の点に写像し，それらの点を含むセルを求め，次の 3 つの部分からなる経路を構成する．すなわち，初期位置から，初期セルの中心に置かれたロードマップの節点までの経路と，ロードマップに沿って目標セルの中心にある節点までの経路と，目標セルの内部における最終目的地への経路の 3 つである．後は，コンフィギュレーション空間における経路を作業空間での移動に翻訳していけばよい．

　$\mathcal{C}$-障害物の複雑な形状のために，適切なセル分解 (cell decomposition) を求めるのは難しい．特に，実際に実装することを考えるとなおさらである．したがって，少し違った，より簡単な方法を説明しよう．しかしながら，後で分かるように，この方法にも欠点がある．ここでの方法は，$\mathcal{C}$-障害物の形状を調べるのに用いたのと同じ観察に基づいている．すなわち，コンフィギュレーション空間の水平断面だけを考えるのであれば，移動計画問題を純粋に並進だけの問題に還元すればよいというものである．そのような断面のことを**スライス** (slice) と呼ぶことにしよう．有限個数のスライスを求めようというのがアイディアである．そうすると，

第13章
ロボットの移動計画

ロボットに対する経路は2種類の移動からなることになる．つまり，スライス内の移動—これは純粋に並進的なもの—と，スライス間の移動—これらは純粋に回転によるもの—からなることになる．

これを定式化してみよう．zをスライスの個数としよう．$0 \leqslant i \leqslant z-1$の範囲のすべての整数$i$に対して，$\phi_i = i \times (360/z)$とする．各$\phi_i$に対して自由空間のスライスを求める．スライスの内部ではロボット$\mathcal{R}(0,0,\phi_i)$に対する純粋に並進だけの問題を扱うから，前節の方法でスライスを計算することができる．これによってスライス内での自由空間の台形地図$\mathcal{T}_i$が得られる．各$\mathcal{T}_i$に対して，ロードマップ$\mathcal{G}_i$を計算する．これらのロードマップを用いて，13.2節のように，スライス内での移動計画を立てる．

連続するスライスを連結する仕事が残っている．もっと厳密に言うと，コンフィギュレーション空間全体のロードマップ$\mathcal{G}_{road}$を得るために，ロードマップのすべてのペア$\mathcal{G}_i, \mathcal{G}_{i+1}$を連結する．これは次のようにして行う．連続するスライスの各ペアの台形地図を考えて，それらの重ね合せを第2章のアルゴリズムを用いて求める．（厳密に言うと，$\mathcal{T}_i$と$\mathcal{T}_{i+1}$を平面$h:\phi=0$上に射影したものの重ね合せを求めるというべきである．）これにより，$\Delta_1 \in \mathcal{T}_i$および$\Delta_2 \in \mathcal{T}_{i+1}$であるすべてのペア$\Delta_1, \Delta_2$で，$\Delta_1$が$\Delta_2$と交差するようなものが得られる．$(x,y,0)$を$\Delta_1 \cap \Delta_2$の点としよう．次に，余分な節点を$(x,y,\phi_i)$と$(x,y,\phi_{i+1})$に作って$\mathcal{G}_{road}$に加え，それらを枝で結ぶ．この枝に沿って1つのスライスから次のスライスに移動することは，ϕ_iからϕ_{i+1}に，あるいはその逆方向に回転することに対応している．さらに，(x,y,ϕ_i)に作った節点をΔ_1の中心にある節点に連結し，(x,y,ϕ_{i+1})に作った節点をΔ_2の中心にある節点に連結する．これらの連結性はスライスの内部では同じであるので，それらは純粋な並進移動に対応している．同様に，$\mathcal{G}_{z-1}$と$\mathcal{G}_0$をつなぐ．グラフ$\mathcal{G}_{road}$における経路は，（同じスライスの節点を結ぶ枝に沿って移動するときの）純粋な並進移動と（異なるスライスの節点をつなぐ枝に沿って移動するときの）純粋な回転移動から構成されるロボットの経路に対応していることに注意しよう．

このロードマップができてしまえば，それを用いて初期位置$\mathcal{R}(x_{start}, y_{start}, \phi_{start})$から任意の目標位置$\mathcal{R}(x_{goal}, y_{goal}, \phi_{goal})$までの$\mathcal{R}$の移動を計画することができる．そのために，まず方向ϕ_{start}とϕ_{goal}をすでに構成したスライスにある最も近い方向ϕ_iに丸めることによって，初期位置と目標位置に最も近いスライスを求める．これらのスライスの中で出発点と目標点を含む台形Δ_{start}とΔ_{goal}を求める．出発点か目標点がこのスライス内の禁止空間に含まれてしまうときには，これらの台形の内の一方が存在しないが，その場合には経路が求まらないと報告する．そうでなければ，それらの台形の中心に置いたロードマップ上の節点を，それぞれv_{start}およびv_{goal}とする．次に幅優先探索によって，$\mathcal{G}_{road}$上で

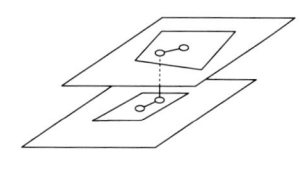

v_start から v_goal までの経路を見つけたい．グラフにそのような経路が存在しなければ，そのような移動を計画することはできないと報告する．経路が存在する場合には，次の 5 つの部分からなる移動を報告する：出発点から最も近いスライスまでの純粋に回転だけの移動，そのスライス内で節点 v_start に至る純粋に並進だけの移動，$\mathcal{G}_\text{road}$ における v_start から v_goal までの経路に対応する移動，スライス（目標位置に最も近いスライス）内での v_goal から最終位置までの純粋に並進だけの移動，および実際の目標位置への純粋に回転だけの移動である．

この方法は，並進移動に対して用いた方法を一般化したものであるが，大きな問題を抱えている．すなわち，いつも正しいとは限らないのである．つまり，経路が存在するのに，存在しないと報告することがある．たとえば，出発点は自由空間になければならないが，最も近いスライス内での出発点はそうとは限らない．そのような場合，経路はないと報告するが，この答は正しくない．もっと悪いことに，報告される経路は無衝突とは限らない．スライス内では問題を正確に解いたからスライス内での並進移動は大丈夫であるが，スライス間の回転移動では問題が起こることがある．2 つのスライス間の位置は無衝突であるが，その途中でロボットは障害物と衝突するかもしれないのである．どちらの問題もスライス分割を細かくすればあまり起こりそうにないが，結果の正しさを確信することはできない．2 番目に述べた問題の場合には特に厄介である．ロボットは高価であるので，絶対に衝突は避けたいところである．

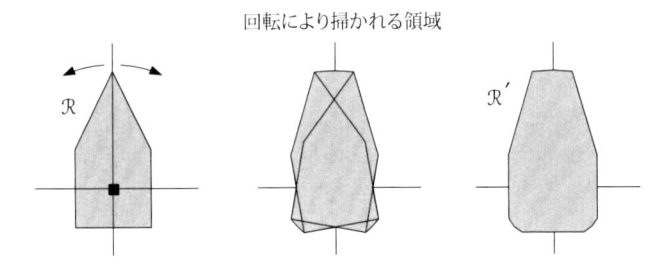

第 13.5* 節
回転を許した場合の移動計画

図 13.11
ロボットの拡大

したがって，次のようなトリックを使うことにする．つまり，ロボットを少しだけ大きくして，拡大されたロボット $\mathcal{R}'$ について上記の方法を用いるのである．回転の間に $\mathcal{R}'$ は衝突をするかもしれないが，元のロボット $\mathcal{R}$ は衝突がないように拡大を行えばよい．そうするためには，ロボットを次のようにして拡大すればよい．ロボット $\mathcal{R}$ を時計回りと反時計回りの方向に $(180/z)°$ だけ回転する．この回転の間に，ロボット $\mathcal{R}$ は平面の一部を掃くことになるが，その部分をロボットに加えてロボットを拡大するのである．この拡大されたロボット $\mathcal{R}'$ に対して，その走査領域を含む凸多角形を用いる—図 13.11 参照．次に台形地図を求め，$\mathcal{R}$ ではなく $\mathcal{R}'$ に対するロードマップを求める．隣接する 2 つのスライス間の純粋に回転だけの移動の間に $\mathcal{R}'$ が障害物と衝突することはあっても，$\mathcal{R}$ が衝突することはありえない．このようにロボットを拡大することに

よって，経路が存在しないことを不正確に決定する別の方法を導入した．今度もスライスの個数を増やせば不正確な答を得る可能性は減る．したがって，スライスの個数を十分に大きくとっておけば，この方法は実際の状況では結構うまくいくものと思われる．

13.6 文献と注釈

移動計画問題は，長年にわたって，計算幾何学の分野の研究者だけでなく，ロボティックスの分野の研究者からも多くの注目を集めてきた．本章ではこれらの研究全体のほんの表面を引っかく程度しかできていない．この問題についてもっと徹底的に調べた研究書が Latombe [243] によって著されている．Sharir [352] はこれまでに得られた理論的な結果に関するサーベイを与えている．ではあるが，ここで導入した概念—コンフィギュレーション空間，自由空間の分割，幾何問題をグラフ探索問題に変換するロードマップ—は，これまでに提案されてきた方法の大多数の基礎となるものである．

これらの概念を最初に示したのは Lozano-Pérez [258, 259, 260] の一連の仕事である．彼の方法と本章での方法の相違点として重要な点は，彼の方法では自由空間の近似セル分割 (approximate decomposition) を用いていることである．平面上を並進するロボットの自由空間を正確に台形に分割する 13.2 節の方法は，Kedem ら [231, 232] の最近の結果に基づいたものである．$O(n \log n)$ 時間の改良型アルゴリズムが Bhattacharya と Zorbas [68] によって与えられている．

自由空間の正確なセル分解 (exact cell decomposition) に基づく非常に一般的な方法は，Schwartz と Sharir [341] によって与えられたものである．それは Collins [136] の分割法に基づいたものである．残念ながら，この方法はコンフィギュレーション空間の次元数に関して 2 重指数関数的な時間がかかる．これは Chazelle ら [102] の分割法を用いて改善することができる．

本章では，セル分解法を用いると，平面上を並進する凸ロボットに適用したとき，$O(n \log^2 n)$ 時間のアルゴリズムが得られることを見た．このアルゴリズムのボトルネックは，ミンコフスキー和の合併を計算するところであった．分割統治法の代わりに乱択逐次構成アルゴリズムを用いると，このステップは $O(n \log n)$ 時間で終えることができる [58, 280]．ここでの方法は，互いに共通部分をもたない凸多角形とある固定の別の凸多角形とのミンコフスキー和は擬似ディスクを成し，それらの擬似ディスクの合併の複雑度は $O(n)$ であるという事実に基づいている．後者の性質は多角形でない擬似ディスクに対しても成り立つ．n 個の擬似ディスクの合併の境界上には高々 $6n - 12$ 個のブレークポイント（すなわち，2 つの擬似ディスクの境界の交点）がある [231]．ここで，物体の集合を，そ

れらの任意の対の境界が高々 2 個の点でしか交差しないとき，擬似ディスクの集合と定義する．この結果の拡張と，ある物体の族の合併に関する他の多くの結果については Agarwal ら [3] による最近のサーベイで論じられている．

3 次元空間における並進による移動計画問題は $O(n^2 \log^3 n)$ 時間で解ける [22]．

並進と回転ができるロボットについて簡単に述べた方法は近似的なものである．その方法では，解が存在しても必ず見つけることができると保証できない．$O(n^3)$ 時間で自由空間を正確に分割しておけば，正確な解を求めることができる [33]．凸ロボットに対しては，その実行時間を $O(n^2 \log^2 n)$ に減らすことができる [233]．

ロボットの自由空間は多数の連結成分から構成されていることもある．もちろん，ロボットの移動は，その出発点を含む連結成分に限定されている．別の連結成分に行くためには，禁止空間を通らないといけないことになる．したがって，自由空間全体ではなく，自由空間の**単一セル** (single cell) を求めるだけで十分である．単一セルの最悪の場合の複雑度は自由空間全体の複雑度より 1 乗分だけ低いのが普通である．これを用いて移動計画アルゴリズムの漸近的実行時間を高速化することができる．Agarwal と Sharir [353] の本と Halperin [205] の博士論文では，単一セルの複雑度とその移動計画との関連について詳細に議論している．

移動計画の理論的な複雑度はロボットの自由度に関して指数関数的であるが，そのために高度な自由度 (DOF) をもつロボットに対しては移動計画問題を手に負えないものにしている．ロボットと障害物の形状にある程度の制約を設けると—実際的な状況では十分満足されるような制約であるが—自由空間の複雑度は線形にすぎないことを示すことができる [364, 365]．

セル分解法は移動計画に対する唯一の正確な方法というわけではない．これ以外に，**縮小法** (retraction method) と呼ばれる方法もある．ここでは，自由空間を分割せずに，ロードマップを直接的に構成する．さらに，縮小関数を定義する．これは，自由空間の任意の点をロードマップ上の点に写像するものである．写像を行えば，出発点と目標点をロードマップに縮小して，ロードマップに沿って経路をたどることにより経路を見つけることができる．様々な種類のロードマップと縮小関数が提案されている．1 つの優れたロードマップはボロノイ図である．というのは，ボロノイ辺に沿って進めば障害物からできるだけ離れて進むことができるからである．ロボットが円板であるときには普通のボロノイ図を用いることができる．これについてはすでに 7.3 節で議論した．そうでない場合には，ボロノイ図を定義するのにロボットの形状に依存した様々な距離を用いなければならない．そのようなボロノイ図は $O(n \log n)$ 時間で計算できるものが多い [255, 296] が，それらから並進的移動計画に対する

第 13.6 節
文献と注釈

別の $O(n \log n)$ 時間アルゴリズムへとつながっている．非常に一般的なロードマップに基づく方法を提案したのは Canny [80] である．これを用いてほとんどすべての移動計画問題を $O(n^d \log n)$ 時間で解くことができる．ただし，d はコンフィギュレーション空間の次元数，すなわちロボットの自由度を表す数である．残念ながら，この方法は非常に込み入っており，また欠点として，ほとんどの時間，ロボットは障害物と接触した状態で移動する．これは移動計画として望ましいものではないことが多い．

本章では主に正確な移動計画に焦点を合わせてきた．発見的な方法も多数ある．

たとえば，正確なセル分解の代わりに**近似的なセル分解** (approximate cell decomposition) [74, 258, 259, 398] を用いることもできる．それらの中には 4 分木 (quad tree) に基づいたものが多い．

それ以外の発見的方法としては，**ポテンシャル場法** (potential field method) [39, 235, 378] があるが，それはコンフィギュレーション空間においてポテンシャル場を定義して，目標点が引き付けるように，障害物が反発するように力を働かせるようにしたものである．するとロボットは，ポテンシャル場によって指示された方向に移動する．この方法を用いた場合の問題は，ロボットがポテンシャル場の局所最小値にとらわれてしまうことがあることである．局所最小から逃げ出す様々な手法が提案されている．

最近よく用いられている別の発見的方法は，乱択ロードマップを用いる方法 [230, 310] である．これは，ロボットに対してランダムな位置を多数計算しておいて，それらを何らかの方法で連結して自由空間のロードマップを作ろうという方法である．その後でロードマップを用いて任意に与えられた初期位置と目標位置を結ぶ経路を計画するというものである．

ミンコフスキー和は移動計画問題で重要な役割を果たすだけでなく，他の問題でも重要である．その一例は，1 つの多角形を別の多角形の内部に置く問題である [119]．これが役に立つのは，生地からある形状のものを切り出したいときである．ミンコフスキー和の性質に関するいくつかの基本的な結果とその計算については，文献 [43, 197] を参照のこと．

本章ではロボットの経路を見つける問題に集中したが，短い経路を見つけようとはしなかった．これについては第 15 章で議論する．

最後に，ここではロボットが障害物に接触するような経路を許したことに注意してほしい．そのような経路は「準自由」(semi-free) と呼ばれることがある [243, 340]．その場合，「自由な」経路 とはどの障害物にも接触しない経路を指すことになる．移動計画に関する文献を調べようとするときには，これらの用語を知っておくと役に立つであろう．

13.7 演習

13.1 $\mathcal{R}$ を 1 つの固定部と 7 個のリンクをもったロボットアームとする．$\mathcal{R}$ の最後の継ぎ手はプリズム継ぎ手であり，残りのものは回転式継ぎ手である．$\mathcal{R}$ の位置を決めるパラメータの集合を与えよ．そのようにパラメータを選んだとき，コンフィギュレーション空間の次元はどうなるか．

13.2 自由空間の台形分割を用いて構成されたロードマップ $\mathcal{G}_{road}$ において，各台形の中心と各垂直壁に節点を置いた．各台形の中心におく節点を避けることも可能である．垂直壁の節点しか使わないようにグラフを変更するにはどうすればよいか．（グラフの辺数を増加させないこと．）また，問合せアルゴリズムをどのように修正すればよいか．

13.3 $\mathcal{CP}_i$ の形状はロボット $\mathcal{R}$ の参照点の選び方には無関係であることを証明せよ．

13.4 次の場合にミンコフスキー和 $\mathcal{P}_1 \oplus \mathcal{P}_2$ を図示せよ．
  a. $\mathcal{P}_1$ も $\mathcal{P}_2$ も単位円である．
  b. $\mathcal{P}_1$ も $\mathcal{P}_2$ も単位正方形である．
  c. $\mathcal{P}_1$ は単位円で $\mathcal{P}_2$ は単位正方形である．
  d. $\mathcal{P}_1$ は単位正方形で，$\mathcal{P}_2$ は $(0,0),(1,0),(0,1)$ を頂点とする三角形である．

13.5 $\mathcal{P}_1$ と $\mathcal{P}_2$ を 2 つの凸多角形とする．$\mathcal{P}_1$ の頂点の集合を S_1 とし，$\mathcal{P}_2$ の頂点の集合を S_2 とする．このとき，次式を証明せよ．

$$\mathcal{P}_1 \oplus \mathcal{P}_2 = ConvexHull(S_1 \oplus S_2)$$

13.6 観察 13.4 を証明せよ．

13.7 定理 13.9 において，全部で n 個の頂点をもつ多角形状擬似ディスクの合併の複雑度に関する上界が $O(n)$ であると述べた．ここでは精密な上界を求めてみよう．
  a. 合併の境界が元の多角形の頂点の内の m を含んでいるものと仮定する．この合併の境界の複雑度は高々 $2n - m$ であることを証明せよ．これを用いて，合併の境界の複雑度に関して $2n - 3$ という上界を証明せよ．
  b. 下界が $2n - 6$ であることを，その複雑度をもつ例を構成することによって証明せよ．

14　4分木

非一様なメッシュ生成

電気髭剃り，電話，テレビ，コンピュータなどほぼすべての電気機器は，機能を制御する電気回路を含んでいる．この回路—LSI回路，抵抗，コンデンサなどの電気部品—はプリント回路基板に配置されている．プリント回路基板を設計するためには，部品をどこに配置し，それらをどのように配線すべきかを決めなければならない．そこで興味ある幾何問題が多数生じてくる．本章ではそれらのうちの1つであるメッシュ生成(mesh generation)について考えよう．

プリント回路基板上の多くの部品は稼動中に熱を発する．基板が正しく動作するためには，熱放射がある一定値以下でなければならない．しかし，熱放射によって問題が生じるかどうかは前もって予測しがたい．なぜなら，部品の相対的な位置関係や接続によって異なるからである．したがって，以前はプリント回路基板のプロトタイプを作って，熱放射を実験的に確かめていた．熱放射が高すぎると分かった場合には，配置設計をやり直さなければならなかった．今日では，実験はシミュレーションに取って代わられていることが多い．設計はほとんど自動化されているから，プリント回路基板のコンピュータモデルはすぐに作れるので，プロトタイプを作るよりシミュレーションの方がずっと速い．また，シミュレーションにより設計の初期段階でテストをすることができるので，バグを含んだ設計を早期に退けることができる．

　プリント回路基板上での様々な物質間の熱伝達は非常に複雑なプロセスである．したがって，基板上での熱プロセスをシミュレーションするためには，**有限要素法** (finite element method) を用いた近似に頼らなければならない．この方法では，まず基板を多数の小領域あるいは**要素** (element) に分割する．要素としては，ふつう三角形や四角形を用いる．各要素が自分自身で発生する熱は分かっているものと仮定する．また，近傍の要素が互いにどのように影響し合うかも分かっているものと仮定する．そうすると，巨大な連立方程式が得られるが，これを数値的に解けばよい．

　有限要素法の精度はメッシュに依存するところが大きい．メッシュを細かくすればするほどよい解が得られるが，要素数が増大すれば数値プ

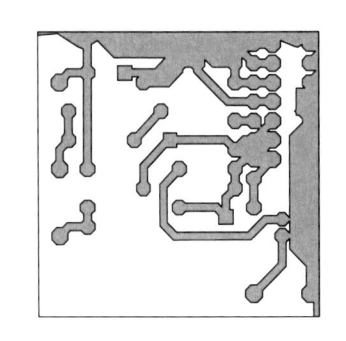

第 14 章
4分木

ロセスに対する計算時間が劇的に増加することになる．そこで，必要な所でだけ細かなメッシュを使いたい．そのような場所とは，異なる材料の領域の境界部分であることが多い．メッシュ要素 (mesh element) は境界を尊重すること，すなわちどのメッシュ要素もただ 1 つの領域にだけ含まれることも重要である．最後に，メッシュ要素の形状が重要な役割を果たす．非常に細長い三角形のように不規則な形状の要素を用いると，数値プロセスの収束に時間がかかってしまうことが多い．

図 14.1
プリント回路基板の一部に対する三角形メッシュ

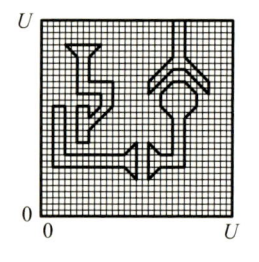

14.1 一様なメッシュと非一様なメッシュ

ここでは，メッシュ生成問題を次のように変形した問題について考えよう．入力は正方形—プリント回路基板—と，その中に配置すべき多数の多角形部品である．

この正方形と部品の集合をメッシュの**定義域** (domain) と呼ぶことがある．正方形の頂点は $(0,0),(0,U),(U,0),(U,U)$ である．ただし，ある正定数 j に対して $U=2^j$ である．部品の頂点の座標値は 0 から U の間の整数と仮定する．もう 1 つ仮定を設けるが，これは多数の応用においては満たされるものである．すなわち，部品の辺の方向は 4 つだけに制限するというものである．特に，辺が x 軸となす角度は $0°, 45°, 90°, 135°$ のうちのどれかである．

ここでの目標は正方形の**三角形メッシュ** (triangular mesh)，すなわち，正方形を三角形に細分化したものである．ここでは，メッシュに次の性質をもたなければならない．

- メッシュは**整合的** (conforming) でなければならない：三角形の辺の中間に別の三角形の頂点があってはならない．
- メッシュは**入力を尊重** (respect the input) したものでなければならない：部品の辺はメッシュの三角形の辺の和集合の中に含まれていなければならない．
- メッシュの三角形は**よい形** (well-shaped) でなければならない：どの

メッシュ三角形の角度も大きすぎず，小さすぎない．特に，それらは45°から90°の間の範囲になければならない．

最後に，必要な所ではメッシュを十分に細かく取りたい．どこで細かくすべきかは応用によって異なるが，ここで必要な正確な性質は次のようなものである．

- メッシュは**非一様** (non-uniform) でなければならない：部品の辺の近くでは細かくて，辺から遠い所では粗くなっていること．

本書の最初の方で三角形分割についてはすでに学んだ．第3章では単純な多角形を三角形分割するためのアルゴリズムを与えたし，第9章では点集合を三角形分割するアルゴリズムを示した．後者のアルゴリズムは，あらゆる可能な三角形分割の中で最小角度を最大にする三角形分割であるドロネー三角形分割を求める．メッシュ三角形の角度に関する上記の制約を考えると，これは非常に役に立ちそうであるが，問題が2つある．

まず最初に，部品の頂点の三角形分割は部品の辺を尊重するとは限らない．仮に尊重したとしても，もう1つの問題がある．すなわち，小さ過ぎる角度ができてしまうことがありうるのである．たとえば，1辺の長さが16の正方形の中に1つの部品だけを置くものとし，その部品は1辺の長さが1で，正方形の左上のコーナーの近くで正方形の左辺と上辺から距離1のところに置かれるものとする．このとき，ドロネー三角形分割は5°以下の角度をもつ三角形を含んでいる．ドロネー三角形分割は最小角を最大にするから，よい形の三角形だけでメッシュを作ることは不可能であるように思われる．しかし，落とし穴がある：三角形分割の場合と違って，メッシュの場合，入力点だけを頂点として三角形を構成しなければならないという制限はないのである．つまり，よい形の三角形が得やすいように，**スタイナ点** (Steiner point) と呼ばれる余分な点を付け加えてもよいのである．スタイナ点を使った三角形分割は**スタイナ三角形分割** (Steiner triangulation) と呼ばれることがある．ここでの例では，正方形内部のすべてのグリッド点にスタイナ点を付加すれば，45°の角度が2つと90°の角度が1つだけの三角形だけから構成されるメッシュを容易に得ることができる—図14.2の左の図に示したメッシュを参照のこと．残念ながら，このメッシュには別の問題がある．すなわち，この方法では入力辺の付近だけでなくどこでも三角形が小さいので，**一様なメッシュ** (uniform mesh) になっているのである．結果的に，多数の三角

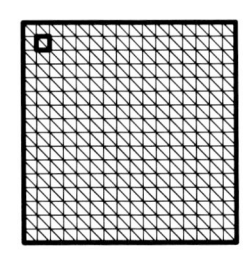

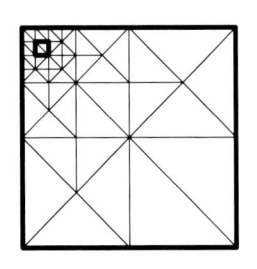

第14.1節
一様なメッシュと非一様なメッシュ

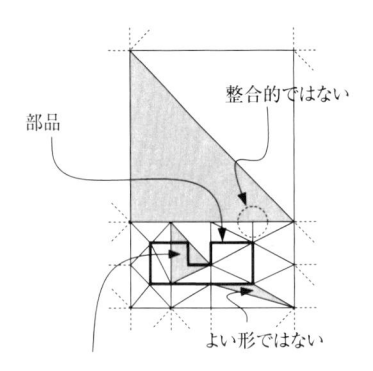

入力を尊重していない

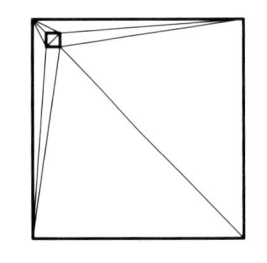

図14.2
一様なメッシュと非一様なメッシュ

形が含まれることになる．この正方形の右下の部分にある三角形たちをすべて2つの大きな三角形で単純に置きかえることはできない．なぜなら，そうするとメッシュはもはや整合的ではなくなってしまうからである．そのような事情はあるが，左上のコーナーから遠ざかって行くにつれて，三角形のサイズを徐々に大きくしていくと，図14.2の右図に示したように，よい形の三角形だけからなる整合的なメッシュを得ることができる．これによって非常に少ない三角形によるメッシュが出来上がる．一様なメッシュは512個の三角形をもつが，非一様なメッシュだと52だけである．

14.2 点集合に対する4分木

次節で説明する非一様なメッシュ生成は **4分木** (quadtree) に基づいている．4分木とは，すべての内部節点が4個の子をもつ根付き木である．4分木のどの節点も正方形に対応している．節点 v が子をもつとき，それらの子に対応する正方形は，v の正方形の4つの象限である——これが4分木の名前の由来である．したがって，葉節点の正方形を全部集めると，根の正方形を領域分割したものになっている．そこで，この領域分割を **4分木領域分割** (quadtree subdivision) と呼ぶ．図14.3は，4分木の一例と対応する領域分割を示したものである．根の子には NE, NW, SW, SE と

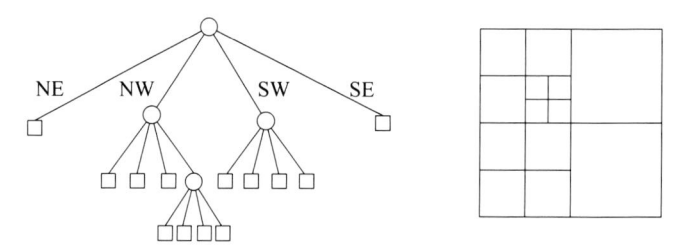

図14.3
4分木と対応する領域分割

いうラベルをつけているが，これは対応する象限を示している．たとえば，NE は北東の象限を，NW は北西の象限を表している．

先に進む前に，4分木領域分割に関連する用語を導入する．4分木領域分割の面は正方形の形をしている．1つの面には4個より多くの頂点をもつこともありえるが，それをとにかく正方形と呼ぼう．正方形のコーナーにある4頂点を **コーナー頂点** (corner vertex) または単に **コーナー** (corner) と呼ぶ．連続するコーナーを結ぶ線分は **正方形の辺** である．正方形の境界に含まれる4分木領域分割の辺を **正方形辺** と呼ぶ．したがって，1つの辺には少なくとも1つの辺が含まれているが，もっと多くの辺が含まれていることもある．2つの正方形が1辺を共有しているとき，それらは **近傍** (neighbor) と呼ばれる．

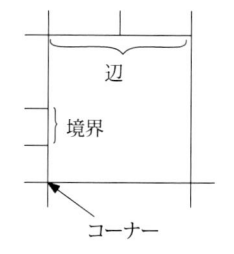

4分木を用いて様々な種類のデータを蓄えることができる．平面上の点集合を蓄えるようにしたものについて説明しよう．この場合，再帰的に

正方形分割する操作を，正方形の中に2点以上ある限り続ける．そこで，正方形 σ の内部の点集合 P に対する4分木の定義は次のとおりである．$\sigma := [x_\sigma : x'_\sigma] \times [y_\sigma : y'_\sigma]$ とする．

第14.2節
点集合に対する4分木

- $\text{card}(P) \leq 1$ のとき，4分木は1つの葉節点だけからなり，ここに集合 P と正方形 σ を蓄える．
- そうでないときは，$\sigma_{\text{NE}}, \sigma_{\text{NW}}, \sigma_{\text{SW}}, \sigma_{\text{SE}}$ によって，σ の4つの象限を表すものとする．$x_{\text{mid}} := (x_\sigma + x'_\sigma)/2$ および $y_{\text{mid}} := (y_\sigma + y'_\sigma)/2$ とし，次のように定義する．

$$\begin{aligned} P_{\text{NE}} &:= \{p \in P : p_x > x_{\text{mid}} \text{ かつ } p_y > y_{\text{mid}}\} \\ P_{\text{NW}} &:= \{p \in P : p_x \leq x_{\text{mid}} \text{ かつ } p_y > y_{\text{mid}}\} \\ P_{\text{SW}} &:= \{p \in P : p_x \leq x_{\text{mid}} \text{ かつ } p_y \leq y_{\text{mid}}\} \\ P_{\text{SE}} &:= \{p \in P : p_x > x_{\text{mid}} \text{ かつ } p_y \leq y_{\text{mid}}\} \end{aligned}$$

ここで，4分木は正方形 σ を蓄えている根節点 ν からなる．以下では，ν に蓄えられた正方形を $\sigma(\nu)$ と書くことにしよう．さらに，ν には4個の子がある：

- NE-子節点は，正方形 σ_{NE} の内部の集合 P_{NE} に対する4分木の根であり，
- NW-子節点は，正方形 σ_{NW} の内部の集合 P_{NW} に対する4分木の根であり，
- SW-子節点は，正方形 σ_{SW} の内部の集合 P_{SW} に対する4分木の根であり，
- SE-子節点は，正方形 σ_{SE} の内部の集合 P_{SE} に対する4分木の根である．

集合 $P_{\text{NE}}, P_{\text{NW}}, P_{\text{SW}}, P_{\text{SE}}$ の定義において「小さいか等しい」と「より大きい」の2通りの関係を用いているが，そのように選ぶことは，垂直な分割線は左の2つの象限に属するものと定めることと，水平な分割線は下の2つの2つの象限に属するものと定めることを意味している．

　4分木のすべての節点 ν は，対応する正方形 $\sigma(\nu)$ を蓄えている．これは必ずしも必要ではない：木の根の正方形だけを蓄えておくことにすると，木を葉節点に向かって降りていくとき，現在の節点の正方形を管理しておかなければならない．この方法だと，4分木に関する問合せがあったときに余分の計算をしなければならないが，記憶領域は少なくて済む．

　4分木の再帰的定義を翻訳すれば直ちに再帰アルゴリズムが得られる．現在の正方形を4つの象限に分割し，それに従って点集合を分割し，各象限に対して，そこに含まれる点集合に関する4分木を再帰的に構成するというものである．点集合のサイズが1以下になったときに再帰が終了する．再帰的な定義にはないことと言えば，細かいことであるが，構成を開始する最初の正方形を求める方法である．時には，この正方形は

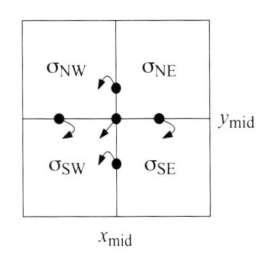

第14章
4分木

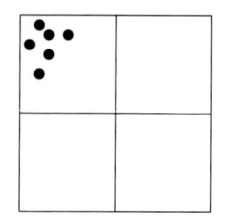

入力の一部として与えられることがある. 入力の一部として与えられないときは, 点集合を包み込む最小の正方形を求める. これは, x, y 方向に最も端の点を計算することにより線形時間で実行できる.

4分木構成の各ステップで, 点を含んでいる正方形は4つのより小さな正方形に分割される. しかし, 点集合も分割されるとは限らない. すべての点が同じ象限にあると分割されない. したがって, 4分木は非常に不均衡になることがあり, また4分木のサイズと深さを木に蓄えている点の個数の関数として表現することは不可能である. しかしながら, 4分木の深さは, 点間の距離と最初の正方形のサイズと関連している. これを厳密に述べたのが次の補題である.

補題 14.1 平面上の点集合 P に対する4分木の深さは高々 $\log(s/c) + \frac{3}{2}$ である. ただし, c は P の任意の2点間の最小距離であり, s は P を含む最初の正方形の1辺の長さである.

証明 ある節点からその子節点の1つに降りて行くとき, 対応する正方形のサイズは半分になる. したがって, 深さ i の節点の正方形の1辺の長さは $s/2^i$ である. 正方形内の2点間の最大距離は, その対角線の長さによって与えられるが, その長さは深さ i の節点の正方形に対して $s\sqrt{2}/2^i$ である. 4分木の内部節点は, その関連する正方形に少なくとも2点を持っており, 2点間の最小距離は c であるから, 内部節点の深さ i は次式を満たさなければならない.

$$s\sqrt{2}/2^i \geqslant c$$

これから次式を得る.

$$i \leqslant \log \frac{s\sqrt{2}}{c} = \log(s/c) + \frac{1}{2}$$

4分木の深さは任意の内部節点の最大深さよりもちょうど1だけ大きいという事実から補題が得られる. □

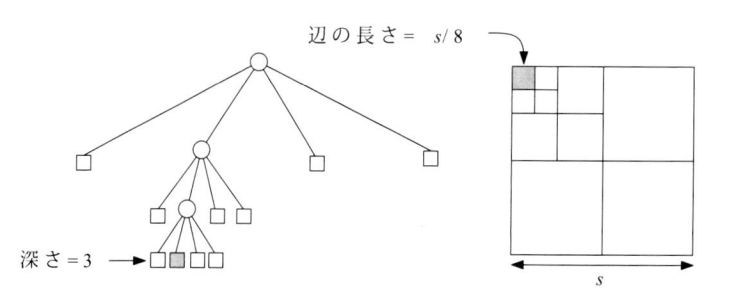

図 14.4
深さ i の節点は1辺の長さが $s/2^i$ である正方形に対応している

4分木のサイズと構成時間は, 4分木の深さと P の点数の関数である.

定理 14.2 n 点の集合を蓄える深さ d の4分木は, $O((d+1)n)$ 個の節点をもち, $O((d+1)n)$ 時間で構成することができる.

証明 4分木のどの内部節点も4個の子をもつので，葉節点の総数は内部節点数の3倍に1を加えたものである．したがって，内部節点数の上界を求めれば十分である．

任意の内部節点は関連正方形の内部に1点以上を含んでいる．さらに，4分木における同じ深さの節点の正方形は互いに共通部分がなく，最初の正方形をちょうど被覆している．これは，任意の与えられた深さにある内部節点の総数は高々 n であることを意味している．これから4分木のサイズに関する上界が得られる．

再帰的構成アルゴリズムの1つのステップにおける最も時間がかかる仕事は，現在の正方形の象限に点を分配することである．したがって，内部節点でかかる時間量は，関連正方形にある点数に関して線形である．上で木の同じ深さにある節点に関連する点の総数は高々 n であることを上で示したが，これから計算量の上界が得られる． □

第 14.2 節
点集合に対する4分木

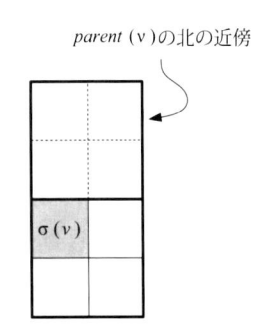

4分木に関する操作の中でよく使われるのは**近傍探索** (neighbor finding) である：すなわち，節点 v と1つの方向—東西南北のどれか—が与えられたとき，$\sigma(v')$ が与えられた方向において $\sigma(v)$ に隣接しているような節点 v' を求める操作である．ふつうは，与えられる節点は葉節点であり，報告される節点も葉節点であるのが望ましい．これは，4分木領域分割において与えられた正方形の隣接正方形を見つけることに対応している．これから述べるアルゴリズムは少しだけ違っている．与えられた節点 v も内部節点でありうるし，アルゴリズムは $\sigma(v')$ が与えられた方向で $\sigma(v)$ に隣接しており，v' と v が同じ深さにあるような節点 v' を求めようとするかもしれない．そのような節点が存在しないとき，その正方形が隣接している最も深い節点を見つける．与えられた方向に隣接する正方形が存在しない—これが起こるのは，$\sigma(v)$ が初期正方形の辺に含まれる辺をもつときに起こる—場合，アルゴリズムは **nil** を報告する．

近傍発見のアルゴリズムは次のように動く．v の N-近傍を求めたいとしよう．v がその親の SE- または SW-子節点であるとき，その N-近傍は簡単に見つかる．それは，それぞれ親の NE- または NW-子節点である．v 自身がその親の NE- または NW-子節点であるときは，次のように進む．再帰的に v の親の N-近傍 μ を求める．μ が内部節点なら，v の N-近傍は μ の子である．μ が葉節点なら，探している N-近傍は μ 自身である．このアルゴリズムに対する擬似プログラムは次のとおりである．

アルゴリズム NORTHNEIGHBOR($v, \mathcal{T}$)
入力：4分木 $\mathcal{T}$ の節点 v．
出力：その深さが高々 v の深さであり，$\sigma(v')$ が $\sigma(v)$ の N-近傍であるような最も深い節点 v'，およびそのような節点が存在しないときは **nil**．

1.　**if** $v = root(\mathcal{T})$ **then return nil**

2. **if** $v = parent(v)$ の SW-子 **then return** $parent(v)$ の NW-子
3. **if** $v = parent(v)$ の SE-子 **then return** $parent(v)$ の NE-子
4. $\mu \leftarrow$ NorthNeighbor($parent(v), \mathcal{T}$)
5. **if** $\mu = $ **nil** または μ は葉節点である
6.   **then return** μ
7.   **else if** $v = parent(v)$ の NW-子
8.   **then return** μ の SW-子
9.   **else return** μ の SE-子

このアルゴリズムは必ずしも葉節点を報告するわけではない．葉節点を見つけることに固執するなら，アルゴリズムで見つけた節点から常に南の子節点を優先して4分木を降りていけばよい．

毎回の呼出しでアルゴリズムが費やす時間は $O(1)$ である．さらに，各呼出しで引数の節点 v の深さは1だけ浅くなる．したがって，実行時間は4分木の深さに関して線形であり，次の定理を得る．

定理 14.3 $\mathcal{T}$ を深さ d の4分木とする．このとき，上で定義した $\mathcal{T}$ における与えられた節点 v の与えられた方向の近傍は $O(d+1)$ の時間で求めることができる．

4分木が非常に不均衡になりうることはすでに見た．結果として，大きな正方形は多数の小さな正方形に隣接することがある．応用によっては—特にメッシュ生成の応用では—これは望ましいことではない．したがって，4分木の変形版として，このような問題がない平衡4分木 (balanced quadtree) について考えよう．

4分木領域分割が**均衡がとれている** (balanced) のは，どの2つの隣接正方形もそのサイズの比が高々2倍である場合である．4分木が均衡がとれているのは，対応する領域分割が均衡がとれている場合である．したがって，平衡4分木ではその正方形が近傍になっているどの2つの葉節点の深さも高々1しか違わない．図14.5は平衡化された4分木領域分

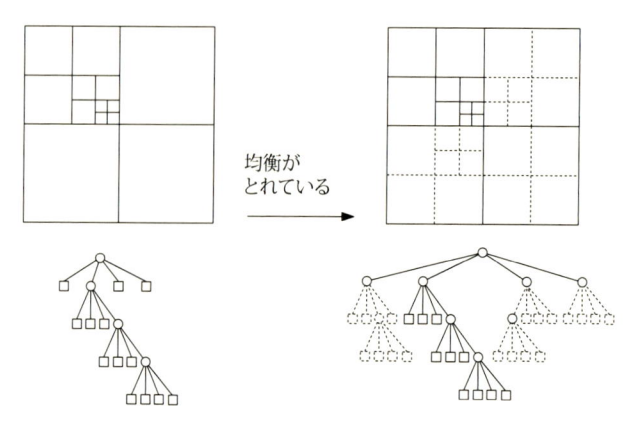

図 14.5
4分木とその平衡版

割の例を示している．元の領域分割は実線で，洗練されたものは破線で

示している．

4分木は次のアルゴリズムで平衡を取ることができる．

アルゴリズム BALANCEQUADTREE($\mathcal{T}$)

入力：4分木 $\mathcal{T}$．

出力：$\mathcal{T}$ の平衡版．

1. $\mathcal{T}$ の葉節点をすべて線形リスト $\mathcal{L}$ に挿入する
2. **while** $\mathcal{L}$ は空でない
3.   **do** $\mathcal{L}$ から葉節点 μ を取り除く．
4.   **if** $\sigma(\mu)$ は分割しなければならない
5.   **then** μ を4つの子をもつ内部節点にするが，それらは $\sigma(\mu)$ の4つの象限に対応する葉節点である．もし μ が点を蓄えているとき，代わりに新しい葉節点に点を蓄える．
6.   これらの4つの新しい葉節点を $\mathcal{L}$ に挿入する．
7. $\sigma(\mu)$ が分割しなければならない近傍をもっていたかどうかを判定し，もしそうなら，それらを $\mathcal{L}$ に挿入する
8. **return** $\mathcal{T}$

このアルゴリズムの2つのステップについては説明を要する．

最初に，与えられた正方形 $\sigma(\mu)$ が分割しなければならないかどうかを判定しなければならない．そのためには，$\sigma(\mu)$ がそのサイズが半分より小さい正方形に隣接しているかどうかを判定しなければならない．これは先に説明した近傍発見のアルゴリズムを用いると次のようにしてできる．$\sigma(\mu)$ の半分より小さいサイズの $\sigma(\mu)$ の N-近傍を探しているものとしよう．そのような正方形があるために必要十分条件は，NORTHNEIGHBOR($\mu, \mathcal{T}$) が葉節点ではない SW-子，または SE-子をもつ節点を報告することである．

次に，$\sigma(\mu)$ が分割しなければならない近傍をもっていたかどうかを判定しなければならない．ここでも，近傍発見のアルゴリズムを用いればよい．たとえば，$\sigma(\mu)$ がそのような N-近傍をもつための必要十分条件は，NORTHNEIGHBOR($\mu, \mathcal{T}$) が対応する正方形が $\sigma(\mu)$ より大きい節点を報告することである．

これで4分木の平衡をとるためのアルゴリズムが得られた．しかし，平衡化アルゴリズムの実行時間を解析する前に，次の質問に答えなければならない：平衡をとったとき，4分木のサイズはどうなっているだろうか．図14.5より，平衡4分木領域分割の複雑度は，平衡をとらないものよりずっと高くなりうるという印象を受けるかもしれない．まず最初に，非常に小さな正方形に隣接する大きな正方形は何度も分割される．第2に，分割は伝播していくかもしれない．時には正方形 σ の近傍が最初から正しいサイズをもっていて σ を分割する必要がないかもしれないが，これらの近傍を分割しなければならなくて，結局 σ を分割しなければな

第 14 章
4 分木

らないこともありそうである．次の定理は，事情は第 1 印象よりさほど悪くなく，平衡化が効率よく実行できることを示している．

定理 14.4 $\mathcal{T}$ を m 個の節点をもつ 4 分木とする．このとき，$\mathcal{T}$ を平衡化したものは $O(m)$ 個の節点をもち，$O((d+1)m)$ の時間で構成できる．

証明 最初に節点数に関する上界を証明しよう．$\mathcal{T}$ を平衡化したものを $\mathcal{T}_B$ と記すことにしよう．何度も分割の操作を行うことによって $\mathcal{T}$ から木 $\mathcal{T}_B$ が得られるが，各分割で 1 つの葉節点が 4 つの葉節点をもつ内部節点に置き換わる．ここで分割の操作は $8m$ 回しか実行されないことを証明しよう．分割の操作を 1 回実行すると，節点（内部および葉）の総数は 4 だけ増えるので，$\mathcal{T}_B$ の節点数は主張どおり $O(m)$ であることを示している．

$\mathcal{T}$ の節点の正方形を古い正方形と呼び，$\mathcal{T}_B$ にあるが $\mathcal{T}$ には含まれない節点の正方形を新しい正方形と呼ぼう．均衡化の過程で正方形 σ —古かろうと新しかろうと—を分割しないといけないものとしよう．（σ の象限はさらに分割しなければならないかもしれないが，これについては別に考慮する．ここでは σ の分割によって節点の個数が 4 だけ増加することについて考えるだけでよい．）以下では，σ を取り囲む 8 個の同じサイズの正方形の少なくとも 1 つは古い正方形でなければならないということを証明しよう．σ の分割をこれらの古い正方形の 1 つに課金する．古い正方形はすべて—同じことであるが，$\mathcal{T}$ のすべての節点—はこのようにして高々 8 回の分割で課金されるので，分割の総数は，主張どおり，高々 $8m$ である．

では，均衡化の過程において分離される任意の正方形に対して，それを取り囲む 8 個の同じサイズの正方形のうちの少なくとも 1 つは古い正方形でなければならないことを証明しよう．この主張が成り立たない正方形があるとしよう．そのような正方形のうちで最小のものを σ としよう．σ は分割されるから，それはその半分のサイズより小さい正方形に隣接していたはずである．σ' をちょうど σ の半分のサイズの正方形で，この小さな正方形を含むものとする．σ' は新しい正方形に含まれているから，それも新しい正方形である．したがって，それは均衡化の過程において分割されたはずである．ここで，σ' を取り囲む同じサイズの 8 個の正方形を考えると，それらは σ を取り囲む（新しい）正方形の 1 つに含まれるか，あるいは（均衡化の過程で分割されるものと仮定した）σ に含まれているので，それらは新しいものであるはずだということが分かる．したがって，σ' は，σ より小さいが，分割される正方形であり，かつそれを取り囲む 8 個の正方形のどれも古くない．これは σ の定義に矛盾するので，定理の最初の部分の証明を終わる．

まだ証明できていないことは，BALANCEQUADTREE が $O((d+1))$ の時間でできることである．節点 μ を扱うのに必要な時間は $O(d+1)$ であ

る．これは近傍発見の操作が定数回しか実行されないからである．どの節点も高々1回しか扱われず，節点の総数は $O(m)$ であるから，全体の時間は $O((d+1)m)$ である． □

第14.3節
4分木からメッシュへ

14.3 4分木からメッシュへ

メッシュ生成問題に戻ろう．入力は正方形 $[0:U] \times [0:U]$ であった．ただし，ある整数 j に対して $U = 2^j$ であり，その中に多角形の成分が多数含まれている．多角形の頂点は整数座標値をもっており，多角形の辺は4通りの可能な方向のうちの1つをもっているものとする．任意の辺が x 軸の正方向となす角度は $0°, 45°, 90°, 135°$ のいずれかである．目標はこの正方形の（多角形成分の内部と外部の両方について）三角形メッシュを計算することであるが，そのメッシュは，入力に関して整合的なもので，形のよい三角形からなり，しかも一様ではないものである．

ここでのアイディアは，メッシュ生成の第1歩として4分木領域分割を用いることである．点集合に関する4分木を構成するとき，正方形が1点以下しか含まなくなったときに再帰的な構成を止める．いま扱っているのは多角形の入力であるから，停止条件をやり直さなければならない．メッシュの三角形は成分の辺の近くでは細かくなっていて欲しいから，正方形が辺と交差する限り分割を続ける．より厳密に言うと，新たな停止条件は次のようなものである．正方形がどの成分の辺とも交差しなくなるか，単位サイズになると分割を停止する．ここで正方形と辺は閉じたものとして考えているので，たとえばある正方形の1つの辺にある辺が含まれているとき，その正方形はその辺と交差することになる．この停止基準は，4分木領域分割が一様でないことを保証する．なぜなら，成分の辺は単位サイズの正方形で取り囲まれており，正方形はその辺から遠く離れるほど大きくなるからである．

ここで，結果として得られた4分木領域分割の任意の正方形の内部がある成分の辺と交差する可能性があるのは，次に述べる場合の1つだけである．すなわち，その交差は正方形の対角線でなければならない．実際，その閉包が交差する正方形は単位サイズであり，その成分の頂点は整数の座標値をもつ．したがって，正方形の内部は水平辺や垂直辺とは交差することがなく，$45°$ か $135°$ の方向をもつ辺との交差は対角線でなければならない．よいメッシュを得るためには，その内部が交差しない正方形に対角線を加えなければならないだろう．結果的に得られる三角形は入力を尊重したものであり，形のよいものであり，メッシュは一様ではないものになっているだろう．残念ながらこのメッシュは整合的ではない．これを補償するには，三角形分割するときに正方形の側辺上の分割頂点を考慮すればよいが，そうすると別の問題を引き起こしてしま

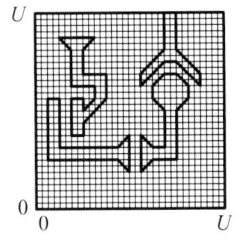

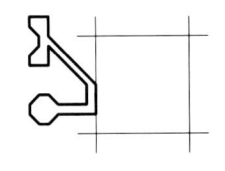

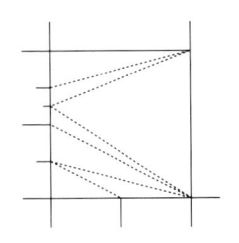

第 14 章
4 分木

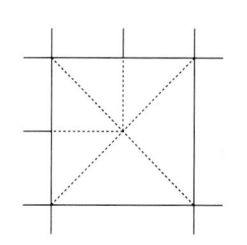

う．つまり，正方形がその側辺に多数の頂点をもっていれば，得られる三角形のすべてについて形がよいとは限らないのである．

これらの問題を避けるために，三角形分割する前に 4 分木領域分割の均衡をとる．いったん平衡 4 分木領域分割が得られたら，次のようにして容易に形のよい三角形でメッシュを生成することができる．その側辺の内部に頂点をもたない（しかも，成分の 1 つの辺によってすでに三角形分割されていない）正方形は，対角線を付加することによって三角形分割する．領域分割は平衡しているから，残りの正方形は各側辺の内部に高々 1 つの頂点しかもたない．さらに，この頂点はその側辺の中央になければならない．したがって，もしそのような正方形の中心にスタイナ点を付加して，それを境界上のすべての頂点に連結すると，45° の角度が 2 つと 90° の角度が 1 つの三角形だけが得られる．

まとめると，メッシュ生成アルゴリズムは次のようになる．GENERATEMESH は 2 重連結辺リストの形式でメッシュを構成する．ここでは，2 重連結辺リストの取扱いに関する詳細については省略する——特に，与えられた 4 分木に対応する 2 重連結辺リストの構成法については省略する．

アルゴリズム GENERATEMESH(S)
入力：正方形 $[0:U] \times [0:U]$ の内部の成分の集合 S で，本節の最初に述べた性質をもつもの
出力：整合的で，入力を尊重するもので，形のよい三角形からなり，かつ一様ではない三角形メッシュ $\mathcal{M}$
1. 次の停止条件を用いて，正方形 $[0:U] \times [0:U]$ の内部にある集合 S に関する 4 分木 $\mathcal{T}$ を構成する：単位サイズより大きく，その閉包がある成分の境界と交差する限り正方形を分割する．
2. $\mathcal{T} \leftarrow$ BALANCEQUADTREE($\mathcal{T}$)
3. $\mathcal{T}$ に対応する 4 分木領域分割 $\mathcal{M}$ に対する 2 重連結辺リストを構成する．
4. **for** $\mathcal{M}$ の各面 σ
5.   **do if** σ の内部がある成分の辺と交差する
6.   **then** 交差部分（対角線）を辺として $\mathcal{M}$ に加える．
7.   **else if** σ がそのコーナーに 1 つの頂点しかもたない
8.   **then** σ の対角線を $\mathcal{M}$ の辺として加える．
9.   **else** σ の中心にスタイナ点を加え，それを σ の境界上のすべての頂点に連結し，それにしたがって $\mathcal{M}$ を変更する．
10. **return** $\mathcal{M}$

次の定理はアルゴリズムで構成されるメッシュの性質をまとめたもので

ある.

定理 14.5 S を，本節の最初に述べた性質をもつ正方形 $[0:U] \times [0:U]$ の内部にある互いに共通部分をもたない多角形成分の集合とする．このとき，この入力に対する非一様な三角形メッシュで，入力に関して整合的であり，入力を尊重し，かつ形のよい三角形だけをもつものがある．三角形の個数は $O(p(S)\log U)$ である．ただし，$p(S)$ は S の成分の周囲長の和である．また，このメッシュは $O(p(S)\log^2 U)$ の時間で構成できる．

証明 このメッシュの性質——非一様で，整合的であり，入力を尊重するものであり，しかも形のよい三角形だけからなるという性質——は上記の議論から得られる．示さなければならないのは，メッシュのサイズと前処理時間に関する上界である．

メッシュの構成は 3 つの段階に分けて行われる．最初に，4 分木領域分割を構成し，次にそれを平衡化し，最後に三角形に分割する．

第 1 段階で得られる 4 分木領域分割のサイズの上界を求めるために次の観察を用いる．単位サイズのセルをもつグリッドを考えよう．すると，その閉包が長さ l の線分と交差するセルの個数は高々 $4+3l/\sqrt{2}$ である．したがって，その閉包がその成分のどれかの辺と交差するセルの個数は $O(p(S))$ である．明らかに，より大きなセルをもつ任意のグリッドに対して同じことが成り立つ．したがって，ある固定の深さにある 4 分木の内部節点の個数は $O(p(S))$ である．4 分木の深さは $O(\log U)$ である．なぜなら，セルが単位サイズになったところで分割を終了するからである．したがって，4 分木の総節点数と対応する領域分割の複雑度は $O(p(S)\log U)$ である．

定理 14.4 より，4 分木領域分割を平衡化することによってその複雑度が漸近的に増加することはないことが分かっている．メッシュ生成の第 3 段階で平衡化された領域分割の正方形を三角形分割するが，その段階についても同じことが成り立つ．（なぜなら，各セルは定数個の三角形に分割されているからである．）結論として，最終的に得られるメッシュに含まれる三角形の個数は，第 1 段階で得られた 4 分木領域分割の複雑度——これについては，$O(p(S)\log U)$ であることを示したばかりである——に関して線形であると言える．

最後に残っているのは構成時間に関する上界の証明である．第 1 段階は再帰的に 4 分木を構成するアルゴリズムにおける分割ステップを実行するのに必要な時間に支配されている．与えられた節点に対して，これはその閉包と交差する成分の辺の個数に関して線形である．ある固定の深さにあるすべての節点について交差する辺の総数は $O(p(S))$ であることは上で議論したとおりである．したがって，第 1 段階で必要な総時間は $O(p(S)\log U)$ である．定理 14.4 により平衡化に要する時間は余分に $O(\log U)$ 倍だけ余分にかかる．均衡のとれた領域分割を三角形分割する

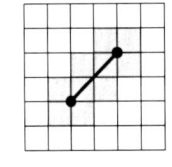

第 14.3 節
4 分木からメッシュへ

だけではなく，与えられた4分木から2重連結辺リストを構成するのは同じ時間でできるので，前処理に関する上界が得られる．　□

14.4 文献と注釈

4分木は高次元に対する最初のデータ構造の1つである．Finkelと Bentleyによって1974年に開発されたのが最初である [177]．それ以来，4分木を扱った論文は何百とある．Samet [332, 333, 334, 335] によるサーベイと本，およびAluru [14] によるハンドブックの章は様々な種類の4分木を広範囲にわたって概観しており，応用についても触れている．

本章で見たように，n点からなる集合の4分木のサイズと深さは点の個数だけで上から抑えることはできない．なぜなら，空でない部分木を1つしかもたない節点が多数ある可能性があるからである．そのような節点を木から取り除けば，そのサイズは線形になる．結果として得られるデータ構造は**圧縮4分木** (compressed quadtree) と呼ばれる—たとえば，Aluru [14] によるサーベイ論文を参照のこと．この圧縮4分木とスキップリストの考え方を結合して，Eppstein ら [173] は，サイズが線形であるだけではなく，挿入，削除，および検索の操作を $O(\log n)$ 時間で実行できる変形4分木を開発している．

メッシュ生成は4分木の応用の1つにすぎない．4分木は，コンピュータグラフィックス，画像解析，地理情報システムなどの多数の分野で使われている．4分木は，領域問合せに答えるのに使われることが多い．理論的な観点からすると，4分木は領域探索問題に対して最善の解を与えるとは限らない．なぜなら，問合せ時間に関する線形未満の上界を証明することができないからである．様々な領域探索問題に対する他の解については第 5, 10, 16 章において述べている．実際には，4分木はうまく動作するようである．4分木は隠面除去，光線追跡法，中間軸 (medial axis) 変換，ラスター地図の重ね合せ，最も近い近傍の発見などに適用されてきた．

4分木を高次元に一般化するのも簡単であるが，その場合には**8分木** (octree) と呼ぶのが普通である．

メッシュ生成問題は多くの分野で重要である．平面上と3次元空間において精力的に研究されてきた．Bern [61], および Ho-Le [215] によるサーベイは，メッシュ生成の特殊な状況での結果を調べるのに適している．ここでは 2, 3 の結果について簡単に紹介しよう．

いわゆる**構造をもったメッシュ** (structured mesh) と構造をもたないメッシュ (unstructured mesh) を区別することができる．構造をもったメッシュとは，ふつう（変形を施した）グリッドである．構造をもたない

メッシュは三角形分割されたものであることが多い．ここでは構造をもたないメッシュに議論を限定する．さらに，主としてメッシュ化すべき定義域が2次元の多角形である場合だけを考えることにしよう．ほとんどの応用では，メッシュに関して本章で課したのと同様の要求がある．特に，ふつうメッシュは整合的であることが望まれる—調和的 (consistent) という用語を使うこともある—し，入力を尊重することも望まれる．さらに，ある種の形の良さ (well-shapedness) も重要である．これは，ふつう三角形が次の基準のうちの一方または両方を満たさなければならないことを意味している．(i) 小さな角度があってはならない．すなわち，どの角度もある固定の（あまり小さすぎない）定数角度 θ 以上でなければならない．メッシュでは入力の角度を避けることはできないから，この定数は入力定義域の最小角度より大きくてはいけない．(ii) 鈍角はあってはならない．すなわち，どの角度も $90°$ 以下でなければならない．本章で調べた例では両方の基準を満たす三角形を要求し，$\theta = 45°$ と定めた．目標は与えられた条件の下でメッシュ要素の個数を最小化することであることが多い．これはある種の非一様性を意味している．すなわち，必要なところでだけ小さな三角形を使うべきである．

最初に，小さい角度が存在しないという条件の下にメッシュの三角形の個数を最小化することを考えよう．この条件の下で多角形の定義域をメッシュ化するときに得る三角形の個数は定義域の頂点数にだけ依存するのではなく，定義域の形状にも依存する．これを確かめるために，三角形の最小角度に密接に関連するパラメータ，すなわち三角形の**アスペクト比** (aspect ratio) を導入することができる．これは，三角形の最長辺の長さを三角形の高さで割った値である．ただし，三角形の高さとは最長辺からその対角頂点までのユークリッド距離である．三角形の最小角度が θ なら，アスペクト比は $1/\sin\theta$ と $2/\sin\theta$ の間の値である．ここで，長方形の定義域を考えるが，その短いほうの側辺は長さが 1 で，長い方の側辺は長さが A であるとしよう．最小角度は，たとえば $30°$ 以上でないといけないものとしよう．これは，メッシュの任意の三角形のアスペクト比は $2/\sin 30° = 4$ 以下でなければならないことを意味している．さらに，定義域中の任意の三角形の高さは高々 1 である．したがって，任意の三角形の面積は $O(1)$ である．長方形定義域の全体の面積は A であるから，これからメッシュには少なくとも $\Omega(A)$ 個の三角形が必要であることになる．Bern ら [64] は 4 分木に基づいて，漸近的に最適な個数の三角形を生成する方法を提案している．本章で述べた方法は彼らの方法に基づいたものである．他のメッシュ生成のアルゴリズムは第 9 章で述べたドロネー三角形分割に基づいている．平面上でのドロネー三角形に基づいたアルゴリズムに関する議論については Shewchuck [356, 357] による仕事を参照されたい．

もしメッシュの三角形が鈍角三角形でないことだけが要求されている

第 14.4 節
文献と注釈

のなら，与えられた多角形定義域に対して，その三角形の個数が定義域の頂点数にだけ依存するメッシュを構成することは可能である．もっと厳密には，Bern と Eppstein [63] は n 頂点をもつ任意の多角形定義域に対して $O(n^2)$ 個の鈍角でない三角形からなるメッシュが存在することを示した．ごく最近になって，Bern ら [67] はその上界を $O(n)$ に改善している．

Melissaratos と Souvaine [278] は，Bern らの方法 [64] を拡張して，鈍角三角形も避け，小さい角度も含まないようにメッシュを求める方法を提案している．そのメッシュの三角形の個数は，最適解に対して高々定数倍である．

三角形の個数を最小化することが常にメッシュ生成のアルゴリズムの目標というわけではない．メッシュの密度を制御できること，すなわち興味のあるところではメッシュを密にし，興味のないところではメッシュを疎にすることができることも重要である．このような状況については Chew [117] による結果がある．彼は，メッシュの三角形が十分に細かいかどうかを求める関数をユーザが定義できるようにしたメッシュ生成のアルゴリズムについて述べている．彼のアルゴリズムによって生成される三角形の角度は 30° から 120° の間である．彼の仕事でもう 1 つよい側面は，アルゴリズムが平面領域だけではなく，表面パッチの領域も扱っていることである．

辺挿入 (edge insertion) を用いると様々な基準 [66] に対して最適な三角形分割を得ることもできる．考え方としては，1 つの辺を加えては，交差する辺を取り除き，その結果生じる多角形領域を再び最適に三角形分割することによって，一歩一歩三角形分割を改善していく．三角形分割における最大角の最小化や，三角形分割が区分的に線形の面を表現しているとき，最大傾きの最小化のようなミニマックス（最大値の最小化）タイプの基準に対して働く．

14.5 演習

14.1 図 14.2 は，一様なメッシュと非一様なメッシュをサイズ 16 の正方形定義域の左上のコーナーにある単位正方形に対して示したものである．より大きなサイズ $U = 2^j$（ただし，j は整数）の正方形で同様のメッシュを考えよう．両方のメッシュに対してメッシュに含まれる三角形の個数を j を用いて表せ．

14.2 長さ 1 と $k > 1$ の辺をもつ長方形の内部で三角形のメッシュを作る場合を考えよう．スタイナ点は，側辺上は禁止されているが，長方形の内部には置いてもよい．また，どの三角形も 30° から 90° までの角度しかもってはいけないと仮定する．これらの性質をもった三角形メッシュを作ることは常に可能だろうか．ある特別な入力に対してメッシュを作ることができたとして，そのとき

にスタイナ点は最低何個必要だろうか.

14.3 本章のメッシュ生成アルゴリズムによって生成された三角形はすべて非鈍角三角形である. すなわち, 90°より大きい角度をもつものはない. 平面上の点集合Pの三角形分割が非鈍角三角形だけを含むなら, それはPのドロネー三角形分割に他ならないことを証明せよ.

14.4 Pを3次元空間の点集合とする. Pに関する8分木を構成するアルゴリズムを書け. (8分木は4分木の3次元版である.)

14.5 正方形内の (実数座標値をもつ) 点集合に対する深さdの4分木のサイズを$O((d+1)n)$から$O(n)$に減らすことが可能である. 点を蓄えている子が1つだけという任意の節点を無視すればよい. その節点を無視するとき, vの親からvへのポインタを親からvの子で1点だけを含むものへのポインタで置き換えるのである. このようにして得られた木のサイズは線形であることを証明せよ. また, $O((d+1)n)$という構成時間についても改善することはできるか.

14.6 本章では, 4分木領域分割における2つの隣接正方形のサイズが高々2倍しか違わないとき, その4分木は平衡であると呼んだ. 4分木を平衡にするために必要になる余分な節点の個数における定数係数を減らすために, 平衡条件を緩くして, 隣接正方形のサイズが4倍まで違ってよいことにしよう. どの角度も45°と90°の間であるようなメッシュに対して, 1つの正方形について$O(1)$個の三角形だけを用いて, このように緩めた条件下での平衡4分木領域分割を完成させることはできるか.

14.7 4分木の平衡化条件をもっと厳しくする場合について考えてみよう. 隣接する正方形のサイズが2倍以内ではなく, 同じサイズでないといけないものとしよう. このように変更した新たな平衡木の場合でも節点数は元の4分木の節点数に関して線形のままだろうか. もしそうでないなら, この数について何が言えるか.

14.8 平衡4分木を構成するアルゴリズムは次の2つの段階に分かれていた. 最初に, 普通の4分木を構成し, それを後処理で平衡化した. 最初に平衡でないものを構成しなくても平衡4分木を構成することも可能である. そのためには, 4分木を構成する間, 各時点での4分木領域分割を2重連結辺リストの形で管理しておいて, 正方形を分割する度に, その近傍で分割しなければならないものがあるかどうかを判定すればよい. このアルゴリズムを詳細に記述し, その実行時間を解析せよ.

14.9 アルゴリズム GENERATEMESH のあるステップでは, 与えられた4分木に対応する領域分割に対する2重連結辺リストを構成している. このステップに対するアルゴリズムを記述し, その実行時

第14.5節
演習

第14章
4分木

間を解析せよ．

14.10 効率よく点位置決定を実行するための領域分割を蓄えるのにも4分木を使うことができる．考え方としては，すべての葉節点が，高々1個の頂点しか含まず，その頂点に接続する辺しか含まない，あるいはどの頂点も含まず高々1本の辺しか含まない正方形に対応するようになるまで，領域分割の限界正方形を分割し続けるというものである．

　a. 1つの頂点が多数の辺に接続していることがあるので，頂点を蓄える4分木の葉節点において付加的なデータ構造が必要になる．どのようなデータ構造を使えばよいだろうか．

　b. 点位置決定のためのデータ構造を構成するアルゴリズムを詳細に記述し，その実行時間を解析せよ．

　c. 問合せアルゴリズムを詳細に記述し，その実行時間を解析せよ．

14.11 画像データを蓄えるのにも4分木はよく使われる．この場合，最初の正方形は画像のサイズと全く同じである（ある整数 k に対して $2^k \times 2^k$ 個のグリッドからなる画像を想定している）．正方形が部分正方形に分割されるのは，内部の画素に異なる明るさのものがあるときである．

4分木領域分割の複雑度に関する上界を証明せよ．**ヒント**：これは，4分木メッシュのサイズに関して証明した上界と同様である．

14.12 画像 I_1 と I_2 に関する4分木があるものとしよう（前問を参照のこと）．どちらの画像も $2^k \times 2^k$ のサイズをもち，2つの明るさ0と1しかもたないものとする．これらの画像に関するブール演算に対するアルゴリズムを与えよ，すなわち，$I_1 \vee I_2$ と $I_1 \wedge I_2$ に対する4分木を求めるアルゴリズムを与えよ．（ここで，$I_1 \vee I_2$ は $2^k \times 2^k$ の画像であり，画素 (i, j) が1の明るさをもつのは (i, j) が I_1 または I_2 において明るさ1をもつときであり，かつそのときに限る．画像 $I_1 \wedge I_2$ も同様に定義される．）

14.13 4分木を用いて領域問合せに答えることもできる．点集合 P に関する4分木に対して質問領域 R に関する問合せを実行するアルゴリズムを記述せよ．R が長方形である場合と，R が垂直線を境界とする半平面である場合について，最悪の場合の問合せ時間を解析せよ．

14.14 本章では平面上の点集合を蓄える4分木について学んだ．第5章では，平面上の点集合を蓄えるためのデータ構造として，さらに2つのものを考えた．つまり，kd-木と領域木である．これら3つのデータ構造のそれぞれについて，長所と短所について議論せよ．

15 可視グラフ

最短経路の発見

　第 13 章では，与えられた出発点から与えられた目標点に至るロボットの経路を求める方法について考えた．そこで与えたアルゴリズムは，経路が存在すれば必ず求めることができるが，その経路の質については考慮しなかった．つまり，大回りをしてみたり，何度も不必要な方向転換をしてみたりすることがある．実際的な状況では，単に経路を求めるだけではなく，よい経路を見つけたいと思うであろう．

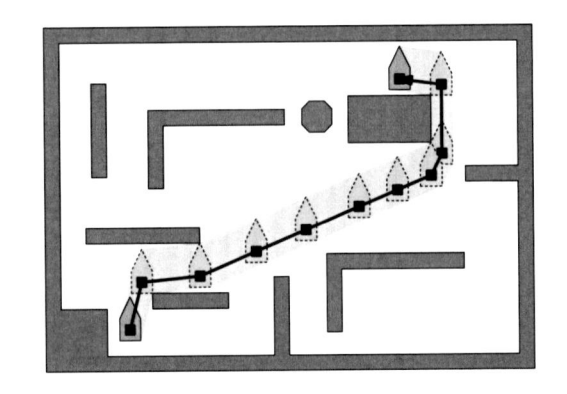

図 15.1
最短経路

　どんな経路がよいかはロボットによって異なる．一般に，経路が長ければ長いほどロボットが目標点にたどりつくのに時間がかかる．工場の床の上を動き回るロボット (mobile robot) について言うと，これは単位時間あたりで運べる品物が少なく，結果として生産性の低下につながる．したがって，短い経路が望ましい．他にも重要な役割を果たす問題が多数存在する．たとえば，直線上しか移動できないロボットもあるだろう．そのようなロボットの場合には，方向転換をする前に速度を落として，停止した後で回転することが必要であるので，方向転換の度に遅延が生じる．この種のロボットにとっては，経路の長さだけでなく，経路における折れ曲がり点の個数も考慮しなければならない．本章ではこの面を無視する．ここでは，並進可能な平面的ロボットに対するユークリッド最短経路を求める方法だけを示すことにする．

第 15 章
可視グラフ

15.1 点ロボットに対する最短経路

第 13 章と同様に，平面上の互いに共通部分をもたない単純多角形の集合 S の間を移動する点ロボットの場合をまず考えよう．S の多角形は**障害物** (obstacle) と呼ばれ，その辺の総数を n で表す．障害物は開いた集合であるので，ロボットが障害物に接触してもよい．出発点 p_{start} と目標点 p_{goal} が与えられるが，それらは自由空間にあるものと仮定する．ここでの目標は，p_{start} から p_{goal} までの無衝突の最短経路，すなわちどの障害物の内部とも交差しない最短経路を求めることである．ここで，最短経路は唯一であるとは限らないことに注意しておかなければならない．最短経路が存在するためには，障害物が開いた集合であることが重要である．というのは，閉じた集合であるとすると，(ロボットが目標点まで直線的に移動できる場合を除いて) 最短経路は存在しない．どんな経路でも少しだけ障害物に近づけることによって常に経路長を短くすることができるからである．

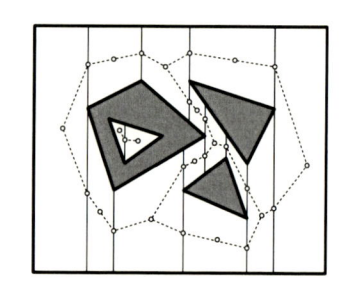

第 13 章の方法を手短に復習しよう．自由コンフィギュレーション空間 $\mathcal{C}_{\text{free}}$ の台形地図 $\mathcal{T}(\mathcal{C}_{\text{free}})$ を求めた．点ロボットの場合，$\mathcal{C}_{\text{free}}$ は単に障害物の間の空の空間であったから，その計算は簡単である．鍵になる考え方は，無限通りの経路が存在する連続作業空間を，有限通りの経路しか含まない離散的なロードマップ $\mathcal{G}_{\text{road}}$ で置き換えようというものであった．そこで用いたロードマップは，節点を台形の中心と隣接台形を分離する垂直延長線の中間に置いた平面グラフであった．各台形の中心に置いた節点は境界上の節点と連結されていた．ロボットの出発点と目標点を含む台形を見つけた後，ロードマップにおいてこれらの台形の中心にある節点を結ぶ経路を幅優先探索を用いて求めた．

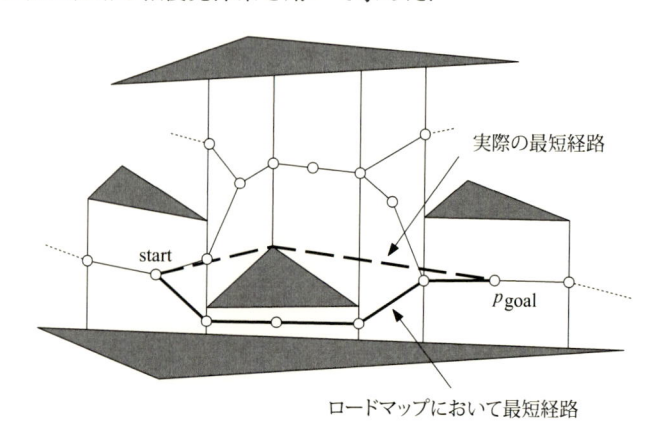

図 15.2
最短経路はロードマップに従わない

幅優先探索を用いたから，求まった経路は $\mathcal{G}_{\text{road}}$ の辺を最小個数しか使わないものである．これは必ずしも短い経路ではない．というのは非常に離れた節点を結ぶ枝も，互いに非常に近い節点を結ぶ枝もあるからであ

る．これを改善する簡単な方法として，各枝に対応する節点間の線分のユークリッド距離に等しい値を重みとして与えておいて，ダイクストラのアルゴリズム (Dijkstra's algorithm) のように重み付きグラフにおいて最短経路を見つけるグラフ探索アルゴリズムを使うという方法が考えられる．これは経路長を改善することはできるが，最短経路がこれで得られるわけではない．これを図示したのが図 15.2 である．同図において，ロードマップにおける p_{start} から p_{goal} までの最短経路は三角形の下を通るが，実際の最短経路はその上を通る．必要なのはこれとは違うロードマップである．すなわち，そのロードマップに従って最短経路を求めると，それが実際の最短経路にもなっていることを保証するものである．

では最短経路の形状について考えてみよう．p_{start} から p_{goal} までの経路について考えよう．この経路をゴムバンドだと考え，その端点は出発点と目標点に固定し，この経路と同じ所を通るようにするものとする．ゴムバンドを離すと，縮んでできる限り短くなろうとするが，障害物に止められてしまう．この新たな経路は障害物の境界の部分と開いた空間に含まれる直線を通ることになる．次の補題はこの観察をより厳密に定式化したものである．そこでは，多角形経路の**内側頂点** (inner vertex) という概念を用いるが，これはその経路の始点でも終点でもない頂点のことである．

補題 15.1 互いに共通部分をもたない多角形障害物の集合 S の間を通る p_{start} と p_{goal} の間のどの最短経路も，内側頂点が S の頂点であるような多角形経路である．

証明 矛盾を導くために，最短経路 τ は多角形的ではないとしよう．障害物は多角形であるから，これは τ 上にそれを含むどの線分も τ には含まれないという性質をもつ点 p が自由空間の内部に存在することを意味している．p は自由空間の内部にあるから，p を中心として，完全に自由空間の中に含まれるように正の半径をもつ円板を描くことができる．しかし，その円板の内部にある τ の部分は直線ではないので，円板に入る点と円板を出る点を結ぶ線分で置き換えると短くすることができる．どんな最短経路も**局所的に最短** (locally shortest) でなければならないから，すなわち経路上の 2 点 q と r を結ぶどんな部分経路も q から r への最短経路でなければならないから，これは τ の最適性に矛盾することになる．

それでは，τ の頂点 v について考えよう．この頂点が自由空間の内部にあることはない．もし内部にあれば，p を中心とする円板で自由空間に完全に含まれるものが存在して，円板内部での τ の部分経路—v で曲がる—をより短い直線の線分で置き換えることができてしまうからである．同様に，v は障害物の辺の（端を除いた）内部にあることはない．なぜなら，もし内部にあれば，v を中心として円を描いたとき，その半分が自由空間に含まれるような円を描くことができるので，再

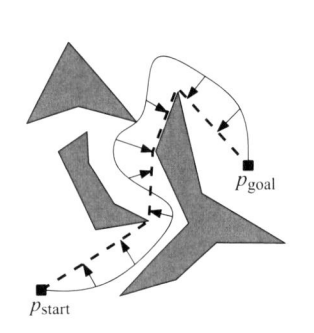

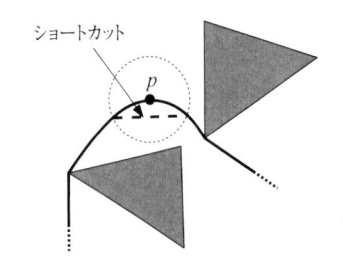

第 15 章
可視グラフ

び円板の内側の部分経路を直線の線分で置き換えることができてしまうからである．頂点の候補として唯一可能なのは障害物の頂点である．□

最短経路をこのように特徴づけたとき，最短経路を求めることができるようにロードマップを構成することができる．このロードマップは S の **可視グラフ** (visibility graph) と呼ばれるもので，これを $\mathcal{G}_{vis}(S)$ という記号で表すことにする．このグラフの節点は S の頂点であり，2 頂点 v と w が互いに **見える** (see) とき，すなわち，線分 $\overline{vw}$ が S のどの障害物の内部とも交差しないとき，それらの間に枝を引く．互いに見える 2 頂点は **互いに可視である** (mutually visible) と言い，それらを結ぶ線分を **可視辺** (visibility edge) と呼ぶ．ここで，障害物の 1 つの辺の両端点は常に互いに見えることに注意しておこう．したがって，障害物の辺は $\mathcal{G}_{vis}(S)$ の辺の部分集合をなす．

補題 15.1 により，最短経路上の線分は，最初と最後の辺を除いて，可視辺である．それらも可視辺とするために，出発点と目標点も S に頂点として加える．すなわち，集合 $S^* := S \cup \{p_{start}, p_{goal}\}$ の可視グラフを考えることにする．定義により，$\mathcal{G}_{vis}(S^*)$ の辺は互いに見える頂点—p_{start} と p_{goal} も含んでいる—を結んだものである．ここで次の系を得る．

系 15.2 互いに共通部分をもたない障害物の集合 S の間を通る p_{start} から p_{goal} に至る最短経路は，可視グラフ $\mathcal{G}_{vis}(S^*)$ の辺からなる．ただし，$S^* := S \cup \{p_{start}, p_{goal}\}$ である．

系 15.2 より，p_{start} から p_{goal} に至る最短経路を次のようにして求めることができる．

アルゴリズム SHORTESTPATH(S, p_{start}, p_{goal})
入力：互いに共通部分をもたない多角形障害物の集合 S と，自由空間に含まれる 2 点 p_{start} と p_{goal}．
出力：p_{start} から p_{goal} に至る無衝突の最短経路．
1. $\mathcal{G}_{vis} \leftarrow$ VISIBILITYGRAPH($S \cup \{p_{start}, p_{goal}\}$)
2. $\mathcal{G}_{vis}$ の各辺 (v, w) に，線分 $\overline{vw}$ のユークリッド距離を重みとして割り当てる．
3. ダイクストラのアルゴリズムを用いて，$\mathcal{G}_{vis}$ における p_{start} から p_{goal} への最短経路を求める．

次節では，可視グラフ $\mathcal{G}_{vis}$ を $O(n^2 \log n)$ 時間で求める方法を示す．ただし，n は障害物の辺数である．$\mathcal{G}_{vis}$ の辺数は，もちろん $\binom{n+2}{2}$ で抑えられる．したがって，上のアルゴリズムの 2 行目は $O(n^2)$ 時間で実行できる．ダイクストラのアルゴリズム (Dijkstra's algorithm) は，非負の重みをもつ k 本の辺をもつグラフにおいて，2 節点間の最短経路を $O(n \log n + k)$ 時間で求めることができる．$k = O(n^2)$ であるから，SHORTESTPATH の

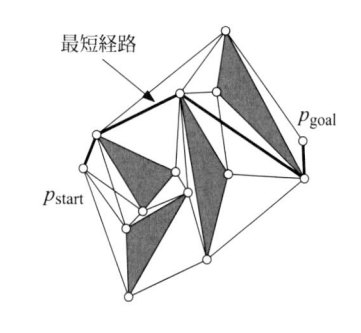

全実行時間は $O(n^2 \log n)$ であり，したがって次の定理を得る．

定理 15.3 全部で n 本の辺をもつ障害物の集合の間を通る 2 点間の最短経路は，$O(n^2 \log n)$ 時間で求めることができる．

15.2　可視グラフを求める方法

S を平面上の互いに共通部分をもたない多角形障害物の集合とする．また，障害物の辺数を n とする．（前節のアルゴリズム SHORTESTPATH では集合 S^* の可視グラフを計算しなければならないが，このグラフには始点と終点が含まれている．これらの「隔離された頂点」によって問題が生じることはないから，本節ではそれらを明示的に扱うことはない．）S の可視グラフを求めるためには，互いに見える頂点対を見つけなければならない．これは，すべての頂点対に対して，それらを結ぶ線分が何かの障害物と交差するかどうかを判定しなければならないことを意味している．そのような判定を素朴に実行すると，$O(n)$ の時間がかかってしまうので，全体の実行時間は $O(n^3)$ となってしまう．頂点対を任意の順序で考えずに，次のアルゴリズムに示すように，一度に 1 つの頂点に注目して，その頂点から見える頂点をすべて求めることにすると，次のアルゴリズムで示すように，もっと効率よく実行できることを示そう．

アルゴリズム VISIBILITYGRAPH(S)
入力：互いに共通部分をもたない多角形障害物の集合 S
出力：可視グラフ $\mathcal{G}_{vis}(S)$
1. グラフを $\mathcal{G} = (V, E)$ と初期化する．ただし，V は S の多角形のすべての頂点の集合であり，$E = \emptyset$ である．
2. **for** すべての頂点 $v \in V$
3. 　　**do** $W \leftarrow$ VISIBLEVERTICES(v, S)
4. 　　　　すべての頂点 $w \in W$ について，枝 (v, w) を E に加える．
5. **return** $\mathcal{G}$

手続き VISIBLEVERTICES は，入力として多角形の集合 S と平面上の 1 点 p をとる．ここでは，p は S の頂点であるが，そうでなければならないわけではない．この手続きは p から見える障害物の頂点をすべて返す．

1 つの特定の頂点 w が p から見えるかどうかを判定したいだけなら，できることは少ない．つまり，すべての障害物に対して線分 $\overline{pw}$ が交差するかどうかを判定しなければならないからである．しかし，S のすべての頂点について判定するのなら，望みがある．1 つの頂点について判定を行ったときに得られる情報を用いると，他の頂点に対する判定を高速化できる可能性があるのである．いま，すべての線分 $\overline{pw}$ の集合を考えよう．1 つの頂点からの情報を次の頂点を処理するときに活かすには，それらを

第 15 章
可視グラフ

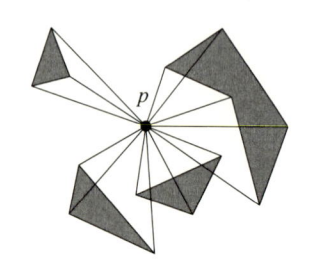

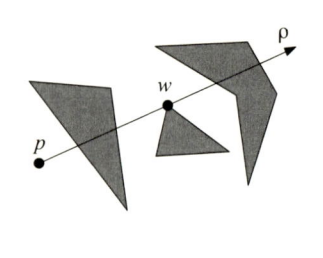

図 15.3
交差辺に関する探索木

どんな順序で処理するとよいだろうか．論理的に考えると，p の周りの巡回的な順序であろう．そこで，次に扱うべき頂点の可視性を判定するのに役立つ情報を管理しながら，頂点を巡回的に扱うことにする．

頂点 w が p から見えるのは，線分 $\overline{pw}$ がどの障害物の内部とも交差しないときである．p から出て w を通る半直線 ρ を考えよう．w が見えないなら，ρ は w に到達する前に障害物の辺とぶつかるはずである．これを調べるには，ρ と交差する障害物の辺に関して頂点 w を 2 分探索で求めればよい．このようにして，w が p から見えるこれらの辺のどれかより後にあるかどうかを求めることができる．（もし，p 自身も障害物の頂点なら，w が見えなくなる別の場合がある．すなわち，p と w が同じ障害物の頂点で，$\overline{pw}$ がその障害物に含まれる場合である．この場合は，w に接続する辺を調べて，ρ が w に到達する前にその障害物の内部に入っているかどうかを判定すればよい．w に接続する辺の 1 つが $\overline{pw}$ に含まれてしまうという縮退の場合は当面のあいだ無視することにする．）

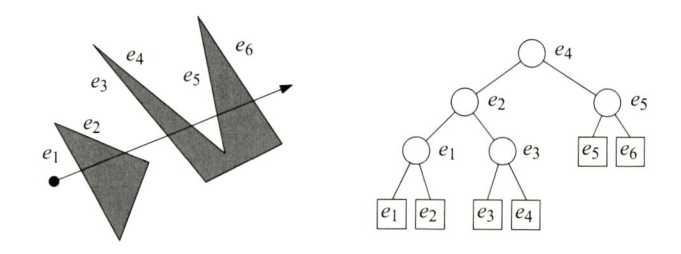

p の周りの巡回順に頂点を処理しているあいだ，平衡探索木 $\mathcal{T}$ に ρ と交差する障害物辺を管理しておく．（後で見ることであるが，ρ に含まれる辺は $\mathcal{T}$ に蓄える必要はない．）$\mathcal{T}$ の葉節点には交差する辺を順に蓄える．最も左の葉節点には ρ と交差する最初の線分を蓄え，次の葉節点には次に交差する線分を蓄え，という風に続ける．$\mathcal{T}$ における探索を誘導する内部の節点にも辺を蓄える．もっと厳密に言うと，内部節点 v にはその左部分木の最も右の辺を蓄え，その右部分木のどの辺もこの線分 e_v よりも（ρ に沿った順序に関して）大きく，その左部分木のどの辺も e_v 以下（ρ に沿った順序に関して）である．図 15.3 は例を示している．

巡回順で頂点を効率よく処理するというのは，半直線 ρ を p の周りに回転するということである．それで，ここでの方法は他の問題に対して用いてきた平面走査のパラダイムに似ている．違いは，平面を走査するのに上から下に移動する水平直線を用いる代わりに，回転する半直線を用いている点である．

回転式平面走査 (rotational plane sweep) の状態は，ρ が交差する障害物の辺を順に並べたものである．これを $\mathcal{T}$ の中で管理する．走査におけるイベントは S の頂点である．頂点 w を処理するには，w が p から見えるかどうかを，データ構造 $\mathcal{T}$ を探索することにより判定しなければならないので，w に接続する障害物の辺を挿入したり，削除したりすることによって $\mathcal{T}$ を更新しなければならない．

アルゴリズム VISIBLEVERTICES は回転式平面走査をまとめたものである．この走査は，正の x 軸と一致する半直線から始めて，時計回りの方向に進んで行く．したがって，アルゴリズムでは最初に頂点を p から各頂点への線分が x 軸の正方向となす時計回り方向の角度によってソートする．2つ以上の頂点についてこの角度が同じであるときにはどうすればよいだろうか．頂点 w の可視性を判定するためには，$\overline{pw}$ が障害物の内部と交差するかどうかを知る必要がある．したがって，w を処理する前に $\overline{pw}$ の内部にある任意の頂点を処理するというのが自明な選択である．言い換えると，同じ角度をもつ頂点は p への距離が増加する順序に処理される．アルゴリズムは次のようになる．

第 15.2 節
可視グラフを求める方法

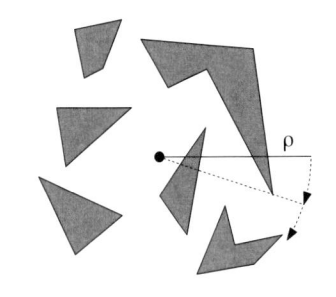

アルゴリズム VISIBLEVERTICES(p, S)
入力：多角形障害物の集合 S と，どの障害物の内部にもない点 p．
出力：p から見える障害物の頂点すべての集合．

1. 障害物の頂点を，p から各頂点に向けて引いた半直線が x 軸の正方向となす時計回りの角度にしたがってソートする．同順位がある場合には，p に近い頂点が p から遠く離れた頂点より先にあるようにする．$w_1, \ldots, w_n$ をソート列とする．
2. p を始点とし，x 軸の正方向に平行な半直線を ρ とする．ρ と真に交差する障害物の辺を見つけ，それらを ρ と交差する順序に基づいて平衡探索木 $\mathcal{T}$ に蓄える．
3. $W \leftarrow \emptyset$
4. **for** $i \leftarrow 1$ **to** n
5.   **do if** VISIBLE(w_i) **then** w_i を W に加える．
6. w_i に接続する障害物の辺で，p から w_i への半直線の時計回りの側にあるものを $\mathcal{T}$ に挿入する．
7. w_i に接続する障害物の辺で，p から w_i への半直線の反時計回りの側にあるものを $\mathcal{T}$ から削除する．
8. **return** W

サブルーティン VISIBLE では，頂点 w_i が見えるかどうかを判定しなければならない．そのためには，ふつう最も左の葉節点に蓄えられている p に最も近い辺が $\overline{pw_i}$ と交差するかどうかを調べるために，$\mathcal{T}$ の中を探索するだけでよい．しかし，$\overline{pw_i}$ が他の頂点を含むときには注意しなければならない．この場合，w_i は見えるだろうか．その答は場合によって異なる．どんな場合が起こりうるかについては，そのいくつかを示した図 15.4 を参照されたい．$\overline{pw_i}$ はこれらの頂点に接続する障害物の内部と交差する場合もあるし，交差しない場合もある．w_i が見えるかどうかを判定するために $\overline{pw_i}$ 上の頂点についてすべての辺を調べなければならないように思われる．幸運なことに，$\overline{pw_i}$ の上にある先の頂点を処理しているあいだ，それらをすでに調べている．したがって，次のように w_i の可

第 15 章
可視グラフ

視性について判定することができる．w_{i-1} が見えない場合，w_i も見えない．w_{i-1} が見えるとき，w_i が見えなくなるのに 2 通りの場合がある．線分 $\overline{w_{i-1}w_i}$ 全体が w_{i-1} と w_i の両方がその頂点であるような障害物に含まれるか，あるいは線分 $\overline{w_{i-1}w_i}$ は $\mathcal{T}$ の辺と交差する．（後者の場合，この辺は w_{i-1} と w_i の間にあるから，それは $\overline{w_{i-1}w_i}$ と真に交差するはずである．）この判定が正しいのは，$\overline{pw_i} = \overline{pw_{i-1}} \cup \overline{w_{i-1}w_i}$ だからである．（$i=1$ のときには，p と w_i の間には頂点は存在しないから，線分 $\overline{pw_i}$ を調べるだけでよい．）次のサブルーティンが得られる．

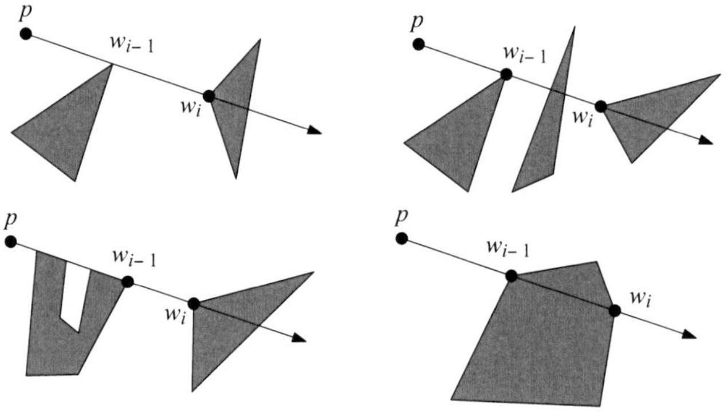

図 15.4
p が複数の頂点を含むいくつかの場合．どの場合にも，w_{i-1} は見える．左の 2 つの場合，w_i も見えるが，右の 2 つの場合には w_i は見えない

VISIBLE(w_i)
1. **if** $\overline{pw_i}$ は w_i を頂点とする障害物の内部と w_i で局所的に交差する
2. **then return** false
3. **else if** $i=1$ または w_{i-1} は線分 $\overline{pw_i}$ の上にない
4.   **then** 最も左の葉節点にある辺 e を求めて $\mathcal{T}$ を探索する．
5.   **if** e が存在し，$\overline{pw_i}$ は e と交差する
6.   **then return** false
7.   **else return** true
8.   **else if** w_{i-1} は見えない
9.   **then return** false
10.   **else** $\overline{w_{i-1}w_i}$ と交差する辺 e が $\mathcal{T}$ に含まれるか探索する．
11.   **if** e が存在する
12.   **then return** false
13.   **else return** true

これで与えられた点 p から見える頂点を求めるアルゴリズム VISIBLEVERTICES の説明を終わる．

では，VISIBLEVERTICES の実行時間はどうだろう．4 行目までに必要な時間の中で支配的なのは，p の周りに巡回順に頂点をソートする時間であるが，これは $O(n \log n)$ である．ループを毎回実行するたびに，平衡探索木 $\mathcal{T}$ に関する操作を定数回実行するが，これに $O(\log n)$ の時間がかかり，

定数時間でできる幾何学的判定を定数回実行する必要がある．したがって，1回の実行は $O(\log n)$ でできるので，全体の実行時間は $O(n \log n)$ となる．

可視グラフ全体を求めるためには S の n 頂点のそれぞれに対して VISI-BLEVERTICES を適用しなければならないことに注意しよう．すると，次の定理を得る．

定理 15.4 全部で n 本の辺をもつ互いに共通部分をもたない多角形障害物の集合 S に対する可視グラフは $O(n^2 \log n)$ の時間で求めることができる．

15.3 並進多角形ロボットに対する最短経路

第 13 章では，並進可能な凸多角形のロボット $\mathcal{R}$ に対する移動計画問題を自由コンフィギュレーション空間 $\mathcal{C}_{\text{free}}$ を求めることにより，点ロボットの場合に還元することができることを見た．この還元には，$\mathcal{R}$ の反射コピー $-\mathcal{R}$ とそれぞれの障害物とのミンコフスキー和を求めることと，得られたコンフィギュレーション空間上の障害物の和集合をとることが必要である．これによって，互いに共通部分をもたない多角形の集合を

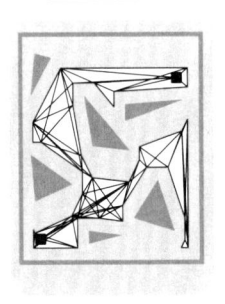

図 15.5
多角形ロボットに対する最短経路の求め方

得るが，その和集合が禁止コンフィギュレーション空間になる．すると，点ロボットに対して用いた方法により最短経路を求めることができる．多角形の集合を拡張して，初期位置と目標位置に対応するコンフィギュレーション空間の点を扱えるようにして，多角形の可視グラフを計算し，各枝に対応する可視辺のユークリッド距離を重みとして割り当て，最後にダイクストラのアルゴリズムを用いて，可視グラフにおける最短経路を求める．

この方法で実行時間はどうなるだろう．補題 13.13 より，禁止空間は $O(n \log^2 n)$ で計算できる．さらに，禁止空間の複雑度は，定理 13.12 により $O(n)$ であるので，前節の結果より禁止空間の可視グラフは $O(n^2 \log n)$ で計算できることが分かる．

これより次の結果を得る．

定理 15.5 $\Re$ を凸で定数複雑度のロボットとし，全部で n 本の辺をもつ多角形障害物の集合の間を並進することができるものとする．$\Re$ が与えられた初期位置から与えられた目標位置に至る最短の無衝突経路は $O(n^2 \log n)$ 時間で計算することができる．

15.4　文献と注釈

重みグラフにおいて最短経路を求める問題は幅広く研究されてきた．ダイクストラのアルゴリズムやそれ以外の解が，グラフアルゴリズムに関するほとんどの本とアルゴリズムとデータ構造に関する多数の本の中で記述されている．15.1 節では，ダイクストラのアルゴリズムが $O(n \log n + k)$ の時間で実行できることを述べた．この時間限界を達成するためには，フィボナッチヒープ (Fibonacci heap) を用いて実行しなければならない．ここでの応用では $O((n+k) \log n)$ 時間のアルゴリズムでも十分である．アルゴリズムの残りのでそれだけの時間がとにかく必要になるからである．

最短経路問題の幾何版も非常に注目を集めてきた．ここで与えたアルゴリズムは Lee [247] によるものである．アレンジメントに基づいたより効率のよいアルゴリズムが提案されている．$O(n^2)$ 時間で実行できるものである [23, 158, 383]．

　可視グラフ全体をまず構成することによって最短経路を求めるどんなアルゴリズムも，最悪の場合には 2 乗に比例する時間がかかってしまう．なぜなら，可視グラフは 2 乗に比例する個数の辺をもつからである．長い間，最悪の場合の実行時間が 2 乗時間かからない方法は知られていなかった．この 2 乗の壁を最初に破ったのは Mitchell [281] である．彼は，点ロボットに対する最短経路が $O(n^{5/3+\varepsilon})$ 時間で計算できることを示した．後に彼はその実行時間を $O(n^{3/2+\varepsilon})$ に改善している [282]．しかしながら，そうしている間に Hershberger と Suri は最適な $O(n \log n)$ 時間のアルゴリズムを開発することに成功した [210, 212]．

　ロボットの自由空間が穴を含まない多角形であるような特別の場合には，Chazelle [94] の線形時間三角形分割アルゴリズムと Guibas ら [195] の最短経路法を組み合わせることにより，線形時間で最短経路を求めることができる．

　ユークリッド最短経路問題の 3 次元版はずっと難しい．これは，問題を離散化する簡単な方法が存在しないという事実によるものである．すなわち，最短経路の屈折点は有限な点集合に限定されず，障害物の辺上のどこにでも存在しうるのである．Canny [80] は，3 次元空間における多面体の障害物の間で 2 点を結ぶ最短経路を求める問題は NP 困難であるこ

とを証明した．Reif と Storer [327] は，実数の理論における判定問題に還元することにより，この問題に対する1次指数関数時間のアルゴリズムを与えた．また，最短経路を多項式時間で近似する論文もいくつかある．たとえば，障害物の辺上に点を節点として追加し，これらの点をもつグラフを探索することにより近似するものである [13, 125, 126, 260, 316].

本章では，ユークリッド距離だけを考えた．様々な距離の下に最短経路を扱った論文も多数ある．非常に多数の状況が考えられるから，ここではそのうちほんの少しだけについて考え，それぞれの状況について 2, 3 の文献だけを与える．研究されてきた興味深い距離は，多角形経路の長さをそれが構成するリンクの個数として定義する**リンク距離** (link metric) である [20, 122, 284, 367]. 広く研究されてきた別の場合は直交経路である．そのような経路は，たとえば，VLSI 設計において重要な役割を果たしている．Lee ら [253] は，直交経路問題に関するサーベイを与えている．直交経路に対して研究されてきた興味深い距離は，ユークリッド距離とリンク距離の線形結合である**組合せ距離** (combined metric) である [56]. 最後に，各領域に重みが付けられているような領域分割における経路を考えた論文がある．ある領域を通る経路のコストは，ユークリッド距離に領域の重みを掛け合わせたものである．この場合，障害物は無限大の重みをもつ領域でモデル化することができる [113, 283].

並進ロボットに対しては多数の自明な距離があるが――特に，ユークリッド距離がすぐに思い浮かぶ――並進だけではなく回転もできるロボットに対しては最短経路をうまく定義することは簡単ではない．ロボットが線分状である場合についてある結果が得られている [24, 114, 218].

可視グラフは Nilson [295] によって移動計画を立てるのに導入された．本章で説明した $O(n^2 \log n)$ 時間のアルゴリズムは Lee [247] によるものである．より高速なアルゴリズムが多数知られている [23, 383]. その中には，$O(n \log n + k)$ という実行時間をもつ Ghosh と Mount [190] による最適なアルゴリズムも含まれている．ただし，k は可視グラフの枝の本数である．

凸多角形障害物の集合の間で点ロボットに対する最短経路を求めるのに，可視グラフの辺がすべて必要なわけではない．共通接線を定める可視グラフの枝だけで十分である．Rohnert [329] は，この縮小された可視グラフを $O(n + c^2 \log n)$ の時間で求めるアルゴリズムを与えた．ただし，c は障害物の個数であり，n は辺の総数である．

Vegter と Pocchiola [319, 320, 376] によって導入された**可視複体** (visibility complex) は，可視グラフと同じ複雑度をもつが，より多くの情報を含む構造である．それは平面上の凸（必ずしも多角形でなくてよい）障害物の集合に関して定義され，最短経路問題とレイシューティングに対して用いることができる．これは $O(n \log n + k)$ で計算することができる．

第 15.4 節
文献と注釈

Weinら [382] は，これの興味深い変形を導入したが，それは可視複体を障害物のボロノイ図と結合する**可視ボロノイ複体**である．これによって，障害物とあまり近くならない短い経路を見つけることができる．

15.5 演習

15.1 S を全部で n 本の辺をもつ平面上の互いに共通部分をもたない単純な多角形の集合とする．任意の始点と終点の位置に対して最短経路上の線分の本数は $O(n)$ で抑えられることを証明せよ．それが $\Theta(n)$ となる例を与えよ．

15.2 アルゴリズム VISIBILITYGRAPH は，障害物の各頂点についてアルゴリズム VISIBLEVERTICES を呼び出す．VISIBLEVERTICES はその入力点の周りにすべての頂点をソートする．これは n 個の巡回順のソーティングが各障害物の頂点について実行されることを意味している．本章では，そのソートを単に $O(n \log n)$ 時間で行ったが，それによってすべてのソーティングに $O(n^2 \log n)$ 時間かかった．双対化（第 8 章参照）を用いると $O(n^2)$ に改善できることを示せ．この方法で VISIBILITYGRAPH の実行時間を改善できるか．

15.3 最短経路を求めるアルゴリズムは多角形以外の物体にも拡張できる．S を n 個の互いに交差しない円板状障害物（半径は同じでなくてよい）の集合とする．
   a. この場合，互いに可視でない 2 点間の最短経路は円板の境界の一部と 2 つの円板の共通接線と，始点または目標点から円板への接線からなることを証明せよ．
   b. この状況に対応できるように，可視グラフの概念を変更せよ．
   c. S の円板の間で 2 点間の最短経路を求めることができるように，最短経路アルゴリズムを改造せよ．

15.4 平面上の n 個の三角形の集合の間で 2 つの固定点を結ぶ最短経路の最大個数を求めよ．

15.5 S を互いに共通部分をもたない多角形の集合とし，出発点 p_{start} が与えられているものとする．集合 S（と p_{start}）に前処理を施しておいて，様々な目標点に対して，p_{start} から目標点への最短経路を効率よく求めることができるようにしたい．任意に与えられた目標点 p_{goal} に対して p_{start} から p_{goal} までの最短経路を $O(n \log n)$ 時間で求めることができるように $O(n^2 \log n)$ 時間の前処理をする方法を述べよ．

15.6 単純な多角形に内部で 2 点を結ぶ最短経路を求めるアルゴリズムを設計せよ．そのアルゴリズムは 2 乗未満の時間で実行できなければならない．

15.7 すべての障害物が凸多角形であるとき，可視グラフの辺をすべて考えるのではなく，共通接線を考慮するだけで最短経路アルゴリズムを改善することができる．

　　a. 最短経路アルゴリズムで必要になる可視辺は，多角形の共通接線だけであることを証明せよ．

　　b. 2つの共通部分をもたない多角形の共通接線を求める高速のアルゴリズムを与えよ．

　　c. 凸多角形の集合の間で可視グラフの辺でもある共通接線を求めるアルゴリズムを与えよ．

15.8* 同時座標をよく知っている場合には，本章で用いた回転式走査は，平面を平行移動する水平辺を用いた普通の平面走査に変換できることを調べてみるのは興味深いことである．走査の中心を無限遠点に移す射影変換を用いるとこれが成り立つことを示せ．

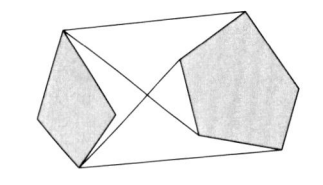

第 15.5 節
演習

16　単体領域探索
ウィンドウ操作（その2）

第2章では，地理情報システムでは別々の層 (layer) に地図を蓄えることが多いことを見た．各層は地図のテーマ，すなわち道路や都市などの特定の種類の特徴を表している．層を区別しておくと，ユーザが特定の特徴に注目することが容易になる．時には，与えられた種類の特徴にはまったく興味がなくて，ある領域の中に含まれるものだけに興味があることもある．第10章ではそのような例を含んでいた．つまり，ヨーロッパ全体の道路地図からずっと小さな領域の中に含まれる部分だけを選択したいというものであった．そこでは質問領域 (query region)，あるいはウィンドウ (window) は長方形であったが，違った形の領域で問合せをすることも想像できる．たとえば，人口密度というテーマの地図層が手許

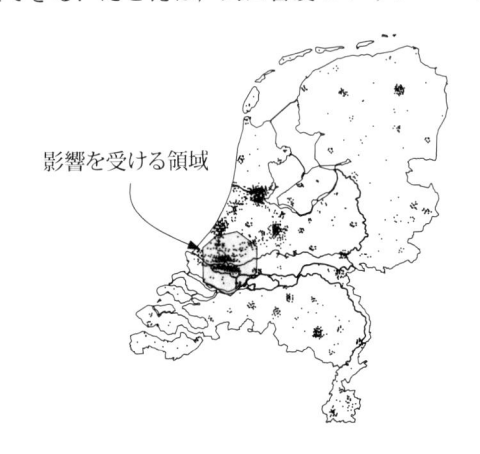

図 16.1
オランダの人口密度

にあるものとしよう．密度は，5,000人ごとに1点を置くという方法で地図上に示されている．そのような地図の一例が図16.1に示されている．建物の影響，たとえば，与えられた場所に新たな空港を建設する場合の影響を推定したい場合，影響を受ける領域に何人の人が住んでいるかが分かれば役に立つだろう．幾何の用語を用いて言うと，平面上に点集合が与えられているとき，ある質問領域（たとえば，飛行機の騒音が一定のレベルを超える領域）の内部に含まれる点の個数を求めたい．

第5章ではデータベースに基づいた問合せについて学んだが，そこでは軸平行な質問長方形の内部にある点を報告するためのデータ構造を開発した．しかしながら，空港の建設で影響を受ける領域は支配的な風の方

向によって決まるので，長方形にはなりにくい．したがって，第 5 章で考えたデータ構造はここではあまり助けにはならない．ここでは，もっと一般的な質問領域を扱うことができるデータ構造を開発する必要がある．

16.1 分割木

平面上に点集合が与えられたとき，質問領域の内部にある点の個数を求めたい．（本章では，点を列挙するという意味ではなくて「点の個数を求める」という表現を用いている．）質問領域は単純な多角形であるものと仮定しよう．そうでない場合には，近似すればよい．問合せ応答アルゴリズムを単純化するために，まず質問領域を三角形分割する．その方法は第 3 章で述べた．領域を三角形分割した後，得られた三角形それぞれについて問合せを行う．領域の内部にある点の集合は，三角形の内部にある点集合の和集合に等しい．点数を数えるとき，2 つの三角形の共通境界上にある点について少し注意が必要であるが，その処理は難しくない．

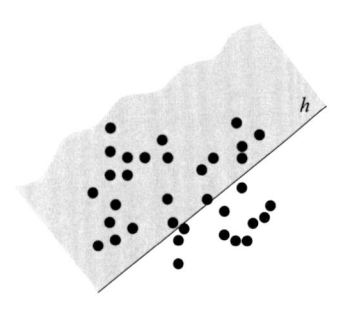

というわけで，**三角形領域探索問題** (triangular range searching problem) を考えよう．すなわち，平面上に n 点の集合 S が与えられたとき，質問三角形 t に含まれる S の点を数えるのが問題である．まず，この問題を少し簡単にしたもの，すなわち質問三角形が半平面に縮退した場合について考えてみよう．半平面領域問合せに対するデータ構造はどのようなものでなければならないだろうか．肩ならしとして，まず 1 次元の問題を考えてみよう．この問題の 1 次元版では，実数直線上に n 点の集合が与えられていて，質問半直線上の点（すなわち，質問点の左右どちらか指定した側にある点）の個数を求めたい．平衡 2 分探索木を用いて，どの節点にもその部分木にある点の個数を蓄えるようにしておけば，そのような問合せに $O(\log n)$ 時間で答えることができる．では，どうすればこれを 2 次元の状況に一般化できるだろうか．この疑問に答えるためには，まず平衡 2 分探索木の幾何学的な解釈が必要である．この木の各節点はキー—点の座標値—をもっていて，それを用いて点集合を左部分木に蓄えるべき点集合と右部分木に蓄えるべきものに分割する．同様に，このキーの値を実数直線を 2 つの部分に分割するものと考える．このようにすると，木の各節点は直線上の領域に対応することになる．根は直線全体に対応し，根の 2 個の子は 2 つの半直線に対応するといった具合である．任意の質問半直線と任意の節点に対して，その節点の一方の子の領域はその半直線に完全に含まれるか，あるいは全く共通部分をもたない．その領域の点はすべて半直線上にあるか，またはその上には 1 点もないか，どちらかである．したがって，その節点の他方の部分木を再帰的に探索すればよい．これを示したのが図 16.2 である．点は木の下に黒点で示してある．2 つの部分木に対応する実数直線上の 2 つの領域も示して

ある．質問半直線は灰色の領域である．黒の節点を根とする部分木に対応する領域は完全に質問半直線に含まれている．したがって，右部分木について再帰的に同じことを実行すればよい．

第 16.1 節
分割木

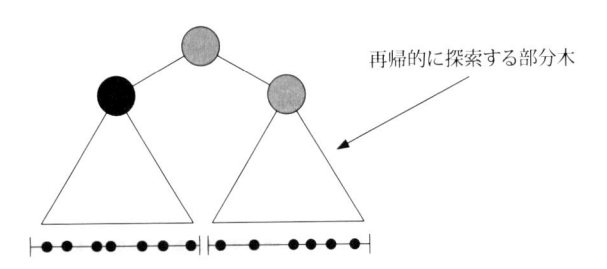

図 16.2
2 分木を用いた半直線問合せに対する応答

これを 2 次元に一般化しようとして，平面を 2 分割して，任意の質問半平面に対して，それら 2 つの領域のそれぞれがその半平面に完全に含まれるか，あるいはその中に 1 点ももたないか，どちらかになるようにすることができるか考えてみると，残念ながら，そのような分割は存在しないので，更なる一般化が必要である．2 つの領域に分割するのではなく，もっと多くの領域に分割しなければならない．この分割は，どんな質問半平面に対してもそれらの領域のうちの小数についてのみ再帰的に探索をすればよい，という条件を満たすものでなければならない．

それでは，これから必要になる分割を形式的に定義しよう．平面上の n 点の集合 S に対する**単体分割** (simplicial partition) とは，集合 $\Psi(S) := \{(S_1, t_1), \ldots, (S_r, t_r)\}$ のことである．ただし，S_i は S の共通部分をもたない部分集合であり，その和集合を取ると S になるようなもので，t_i は S_i を含む三角形である．部分集合 S_i のことを**クラス** (class) と呼ぶ．三角形たちは互いに素である必要はないので，S の 1 点が複数の三角形に含まれていてもよい．だが，そのような点はただ 1 つのクラスの要素である．三角形の個数 r のことを $\Psi(S)$ の**サイズ** (size) と呼ぶ．図 16.3 に，サイズ 5 の単体分割の例を示す．同図では，クラスの違いを示すために，濃さの違う網を用いている．直線 ℓ が三角形 t_i の内部と交差するとき，ℓ は

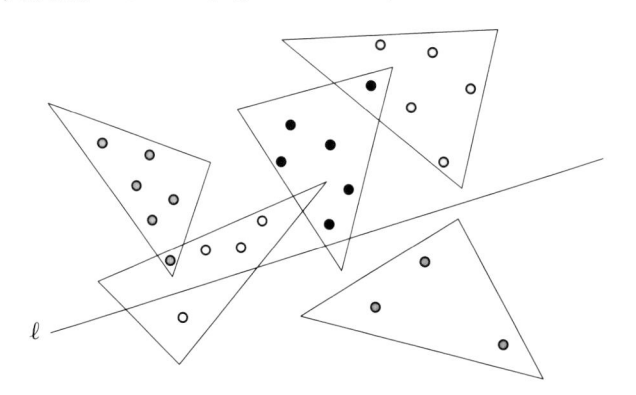

図 16.3
精巧な単体分割の例

t_i と交差するという．点集合 S が一般の位置にないとき，単体分割において三角形だけではなくて（端点を含まない）線分も使わなければなら

第 16 章
単体領域探索

ないことがある．直線が線分と交差するというのは，それが線分の内部と交差するが，完全に含んではいないときを言う．$\Psi(S)$ に関する直線 ℓ の**交差数** (crossing number) とは，ℓ が交差する $\Psi(S)$ の三角形の個数のことである．したがって，図 16.3 の直線 ℓ の交差数は 2 である．$\Psi(S)$ の交差数とは，あらゆる可能な直線 ℓ についての交差数の最大値を取ったものである．図 16.3 では 4 個の三角形と交差する直線を求めることができるが，5 個すべてと交差する直線はない．最後に，すべての $1 \leqslant i \leqslant r$ に対して $|S_i| \leqslant 2n/r$ が成り立つとき，単体分割は**精巧である** (fine) という．言い換えると，精巧な単体分割では，クラスに含まれる点の個数の平均の 2 倍以上の点を含むクラスは存在しない．

分割の概念を形式化できたから，今度はそのような分割を用いて半平面領域問合せに答える方法について考えよう．h を質問半平面とする．この分割の三角形 t_i が h の境界線と交差しないなら，そのクラス S_i は，完全に h に含まれるか，あるいは，h とはまったく共通部分をもたない．したがって，t_i が h の境界線と交差するようなクラス S_i に関してだけ再帰を行えばよいことになる．たとえば，図 16.3 では，ℓ より上の半平面 ℓ^+ に関して問合せをするとき，5 個のクラスのうち 2 個についてだけ再帰を行えばよい．よって，この問合せ応答過程の効率は単体分割の交差数に依存することになる．交差数が低ければ低いほど問合せ時間はよくなる．次の定理は，交差数が $O(\sqrt{r})$ であるような単体分割を常に見つけることができると述べている．これが問合せ時間とどのような関係をもつかについては後で述べる．

定理 16.1 平面上の任意の n 点の集合 S と，$1 \leqslant r \leqslant n$ であるような任意のパラメータ r に対して，サイズが r で交差数が $O(\sqrt{r})$ であるような精巧な単体分割が存在する．さらに，任意の $\varepsilon > 0$ に対して，そのような単体分割を $O(n^{1+\varepsilon})$ 時間で構成することができる．

$O(n^{1.1})$ や $O(n^{1.01})$ あるいはもっと 1 に近いべき乗をもつ時間で構成できると主張するのは少し変な感じがするが，ε がどんなに小さくても，それが正定数である限り定理の上界が達成できる．しかし，定理では $O(n)$ や $O(n \log n)$ のような，よりよい上界を主張しているわけではない．

16.4 節では，この定理の証明を見つけることができる文献を与えている．ここでは，定理が成り立つものとして，半平面領域問合せに対する効率のよいデータ構造の設計にそれをどのように活かすかを集中的に考えることにしよう．以下に示すデータ構造は**分割木** (partition tree) と呼ばれるものである．多分，読者はそのような分割木がどのようなものか推測できるだろう．これは，根が r 個の子をもち，それぞれが単体分割におけるクラスの 1 つに対して再帰的に定義される分割木の根になっているような木のことである．子には特別の順序はなく，不適切なものになることもある．図 16.4 に示したのは，単体分割とそれに対応する木で

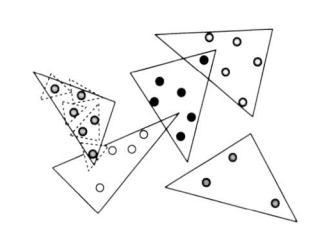

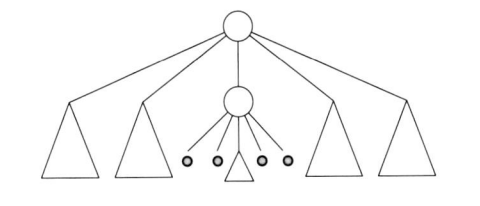

第 16.1 節
分割木

図 16.4
単体分割と対応する木

ある．破線で示した三角形は，根の真中の子に対応するクラスに対して再帰的に求めた分割を形成している．真中の子の下には 5 個の部分木に 5 個の部分クラスが蓄えられている．応用によっては，クラスに関する付加的な情報を蓄えることもある．したがって，分割木の基本構造は次のようになる．

- S が 1 点 p だけを含んでいるなら，分割木は 1 つの葉節点だけからなり，そこに p を明示的に蓄える．集合 S はこの葉節点の**標準部分集合** (canonical subset) である．
- そうでないとき，このデータ構造は r 分岐の木 $\mathfrak{T}$ となる．ただし，r は十分に大きな定数である．（後で r をどのように選ぶべきかを論じる．）木の根の子は，集合 S に対するサイズ r の精巧な単体分割の三角形と 1 対 1 の関係にある．子 v に対応する三角形を $t(v)$ という記号で表す．S における対応するクラスは v の**標準部分集合**と呼ばれ，$S(v)$ と書く．子 v は，集合 $S(v)$ に関して再帰的に定義された分割木 $\mathfrak{T}_v$ の根である．
- それぞれの子 v について，三角形 $t(v)$ を蓄える．また，部分集合 $S(v)$ に関する情報も蓄える．半平面領域での計数の場合，この情報は $S(v)$ の要素数であるが，他の応用では別の情報を蓄えたいと思うこともあるだろう．

これで質問半平面 h に含まれる S の点の個数を求める問合せアルゴリズムを記述できる準備が整った．このアルゴリズムは，分割木 $\mathfrak{T}$ の節点集合 Υ を返すが，これを**選択節点** (selected node) と呼んでいる．これは，h に含まれる S の点の部分集合が Υ の節点の標準部分集合の互いに素な和集合となっているものである．つまり，Υ はその標準部分集合が共通部分をもたず，次式を満たすような節点集合である．

$$S \cap h = \bigcup_{v \in \Upsilon} S(v)$$

選択節点は，次の性質をもつ節点 v と一致する：（または，v が葉節点の場合には，v に蓄えた点は h に含まれる），かつ $t(\mu) \subset h$ となるような先祖 μ を v はもたない．すると，h に含まれる点の個数は，選択された標準部分集合の要素数を足し合わせることによって求められる．

アルゴリズム SELECTINHALFPLANE($h, \mathfrak{T}$)
入力：質問半平面 h と分割木かその部分木．

出力：この木の中の点で h に含まれるすべての点に対する標準節点の集合.

1. $\Upsilon \leftarrow \emptyset$
2. **if** $\mathcal{T}$ が 1 つの葉節点 μ だけからなる
3.   **then if** μ に蓄えた点が h に含まれる **then** $\Upsilon \leftarrow \{\mu\}$
4.   **else for** $\mathcal{T}$ の根のそれぞれの子 v
5.   **do if** $t(v) \subset h$
6.   **then** $\Upsilon \leftarrow \Upsilon \cup \{v\}$
7.   **else if** $t(v) \cap h \neq \emptyset$
8.   **then** $\Upsilon \leftarrow \Upsilon \cup \text{SELECTINHALFPLANE}(h, \mathcal{T}_v)$
9. **return** Υ

図 16.5 は，この問合せアルゴリズムで行われる操作を図示したものである．根の子の中で選択されたものは黒で示されている．再帰的に訪問された子（すでに訪問された根自身も含めて）は灰色で示されている．以前

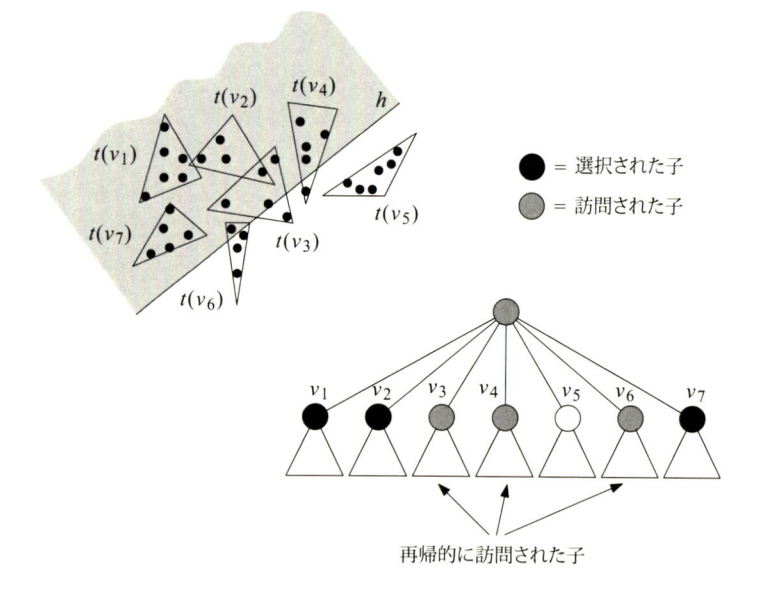

図 16.5
分割木を用いた半平面領域問合せに対する応答

に述べたように，半平面での点数計数問合せは，SELECTINHALFPLANE を呼び出して，選択節点に蓄えられた点数を足し合わせることにより答えることができる．実際には，集合 Υ をもっておく必要はなく，カウンターだけを保持しておけばよい．すなわち，ある節点を選択したとき，その標準部分集合の要素数をカウンターに加えるのである．

以上，半平面領域計数問題に対するデータ構造として分割木と，その問い合わせアルゴリズムについて説明した．今度は，そのデータ構造を解析してみよう．まずは記憶領域から始めよう．

補題 16.2 S を平面上の n 点の集合とする．S に関する分割木は $O(n)$ の記憶領域を使う．

証明 $M(n)$ を n 点に関する分割木がもちうる最大節点数とし,n_v によって標準部分集合 $S(v)$ の要素数を表す.このとき,$M(n)$ は次の漸化式を満たす.

$$M(n) \leqslant \begin{cases} 1 & n=1 \text{ のとき} \\ 1 + \sum_v M(n_v) & n > 1 \text{ のとき} \end{cases}$$

ここで,木の根の子 v すべてについて和を取るものとする.単体分割におけるクラスは互いに共通部分をもたないから,$\sum_v n_v = n$ である.さらに,すべての v について,$n_v \leqslant 2n/r$ が成り立つ.したがって,任意の定数 $r > 2$ に対して,上の漸化式の解は $M(n) = O(n)$ である.

木の 1 つの節点に対して必要な記憶領域は $O(r)$ である.r は定数であるから,補題が成り立つ. □

線形の記憶領域は望みうる最善のものであるが,問合せ時間についてはどうだろうか.ここで,r の正確な値が何かが重要になってくる.問合せを行うとき,r にも n にも依存しないある定数 c に対して,高々 $c\sqrt{r}$ 個の部分木について再帰を行わなければならない.この定数が問合せ時間の指数部に関係のあることが分かる.この影響を減らすためには r を十分に大きくすることが必要であるが,そうすると,後で分かるように,$O(\sqrt{n})$ に近い問合せ時間を得ることができる.

補題 16.3 S を平面上の n 点の集合とする.任意の $\varepsilon > 0$ に対して,S に対する分割木で,質問半平面 h に対して,h に含まれる S の点の部分集合が選択された節点の互いに素な標準部分集合の和集合になるという性質を満たすように,木から $O(n^{1/2+\varepsilon})$ 個の節点を選択することができる.これらの節点の選択は $O(n^{1/2+\varepsilon})$ 時間でできる.その結果,半平面領域計数問合せに対して $O(n^{1/2+\varepsilon})$ 時間で答えることができる.

証明 $\varepsilon > 0$ が与えられているものとする.定理 16.1 により,定数 c が存在して,パラメータ r に対してサイズが r で交差数が高々 $c\sqrt{r}$ であるような単体分割を構成することができる.サイズ $r := \lceil 2(c\sqrt{2})^{1/\varepsilon} \rceil$ の単体分割に基づいて分割木を作る.n 点の集合に対する木における任意の問合せに対する最大問合せ時間を $Q(n)$ という記号で表す.h を半平面とし,n_v によって標準部分集合 $S(v)$ の要素数を表す.このとき,$Q(n)$ は次の漸化式を満たす.

$$Q(n) \leqslant \begin{cases} 1 & n=1 \text{ のとき} \\ r + \sum_{v \in C(h)} Q(n_v) & n > 1 \text{ のとき} \end{cases}$$

ただし,h の境界が $t(v)$ と交差するような根の子 v すべての集合 $C(h)$ について和を取るものとする.このデータ構造を支えている単体分割は交差数 $c\sqrt{r}$ をもつから,集合 $C(h)$ の節点数は高々 $c\sqrt{r}$ であることが分かる.また,この単体分割は精巧であるから,各 v に対して $n_v \leqslant 2n/r$

第 16.1 節
分割木

であることも分かる．これら2つの事実を用いると，上のように r を選択すると，$Q(n)$ に対する漸化式の解が $O(n^{1/2+\varepsilon})$ になることを示すことができる． □

読者はこの問合せ時間について少し失望したかもしれない．これまでに見てきたほとんどの幾何的データ構造の問合せ時間は $O(\log n)$ かまたは $\log n$ の多項式であったが，分割木に対する問合せ時間は，ほぼ $O(\sqrt{n})$ である．明らかに，これは半平面領域計数問題のような真に2次元的な問合せ問題を解こうとすると支払わなければならない代価である．では，このような問合せ問題に対数時間で応答することは不可能なのだろうか．答はノーである．本章の後半で，対数時間で問合せに答えられるような半平面領域問合せのためのデータ構造を設計する．しかし，問合せ時間に対する改善はただではなく，データ構造の記憶領域は2乗に比例するようになってしまうのである．

上に述べた方法を第5章の領域木や第10章の区分木と比較してみるとおもしろい．これらのデータ構造では，与えられた幾何学的物体（領域木と分割木では点，区分木では区間）の集合の部分集合に関する情報を返したり，その部分集合自身を報告したりしたい．もし問合せに現れる可能性のあるすべての可能な部分集合に対して要求される情報を前もって求めておくことができれば，問合せに高速に答えることができるだろう．しかしながら，何通りの答が可能かを考えると，この方法が現実的でないことが多い．その代わりに，**標準部分集合** (canonical subset) と呼ぶものを用いて，これらの部分集合だけに対して要求される情報を前もって求めておいた．そうすると，ある問合せが与えられたとき，これらの標準部分集合のいくつかの和集合として，その問合せに対する答を表現して答えることができる．問合せ時間は，任意の可能な問合せの部分集合を表現するのに必要になる標準部分集合の個数にほぼ比例する．記憶領域は領域木や分割木に対して前もって求めた標準部分集合の総数に比例し，また区分木に対しては前もって求めた標準部分集合のサイズの和に比例する．問合せ時間と記憶領域の間にはトレードオフがある．すべての可能な問合せを少ない標準部分集合の和集合として表現できるためには，そのような部分集合を幅広く用意しておく必要があるが，そうすると大きな記憶領域が必要である．記憶領域を減らそうとすると，前もって計算した標準部分集合の個数を減らす必要がある—しかし，そうすると与えられた問合せを表現するのに必要な標準部分集合が沢山必要になり，問合せ時間が増加する．

　この現象は2次元の領域探索についても明確に観察できる．本節で構成した分割木は $O(n)$ 個の標準部分集合だけからなるレパートリーしかもたないので，線形の記憶領域しか必要でないが，一般には1つの半平面に含まれる点集合を表現するのに $\Omega(\sqrt{n})$ 個の標準部分集合が必要であ

る．ほぼ2乗に比例する標準部分集合を用意したときにしか問合せ時間を対数時間にすることはできない．

それでは，解きたかった問題，すなわち三角形領域問合せ問題に戻ろう．質問領域として半平面の代わりに三角形を許すとして，分割木を使いたい場合にはどのような修正を施せばよいだろうか．答は単純である．何も修正しなくてよいのである．全く同じデータ構造と問合せアルゴリズムを用いることができる．質問半平面を単に三角形に置き換えるだけでよい．事実，この解は任意の質問領域 γ に対してきちんと動作する．唯一の問題は，問合せ時間がどうなるかである．

問合せアルゴリズムである節点を訪問するとき，3つのタイプの子がある．$t(v)$ が質問領域の中に完全に含まれるような子 v，$t(v)$ が質問領域の外にあるような子 v，および $t(v)$ が部分的に質問領域の中に含まれるような子 v である．3番目のタイプの子だけは再帰的に訪問しなければならない．したがって，問合せ時間は質問領域 γ の境界が交差する三角形の個数によって決まる．つまり，単体分割に関して γ の交差数がどうなっているかを調べなければならない．質問領域が三角形のとき，これは簡単である．というのは，分割に含まれる三角形が γ の境界と交差するのは，それは γ の辺を通る3直線の1つと交差するときだけだからである．これらの直線のそれぞれは高々 $c\sqrt{r}$ 個の三角形としか交差しないから，γ の交差数は高々 $3c\sqrt{r}$ である．

したがって，問合せ時間に対する漸化式はほとんど同じで，定数 c が $3c$ に変わっただけである．その結果，r を大きく選んでおく必要があるが，結局問合せ時間は漸近的には同じである．よって次の定理を得る．

定理 16.4 S を平面上の n 点の集合とする．任意の $\varepsilon > 0$ に対して，S に対して線形の記憶領域しか使わない分割木と呼ばれるデータ構造が存在して，質問三角形の内部に含まれる S の点の個数を $O(n^{1/2+\varepsilon})$ 時間で求めることができる．余分に $O(k)$ 時間を許すと点を列挙することもできる．ただし，k は列挙される点の個数である．このデータ構造は $O(n^{1+\varepsilon})$ 時間で構成できる．

証明 これまでに議論されなかったのは，構成時間と点の列挙という2つの問題だけである．

分割木を構成するのは容易である．以前に与えた再帰的定義から直ちに再帰的構成アルゴリズムが得られる．n 点の集合に対してこのアルゴリズムで分割木を構成するのに必要な時間を $T(n)$ と記す．$\varepsilon > 0$ が与えられているものとする．定理16.1により，S に対してサイズが r で交差数が $O(\sqrt{r})$ であるような精巧な単体分割を，任意の $\varepsilon' > 0$ に対して $O(n^{1+\varepsilon'})$ 時間で構成することができる．$\varepsilon' = \varepsilon/2$ としよう．このとき，

第 16.1 節
分割木

$T(n)$ は次の漸化式を満たす．

$$T(n) = \begin{cases} O(1) & n = 1 \text{ のとき} \\ O(n^{1+\varepsilon/2}) + \sum_v T(n_v) & n > 1 \text{ のとき} \end{cases}$$

ここで，木の根の子 v すべてについて和を取るものとする．単体分割におけるクラスは互いに共通部分をもたないから，$\sum_v n_v = n$ を得る．よって，漸化式の解として $T(n) = O(n^{1+\varepsilon})$ が得られる．

質問三角形に含まれる k 点を報告するのに $O(k)$ 時間だけ余分にかけるだけでできることを示さなければならない．これらの点は選択された節点より下にある葉節点に蓄えられている．したがって，選択された節点を根とする部分木をたどることにより報告することができる．木の内部節点の個数はその木の葉節点の個数に関して線形であるから，これに要する時間は報告される点の個数に関して線形である． □

16.2 マルチレベル分割木

分割木は強力なデータ構造である．その強みは，質問半平面に含まれる点が小数のグループ，すなわち問合せアルゴリズムで選択された節点の標準部分集合の中から選択できることにある．上の例では，半平面領域計数問題に対して分割木を用いたので，選択された標準部分集合に関して必要になった情報はその要素数だけであった．他の問合せに関する応用においては，標準部分集合に関して別の情報が必要になるので，そのデータを前もって計算し，蓄えておく必要がある．標準部分集合に関して蓄えておく情報は，要素数のような 1 つの数である必要はない．標準部分集合の要素をリストや木や任意の種類のデータ構造に蓄えてもよい．これが**マルチレベルデータ構造** (multi-level data structure) である．マルチレベルデータ構造の概念は新しいものではない．たとえば，第 5 章では多次元の長方形領域問合せ問題に答えるために用いたし，第 10 章ではウィンドウ問合せに対して用いた．

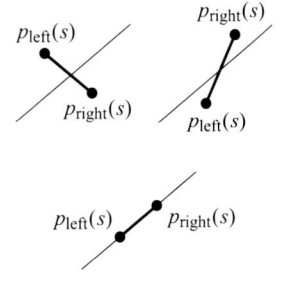

ここで，分割木に基づいたマルチレベルデータ構造の例をあげよう．S を平面上の n 本の線分の集合とする．質問直線 ℓ と交差する線分の本数を求めたいものとしよう．$p_{\text{right}}(s)$ と $p_{\text{left}}(s)$ によって，線分 s の右と左の端点を表すことにする．直線 ℓ が s と交差するために必要十分条件は，s の端点たちが ℓ の異なる側にあるか，s の一方の端点が ℓ 上にあることである．ℓ より上に $p_{\text{right}}(s)$ があり，ℓ より下に $p_{\text{left}}(s)$ があるような線分 $s \in S$ の本数を求める方法を示す．端点が ℓ の上に含まれるような線分と，ℓ より下に $p_{\text{right}}(s)$ があり，ℓ より上に $p_{\text{left}}(s)$ があるような線分については，同様のデータ構造でその個数を求めることができる．ここでは，垂直直線 ℓ に対して，左側は ℓ の下，右側は ℓ の上として扱う．

第 16.2 節
マルチレベル分割木

データ構造の考え方は単純である．まず，$p_{\text{right}}(s)$ が ℓ より上にあるような線分 $s \in S$ をすべて求める．前節では，分割木を用いて多数の標準部分集合の中からこれらの線分を選択する方法について見た．選択された標準部分集合のそれぞれに対して，$p_{\text{left}}(s)$ が ℓ より下にあるような線分 s の本数を求めたい．これは半平面領域計数問合せであるので，各標準部分集合を分割木に蓄えておけば答えることができる．この解をもう少し詳しく記述してみよう．データ構造は次のように定義されている．線分の集合 S に対して，$P_{\text{right}}(S') := \{p_{\text{right}}(s) : s \in S'\}$ を S' の線分の右端点の集合とし，$P_{\text{left}}(S') := \{p_{\text{left}}(s) : s \in S'\}$ を S' の線分の左端点の集合とする．

- 集合 $P_{\text{right}}(S)$ を分割木 $\mathcal{T}$ に蓄える．$\mathcal{T}$ の節点 v の標準部分集合を $P_{\text{right}}(v)$ と記す．$P_{\text{right}}(v)$ の左端点に対応する線分の集合を $S(v)$ と記す．すなわち，$S(v) = \{s : p_{\text{right}}(s) \in P_{\text{right}}(v)\}$ である．（少し用語を乱用することにより，$S(v)$ を v の標準部分集合と呼ぶことがある．）
- 第 1 レベル木 (first-level tree) の各節点 v について，半平面領域計数に対する第 2 レベル木 $\mathcal{T}_v^{\text{assoc}}$ に集合 $P_{\text{left}}(S(v))$ を蓄える．この分割木は v の**付随構造** (associated structure) である．

このデータ構造を用いて，多数の標準部分集合の中から，$p_{\text{right}}(s)$ が ℓ より上にあり，$p_{\text{left}}(s)$ が ℓ より下にあるような線分 $s \in S$ を選択することができる．これに対する問合せアルゴリズムを以下に説明する．そのような線分の本数を求めるためにしなければならないことは，選択された部分集合の要素数の和を取ることである．$\mathcal{T}_v$ によって v に根をもつ $\mathcal{T}$ の部分木を表すものとする．

アルゴリズム SELECTINTSEGMENTS($\ell, \mathcal{T}$)
入力：質問直線 ℓ と分割木またはその部分木．
出力：木に含まれる線分の中で ℓ が交差するものすべてに対する標準節点の集合．

1. $\Upsilon \leftarrow \emptyset$
2. **if** $\mathcal{T}$ が 1 つの葉節点 μ だけからなる
3.   **then if** μ に蓄えた線分が ℓ と交差する **then** $\Upsilon \leftarrow \{\mu\}$
4.   **else for** $\mathcal{T}$ の根のそれぞれの子 v
5.   **do if** $t(v) \subset \ell^+$
6.   **then** $\Upsilon \leftarrow \Upsilon \cup$ SELECTINHALFPLANE($\ell^-, \mathcal{T}_v^{\text{assoc}}$)
7.   **else if** $t(v) \cap \ell \neq \emptyset$
8.   **then** $\Upsilon \leftarrow \Upsilon \cup$ SELECTINTSEGMENTS($\ell, \mathcal{T}_v$)
9. **return** Υ

上に与えた問合せアルゴリズムは，右端点が質問直線より上にあり，左端点が質問直線より下にある線分を求めることができる．興味深いこと

に，同じ分割木を用いて，左端点が質問直線より上にあり，右端点がそれより下にある線分を求めることができる．問合せアルゴリズムで変更しなければならないのは，"ℓ^+"から"ℓ^-"への変更だけである．

では，交差線分選択のためのマルチレベル分割木を解析してみよう．まずは記憶領域から始める．

補題 16.5 S を平面上の n 本の線分の集合とする．S から交差線分を選択する問合せに対する 2 レベルの分割木は $O(n\log n)$ の記憶領域を使う．

証明 n_v によって，第 1 レベルの分割木における標準部分集合 $S(v)$ の要素数を表すものとする．この節点に対する記憶領域は，S_v に対する分割木からなるが，前節で知ったように，これは線形の記憶領域しか必要でない．したがって，n 本の線分に関する 2 レベルの分割木に対する記憶領域 $M(n)$ は次の漸化式を満たす．

$$M(n) = \begin{cases} O(1) & n=1 \text{ のとき} \\ \sum_v [O(n_v) + M(n_v)] & n>1 \text{ のとき} \end{cases}$$

ここで，木の根の子 v すべてについて和を取るものとする．$\sum_v n_v = n$ および $n_v \leqslant 2n/r$ が成り立つことが分かっている．$r>2$ は定数であるから，$M(n)$ に対する漸化式を解くと，$M(n) = O(n\log n)$ を得る． □

第 2 レベルに分割木を付加すると記憶領域が対数倍だけ増加してしまう．では，問合せ時間についてはどうだろうか．驚くべきことに，漸近的な時間は全く変化しないのである．

補題 16.6 S を平面上の n 本の線分の集合とする．任意の $\varepsilon>0$ に対して，S に対する 2 レベルの分割木が存在して，質問直線 ℓ に対して，この木から次の性質をもつように $O(n^{1/2+\varepsilon})$ 個の節点を選択することができる：ℓ が交差する S の線分の部分集合が選択された節点の標準部分集合の互いに素な和集合である．これらの節点の選択は $O(n^{1/2+\varepsilon})$ 時間でできる．結果的に，交差線分の本数は $O(n^{1/2+\varepsilon})$ 時間で求まる．

証明 問合せ時間を解析するために再び漸化式を使おう．$\varepsilon>0$ が与えられているものとする．n_v によって，標準部分集合 $S(v)$ の要素数を表すことにする．補題 16.3 により，節点 v の付随構造 T_v^{assoc} を構成して，T_v^{assoc} における問合せ時間が $O(n_v^{1/2+\varepsilon})$ になるようにすることができる．そこで，S に関して一杯詰まった 2 レベルの木 $\mathcal{T}$ を考えてみよう．この木はサイズが r で交差数が高々 $c\sqrt{r}$ であるような精巧な単体分割に基づいて作られている．ただし，$r := \lceil 2(c\sqrt{2})^{1/\varepsilon} \rceil$ である．定理 16.1 により，そのような分割は存在する．n 本の線分の集合に対する 2 レベルの木における問合せ時間を $Q(n)$ とする．すると，$Q(n)$ は次の漸化式を満たす．

$$Q(n) = \begin{cases} O(1) & n=1 \text{ のとき} \\ O(rn^{1/2+\varepsilon}) + \sum_{i=1}^{c\sqrt{r}} Q(2n/r) & n>1 \text{ のとき} \end{cases}$$

上記のように r を選んでおくと，$Q(n)$ に対する漸化式の解は $O(n^{1/2+\varepsilon})$ となる．問合せ時間に関するこの上界から，直ちに，選択された標準部分集合の個数に関する上界が得られる． □

第 16.3 節
切断木

16.3 切断木

前節では，分割木を用いて平面領域探索問題を解いた．必要とする記憶領域で分割木を評価すると良好である．なぜなら，ほぼ線形の記憶領域しか使わないからである．しかしながら，問合せ時間は $O(n^{1/2+\varepsilon})$ であり，これは結構高いと言わざるをえない．では，線形以上の記憶領域を使ってもよいという条件の下に，問合せ時間をたとえば $O(\log n)$ に改善することは可能だろうか．少しでも成功を望むなら，単体分割を用いた方法を断念せざるをえない．$O(\sqrt{n})$ より短い問合せ時間を達成するためには $O(\sqrt{r})$ より小さな交差数をもつ単体分割が必要であるが，そのような単体分割を構成することは不可能である．

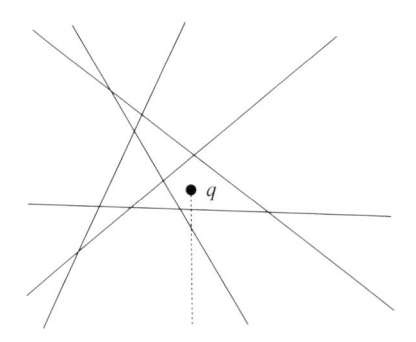

図 16.6
双対平面における半平面領域計数問題：何本の直線は質問点の下を通るか

この問題に対する新たな方法を得るためには，それを違った角度から眺めなおしてみる必要がある．そこで，第 8 章で説明した双対変換を適用してみよう．16.1 節で最初に解いた問題は，半平面領域計数問題であった．すなわち，点集合が与えられたとき，質問半平面に含まれる点の個数を求める問題である．この問題を双対平面で眺めるとどうなるだろう．質問半平面は正である，すなわち質問直線より上にある点の個数を求めたいものとする．双対平面では次のような状況になっている：平面上の n 本の直線の集合 L が与えられたとき，質問点 q より下を通る直線の本数を求めたい．前章で用意した道具を用いると，この問題に対して対数時間で問合せに答えるデータ構造を設計するのは容易である．鍵になる観察は，質問点 q の下を通る直線の本数は q を含むアレンジメント $\mathcal{A}(L)$ の面によって決まってしまうことである．したがって，第 6 章で述べたように，$\mathcal{A}(L)$ を構成して，点位置決定用の前処理を施しておき，各面についてその下を通る直線の本数を蓄えておくことができる．質問点より下を通る直線の個数を求めることは，点位置決定問題を解くことになる．

第 16 章
単体領域探索

この解は $O(n^2)$ の記憶領域を使うが,問合せ時間は $O(\log n)$ である.

ここで注意してほしいのは,これはすべての可能な問合せに対して答を予め求めておくことができる状況であることである.言い換えると,標準部分集合の集合が起こりうるすべての部分集合からなる状況である.しかし,三角形領域計数問題について考えると,この方法はよくない.なぜなら,すべての可能な答をあらかじめ求めておくにはあまりにも多くの三角形が必要になるからである.代わりに,質問点の下を通る直線の集合を,再帰的な方法で小数の標準部分集合で表現できるかどうか試してみよう.そうすると,前節のマルチレベルの方法を用いて三角形領域探索問題を解くことができるだろう.

切断木 (cutting tree) と呼ばれるデータ構造を用いて標準部分集合を全部集めたものを構成する.切断木の基本的な考え方は分割木に対するものと同じである.図 16.7 に示すように,平面を三角形に分割するのである.しかし,今度は三角形は互いに共通部分をもってはいけない.そのよう

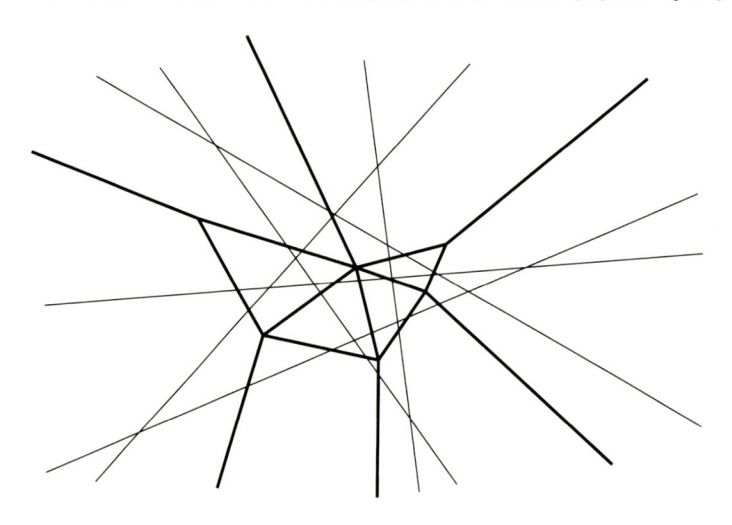

図 16.7
6 本の直線に対するサイズ 10 の
(1/2)-切断木

な分割をどのように用いれば,質問点より下を通る直線の本数を求めることができるだろうか.$L := \{\ell_1, \ell_2, \ldots, \ell_n\}$ を,三角形領域問合せに対して前処理として点を双対化した後で得られた直線の集合とする.この分割の三角形 t と,t と交差しない直線 ℓ_i を考えよう.もし ℓ_i が t の下を通るなら,ℓ_i は t の内部の任意の質問点より下にある.同様に,もし ℓ_i が t の上にあるなら,それは t の内部の任意の質問点より上にある.これより,質問点 q が t の内部にあるなら,それが q より上にあるか下にあるかまだ分からない直線は,t と交差するものだけである.ここでのデータ構造は,分割に含まれる各三角形だけでなく,それより下にある直線の本数を示すカウンタも蓄える.各三角形に対して,それと交差する直線に関して再帰的に定義されたデータ構造をもっている.この構造で問合せを行うためには,まずどの三角形 t に質問点 q が入っているかを決める.その後,t と交差するもののうち何本が q より下にあるかを,t に対

応する部分木を再帰的に訪問することによって求める．最後に，t より下の直線の本数に対する再帰的に呼出しで求めた本数を加える．この方法の効率は，三角形と交差する直線の本数に依存する．この本数が少なければ少ないほど，それに関して再帰を行わなければならない直線も少ない．さて，必要になる分割の種類を形式的に定義しよう．

第 16.3 節
切断木

L を平面上の n 本の直線の集合とし，r を $1 \leqslant r \leqslant n$ の範囲のパラメータとする．ある直線が三角形と交差するというのは，それが三角形の内部と共通部分をもつときである．L に対する **(1/r)-切断** (($1/r$)-cutting) とは，互いに内部が共通部分をもたない（無限の三角形も許して）三角形の集合 $\Xi(L) := \{t_1, t_2, \ldots, t_m\}$ であり，かつ，その分割のどの三角形も L の直線のうち n/r 本より多くと交差することはないという性質をもつものである．切断 $\Xi(L)$ の**サイズ** (size) は，それを構成する三角形の個数である．図 16.7 は切断の一例を示したものである．

定理 16.7 平面上の n 本の任意の直線の集合 L と，$1 \leqslant r \leqslant n$ の範囲の任意のパラメータ r に対して，サイズ $O(r^2)$ の ($1/r$)-切断が存在する．さらに，そのような切断（その切断における各三角形に対して，それを横切る L の直線の部分集合も一緒に）は $O(nr)$ 時間で構成することができる．

16.4 節にこの定理の証明を含んだ論文に対する文献を示す．ここでは，データ構造を設計するのに，切断をどのように用いるかだけに専念する．切断に基づくデータ構造は**切断木** (cutting tree) と呼ばれる．n 本の直線の集合 L に対する切断木の基本構造は次のとおりである．

- L の要素数が 1 のとき，切断木は 1 つの葉節点からなり，そこに L を明示的に蓄える．集合 L はこの葉節点の標準部分集合である．
- そうでないとき，データ構造は木 $\mathcal{T}$ である．木の根の子たちと，集合 L に対する ($1/r$)-切断 $\Xi(L)$ の三角形の間に 1 対 1 の対応がある．ただし，r は十分に大きな定数である．（以下に r をどのように選べばよいかを考える．）この切断で子 v に対応する三角形を $t(v)$ と記す．$t(v)$ より下にある L の直線の部分集合を v の**下側標準部分集合** (lower canonical subset) と呼び，$L^-(v)$ と表す．$t(v)$ より上にある L の直線の部分集合を v の**上側標準部分集合** (upper canonical subset) と呼び，$L^+(v)$ と表す．$t(v)$ を横切る直線の部分集合を $t(v)$ の**横断部分集合** (crossing subset) と呼ぶ．子 v は，その横断部分集合に関して再帰的に定義された分割木の根である．この部分集合を $\mathcal{T}_v$ と記す．
- それぞれの子 v に対して，三角形 $t(v)$ を蓄える．また，下側および上側標準部分集合 $L^-(v)$ および $L^+(v)$ についての情報も蓄える．質問点の下にある直線の本数を求めるには，集合 $L^-(v)$ の要素数だけを蓄えておけばよいが，他の応用を考えると他の情報も蓄えておいた

第16章
単体領域探索

方がよい．

図 16.8 は下側標準部分集合，上側標準部分集合および横断部分集合の概念を図示したものである．多数の標準部分集合の中から質問点より下に

- - - - = 上側標準部分集合
——— = 横断部分集合
······ = 下側標準部分集合

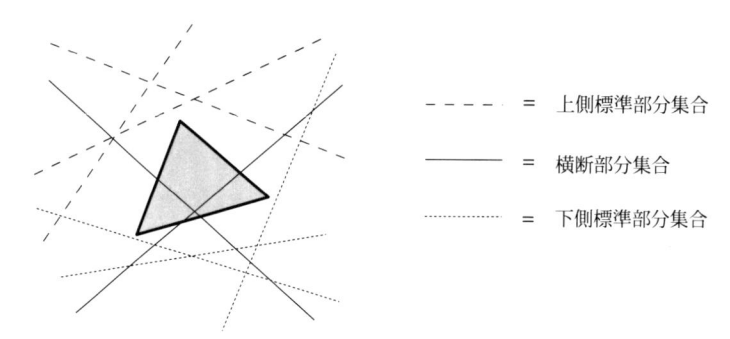

図 16.8
三角形に対する標準部分集合と横断部分集合

ある L の直線を選択するアルゴリズムについて説明しよう．そのような直線の本数を求めるために，選択された標準部分集合の要素数の和を求めなければならない．q を質問点としよう．選択された節点たちを Υ と記すことにしよう．

アルゴリズム SELECTBELOWPOINT$(q, \mathcal{T})$
入力：質問点 q と切断木またはその部分木．
出力：木に含まれる直線の中で q より下にあるものに対する標準節点の集合．

1. $\Upsilon \leftarrow \emptyset$
2. **if** $\mathcal{T}$ は 1 つの葉節点 μ からなる
3.   **then if** μ に蓄えられた直線が q より下にある **then** $\Upsilon \leftarrow \{\mu\}$
4.   **else for** $\mathcal{T}$ の根のそれぞれの子 v
5.   **do** q が $t(v)$ に含まれるかどうかを判定．
6. v_q を $q \in t(v_q)$ であるような子とする．
7. $\Upsilon \leftarrow \{v_q\} \cup$ SELECTBELOWPOINT$(q, \mathcal{T}_{v_q})$
8. **return** Υ

補題 16.8 L を平面上の n 本の直線の集合とする．切断木を用いると，質問点より下にある L の直線を，$O(\log n)$ 個の標準部分集合の中から $O(\log n)$ 時間で選択することができる．その結果，そのような直線の本数を $O(\log n)$ 時間で求めることができる．任意の $\varepsilon > 0$ に対して，L に関する切断木は $O(n^{2+\varepsilon})$ の記憶領域を用いて構成することができる．

証明 n 本の直線の集合に対する切断木における問合せ時間を $Q(n)$ と書くことにする．このとき，$Q(n)$ は次の漸化式を満たす．

$$Q(n) = \begin{cases} O(1) & n = 1 \text{ のとき} \\ O(r^2) + Q(n/r) & n > 1 \text{ のとき} \end{cases}$$

この漸化式の解は，任意の定数 $r > 1$ に対して $Q(n) = O(\log n)$ である．

第 16.3 節
切断木

$\varepsilon > 0$ が与えられているものとする．定理 16.7 によると，c を定数として，サイズ cr^2 の L に対する $(1/r)$-切断を構成することができる．$r = \lceil (2c)^{1/\varepsilon} \rceil$ として，$(1/r)$-切断に基づいて切断木を構成する．この切断木に必要な記憶領域 $M(n)$ は次式を満たす．

$$M(n) = \begin{cases} O(1) & n=1 \text{ のとき} \\ O(r^2) + \sum_v M(n_v) & n>1 \text{ のとき} \end{cases}$$

ここで，木の根のすべての子 v について和を取るものとする．根は cr^2 個の子をもち，それぞれの子 v について $n_v \leqslant n/r$ である．したがって，r を上のように選ぶと，漸化式の解は $M(n) = O(n^{2+\varepsilon})$ となる．□

結局，$O(n^{2+\varepsilon})$ の記憶領域のデータ構造を用いると，質問点より下にある直線の本数を $O(\log n)$ 時間で求めることができることが分かった．双対変換を用いると，同じ計算複雑度で半平面領域計数問題を解くことができる．そこで，再び三角形による領域計数問題について考えてみよう．平面上の点集合 S が与えられたとき，質問三角形の内部にある点の個数を求めよという問題である．半平面問合せに対する方法に従って，双対平面で問題を考えよう．双対平面ではどんな問題になるだろうか．もちろん，点は直線に双対変換されるが，質問三角形がどうなるかは明白ではない．三角形は 3 つの半平面の共通部分であるので，点 p が三角形の中に含まれるための必要十分条件は，それがすべての半平面に含まれることである．たとえば，図 16.9 では，点 q は三角形に含まれるが，それは

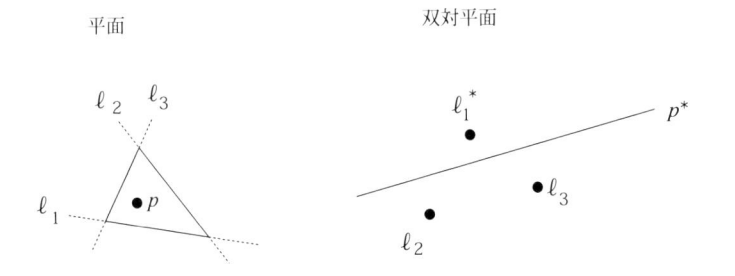

図 16.9
三角形領域探索

$p \in \ell_1^+$，$p \in \ell_2^-$，および $p \in \ell_3^-$ が成り立つからである．したがって，p の双対である直線は，それより上に ℓ_1^* をもち，その下に ℓ_2^* と ℓ_3^* をもつことになる．一般に，この三角形領域探索問題を双対平面で記述すると次のようになる：平面上に直線の集合 L と，「上」または「下」のラベルとともに 3 個の質問点が与えられたとき，これら 3 点に関して指定した側にある L の直線の本数を求めよ．この問題は 3 レベルの切断木を用いて解くことができる．そこで，次の少しだけ簡単にした問題に対するデータ構造を説明しよう．つまり，直線の集合 L と質問点 q_1, q_2 が与えられたとき，両方の質問点より下にある直線を求めよという問題である．この問題を解く 2 レベルの切断木を知れば，三角形領域探索問題の双対問題を解くための 3 レベルの切断木を設計するのは容易になるだろう．

第16章
単体領域探索

質問点 q_1, q_2 より下を通る直線を求めるためには，n 本の直線の集合 L に関する2レベルの切断木を次のように定義すればよい．

- 集合 L を切断木 $\mathcal{T}$ に蓄える．
- 第1レベル木 $\mathcal{T}$ の各節点 v について，第2レベルの切断木 $\mathcal{T}_v^{\text{assoc}}$ にその下側標準部分集合を蓄える．

考え方は，木の第1レベルは多数の標準部分集合の中から q_1 より下にある直線を選択するのに用いようというものである．選択された標準部分集合を蓄える付随構造（すなわち，第2レベルの木）を次に用いて，q_2 より下を通る直線を選択する．付随構造は1レベルの切断木であるから，その問合せについてはアルゴリズム SELECTBELOWPOINT を利用することができる．したがって，問合せアルゴリズムの全体像は次のようになる．

アルゴリズム SELECTBELOWPAIR($q_1, q_2, \mathcal{T}$)
入力：2つの質問点 q_1 と q_2，および切断木，またはその部分木．
出力：木に属する直線の中で q_1 と q_2 の下にあるものに対する標準節点の集合．

1. $\Upsilon \leftarrow \emptyset$
2. **if** $\mathcal{T}$ は1つの葉節点 μ からなる
3.   **then if** μ に蓄えられた直線が q_1 と q_2 の下を通る **then** $\Upsilon \leftarrow \{\mu\}$
4.   **else for** $\mathcal{T}$ の根のそれぞれの子 v
5.   **do** q_1 が $t(v)$ に含まれるかどうかを判定．
6. v_{q_1} を $q_1 \in t(v_{q_1})$ であるような子とする．
7. $\Upsilon_1 \leftarrow$ SELECTBELOWPOINT($q_2, \mathcal{T}_{v_{q_1}}^{\text{assoc}}$)
8. $\Upsilon_2 \leftarrow$ SELECTBELOWPAIR($q_1, q_2, \mathcal{T}_{v_{q_1}}$)
9. $\Upsilon \leftarrow \Upsilon_1 \cup \Upsilon_2$
10. **return** Υ

以前に分割木のレベルを増やしたことがあったが，問合せ時間は増えないものの，記憶領域は対数倍だけ余分に必要になった．切断木の場合は全く逆のことが言える．すなわち，レベルを増やすと，問合せ時間は対数倍だけ増加するが，記憶領域の方は同じである．これを証明したのが次の補題である．

補題 16.9 L を平面上の n 本の直線の集合とする．2レベルの切断木を用いると，2個の質問点の下を通る L の直線を $O(\log^2 n)$ 個の標準部分集合の中から $O(\log^2 n)$ 時間で選択することができる．したがって，そのような直線の本数を $O(\log^2 n)$ 時間で求めることができる．任意の $\varepsilon > 0$ に対して，L に関するそのような2レベルの切断木は $O(n^{2+\varepsilon})$ の記憶領域を用いて構成できる．

証明 n 本の直線の集合に対する2レベル切断木における問合せ時間を

$Q(n)$ としよう．付随構造は 1 レベルの切断木であるので，付随構造に対する問合せ時間は補題 16.8 により $O(\log n)$ である．したがって，$Q(n)$ は次の漸化式を満たす．

$$Q(n) = \begin{cases} O(1) & n = 1 \text{ のとき} \\ O(r^2) + O(\log n) + Q(n/r) & n > 1 \text{ のとき} \end{cases}$$

この漸化式を解くと，任意の $r > 1$ に対して $Q(n) = O(\log^2 n)$ となる．

$\varepsilon > 0$ が与えられているとする．補題 16.8 により，根の子たちについてその付随構造をそれぞれについて $O(n^{2+\varepsilon})$ の記憶構造を用いて構成することができる．したがって，この切断木で必要な記憶領域 $M(n)$ は次式を満たす．

$$M(n) = \begin{cases} O(1) & n = 1 \text{ のとき} \\ \sum_v [O(n^{2+\varepsilon}) + M(n_v)] & n > 1 \text{ のとき} \end{cases}$$

ただし，木の根のすべての子 v について和を取るものとする．根は $O(r^2)$ 個の子をもち，それぞれの子 v について $n_v \leqslant n/r$ である．したがって，r が十分に大きな定数であれば，この漸化式の解は $M(n) = O(n^{2+\varepsilon})$ となる．（もし上の議論に少々うんざりしている読者がいるとすれば，その読者は正しい方向にいる．つまり，切断木，分割木，およびそれらをマルチレベルにしたものは同じ解析が成り立つのである．）　□

質問点が 2 個与えられたとき，それらの下を通る直線を選択する（あるいはその本数を求める）ために，2 レベルの切断木を設計し，その解析を行った．三角形領域探索問題に拡張するためには，3 レベルの切断木が必要になる．3 レベルの切断木の設計と解析は 2 レベルの切断木の場合と全く同じように行えるので，次の結果を証明するのは難しくないであろう．

定理 16.10 S を平面上の n 点の集合とする．任意の $\varepsilon > 0$ に対して，$O(n^{2+\varepsilon})$ の記憶領域を用いる切断木と呼ばれるデータ構造が存在して，質問三角形の内部に含まれる S の点数を $O(\log^3 n)$ 時間で求めることができる．$O(k)$ の時間を余分に使ってよいなら，そのような点を報告することもできる．ただし，k は報告される点の個数である．また，このデータ構造は $O(n^{2+\varepsilon})$ 時間で構成できる．

この定理の結果を少し改善することもできる．これについては 16.4 節と演習問題で論じる．

16.4　文献と注釈

領域探索は計算幾何学で最も精力的に研究された問題の 1 つである．領域探索に関する広範囲の概観については，Agarwal [1] と Agarwal-

第 16 章
単体領域探索

Erickson [2] を参照されたい．**直交領域探索** (orthogonal range searching) と**単体領域探索** (simplex range searching) は明確に区別することができる直交領域探索問題については第 5 章で扱った．本章では，単体領域探索問題の平面版，すなわち三角形領域探索問題について論じた．最後に単体領域探索問題に関する研究の歴史を簡単に振り返るとともに，その理論の高次元への拡張についても議論する．

まず最初に平面上の単体領域探索問題に対するデータ構造として，ほぼ線形の記憶領域だけを使うものについて論じた．そのようなデータ構造を最初に提案したのは Willard [388] である．彼のデータ構造は，本章で説明した分割木と同じ考え方，すなわち平面を領域に分割するという考え方に基づいている．しかしながら，彼の分割では切断数があまりよくなかったので，彼のデータ構造による問合せ時間は $O(n^{0.774})$ であった．よりよい単体分割ができるようになったので，さらに効率のよい分割木が可能になったのである [111, 169, 209, 394]．分割木とは少し違ったデータ構造，すなわち串刺し数 (stabbing number) の低い全域木を用いた改善も報告されている [112, 384]．現在のところ三角形領域探索問題に対する最良の解は，Matoušek [263] によって与えられたものである．定理 16.1 はその論文で証明されたものである．Matoušek は，$O(\sqrt{n}2^{O(\log^* n)})$ という問合せ時間をもつ，より複雑なデータ構造も与えている．しかしながら，このデータ構造をマルチレベルの木に対する基本構造として用いるのは簡単ではない．

$\mathbb{R}^d$ における単体領域探索問題は次のように記述される．$\mathbb{R}^d$ の点集合 S が与えられたとき，質問の単体に含まれる S の点を効率よく数える（あるいは報告する）ことができるように，S に前処理を施してデータ構造に蓄えよ．Matoušek は，高次元の単体分割についての結果も証明している．$\mathbb{R}^d$ における単体分割の定義は，平面上での定義とほぼ同じである．違いは，三角形で分割するのではなくて，d-次元単体で分割することと，横断数が直線ではなく超平面に関して定義されることである．Matoušek は，$\mathbb{R}^d$ における任意の点集合に対して，サイズが r で横断数が $O(r^{1-1/d})$ であるような単体分割が存在することを証明した．そのような単体分割を用いると，任意の $\varepsilon > 0$ に対して，$\mathbb{R}^d$ における単体領域探索のための分割木として，線形の記憶領域しかつかわず，問合せ時間が $O(n^{1-1/d+\varepsilon})$ であるようなものを構成することができる．この問合せ時間は $O(n^{1-1/d}(\log n)^{O(1)})$ に改善することができる．Matoušek のデータ構造の問合せ時間は，Chazelle [89] によって証明された下界に近い．ただし，その下界とは，三角形領域探索を行うのに，$O(m)$ の記憶領域を用いるデータ構造の問合せ時間は，$\Omega(n/(m^{1/d}\log n))$ という下界をもつというものである．したがって，線形の記憶領域を使うデータ構造の問合せ時間は $\Omega(n^{1-1/d}/\log n)$ でなければならない．（平面ではもう少しよい下界として，$\Omega(n/\sqrt{m})$ が知られている．）

単体領域探索問題に対して，問合せ時間が対数時間であるようなデータ構造も多数の研究者の注目を集めてきた．領域探索のデータ構造の基礎として切断を用いることができると最初に気がついたのはClarkson [131]であった．確率的な議論に基づいて，彼は$\mathbb{R}^d$における超平面の集合に対してサイズ$O(r^d)$の$O(\log r/r)$-切断が存在することを証明し，それを用いて半空間領域問合せに対するデータ構造を開発した．その後，数人の研究者が結果の改善に取り組み，切断を求める効率のよいアルゴリズムを開発した．現在の所，最良のアルゴリズムはChazelle [95]によるものである．彼は，任意のパラメータrに対して，$O(nr^{d-1})$時間の決定性のアルゴリズムを用いてサイズ$O(r^d)$の$(1/r)$-切断を求めることができることを示した．これらの切断を用いると，平面の場合について本章で示したように，単体領域探索に対する（マルチレベルの）切断木を設計することができる．結果的に得られるデータ構造の問合せ時間は$O(\log^d n)$であり，記憶領域は$O(n^{d+\varepsilon})$である．この問合せ時間は$O(\log n)$に削減することができる．Chazelleの切断の特別な性質を用いると，記憶複雑度から$O(n^\varepsilon)$の因子を取り除くこともできるが [265]，そのようにして得られた新たなデータ構造に対しては問合せ時間を$O(\log n)$に減らすことはもはや不可能である．これらの上界もChazelleの下界に近いものである．

分割木と切断木をうまく組み合わせると，記憶領域がちょうど分割木と切断木の中間にくるようなデータ構造を得ることができる．特に，任意の$n \leq m \leq n^d$に対して，サイズが$O(m^{1+\varepsilon})$のデータ構造の問合せ時間は$O(n^{1+\varepsilon}/m^{1/d})$となり，下界に近い．これについては演習問題16.16で扱う．

分割木は線形の記憶領域しか使わないが，その問合せ時間はかなり高い．反面，切断木の問合せ時間は対数であるが，必要な記憶領域は大きい．理想的には，線形の記憶領域だけを使って対数の問合せ時間を実現するデータ構造を設計したい．Chazelleの下界 [89] は正確な領域探索に対してはそれが不可能であることを示しているが，**近似的領域探索** (approximate range searching) に対してはそれが可能である．ここでの考え方は質問領域に「ほぼ」含まれる点（すなわち，それに非常に近い点）も一緒に報告してよいというものである．詳細についてはDuncanとGoodrichによるサーベイ [151] を参照されたい．

上の議論では単体領域探索問題だけを考えた．もちろん，半空間領域探索はその特別な場合である．この特別な場合については更なる改善が可能であることが分かる．たとえば，平面上での半平面領域報告（計数問題ではない）に対しては，$O(n)$の記憶領域を使い，問合せ時間が$O(\log n + k)$であるようなデータ構造が存在する [107]．ただし，kは報告される点の個数である．高次元でも結果を改善することが可能である．$O(n \log \log n)$の記憶領域を使うデータ構造を用いると，質問半空間にあ

第 16.4 節
文献と注釈

る点を $O(n^{1-1/\lfloor d/2 \rfloor}(\log n)^{O(1)}+k)$ 時間で報告することができる [264].

最後に，Agarwal と Matoušek [8] は，領域探索に関する結果を，準代数的な集合である質問領域に対して拡張している．

16.5 演習

16.1 S を平面上の n 点からなる集合とする．
  a. S の点は $\sqrt{n} \times \sqrt{n}$ の格子上にあるものとする．(簡単のため，n は平方数であると仮定する．) r を $1 \leqslant r \leqslant n$ であるようなパラメータとする．S に対して，サイズが r で交差数が $O(\sqrt{r})$ である精巧な単体分割を図示せよ．
  b. 今度は，S の点はすべて一直線上にあると仮定してみよう．S に対するサイズ r の精巧な単体分割を図示せよ．その分割の交差数を求めよ．

16.2 分割木において選択された節点は次の性質をもつ節点 v になっていることを証明せよ：$t(v) \subset h$ が成り立ち（あるいは，v が葉節点の場合には，v に蓄えられた点が h に含まれる），かつ v の先祖 μ で $t(\mu) \subset h$ となるようなものは存在しない．これを用いて $S \cap h$ が選択された節点の標準部分集合の互いに共通部分をもたない和集合であることを証明せよ．

16.3 補題 16.2 の証明の中で出てきた $M(n)$ に対する漸化式の解が $M(n) = O(n)$ であることを証明せよ．

16.4 補題 16.3 の証明の中で出てきた $Q(n)$ に対する漸化式の解が $Q(n) = O(n^{1/2+\varepsilon})$ であることを証明せよ．

16.5 385 頁で定義された分割木があるものとしよう．ただし，その構成に用いられた単体分割は必ずしも精巧なものではないとする．これは，分割木によって使用される記憶領域の量に対して何を意味するか．また，問合せ時間に関してはどうか．

16.6 補題 16.3 は，任意の $\varepsilon > 0$ に対して，木の分岐度を決めるパラメータ r を十分に大きな定数に選んでおくと，$O(n^{1/2+\varepsilon})$ という問合せ時間をもつ分割木を構成することができることを示している．n に応じて r を選ぶことにするとさらに改善が可能である．$r = \sqrt{n}$ と選ぶと問合せ時間を $O(\sqrt{n}\log n)$ に改善できることを示せ．（r の値は木のレベルによって異なることに注意しておかなければならない．しかし，これは問題ではない．）

16.7 補題 16.5 の証明の中で出てきた $M(n)$ に対する漸化式の解が $M(n) = O(n \log n)$ であることを証明せよ．

16.8 補題 16.6 の証明の中で出てきた $Q(n)$ に対する漸化式の解が $Q(n) = O(n^{1/2+\varepsilon})$ であることを証明せよ．

16.9 T を平面上の n 個の三角形の集合とする．**逆領域計数問合せ問題**

(inverse range counting query) では，質問点 q を含む T の三角形の個数を尋ねるものである．

- a. ほぼ線形の記憶領域しか使わない逆領域計数問合せ問題に対するデータ構造を設計せよ（たとえば，ある定数 c に対して $O(n \log^c n)$ など）．そのデータ構造の記憶領域と問合せ時間を解析せよ．
- b. すべての三角形が互いに共通部分をもたないことが分かっていれば，何らかの改善が可能か．

16.10 L を平面上の n 本の直線からなる集合とする．
- a. L は $\lfloor n/2 \rfloor$ 本の垂直線と $\lceil n/2 \rceil$ 本の水平線からなるものとする．r は $1 \leq r \leq n$ を満たすパラメータである．このとき，L の $(1/r)$-切断でサイズが $O(r^2)$ のものを図示せよ．
- b. L の直線はすべて垂直であると仮定しよう．L に対する $(1/r)$-切断を図示せよ．その切断のサイズを求めよ．

16.11 補題 16.8 の証明の中で出てきた $Q(n)$ と $M(n)$ に対する漸化式の解が $Q(n) = O(\log n)$ および $M(n) = O(n^{2+\varepsilon})$ であることを証明せよ．

16.12 補題 16.9 の証明の中で出てきた $Q(n)$ と $M(n)$ に対する漸化式の解が $Q(n) = O(\log^2 n)$ および $M(n) = O(n^{2+\varepsilon})$ であることを証明せよ．

16.13 2 レベルの切断木における問合せでは，木の 1 つの経路上の節点の付随構造を訪問する．補題 16.8 より，m 本の直線を蓄えている付随構造における問合せ時間は $O(\log m)$ である．マスター木の深さは $O(\log n)$ であるから，全体の問合せ時間は $O(\log^2 n)$ となる．マスター切断木のパラメータ r を定数より大きく，たとえば，ある小さな $\delta > 0$ に対して n^δ に選ぶと，マスター木の深さは小さくなり，問合せ時間の減少につながる．残念ながら，補題 16.9 の証明における $Q(n)$ に対する漸化式には $O(r^2)$ という項がある．
- a. $r := n^\delta$ と選ぶことができるように，この問題を回避する方法を説明せよ．
- b. 読者の 2 レベルデータ構造の問合せ時間が $O(\log n)$ であることを証明せよ．
- c. そのデータ構造の記憶領域は $O(n^{2+\varepsilon})$ のままであることを証明せよ．

16.14 三角形領域探索問題に対して $O(\log^3 n)$ という問合せ時間をもつデータ構造を設計せよ．データ構造だけではなく，問合せアルゴリズムも詳細に説明し，記憶領域と問合せ時間を解析せよ．

16.15 S を平面上の n 点の集合とし，それぞれに正の重みが付けられているものとする．次の問合せ問題に対して 2 通りのデータ構造を記述せよ：「質問半平面に含まれる点の中で重み最大のものを求め

第 16.5 節
演習

よ．」一方のデータ構造は記憶領域が線形に制限されており，他方は問合せ時間が対数的でなければならない．これらのデータ構造について，記憶領域と問合せ時間を解析せよ．

16.16 本章では，半平面領域探索に対して，記憶領域は線形であるが，問合せ時間は長いデータ構造（分割木）と，問合せ時間は対数時間であるが，比較的大きな記憶領域を要するデータ構造（切断木）について考えてきた．時には両者の中間的なものが欲しくなる．分割木より問合せ時間において優れているが切断木より記憶領域は少なくて済むデータ構造のことである．この演習問題では，そのようなデータ構造を設計する方法について示す．

いま，n と n^2 の間のある m に対して $O(m^{1+\varepsilon})$ の記憶領域が利用できるものとしよう．半平面の点を選択する問題に対して，$O(m^{1+\varepsilon})$ の記憶領域を使ってできる限り早い問合せ時間を実現するデータ構造を作りたい．考え方としては，我々がもっている最高速のデータ構造（切断木）から始めて，記憶領域がなくなったときに低速のデータ構造（分割木）に切り替えるというものである．すなわち，蓄えなければならない直線数がある閾値 $\hat{n}$ 以下になるまで，切断木の構成を再帰的に継続する．

a. データ構造と問合せアルゴリズムを詳細に述べよ．
b. 記憶領域が $O(m^{1+\varepsilon})$ になるように閾値 $\hat{n}$ の値を定めよ．
c. 得られたデータ構造の問合せ時間を解析せよ．

参考文献

[1] P. Agarwal. Range searching. In J. E. Goodman and J. O'Rourke, editors, *Handbook of Discrete and Computational Geometry*, 2nd edn., chapter 36. Chapman & Hall/CRC, 2004.

[2] P. Agarwal and J. Erickson. Geometric range searching and its relatives. In B. Chazelle, J. Goodman, and R. Pollack, editors, *Advances in Discrete and Computational Geometry*, pages 1–56. American Mathematical Society, 1998.

[3] P. Agarwal, J. Pach, and M. Sharir. State of the union (of geometric objects): A review. In J. Goodman, J. Pach, and R. Pollack, editors, *Computational Geometry: Twenty Years Later*. American Mathematical Society, 2007.

[4] P. K. Agarwal. Partitioning arrangements of lines II: Applications. *Discrete Comput. Geom.*, 5:533–573, 1990.

[5] P. K. Agarwal, M. de Berg, J. Gudmundsson, M. Hammar, and H. J. Haverkort. Box-trees and R-trees with near-optimal query time. *Discrete Comput. Geom.*, 28:291–312, 2002.

[6] P. K. Agarwal, M. de Berg, J. Matoušek, and O. Schwarzkopf. Constructing levels in arrangements and higher order Voronoi diagrams. *SIAM J. Comput.*, 27:654–667, 1998.

[7] P. K. Agarwal and M. van Kreveld. Implicit point location in arrangements of line segments, with an application to motion planning. *Internat. J. Comput. Geom. Appl.*, 4:369–383, 1994.

[8] P. K. Agarwal and J. Matoušek. On range searching with semialgebraic sets. *Discrete Comput. Geom.*, 11:393–418, 1994.

[9] P. K. Agarwal and M. Sharir. Efficient randomized algorithms for some geometric optimization problems. *Discrete Comput. Geom.*, 16:317–337, 1996.

[10] A. Aggarwal. *The Art Gallery Problem: Its Variations, Applications, and Algorithmic Aspects*. Ph.D. thesis, Johns Hopkins Univ., Baltimore, MD, 1984.

[11] A. Aggarwal, L. J. Guibas, J. B. Saxe, and P. W. Shor. A linear-time algorithm for computing the Voronoi diagram of a convex polygon. *Discrete Comput. Geom.*, 4:591–604, 1989.

[12] O. Aichholzer, F. Aurenhammer, S.-W. Cheng, N. Katoh, M. Taschwer, G. Rote, and Y.-F. Xu. Triangulations intersect nicely. *Discrete Comput. Geom.*, 16:339–359, 1996.

[13] V. Akman. *Unobstructed Shortest Paths in Polyhedral Environments*. Lecture Notes in Computer Science, vol. 251. Springer-Verlag, 1987.

[14] S. Aluru. Quadtrees and octrees. In D. Metha and S. Sahni, editors, *Handbook of Data Structures and Applications*, chapter 19. Chapman & Hall/CRC, 2005.

[15] N. M. Amato, M. T. Goodrich, and E. A. Ramos. A randomized algorithm for triangulating a simple polygon in linear time. *Discrete Comput. Geom.*, 26:245–265, 2001.

[16] N. Amenta. Helly-type theorems and generalized linear programming. *Discrete Comput. Geom.*, 12:241–261, 1994.

[17] A. M. Andrew. Another efficient algorithm for convex hulls in two dimensions. *Inform. Process. Lett.*, 9:216–219, 1979.

[18] L. Arge, M. de Berg, H. J. Haverkort, and K. Yi. The priority R-tree: A practically efficient and worst-case optimal R-tree. In *SIGMOD Conf.*, pages 347–358, 2004.

[19] L. Arge, G. Brodal, and L. Georgiadis. Improved dynamic planar point location. In *Proc. 47th Annu. IEEE Sympos. Found. Comput. Sci.*, pages 305–314, 2006.

[20] E. M. Arkin, J. S. B. Mitchell, and S. Suri. Logarithmic-time link path queries in a

simple polygon. *Internat. J. Comput. Geom. Appl.*, 5:369–395, 1995.

[21] B. Aronov, M. de Berg, and C. Gray. Ray shooting and intersection searching amidst fat convex polyhedra in 3-space. In *Proc. 22nd Annu. ACM Sympos. Comput. Geom.*, pages 88–94, 2006.

[22] B. Aronov and M. Sharir. On translational motion planning of a convex polyhedron in 3-space. *SIAM J. Comput.*, 26:1785–1803, 1997.

[23] T. Asano, T. Asano, L. J. Guibas, J. Hershberger, and H. Imai. Visibility of disjoint polygons. *Algorithmica*, 1:49–63, 1986.

[24] T. Asano, D. Kirkpatrick, and C. K. Yap. d_1-optimal motion for a rod. In *Proc. 12th Annu. ACM Sympos. Comput. Geom.*, pages 252–263, 1996.

[25] F. Aurenhammer. A criterion for the affine equality of cell complexes in R^d and convex polyhedra in R^{d+1}. *Discrete Comput. Geom.*, 2:49–64, 1987.

[26] F. Aurenhammer. Power diagrams: Properties, algorithms and applications. *SIAM J. Comput.*, 16:78–96, 1987.

[27] F. Aurenhammer. Linear combinations from power domains. *Geom. Dedicata*, 28:45–52, 1988.

[28] F. Aurenhammer. Voronoi diagrams: A survey of a fundamental geometric data structure. *ACM Comput. Surv.*, 23:345–405, 1991.

[29] F. Aurenhammer and H. Edelsbrunner. An optimal algorithm for constructing the weighted Voronoi diagram in the plane. *Pattern Recogn.*, 17:251–257, 1984.

[30] F. Aurenhammer, F. Hoffmann, and B. Aronov. Minkowski-type theorems and least-squares clustering. *Algorithmica*, 20:61–76, 1998.

[31] F. Aurenhammer and O. Schwarzkopf. A simple on-line randomized incremental algorithm for computing higher order Voronoi diagrams. *Internat. J. Comput. Geom. Appl.*, 2:363–381, 1992.

[32] D. Avis and G. T. Toussaint. An efficient algorithm for decomposing a polygon into star-shaped polygons. *Pattern Recogn.*, 13:395–398, 1981.

[33] F. Avnaim, J.-D. Boissonnat, and B. Faverjon. A practical exact motion planning algorithm for polygonal objects amidst polygonal obstacles. In *Proc. 5th IEEE Internat. Conf. Robot. Autom.*, pages 1656–1661, 1988.

[34] C. Bajaj and T. K. Dey. Convex decomposition of polyhedra and robustness. *SIAM J. Comput.*, 21:339–364, 1992.

[35] I. J. Balaban. An optimal algorithm for finding segment intersections. In *Proc. 11th Annu. ACM Sympos. Comput. Geom.*, pages 211–219, 1995.

[36] C. Ballieux. Motion planning using binary space partitions. Technical Report Inf/src/93-25, Utrecht Univ., 1993.

[37] B. Barber and M. Hirsch. A robust algorithm for point in polyhedron. In *Proc. 5th Canad. Conf. Comput. Geom.*, pages 479–484, Waterloo, Canada, 1993.

[38] R. E. Barnhill. Representation and approximation of surfaces. In J. R. Rice, editor, *Math. Software III*, pages 69–120. Academic Press, New York, 1977.

[39] J. Barraquand and J.-C. Latombe. Robot motion planning: A distributed representation approach. *Internat. J. Robot. Res.*, 10:628–649, 1991.

[40] B. G. Baumgart. A polyhedron representation for computer vision. In *Proc. AFIPS Natl. Comput. Conf.*, vol. 44, pages 589–596, 1975.

[41] H. Baumgarten, H. Jung, and K. Mehlhorn. Dynamic point location in general subdivisions. *J. Algorithms*, 17:342–380, 1994.

[42] P. Belleville, M. Keil, M. McAllister, and J. Snoeyink. On computing edges that are in all minimum-weight triangulations. In *Proc. 12th Annu. ACM Sympos. Comput. Geom.*, pages V7–V8, 1996.

[43] R. V. Benson. *Euclidean Geometry and Convexity*. McGraw-Hill, New York, 1966.

[44] J. L. Bentley. Multidimensional binary search trees used for associative searching. *Commun. ACM*, 18:509–517, 1975.

[45] J. L. Bentley. Solutions to Klee's rectangle problems. Technical report, Carnegie-Mellon Univ., Pittsburgh, PA, 1977.

[46] J. L. Bentley. Decomposable searching problems. *Inform. Process. Lett.*, 8:244–251, 1979.

[47] J. L. Bentley and T. A. Ottmann. Algorithms for reporting and counting geometric intersections. *IEEE Trans. Comput.*, C-28:643–647, 1979.

[48] J. L. Bentley and J. B. Saxe. Decomposable searching problems I: Static-to-

dynamic transformation. *J. Algorithms*, 1:301–358, 1980.

[49] M. Berg. Vertical ray shooting for fat objects. In *Proc. 21st Annu. ACM Sympos. Comput. Geom.*, pages 288–295, 2005.

[50] M. de Berg. Computing half-plane and strip discrepancy of planar point sets. *Comput. Geom. Theory Appl.*, 6:69–83, 1996.

[51] M. de Berg. Linear size binary space partitions for uncluttered scenes. *Algorithmica*, 28:353–366, 2000.

[52] M. de Berg, P. Bose, D. Bremner, S. Ramaswami, and G. T. Wilfong. Computing constrained minimum-width annuli of point sets. *Comput.-Aided Design*, 30:267–275, 1998.

[53] M. de Berg and C. Gray. Vertical ray shooting and computing depth orders for fat objects. In *Proc. 17th ACM-SIAM Sympos. Discrete Algorithms*, pages 494–503, 2006.

[54] M. de Berg, M. de Groot, and M. Overmars. New results on binary space partitions in the plane. *Comput. Geom. Theory Appl.*, 8:317–333, 1997.

[55] M. de Berg, M. Katz, A. F. van der Stappen, and J. Vleugels. Realistic input models for geometric algorithms. *Algorithmica*, 34:81–97, 2002.

[56] M. de Berg, M. van Kreveld, B. J. Nilsson, and M. H. Overmars. Shortest path queries in rectilinear worlds. *Internat. J. Comput. Geom. Appl.*, 2:287–309, 1992.

[57] M. de Berg, M. van Kreveld, and J. Snoeyink. Two- and three-dimensional point location in rectangular subdivisions. *J. Algorithms*, 18:256–277, 1995.

[58] M. de Berg, J. Matoušek, and O. Schwarzkopf. Piecewise linear paths among convex obstacles. *Discrete Comput. Geom.*, 14:9–29, 1995.

[59] M. de Berg and O. Schwarzkopf. Cuttings and applications. *Internat. J. Comput. Geom. Appl.*, 5:343–355, 1995.

[60] M. de Berg and M. Streppel. Approximate range searching using binary space partitions. *Comput. Geom. Theory Appl.*, 33:139–151, 2006.

[61] M. Bern. Triangulation and mesh generation. In J. E. Goodman and J. O'Rourke, editors, *Handbook of Discrete and Computational Geometry*, 2nd edn., chapter 25. Chapman & Hall/CRC, 2004.

[62] M. Bern and D. Eppstein. Mesh generation and optimal triangulation. In D.-Z. Du and F. K. Hwang, editors, *Computing in Euclidean Geometry*. Lecture Notes Series on Computing, vol. 1, pages 23–90. World Scientific, Singapore, 1992.

[63] M. Bern and D. Eppstein. Polynomial-size nonobtuse triangulation of polygons. *Internat. J. Comput. Geom. Appl.*, 2:241–255, 1992. Corrigendum in 2:449–450, 1992.

[64] M. Bern, D. Eppstein, and J. Gilbert. Provably good mesh generation. *J. Comput. Syst. Sci.*, 48:384–409, 1994.

[65] M. Bern and P. Plasman. Mesh generation. In J.-R. Sack and J. Urrutia, editors, *Handbook of Computational Geometry*, 2nd edn., chapter 6. Elsevier, 1999.

[66] M. W. Bern, H. Edelsbrunner, D. Eppstein, S. L. Mitchell, and T. S. Tan. Edge insertion for optimal triangulations. *Discrete Comput. Geom.*, 10:47–65, 1993.

[67] M. W. Bern, S. A. Mitchell, and J. Ruppert. Linear-size nonobtuse triangulation of polygons. *Discrete Comput. Geom.*, 14:411–428, 1995.

[68] B. K. Bhattacharya and J. Zorbas. Solving the two-dimensional findpath problem using a line-triangle representation of the robot. *J. Algorithms*, 9:449–469, 1988.

[69] J.-D. Boissonnat, O. Devillers, R. Schott, M. Teillaud, and M. Yvinec. Applications of random sampling to on-line algorithms in computational geometry. *Discrete Comput. Geom.*, 8:51–71, 1992.

[70] J.-D. Boissonnat, O. Devillers, and M. Teillaud. A semidynamic construction of higher-order Voronoi diagrams and its randomized analysis. *Algorithmica*, 9:329–356, 1993.

[71] J.-D. Boissonnat and M. Teillaud. On the randomized construction of the Delaunay tree. *Theoret. Comput. Sci.*, 112:339–354, 1993.

[72] P. Bose and G. Toussaint. Geometric and computational aspects of manufacturing processes. *Comput. & Graphics*, 18:487–497, 1994.

[73] G. S. Brodal and R. Jacob. Dynamic planar convex hull. In *Proc. 43rd Annu. IEEE Sympos. Found. Comput. Sci.*, pages 617–626, 2002.

[74] R. A. Brooks and T. Lozano-Pérez. A subdivision algorithm in configuration space

for findpath with rotation. *IEEE Trans. Syst. Man Cybern.*, 15:224–233, 1985.

[75] G. Brown. Point density in stems per acre. *New Zealand Forestry Service Research Notes*, 38:1–11, 1965.

[76] J. L. Brown. Vertex based data dependent triangulations. *Comput. Aided Geom. Design*, 8:239–251, 1991.

[77] K. Q. Brown. Comments on "Algorithms for reporting and counting geometric intersections". *IEEE Trans. Comput.*, C-30:147–148, 1981.

[78] C. Burnikel, K. Mehlhorn, and S. Schirra. On degeneracy in geometric computations. In *Proc. 5th ACM-SIAM Sympos. Discrete Algorithms*, pages 16–23, 1994.

[79] A. Bykat. Convex hull of a finite set of points in two dimensions. *Inform. Process. Lett.*, 7:296–298, 1978.

[80] J. Canny. *The Complexity of Robot Motion Planning*. MIT Press, Cambridge, MA, 1987.

[81] J. Canny, B. R. Donald, and E. K. Ressler. A rational rotation method for robust geometric algorithms. In *Proc. 8th Annu. ACM Sympos. Comput. Geom.*, pages 251–260, 1992.

[82] T. M. Chan. Output-sensitive results on convex hulls, extreme points, and related problems. *Discrete Comput. Geom.*, 16:369–387, 1996.

[83] T. M. Chan. Dynamic planar convex hull operations in near-logarithmaic amortized time. *J. ACM*, 48:1–12, 2001.

[84] D. R. Chand and S. S. Kapur. An algorithm for convex polytopes. *J. ACM*, 17:78–86, 1970.

[85] B. Chazelle. A theorem on polygon cutting with applications. In *Proc. 23rd Annu. IEEE Sympos. Found. Comput. Sci.*, pages 339–349, 1982.

[86] B. Chazelle. Convex partitions of polyhedra: A lower bound and worst-case optimal algorithm. *SIAM J. Comput.*, 13:488–507, 1984.

[87] B. Chazelle. Filtering search: A new approach to query-answering. *SIAM J. Comput.*, 15:703–724, 1986.

[88] B. Chazelle. Reporting and counting segment intersections. *J. Comput. Syst. Sci.*, 32:156–182, 1986.

[89] B. Chazelle. Lower bounds on the complexity of polytope range searching. *J. Amer. Math. Soc.*, 2:637–666, 1989.

[90] B. Chazelle. Lower bounds for orthogonal range searching, I: The reporting case. *J. ACM*, 37:200–212, 1990.

[91] B. Chazelle. Lower bounds for orthogonal range searching, II: The arithmetic model. *J. ACM*, 37:439–463, 1990.

[92] B. Chazelle. Triangulating a simple polygon in linear time. In *Proc. 31st Annu. IEEE Sympos. Found. Comput. Sci.*, pages 220–230, 1990.

[93] B. Chazelle. An optimal convex hull algorithm and new results on cuttings. In *Proc. 32nd Annu. IEEE Sympos. Found. Comput. Sci.*, pages 29–38, 1991.

[94] B. Chazelle. Triangulating a simple polygon in linear time. *Discrete Comput. Geom.*, 6:485–524, 1991.

[95] B. Chazelle. Cutting hyperplanes for divide-and-conquer. *Discrete Comput. Geom.*, 9:145–158, 1993.

[96] B. Chazelle. Geometric discrepancy revisited. In *Proc. 34th Annu. IEEE Sympos. Found. Comput. Sci.*, pages 392–399, 1993.

[97] B. Chazelle. An optimal convex hull algorithm in any fixed dimension. *Discrete Comput. Geom.*, 10:377–409, 1993.

[98] B. Chazelle and H. Edelsbrunner. An improved algorithm for constructing kth-order Voronoi diagrams. *IEEE Trans. Comput.*, C-36:1349–1354, 1987.

[99] B. Chazelle and H. Edelsbrunner. An optimal algorithm for intersecting line segments in the plane. In *Proc. 29th Annu. IEEE Sympos. Found. Comput. Sci.*, pages 590–600, 1988.

[100] B. Chazelle and H. Edelsbrunner. An optimal algorithm for intersecting line segments in the plane. *J. ACM*, 39:1–54, 1992.

[101] B. Chazelle, H. Edelsbrunner, L. Guibas, and M. Sharir. Algorithms for bichromatic line segment problems and polyhedral terrains. Report UIUCDCS-R-90-1578, Dept. Comput. Sci., Univ. Illinois, Urbana, IL, 1989.

[102] B. Chazelle, H. Edelsbrunner, L. Guibas, and M. Sharir. A singly-exponential

stratification scheme for real semi-algebraic varieties and its applications. *Theoret. Comput. Sci.*, 84:77–105, 1991.

[103] B. Chazelle, H. Edelsbrunner, L. Guibas, and M. Sharir. Algorithms for bichromatic line segment problems and polyhedral terrains. *Algorithmica*, 11:116–132, 1994.

[104] B. Chazelle and J. Friedman. Point location among hyperplanes and unidirectional ray-shooting. *Comput. Geom. Theory Appl.*, 4:53–62, 1994.

[105] B. Chazelle and L. J. Guibas. Fractional cascading: I. A data structuring technique. *Algorithmica*, 1:133–162, 1986.

[106] B. Chazelle and L. J. Guibas. Fractional cascading: II. Applications. *Algorithmica*, 1:163–191, 1986.

[107] B. Chazelle, L. J. Guibas, and D. T. Lee. The power of geometric duality. *BIT*, 25:76–90, 1985.

[108] B. Chazelle and J. Incerpi. Triangulating a polygon by divide and conquer. In *Proc. 21st Allerton Conf. Commun. Control Comput.*, pages 447–456, 1983.

[109] B. Chazelle and J. Incerpi. Triangulation and shape-complexity. *ACM Trans. Graph.*, 3:135–152, 1984.

[110] B. Chazelle and L. Palios. Triangulating a non-convex polytope. *Discrete Comput. Geom.*, 5:505–526, 1990.

[111] B. Chazelle, M. Sharir, and E. Welzl. Quasi-optimal upper bounds for simplex range searching and new zone theorems. *Algorithmica*, 8:407–429, 1992.

[112] B. Chazelle and E. Welzl. Quasi-optimal range searching in spaces of finite VC-dimension. *Discrete Comput. Geom.*, 4:467–489, 1989.

[113] D. Z. Chen, K. S. Klenk, and H.-Y. T. Tu. Shortest path queries among weighted obstacles in the rectilinear plane. In *Proc. 11th Annu. ACM Sympos. Comput. Geom.*, pages 370–379, 1995.

[114] Y.-B. Chen and D. Ierardi. Time-optimal trajectories of a rod in the plane subject to velocity constraints. *Algorithmica*, 18:165–197, June 1997.

[115] S. W. Cheng and R. Janardan. New results on dynamic planar point location. *SIAM J. Comput.*, 21:972–999, 1992.

[116] L. P. Chew. Building Voronoi diagrams for convex polygons in linear expected time. Technical Report PCS-TR90-147, Dept. Math. Comput. Sci., Dartmouth College, Hanover, NH, 1986.

[117] L. P. Chew. Guaranteed-quality mesh generation for curved surfaces. In *Proc. 9th Annu. ACM Sympos. Comput. Geom.*, pages 274–280, 1993.

[118] L. P. Chew and R. L. Drysdale, III. Voronoi diagrams based on convex distance functions. In *Proc. 1st Annu. ACM Sympos. Comput. Geom.*, pages 235–244, 1985.

[119] L. P. Chew and K. Kedem. A convex polygon among polygonal obstacles: Placement and high-clearance motion. *Comput. Geom. Theory Appl.*, 3:59–89, 1993.

[120] Y.-J. Chiang, F. P. Preparata, and R. Tamassia. A unified approach to dynamic point location, ray shooting, and shortest paths in planar maps. *SIAM J. Comput.*, 25:207–233, 1996.

[121] Y.-J. Chiang and R. Tamassia. Dynamic algorithms in computational geometry. *Proc. IEEE*, 80:1412–1434, September 1992.

[122] Y.-J. Chiang and R. Tamassia. Optimal shortest path and minimum-link path queries between two convex polygons inside a simple polygonal obstacle. *Internat. J. Comput. Geom. Appl.*, 7:85–121, 1997.

[123] F. Chin, J. Snoeyink, and C.-A. Wang. Finding the medial axis of a simple polygon in linear time. In *Proc. 6th Annu. Internat. Sympos. Algorithms Comput. (ISAAC 95)*. Lecture Notes in Computer Science, vol. 1004, pages 382–391. Springer-Verlag, 1995.

[124] N. Chin and S. Feiner. Near real time shadow generation using bsp trees. In *Proc. SIGGRAPH '89*, pages 99–106, 1989.

[125] J. Choi, J. Sellen, and C.-K. Yap. Precision-sensitive Euclidean shortest path in 3-space. In *Proc. 11th Annu. ACM Sympos. Comput. Geom.*, pages 350–359, 1995.

[126] J. Choi, J. Sellen, and C. K. Yap. Approximate Euclidean shortest paths in 3-space. *Internat. J. Comput. Geom. Appl.*, 7:271–295, August 1997.

[127] H. Choset, K. M. Lynch, S. Hutchinson, G. Kantor, W. Burgard, L. E. Kavraki, and S. Thrun. *Principles of Robot Motion: Theory, Algorithms, and Implementations.*

参考文献

MIT Press, Cambridge, MA, 2005.

[128] V. Chvátal. A combinatorial theorem in plane geometry. *J. Combin. Theory Ser. B*, 18:39–41, 1975.

[129] V. Chvátal. *Linear Programming*. W. H. Freeman, New York, 1983.

[130] K. L. Clarkson. Linear programming in $O(n3^{d^2})$ time. *Inform. Process. Lett.*, 22:21–24, 1986.

[131] K. L. Clarkson. New applications of random sampling in computational geometry. *Discrete Comput. Geom.*, 2:195–222, 1987.

[132] K. L. Clarkson. Las Vegas algorithms for linear and integer programming when the dimension is small. *J. ACM*, 42:488–499, 1995.

[133] K. L. Clarkson and P. W. Shor. Applications of random sampling in computational geometry, II. *Discrete Comput. Geom.*, 4:387–421, 1989.

[134] K. L. Clarkson, R. E. Tarjan, and C. J. Van Wyk. A fast Las Vegas algorithm for triangulating a simple polygon. *Discrete Comput. Geom.*, 4:423–432, 1989.

[135] R. Cole. Searching and storing similar lists. *J. Algorithms*, 7:202–220, 1986.

[136] G. E. Collins. Quantifier elimination for real closed fields by cylindrical algebraic decomposition. In *Proc. 2nd GI Conf. on Automata Theory and Formal Languages*. Lecture Notes in Computer Science, vol. 33, pages 134–183. Springer-Verlag, 1975.

[137] T. H. Cormen, C. E. Leiserson, R. L. Rivest, and C. Stein. *Introduction to Algorithms*, 2nd edn. MIT Press, Cambridge, MA, 2001.

[138] F. d'Amore and P. G. Franciosa. On the optimal binary plane partition for sets of isothetic rectangles. *Inform. Process. Lett.*, 44:255–259, 1992.

[139] G. B. Dantzig. *Linear Programming and Extensions*. Princeton University Press, Princeton, NJ, 1963.

[140] M. N. Demers. *Fundamentals of Geographical Information Systems*, 4th edn. Wiley, 2008.

[141] O. Devillers. Randomization yields simple $O(n \log^* n)$ algorithms for difficult $\Omega(n)$ problems. *Internat. J. Comput. Geom. Appl.*, 2:97–111, 1992.

[142] O. Devillers and P. A. Ramos. Computing roundness is easy if the set is almost round. *Internat. J. Comput. Geom. Appl.*, 12:229–248, 2002.

[143] T. K. Dey. Improved bounds for k-Sets and k-th levels. In *Proc. 38th Annu. IEEE Sympos. Found. Comput. Sci.*, pages 156–161, 1997.

[144] T. K. Dey. Improved bounds on planar k-sets and related problems. *Discrete Comput. Geom.*, 19:373–383, 1998.

[145] T. K. Dey, K. Sugihara, and C. L. Bajaj. Delaunay triangulations in three dimensions with finite precision arithmetic. *Comput. Aided Geom. Design*, 9:457–470, 1992.

[146] M. T. Dickerson, S. A. McElfresh, and M. H. Montague. New algorithms and empirical findings on minimum weight triangulation heuristics. In *Proc. 11th Annu. ACM Sympos. Comput. Geom.*, pages 238–247, 1995.

[147] M. T. Dickerson and M. H. Montague. A (usually?) connected subgraph of the minimum weight triangulation. In *Proc. 12th Annu. ACM Sympos. Comput. Geom.*, pages 204–213, 1996.

[148] G. L. Dirichlet. Über die Reduktion der positiven quadratischen Formen mit drei unbestimmten ganzen Zahlen. *J. Reine Angew. Math.*, 40:209–227, 1850.

[149] D. Dobkin and D. Eppstein. Computing the discrepancy. In *Proc. 9th Annu. ACM Sympos. Comput. Geom.*, pages 47–52, 1993.

[150] D. Dobkin and D. Mitchell. Random-edge discrepancy of supersampling patterns. In *Graphics Interface '93*, 1993.

[151] C. Duncan and M. Goodrich. Approximate geometric query structures. In D. Metha and S. Sahni, editors, *Handbook of Data Structures and Applications*, chapter 26. Chapman & Hall/CRC, 2005.

[152] D. Dutta, R. Janardan, and M. Smid. *Geometric and Algorithmic Aspects of Computer-Aided Design and Manufacturing*. DIMACS Series in Discrete Mathematics and Theoretical Computer Science, vol. 67. American Mathematical Society, 2005.

[153] M. E. Dyer. On a multidimensional search technique and its application to the Euclidean one-centre problem. *SIAM J. Comput.*, 15:725–738, 1986.

[154] N. Dyn, D. Levin, and S. Rippa. Data dependent triangulations for piecewise linear interpolation. *IMA J. Numer. Anal.*, 10:137–154, 1990.

[155] H. Ebara, N. Fukuyama, H. Nakano, and Y. Nakanishi. Roundness algorithms using Voronoi diagrams. In *Proc. First Canadian Conf. on Computational Geometry*, page 41, 1989.

[156] W. F. Eddy. A new convex hull algorithm for planar sets. *ACM Trans. Math. Softw.*, 3:398–403 and 411–412, 1977.

[157] H. Edelsbrunner. Dynamic data structures for orthogonal intersection queries. Report F59, Inst. Informationsverarb., Tech. Univ. Graz, Graz, Austria, 1980.

[158] H. Edelsbrunner. *Algorithms in Combinatorial Geometry*. EATCS Monographs on Theoretical Computer Science, vol. 10. Springer-Verlag, 1987.

[159] H. Edelsbrunner and L. J. Guibas. Topologically sweeping an arrangement. *J. Comput. Syst. Sci.*, 38:165–194, 1989. Corrigendum in 42:249–251, 1991.

[160] H. Edelsbrunner, L. J. Guibas, J. Hershberger, R. Seidel, M. Sharir, J. Snoeyink, and E. Welzl. Implicitly representing arrangements of lines or segments. *Discrete Comput. Geom.*, 4:433–466, 1989.

[161] H. Edelsbrunner, L. J. Guibas, and J. Stolfi. Optimal point location in a monotone subdivision. *SIAM J. Comput.*, 15:317–340, 1986.

[162] H. Edelsbrunner, G. Haring, and D. Hilbert. Rectangular point location in d dimensions with applications. *Comput. J.*, 29:76–82, 1986.

[163] H. Edelsbrunner and H. A. Maurer. On the intersection of orthogonal objects. *Inform. Process. Lett.*, 13:177–181, 1981.

[164] H. Edelsbrunner and E. P. Mücke. Simulation of simplicity: A technique to cope with degenerate cases in geometric algorithms. *ACM Trans. Graph.*, 9:66–104, 1990.

[165] H. Edelsbrunner, J. O'Rourke, and R. Seidel. Constructing arrangements of lines and hyperplanes with applications. *SIAM J. Comput.*, 15:341–363, 1986.

[166] H. Edelsbrunner and M. H. Overmars. Batched dynamic solutions to decomposable searching problems. *J. Algorithms*, 6:515–542, 1985.

[167] H. Edelsbrunner and R. Seidel. Voronoi diagrams and arrangements. *Discrete Comput. Geom.*, 1:25–44, 1986.

[168] H. Edelsbrunner, R. Seidel, and M. Sharir. On the zone theorem for hyperplane arrangements. *SIAM J. Comput.*, 22:418–429, 1993.

[169] H. Edelsbrunner and E. Welzl. Halfplanar range search in linear space and $O(n^{0.695})$ query time. *Inform. Process. Lett.*, 23:289–293, 1986.

[170] H. ElGindy and G. T. Toussaint. On triangulating palm polygons in linear time. In N. Magnenat-Thalmann and D. Thalmann, editors, *New Trends in Computer Graphics*, pages 308–317. Springer-Verlag, 1988.

[171] I. Emiris and J. Canny. An efficient approach to removing geometric degeneracies. In *Proc. 8th Annu. ACM Sympos. Comput. Geom.*, pages 74–82, 1992.

[172] I. Emiris and J. Canny. A general approach to removing degeneracies. *SIAM J. Comput.*, 24:650–664, 1995.

[173] D. Eppstein, M. Goodrich, and J. Sun. The skip quadtree: A simple dynamic data structure for multidimensional data. In *Proc. 21st ACM Sympos. Comput. Geom.*, pages 296–205, 2005.

[174] P. Erdős, L. Lovász, A. Simmons, and E. Straus. Dissection graphs of planar point sets. In J. N. Srivastava, editor, *A Survey of Combinatorial Theory*, pages 139–154. North-Holland, Amsterdam, 1973.

[175] I. D. Faux and M. J. Pratt. *Computational Geometry for Design and Manufacture*. Ellis Horwood, Chichester, U.K., 1979.

[176] U. Finke and K. Hinrichs. Overlaying simply connected planar subdivisions in linear time. In *Proc. 11th Annu. ACM Sympos. Comput. Geom.*, pages 119–126, 1995.

[177] R. A. Finkel and J. L. Bentley. Quad trees: a data structure for retrieval on composite keys. *Acta Inform.*, 4:1–9, 1974.

[178] S. Fisk. A short proof of Chvàtal's watchman theorem. *J. Combin. Theory Ser. B*, 24:374, 1978.

[179] J. D. Foley, A. van Dam, S. K. Feiner, and J. F. Hughes. *Computer Graphics: Principles and Practice*, 2nd edn. Addison-Wesley, Reading, MA, 1995.

参考文献

[180] S. Fortune. Numerical stability of algorithms for 2-d Delaunay triangulations and Voronoi diagrams. In *Proc. 8th Annu. ACM Sympos. Comput. Geom.*, pages 83–92, 1992.

[181] S. Fortune and V. Milenkovic. Numerical stability of algorithms for line arrangements. In *Proc. 7th Annu. ACM Sympos. Comput. Geom.*, pages 334–341, 1991.

[182] S. Fortune and C. J. Van Wyk. Efficient exact arithmetic for computational geometry. In *Proc. 9th Annu. ACM Sympos. Comput. Geom.*, pages 163–172, 1993.

[183] S. J. Fortune. A sweepline algorithm for Voronoi diagrams. *Algorithmica*, 2:153–174, 1987.

[184] A. Fournier and D. Y. Montuno. Triangulating simple polygons and equivalent problems. *ACM Trans. Graph.*, 3:153–174, 1984.

[185] H. Fuchs, Z. M. Kedem, and B. Naylor. On visible surface generation by a priori tree structures. *Comput. Graph.*, 14:124–133, 1980. Proc. SIGGRAPH '80.

[186] K. R. Gabriel and R. R. Sokal. A new statistical approach to geographic variation analysis. *Systematic Zoology*, 18:259–278, 1969.

[187] J. Garcia-Lopez, P. A. Ramos, and J. Snoeyink. Fitting a set of points by a circle. *Discrete Comput. Geom.*, 20:389–402, 1998.

[188] M. R. Garey, D. S. Johnson, F. P. Preparata, and R. E. Tarjan. Triangulating a simple polygon. *Inform. Process. Lett.*, 7:175–179, 1978.

[189] B. Gärtner. A subexponential algorithm for abstract optimization problems. *SIAM J. Comput.*, 24:1018–1035, 1995.

[190] S. K. Ghosh and D. M. Mount. An output-sensitive algorithm for computing visibility graphs. *SIAM J. Comput.*, 20:888–910, 1991.

[191] J. E. Goodman and J. O'Rourke, editors. *Handbook of Discrete and Computational Geometry*, 2nd edn. Chapman & Hall/CRC, 2004.

[192] R. L. Graham. An efficient algorithm for determining the convex hull of a finite planar set. *Inform. Process. Lett.*, 1:132–133, 1972.

[193] P. J. Green and B. W. Silverman. Constructing the convex hull of a set of points in the plane. *Comput. J.*, 22:262–266, 1979.

[194] B. Grünbaum. *Convex Polytopes*. Wiley, 1967.

[195] L. J. Guibas, J. Hershberger, D. Leven, M. Sharir, and R. E. Tarjan. Linear-time algorithms for visibility and shortest path problems inside triangulated simple polygons. *Algorithmica*, 2:209–233, 1987.

[196] L. J. Guibas, D. E. Knuth, and M. Sharir. Randomized incremental construction of Delaunay and Voronoi diagrams. *Algorithmica*, 7:381–413, 1992.

[197] L. J. Guibas, L. Ramshaw, and J. Stolfi. A kinetic framework for computational geometry. In *Proc. 24th Annu. IEEE Sympos. Found. Comput. Sci.*, pages 100–111, 1983.

[198] L. J. Guibas, D. Salesin, and J. Stolfi. Epsilon geometry: Building robust algorithms from imprecise computations. In *Proc. 5th Annu. ACM Sympos. Comput. Geom.*, pages 208–217, 1989.

[199] L. J. Guibas and R. Sedgewick. A dichromatic framework for balanced trees. In *Proc. 19th Annu. IEEE Sympos. Found. Comput. Sci.*, pages 8–21, 1978.

[200] L. J. Guibas and R. Seidel. Computing convolutions by reciprocal search. *Discrete Comput. Geom.*, 2:175–193, 1987.

[201] L. J. Guibas, M. Sharir, and S. Sifrony. On the general motion planning problem with two degrees of freedom. *Discrete Comput. Geom.*, 4:491–521, 1989.

[202] L. J. Guibas and J. Stolfi. Primitives for the manipulation of general subdivisions and the computation of Voronoi diagrams. *ACM Trans. Graph.*, 4:74–123, 1985.

[203] L. J. Guibas and J. Stolfi. Ruler, compass and computer: The design and analysis of geometric algorithms. In R. A. Earnshaw, editor, *Theoretical Foundations of Computer Graphics and CAD*. NATO ASI Series F, vol. 40, pages 111–165. Springer-Verlag, 1988.

[204] A. Guttman. R-trees: A dynamic index structure for spatial searching. In *SIGMOD Conf.*, pages 47–57, 1984.

[205] D. Halperin. *Algorithmic Motion Planning via Arrangements of Curves and of Surfaces*. Ph.D. thesis, Comput. Sci. Dept., Tel-Aviv Univ., Tel Aviv, 1992.

[206] D. Halperin. Arrangements. In J. E. Goodman and J. O'Rourke, editors, *Handbook of Discrete and Computational Geometry*, 2nd edn., chapter 24. Chapman &

Hall/CRC, 2004.

[207] D. Halperin and M. Sharir. Almost tight upper bounds for the single cell and zone problems in three dimensions. *Discrete Comput. Geom.*, 14:385–410, 1995.

[208] D. Halperin and M. Sharir. Arrangements and their applications in robotics: Recent developments. In K. Goldbergs, D. Halperin, J.-C. Latombe, and R. Wilson, editors, *Proc. Workshop on Algorithmic Foundations of Robotics*. A. K. Peters, Boston, MA, 1995.

[209] D. Haussler and E. Welzl. Epsilon-nets and simplex range queries. *Discrete Comput. Geom.*, 2:127–151, 1987.

[210] J. Hershberger and S. Suri. Efficient computation of Euclidean shortest paths in the plane. In *Proc. 34th Annu. IEEE Sympos. Found. Comput. Sci.*, pages 508–517, 1993.

[211] J. Hershberger and S. Suri. Off-line maintenance of planar configurations. *J. Algorithms*, 21:453–475, 1996.

[212] J. Hershberger and S. Suri. An optimal algorithm for Euclidean shortest paths in the plane. *SIAM J. Comput.*, 28:2215–2256, 1999.

[213] S. Hertel, M. Mäntylä, K. Mehlhorn, and J. Nievergelt. Space sweep solves intersection of convex polyhedra. *Acta Inform.*, 21:501–519, 1984.

[214] S. Hertel and K. Mehlhorn. Fast triangulation of simple polygons. In *Proc. 4th Internat. Conf. Found. Comput. Theory*. Lecture Notes in Computer Science, vol. 158, pages 207–218. Springer-Verlag, 1983.

[215] K. Ho-Le. Finite element mesh generation methods: A review and classification. *Comput. Aided Design*, 20:27–38, 1988.

[216] C. Hoffmann. *Geometric and Solid Modeling*. Morgan Kaufmann, San Mateo, CA, 1989.

[217] J. E. Hopcroft, J. T. Schwartz, and M. Sharir. *Planning, Geometry, and Complexity of Robot Motion*. Ablex Publishing, Norwood, NJ, 1987.

[218] C. Icking, G. Rote, E. Welzl, and C. Yap. Shortest paths for line segments. *Algorithmica*, 10:182–200, 1993.

[219] H. Inagaki and K. Sugihara. Numerically robust algorithm for constructing constrained Delaunay triangulation. In *Proc. 6th Canad. Conf. Comput. Geom.*, pages 171–176, 1994.

[220] R. Janardan and T. C. Woo. Design and manufacturing. In J. E. Goodman and J. O'Rourke, editors, *Handbook of Discrete and Computational Geometry*, 2nd edn., chapter 55. Chapman & Hall/CRC, 2004.

[221] R. A. Jarvis. On the identification of the convex hull of a finite set of points in the plane. *Inform. Process. Lett.*, 2:18–21, 1973.

[222] G. Kalai. A subexponential randomized simplex algorithm. In *Proc. 24th Annu. ACM Sympos. Theory Comput.*, pages 475–482, 1992.

[223] M. Kallay. The complexity of incremental convex hull algorithms in R^d. *Inform. Process. Lett.*, 19:197, 1984.

[224] R. G. Karlsson. Algorithms in a restricted universe. Report CS-84-50, Univ. Waterloo, Waterloo, ON, 1984.

[225] R. G. Karlsson and J. I. Munro. Proximity on a grid. In *Proc. 2nd Sympos. on Theoretical Aspects of Computer Science*. Lecture Notes in Computer Science, vol. 182, pages 187–196. Springer-Verlag, 1985.

[226] R. G. Karlsson and M. H. Overmars. Scanline algorithms on a grid. *BIT*, 28:227–241, 1988.

[227] N. Karmarkar. A new polynomial-time algorithm for linear programming. *Combinatorica*, 4:373–395, 1984.

[228] M. Katz. 3-d vertical ray shooting and 2-d point enclosure, range searching, and arc shooting amidst convex fat objects. *Comput. Geom. Theory Appl.*, 8:299–316, 1997.

[229] M. Katz, M. Overmars, and M. Sharir. Efficient hidden surface removal for objects with small union size. *Comput. Geom. Theory Appl.*, 2:223–234, 1992.

[230] L. Kavraki, P. Švestka, J.-C. Latombe, and M. H. Overmars. Probabilistic roadmaps for path planning in high dimensional configuration spaces. *IEEE Trans. Robot. Autom.*, 12:566–580, 1996.

[231] K. Kedem, R. Livne, J. Pach, and M. Sharir. On the union of Jordan regions and

collision-free translational motion amidst polygonal obstacles. *Discrete Comput. Geom.*, 1:59–71, 1986.

[232] K. Kedem and M. Sharir. An efficient algorithm for planning collision-free translational motion of a convex polygonal object in 2-dimensional space amidst polygonal obstacles. In *Proc. 1st Annu. ACM Sympos. Comput. Geom.*, pages 75–80, 1985.

[233] K. Kedem and M. Sharir. An efficient motion planning algorithm for a convex rigid polygonal object in 2-dimensional polygonal space. *Discrete Comput. Geom.*, 5:43–75, 1990.

[234] L. G. Khachiyan. Polynomial algorithm in linear programming. *U.S.S.R. Comput. Math. Math. Phys.*, 20:53–72, 1980.

[235] O. Khatib. Real-time obstacle avoidance for manipulators and mobile robots. *Internat. J. Robot. Res.*, 5:90–98, 1985.

[236] D. G. Kirkpatrick. Optimal search in planar subdivisions. *SIAM J. Comput.*, 12:28–35, 1983.

[237] D. G. Kirkpatrick, M. M. Klawe, and R. E. Tarjan. Polygon triangulation in $o(n \log \log n)$ time with simple data structures. *Discrete Comput. Geom.*, 7:329–346, 1992.

[238] D. G. Kirkpatrick and R. Seidel. The ultimate planar convex hull algorithm? *SIAM J. Comput.*, 15:287–299, 1986.

[239] V. Klee. On the complexity of d-dimensional Voronoi diagrams. *Archiv der Mathematik*, 34:75–80, 1980.

[240] R. Klein. Abstract Voronoi diagrams and their applications. In *Computational Geometry and its Applications*. Lecture Notes in Computer Science, vol. 333, pages 148–157. Springer-Verlag, 1988.

[241] R. Klein. *Concrete and Abstract Voronoi Diagrams*. Lecture Notes in Computer Science, vol. 400. Springer-Verlag, 1989.

[242] R. Klein, K. Mehlhorn, and S. Meiser. Randomized incremental construction of abstract Voronoi diagrams. *Comput. Geom. Theory Appl.*, 3:157–184, 1993.

[243] J.-C. Latombe. *Robot Motion Planning*. Kluwer Academic, Boston, 1991.

[244] C. L. Lawson. Transforming triangulations. *Discrete Math.*, 3:365–372, 1972.

[245] C. L. Lawson. Software for C^1 surface interpolation. In J. R. Rice, editor, *Math. Software III*, pages 161–194. Academic Press, New York, 1977.

[246] D. Lee and A. Lin. Computational complexity of art gallery problems. *IEEE Trans. Inform. Theory*, 32:276–282, 1986.

[247] D. T. Lee. Proximity and reachability in the plane. Report R-831, Dept. Elect. Engrg., Univ. Illinois, Urbana, IL, 1978.

[248] D. T. Lee. Two-dimensional Voronoi diagrams in the L_p-metric. *J. ACM*, 27:604–618, 1980.

[249] D. T. Lee. On k-nearest neighbor Voronoi diagrams in the plane. *IEEE Trans. Comput.*, C-31:478–487, 1982.

[250] D. T. Lee and F. P. Preparata. Location of a point in a planar subdivision and its applications. *SIAM J. Comput.*, 6:594–606, 1977.

[251] D. T. Lee and C. K. Wong. Quintary trees: A file structure for multidimensional database systems. *ACM Trans. Database Syst.*, 5:339–353, 1980.

[252] D. T. Lee and C. K. Wong. Voronoi diagrams in L_1 (L_∞) metrics with 2-dimensional storage applications. *SIAM J. Comput.*, 9:200–211, 1980.

[253] D. T. Lee, C. D. Yang, and C. K. Wong. Rectilinear paths among rectilinear obstacles. *Discrete Appl. Math.*, 70:185–215, 1996.

[254] J. van Leeuwen and D. Wood. Dynamization of decomposable searching problems. *Inform. Process. Lett.*, 10:51–56, 1980.

[255] D. Leven and M. Sharir. Planning a purely translational motion for a convex object in two-dimensional space using generalized Voronoi diagrams. *Discrete Comput. Geom.*, 2:9–31, 1987.

[256] C. Li, S. Pion, and C. K. Yap. Recent progress in exact geometric computation. *J. Log. Algebr. Program.*, 64:85–111, 2005.

[257] P. A. Longley, M. F. Goodchild, D. J. Maguire, and D. W. Rhind. *Geographic Information Systems and Science*, 2nd edn. Wiley, 2005.

[258] T. Lozano-Pérez. Automatic planning of manipulator transfer movements. *IEEE*

Trans. Syst. Man Cybern., SMC-11:681–698, 1981.

[259] T. Lozano-Pérez. Spatial planning: A configuration space approach. *IEEE Trans. Comput.*, C-32:108–120, 1983.

[260] T. Lozano-Pérez and M. A. Wesley. An algorithm for planning collision-free paths among polyhedral obstacles. *Commun. ACM*, 22:560–570, 1979.

[261] G. S. Lueker. A data structure for orthogonal range queries. In *Proc. 19th Annu. IEEE Sympos. Found. Comput. Sci.*, pages 28–34, 1978.

[262] H. G. Mairson and J. Stolfi. Reporting and counting intersections between two sets of line segments. In R. A. Earnshaw, editor, *Theoretical Foundations of Computer Graphics and CAD*. NATO ASI Series F, vol. 40, pages 307–325. Springer-Verlag, 1988.

[263] J. Matoušek. Efficient partition trees. *Discrete Comput. Geom.*, 8:315–334, 1992.

[264] J. Matoušek. Reporting points in halfspaces. *Comput. Geom. Theory Appl.*, 2:169–186, 1992.

[265] J. Matoušek. Range searching with efficient hierarchical cuttings. *Discrete Comput. Geom.*, 10:157–182, 1993.

[266] J. Matoušek and O. Schwarzkopf. On ray shooting in convex polytopes. *Discrete Comput. Geom.*, 10:215–232, 1993.

[267] J. Matoušek, M. Sharir, and E. Welzl. A subexponential bound for linear programming. *Algorithmica*, 16:498–516, 1996.

[268] J. Matoušek, J. Pach, M. Sharir, S. Sifrony, and E. Welzl. Fat triangles determine linearly many holes. *SIAM J. Comput.*, 23:154–169, 1994.

[269] H. A. Maurer and T. A. Ottmann. Dynamic solutions of decomposable searching problems. In U. Pape, editor, *Discrete Structures and Algorithms*, pages 17–24. Carl Hanser Verlag, Munich, 1979.

[270] E. M. McCreight. Efficient algorithms for enumerating intersecting intervals and rectangles. Report CSL-80-9, Xerox Palo Alto Res. Center, Palo Alto, CA, 1980.

[271] E. M. McCreight. Priority search trees. *SIAM J. Comput.*, 14:257–276, 1985.

[272] R. Mead. A relation between the individual plant-spacing and yield. *Ann. of Bot., N.S.*, 30:301–309, 1966.

[273] N. Megiddo. Linear programming in linear time when the dimension is fixed. *J. ACM*, 31:114–127, 1984.

[274] K. Mehlhorn, S. Meiser, and C. Ó'Dúnlaing. On the construction of abstract Voronoi diagrams. *Discrete Comput. Geom.*, 6:211–224, 1991.

[275] K. Mehlhorn and S. Näher. Dynamic fractional cascading. *Algorithmica*, 5:215–241, 1990.

[276] K. Mehlhorn and M. H. Overmars. Optimal dynamization of decomposable searching problems. *Inform. Process. Lett.*, 12:93–98, 1981.

[277] G. Meisters. Polygons have ears. *Amer. Math. Monthly*, 82:648–651, 1975.

[278] E. A. Melissaratos and D. L. Souvaine. Coping with inconsistencies: A new approach to produce quality triangulations of polygonal domains with holes. In *Proc. 8th Annu. ACM Sympos. Comput. Geom.*, pages 202–211, 1992.

[279] V. Milenkovic. Robust construction of the Voronoi diagram of a polyhedron. In *Proc. 5th Canad. Conf. Comput. Geom.*, pages 473–478, Waterloo, Canada, 1993.

[280] N. Miller and M. Sharir. Efficient randomized algorithms for constructing the union of fat triangles and pseudodiscs. Unpublished manuscript.

[281] J. S. B. Mitchell. Shortest paths among obstacles in the plane. In *Proc. 9th Annu. ACM Sympos. Comput. Geom.*, pages 308–317, 1993.

[282] J. S. B. Mitchell. Shortest paths among obstacles in the plane. *Internat. J. Comput. Geom. Appl.*, 6:309–332, 1996.

[283] J. S. B. Mitchell and C. H. Papadimitriou. The weighted region problem: finding shortest paths through a weighted planar subdivision. *J. ACM*, 38:18–73, 1991.

[284] J. S. B. Mitchell, G. Rote, and G. Woeginger. Minimum-link paths among obstacles in the plane. *Algorithmica*, 8:431–459, 1992.

[285] M. E. Mortenson. *Geometric Modeling*, 3rd edn. Industrial Press, New York, 2006.

[286] D. E. Muller and F. P. Preparata. Finding the intersection of two convex polyhedra. *Theoret. Comput. Sci.*, 7:217–236, 1978.

[287] H. Müller. Rasterized point location. In *Proc. Workshop on Graph-Theoretic Concepts in Computer Science*, pages 281–293. Trauner Verlag, Linz, Austria, 1985.

[288] K. Mulmuley. A fast planar partition algorithm, I. In *Proc. 29th Annu. IEEE Sympos. Found. Comput. Sci.*, pages 580–589, 1988.

[289] K. Mulmuley. A fast planar partition algorithm, I. *Journal of Symbolic Computation*, 10:253–280, 1990.

[290] K. Mulmuley. *Computational Geometry: An Introduction Through Randomized Algorithms.* Prentice Hall, Englewood Cliffs, NJ, 1994.

[291] W. Mulzer and G. Rote. Minimum weight triangulation is NP-hard. In *Proc. 22nd Annu. ACM Sympos. Comput. Geom.*, pages 1–10, 2006.

[292] B. Naylor, J. A. Amanatides, and W. Thibault. Merging BSP trees yields polyhedral set operations. *Comput. Graph.*, 24:115–124, August 1990. Proc. SIGGRAPH '90.

[293] J. Nievergelt and F. P. Preparata. Plane-sweep algorithms for intersecting geometric figures. *Commun. ACM*, 25:739–747, 1982.

[294] J. Nievergelt and P. Widmayer. Spatial data structures: Concepts and design choices. In M. van Kreveld, J. Nievergelt, T. Roos, and P. Widmayer, editors, *Algorithmic Foundations of Geographic Information Systems*. Lecture Notes in Computer Science, vol. 1340. Springer-Verlag, 1997.

[295] N. Nilsson. A mobile automaton: An application of artificial intelligence techniques. In *Proc. IJCAI*, pages 509–520, 1969.

[296] C. Ó'Dúnlaing and C. K. Yap. A "retraction" method for planning the motion of a disk. *J. Algorithms*, 6:104–111, 1985.

[297] A. Okabe, B. Boots, and K. Sugihara. *Spatial Tessellations: Concepts and Applications of Voronoi Diagrams.* Wiley, 1992.

[298] J. O'Rourke. *Art Gallery Theorems and Algorithms.* Oxford University Press, New York, 1987.

[299] M. H. Overmars. *The Design of Dynamic Data Structures.* Lecture Notes in Computer Science, vol. 156. Springer-Verlag, 1983.

[300] M. H. Overmars. Efficient data structures for range searching on a grid. *J. Algorithms*, 9:254–275, 1988.

[301] M. H. Overmars. Geometric data structures for computer graphics: An overview. In R. A. Earnshaw, editor, *Theoretical Foundations of Computer Graphics and CAD*. NATO ASI Series F, vol. 40, pages 21–49. Springer-Verlag, 1988.

[302] M. H. Overmars. Point location in fat subdivisions. *Inform. Process. Lett.*, 44:261–265, 1992.

[303] M. H. Overmars and J. van Leeuwen. Further comments on Bykat's convex hull algorithm. *Inform. Process. Lett.*, 10:209–212, 1980.

[304] M. H. Overmars and J. van Leeuwen. Dynamization of decomposable searching problems yielding good worst-case bounds. In *Proc. 5th GI Conf. Theoret. Comput. Sci.* Lecture Notes in Computer Science, vol. 104, pages 224–233. Springer-Verlag, 1981.

[305] M. H. Overmars and J. van Leeuwen. Maintenance of configurations in the plane. *J. Comput. Syst. Sci.*, 23:166–204, 1981.

[306] M. H. Overmars and J. van Leeuwen. Some principles for dynamizing decomposable searching problems. *Inform. Process. Lett.*, 12:49–54, 1981.

[307] M. H. Overmars and J. van Leeuwen. Two general methods for dynamizing decomposable searching problems. *Computing*, 26:155–166, 1981.

[308] M. H. Overmars and J. van Leeuwen. Worst-case optimal insertion and deletion methods for decomposable searching problems. *Inform. Process. Lett.*, 12:168–173, 1981.

[309] M. H. Overmars and A. F. van der Stappen. Range searching and point location among fat objects. In J. van Leeuwen, editor, *Algorithms – ESA'94*. Lecture Notes in Computer Science, vol. 855, pages 240–253. Springer-Verlag, 1994.

[310] M. H. Overmars and P. Švestka. A probabilistic learning approach to motion planning. In *Algorithmic Foundations of Robotics*, pages 19–38. A. K. Peters, Boston, MA, 1995.

[311] M. H. Overmars and C.-K. Yap. New upper bounds in Klee's measure problem. *SIAM J. Comput.*, 20:1034–1045, 1991.

[312] J. Pach and M. Sharir. On vertical visibility in arrangements of segments and the queue size in the Bentley-Ottman line sweeping algorithm. *SIAM J. Comput.*, 20:460–470, 1991.

[313] J. Pach, W. Steiger, and E. Szemerédi. An upper bound on the number of planar *k*-sets. *Discrete Comput. Geom.*, 7:109–123, 1992.

[314] J. Pach and G. Tardos. On the boundary complexity of the union of fat triangles. *SIAM J. Comput.*, 31:1745–1760, 2002.

[315] L. Palazzi and J. Snoeyink. Counting and reporting red/blue segment intersections. *CVGIP: Graph. Models Image Process.*, 56:304–311, 1994.

[316] C. H. Papadimitriou. An algorithm for shortest-path motion in three dimensions. *Inform. Process. Lett.*, 20:259–263, 1985.

[317] M. S. Paterson and F. F. Yao. Efficient binary space partitions for hidden-surface removal and solid modeling. *Discrete Comput. Geom.*, 5:485–503, 1990.

[318] M. S. Paterson and F. F. Yao. Optimal binary space partitions for orthogonal objects. *J. Algorithms*, 13:99–113, 1992.

[319] M. Pocchiola and G. Vegter. Topologically sweeping visibility complexes via pseudotriangulations. *Discrete Comput. Geom.*, 16:419–453, 1996.

[320] M. Pocchiola and G. Vegter. The visibility complex. *Internat. J. Comput. Geom. Appl.*, 6:279–308, 1996.

[321] F. P. Preparata. An optimal real-time algorithm for planar convex hulls. *Commun. ACM*, 22:402–405, 1979.

[322] F. P. Preparata and S. J. Hong. Convex hulls of finite sets of points in two and three dimensions. *Commun. ACM*, 20:87–93, 1977.

[323] F. P. Preparata and M. I. Shamos. *Computational Geometry: An Introduction*. Springer-Verlag, 1985.

[324] F. P. Preparata and R. Tamassia. Efficient point location in a convex spatial cell-complex. *SIAM J. Comput.*, 21:267–280, 1992.

[325] E. Quak and L. Schumaker. Cubic spline fitting using data dependent triangulations. *Comput. Aided Geom. Design*, 7:293–302, 1990.

[326] E. A. Ramos. On range reporting, ray shooting and *k*-level construction. In *Proc. 15th Annu. ACM Sympos. on Comput. Geom.*, pages 390–399, 1999.

[327] J. H. Reif and J. A. Storer. A single-exponential upper bound for finding shortest paths in three dimensions. *J. ACM*, 41:1013–1019, 1994.

[328] S. Rippa. Minimal roughness property of the Delaunay triangulation. *Comput. Aided Geom. Design*, 7:489–497, 1990.

[329] H. Rohnert. Shortest paths in the plane with convex polygonal obstacles. *Inform. Process. Lett.*, 23:71–76, 1986.

[330] J. Ruppert and R. Seidel. On the difficulty of triangulating three-dimensional non-convex polyhedra. *Discrete Comput. Geom.*, 7:227–253, 1992.

[331] J.-R. Sack and J. Urrutia, editors. *Handbook of Computational Geometry*. Elsevier, 1997.

[332] H. Samet. An overview of quadtrees, octrees, and related hierarchical data structures. In R. A. Earnshaw, editor, *Theoretical Foundations of Computer Graphics and CAD*. NATO ASI Series F, vol. 40, pages 51–68. Springer-Verlag, 1988.

[333] H. Samet. *Applications of Spatial Data Structures: Computer Graphics, Image Processing, and GIS*. Addison-Wesley, Reading, MA, 1990.

[334] H. Samet. *The Design and Analysis of Spatial Data Structures*. Addison-Wesley, Reading, MA, 1990.

[335] H. Samet. *Foundations of Multidimensional and Metric Data Structures*. Morgan Kaufmann, San Mateo, CA, 2006.

[336] N. Sarnak and R. E. Tarjan. Planar point location using persistent search trees. *Commun. ACM*, 29:669–679, 1986.

[337] J. B. Saxe and J. L. Bentley. Transforming static data structures to dynamic structures. In *Proc. 20th Annu. IEEE Sympos. Found. Comput. Sci.*, pages 148–168, 1979.

[338] H. W. Scholten and M. H. Overmars. General methods for adding range restrictions to decomposable searching problems. *J. Symbolic Comput.*, 7:1–10, 1989.

[339] A. Schrijver. *Theory of Linear and Integer Programming*. Wiley, 1986.

[340] J. T. Schwartz and M. Sharir. On the "piano movers" problem I: The case of a two-dimensional rigid polygonal body moving amidst polygonal barriers. *Commun. Pure Appl. Math.*, 36:345–398, 1983.

[341] J. T. Schwartz and M. Sharir. On the "piano movers" problem II: General tech-

niques for computing topological properties of real algebraic manifolds. *Adv. Appl. Math.*, 4:298–351, 1983.

[342] J. T. Schwartz and M. Sharir. A survey of motion planning and related geometric algorithms. In D. Kapur and J. Mundy, editors, *Geometric Reasoning*, pages 157–169. MIT Press, Cambridge, MA, 1989.

[343] J. T. Schwartz and M. Sharir. Algorithmic motion planning in robotics. In J. van Leeuwen, editor, *Algorithms and Complexity*. Handbook of Theoretical Computer Science, vol. A, pages 391–430. Elsevier, 1990.

[344] R. Seidel. *Output-Size Sensitive Algorithms for Constructive Problems in Computational Geometry*. Ph.D. thesis, Dept. Comput. Sci., Cornell Univ., Ithaca, NY, 1986. Technical Report TR 86-784.

[345] R. Seidel. A simple and fast incremental randomized algorithm for computing trapezoidal decompositions and for triangulating polygons. *Comput. Geom. Theory Appl.*, 1:51–64, 1991.

[346] R. Seidel. Small-dimensional linear programming and convex hulls made easy. *Discrete Comput. Geom.*, 6:423–434, 1991.

[347] R. Seidel. Convex hull computations. In J. E. Goodman and J. O'Rourke, editors, *Handbook of Discrete and Computational Geometry*, 2nd edn., chapter 22. Chapman & Hall/CRC, 2004.

[348] J. Selig. *Geometric Fundamentals of Robotics*, 2nd edn. Monographs in Computer Science. Springer-Verlag, 2004.

[349] M. I. Shamos. *Computational Geometry*. Ph.D. thesis, Dept. Comput. Sci., Yale Univ., New Haven, CT, 1978.

[350] M. I. Shamos and D. Hoey. Closest-point problems. In *Proc. 16th Annu. IEEE Sympos. Found. Comput. Sci.*, pages 151–162, 1975.

[351] M. I. Shamos and D. Hoey. Geometric intersection problems. In *Proc. 17th Annu. IEEE Sympos. Found. Comput. Sci.*, pages 208–215, 1976.

[352] M. Sharir. Algorithmic motion planning. In J. E. Goodman and J. O'Rourke, editors, *Handbook of Discrete and Computational Geometry*, 2nd edn., chapter 47. Chapman & Hall/CRC, 2004.

[353] M. Sharir and P. K. Agarwal. *Davenport-Schinzel Sequences and Their Geometric Applications*. Cambridge University Press, 1995.

[354] M. Sharir and E. Welzl. A combinatorial bound for linear programming and related problems. In *Proc. 9th Sympos. Theoret. Aspects Comput. Sci.* Lecture Notes in Computer Science, vol. 577, pages 569–579. Springer-Verlag, 1992.

[355] T. C. Shermer. Recent results in art galleries. *Proc. IEEE*, 80:1384–1399, September 1992.

[356] J. Shewchuck. *Delaunay Refinement Mesh Generation*. Ph.D. thesis, Carnegie-Mellon Univ., Pittsburgh, PA, 1997.

[357] J. Shewchuck. Delaunay refinement algorithms for triangular mesh generation. *Comput. Geom. Theory Appl.*, 22:21–74, 2002.

[358] P. Shirley. Discrepancy as a quality measure for sample distributions. In F. H. Post and W. Barth, editors, *Proc. Eurographics'91*, pages 183–194. Elsevier, September 1991.

[359] P. Shirley, M. Ashikhmin, M. Gleicher, S. Marschner, E. Reinhard, K. Sung, W. Thompson, and P. Willemsen. *Fundamentals of Computer Graphics*, 2nd edn. A.K. Peters, 2005.

[360] R. Sibson. Locally equiangular triangulations. *Comput. J.*, 21:243–245, 1978.

[361] J. Snoeyink. Point location. In J. E. Goodman and J. O'Rourke, editors, *Handbook of Discrete and Computational Geometry*, 2nd edn., chapter 34. Chapman & Hall/CRC, 2004.

[362] A. van der Stappen. *Motion Planning Amidst Fat Obstacles*. Ph.D. thesis, Utrecht Univ., Utrecht, Netherlands, 1994.

[363] A. van der Stappen, M. Overmars, M. de Berg, and J. Vleugels. Motion planning in environments with low obstacle density. *Discrete Comput. Geom.*, 20:561–587, 1998.

[364] A. F. van der Stappen, D. Halperin, and M. H. Overmars. The complexity of the free space for a robot moving amidst fat obstacles. *Comput. Geom. Theory Appl.*, 3:353–373, 1993.

[365] A. F. van der Stappen and M. H. Overmars. Motion planning amidst fat obstacles. In *Proc. 10th Annu. ACM Sympos. Comput. Geom.*, pages 31–40, 1994.

[366] H. Sundar, D. Silver, N. Gagvani, and S. J. Dickinson. Skeleton based shape matching and retrieval. In *Shape Modeling International*, pages 130–142, 2003.

[367] S. Suri. *Minimum Link Paths in Polygons and Related Problems*. Ph.D. thesis, Dept. Comput. Sci., Johns Hopkins Univ., Baltimore, MD, 1987.

[368] R. E. Tarjan and C. J. Van Wyk. An $O(n \log \log n)$-time algorithm for triangulating a simple polygon. *SIAM J. Comput.*, 17:143–178, 1988. Erratum in 17:1061, 1988.

[369] S. J. Teller and C. H. Séquin. Visibility preprocessing for interactive walkthroughs. *Comput. Graph.*, 25:61–69, July 1991. Proc. SIGGRAPH '91.

[370] W. C. Thibault and B. F. Naylor. Set operations on polyhedra using binary space partitioning trees. *Comput. Graph.*, 21:153–162, 1987. Proc. SIGGRAPH '87.

[371] C. Tóth. Binary space partition for line segments with a limited number of directions. *SIAM J. Comput.*, 32:307–325, 2003.

[372] C. Tóth. A note on binary plane partitions. *Discrete Comput. Geom.*, 30:3–16, 2003.

[373] C. Tóth. Binary space partitions: Recent developments. In J. E. Goodman, J. Pach, and E. Welzl, editors, *Combinatorial and Computational Geometry*. MSRI Publications, vol. 52, pages 529–556. Cambridge University Press, 2005.

[374] G. T. Toussaint. The relative neighbourhood graph of a finite planar set. *Pattern Recogn.*, 12:261–268, 1980.

[375] V. K. Vaishnavi and D. Wood. Rectilinear line segment intersection, layered segment trees and dynamization. *J. Algorithms*, 3:160–176, 1982.

[376] G. Vegter. The visibility diagram: A data structure for visibility problems and motion planning. In *Proc. 2nd Scand. Workshop Algorithm Theory*. Lecture Notes in Computer Science, vol. 447, pages 97–110. Springer-Verlag, 1990.

[377] R. C. Veltkamp. Shape matching: Similarity measures and algorithms. In *Shape Modeling International*, pages 188–197, 2001.

[378] R. Volpe and P. Khosla. Artificial potential with elliptical isopotential contours for obstacle avoidance. In *Proc. 26th IEEE Conf. on Decision and Control*, pages 180–185, 1987.

[379] G. M. Voronoi. Nouvelles applications des paramètres continus à la théorie des formes quadratiques. Premier Mémoire: Sur quelques propriétés des formes quadratiques positives parfaites. *J. Reine Angew. Math.*, 133:97–178, 1907.

[380] G. M. Voronoi. Nouvelles applications des paramètres continus à la théorie des formes quadratiques. Deuxième Mémoire: Recherches sur les parallélloèdres primitifs. *J. Reine Angew. Math.*, 134:198–287, 1908.

[381] A. Watt. *3D Computer Graphics*, 3rd edn. Addison-Wesley, Reading, MA, 1999.

[382] R. Wein, J. van den Berg, and D. Halperin. The visibility-Voronoi complex and its applications. *Comput. Geom. Theory Appl.*, 36:66–87, 2007.

[383] E. Welzl. Constructing the visibility graph for n line segments in $O(n^2)$ time. *Inform. Process. Lett.*, 20:167–171, 1985.

[384] E. Welzl. Partition trees for triangle counting and other range searching problems. In *Proc. 4th Annu. ACM Sympos. Comput. Geom.*, pages 23–33, 1988.

[385] E. Welzl. Smallest enclosing disks (balls and ellipsoids). In H. Maurer, editor, *New Results and New Trends in Computer Science*. Lecture Notes in Computer Science, vol. 555, pages 359–370. Springer-Verlag, 1991.

[386] D. E. Willard. *Predicate-Oriented Database Search Algorithms*. Ph.D. thesis, Aiken Comput. Lab., Harvard Univ., Cambridge, MA, 1978. Report TR-20-78.

[387] D. E. Willard. The super-b-tree algorithm. Report TR-03-79, Aiken Comput. Lab., Harvard Univ., Cambridge, MA, 1979.

[388] D. E. Willard. Polygon retrieval. *SIAM J. Comput.*, 11:149–165, 1982.

[389] D. E. Willard. Log-logarithmic worst case range queries are possible in space $O(n)$. *Inform. Process. Lett.*, 17:81–89, 1983.

[390] D. E. Willard. New trie data structures which support very fast search operations. *J. Comput. Syst. Sci.*, 28:379–394, 1984.

[391] D. E. Willard and G. S. Lueker. Adding range restriction capability to dynamic data structures. *J. ACM*, 32:597–617, 1985.

[392] M. F. Worboys and M. Duckham. *GIS, a Computing Perspective*, 2nd edn. Chap-

man & Hall/CRC, 2004.

[393] A. C. Yao. A lower bound to finding convex hulls. *J. ACM*, 28:780–787, 1981.

[394] A. C. Yao and F. F. Yao. A general approach to D-dimensional geometric queries. In *Proc. 17th Annu. ACM Sympos. Theory Comput.*, pages 163–168, 1985.

[395] C. Yap. Towards exact geometric computation. *Comput. Geom. Theory Appl.*, 7:3–23, 1997.

[396] C. Yap and E. Chang. Issues in the metrology of geometric tolerancing. In J. Laumond and M. Overmars, editors, *Robotics Motion and Manipulation*, pages 393–400. A.K. Peters, 1997.

[397] C. K. Yap. A geometric consistency theorem for a symbolic perturbation scheme. *J. Comput. Syst. Sci.*, 40:2–18, 1990.

[398] D. Zhu and J.-C. Latombe. New heuristic algorithms for efficient hierarchical path planning. *IEEE Trans. Robot. Autom.*, 7:9–20, 1991.

[399] G. M. Ziegler. *Lectures on Polytopes*. Graduate Texts in Mathematics, vol. 152. Springer-Verlag, 1994.

索引

1DRangeQuery, *108*
2*d*-木, 110
2DBoundedLP, *83*
2DBsp, *298*
2DRandomBsp, *299*
2DRandomizedBoundedLP, *85*
2DRandomizedLP, *90*
2DRangeQuery, *120*
2重楔形 (double wedge), 199
2重連結辺リスト (doubly-connected edge list), 33, 34, 53, 172, 202, 277
2色線分交差問題 (red-blue line segment intersection problem), 46
2分探索木 (binary search tree), 106
2耳定理 (Two Ears Theorem), 65
3DBsp, *302*
3DRandomBsp2, *303*
3彩色 (3-coloring)
 三角形分割された多角形の―, 52, 65
4分木 (quadtree), 128, 310, 349, *352*, 362
 高次元―, 362
 ―における近傍探索, 355
 平衡―, 356
4分木分割 (quadtree subdivision), 352
8分木 (octree), 362

BalanceQuadTree, *357*
BSP
 低密度シーンに対する―, 307
 ―の下界, 306
BSP木 (BSP tree), 295, *296*
Build2DRangeTree, *118*
BuildKdTree, *111*

CAD/CAM, 14, 18, 69, 349
ComputeFreeSpace, *326*
ComputePath, *328*
ConstructArrangement, *204*
ConstructIntervalTree, *252*
ConvexHull, *7*, *280*
c-障害物 (*c*-obstacle), 324
 並進ロボットに対する―, 330

Davenport-Schinzel列 (Davenport-Schinzel sequence), 210

DelaunayTriangulation, *225*

EMST(Euclidean minimum spanning tree), 244

FindIntersections, *28*
FindNewEvent, *30*
FindSplitNode, *107*
FollowSegment, *143*
ForbiddenSpace, *338*
Fortuneのアルゴリズム (Fortune's algorithm), 168

GenerateMesh, *360*
GIS, 13
Grahamスキャン (Graham's scan), 16

HandleCircleEvent, *176*
HandleEndVertex, *59*
HandleEventPoint, *29*
HandleMergeVertex, *59*
HandleRegularVertex, *59*
HandleSiteEvent, *175*
HandleSplitVertex, *59*
HandleStartVertex, *59*
Hellyタイプの定理 (Helly-type theorem), 101

InsertSegmentTree, *264*
IntersectHalfplanes, *74*

Jarvisの行進 (Jarvis's march), 16

k次のボロノイ図 (order-k Voronoi diagram), 189, 210
k-集合 (k-set), 210
k-レベル (k-level)
 アレンジメントにおける―, 209
kd-木 (kd-tree), 110, 116, 128

L_1-距離 (L_1-metric), 188
L_2-距離 (L_2-metric), 164, 188, 377
L_p-距離 (L_p-metric), 188
LegalizeEdge, *226*
LegalTriangulation, *219*
LowDensityBSP2D, *314*
LP-タイプの問題 (LP-type problem), 101

MakeMonotone, *58*

索引

MAPOVERLAY, 43
MINIDISC, 96
MINIDISCWITH2POINTS, 97
MINIDISCWITHPOINT, 97
MINKOWSKISUM, 335

NORTHNEIGHBOR, 355

PAINTERSALGORITHM, 297
PARANOIDMAXIMUM, 103
PHASE1, 311

QUERYINTERVALTREE, 252
QUERYPRIOSEARCHTREE, 259
QUERYSEGMENTTREE, 264

RANDOMIZEDLP, 93
RANDOMPERMUTATION, 86
REPORTINSUBTREE, 258
RETRACTION, 181

SEARCHKDTREE, 114
SELECTBELOWPAIR, 398
SELECTBELOWPOINT, 396
SELECTINHALFPLANE, 385
SELECTINTSEGMENTS, 391
SHORTESTPATH, 370
SLOWCONVEXHULL, 4

TRAPEZOIDALMAP, 142
TRIANGULATEMONOTONEPOLYGON, 63

VISIBILITYGRAPH, 371
VISIBLE, 374
VISIBLEVERTICES, 373
VORONOIDIAGRAM, 175

y-単調な多角形 (y-monotone polygon), 54

zバッファアルゴリズム (z-buffer algorithm), 293

■あ行■

アスペクト比 (aspect ratio), 363
圧縮4分木 (compressed quadtree), 362
アーム (arm)
　ロボット—, 95
アルゴリズム (algorithm)
　Fortune の—, 168
　zバッファー, 293
　交点数に敏感な—, 23
　出力サイズに敏感な—, 23, 109
　走査—, 24, 38, 56, 75, 168, 372
　ダイクストラの—, 369, 370, 376
　乱択—, 83, 85, 86, 93, 140, 224, 234, 276, 299
アレンジメント (arrangement), 201, 209
　高次元における—, 209
　単純な—, 201
　—における点位置決定, 158
　—の複雑度, 201
暗黙の点位置決定 (implicit point location), 158

一様なメッシュ (uniform mesh), 351
一般の位置 (general position), 11, 137
移動計画 (motion planing), 367
　縮小法, 345
　正確なセル分割, 344
　—に対するロードマップ, 327
移動計画 (motion planning), 321
移動計画問題 (motion planning problem), 1, 17, 180, 321
移動ロボット (mobile robot), 321
イベント (event), 24, 56, 168
　円—, 172, 180
　サイト—, 169, 179
イベントキュー (event queue), 27, 56, 172
イベント点 (event point), 24, 56, 168
隠面除去 (hidden surface removal), 293

ウィンドウ (window), 247, 381
ウィンドウシステム (window system), 134
ウィンドウ問合せ (window query), 247, 381
上側エンベロープ (upper envelope), 286
動き回れるロボット (mobile robot), 367
後向き解析 (backwards analysis), 87, 95, 99, 147, 155, 231, 281
内側頂点 (inner vertex), 369
埋込み (embedding)
　グラフの—, 34
円 (disc)
　最小包含—, 95
円イベント (circle event), 172, 180
　—の誤警報, 174
エンベロープ (envelope)
　上側—, 286
　下側—, 285

オイラーの公式 (Euler's formula), 32, 166, 275
横断 (transversal), 211, 213
オレーションズリサーチ (operations research), 79
重み付きボロノイ図 (weighted Voronoi diagrams), 188

■か行■

解 (solution)
　実行可能—, 79
回転式継ぎ手 (revolute joint), 321

回転式平面走査 (rotational plane sweep), 372
下界 (lower bound)
    空間 2 分割の—, 306
    三角形分割の—, 66
    自己分割, 305
    線分交差の—, 45
    単体領域探索, 400
    凸包の—, 16
    ボロノイ図の—, 189
    領域木の—, 128
角度 (angle)
    3 次元空間のベクトルの—, 71
角度最適 (angle-optimal), 218
角度ベクトル (angle-vector), 218
重なり (overlap)
    巡回的な, 295
重ね合せ (overlay), 2, 22, *37*, 186
    —の擬似プログラム, 43
    —の計算, 37
可視 (visible), 53, 293
可視グラフ (visibility graph), 367
    —の擬似プログラム, 371
    —の計算, 371
可視である (visible), 370
可視複体 (visibility complex), 377, 378
可視辺 (visibility edge), 370
可視領域 (visible region), 68, 277
画素 (pixel), 193, 293
片辺 (half edge)
    —の始点, 35
    —の終点, 35
    —のレコード, 35
片辺 (half-edge), 35
合併 (union)
    —の複雑度, 345
下部凸包 (lower convex hull), 286
下部凸包 (lower hull), 7
ガブリエルグラフ (Gabriel graph), 242, 244
下方垂直延長線 (lower vertical extension), 137
環形 (annulus), 182
    幅最小の—, 182
頑健性 (robustness), 6, 10, 11

木 (tree)
    1 次元領域—, 109
    4 分—, 128, 349, *352*
    8 分—, 362
    BSP—, 295
    BSP 木, *296*
    kd—, 110
    空間 2 分割—, 295, *296*
    区間—, 248, *251*, 267
    区分—, 260, *263*, 267
    切断—, 393
    2 分探索—, 106
    ヒープ, 256
    プライオリティ探索—, 255, 267
    分割—, 382, 384
    領域—, 117, 121
幾何学的グラフ (geometric graph), 242
幾何モデル化 (geometric modeling), 18
記号的摂動法 (symbolic perturbation), 11, 16, 151
擬似ディスク (pseudodisc), 332
    合併の複雑度, 334
擬似ディスク条件 (pseudodisc property), 332
期待実行時間 (expected running time), 86
期待値の線形性 (linearity of expectation), 87, 147, 231
基本区間 (elementary interval), 262
基本的な操作 (primitive operation), 4
球 (ball)
    最小包含—, 101
行商人問題 (traveling salesman problem), 244
共通部分 (intersection)
    多角形の—, 44
    半平面の—, 73, 100
局所的に最短な経路 (locally shortest), 369
極大平面分割 (maximal planar subdivision), 217
距離 (distance)
    ユークリッド—, 164
距離 (metric)
    L_1—, 188
    L_2—, 164, 188, 377
    L_p—, 188
    組合せ—, 377
    マンハッタン—, 188
    ユークリッド—, 188, 377
    リンク—, 377
距離関数 (distance function), 188
近似 (approximate), 274
禁止コンフィギュレーション (forbidden configuration), 324
禁止コンフィギュレーション空間 (forbidden configuration space), 375
近似セル分割 (approximate cell decomposition), 346
近似セル分割 (approximate decomposition), 344
近似領域探索 (approximate range searching), 401
近傍探索 (neighbor finding)
    4 分木における—, 355

空間 2 分割 (binary space parition)
    低密度シーンに対する—, 307
    —の下界, 306

索引

索引

空間 2 分割 (binary space partition), 293, 295
空間 2 分割木 (binary space partition tree), 295, *296*
区間 (interval)
  基本—, 262
区間木 (interval tree), 248, *251*, 267
串刺し数 (stabbing number)
  多角形の—, 68
串刺し直線 (stabber), 211, 213
串刺し計数問合せ (stabbing counting query), 268
串刺し問合せ (stabbing query), 267
区分木 (segment tree), 260, *263*, 267
組合せ距離 (combined metric), 377
組合せ最適化 (combinatorial optimization), 100
組立て用設計 (design for assembl)y, 14
グラフ (graph)
  可視—, 367
  ガブリエル—, 242, 244
  幾何学的—, 242
  相対近傍—, 242, 244
グリッド (grid), 128

計算機援用製造 (computer aided manufacturing), 14, 69, 100
計算機援用設計 (computer aided design), 14, 18, 69, 349
経路 (path)
  局所的に最短な—, 369
  自由—, 346
  準自由—, 346
限界長方形 (bounding box), 64, 137, 172, 260
厳密な意味での単調な多角形 (strictly monotone polygon), 61, 64

交差 (intersection)
  線分, 21
高次元線形計画問題 (linear programming in higher dimension), 91
高次のボロノイ図 (higher-order Voronoi diagram), 189
光線追跡法 (ray tracing), 12, 193
構造的変化 (structural change), 230, 237, 281
交点数に敏感なアルゴリズム (intersection-senstive algorithm), 23
骨格線 (skeleton), 188
  多角形の—, 188
誤警報 (false alarm), 174
誤差なし計算 (exact arithmetic), 17
誤差なし計算 (exact arithmetic), 11
コーナー頂点 (corner vertex), 352
孤立頂点 (isolated vertex), 35
混合 (mixture), 273

コンピュータアニメーション (computer animation), 274
コンピュータグラフィックス (computer graphics), 12, 17, 195, 211
コンフィギュレーション (configuration), 323
  禁止—, 324
  自由—, 368
コンフィギュレーション空間 (configuration space), 235, 375
  自由—, 324, 375
  並進多角形の—, 330
  乱択アルゴリズムの—, 235
コンフィギュレーション空間障害物 (configuration-space obstacle), 324, 375
  並進多角形に対する—, 330
  並進ロボットの—, 330

■さ行■

最遠点ボロノイ図 (farthest-point Voronoi diagram), 183, 189
最近点対 (closest pair), 190
最終点 (end vertex), 55
最小重み三角形分割 (minimum weight triangulation), 242, 245
最小木 (minimum spanning tree)
  ユークリッド—, 242, 244
参照点 (reference point), 322
最小包含円 (smallest enclosing disc), 95
最小包含楕円 (smallest enclosing ellipse), 101
最小包含球 (smallest enclosing ball), 101
彩色 (coloring)
  三角形分割された多角形の—, 52, 65
最短経路 (shortest path), 367
  グラフにおける—, 376
  多角形のロボットに対する—, 375
最適化 (optimization)
  組合せ—, 100
  線形—, 78
  非線形—, 95, 101
最適頂点 (optimal vertex), 80
サイト (site), 163
  線分の—, 178
サイトイベント (site event), 169, 179
作業空間 (work space), 322, 368
三角形 (triangle)
  よい形の—, 350
三角形詳細化法 (triangulation refinement), 157
  —による点位置決定, 157
三角形分割 (triangulation)
  最小重み—, 242, 245
  スタイナー—, 351

索引

正当な—, 219
多角形の—, *50*
単調な多角形の—, 61
点集合の—, 215, 217
ドロネー, 222
—の下界, 66
—の擬似プログラム, 58, 63
—の計算, 53, 61
—の多角形, 49
三角形分割された多角形
　—の3彩色, 65
　—の双対グラフ, 52
三角形メッシュ (triangular mesh), 350
三角形領域問合せ (triangular range query), 382
残存性 (persistency), 157

シェア変換 (shear transformation), 151
軸平行線分 (axis-parallel line segment), 248
自己分割 (auto-partition), 297
　下界, 305
視体積 (viewing volume), 248
下側エンベロープ (lower envelope), 285
実行可能解 (feasible solution), 79
実行可能点 (feasible point), 79
実行可能領域 (feasible region), 79
実行時間 (running time)
　期待—, 86
　平均—, 86
実行不能点 (infeasible point), 79
実行不能な線形計画問題 (infeasible linear program), 79
始点 (origin)
　片辺の—, 35
自動車タイプのロボット (car-like robot), 322
自動製造 (automated manufacturing), 69, 100
四面体分割 (tetrahedralization)
　多面体の—, 66
ジャギー (jaggie), 194
自由空間 (free space), 324, 368, 375
　—の台形地図, 326, 368
　—の表現, 326
自由経路 (free path), 346
集合差 (difference)
　多角形の—, 44
自由コンフィギュレーション (free configuration), 324, 368
自由コンフィギュレーション空間 (free configuration space), 375
終点 (destination)
　片辺の—, 35
自由度 (degree of freedom), 323
縮小法 (retraction), 180, 181, 345
縮退 (degeneracy), 5, 10, 150

縮退した場合 (degenerate case), 5, 10, 150
種数 (genus), 276
出発点 (start vertex), 55
出力サイズに敏感なアルゴリズム (output-sensitive algorithm), *23*, 109
主平面 (primal plane), 198
巡回的な重なり (cyclic overlap), 295
準自由経路 (semi-free path), 346
順序関係を保存する (order preserving), 199
上界定理 (upper bound theorem), 289
障害物 (obstacle), 321, 368
　コンフィギュレーション, 324
商圏 (trading area), 163
状態 (status)
　走査線の—, *24*, 27, 58, 172, 372
状態構造 (status structure), 27, 58, 172
冗長な半平面 (redundant half-plane), 103
衝突 (conflict), 278, 325
衝突グラフ (conflict graph), 279
衝突検出 (collision detection), 274
衝突リスト (conflict lists), 279
上部凸包 (upper convex hull), 285
上部凸包 (upper hull), 7
上方垂直延長線 (upper vertical extension), 137
自律ロボット (autonomous robot), 321
真円度 (roundness), 182
シンプレックス法 (simplex algorithm), 79, 100

垂直延長線 (vertical extension), 137
　下方—, 137
　上方—, 137
垂直分割 (vertical decomposition), 137
スタイナ三角形分割 (Steiner triangulation), 351
スタイナ点 (Steiner point), 241, 351
スーパーサンプリング (supersampling), 194
スラブ (slab), 134, 265

正確なセル分解 (exact cell decomposition), 344
整合的メッシュ (conforming mesh), 350, 363
精巧な単体分割 (fine simplicial partition), 384
製造 (manufacturing), 14, 18, 69, 100
正当な三角形分割 (legal triangulation), 219
制約 (constraint)
　円周上の点による—, 96
　線形—, 72, 73, 78
勢力圏図 (power diagram), 188
接続 (incident), 34

425

索引

接続関係を保存する (incidence preserving), 199
切断 (cutting), *395*, 401
切断木 (cutting tree), 393
切断のサイズ (size of the cutting), 395
摂動法 (perturbation)
　記号的―, 11, 16, 151
セル分解 (cell decomposition)
　正確な―, 344
　近似―, 346
　近似―, 344
全一致問合せ (exact match query), 129
線形計画法 (linear programming), 78, 79
　1 次元―, 83
　―の擬似プログラム, 85, 93
　―の次元, 79
　―のプログラム, 83
　非有界―, 80
　有界―, 80
線形計画問題 (linear program)
　高次元の―, 91
　実行不能な―, 79
　低次元の―, 79
　非有界な―, 88
線形最適化 (linear optimization), 78
線形性 (linearity)
　期待値の―, 87
線形制約 (linear constraint), 72, 73, 78
線形補間, 215
線分 (segment)
　軸平行―, 248
線分交差 (line segment intersection), 21, 45
　―の下界, 45
　―の擬似プログラム, 28
　―の計算, 22
　―の計数, 46
線分交差問題 (line segment intersection problem)
　2 色―, 46

層 (layer), *21*, 381
走査アルゴリズム (sweep algorithm), *24*, 38, 56, 75, 168, 372
　回転式―, 372
走査線 (sweep line), *24*, 56, 168, 178
走査変換 (scan conversion), 293
層状領域木 (layered range tree), 126
相対近傍グラフ (relative neighborhood graph), 242, 244
双対 (dual)
　線の―, 198
　線分の―, 199
　点の―, 198
　物体の―, 198
　平面上での―, 198
双対グラフ (dual graph)
　三角形分割された多角形の―, 52

双対性 (dualty)
　高次元における―, 208
双対平面 (dual plane), 198
測度 (measure)
　離散―, 195
　連続―, 195
側辺 (side)
　台形地図の―, 137
ゾーン (zone)
　超平面の―, 209
　直線の―, 205, 304
ゾーン定理 (Zone Theorem), 205, 209

■た行■

第 1 レベル木 (first-level tree), 118, 391
対角線 (diagonal)
　多角形の―, 50
ダイクストラのアルゴリズム (Dijkstra's algorithm), 369, 370, 376
台形地図 (trapezoidal map), 134, 137, 326, 368
　自由空間の―, 326, 368
　―の擬似プログラム, 142
　―の計算, 140
　―の複雑度, 139
台形分割 (trapezoidal decomposition), 137
第 2 レベル木 (second-level tree), 118, 391
楕円 (ellipse)
　最小包含―, 101
多角形 (polygon)
　厳密な意味での単調な―, 61
　単純な―, *50*
　単調な―, 54
　直角―, 67
　―の三角形分割, 49
　星形―, 104, 159
ただの分割 (free split), 299
多面体 (polyhedron), 70
　―の四面体分割, 66
多面体 (polytope), 275
　単体―, 276
多面体地形図 (polyhedral terrain), 215
ターレスの定理 (Thale's Theorem), 218
単一セル (single cell), 345
探索木 (search tree)
　2 分―, 106
探索構造 (search structure)
　点位置決定の―, 141
単純なアレンジメント (simple arragenment), 201
単純な多角形 (simple polygon), *50*
単体多面体 (simplicial polytope), 276
単体分割 (simplicial partition), *383*
単体領域探索 (simplex range search)
　―の下界, 400

単体領域問合せ (simplex range query), 400
単調な多角形 (monotone polygon), 54
　厳密な意味での―, 61
　―の三角形分割, 61
チェイン法 (chain method), 157
　―による点位置決定, 157
地形図 (terrain), 215
　多面体―, 215
　―の定義域, 215
地図 (map)
　―上の点位置決定, 134
　台形―, 134, 137, 326
地図の重ね合せ (map overlay), 2, 22
　―の擬似プログラム, 43
　―の計算, 37
地図の層 (map layer), *21*, 381
地平面 (horizon), 277
中間軸 (medial axis), 188
抽象ボロノイ図 (abstract Voronoi diagram), 188
鋳造 (casting), 69
鋳造可能 (castable), *70*
頂点 (vertex), 34
　内側―, 369
　孤立―, 35
　最適―, 80
　―のレコード, 35
長方形平面分割 (rectangular subdivision)
　―における点位置決定, 158
長方形領域問合せ (rectangular range query), 106
調和数 (harmonic number), 148
調和的メッシュ (consistent mesh), 363
直角多角形 (rectilinear polygon), 67
直交線分 (orthogonal segment), 248
直交領域探索 (orthogonal range query), 106
地理情報システム (geographic information systems), 2, 13, 17

通常のファセット (ordinary facet), 70
継ぎ手 (joint)
　回転式―, 321
　プリズム―, 321
　ロボットの―, 321

定義域 (domain)
　地形図の―, 215
　メッシュの―, 350
ディスクレパンシ (discrepancy), 195, 211
　―の計算, 196
　半平面―, 196
ディリクレ分割 (Dirichlet tessellation), 186
データ構造 (data structure), 247

1 次元領域木―, 109
2 分探索木―, 106
4 分木, *352*
4 分木の―, 128, 349
8 分木, 362
BSP 木, 295, *296*
kd-木の―, 110
区間木, 248, *251*, 267
区分木, 260, *263*, 267
切断木, 393
点位置決定の―, 141
ヒープ, 256
プライオリティ探索木, 255, 267
分割木, 382, 384
マルチレベル―, 118, 390
領域木の―, 117, 121
データベース (database), 105, 129, 381
データベースの問合せ (database query), 105
テーマ別地図 (thematic map), 21
テーマ別地図の重ね合せ (overlay of thematic map), 22
テーマ別地図の層 (layer of thematic map), 381
点 (point)
　実行可能―, 79
　スタイナ―, 351
点位置決定 (point location)
　暗黙の―, 158
　高次元―, 158
　動的―, 157
　―の問合せ, 133, 141
点位置決定問題 (point location), 133
　平面上の―, 133
点ロボット (point robot), 325, 368

問合せ (query)
　ウィンドウ, 247, 381
　串刺し―, 267
　串刺し計数―, 268
　三角形領域―, 382
　全一致―, 129
　単体領域―, 400
　データベースの―, 105
　点位置決定の―, 133, 141
　部分一致―, 129
　領域―, 106
等高線 (contour line), 215
統合点 (merge vertex), 55
動的化 (dynamization), 268
動的点位置決定 (dynamic point location), 157
凸 (convex), 3
凸結合 (convex combination), 274
凸集合 (convex set), 3
凸多面体 (convex polytope), 275
　―における点位置決定, 158
トップファセット (top facet), 70
凸包 (convex hull), 3, 100, 217, 273

索引

427

索引

3 次元—, 275
d 次元—, 289
Graham スキャン, 16
Jarvis の行進, 16
下部—, 7, 16, 286
上部—, 7, 285
動的—, 16
—の擬似プログラム, 4, 7, 280
—の計算, 3, 276
凸包を動的に管理するための方法 (dynamic convex hull), 16
ドロネーグラフ (Delaunay graph), *221*
ドロネーコーナー (Delaunay corner), 240
ドロネー三角形分割 (Delaunay triangulation), 187, *222*
—の擬似プログラム, 225
—の計算, 224
鈍角 (obtuse angles), 363

■な行■

塗り重ね法 (painter's algorithm), 294

■は行■

幅最小の環形 (smallest-width annulus), 182
パラメータ空間 (parameter space), 261
反転変換 (inversion), 209
反復対数 (iterated logarithm), 66
半平面 (half-plane)
    —の共通部分, 73, 100
半平面ディスクレパンシ (half-plane discrepancy), 196

非一様メッシュ (non-uniform mesh), 351
非交差 (non-crossing), 136
美術館定理 (Art Gallery Theorem), 53
美術館問題 (Art Gallery Problem), 49, 65
ビーチライン (beach line), 169, 178
ヒープ (heap), 256
肥満 (fatness), 317
非有界線形計画法 (unbounded linear program), 80
非有界な線形計画問題 (unbounded linear program), 88
標準部分集合 (canonical subset), 117, 121, 263, 385, 388
標本点 (sample point), 194

ファセット (facet), 70, 275
    通常の—, 70
フィボナッチヒープ (Fibonacci heap), 376
部分一致問合せ (partial match query), 129
深さ順 (depth order), 294
複素数 (composite number), 123

複素数空間 (composite-number space), 123
付随構造 (associated structure), 118, 250, 254, 265, 391, 398
不正な辺 (illegal edge), 219
双子辺 (twin edge)
    片辺の—, 35
普通の頂点 (regular vertex), 55
不動小数点数を用いた計算 (floating point arithmetic), 6
太った平面分割 (fat subdivision)
    —における点位置決定, 158
プライオリティ探索木 (priority search tree), 255, 267
フラクショナルカスケーディング (fractional cascading), 121, 124, 157, 249
フラップ (flap), *283*
プリズム継ぎ手 (prismatic joint), 321
フリップ (flip)
    辺の—, 219
プリント回路基板 (printed circuit board), 349
ブール演算 (Boolean operation)
    多角形上の—, 44
ブレークポイント (breakpoint), 169, 179
分解可能な探索問題 (decomposable searching problem), 268
分割 (decomposition)
    垂直—, 137
    台形—, 137
分割 (partition)
    空間—, 293
    自己—, 297
    単体—, *383*
分割 (split)
    ただの—, 299
分割 (subdivision)
    4 分木—, 352
    連結な—, 34
分割木 (partition tree), 382, 384
分子モデル化 (molecular modeling), 15
分離点 (split vertex), 55

平均効率 (expected performance), 86, 146
平均実行時間 (average running time), 86
平衡 4 分木 (balanced quadtree), 356
並進多角形 (translating polygonal)
    —のコンフィギュレーション空間, 330
平面走査 (plane sweep), *24*, 38, 56, 75, 168, 372
    回転式—, 372
平面点位置決定問題 (planar point location), 134

428

平面分割 (planar subdivision), 34, 133
　　極大—, 217
　　　—の重合せ, 37
　　　—の表現, 33
　　　—の複雑度, 34
ベクトル和 (sum of vectors), 330
辺 (edge), 34
　　多面体の—, 275
　　不正な—, 219
変換 (transformation)
　　シェア—, 151
　　双対—, 198
　　反転—, 209
変曲点 (turn vertex), 54
辺フリップ (edge flip), 219
辺リスト (edge list)
　　2 重連結—, 33, 172, 202, 277

方向 (direction)
　　—の表現, 71
放物面体 (paraboloid), 199
補間
　　線形—, 215
　　データに無関係な—, 241, 242
ポケット (pocket), 68
星形多角形 (star-shaped polygon), 104, 159
ポテンシャル場法 (potential field method), 346
ボロノイ図 (Voronoi diagram), 1, 163, *164*, 287
　　k 次の—, 189, 210
　　重み付き—, 188
　　高次の—, 189
　　最遠点—, 183, 189
　　—縮退の場合, 177
　　勢力圏—, 188
　　線分の—, 178
　　抽象—, 188
　　—の下界, 189
　　—の擬似プログラム, 175
　　—の計算, 168
　　—の骨格線, 188
　　—の中間軸, 188
　　—の複雑度, 166, 187
ボロノイセル (Voronoi cell), 165
ボロノイ複体 (Voronoi complex), 378
ボロノイ割当てモデル (Voronoi assignment model), 164

■ま行■

マウス (mause)
　　—によるクリック, 134
　　—のクリック, 5
前処理 (preprocessing), 134
末尾評価 (tail estimate), 153
マルコフの不等式 (Markov's inequality), 155

マルチレベルの切断木 (multi-levelcutting tree), 401
マルチレベルデータ構造 (multi-level data structure), 118, 268, 390
丸め誤差 (rounding error), 6
マンハッタン距離 (Manhattan metric), 188

見える (see), 370
密度 (density), 307
見張り (guard)
　　低密度のシーンに対する—, 308
ミンコフスキー差 (Minkowski difference), 331
ミンコフスキー和 (Minkowski sum), 330, 346, 375
　　—の擬似プログラム, 335
　　—の計算, 335
　　—の複雑度, 337
　　非多角形の—, 336
メッシュ (mesh), 349
　　一様な—, 351
　　構造をもたない, 362
　　構造をもつ, 362
　　三角形—, 350
　　整合的—, 350, 363
　　調和的—, 363
　　入力を尊重する—, 350
　　—の条件, 350
　　—の定義域, 350
　　非一様—, 351
　　—の要素, 349
メッシュ生成 (mesh generation), 349
　　—の擬似プログラム, 360
面 (face), 34
　　—のレコード, 35

目的関数 (objective function), 78

■や行■

有界線形計画法 (bounded linear program), 80
有限要素法 (finite element method), 349
ユークリッド距離 (Euclidean distance), 164
ユークリッド距離 (Euclidean metric), 188, 377
ユークリッド最小木 (Euclidean minimum spanning tree), 242, 244

よい形の三角形 (well-shaped triangle), 350

■ら行■

乱数発生関数 (random number generator), 86

索引

乱択アルゴリズム (randomized algorithm), 83, 85, 86, 93, 140, 224, 234, 276, 299
　　—の解析, 84, 86, 99, 146, 230, 237, 281, 300
ランダム順列 (random permutation), 86
　　—の計算, 86

離散測度 (discrete measure), 195
領域 (region)
　　実行可能—, 79
領域木 (range tree), 109, 117, 121, 249
　　1次元の—, 109
　　2次元の—, 118
　　d-次元の—, 121
　　層状—, 126
　　—の下界, 128
領域計数問合せ (range counting query), 132
領域探索 (range query)
　　直交—, 106
　　近似—, 401
領域問合せ (range query), 248, 362
　　1次元—, 106
　　2次元—, 110
　　三角形—, 382
　　単体—, 400
　　長方形—, 106
領域法 (locus approach), *261*
リンク距離 (link metric), 377
隣接 (adjacent)
　　台形地図の—, 140

レイシューティング (ray shooting), 160, 377
レベル (level)
　　アレンジメントにおける—, 207
　　データ構造の—, 390
連結な平面分割 (connected subdivision), 34
連続測度 (continuous measure), 195
レンダリング (rendering), 193, 293

ロードマップ (road map), 327, 368
ロボット (robot)
　　移動—, 321
　　関節—, 321
　　自動車タイプの—, 322
　　自律—, 321
　　点—, 325, 368
　　—に対する移動計画, 321
　　—に対するロードマップ, 327
　　—の位置, 322
　　—のコンフィギュレーション, 322, 323
　　—の作業空間, 322
　　—の参照点, 322
　　—の自由度, 323
　　—のパラメータ空間, 323
ロボットアーム (robot arm), 95, 321
ロボットの位置 (placement of robot), 322
ロボットのコンフィギュレーション (configuration of robot), 322
ロボティックス (robotics), 1, 12, 17, 321

■わ行■

和 (sum)
　　2点の—, 330
　　ベクトル—, 330
　　ミンコフスキー——, 330
和集合 (union)
　　多角形の—, 44

[訳者紹介]

浅野 哲夫（あさの　てつお）

出 生 地：京都府福知山市
生年月日：1949 年 9 月 20 日
最終学歴：
   1972 年　大阪大学基礎工学部電気工学科卒業
   1977 年　大阪大学大学院基礎工学研究科物理系博士課程修了（工学博士）
経　　歴：
   1977 年　大阪電気通信大学工学部応用電子工学科専任講師
   1979 年　同助教授
   1988 年　同教授
   1997 年　北陸先端科学技術大学院大学情報科学研究科教授
   1994 ～ 1996 年　情報処理学会アルゴリズム研究会主査
   2001 年　ACM 学会フェロー
   2004 年　情報処理学会フェロー
   2010 年　電子情報通信学会フェロー
専門分野：計算幾何学と組合せ最適化理論

コンピュータ・ジオメトリ
計算幾何学：アルゴリズムと応用
第 3 版

© 2010　Tetsuo Asano　　　　Printed in Japan

2010 年 2 月 28 日　初版 1 刷発行
2015 年 5 月 31 日　初版 3 刷発行

訳　者　　浅　野　哲　夫
発行者　　小　山　　　透
発行所　　株式会社　近代科学社

〒 162-0843　東京都新宿区市谷田町 2-7-15
電話　03-3260-6161　振替　00160-5-7625
http://www.kindaikagaku.co.jp

加藤文明社　　　　　　　　ISBN978-4-7649-0388-3
　　　　　　　　　　　　　定価はカバーに表示してあります．

【本書のPOD化にあたって】

近代科学社がこれまでに刊行した書籍の中には、すでに入手が難しくなっているものがあります。それらを、お客様が読みたいときにご要望に即してご提供するサービス／手法が、プリント・オンデマンド（POD）です。本書は奥付記載の発行日に刊行した書籍を底本としてPODで印刷・製本したものです。本書の制作にあたっては、底本が作られるに至った経緯を尊重し、内容の改修や編集をせず刊行当時の情報のままとしました（ただし、弊社サポートページ https://www.kindaikagaku.co.jp/support.htm にて正誤表を公開／更新している書籍もございますのでご確認ください）。本書を通じてお気づきの点がございましたら、以下のお問合せ先までご一報くださいますようお願い申し上げます。

お問合せ先：reader@kindaikagaku.co.jp

Printed in Japan
POD 開始日　2021 年 2 月 28 日
発　　　　行　株式会社近代科学社
印刷・製本　京葉流通倉庫株式会社

・本書の複製権・翻訳権・譲渡権は株式会社近代科学社が保有します。
・ JCOPY ＜(社)出版者著作権管理機構　委託出版物＞
本書の無断複写は著作権法上での例外を除き禁じられています。
複写される場合は，そのつど事前に(社)出版者著作権管理機構
(https://www.jcopy.or.jp, e-mail: info@jcopy.or.jp) の許諾を得てください。